1819年12月4日，ジョージタウンからイングランドのケンブリッジシャーに送られた手紙。ニューヨークからリヴァプールへと、ブラックボールラインの初期の郵便船のクーリエ号で，6回目の往復航海で運ばれた。1819年12月10日にニューヨークから出港し，リヴァプールに1820年1月5日に到着した。26日間の航海であった。

サー・ロバート・ヒルは，1840年に前払いの手紙という考え方を導入した。そして，郵便切手を使うということを考えはじめた。世界最初のそれは，ペニーブラックである。

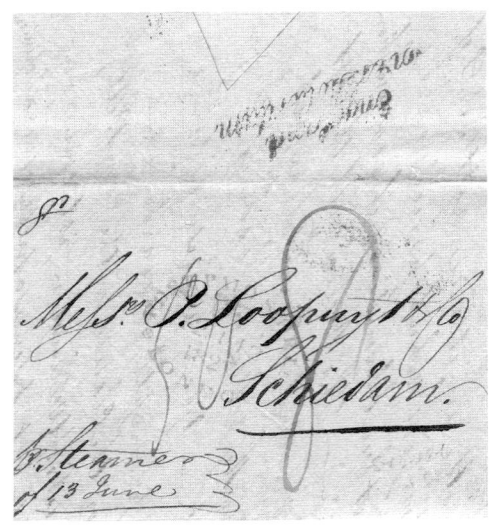

オランダのスヒーダムに向けたこの手紙は，1826年12月18日，オーストラリアのシドニーから帆船で送られた。ロンドンまでの航海は，通常，6ヵ月近くかかった。だが，最後の支部で，少し時間がかかった。手紙が英仏海峡に郵便汽船で送られたのが，1827年6月13日だったからだ。

海で災害が生じた場合には，乗船中の人々と郵便を救う唯一の希望は，別の船が通りかかり，遅くならないうちに救助することであった。古いドイツのはがき「救助の綻び」（E・シュナイダー）

ボストン港(バロー画報 1856年)

ブラックボールラインのヨークシャー号 1844-62年

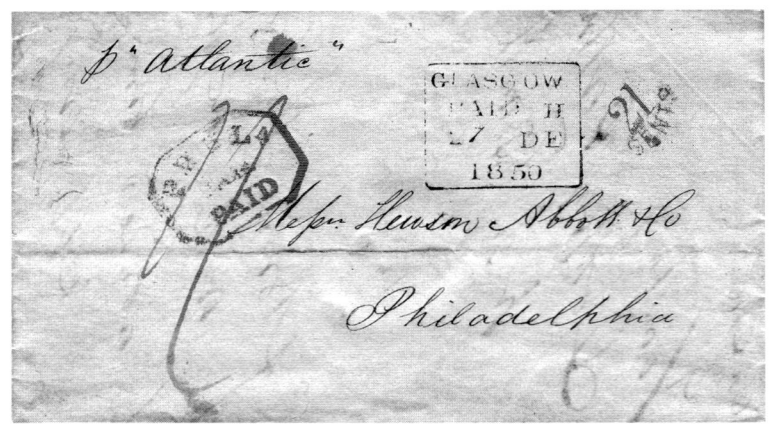

1850年12月27日、グラスゴーからの手紙が、コリンズラインのアトランティック号によって送られた。同船は、1850年12月28日に、リヴァプールから出港した。ハリファックスから900マイル離れた場所でシャフトが折れ、そのまま航海を続けた。西方への航海を継続することができなかったので、1月22日にクィーンズタウンに帰り、修復のためにリヴァプールまで牽引された。郵便は、1851年2月1日に、キューナードの汽船アフリカ号によって送られ、ニューヨークに、1851年2月15日に到着した。フィラデルフィアで2日間余分にかかったため、航海の期間は、52日間であった。アトランティック号は乗客全員が失われたとみなされたので、アフリカ号が全員無事で到着したため、ニューヨークで熱狂的な歓迎を受けた。

1851年4月12日、リヴァプールから送られた手紙が、キューナードラインのアジア号によって運ばれた。同船は、この日に出港し、11日間かけて、1851年4月23日にニューヨークに到着した。

リヴァプールからの移民の出港。バロー画報の移民船開始の図版。1856年2月23日にボストンで公開。

フレンチラインのラファイエット号は，1864年に北大西洋ルートで16年間中断したのち，フランスの郵便事業を開始した2隻の船のうちの1隻であった（Barbance: Histoire de la Compagnie Générale Transatlantique, 1955）。

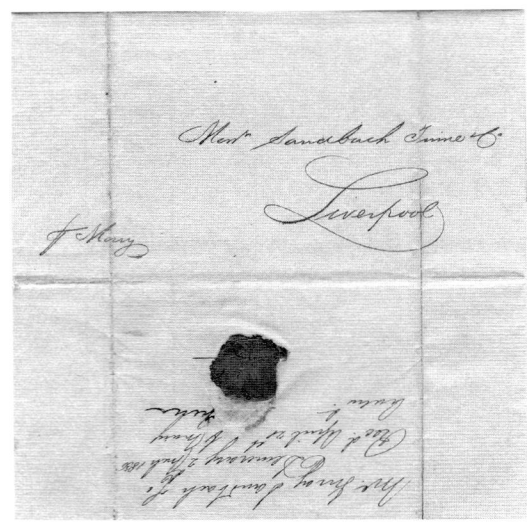

メアリ号によって1836年3月2日にデメララからサンドバック＆ティネ商会に送られた手紙は，50日後の1836年4月21日，リヴァプールに到着した。

イギリス政府がスポンサーとなった郵便汽船は，必要とあらば，軍隊を運ぶ義務があった。この絵は，ロイヤルメール汽船の郵船トレント号が，クリミア戦争中にイスタンブルに向かっていた1854年4月のマルタ島における姿を描く（T. A. Bushell, Royal Mail. A Centenary History of the Royal Mail Line 1839-1939.)。

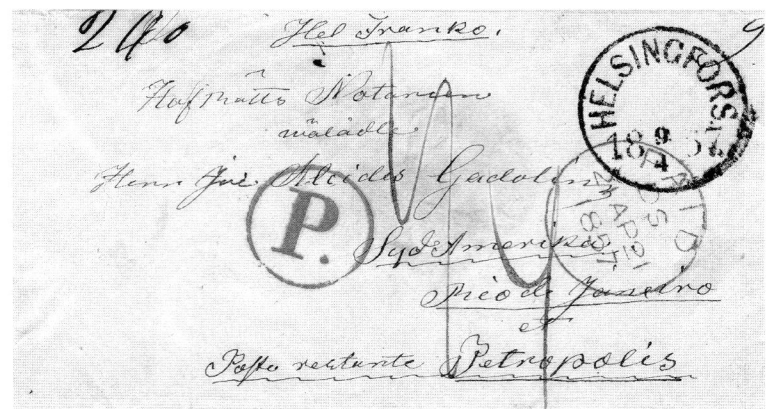

1857年4月9日，フィンランドのヘルシンキから送られた手紙が，ロンドンに4月21日に到着した。次いで，ロイヤルメールの汽船メドウェイ号によって，5月9日にサザンプトンからリオ・デ・ジャネイロに運ばれ，6月7日に到着した。長い航海のことを考え，イングランドで次の汽船を18日間待つことをせず，手紙は，非常に速くブラジルに到着したのかもしれない。イングランドからリオ・デ・ジャネイロへの大西洋横断航海には，約4週間しかかからなかった。

東インド貿易船の一隻であるアトラス号。1812年建造（Frank C. Bowen, The Sea, Its History & Romance, Vol. III, ca 1925.）

リポン号。1846年建造。P&Oで，主として連合王国-アレクサンドリア間で，26年間使用される。（Cable: A Hundred Year History of the P & O, 1931.）

19世紀末のスエズ運河　エジプトの絵はがきから。

ブリンディジで郵便汽船に持ち込まれる郵便袋　1872年

1912年5月8日，ニューヨークからリヴァプールに送られた大西洋ケーブルが，故国の家族に，送り手がルシタニア号で旅行しているところだと知らせている。'Leaving lusitania tonight due arrive Liverpool Tuesday morning all very well tell inquirers rash seeing us off love.' この電信を送った二人は，タイタニック号が同じルートで沈没するのと同時期にモーリタニア号に乗り，3週間早くニューヨークに到着した。

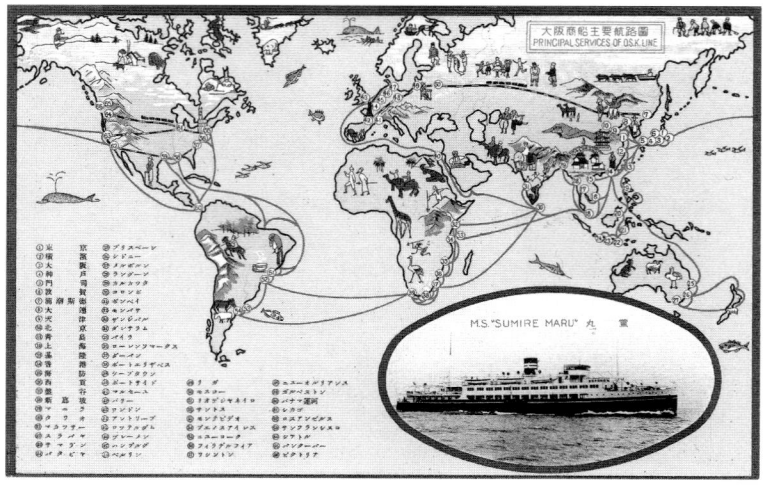

汽船はますます大きくなっていった。1900年代初頭から，絵はがきを使って宣伝するようになり，ホワイトスターラインのオリンピック号（タイタニック号の姉妹船）と多数の著名な建築物を比較している。

ドイツで最初に記録を保持した汽船の一隻は，ハンブルク-アメリカ・ラインのジャーマン号であった。この絵はがきは，同船がこの航海で到着できたスピード記録を記念して，特別に印刷された。

カタパルト郵便は，大西洋を横断して郵便を輸送する最速の手段を組み合わせたものであった。1920年代の終わり頃，海底ケーブルによる電信の誕生からすでに60年以上経過していたのに，船がすでに海上にいるときに，小型飛行機で大洋航海汽船に速達便を渡すように組織化するだけの労力を払う価値があると考えられていた。NDLの汽船ブレーメン号の処女航海の手紙は，帰港の際に，カタパルト飛行によって船舶から送られた。1929年8月2日のことである。

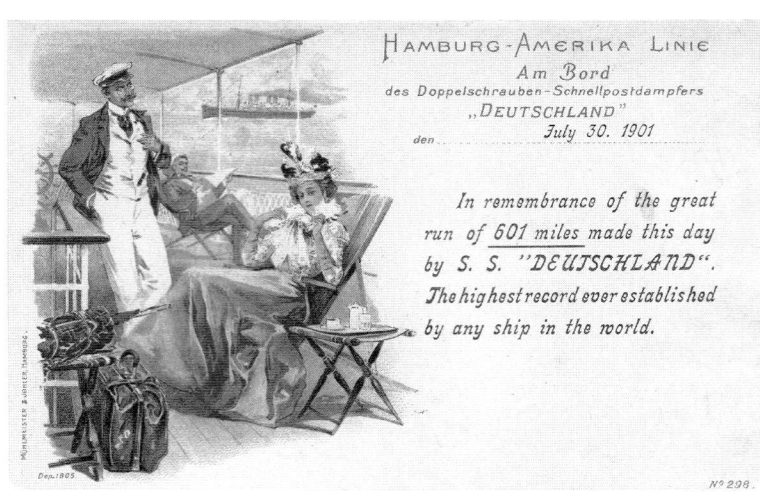

横浜から1895年5月9日に送られたはがき。太平洋郵便汽船会社が中国からサンフランシスコに輸送した。その後，鉄道でニューヨークまで送られ，そこから郵便汽船でドイツへと運ばれた。はがきは，ランダウに1895年6月15日に届いた。37日間かかった。

20世紀初頭，日本も世界的な事業を提供するようになった。もっとも重要なものとして，大阪商船会社があった。この絵はがきは，同社の事業がカバーする海上ルートを示す。すみれ丸は，1928年に建造された。

情報の世界史

情報の世界史

外国との事業情報の伝達　1815–1875

S.R.ラークソ著
玉木俊明訳

知泉書館

Across the Oceans: development of overseas business information transmission 1815-1875
by
Seija-Riitta Laakso,

Copyright© Seija-Riitta Laakso 2007
All rights reserved.

Japanese translation rights arranged with
Seija-Riitta Laakso

はじめに

　この研究の起源は，ミラノの切手博覧会である *Italia 98* にさかのぼる。著名なフランス人のディーラーの机上に，たまたま古い手紙の入った箱があった。そのうち2通が，とくに目を引いた。それは，1820年代後半にニューヨークからフランスのコニャックのアウグスト・マルテルに送られ，フランス号とシャルルマーニュ号で運ばれた商業書簡であった。

　当時，外国宛の郵便物はすべて，大洋を横断した帆船で運ばれていた。この2通の手紙を調べたため，筆者に新たな世界が開かれたのである。フランス号とシャルルマーニュ号は，ニューヨークとルアーブルを結ぶアメリカの定期便の郵便帆船であった。本書から明らかになるように，漠然とした商業用航海ではなく「時間通りに運行する」という理念が，帆船であれ，汽船であれ，事業情報の伝達の発展にとってもっとも重要な条件の一つとなった。

　数年後，この研究を開始したとき，イルヨ・カウキアイネン教授の論文「縮小する世界」〔Yrjö Kaukiainen, "Shrinking the world: Improvements in the speed of Information Transmission, c. 1820-1870". *European Review of Economic History*, 5.Cambridge, 2001〕が筆者の博士論文への確固たる指針となった。このときようやく，理念が少しずつ現実味を帯びてきたのである。本論文がなければ，このテーマに関する筆者の研究が開始されることはなかったはずである。カウキアイネン教授の辛抱強い指導に感謝したい。しかもそれは，教授の定年後まで続いたのである。

　さらに，リッタ・ヘルッペ教授とマルク・クイスマ教授は，セミナーで筆者を支援し，多数の有益な会話をしてくださった。またパイヴィ

オ・トミラ教授には，通信の歴史に関してずいぶん前から相談にのっていただいた。彼らにも，謝意を表したい。そして，ラウラ・コルベ教授にもお世話になった。博士論文を書きはじめた頃，惜しみなく時間を投与してくださったからである。感謝に堪えない。

リヴァプールで筆者の研究を促進し支えてくださったリヴァプール大学歴史学科のロバート・リー教授，港湾・海事史研究センターのアドリアン・ジャーヴィス博士に，最大級の賛辞を捧げたい。

博士論文の予備審査員であったヤリ・オヤラ教授，ミカ・カリオイネン講師からは，筆者の研究に洞察力溢れるコメントを多数いただいた。とくに，ヤリ・オヤラ教授は細かな点にまで及ぶ目配りと提案をしてくださった。それは，研究の最終段階において非常に貴重なものとなった。ヤリ・オヤラ教授とレオス・ミュラー講師がリーダーとなった国際的な研究者グループでも，ユヴァスキュラ（2005）とヘルシンキ（2006）において，「情報のフロー」のタイトルのもとでおこなわれた学会で，良質のアイデアを共有した。参加者のあいだで，その後，大洋を越えて，多数の e-mail と論文が送られた。参加者全員に，謝意を表したい。

グレイム・J・ミルネ，サリ・マエンパー，ターゲ・リンドフォースは本文を読んでくださったうえ，有益なコメントを賜った。さらに，会話はすべて楽しかった。深謝したい。また，ロンドンでティム・フォルカーが助けてくれなければ，東インド会社の記録のいくつかは，決して完成しなかったであろう。感謝したい。

筆者の感謝のリストにさらに加えなければならないのは，2006年12月に開かれた博士論文口頭試問のオポーネント〔博士論文口頭試問の公聴会で，候補者に対し敵対的質問をする人物〕であるアメリカテキサス州，サン・アントニオのトリニティ大学のジョン・マカスカー教授である。彼はいまなお，筆者がこのテーマの研究を続けるべきだと絶えず「肘で小突くように働きかけ」てくれる。

ヘイキ・ホンギスト，ヨハン・スネルマン，そしてセッポ・タルヴィオは，親切にも，手紙コレクションから有用な書簡のコピーを提供してくださった。お礼申し上げる。郵便協会にも，謝意を表したい。さまざまな国のコレクター，ディーラー，文筆家，友人たちが長年にわたってしてくれたすべての議論，論文，有益な情報のゆえである。それらは，

はじめに

本当に楽しい想い出である。

ウェッブ上で博士論文を公開してから，著名な海事郵便史の専門家であるコリン・ターベルとリチャード・ウィンターから，励ましのコメントや，彼らの研究にもとづいた最新で未発表の情報をいただいたときは非常に嬉しかった。彼らの親切な手助けと意見に，大いに感謝したい。

筆者の研究の最終的な言語チェックをしてくださったデレック・ステュアーと彼のチーム，さらに『国際海事史研究』の編集者であるルイス・R・フィッシャー教授とマギー・ヘネシーからは，科学的論文の書き方について有益な助言を賜った。感謝申し上げる。

図書館と文書館で優秀な人材がいなければ，研究の成功はおぼつかない。以下の図書館と文書館の館長，さらに図書館員，文書館員の方々に謝意を表したい。マージーサイド海事博物館・図書館・文書館，リヴァプール大学のシドニー・ジョーンズ図書館と文書館，リヴァプール公文書図書館・文書館，ロンドンのブリティッシュ・ライブラリーのインド記録係と切手収集所，ロンドンの国立切手協会図書館，ヘルシンキの郵便博物館図書館である。

財政的援助については，ヘルシンキ新聞百周年記念基金に心から感謝する。そのおかげで，筆者はリヴァプールの文書館とヘルシンキ大学で研究できたからである。

最後になるが，筆者がもっとも感謝するのは，いうまでもなく家族とすべての友人である。ここでご芳名を記した人にもそうでない人にも，その気持ちは変わらない。彼らとの関係がなければ，筆者の博士論文はずっと早く完成したはずだが，人生の重要な部分を喪失してしまったことはたしかだからである。彼らすべてに，感謝する。

筆者は本書を両親に捧げる。亡くなった父は，いつも筆者がもっと研究するよう励ましてくれたし，母の温かい支援は，この研究に従事していた時期に経験した数多くの困難を乗り越える手助けとなったからだ。

ヘルシンキ　2007年6月

セイヤ-リータ・ラークソ

日本語版への序文

　1838年に，はじめて汽船が大西洋を横断した。すぐに汽船の定期航路が，インドルートでも導入された。しかし同時に，アレクサンドリア－スエズ間の移動には，ラクダと川舟を使わなければならなかった。それは，1850年代遅くに，鉄道が完成するまで続いた。その後，1869年になって，スエズ運河が完成した。これと似た発展経緯で，パナマ地峡経由で，東西アメリカ沿岸を結ぶルートが，情報の伝達時間を短縮したのである。
　ヨーロッパ，アメリカ，さらに世界の他地域間の通信は，大洋を航行する船舶の技術的発展と，商業的なニーズに依存していた。事業情報にピークがあるなら——たとえばオーストラリアやカリフォルニアのゴールドラッシュのように——，通信は，さまざまな方法で組織化された。鎖国時代の日本のように，事業への関心が少なければ，通信はきわめてかぎられる。
　日本の状況が変化したのは1860年代のことであった。イギリスのP&Oと，フランスの海洋海運が，やがて海運ルートを上海と香港から横浜へと延ばした。残念なことに，2人の偉大な郵便史家のレグ・カークとレイモンド・サレが数十年前に公表した出航表は，ヨーロッパ－日本間の情報の循環について本格的な研究ができるほどの水準には達していない。それでもなお，日本語の読者も，「縮小している世界」が興味深いものであると感じてくれればと願うのである。
　この研究は，当初はヘルシンキ大学・歴史学部の博士論文として公表された。フィンランド文学協会が，それを「フィンランド歴史研究」シリーズの一冊として，2007年に上梓してくれた。私の研究を英語から翻訳してくれた玉木俊明には，感謝せずにはいられない。このテーマに

関する氏の関心と，本書にかける氏の情熱がなければ，この訳者が日の目を見なかったことは明らかだからである。

2013 年 9 月

セイヤ - リータ・ラークソ

目　次

はじめに ………………………………………………………………… v
日本語版への序文 …………………………………………………… ix

第1章　序文 ……………………………………………………… 3
　　本書の目的・研究手法・構造・史料に関する簡潔な説明 ……… 9

第2章　通信の歴史における事業からの視点 ………………… 17

第3章　通信速度の測定──手法と史料 ……………………… 27
　　通信速度と頻度を計測するさまざまな方法への導入 ………… 27
　　事業情報伝達のスピードを計測する手段としての連続する情報の循環 ・38

第4章　1815年以前の外国郵便と通信スピード ……………… 41
　　1815年以前の外国郵便──スピードの発達の背景 …………… 41
　　1815年以前のスピードアップの背景 …………………………… 46

第5章　北大西洋 ………………………………………………… 51
　定期運行という大革新 …………………………………………… 51
　　「定期的な」ファルマス郵便船 ………………………………… 51
　　ニューヨーク–リヴァプールが北大西洋の主要郵便ルートになる … 56
　　定期航路のはじまり ……………………………………………… 59
　　事業情報伝達に対する定期的な郵便帆船の影響 ……………… 74
　風　対　蒸気──闘争の10年間 ………………………………… 84
　　初期の実験 ………………………………………………………… 84
　　大西洋横断汽船事業の開始 ……………………………………… 87

北大西洋郵便契約の起源 …………………………………… 95
　　　初期のキューナードライン ……………………………… 103
　　　初期の大西洋横断郵便運搬会社の競争 ………………… 107
　　　風 対 蒸気——フィナーレ ……………………………… 116
　競争による利益 ………………………………………………… 136
　　　新しい郵便契約ライン …………………………………… 136
　　　キューナードライン対コリンズライン ………………… 139
　　　オーシャンラインとルアーブルライン——忘れられた契約会社 ……… 164
　　　競争と事業情報の伝達 …………………………………… 173
　　　1850年代終わり頃の大西洋横断郵便事業の変化 ……… 175
　　　移民ラインが郵便輸送のシェアを取る ………………… 183
　　　事業情報伝達への影響 …………………………………… 189
　　　開かれた競争——郵便契約をめぐる新しい交渉 ……… 195
　　　栄光を目指して——評判と現実の生活 ………………… 206
　　　事業情報伝達のスピードに何がおこったか？ ………… 220
　　　事業情報と電信 …………………………………………… 225

第6章　西インドと南米 …………………………………………… 249
　風 対 風 ………………………………………………………… 249
　　　民間の郵便事業と政府の郵便事業のどちらを選ぶか——ミクロな事例 · 249
　　　イギリス-ギアナ間の商船による通信の概観（1840年）……… 264
　　　ファルマスの郵便船システム全体の一部としての西インドと
　　　　南米の郵便事業 ………………………………………… 273
　　　南米ルート ………………………………………………… 278
　　　メキシコルート …………………………………………… 286
　　　ファルマスの郵便事業最後の日々——結　論 ………… 288
　帆船から汽船への突然の変化 ………………………………… 293
　　　ロイヤルメールで60の港に ……………………………… 293
　　　南米への長い道 …………………………………………… 318
　国際的競争と電信の影響 ……………………………………… 331
　　　フランスの郵便事業，西インドと南米北岸 …………… 331
　　　フランスの郵便事業——南米 …………………………… 339

パナルート……………………………………………………343
　　　国際競争と西インドにおける電信の導入………………………362
　　　国際競争と南米での電信の導入…………………………………367

第7章　東インドとオーストラレーシア…………………………………381
　　独占の崩壊………………………………………………………………381
　　　EICの独占廃止後の発展…………………………………………391
　　　郵便を運搬する民間の商船──郵便史のなかの忘れられた歴史……395
　　　ニュースを運ぶ商船………………………………………………408
　　　新しい運搬者としての商船………………………………………417
　　　喜望峰ルート経由での汽船と陸上ルートの対決………………417
　　　変化の時間に対する戦い…………………………………………419
　　独占の形成………………………………………………………………429
　　　より良い通信伝達を求めて………………………………………429
　　　ペニンシュラカンパニーの登場…………………………………432
　　　マルセイユ経由……………………………………………………434
　　　混合事業……………………………………………………………435
　　　P&Oへのロイヤルチャーター…………………………………437
　　　インドへのEICの事業……………………………………………441
　　　中国への郵便の航海………………………………………………445
　　　P&Oの郵便独占の開始…………………………………………452
　　　地理的距離──相対的問題………………………………………460
　　さらなる発展……………………………………………………………482
　　　フランスとの競争…………………………………………………482
　　　スエズ運河と複合機関が競争相手を増やす……………………487
　　　南アフリカへの郵便………………………………………………493
　　　電信の導入…………………………………………………………496

第8章　結　論……………………………………………………………501
　　北大西洋…………………………………………………………………503
　　西インドと南米…………………………………………………………505
　　カリフォルニア…………………………………………………………507

東インドと他のオーストラレーシアの目的地……………………509
　　　要　約……………………………………………………………513

第9章　エピローグ………………………………………………………515
　　日本の事例……………………………………………………………520

訳者あとがき………………………………………………………………525
参考文献……………………………………………………………………529
索　引………………………………………………………………………543

情報の世界史

――外国との事業情報の伝達　1815-1875――

第 1 章
序　文

　これまでの研究は，19世紀のあいだに，情報伝達のスピードが，世界のあらゆる場所で急速に上昇したことを示してきた。19世紀以前には，航海の期間と頻度は，それよりもはるかにゆっくりとしか上昇しなかった[1]。急激な発展の主要な要因は，帆船と馬車が汽船と鉄道に変化したことにあった。19世紀中頃に導入され，20年後に大陸間で使われるようになった電信が，最終的に，長距離の情報伝達のスピードを革命的に変化させた。このような展開は，一般には技術的進歩が次々におこったために生じたと説明されるが，現実の世界では，むろん，事態ははるかに複雑である。

　本書のタイトルとして『大洋を越えて——外国との事業情報の伝達 1815-1875』〔日本語訳のタイトルは『情報の世界史——外国との事業情報の伝達　1815-1875』〕が選ばれたのは，航空機や電子情報が登場する以前の19世紀には，海運業と外国との情報伝達が強く結びついていたことは間違いないからである。海事史は，通常，海運業の歴史としてみられる。一方，情報伝達のスピードが上昇することは，通信の歴史として扱われることが多い。なかでも，イルヨ・カウキアイネン，イアン・スティール，アラン・R・プレドが，この二面を組み合わせるこ

---

　1)　以下をみよ。Yrjö Kaukiainen, "Shrinking the world: Improvements in the speed of Information Transmission, c. 1820-1870". *European Review of Economic History*, 5 (Cambridge 2001), 1-28; Ian K. Steele, *The English Atlantic 1675-1740. An Exploration of Communication and Community* (Oxford, 1986); and Allan R. Pred, *Urban Growth and the Circulation of Information. The United States System of Cities, 1790-1840* (Harvard, 1973).

とで，重要な研究をおこなってきた。

このような特徴をもつ研究の出発点となるのは，イルヨ・カウキアイネンの論文である。この論文で彼が示したのは，情報伝達のために一般に必要とされる時間は，電気電信が積極的に使用されるまでの数十年前にわたり，絶えず減少してきたということである。カウキアイネンの論は，「ロイズリスト」により公表された海事情報に立脚している。世界中のさまざまな場所からロンドンに船舶が到着して情報をもたらし，それが公表されるまでに何日間かかるのかを計算した。

興味深いことに，たとえばバルバドスとロンドンの最短の日数は，1820 年に 38 日間であったのが，1860 年にはたった 20 日間になった。同じ期間に，ブエノスアイレス-ロンドン間の日数は，72 日間から 40 日間になった。バルバライソ〔チリ〕-ロンドン間は 109 日間から 49 日間に，さらにニューヨーク-ロンドン間の日数は，23 日間から 10 日間になった。もっとも顕著な変化は，東インドルートにみられた。1820-60 年に，ボンベイ-ロンドン間の日数は 121 日間から 25 日間に，カルカッタ-ロンドン間のそれは 128 日間から 35 日間に短縮した[2]。このすべてが，長距離の電信が利用されるはるか以前におこったのである。大西洋海底ケーブルの敷設に成功したのは 1866 年のことであり，ロンドンとインドが〔電信により〕直接結ばれたのは，1870 年のことであった。〔ロンドンから〕ブエノスアイレスへ電信が直接つながれ，利用可能になったのは，1875 年のことである。

この発展のほとんどについては，当然，帆船から汽船へ，さらにスエズ地峡とパナマ地峡に鉄道が敷設されたことから生じた大きな変化が主要因となったという説明ができる。しかしまた明らかに，この種の変化には，時間がかかった。ネットワーク——海運ルート，定期的な航海，鉄道，運河，電信線——が郵便制度に役立つよう，〔システム全体が〕設立され，そのための資金が提供され，建設され，調整されなければならなかった。新たな革新がおこなわれたとしても，すべてのことがスムースに進むわけではなかった。新たな革新が商業的に成功するまで，何年ものあいだ改良を続けなければならないこともあった。それは，海

---

[2] Kaukiainen (2001), 1-28. 西行き。ニューヨークルートの差異のほうが，卓越風と強い潮流の影響のために，はるかに大きかった。

洋輸送のためのさまざまなエンジン改良の工夫にみられるとおりである。

　すでにこれまでの研究から，かさばる商品の輸送が帆船から汽船へと変化するのは，単に技術的な出来事にとどまるものではなかったこと，さらに数十年もかけて短距離航海から長距離航海へと移行するために，おもに燃料費の節約が必要であったことがわかっている[3]。また，移行期の海運業の費用の展開をめぐっては，とりわけ資本，燃料，労働費用と輸送料が，多数の海事史家によって徹底的に究明された[4]。しかしながら，研究のほとんどは，主として貨物輸送を扱っている。郵便と旅行者のサーヴィスは，それとはかなり異質な事業であり，スピードと規則正しさが非常に重んじられ，（かさばる商品の）輸送料は，ごく小さな役割しか果たさなかった[5]。

　新技術は，旧来の技術よりも実用化と運用のための費用がかかることが常であり，しかも，リスクもより大きい。資金調達は，事業から予想される利益によって左右された。このような実験に興味をもつ企業家や投資家をみつけるには，サーヴィスに対する明確な需要がなければなら

---

[3]　Charles K. Harley, "The shift from sailing ships to steamships, 1850-1890: a study in technological change and its diffusion" in Donald N. McCloskey (ed.), *Essays on a Mature Economy: Britain after 1840* (London, 1971), 215-237. ハーレイの研究は，郵便物と乗客の汽船での事業を対象にしてはいない。それらは，かなり違った市場で競争していたからだ。ハーレイの論文と同様，貨物の運搬能力の急上昇は，1860年代にはじまり，1960年代に終わった1世紀にわたる進化の最終的結果だと論じられてきた。この過程は，基本的に，大きさとスピード，運搬能力と燃料の効率性が，継続的ではあるが少しずつしか上昇しなかったということになる。技術における二つの主要な「革命」とは，長距離を定期的に安価に航行することができる船舶を建造するために，金属を使って造船し，蒸気によって推進力をえることと，コンテナ化の導入から生まれた相互作用であった。Malcolm Cooper, "From *Agamemnon to Priam:* British liner shipping in the China Seas, 1865-1965" in Richard Harding, Adrian Jarvis &Alston Kennerley, *British Ships in China Seas. 1700 to the Present Day* (Liverpool, 2004), 225 をみよ。

[4]　上記のもの以外に，たとえば，以下をみよ。Yrjö Kaukiainen, "Coal and Canvas: Aspects of the Competition between Steam and Sail, c. 1870-1914" in Lars U. Scholl and Merja-Liisa Hinkkanen (eds), *Sail and Steam. Selected Maritime Writings of Yrjö Kaukiainen. Research in Maritime History* No. 27 (St. John's 2004), 113-128. 投資のサイクルと資本・労働コストの展開については，Yrjö Kaukiainen, *Sailing into Twilight.Finnish Shipping in an Age of Transport Revolution, 1860-1914.* (Helsinki, 1991), 73-128 もみよ。

[5]　政府がスポンサーとなった株式会社の財政運営についての的確な概観については，以下の書物に見いだされる。Francis E. Hyde, *Cunard and the North Atlantic, 1840-1973. A history of shipping and financial management* (London 1975).

なかった。カリフォルニアやオーストラリアなど，世界の事業の中心地から離れた地域では，定期的な通信サーヴィスを享受するには，ゴールドラッシュを待たなければならなかったのである。

　ふりかえってみれば，情報伝達のスピードをめぐる議論では，長距離の郵便業務において，とりわけ新聞と企業などを頻繁に利用するユーザーのさまざまなニーズに対しては，関心が寄せられてはこなかった。新聞ができるだけ速く緊急のニュースを入手することは，きわめて重要であったし，競争相手を負かすために特別の協定が結ばれることが多かった。一方向からの情報伝達の速さは，商人の観点から重要であったことも間違いないが，両方向に効率的に働くシステムも商人には必要であった。だからこそ，本書のサブタイトルに単に「情報伝達」や「市場情報の伝達」ではなく，「事業情報の伝達」という用語を挿入したのである。企業が，たとえば電信などがもたらす利点のすべてを利用したことはたしかであるが，郵便による伝達は，常に物理的に必要とされた。本書は，事業情報の伝達を論じる。すなわち，この時代に，新しい制度がどのようにして導入され，発展し，商会とその貿易相手が，さまざまなニーズに応じるために，成長する世界の通信ネットワークをどのように利用したのか，ということを考察の対象にするのである。

表1　新聞と企業の情報伝達に関する性質の相違

	一般的情報の伝達	市場情報の伝達	事業情報の伝達
主要なターゲットとするグループ	新聞	新聞と企業	企業
特別なニーズ	最初にニュースを入手したものが勝者になる	最初にニュースを入手したものが勝者になる	素早く反応する可能性も重要
内容	一般的な関心を引くあらゆるニュース	市場状況，価格の変化などのニュース	ビジネスパートナーや代理人間の市場情報・事業資料・私信など
通信手段	伝書鳩・電信などを含む可能なかぎり速い通信手段	伝書鳩・電信などを含む可能なかぎり速い通信手段	物的資料を運ぶために適した最速の通信手段

　新聞と企業以外に，利害関係がある第三の大きなグループがある。すなわち，情報をすぐに伝達しなければならない政府と軍隊のニーズである。行政文書も軍艦で運搬される以上，本書では扱われない。例外は，

以下のように，軍艦も通常の郵便物を扱った場合である。たとえば，1830-57年の東インドの郵便ルートの一部としての地中海での事例や，軍艦が，何らかの理由で，海軍省の管轄にあったファルマスの郵便船に取って代わりつつあった場合である。私信は，商業文書と同じように運ばれたが，いちいち注記することなく論じられる。

本書は，郵便輸送の発展の研究であるので，特定の商会のネットワークや運ばれた郵便物の内容について論じるつもりはなく，二，三の事例しか扱わない。

実業界では，情報のフローは，多数の契約から成り立つことが多い。貿易では，一方向から速く情報を流すことが重要だが——たとえば，市場状況の変化に関するニュース——，状況にすばやく反応する可能性は，少なくともそれと同程度に重要である。外国との事業は，大洋を横断して行き来する多数の郵便物によって成立した。注文をする前に，市場状況と価格について知ることは重要であるにとどまらず，いつどの船で貨物が運ばれるのかということを知る必要あり，船荷証券が出荷の確認をするために送られ，為替手形が，支払いのために送られなければならなかった。

さまざまな企業と代理人と定期的に通信することが，おおむね一年中いつでも必要とされた。代理人の役割については，近年，ヤリ・オヤラなどが明らかにしている。彼によれば，情報が絶えず流通する状態にあることは，企業だけではなく，きわめて大切な市場情報を獲得するためには不可欠であるだけではなく，取引しようとしている当事者間の信頼を勝ち取る重要な手段であった[6]。

通信速度が上昇することは，多数の商業・金融業・海運業の事業運営にとって，非常に重要であった。情報伝達の速度が上昇すると，資本移動は速くなり，世界の貿易に直接影響を及ぼした。あるいは，ヴィクトリア時代のイングランドにみられたように，「郵便による通信が増えるなら，……取引相手国との関係が増し，商業が活発になり，イングラン

---

[6] Jari Ojala, "The Principal Agent Problem Revisited: Entrepreneurial networks between Finland and 'world markets' during the eighteenth and nineteenth centuries" in Margrit Schulte Beerbühl and Jörg Vögele (eds.), *Spinning the Commercial Web. International Trade, Merchants, and Commercial Cities, c. 1640-1939* (Frankfurt –am-Main, 2004).

ド資本の投資を増加させ，活動的な中流階級のイングランド人の定住をうながす。これらのすべてが源泉となって，イングランドの富と豊かさが増加するのである」[7]。

経済成長が，どの程度通信の改良にもとづいていたのかを示すことは困難であるが，この二つのあいだに関連性があったことは明らかである。また，輸出の成長は，長距離の郵便通信のための制度を創出し，改善する必要性と，明確に関連していたようである。

イギリスとアメリカでは，商品輸出額は，1820-70年に10倍に伸びたし，他の多くの国々もそれに近い伸びを示した。19世紀初頭のイギリスは，最初に産業革命を遂行したために他国よりもはるかに経済力があったが，本書で取り扱われている時代においては，現実の数値はそれよりはるかに印象的な伸びを示した。1870年には，イギリスの商品輸出額は，アメリカ，フランス，ドイツをあわせた額に匹敵した。しかも，インドのような植民地は，除いた数値である[8]。

表2　固定価格に換算した商品輸出額 1820-70年
（100万ドル 1990年を基準とする）

	1820年	1870年
イギリス	1125	12237
フランス	486	3512
アメリカ合衆国	251	2495
ドイツ	-	6761

出典）　Maddison, 236-237.

1820年には，イギリスの主要な経済部門の雇用は，他国とは顕著に違っていた。農業，林業，漁業が37.6％を雇用し，鉱業，製造業，建築業，公益事業が32.9％を雇用しており，サーヴィス業がすでに29.5％を雇用していた[9]。サーヴィス部門には，金融業と海運業が含まれた。このどちらも，情報伝達の速さこそが生命線であった。19世紀の

---

7)　Sir Charles Wood by Michael Pearson in *The Indian Ocean* (London, 2003), 203 からの引用。

8)　Angus Maddison, *Monitoring the World Economy 1820-1992. OECD Development Centre Studies* (Paris 1995), 236-237.

9)　Maddison, 39. また, James Foreman-Peck, *A History of the World Economy.International Economic relations since 1850* (Sussex, 1983), 18-21 をみよ。

イギリスは，外国への資本の投資国として世界でも指折りの存在であり，1830年まではヨーロッパとラテンアメリカが主であったが，それ以降はアメリカとインドの運河と鉄道建設への投資を増大させた[10]。

1870年には，農業部門は，イギリスの雇用の四分の一未満（22.6％）しか占めておらず，42％以上が工業，35％がサーヴィス部門であった。同年に，フランスとドイツでは，農業は依然として雇用の半分近くを占めており，事業活動が北東部沿岸部の大都市に集中していたアメリカでは，70％もあった[11]。

これらの数値に照らすと，事業情報をより速く伝達することが，とりわけイギリスの利益につながったのは不思議ではなかった。比較可能な経済構造をもつ他国の事業情報の伝達速度が，イギリスと同程度である必要はなかった。潜在的に，イギリス人には，石炭・鉄，さらに汽船の事業を発展させるための，技術的知識があった。市場向けの新資本を創出した製造業の一部門があり，航海にかかわる労働コストは許容範囲であった[12]。しかも，長期にわたり，イギリス郵政省（British Post Office）が所有する郵便帆船による外国宛の郵便業務の伝統があった。それは，1689年にファルマス－リスボン間で開始されていた。

本書の目的・研究手法・構造・史料に関する簡潔な説明

本書の目的は，世界でもっとも重要な郵便ルートで利用された情報伝達が，1815-75年の事業においてどの程度効率的だったのかを探究することにある。いくつかの具体事例の検証からも，これらの事業の現実の効率性がわかる。

むろん，こんにちの基準で，19世紀の郵便業務の効率性を判断することはできない。こんにちでは考えられないほど遅かったとしても，当

---

10) A.G. Kenwood and A.L. Lougheed, *The Growth of the International Economy 1820-1980* (London 1985), 40-45 をみよ。

11) Maddison, 39.

12) たとえば，1860年代には，健康な肉体の乗務員の給与は1カ月あたり3.1ポンドであった。これと比較して，旧イギリス領北米は6.0ポンドであった。ヨーロッパの平均は2.8ポンドであったが，たとえばフィンランドとノルウェーでは2.0ポンドであった。以下をみよ。Yrjö Kaukiainen, "Finnish sailors, 1750-1870" in Lars U. Scholl and Merja-Liisa Hinkkanen (eds), *Sail and Steam.Selected Maritime Writings of Yrjö Kaukiainen. Research in Maritime History* No. 27 (St.John's 2004), 19.

時の環境では十分に速かったかもしれないし，非常に速かったことさえありえるだろう。だから，郵便業務発展の測定手段として，スピード，頻度，規則性，信頼性などで判断するしかない。これらの基準のなかでは，信頼性の扱い方がもっとも難しい。本書では，航海の規則性，さらに難破数をもとに海運の安全性について観察し，航海情報伝達という観点からの考察を試みる。安全性も規則性も，さまざまな会社で大きく違った。

本書が対象とするのは，時代的には60年間であり，さらに世界でもっとも重要な貿易ルートのいくつか，商船，そして郵便船と数カ国の郵便汽船による多様な郵便輸送事業である。それゆえ，系統的で同一の単位を用いて事業情報の所要時間を測定するために，特殊な方法を考案した。

多様な通信手段によって，連続する情報の循環 consecutive information circulation を計算することが可能になった。そのため，ここで取り上げられている時代において，事業情報の伝達のために利用可能な最良の選択肢が何であるのが明確になった。通信の発達は，異なった時代の数値を比較すれば，たやすく理解できる。はっきりとした像を描くために，数社の商会による商業書簡を利用し，郵便の歴史的研究をおこない，現実にそれがどう機能したのかを明らかにする[13]。歴史的状況への調査に力点がおかれるのは，事態が変化した理由と方法を理解するために欠かせないからである。

この時代には，世界の貿易の多くはイギリス人の手にゆだねられていたうえに，もっとも重要な長距離の郵便ルートは主としてイギリスとその（旧）植民地ないしそれ以外の主要な貿易相手とを結ぶものであったので，本書のアプローチが，イギリス中心になっていることは避けがたい。とはいえ，航海データが残っているアメリカ，フランス，ドイツの汽船会社の外国向け郵便業務も研究対象となる。注目すべきは，これら

---

[13] 郵便の歴史的研究では，手紙の内容ではなく，郵便印と手押印に焦点をあてる。内容に注意が払われることがほとんどないのは，情報が伝達される環境に光を投げかけたいからである。第2章で説明されるように，本書は商業ネットワークを扱ったものではなく，本書で取り扱われている時代に，事業情報の伝達システムがどのように発展したのかを論じている。

の国々の事業はイギリスよりずっと後からはじまったが，その多くが，短期間しか続かなかったことである。

　1840年以前に，イギリス郵政省の郵便帆船がイングランドから北米と西インド諸島，南米に郵便物を運んでいた。その一方，インドへのルートは，独占が廃止されるまで，東インド会社が責任をもった。1820年代と1830年代には，北大西洋の郵便物のほとんどは，商業用のアメリカ郵便帆船が運んだ。1830年代末に，イギリス郵政省が，三つの重要な郵便物に関する契約を結んだ。一つは，イングランドからハリファックス（ノヴァ・スコーシア）とボストンまでのルートに関して，キューナードラインと結んだ契約であり，1840年に開始した。次は，西インドへの事業をおこなうロイヤルメールラインであり，1841年に開始した。第三は，地中海とスエズを経由してインドにいたる事業であり，P＆O〔Peninsular and Oriental Steam Navigation Company〕と契約を結び，1840年から徐々にはじまった。ロイヤルメールラインは，1851年に汽船による南米への郵便業務を開始した。そしてP＆Oも，その後，アジアとのネットワークを目覚ましく拡大した。

　北大西洋をめぐるアメリカ内部の競争は，1850年代には非常に激しかったが，1857年以降急速に弱まった。アメリカ議会が，郵便汽船会社への援助を終わらせる決定をしたからである。南北戦争ののち，アメリカ政府の利益は，主として運河や鉄道などの国内のインフラを発展させることにあったので，外国貿易は，それと同じようには発展しなかった。

　フランス汽船会社に政府助成金を提供するという1847年の短期間の実験を除けば，フランス人は，長距離ルートへの郵便業務は1860年代まで編成しなかった。ドイツの汽船会社であるハンブルク–アメリカ・ラインと北ドイツロイド〔NDL〕は1850年代に設立されたが，重要性を増すのはそれ以後，南北戦争をへて北米への移民が拡大し，航海の頻度が増えたときのことであった。このように明確な理由があるため，本書でさまざまな郵便業務と郵便会社にあてられる紙幅は，事業が存続していた時代の長さに大きく左右される。電気電信は，本書の観点からは，なかなか視野に入ってこない。事業情報の道具として，電信の重要性が顕著に増大するのは，本書が扱うよりのちの時代の19世紀末であ

り，この頃，電信を利用する際の価格が適度な水準にまで低下したのである。

　ジョン・J・マカスカーは，商業印刷の全般的歴史を要約し，過去5世紀におよぶ「情報革命」を三つの用語にまとめた。「より良く，より速く，より安く」である[14]。しかしながら，情報のコストに関する問題は，そこではあまり取り扱われてはいない。多様な郵便業務に関して，使用者からの観点だけではなく，郵便物を運ぶ海運会社と，郵便事業の契約をして，郵便業務に金を支払う政府の視点もあろう。

　本書で扱われる時代──万国郵便連合（Universal Postal Union=UPU）が誕生する以前──は，外国宛の郵便物に関する統一した制度はなく，二国間の双務的郵便条約が存在していただけである。条約の内容は多様であり，ここで対象となる何十年にもわたって何度も再交渉された。郵便料金は，場合によって大きく変わった。それは，手紙が運ばれる（民間あるいは政府の郵便配達人）船舶，使用ルート，さらに手紙が輸送される場合の郵便契約，航海の最初と最後のあいだにある国内航海の長さによって変わったのである。同じ時代であっても，郵便物を送る方法を変えれば，費用も違った[15]。さらに，19世紀前半には，手紙の費用を支払うのはほとんどが受取人であり，受取りの際に支払った。郵便という手段を選んだ送り手が支払ったのではない。

　経営者──郵便配送会社──の視点からは，通信速度が上昇すれば，コストは増える。汽船を建造し操作する費用は，帆船の何倍もかかる。しかも，汽船が新しく，そして速くなることが，競争相手と対抗するために絶えず必要とされた。また，海底ケーブルを敷設するには，多額の費用がかかった。多くの企業が失敗し，ごく僅かが成功した。政府にとっては，郵便物に関する契約はいつも財政的負担になり，繰り返され

---

14) John J. McCusker, "The Demise of Distance: The Business Press and the Origins of the Information Revolution in the Early Modern Atlantic World" In *The American Historical Review,* Vol. 110, Number 2, April 2005, 295-321.

15) この時代の郵便料金について，いくつかの卓越した郵便史研究がある。以下をみよ。George E. Hargest, *History of Letter Post Communication Between the United States and Europe 1845-1875* (Massachusetts, 1975); Jane Moubray & Michael Moubray, *British Letter Mail to Overseas Destinations 1840-1875* (London, 1992); Richard Winter, *Understanding Transatlantic Mail,* Vol. 1. (Bellefonte, PA, 2006).

る政治的議論の主題となった。

　主題が大きく膨らむので，情報伝達の費用は，ここではさまざまな側面を表す事例としてしか触れられない。本書の意図は，おもに次の問題に対する解答を提示することにある。すなわち，19世紀の世界的な事業情報の伝達を編成する点で，「革命」が存在したのかということである。さらに，もしそうだとすれば，現実に，いつ，何がおこったのか，ということである。

　事業情報に関するこれまでの研究は第2章で，情報伝達の速度を測定するさまざまな手法と史料の使用法は，第3章で論じられる。1815年以前の外国郵便制度の導入と通信速度の発達は，第4章で提示される。

　本書は，1815年のナポレオン戦争が終わった時代から1875年のUPU結成までを扱う。UPUにより，世界の郵便制度と料金の規則が最終的に統一された。それゆえ，二つの重要な移行期が含まれる。外国への郵便輸送における帆船から汽船への移行と，大陸間電信の導入である。

　本書の目次の主要部分（第5-7章）を構成するために，少なくとも二つの方法がある。第一は，時代順のアプローチである。

　　帆船　対　帆船
　　帆船　対　汽船
　　汽船　対　汽船
　　汽船　対　電信

　二つの移行期を含めて，外国とのさまざまな通信手段の時代区分について，さらに地理的側面から調査するべきかもしれない。しかし，それぞれの主要な貿易ルート通信の長期的発達に対する読者の理解をより容易にするために，別のアプローチが選択される。通信スピードの発展は，北大西洋，西インド，南米，パナマ，東インド，中国，オーストラリア，南アフリカで，ルートごとに調査される。これらが，興味深い主要な地域だからである。これこそ正しい研究方法だと思われるのは，郵便制度の改善が同時に生じたのではなく，それぞれのルートが独自の性格をもち，歴史的背景，経済的重要性，地理的配置，技術的挑戦などに

大きく影響されていたからである。

　利用可能なすべての史料を用いるなら，郵便物を運ぶ船舶の航海データは，さまざまな時代に外国との事業情報伝達が組織化される方法についての一般的質問のほとんどに解答を与える。したがって，出航表は，学問的調査ではほとんど知られていないが，本書の基盤を形成するために選択された。郵便史家は，数十年にわたって，さまざまな新聞から郵便物を運ぶ船舶に関する航海データを収集し，すべての情報を，包括的なリストに編成してきた。切手収集家に役立たせるためであった。彼らは，収集した手紙の真贋を裏づけるために，この種の正確な情報を必要とした。

　公刊されたリストに含まれるのは，1815-40年に，郵便船がファルマスからハリファックスとニューヨークに，さらに南米には1850年末まで航海したものである。このリストはさらに，1838-75年に関する，30社以上の北米の郵便船を含む。ロイヤルメールラインによる西インドへの郵便汽船事業は，1841年から続いた。南米へのイギリスの郵便汽船すべての契約事業は，1851年から開始された。フランスの事業は，1860年代初頭にはじまった。公刊リストはまた，1840年代からP&Oの多様なルートを扱うようになった。少しだけ事例をあげれば，1830-57年には，イギリス海軍の地中海での活動，1850年代初頭のアメリカ沿岸の汽船による事業がある。

　航海数のリスト化がもたらす印象はどういうものだったのか。それは，ウォルター・ハドソンとリチャード・ウィンターの手になる，きわめて有益な『北大西洋の郵便船　1840-1875』をみれば理解できる。これだけで，約1万4000回の大西洋横断航行がわかり，船舶の出港地と航海日数から，到着に関する詳細事項まで書かれている。短期間の停泊港も含まれており，遅れは，注意書きに記されている[16]。リストには，代理人や輸送会社が旅行する以前に公表されたスケジュールがそのまま書かれているわけではなく，新聞が公表した現実の航海データが載せられている。それゆえ，現実に何がおこったのかが描かれているのである。帆船と汽船の時代では，スケジュールと実態とは大きく違うことが

---

16)　Walter Hubbard & Richard F. Winter, *North Atlantic Mail Sailings 1840-1875* (Ohio 1988), passim.

珍しくはなかった。

　多くのことが書かれてはいるが，公刊された航海データには欠落もある。本書の著者は，ファルマスの郵便船航海で，西インドや中米に向かった出航表を発見することはできなかった。アメリカの郵便帆船の出港日と到着日も公刊されていない。歴史家ロバート・アルビオンは，著書『スケジュールに関する横帆艤装船』[17]で，4000隻以上の西航での航海に必要な時間について一隻ごとに計算したが，決して現実の航海の日付を公刊することはなかった。しかもまた，商船も郵便物を運んでいたにもかかわらず，航海データは，商船の航海から系統的に収集されることはなかった。

　本書に必要な航海データがすでに公刊された郵便物の歴史的史料に見いだせない場合には，データは「ロイズリスト」から収集された。それを，「リヴァプール税関通関申告書」を用いて，数年分二重チェックした。ファルマスとアメリカの郵便帆船事業に関して新しくわかったこまごまとした事柄に加えて，本書には，以下のものを取り入れた。まず，1840年のイギリスとイギリス領ギアナのあいだを航海した商船航行リストの600の記録がある。さらに，1832年1月から1834年6月まで，イングランドからインド，中国，東南アジア，オーストラリアへの航海途上に存在した約20の港に停泊した400隻近いイギリス船が往復航海したときのすべての寄港地の記録がある。それに記載された日付は，2000以上ある。

　郵便の輸送の時間そのものと，手紙を書いて受け取るまでの全行程の時間の差異を見いだすために必要な商業書簡の郵便史的研究も，本書には含まれる。そのため，いくつかのリヴァプールとロンドンの商会，そして栄誉あるイギリス東インド会社の外国との通信が研究され，それぞれの航海データと比較されている[18]。

---

　17)　Robert Greenhalgh Albion, *Square-Riggers on Schedule. The New York Sailing Packets to England, France, and the Cotton Ports* (Princeton, 1938).
　18)　リヴァプールは，三つのアメリカの郵便帆船ラインを有し，毎週大西洋横断の事業をし，もっとも重要な大西洋横断郵便汽船会社（キューナードライン，コリンズライン，インマンライン，ホワイトスターラインなど）のある港の一つであり，1820-70年には，北大西洋の通信でもっとも重要な情報のハブであった。たとえば，西インド諸島，南米，東インドとの事業に関しては，ロンドンについで第二位の港であった。商業書簡は，ここでは主と

史料は，次の商会の書簡を含む。

- Sandbach, Tinne & Co., 1825-1870（West Indies – Liverpool）
- Thomas and William Earle & Co., 1836-1870（West Indies – Liverpool）
- Rathbone Bros & Co., 1841-1870（North Atlantic）
- Daniel Williams, 1854-1870（South America – Liverpool）
- Henry Eld Symons, of Kirkdale, 1857-1858（South America – Liverpool）and 1857（Australia & New Zealand – Liverpool）
- The East India Company, 1832-1833（India – London）
- Frederick Huth & Co., 1836-1850（North America – London）

分析された手紙の総数は，2000通を越える。公刊された出航表については，参考文献の "Printed sources with important sailing data" をみよ。

して切手収集家の見地から選択された。受け取った封筒の上に消印があったはずである。たとえば，手紙の送り主の複写記録（それは，通常，ネットワーク研究で吟味される通信の大部分を形成する）は，この観点からすると無価値である。それ以前には，手紙は，封筒の中ではなく，単に丸め折り重ねられ，封印されただけである。このような場合，郵便印は，受け取った書類の裏側には押されなかった。その後，内身だけが残されることが多かったが，不必要な封筒は，会社によって処分されたり，商人の一家の子孫あるいは事業に関係する人々によって封筒が切手市場に売られた。多くの史料が，戦争，火災，合併などによって失われた。このようなことすべてが，とくに郵便史研究のために好都合な商人書簡を発見する可能性を制限したのである。東インド会社の場合には，手紙は，郵便印なしで束にして運ばれた。しかしながら，インド館の事務員は，一通一通の手紙の到着日と手紙を乗せた船舶名を記録していた。このような情報を利用することで，「ロイズリスト」で公表された航海データを用いると，情報伝達全体の所要時間から，それぞれの航海にどれくらい時間がかかったのかがわかる。これらの商業書簡と，他の史料にもとづき現存する航海データを比較するなら，当時の事業の現実の姿がわかるであろう。

第 2 章

通信の歴史における事業からの視点

　通信の歴史のなかで，本書はどのような位置を占めるのであろうか。明らかに，通信の歴史は，いくつかの異なる視点から考察することができる。ざっとあげただけでも，輸送，ジャーナリズム，郵便，郵便制度，私的ネットワーク，さらに，通信速度の発展の歴史として理解することができるかもしれない。

　しかも，情報伝達の歴史には，それらとは異なる観点もある。おおまかには，私的接触と公的な通信に分類できる。どちらの場合も，情報は話された形態ないし書かれた（ないし印刷された）形態で，多様なネットワークないし公共の輸送と配送システムを通じて伝達される。

　トレーダー——マーチャント，代理人，仲介人，銀行家，船主，アンダーライターなどの実業家，さらには女性であれ——は，個人で活動し，毎日の生活であらゆる種類の私的通信を利用した。彼らはまた，公的通信をかなり多く利用したし，その内容に関係することもあった。原則的には，どういうものであれ，通信には，事業の側面がある。

　現実におこなわれていた私的・公的情報伝達について少し紹介することが，読者には有益であろう。このどちらの「カテゴリー」も，地域から外国にまで広がるだろうが，それぞれ強調すべき点は異なるであろう。

　例をあげよう。グレイム・J・ミルネは，ヴィクトリア時代のリヴァプールの商人コミュニティの情報の序列を研究した。すなわち，社会のどのメンバーがどのような種類の情報を入手し，そのためにいくらかかり，さらにその情報を行き渡らせたり制限したりするために，制度がど

のように形成されるか，ということを研究したのである[1]。このアプローチには，私的・公的通信のあいだの境界についての疑問も含まれる。ミルネが述べたように，経済理論ではしばしば周辺に追いやられているが，あらゆる種類の情報が，19世紀の商業の中心的な関心事であった。したがって，たとえば，情報には費用がかかり，利益，不確実性があるものとしてとらえ，情報をこの三作用の歴史分析の中核におくなら，強力ではあるが，ときには非歴史的な古典派経済学よりも適正な疑問を投げかける研究手段となる[2]。

　ほかにも数名の歴史家が，近年，特定の商会や商人コミュニティの私的ネットワークについて研究している。一事例として，シェリリネ・ハジェルティが，18世紀後半のフィラデルフィア-ロンドン間の事業環境に関する情報の船による伝達を研究した。彼女が記したのは，さまざまな通信手段が商人に利用可能であり，リスクを評価，管理，減少させることができたということである。個人では対処できない状況が拡大する局面において，新聞は，情報を供給する点で決定的に重要であった。事業を記録し方向づけるだけではなく，ゴシップの紹介と伝達に対しても，私信の形態で書かれた言葉も重要であったし，人々の評判を維持するという点で，きわめて必要度が高かった。ハジェルティは，コミュニケーション分野を印刷され，書かれ，話された言葉と，さらに宗教，家族，交友関係という四つの範疇に分けた[3]。

　ゴードン・ボイスは，より経済的観点から，この理念を活用し続けた。事業，家族，宗教的・政治的絆がしばしば混在した商業コミュニティが，巨大企業に対しさえ，必要な情報と資本を提供した。イギリスの港の複雑な商業コミュニティ内部では，基本的なネットワーク機構が適切に働いたため，長期にわたり，より大規模な活動に必要な個人間の知識，互いの利益を創出し，さらに評判を高めることにつながったので

---

1) Graeme J. Milne, "Knowledge, Communications and the Information Order in Nineteenth-Century Liverpool", *Forum: Information and Marine History, International Journal of Maritime History,* Vol. XIV No.1 (2002), 209-224.

2) Milne (2002), 224.

3) Sheryllynne Haggerty, "A Link in the Chain: Trade and the Transshipment of Knowledge in the Late Eighteenth Century", *Forum: Information and Marine History, International Journal of Maritime History,* Vol. XIV No.1 (2002), 157-172.

ある[4]。

　地域の事業環境においては，事業の協力者や協力者とはならない人々などの信頼性と評判が，書簡，事件やアソシエーションへの関与を含めて，さまざまな公式・非公式の事業活動の点から，顕微鏡的な細かさで研究された。外国の事業機会に関して考察するなら，外国人パートナーの評判が，非常に重要であった。ありとあらゆる手段を講じて，事業情報を最新のものにするために，もっとも信頼のおける関係が維持し続けられた[5]。

　フィンランドにおいては，ミカ・カリオイネンとヤリ・オヤラが，最近，外国貿易に従事した特定の商家の事業の通信ネットワークを研究した[6]。イギリスでは，たとえばグレイム・J・ミルネの『ヴィクトリア時代中期の貿易と商人』が，このトピックのいくつかを扱っている[7]。また，リヴァプール大学で，「商人のリヴァプール」という名称の巨大プロジェクトが継続中である。これは，量的・質的研究をあわせたもので，1851-1911年のリヴァプール商人のネットワークをおおむねカバーしている。カレヴィ・アホネンも，アメリカの商会の書簡を多数利用し，アメリカとロシアのバルト海岸との貿易を扱い，さらに大西洋の両側における情報入手の困難性について論じた[8]。

　商人のネットワークは，別の角度からも研究できる。最近の適切な事例は，ミカ・カリオイネンの『ネットワークにもとづく情報』である。本書は，トゥルクを基盤とする19世紀中頃の商会のネットワークをカバーしている。ネットワークは，以下の四つの分類にもとづく。1）科学技術。すなわち，新たな形態の通信，その適用，情報伝達速度の進歩

---

　4)　Gordon Boyce, *Information, mediation and institutional development. The rise of large scale enterprise in British shipping, 1870-1919* (Manchester, 1995), 32-39.

　5)　Mika Kallioinen, *Verkostoitu tieto. Informaatio ja ulkomaiset markkinat Dahlströminkauppahuoneen liiketoiminnassa 1800-luvulla* (Helsinki 2002), 90-96, 113-115, 200.

　6)　後者に関しては，以下をみよ。Jari Ojala, *Tehokasta liiketoimintaa Pohjanmaan pikkukaupungeissa. Purjemerenkulun kannattavuus ja tuottavuus 1700- ja 1800-luvulla* (Helsinki 1999), especially 311-332, 440-441.

　7)　Graeme J. Milne, *Trade and Traders in Mid-Victorian Liverpool. Mercantile business and the making of a world port* (Liverpool, 2000), passim.

　8)　Kalevi Ahonen, *From Sugar Triangle to Cotton Triangle. Trade and Shipping between America and Baltic Russia, 1783-1860* (Jyväskylä, 2005), 163-168 をみよ。

である。2）社会的相互関係の手段としての通信と，情報チャネルとしてのネットワークである。3）通信の文化的基盤，信頼，国際的「企業家文化」である。4）事業活動，コンテンツ，利用可能性，有益性の情報である[9]。視野をかなり広げたとしても，商会は本書でかなり大きなスペースを占めるので，公的な通信という側面は扱わない。

私的ネットワークに加えて，さまざまな種類の公的な通信をカバーする重要な研究がある。一般的ニュースの流通，初期の新聞，郵便配達，通信のスピードである。

イアン・K・スティールの『イングランドの大西洋』[10]には，初期の外国情報の伝達をめぐる興味深い視点が含まれている。スティールは，1675-1740年のイギリス領アメリカを四つの主要な地域に区分する。これらの地域は，それぞれ独自の方法で，母国と情報をやりとりした。西インド諸島への砂糖のルート，チェサピークへのタバコのルート，フィラデルフィア，ニューヨーク，ボストンへの西方ルート，カナダへの北方ルートは，すべてに，特徴的な交通と情報のフローがあった。スティールの作品は，海上輸送（「ニュースをもたらす船舶」），郵便ルートと郵便局の発展，新聞，郵便船事業，重要な歴史的出来事に続くニュースの流通に関する事例をカバーする。しかも，スティールは，移民と病気，たとえば天然痘と黄熱病も同じルートを通って広がったことを記している。

それとは別に，情報伝達の速度に関して広範囲におよび，同程度に興味深い研究を描いたのは，アラン・アレン・プレドである。彼の『都市の成長と情報流通』は，主としてアメリカの都市間の情報伝達の発展に焦点をあてているが，情報のフローが，最後の「電信前時代」の半世紀に進んだ点を広い視野からとらえている。プレドの研究は，新聞，郵便業務，沿岸交易，都市間の移動を通じた情報の普及，および革新と病気の拡散をカバーする。大都市の順位の安定性に関する彼のモデルは，とりわけ興味深い[11]。

スティールがアメリカの北東海岸の都市システムだと描写したもの

---

9) Kallioinen, 20 をみよ。
10) Pred, passim.
11) Steele (1986) passim.

は，イギリスの主要な都市とかなり似ている。都市の中間商人（たとえば，輸入業者，海運業に従事する商人），代理商としての中間商人（たとえば競売人，仲介人，委託代理商，仲買人）と小売商人が，資本を蓄積するのにもっとも重要な人々であったが，いわゆる製造所でさえ，小規模な生産と小売業ないし卸売業の機能を組み合わせたり，修理事業を提供することで，資金を獲得した。このシステムに含まれるのは，後背地の生産物の沿岸部と地域間での流通，地域間および外国からの輸入品の後背地と沿岸部での流通，後背地の商品の外国への輸出，貿易商品の再輸出であった。卸売の貿易システムが都市経済を支配していたが，この機能の相対的重要性は，時代と都市によってさまざまであった[12]。この時代にはある地域の都市システムが発展すればするほど，事業情報の伝達スピードが重要になった。

　ジョン・J・マカスカーが近世イタリアと1775年以前のイングランドの商業印刷に関する研究で示したように，印刷された事業通信の歴史は，古代にまでさかのぼる。イタリアなどのヨーロッパの商業拠点で発行された初期の金融・商業新聞に関する彼の論文は，1780年代以前の2世紀半以上を扱っている[13]。

　18世紀の転換期に，ロンドンで毎週発行された商業・金融新聞は，基本的に四つのタイプに分けられる。「税関申告書」，「商品価格書」，「海事リスト」，「為替相場表」である。「税関申告書」は数百部印刷され，毎日発行された。これらの新聞は，商人が個人で購読しただけではなく，ロンドンのコーヒーハウス，政府の機関なども買い求めた。商人はまた，外国の取引先との定期的な通信のために新聞を購入した[14]。

　商業新聞は，全国紙とともに，大きく広まった。大量のヴェネツィア発行の商品価格表が，オランダの文書館で発見されるし，多量のアムステルダムの価格表が，インドネシアで発見される。イギリス郵政省は，最新の「ロイズリスト」のニュースをロンドン郵政省本部で優先的に受

---

　12) Pred, 189.
　13) John J. McCusker, "The Italian Business Press in Early Modern Europe" and "The Business Press in England before 1775", in McCusker, *Essays in the Economic History of the Atlantic World* (London, 1997), 117-176 をみよ。
　14) McCusker, 149-172 をみよ。

け取り，郵送される新聞はすべて，長期間，郵便料金が不要で印紙税がかからなかった[15]。

マカスカーによれば，「商業情報をより速く流通させれば，実業家が，市場の状況により速く対応できる」けれども，新聞は，「同日の午後ないし夕方に収集され，公表され，流通され，そして発送される情報で一杯であった。これらの商業新聞は，価格などに関するニュースを，以前よりはるかに速く送った」のである[16]。

しかしながら，現実には，船長や旅行者の誰かに手渡した新聞を，次の帆船よりも速くインドネシアに輸送することはできなかった。すなわち，ニュースが急いで「郵送」されてから，5カ月近い遅れが生じたのである。中欧では，郵便馬車が，通常，ある国から別の国へと，2週間未満でニュースを運んだが，距離によってそれは変わった。

マーチャントであれ，代理人であれ，仲介人であれ，仲買人であれ，商人と呼ばれる人にとって，情報のスピードがそれほど重要だったのはなぜだろうか。市場の変化，——価格，為替相場，株価の上下——について最初に知った人が，当然，金を稼げたからである。大西洋を横断する綿貿易が，投機に影響される典型的なものであった。ニューヨークの商人が，ふつうは，リヴァプールの綿の劇的な変化を知る最初の人々であった。彼らは，チャールストン，サヴァナ，モビール，ニューオルレアンの市場を，たびたび情け容赦なく蹂躙した。一方，これらの都市の利益は，ニューヨークのニュースを南部で最初に入手することにあったので，すぐに故郷にもどり，価格調整という言葉が人々の口にのぼる以前に，商品を購入することができた。同様に，ニューヨークの商会から急いで送られた代理人は，フィラデルフィア，ボルティモアなどの大都市で物価変動が生じる初期のニュースをたびたび利用することができた。これらの都市の企業家は，それぞれの後背地で，しばしば同じ過程を繰り返した[17]。この種の貿易においては，電信の衝撃はもっとも大きかった。

---

15) 以下をみよ。McCusker, 138-139; Charles Wright & C. Ernest Fayle, *A History of Lloyds, from the Founding of Lloyd's Coffee House to the Present Day* (London 1928), 73-74.

16) McCusker, 139.

17) Pred, 221 をみよ。

19世紀中頃にはじまった電子通信は進歩したけれども，ほとんどの事業活動には，なおも書類が物理的に移動する必要があった。それは，ファックスとインターネットの時代まで続いた。イルヨ・カウキアイネンが指摘したように，通信の進歩は，すでに情報とかさばる商品の移動のあいだにあった速度差を拡大し，商品が到着する以前に貨物を売る機会を商人に提供したのである。特定の船舶に載せる特定の商品の証明書である船荷証券は，通常は船長が署名し，法的には現実の積荷を守った。この書類は，高速の郵便汽船によって到着港に送ることができ，商品の受領者は，船舶が現実に入港する以前に，さらに契約することができた[18]。通貨の持ち主は次々に変わった。

事業の契約がなかなか進まなかったとしても，商人ができるだけ速く配達し，購入することから利益を獲得することが可能になったのは，商品が配送中であったり，在庫しているために生じる資本の不必要な停滞を避けることができたからである。情報を入手するまでの時間が短くなり，輸送事業の頻度とスピードが増えた地域では，商人は，1年のあいだに，資本は同額であるが通信の遅い商人よりも多くの資本回転率ないし活動サイクルを達成した[19]。

輸送貨物は，通常，為替手形によって支払われた。それは，ある特定の日に一定額の金を支払う法的な約束だとみなされていた。もっとも一般的には，3カ月後に支払われたのである。供給業者は，自分が輸送している商品の総額の手形を発行し，ある特定の将来の時点で，供給業者に手形が支払われることになっていた。供給業者は，買い手が「手形を振出す」ことに同意した。買い手は，手形を「引き受けた」ことを署名することで，最終的に支払う責任を認めた。手形引受は，買い手が，貸し手に対して十分なリスクとなることの表明である。手形引受商社が，債務不履行の会社に資金を提供する責任を負ったからである。手形引受後，手形は金融業者に売られた。その後，貸し手は，手形を「割り引いた」（手形を，将来支払われる合計額より少ない価格で購入する）。供給業者は，そうすることで借り入れをする。違いは，貸し付けにかかる利子率である。商品が販売されたとき，供給業者は借金を返済し，手形を引

---

18) Kaukiainin (2001), 21-22.
19) Pred, 222-223.

き取ることができた。もとの貸し手が突然現金を必要としたときには，（再割引した）額で，所有権を変更することができた。したがって，ゆっくりとしか輸送できず，通信が困難だった時代に，為替手形は，国内・国際貿易の両方を促進する手段であった[20]。

ドイツ人エルンスト・ザムハーバーは，著書『商人が歴史をつくる』で，ハンブルク商人のジョン・パリッシュが，このシステムを彼の掛け売りでどのように利用したのかを描く。パリッシュは，バルト海地方の穀物を西欧に売り，西インドの商品——コーヒー，砂糖，ラム酒，タバコ，茶——をリヴァプール経由で輸入した。彼は穀物に対しては植民地からの商品で，植民地の商品に対しては穀物で支払った。貨物がまだ海上にあるあいだに，彼は為替手形を作成した。この条件で，金を前払いした。担保として，船舶に関する書類，すなわち船荷証券を手渡した。彼自身が，リスクの多くを負い，保険はほとんどかけていなかった。単に，穀物と植民地の商品の価格に手数料を加えただけであった[21]。

北大西洋の綿貿易では，価格が急に変化することがありえたので，リヴァプールの輸入業者は，アメリカで製品を購入するとすぐに先売りすることで，価格の急降下に備えようとした。投機家などは，将来の供給に備えるか，綿価格が輸送中に上昇した場合に利益が出ることを期待して，先売りされた綿を購入した[22]。

---

20) Foreman-Peck. 68-69. カレヴィ・アホネンは，博士論文で，アメリカとロシアの貿易に資金を提供する異なった手段を描いている。スターリングにもとづいた為替手形が国際貿易を支配し，イギリス-アメリカ間貿易でとくに流布していた時代に，アメリカ人は，しばしば，ロンドンの「アメリカンハウス」が取り決めた掛け売り勘定でロシアと商売をした。そして，「ロンドンが世界貿易の中心であったので，どのような製品の輸入業者も，ロンドンの銀行家宛に振出された手形を使用して支払いを済ませることができた」。アホネンはまた，直接のバーター貿易が，ハバナの砂糖貿易でどのように利用されたのかということと，スペイン銀ドルの使用法を描いている。正貨を購入し使用するちょうど適切な時期がいつかは，キューバに関心を抱いている荷主にとって，常に興味をひく話題であった。Ahonen, 257-282 をみよ。

21) Ernst Samhaber, *Merchants make history* (New York, 1964) 279. グレイム・J・ミルネは，19世紀中頃のリヴァプール商人による為替手形の使用を描いた。Milne (2000), 114, 154-155 をみよ。1850-75 年の国際貿易における信用制度について，これ以上のことは，Foreman-Peck, 67-70 をみよ。

22) Nigel Hall, "The Liverpool Cotton Market", *Transactions of the Historic Society of Lancashire and Cheshire,* Vol 149 (1999), 105.

19世紀初頭までに，注目すべき金融の発展はすでに生じていた。実質的に金本位制は成立しており，特化したマーチャントバンクが発展し，抵当市場の成長があり，為替手形の使用が増え，国内・国際の債務を決済した。証券取引所が興隆し，海上保険と火災保険が発展し，金融関係の出版が登場した。これらの革新の影響が，他分野の活動にも感じられた。信用と商業サーヴィスの改善により，海運業に火がつき外国貿易を促進し，貿易外収入が生み出す利益によって，国際収支が改善された。外国との交易の拡大により，商事会社が勃興するよう刺激された。会社の規模が大きくなったので，長距離貿易に必要な資本と信用を結集することが可能になった[23]。

ロスチャイルド家やベアリング家などの国際的銀行家——どちらもドイツ出身——が，イギリスの海外事業で非常に強力であった。ロスチャイルドがウィーン，パリ，ロンドン，ナポリに銀行を設立したのに対し，ベアリング家は，ほとんど外国との取引に集中していた。彼らは，商品や有価証券を自身と委託により売買した。自らが所有する船舶を動かし，選ばれた預金者の口座を維持し，世界中，なかでも，ラテンアメリカとイギリス帝国で，商会と政府の財政上の代理人として活動した[24]。

事業の実践と共通の金融商品の使用，それとともに世界貿易が成長し投資の動きが活発になった。それが，事業情報の伝達を速くする必要性を高めた。1820-70年において，通信スピードは絶えず速くなっていたが，進展は，決して一様ではなかった[25]。重要な貿易ルートの一つ一つに，特有の歴史的背景があり，情報伝達のスピードの発展は，場所によって大きく違った。実際，技術的進歩は，この発展でごくわずかな役割しか果たしていなかったけれども，他の要因の多くは，歴史研究ではほとんど触れられていない。

本書の特徴的な研究を通信の歴史「地図」にあてはめるなら，焦点は，公的な長距離郵便事業にあてられる。そして，外国の事業における私的ネットワークを維持することを目指した当時の可能性にもっぱら注

---

23) P.J. Cain & A.G. Hopkins, *British Imperialism, 1688-2000* (London, 2002), 68.
24) Foreman-Peck, 67-68.
25) Kaukiainen (2001), 1-28 をみよ。

意を向ける。運搬された郵便が私信か貿易の書類かということは，この観点からは，とりたてて重要ではない。

　それゆえ，本書は，外国との事業情報の伝達に集中して論じ，地域的な商人ネットワークと通信手段は扱わない。「口からのニュース」，うわさ，私的な旅行などの話された情報は，暗黙のうちに関係するにすぎない。手紙と乗客は，通常，同じ船舶で運ばれたからである。電信が登場する以前には，情報伝達のスピードは，一人の人間が移動するスピードと同じであった。郵便輸送の発展を研究するのだから，関係する他の側面も，当然影響される。本書で使われる手法は，次章で説明される。

表3　情報伝達の多様な形態（電信誕生以前）

通信手段		地域的	外国
個人的	会話	フェイス・トゥ・フェイス	口頭でのニュース（個々の旅行者）
	執筆	手紙	手紙
	ネットワーク	個人的ネットワーク 家族・宗教 社会的 事業や専門家	旅行と手紙を書くことで維持される個人的ネットワーク
公的	会話	聴衆への演説	口頭でのニュース・噂
	印刷	新聞・書物 回状 広告	新聞・書物 回状 広告
	システム	地域的郵便と新聞 新聞配達	長距離郵便制度

本書では，公的な長距離郵便制度と，私的な外国ネットワーク（主として事業関係）を維持することを目的として，その制度が利用される可能性に対して焦点があてられる。

第 3 章

通信速度の測定
―― 手法と史料 ――

通信速度と頻度を計測するさまざまな方法への導入

　歴史家が情報伝達の所要時間に対する明確な回答を受け取ることは，しばしば困難である。問題は，郵便ルート（海上，陸上，その混合），時代（戦時，季節による変化，科学技術の発展の一般的水準），使用される史料（書簡，新聞，行政文書）によって異なる。

　利用可能な史料の性格，およびその質と量から，情報の流通のフローでえられる限界がわかる。興味が私的取引，たとえば特定の商人の事業情報の伝達にあるなら，主要史料は，会社が通信で受け取った書簡になる。だが，その書簡は，同時代の新聞や郵便史の研究からえられる海事情報を使って補完されうる。新聞や通関時の書類などの航海データは，関心が情報伝達の一般的状況にあるなら，主要資料となる。郵便印や手押印を押した手紙は，私的に送られたり，書き手や受取人の手書きの郵便印があるだけのかなり初期の手紙よりは，伝達に関して，より多くそして良質の情報を提供する。

　一般的には，情報伝達のスピードを計測する手段を選択する場合，考察すべき主要な観点は三つある。

　　・メッセージが送り手から受け手へと情報伝達する所要時間の計測。
　　・二地点間の輸送の所要時間の計測。
　　・二地点間の輸送頻度の計測。

　これらの側面は，計測されてきたことと話題に上っていることの相違

を明確に区別することなく，情報伝達の速度を計測するためにしばしば使用されてきた．

　書き手から受け手への情報伝達は，明らかに，第二の側面，すなわち二地点間の輸送の所要時間の計測を含んでおり，第三の側面である二地点間の輸送頻度の計測にもかなり大きく左右される．

　第一の側面は，主として二個人間の書簡に関係し，私信に関する研究をすることになる．一方，他の二つの側面は，一般的に公的史料——新聞，通関証書，郵政省の記録，郵便史研究において収集された航海記録など——に関係し，公的な通信に焦点をあてる．後者の二側面は，私的通信の所要時間を説明し，一方，郵便印と手押印を使った私的通信により，公的史料が提示するデータと統計を裏づけることができる．したがって，異なった側面からのアプローチを併用すれば，一方向からのアプローチ以上に研究対象を適切に描写することができる．

　歴史研究において，情報伝達のスピードを計測するもっとも一般的な方法は，手紙を書いてから到着するまでの日数を単純計算することであった．しかしながら，この手法では，かぎられた成果しか出すことができない．

　第一に，調査では，受け取った手紙しか利用できない．送られた手紙の複製は，手紙の到着日については何の情報も与えないからだ．送られた手紙の複製簿が，情報流通や通信の頻度の手がかりとなる完全な像をつくりあげることもありえる．しかし，情報伝達のスピードを計測するために手紙を書いた日と受け取った日を使用するだけでは，重要ないくつかの点がわからないままになってしまう．

　外国宛の手紙の伝達は，いくつかの独立したパーツに分解される過程として分析される．手紙を書いてから，それを送るまでにかかる時間，地域的なシステム（コーヒーハウス，運送業者，郵便局）から手紙が転送され，大洋を航海する船舶に届けられる（もし外国郵便であれば）までにかかる時間，船舶が，出港しようとするまでにかかる時間，海上輸送に必要な時間，そして，手紙が転送され，最終的に目的地まで到着する際の効率性である．むろん，この全行程の所要時間はまた，利用可能な手紙の輸送の頻度によって決まる．

　この過程がどのように機能し，したがって，情報伝達の固定的要素と

時折生じる遅れと区別できるようになるためには，調査される素材の郵便史的要素を知ることが役立つ。

　手紙に押される手押印と他の郵便印は，郵便局が作成するものであり，情報伝達の現実の速度を調査するためには，大いに役立つ。手紙が送られて到着する正確な日付，中継地点がわかるからである。手紙を受け取る郵便局，手紙の中継地点，そして手紙が運ばれたルートに応じて金を支払わなければならなかった最後の受取人に通知するために，手押印が必要であった。国内の郵便料金は手紙が運ばれるルートの長さで決まったが，船舶により輸送される手紙には，独自の書き込みがあった。財政上の理由で，このシステムがすぐに機能することが重要であったし，誤りをただちに訂正するために，大変な労力がかけられた。

　カバーの上にある手書きの書き込みはまた，歴史家にとっては，通信手段（「郵便船で」，「イングランドの汽船で」，「大洋で」，「レッド船長によって」）やルート（「パナマ経由で」，「マルセイユ経由で」）を知るうえで，きわめて有用であった。また，手紙の異なったルート，手紙の契約に応じた料金についても厳密な規制があったので，これらの書き込みは通常信頼がおけた。途中での変更は，カバーに書かれることがもっとも多い。あるいは，郵便の消印が違っているので気づくことがありえた。

　カバーの郵便印を注意深く読み，郵便史を精細に調査することで，単に手紙を書いた日と受け取った日のあいだの日数を計算するのではなく，書き手から受け手に手紙が到着するまでの情報をより多く見つけることが，通常可能である。

　切手収集による郵便史の限界を超えた学問的研究の一つは，ジョン・J・マカスカーの手になるものである。それは「ニューヨーク市とブリストルの郵便船」という論文であり，一通の手紙がどこから来たのかを探究した[1]。

　マカスカー自身が少年時代に発見したこの手紙は，1710-13 年のブリストル－ニューヨーク間の初期の郵便船事業史でもっとも重要な史料であるように思われる。マカスカーが述べているように，「行政，手紙

---

1) John J. McCusker, "New York City and the Bristol Packet. A chapter in eighteenth-century postal history", in John J. McCusker, *Essays in the Economic History of the Atlantic World* (London 1997), 177-189.

収集，系図的証拠はすべて，この手紙が，現実に，1711年5月初旬にニューヨークから郵便船のうちの一隻によって送られたことが間違いないことを支持している。手紙は，正確に郵便船事業の組織者が意図した事業とルートをたどって移動した。手紙は，イングランドと植民地の商人を結びつけ，戦時中に確実に彼らとの通信をおこなった手紙の受取人であるロンドン商人のジョセフ・レヴィは，郵便船を使用することに熱心であった。レヴィとサイモン，さらに彼らのような多くの人々にとって，郵便とは，彼らの事業を継続することを意味したが，政府も大陸の植民地との安全な通信ラインから生じる優位性を利用したのである」[2]。

それを補完する手法は，明らかに調査の価値を増加させた。私的な通信から収集されたデータだけではなく，とくに研究の主要な関心が公的な通信，すなわち，一般的なニュースの流れや郵便制度の効率性にある場合には，同時代の新聞ないし適切な郵便史研究からえられた海事情報が，非常に役立つ。すでに序章で述べたように，ほとんどのイギリス・フランスの郵便汽船のルートは，郵便史家によって，1838年から，少なくとも1875年までが十分にカバーされている。1875年には，万国郵便連合（UPU）が創設され，国際的な郵便料金が統一された。それ以前の郵便帆船も，郵便史家の研究でしばしば精密に記録されるか，データが同時代の新聞に見いだされる。

筆者が収集した郵便の一事例は，手紙を書いた日付とそれを受け取った日付の時間差を組み合わせる古典的手法の有効性を明確にするであろう。その手法とは，手紙の上の郵便印と同時代の新聞ないし郵便史研究で公刊された航海データを組み合わせるものである。

18世紀後半においては，毎月，ファルマス−イングランド−ニューヨーク間でイギリス郵政省の郵便帆船事業がおこなわれていた。リッチモンド，ヴァージニアからの手紙に，「郵便船で」（'p Packe'）という注意書きととも，次のような手押印が押された。リッチモンド郵便局が1796年9月2日。ロンドン到着が，18週間あとの1797年1月5日[3]。

---

2) McCusker (1997), 189.

3) A ship letter from Richmond, Virginia, 2.9.1796 to Duncan Davidson Esq., London. In Seija-Riitta Laakso, *Development of Transatlantic Mail Services from Sail to Steam* (2005). Postal historical collection. (SRLC).

手紙は，明らかにリッチモンドで書かれ（日付は書かれていない），ロンドンに送られたので，両端を運ぶ遅れはまったくなかった。だが，サウスカロライナからイングランドに手紙を運ぶのに，どうして125日間もかかったのか？

「ロイズリスト」によれば，ニューヨークからファルマスに，2隻の郵便帆船が同日の1797年1月2日に到着した。これは，1月5日のロンドンの手押印による到着日と完全に一致している。郵便帆船のうち1隻は，レスター伯爵夫人号であり，7週間航海した。もう1隻はプリンセス・オブ・ウェールズ号で，5週間航海した[4]。郵便は1カ月に1回到着しなければならなかったので，少なくとも，2隻のうち1隻は，2週間遅れたことになる。西方に向かう郵便帆船事業にすでに重大な問題があったとわかったのは，筆者が，「貴殿が送られた5月2付けの最後の手紙が，郵便帆船が遅れたため，ようやく先週届きました」と不平を書いた手紙を読みはじめたときのことである。戦時（フランスとの戦争1793-1802年）であったので，数ダースの郵便帆船が捕獲され，そのなかには，もし可能なら，6月に運んでいなければならなかったはずの手紙もあった[5]。

郵便帆船が遅れて到着し，港で待つ必要性が生じるという不幸な組み合わせが生じると，リッチモンドとニューヨークのあいだで接続が未発達だった――ヴァージニアルートで郵便馬車がはじまったのは，2-3年後のことだったので，1頭の馬しか使えなかった[6]――ことと，ニューヨークからイングランドには5-7週間かかったことが重なり，情報伝達をさらに遅れさせた。しかしながら，海での輸送が，全輸送時間の30-40％しか占めなかった事実が知られている。手紙の書き手と受取人が手紙に記した日付だけを研究するのであれば，外国との通信に関して誤った像が提示されるであろうし，航海のデータだけを研究するなら，情報伝達の全課程に関して，誤った像が与えられよう。

---

[4] *Lloyd's List* 6.1.1797.
[5] レスター伯爵夫人号も，1779年12月にプリンセス・オブ・ウェールズ号は，1798年に，フランスの私掠船によって捕獲された。Howard Robinson, *Carrying British Mails Overseas* (London 1964), 312 をみよ。
[6] Pred, 91.

第3章　通信速度の測定

　歴史家の関心が，情報伝達の所要時間だけではなく，むしろ郵便輸送の過程に向けられることもある。手紙自体には，出発点としての情報量が少なすぎるかもしれないが，郵便印でさえ，この時代の情報伝達に関する魅力的な話への道を開くかもしれないのだ。

　たとえば，ボストンのマーゴー&サンズ商会の1通の手紙は，1851年12月6日に，カルカッタで書かれた。そして，カルカッタ郵便本局で，8日に裏側に手押印が押された。さらに，1852年1月15日づけで，ロンドンとボストンで押されたイギリスの消印があった。「インド」（INDIA）と赤インクで記されている。値段が書かれた郵便印が少しと，「アメリカ」（America）と手書きの文字があった。受け手は，最終的に，到着日を裏側に2月9日と記した。必要なすべての情報が存在しているので，情報伝達の所要時間を見いだすことができる。書き手から受取人までは，65日間かかった。手紙は，カルカッタ郵便本局によって，書いてからたった2日後に手渡されたので，大きな遅れはなかった。イギリスの郵便印があったことは，手紙がイングランド経由で運ばれたことを示す[7]。

　けれども，手紙はイギリスに着き，さらにアメリカにまでどのようにして送られたのであろうか。カバーから利用できる事実と既存の郵便史研究から，情報伝達の過程について，はるかに多くのことがわかる。12月6日にカルカッタで書かれ，8日に郵便局で消印を押されてから，手紙は，P&Oないしその支局の汽船によってセイロンのゴールまで持っていかれ，そこから，より大きなP&Oの船舶であるオリエンタル号に乗せられ，アデン経由で1852年1月1日にスエズまで到着した。スエズから，手紙は陸上ルートでロバ，ヒトコブラクダ，川用の舟を使って砂漠をわたり，エジプトのアレクサンドリアに着いた。手紙は1月5日にそこから三番目のP&O船であるリポン号で送られ，マルタに到着した。マルタに着いたのは1月9日であり，同日にイギリス海軍省の郵便汽船のバンシェー号で，ホスキンズ大尉を船長として，11日にマルセイユに着いた[8]。

---

　　[7]　A letter to Messrs Magowe & Son, Boston, from Calcutta 6.12.1851. (SRLC)
　　[8]　Reg Kirk, The P&O Lines to the Far East. *British Maritime Postal History*, Vol. 2 (printingdata missing), 30; Colin Tabeart, *Admiralty Mediterranean Steam Packets 1830 to 1857*

郵便は，鉄道でカレーまで運ばれた。支部の汽船で英仏海峡を横断し，さらに汽車でロンドンまで運ばれた。ロンドンから，手紙は1月15日にボストンまで転送された。しかしながら，手紙は，イギリスではなく，アメリカのボストンに運ばれるはずであった。「アメリカ」という語が，住所に追加された。手紙は，キューナードラインの郵船汽船のナイアガラ号で大西洋を横切った。1月17日にリヴァプールを出港し，ニューヨークに2月7日に着いた。あるいは，同社のヨーロッパ号で，1月24日に出港し，ボストンに2月8日に到着した[9]。どちらの場合も，現実におこったとおり，手紙はボストンで9日に発送されたであろう。ナイアガラ号の航海は21日間であったが，ヨーロッパ号のそれはたった15日間であった。大西洋の荒れた冬はときには天候が予想できなかったし，ナイアガラ号の航海に思いのほか時間がかかったので，同船は2月4日に，石炭を積むためにハリファックスまで向かうことを余儀なくされた[10]。

　カルカッタからボストンまでの手紙の移動を，航海のあいだの伝達手段に応じて細かく分析することで，もともとの手紙だけではえられない大量の情報を発見した。情報伝達の所要時間だけではなく，手紙が六つの異なる郵便汽船といくつかの列車，さらに，ロバ，ヒトコブラクダ，川用の舟で運ばれたことがわかった。とくに手紙がイギリスの事業によってはるばる運ばれていた19世紀中頃にはすでに，国際的郵便制度がうまく機能していることに気づくであろう。待ち時間は短かったが，大西洋横断時のように，海をより長い時間をかけて航海する場合には，なんらかの変動がありえた。

　ニュースが到着するスピードは，私的な通信を使うことに加えて，一般に，新聞が外国ニュースを発表する時間差を用いて計測されてきた。パイヴォ・トミラは，1960年に書かれた先駆的作品のなかで，公的な新聞の「フィンランド官報」のニュースが，他国からフィンランドに

(Limassol, Cyprus 2002), 212. 陸上での移動に関しては，以下をみよ。Boyd Cable, *A Hundred Year History of the P&O, Peninsular and Oriental Steam Navigation Company, 1837-1937* (London 1937), 85-93.

　9）　Sailing lists of Hubbard & Winter, 30.

　10）　J.C. Arnell, Atlantic Mails. *A History of the Mail Service between Great Britain and Canada to 1889*, National Postal Museum (Ottawa, Canada 1980), 311.

到着するまでにかかった時間を計算した[11]。イアン・K・スティールは，同じ手法を用い，1705-40 年のいくつかのアメリカの新聞で，ロンドンをベースとするニュースが伝わる時間を計算した。さらにアラン・R・プレドは，1790-1840 年の主要なアメリカ諸都市のニュースの伝播のスピードを計算した[12]。

　歴史的事実として知られた事柄と他国の新聞で公表されたニュースの日付とを比較すると，いくつかの疑問点が明らかになる。すなわち，ニュースはどういう方法で伝えられ，輸送する前の時間がどの程度であり，輸送の所要時間はどれだけであり，次の新聞が発行されるまでにどのくらいの期間がかかるのか，最後にまた，おそらく印刷される場所からかなり遠いところにいる新聞が読者に届けられるのにどれだけの期間が必要か，という疑問点が出てきたのである。

　海上で伝達されるニュースの所要時間を計測するために，イルヨ・カウキアイネンは，遠隔の港から出航表が送られた日付と，ロンドンの「ロイズリスト」に書かれた日付の差を計算した。この手法は，異なったルートと時代に対して比較可能な知識を提供し，一方向の情報伝達の速度を計算するには非常に有効である[13]。しかしながら，受取人の観点からの情報伝達の所要時間について，すべての真実が明らかになるわけではない。初期のニュースは，そのときにたまたまいた商人が運んだので，イギリス在住の読み手は，たとえば，その船が到着するのを知るために，1-2 カ月も待たなければならないことが多かった。それは単に，外国の港からニュースを運ぶための船舶が到着しないという理由にすぎなかった。

　一例をあげよう。1845 年 10 月 25 日に「ロイズリスト」で公表された香港からの出航表には，8 月 20-26 日にこの港に到着した船舶と同港を出港した船舶が含まれた。ゆえに，もっとも古いニュースは 127 日間かかったが，同じ日の新聞に掲載されたとしても，最新のニュース

---

11) Päiviö Tommila, "Havaintoja uutisten leviämisnopeudesta ulkomailta Suomeen 1800-luvun alkupuolella", *Historiallinen Aikakauskirja*, vol. 81 (1960), no.1, 83-84.
12) Steele (1986), 158-159, 302; Pred , 35-57.
13) Kaukiainen (2001), 1-28.

は，60日前のものであった[14]。郵便による伝達の頻度は，確実に，情報のフローで重要な役割を果たした。数値を解釈する際に，銘記しておくべき重要なことは，郵便輸送自体の所要時間の計測（それは，主としてカウキアイネンがおこなった）とニュースの内容が拡散するまでの所要時間を計測することの違いである。

同様に，アラン・プレドのいうアメリカの沿岸部の港のあいだの「地域間輸送の相互作用の相対的水準」を使用するなら，「加重値を与えられた到着数」は，現実の到着数と同じではないことを想起すべきである[15]。

イアン・K・スティールは，税関に入り通関手続きをしたイギリスの港の記録を使い，初期の北大西洋航海の所要時間を計算した。そして，1675-1740年に関する航海の頻度と所要時間について，重要な情報を発見した。だが，スティールが述べたように，この手法では，海上航海の所要時間は，税関と税関のあいだしか計算されないのである[16]。

現実には，最終的出港日は，税関の記録から数日ずれることが何度もありえた。悪天候などによる遅れのため，船舶が本当に出港する前に通関手続きをしなければならず，しばしばそれに日数がかかった。すでに出港したにもかかわらず，嵐など予期せぬ事態に遭遇して損害を被り，戻ってくることさえあった[17]。だから，数値は海上での所要時間だけを反映しているのではなく，他の要素を含んでいるのかもしれないのである。

税関記録と1825年にリヴァプール港から出港した最終的な航海記録を比較すれば，日数の相違についての適切な事例が提示されよう。アメリカの郵便帆船は，定期的に航路を行き来するように組まれていたが，明らかに時間が十分にあったときでさえ，所定の時間に出港しないことがあった。通関は，通常，出港予定の日ないしその前日におこなわれたが，1825年の事例では，出港の半分が遅れた。平均的な遅れは4日間

---

14) *Lloyd's List* 25.10.1845.
15) Pred, 115-126.
16) Steele (1986), 283.
17) 極端な事例が，1840年代に生じた。「8月14日，リヴァプールに戻る。故ハルジーからチェスタトンへ。料理人により，船長が殺された」。8th inst. *Lloyd's List* 15.8.1844.

であったが，1日間から12日間まで幅があった[18]。それゆえ，航海の所要時間を計測する場合，どの手法を選択するかで，大きな差異が生まれた。

　当然，新聞の日付の方が，誤りが多かったであろう。一方，税関の申告書は，明らかにもっとも正しいデータの行政記録である。だが，「ロイズリスト」による海事情報は，少なくとも「半公的なもの」であった。それは，保険業者が使用するために，ロイズの代理人と取引先が収集したものだからである。新聞のデータを使用する際の一般的な規則は，出来事（たとえば船舶の到着）とそれを公表した場所が遠いほど，誤りの余地は大きいということである。郵便史家の研究が，たとえばカリブ海の新聞に基盤をおいていた場合には，そこでの日付の正確性を考察するとすれば，いつも以上の注意が必要だということになる。

　カール・C・カトラーは，1850年代のアメリカの茶輸送クリッパー船の出航表を収集し，税関の記録，航海日誌，同時代の新聞に掲載された海事情報を組み合わせて利用した[19]。コリン・ターベルは，航海日誌と新聞に掲載された海事情報から収集したデータにもとづき，地中海で輸送された現実の手紙の情報を組み合わせて，地中海における海軍省の郵便船研究をおこなった[20]。ターベルの研究はとりわけすぐれた組み合わせであるが，利用されることは滅多にない。

　大西洋横断に，特定の船で何日間，何時間，さらに何分かかるか，正確な数値を出した歴史家もいる[21]。これらの数値は，通常は，新聞に掲載された報告や船舶の航海日誌にもとづいている。だがこれらは，いつも利用可能とはかぎらない史料である[22]。一貫性をもたせるために，本

　18）　以下による計算。*Liverpool Customs Bills of Entry,* 1825; *Lloyd's List* 1825.

　19）　Carl C. Cutler, *Greyhounds of the Sea. The story of the American clipper ship* (Maryland, 1930), 475.

　20）　Tabeart (2002), x-xi.

　21）　たとえば，以下をみよ。N.R.P. Bonsor, *North Atlantic Seaway* (New York, 1975), vol. 1, 203-205, 230-237; Jack C. Arnell, *Steam and the North Atlantic Mails. The impact of the Cunard Line and subsequent steamship companies on the carriage of transatlantic mails* (Toronto, 1986), 241, 248, 254.

　22）　例外は，たとえばリヴァプール大学のシドニー・ジョーンズ図書館・文書館のCunard Papers (CP) であり，キューナードの船舶の出港と帰港の記録簿がある。記録管理の正確性は多様であるが，航海時と帰港時に関して通常はかなり正確な形態で書かれている。しかしながら，大きな問題は，ヨーロッパと北米の時差が，どちらの方向でも，航海によって

書では，同じ史料を用いて計算した。「ロイズリスト」で公表された郵便を運ぶ船の航海日誌や適切な郵便史研究を使った[23]。

これらの史料は，日単位での航海データしか提示せず，時間や分という単位はわからない。船舶が早朝に出港し，二，三日後の晩に目的港に到着する場合と，夜に出港し，朝に到着する場合とでは，相違があるとみるのがふつうである。たとえ，航海の所要時間を計算する方法が日を単位とするしかなく，特定の事例においては現実に正確ではなくても，状況をおおむね把握することはできる。「グレーゾーン」は，いつの時代でも同じであるし，このシステムをとれば，すべての会社は平等に扱われる。ハバードとウィンターの『北大西洋の郵便船 1840-75』とキューナードラインの1840-46年の海運省記録を比較するなら[24]，次の結果がえられる。

キューナードラインの船舶は，リヴァプールから定期的に出港したが，出港時間は大きく違っていた。それにはいくつかの理由が考えられるが，その一つに，例外的に速いマージー川の潮流があった。そのうえ，この時代の後半には，出港は午後，場合によっては夜になることさえあり，最新の事業通信を待っていたものと思われる。航海の終わりには，到着が早朝になることが多かったが，1日のどの時間に到着するかはわからなかった。

ハバードとウィンターの出航表から計算された航海の所要時間とキューナードの統計を比較すると，特定の航海で航海の所要時間に数時間の差異が生じたとしても，長期的には，十分に辻褄が合う。1840年7月4日から1846年5月5日までのあいだのハバードとウィンターの

異なって計算されているか，完全に無視されていることである。キューナード船の航海のために航海帳を利用すると，その研究が誤った結果になるのは，すべての海運会社を包摂するような記録で，それに似たものがないからである。*Cunard Passage Books 1-4 cover the years 1848-1881*. CP, GM2/1-4 (SJ). 航海の所要時間を計測するにあたって，これらの記録を史料として使用する場合の問題点については，N.R.P. Bonsor, *North Atlantic Seaway* (New York, 1980), vol. 5, 1868-1870 もみよ。

23) 本書で利用される「ロイズリスト」は，1826年までが復刻されている。1827年からは，マイクロフィルムで利用可能である。それらはたとえば，リヴァプールのマージーサイド海事史博物館図書館・文書館に保存されている。

24) Sailing lists of Hubbard & Winter, 17-21; "Tenders and Contracts for Carrying the Mails by Steam to and from North America. No.10. Return of the Dates of Sailing and Arrival of the Steamers Employed in Performing the Contract", 28-29. CP, PR 3/1/12. (SJ)

出航表と112隻の西航船の記録を比較しても，平均してたった3時間の違いしかない。日数だけをもとに移動の所要時間を使う方が，正確な航海時間を使うよりも毎年長くなる。しかしながら，特定の場合，差異はプラスであることもマイナスであることもある。

ところで，大量に伝達される情報を推計するために，どのような手法を用いるべきであろうか。たとえば，郵便料金から銀行にいたる収入の統計は，ときには，一定の時間，送られる手紙の数が増えるのを算出するために用いられる[25]。とはいえ，片道の手紙の料金は，この時代に大きく変化したかもしれない。より安価で短距離の郵便とはるかに高価な長距離の郵便のあいだの関係は，変化したかもしれない。そして，これらの数値は，たとえ同一年度であっても，異なった地理的環境にある他都市と比較することはできないであろう。最後に，新聞は，通常，郵便料金に入っていない[26]。したがって，これらの数値は，おそらく，郵便事業で財政的にもっとも重要なことを描写する。ある特定の時期に送られた手紙の数は，当然，同じ期間の他の時代に送られた手紙の数と比較できる。

すでに述べたように，情報伝達に関するすべての問題に解答を与える唯一の方法などない。すべての手法が，何かを計測するために利用できるとしても，銘記しておかなければならないのは，それ以外の手法で獲得できるものと大きな相違があることである。表4は，その考察に有効であろう。

事業情報伝達のスピードを計測する手段としての連続する情報の循環
情報伝達のスピードアップの必要性は，しばしば多様な商人社会の集団によって違っていた。新聞は，できるだけ速く，新鮮なニュースを入手したかった。そして，新聞にとって，一方向の情報の高速なフローが決定的に重要であった。しかし，事業の性質に応じて活動する商人にとっては，このシステムによって，事業通信文に即答でき，また，彼らが出した手紙に対してすばやく返答をしてもらうことが，少なくともそれと同様に重要であった。

---

25) Steeele (1986), 124; and Pred, 80, 96-101.
26) Pred, 94.

表4 情報伝達のスピードの測定方法

計算の対象	焦点	史料	コメント
手紙が書かれた日と到着した日までの日数	書簡	書簡(受け取った手紙だけしか有効ではない)	二つの日付のあいだに不明確な遅れが存在することもある。輸送の本当の期間は不明。送られた手紙の計算ではスピードはわからないが、情報の循環全般には有効である。
手紙が到着した日と返信の日までの日数	書簡	書簡	返信が遅れた理由はいくつかあったかもしれないが、あまり有益なものではない。しかし、この手法は、事業関係にある種の光を投げかける。
ある出来事と新聞でそれが広まるあいだの日数		新聞とその内容(海事情報には付加価値がある)	両端での不確実性を含む。たとえば、新聞が印刷後の新聞を受け取るのに必要とする日数、受取人が特定のニュースを受け取るのにかかる日数など。
輸送日数	郵便が出発地から到着地までにかかった日数(郵便局から郵便局へ)	書簡(郵便印。受け取った手紙のみ有効)	郵便局から送られ、別の郵便局に到着するまでの郵便による所要時間の長さ、さらにすべてが手紙の姿がわかる。公的な郵便で送られた手紙にしか使えない。郵便輸送過程の頻度の調査には有効ではない。
輸送日数	最新のニュースから公刊の日まで	新聞。技術的に最新のニュース	ニュース伝達(新聞)の海事情報へのスピード。発行元から印刷業者へのニュースの到達のギャップを含む。適切な像を提供し、ニュース拡散のスピードと混同してはならない。
輸送日数	船舶の出港地から到着まで	新聞と郵便史家の研究で公表された出航表	輸送時間全体の明確な像もわかる。送着日付もわかる。新聞によるデータにもとづいたデータにはギャップないし間違いがあるかもしれない。
輸送日数	船舶の出港から税関まで	船舶の航海日誌	税関の所要時間について。(ある程度の日誌は正確なデータを提供する。特定の航海の単純に利用できるまで)非常に正確なデータを提供する。多くは破棄された。
輸送日数	税関から到着まで	出港と入港の関税記録	税関を出たときと船舶の出港のあいだに生じた不明瞭な遅れを含む。現実の輸送の所要時間はわからない。
輸送頻度	船舶の出港から到着まで	新聞と郵便史家の研究で公表された出航表	輸送の頻度に関する有益なデータを提示する。詳細な点がすべて公刊されているわけではないので、情報のギャップがある。
輸送頻度	税関から入港まで	出港と入港の関税記録	すべての記録が利用可能なら、非常に有益である。けれども、初期の郵便用船(たとえば、ファルマス郵便船と海軍省の船)は税関を通過しなかった。
輸送頻度	郵便料金による収入	総合郵便局の記録	郵便料金が変化し、さまざまなタイプの郵便があるため、不確実性がある。

公刊された研究で，事業情報の伝達速度を計測するためにこれまで用いられてこなかった実際的な方法とは，1 暦年のあいだに特定の事業が可能にする連続する情報の循環の数を調査することである。この方法を用いれば，異なる時代の異なるルートで生じる情報の循環の効率性と発展を，同一の基準で調査することができる。

　1 回の情報の循環は，手紙を送ってその返答をえる時間に等しい。郵便を運ぶ往復の航海は，船舶が，母港を出港してから帰港するまでの時間を意味するのに対し，もし，それより早く出港し，返事を運ぶことができる郵便運搬船がほかにあるのなら，情報の循環は短くなる。だから，情報の循環の長さは，2 回の片道航海の所要時間だけではなく，航海の頻度によって変化する。

　航海の所要時間は，異なる郵便史研究で公表されたデータから計算できる。もし，このような研究が特定のルートないし時代を扱っていなくても，「ロイズリスト」や同時代の新聞で公表された海事情報から計算できる。郵便運搬船の到着と出発に関する情報を組み合わせることで，このシステムが，航海の両端でどのように機能していたことを見いだすのは簡単である。これらの事実を組み合わせれば，1 回の情報の循環の長さがわかり，連続する情報の循環の数が毎年計算できる。

　このシステムが現実にどのように作用し，貿易相手がそれを最適な方法で利用したかどうかは，さまざまな商会の通信から検討することができる。手押印などの郵便印はまた，郵便事業が，たとえば 1860 年代の南米において，イギリス・フランス政府の郵便事業のどちらかを選択できた場合に，現実にどちらの事業が選ばれたのかという事例について，明確な理由を提示する。

　ここで指摘しておくべきは，この方法で，同じ時代に，たとえば 1 年間の同じ時期に二つの場所のあいだで，最大数となる可能性がある情報流通（最多数の連続する情報の循環）を計測したということである。一方向に郵便を送るには，他にもたくさんの可能性があるかもしれないが，そうすることで，双方向の通信をめぐって，一つの仮説が導き出される。それは，一方向とはかなり違う展開をすることが驚くほど多かったということである。

第4章
1815年以前の外国郵便と通信スピード

1815年以前の外国郵便——スピードの発達の背景

　17世紀から，商人の手紙は，民間の船舶によってイギリスの港に到着していたが，公的な通信はしばしば軍艦で運ばれたのである。民間の船舶により到着した手紙は，到着港からロンドンに送られたけれども，それらには，三つの請求金額が記されていた。船便への請求，手渡される一通一通の手紙に対して船長に支払われる料金，そして，ロンドン経由で住所として書かれた場所へと港から道路を通じて運ばれるマイル数に応じて支払われる国内の郵便料金である。郵便受取人は，全額を支払わないかぎり，手紙を受け取ることはできなかった。

　当初は，到着する船に乗った手紙を確認する唯一の手段は，その船舶の名前や船長の名前などの手書きの裏書きであった。1760年代から，イギリス郵政省は，イギリスのありとあらゆる港の郵便局長に，船便ごとに独自の名称が入った手押印を発行した。船便が到着したときにつけられる手押印と同種のものが，同時期のフランスでも導入された[1]。そ

---

　1) イギリスでは，このタイプの手押印を最初に使用した港は，1757年のリヴァプールであった。ロンドンは1760年で，コークは1761年。ロンドンデリーは1762年。グリーノックは1763年。ドーヴァーは1765年。〔イングランド南部の〕ディール，プリマス，プール，ポーツマスは1766年であった。以下をみよ。Colin Tabeart, *Robertson Revisited. A study of the Maritime Postal Markings of the British Isles based on the work of Alan W. Robertson* (Cyprus, 1997), passim; ターベルによれば，ディールから送られた最初の手紙の手押印は，1767年のものであったが，筆者が収集した手紙は，1766年6月26日の日付で，ロンドンには7月30日に着いた。それは，より古い日付であることを裏づける (SRLC)。フランスでは，このタイプの最初の手紙が到着したのは，1757年のことであり，マルセイユに導入された。ブレストとルアンは1760年であり，バイヨンヌとポールイは1761年，ボルドーとルアーブルは

の目的は，その手紙が船便であることを確認し，また，到着港を明確に特定することにあった。その結果，航海距離をもとにした国内の郵便料金が，正確に計算できたのである。これらの手押印は，1隻の船に載せられた航海を再構成しようという歴史家にとっては，非常に有益なことが多い。

　1770年から1840年にかけて，数百隻からなるさまざまな船舶の手押印が，大小の港で広範囲にわたり分配されることに成功した。帆船の時代において，船舶は，天候の悪化から逃れるため，さらに水と食料を確保する避難所を求めて，また，安全に到着し，何よりも注文を受け取るために，便利な港に停泊した。運ばれる手紙は，法によって最初の寄港地で手渡されると決められていたので，どの港も帆船が運んだ手紙が陸揚げされる場所になる可能性があった。

　外国宛の郵便は，イギリスの港から出港する船舶の乗客，特使，さらに，ほとんどの場合，船長によって運ばれた。船主の代理人はまた，事務所で手紙を受け取り，彼らが利用する船長の気遣いに頼った。ロンドンなどの巨大な港では，コーヒーハウスの所有者が，袋のなかに外国宛郵便を入れた。次にそれは，船長に転送された。船長は，船舶に積み込み，さらに目的港に輸送し，地方の郵便局やコーヒーハウスに運んだ。発送される手紙1通ごとに，名目上の請求額である2ペンスを獲得した。

　船長と私的な調整をするという非公式システムは，18世紀をとおして，イギリスから外国の目的地に送られる手紙の主要経路であった。1711年の法により，定期的な郵便船で送ることができる手紙を，民間の船便で送ることが非合法的になった。だが，イギリス郵政省の郵便船事業がおこなわれていない地域では，船長は自由に手紙を運ぶことができた。強制は困難であり，手紙を書いていた一般の人々からは，〔この法は〕ほとんど尊重されなかった[2]。

1763年，イル・ド・レは1764年，ラ・ロシェルとナントは，1766年であった。以下をみよ。Raymond Salles, *La Poste Maritime Française*. Tome 1, *Les Entrées Maritimes et les Bateaux a Vapeurs* (Cyprus, 1992), 7-9, Addendum, 1-4.

　2）Alan W. Robertson, *A History of the Ship Letters of the British Isles. An Encyclopaedia of Maritime Postal History* (Bournemouth, 1955), A 1, A 3.

1799年に，イギリスに持ち込まれた片道の手紙に船便で4ペンスの郵便料金がかされ，2ペンスの給付金が船長に渡された。外国には，私信を船便で出した場合の料金は，郵便船の郵便料金の二分の一に固定された。その一方で，船長への給付金は，1ペンスから2ペンスに増加した。商人は，手紙をイギリス郵政省にもっていくよう助長された。そのため，イギリス郵政省は，手紙を運ぶのに適した船を見つけるという役割をになった。イギリス郵政省がコーヒーハウスと居酒屋の所有者に対し，郵政省によって給与を与えられる代理人になるよう何度も申し出たけれども，2世紀間近く続いた慣習はなおも続いた。コーヒーハウスの所有者は関心をもたず，一般大衆は，イギリス郵政省に，イギリスから出て行こうとする民間船に手紙をゆだねることに利点を見いださなかった。1814年の戦争ののち，財政上の必要性から，外国から来る手紙の船便での郵便料金は，4ペンスから6ペンスに上昇し，1年後には8ペンスになった。これは，非常に高額な料金であり，手紙が配達されるときに徴収された。民間の船舶で手紙を外国に送る場合の郵便料金は，外国への郵便船が課す料金の二分の一から，三分の一に減少した。そのため，政府は民間の郵便船を使える可能性があったが，活用できなかった[3]。

　民間の商船だけではなく，イギリス郵政省の郵便帆船は，イングランド南西部沿岸のファルマスからハリファックス，バミューダ，西インド，メキシコ，南米まで航海した。郵便帆船事業は，1689年にファルマス－リスボン間で開始された。さらにそれは，P＆Oが，1837年にこのルートを受け継ぐまで続いた。

　ファルマスの郵便船は，不定期運行の商船よりも速く，そのためどの時間に出港するかは，あまり問題ではなかった。その一方で，貨物を満載にした船舶には，所有者が満足するほどの金銭的見返りがあった。政府の郵便船がそうしていたように，手紙だけを運ぶことは，何よりも，海運能力をあまりに無駄遣いしているとみなされた。郵便用軍艦は，数名の乗客がいるだけであり，地金や正貨のように巨額の輸送料がかかるものを運んだ。この事業を維持するにはコストがかかったが，イギリス

---

[3] Frank Staff, *The Transatlantic Mail* (Massachusetts, 1956), 46, 54; Robinson (1964), 114-115.

郵政省がそのコストを維持するために要求した金額は，民間の船舶の船長が請求した名目上2ペンスの金額よりもはるかに高かった。一般に，大衆は民間の船舶を好み，そのため，印刷物の数と重量に応じてイギリス郵政省に支払わなければならない余分な費用を払わないようにしたのである[4]。

ファルマスから西インドへの最初の大西洋横断の郵便事業は，1702-11年に，もと海軍検査主任のエドワード・ダマーによって毎月運営された。これが，郵便に関する最初の契約であり，政府が，大西洋を横断して郵便で伝達をする民間会社のスポンサーになった。この事業は，元来は郵便輸送のスピードと規則性の観点から，非常に将来有望であったけれども，数隻の郵便船とその交替のために必要な財政運営と支出の問題から崩壊した[5]。それ以外に，定期的に大西洋横断の郵便船事業を開始する初期の計画としては，ウィリアム・ウォレンによるものがあり，1709年にブリストル-ニューヨーク間の航海がおこなわれた。この事業は，1711年か1712年に終わった[6]。

1755年から，月1回の郵便事業が，通常，ファルマス-西インド間でおこなわれた。戦時中には，いくつか不可避の遅れと中断があった。のちに，このルートにはさまざまな植民地が含まれるようになる。停泊地がカリブ海のあちこちに散らばっていたので，かなり困難な事業であった。1810年には，6隻の西インド諸島の地域的な郵便船が，大西洋を横断する郵便船の補完業務をおこなった。この頃，イングランドからの通信は，1カ月に2回届いた。郵便帆船は，民間の船主，通常は船長自身が所有し，それぞれがイギリス郵政省と契約を交わした。郵便局長が，港での船舶の使用可能性に応じて，出港を組織した[7]。

ファルマスからニューヨークへの郵便船事業もまた，1755年にはじ

---

4) Robertson, A 3; また Tony Pawlyn, *The Falmouth Packets, 1689-1851* (Truran, 2003), 6 もみよ。タイトルとはうらはらに，後者の書物は，18世紀に焦点があてられている。

5) 以下をみよ。L.E. Britnor, *The History of the Sailing Packets to the West Indies*. British West Indies Study Circle (1973), 3-17; Steele (1986), 168-188; Staff, 27-31; Robinson (1964), 35-39.

6) Robinson (1964), 38-39. また，John McCusker, "New York City and the Bristol Packet …", 177-189 もみよ。

7) Robinson (1964), 93; Britnor, 39-43, 55-58.

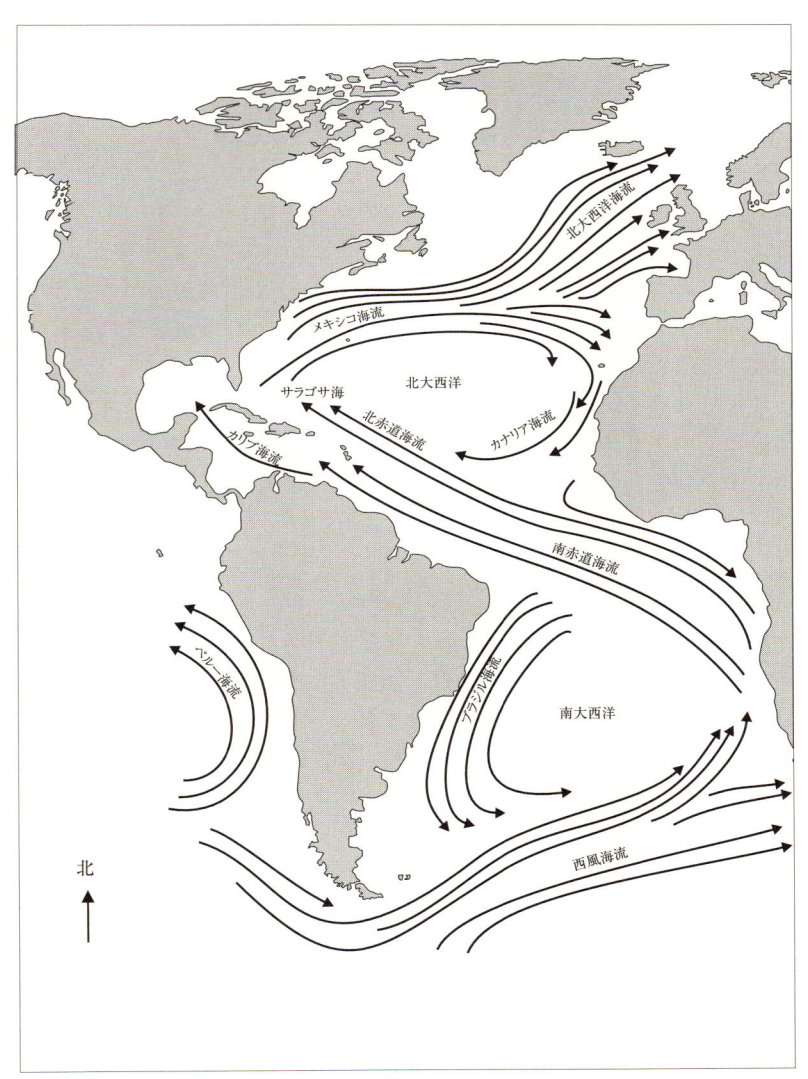

地図1　大西洋の主要な海流

まった。ニューヨークの郵便船は，1773年から途絶えた。郵便船事業の第三の支柱は，1760年代にサウスカロライナのチャールストンにおかれたが，散発的に使用されるにとどまっていた。アメリカ独立革命ののち，1783年に，ニューヨークの郵便船事業が回復した。1813年から1814年にかけて，この事業は営まれなかった[8]。1806年からバミューダ経由では，11月から2月にかけ，それ以外の時期には，イギリスの海軍補給地で活動するため，ハリファックス経由でニューヨークに行くことが，一般的な慣行となった。最後に，南米への郵便船事業が，1808年にファルマスの計画に加えられ，メキシコへの事業が加わったのは，1824年のことであった[9]。これらのルートの多くは，その歴史において，何度か再編された。

イギリス東インド会社（EIC）は，東インドでの貿易ルートでは1813年まで，中国とのルートでは1833年までの長期的独占をした。それには，イギリスと東方の貿易港のあいだの郵便による伝達の独占が含まれた[10]。

1815年以前のスピードアップの背景

18世紀初頭から，大洋を航海する船舶のスピードを上げるために，あまり重要なことは生じなかった。地図学と水路学は発展した。それには，経度を計算する点での進歩が含まれる。そのため，より正確な海図を出版することが可能になった。地理，風，潮流に関する知識が進歩したので，それらを船長が利用し，もっとも困難な海域を避けることができた[11]。

---

8) Arnell (1980), 7-11, 17-18, 27; J.C. Arnell & M.H. Ludington, *The Bermuda Packet Mails and the Halifax-Bermuda Mail Service 1806 to 1886* (Great Britain, 1989), 15-17.

9) Arnell & Ludington, v-vi; J. N. T. Howat, *South American Packets. The British Packet Service to Brazil, the River Plate, the West Coast (via the Straits of Magellan) and the Falkland Islands. 1808-1880* (York, 1984), 1-4; Robinson (1964), 111.

10) Robertson, B 29, B 30; Staff, 58.

11) 1770-1851年のフランス人デッシー家による水路学の作品については，Paul Hughes& Alan D. Wall, "The Dessiou Hydrographic Work: Its Authorship and Place" in *International Journal of Maritime History*, Vol. XVII, No. 2 (St. John's, 2005), 167-192. 1840年代に，アメリカ人の水路学者であるM・F・モーリー中尉は，世界中の海上ルートを広くカバーした航海の説明書を出版した。

新しい技術を備えた装置は，なかなか通常の船舶では使用されなかった。洗練されてはいるが高価なフランス製の経度測定器とは異なり，イギリス製のものは徐々に価格が低下し，船長が入手可能になった。1815年には，イングランドは4000-5000器の経度測定器を生産するようになっていたのに対し，フランスはそれと比較して，たった300器しかなかった。一方，1790年代には，EICしか，この高価な装置を船に備え付けることはできなかったのである。この会社はまた，水文学の専門家を雇用し，ベンガル湾の海図を出版した。王立海軍は，1825年まで，経度測定器をすべての船舶に備えるにはいたらなかった。1833年には，フランス海軍は，250隻の船に対して44器の経度測定器があった。アメリカ海軍は，1835年に35器の経度測定器を所有していた。1840年代になってようやく，経度測定器の供給が，需要に追いついたのである[12]。

造船法は，徐々に改善されていった。重要な発明の一つは，船舶の喫水線より下の位置にある外板を包む銅であった。そのため，フナクイムシから船底が保護されたのである。木製の船舶は，フナクイムシの被害を受けやすく，蔓脚類の甲殻動物と「粘液質の素材」が，とくに西インドでこびりついた。これらが航海をさまたげたが，銅製の船底被覆にくっつくものは何もなかった。フナクイムシはつかず，はねのけられたのである[13]。船殻の形態を徐々に改良したため，最終的に，大きくて効率的で，しかも速いクリッパー船が生み出された。この船は，19世紀中頃から，世界最大の海上ルートでの航海記録をもつことになった[14]。

荒れた天気は常に危険で，ときには致命的結果をもたらし，船舶での航海では長期的な遅れの原因となったとはいえ，天気が良ければ結果が良かったというわけではなかった。天候が穏やかであれば，船舶はまったく動かなかった。北大西洋を横断する航海のあいだに，風の影響には簡単に気づいたが，西方への航海の方が常に困難であり，航海の所要時

---

12) Daniel R. Headrick, *When Information Came of Age. Technologies of Knowledge in the Age of Reason and Revolution, 1700-1850* (Oxford, 2000), 108-115.

13) 以下をみよ。Steele (1986), 44; Britnor, 40.

14) 以下をみよ。Richard C. McKay, *Some Famous Sailing Ships and Their Builder Donald McKay* (New York, 1928), passam.; and David R. MacGregor, *The Tea Clippers* (London, 1952), passim.

間は，東方への航海よりも数週間かかることがありえた．事実，リヴァプールからニューヨークまでの船舶の移動距離は，ニューヨークからリヴァプールよりも 500 マイル近く長かったのである．これは，卓越風が西から東に吹いているからであった．船舶は，風のなかに直接入り込むことはできなかった．余分の 500 マイルは，ジグザク航路をとるために必要であったが，船舶は，西方への航路をなんとかたどろうとしたのである[15]．

戦時中には，船舶が拿捕されるのは日常茶飯事であった．1800 年 5 月の「ロイズリスト」が，60 隻のイギリス船を拿捕ないし奪還したことを報告した．損失を避けるために，同じ方向に航海する貿易船から集めた大規模な護衛船が，軍艦によって護衛された．それゆえ，たとえば 1800 年 6 月 27 日の「ロイズリスト」は，ポーツマスに，西インド諸島のさまざまな島から 69 隻の船舶が護衛船に守られ，到着したと報告した．同時に，30 隻の船舶が西インド諸島からリヴァプールに，さらに 7 隻がランカスターに到着した．全体で 100 隻以上の護衛船が，大西洋を横断した．同日の新聞は，46 隻の船舶が，ロンドン，クライド，リヴァプール，ニューカースル，コークからジャマイカに到着したが，そのうちの 1 隻が，スペインの私掠船により拿捕されたと伝えた[16]．

1803 年から，すべての船舶は，武器を積載した商船であれ，大西洋を護衛船とともに航海することを余儀なくされた．護衛船はスケジュールが詳細まで決まっており，遅れは許されなかった．現実には船舶に出港の準備ができていないなら，たとえ積荷が腐敗しても，次の機会を待つほかなかった．郵便物は，それと同様ゆっくりとしか運ばれず，どの船舶が現実に郵便物を運んでいることとは無関係に船隊は進んだ．護衛船は，もっとも遅い船舶にあわせるしかなかった．大規模な商船隊を集めるには時間がかかり，提供可能な保護には，いずれにせよ，限界があった．船舶は，集合地点に行くまでに拿捕され，大風と霧のため，離ればなれになることがありえた．力に勝る敵軍が，船隊全部を壊滅させ

---

15) Albion (1938), 9.
16) Lloyd's List 27.6. 1800.

るリスクがあった[17]。

　混乱時には商船だけではなく，ファルマスの郵便船も拿捕された。重要な郵便を運び，船体の何倍もの価値がある地金を積んでいることもあったからである。1793年から1815年のあいだ，郵便船は，少なくとも128回，敵と交戦した。郵便船のなかで，44隻が敵に奪われ，戦闘後，31隻が奪回されるか，返還された。35隻の郵便船が敵を撃退するのに成功し，8隻が，実際に攻撃してきた船を拿捕した。この時代に，全体で，ファルマスの郵便船が使用されたのは100隻に満たなかったので，この記録は印象的である[18]。

　郵便船の司令官が敵に遭遇したときの任務は，次のように規定されている。「逃げられるところなら，どこへでも逃げなければならない。もう，逃げられないなら，戦わなければならない。もう戦えないなら，敗北する前に，手紙を沈めなければならない」[19]。そのようなケースは多く，何千通もの手紙や重要な郵便物が，受取人に届かなかったのである。

　たぶん，戦争と私掠行為によって混乱が引き続き生じたので，政府の郵便船事業による情報伝達の速度は，18世紀を通じて，ほとんど改善されることはなかった。一方，すべての努力が事業を続ける点に集中していた。1702-11年のエドワード・ダマーの郵便船はジャマイカとファルマスのあいだを平均して42.8日間で航海した[20]。さらに，ほぼ百年後の1795-97年のイギリス郵政省の郵便船は，平均して，同じ航海で41.7日間かかった[21]。

---

17) Gerald S. Graham, *Empire of the North Atlantic. The Maritime Struggle for North America* (Great Britain, 1958), 232-235.

18) Pawlyn, 84. 1777-1882年，さらに1793-1815年の戦時期に拿捕されたイギリス郵政省の郵便船の完全なリストについては，Robinson (1964), 308-314をみよ。ファルマスの郵便船と私掠船のあいだの戦闘の描写については，たとえば，Robertson, B8, B8A-H; Robinson (1964), 6974, 96-104; Pawlyn, 69-84をみよ。郵便船の完全なリストについては，Robertson, B2-B7をみよ。

19) Robertson, B 1; Robinson (1964), 83.

20) Britnor, 9.

21) "Sailings and arrivals of Jamaica Packets, 1795, '96 and '97", Britnor, 75からの計算。

第 5 章
北大西洋

定期運行という大革新

「定期的な」ファルマス郵便船

1812-15 年のイギリスとアメリカの戦争のために,旧世界と新世界のあいだでおこなわれていた唯一の公的郵便事業がストップした。イギリスの貿易封鎖とそれに対するアメリカの反応は,北大西洋でまったくあたり前のこととなっていた私掠を含めて[1],ファルマス－ニューヨーク間のイギリス郵政省の郵便事業を 1813 年と 1814 年の 2 年間止めたが,1815 年に再開した。ハリファックス－バミューダ間の事業は,戦時中も継続していたが,必ずしも毎月航海がおこなわれていたわけではない。同じ郵便船がリスボン,西インド諸島,南米に向かう他の郵政公社ルートで使われていたが,1813-15 年に,17 隻もの船舶が拿捕されたので,郵便事業は,絶えず試練にさらされていた[2]。

そのときには,ファルマスの郵便船は,何よりもハリファックスの海軍基地と商人のために使われていた。そのため,ハリファックスは,その数年間に,貿易と海運業にとって重要な商品集散地となった。これは,当然,ニューヨークと緊急の商業書簡をやりとりしたい人々の観点からは,満足がいくものではなかった。

---

1) 北大西洋地域での海運業に対する戦時の取り決めについては,Graham, 237-261 をみよ。
2) Robinson (1964), 314 をみよ。

郵便船事業が「定期的」だといわれても，それは，せいぜい船舶が毎月出港したということにすぎない。元来，郵便船は，毎月最初の水曜日にファルマスを出航し，その後，最初の木曜日にニューヨークから出港していたが，「時間がたつにつれ，ファルマスからの出港は，月の中旬になった」と，アーネルが『大西洋の郵便』で述べている[3]。たとえば，1816年には，ファルマスからの出港日が水曜日であったのはたった1回であり，月曜日が4回，火曜日が2回、木曜日が3回，日曜日が2回であった。出港日は，毎月の8日から18日まで，幅があった。ニューヨークからは，毎月2日と18日のあいだに船舶が航海した[4]。

1816年には，ファルマスからハリファックスへの平均的航海は，25-41日間かかった。ハリファックスで3-13日間停泊し，ハリファックスからニューヨークへの航海は4-9日間を要した。ニューヨークに手紙を送った商人の一人は，到着まで，現実に，33-64日間のうちどれだけかかるのか分からなかった。彼はさらに，ニューヨークからの返信を積んだ船がいつ出発するのかすら知ることができなかった。ニューヨーク港での停泊は，20-51日間と幅があったからである[5]。

情報伝達の観点からは，返信が1隻の船で往復するかどうか，あるいは，ニューヨークから〔その船よりも〕先に出発した船によって送られるのかは，大きな相違があった。

イングランドに最後に到着した船舶が出航する以前に，ニューヨークからロンドンに出港する別の郵便船があった場合，前者の船舶が送った手紙に対する返信を受け取る時間は，顕著に短縮された。次の郵便船で返信を送ることによって最短時間ですむ場合，船舶の往復の航海と情報の循環の差異がどれほどになるのかは，1817年のファルマス郵便事業を描いた表5で明確に示される。

さらに指摘できることは，ここに述べたシステムによって可能になった連続する情報の循環の数は，この年の最初から数えるなら，たった三

---

3) Arnell (1980), 63.
4) Arnell & Ludington, 15-19 の出航表をみよ。
5) バミューダ経由で冬季に航海すると，はるかに長期間になり，また，いつ終わるのかは予測できなかった。ファルマスからバミューダまでの移動は，28-54日間かかった。バミューダで3-4日間停泊し，バミューダからニューヨークまでの移動は，6-18日間かかった。Arnell & Ludington, 21 からの計算。

定期運行という大革新

表5 ファルマス郵便船の往復航海と連続する情報の循環 ファルマス−ニューヨーク間1817年

郵便船	ファルマスからの出港日	ニューヨークへの到着日(バミューダーないしハリファックス経由)	ニューヨークからの出港日	ファルマスへの到着日(バミューダーないしハリファックス経由)	船舶の往復航海の日数	ニューヨークから最初の郵便船が送った手紙に対する返信のための最低日数——情報の循環
チチェスター伯爵夫人号	1817年1月29日	3月28日	4月11日[a]	5月22日	113日間	113日間
フランシス・フリーリング号	2月24日	4月16日	~5月10日	6月8日	104日間	104日間
プリンセス・エリザベス号	3月25日	5月5日	6月6日	7月3日	100日間	75日間 フランシス・フリーリング号による
レディ・ウェリントン号	4月17日	5月20日	7月6日	8月5日	110日間	77日間 プリンセス・エリザベス号による
ロード・シドマウス号	5月19日	7月14日	8月14日	9月12日	116日間	116日間
プリンセス・エリザベス第2号	6月16日	8月12日	9月6日	10月20日	126日間	88日間 ロード・シドマウス号による
グレース号	7月18日	8月30日	10月10日	11月9日	114日間	94日間 プリンセス・エリザベス第2号による
スイフトシュア号	8月20日	10月11日	11月13日	12月5日	107日間[b]	107日間
レディ・ウェリントン号	9月20日	11月5日	12月7日	1月5日	107日間[b]	76日間 スイフトシュア号による
チチェスター伯爵夫人号	10月7日	11月26日	~1818年1月6日	1月29日	114日間[b]	90日間 レディ・ウェリントン号による
プリンセス・エリザベス第2号	11月18日	1818年1月18日	2月15日	3月20日	122日間[b]	122日間
グレース号	12月22日	1818年2月8日	3月10日	4月15日	114日間	88日間 プリンセス・エリザベス第2号による

出典) *Sailing lists of Arnell & Ludington*, 23 太字は、最初の手紙がファルマスから1817年1月29日に送られた場合の連続する情報の循環を示す。~ニューヨークから出港したと推測される日。
[a] これ以前のクィーンズベリー号は、1817年3月17日にすでに出港していた。
[b] ニューヨークからファルマスへの直接の帰航。

つしかなかったし、2月の出港から数えても、三つであったことである。

しかしながら，連鎖の最初の手紙が3月25日に送られたとすれば，一連の信頼のおける航海と関係しており，そのため，当該年度に4回の情報の循環が可能になり，最後の航海は1818年3月20日に終了した。

それ以前の郵便船は，12回中5回も，イングランドから次の郵便が到着する前に，ニューヨークからすでに出港していた。そのため，返信が大幅に遅れた。ファルマスから1817年3月25日にプリンセス・エリザベス第2号で送られた手紙は，7月8日に，75日遅れで受け取られた。フランシス・フリーリング号が，まだニューヨークに停泊しており，イングランドから複数の郵便物が到着してから数日後に出港したからである。だが，プリンセス・エリザベス第2号が11月18日に送った別の手紙の返信は，ニューヨークにおけるチチェスター伯爵夫人号の出港に間に合わず，帰港しようとしていたプリンセス・エリザベス第2号によってイングランドに運ばれた。122日間かかり，ファルマスには1818年3月20日に着いた。

問題は，航海の別の端でもよく知られていた。郵便船のファルマスへの到着日が非常に不規則であったので，出港する郵便船はそれを待とうとはしなかった。したがって，たとえば，チチェスター伯爵夫人号が1817年5月22日に到着したとき，ロード・シドマウス号はたった3日前に出港していた。公的な郵便がニューヨークに送られる次の機会は，6月16日であり，3.5週間のちのことであった。しかしながら，イングランドでは，郵便が到着し，次の便が出発するまでの日数は，ある程度うまく調整されていた。

これらの事例は，大西洋横断の情報伝達のスピードが，帆船でゆっくりとした航海しかできなかった時代でさえ，計画をより注意深くすれば，数週間という単位で改善できたはずだということを示す。どうしてこの計画が実行に移されなかったのかという疑問も出されるもしれない。その答えは，第6章の第1節で示すように，おそらく主として郵便帆船システムの複雑さにある。

ファルマスのハリファックス，バミューダ，ニューヨークまでの郵便船事業は，全員に役立つはずの行政的妥協であったが，それが誰も幸福にしなかったのである。スピードが遅く不定期的なスケジュールのために，イギリス人に役立つことはあまりなかった。しかも，外国に向か

う場合も，国内向けであれ，ファルマスからロンドン（ないし他の場所）に国内移動する期間を，数日加算しなければならなかった[6]。ニューヨークの商人は，ハリファックスやバミューダで停泊することは，不必要に航海の所要時間を延ばすだけだと感じた。バミューダへの郵便は，一年の大半を通じて，ハリファックスから海軍の〔一本マストの〕スループ型帆船によって，ヨーロッパの郵便が届いた後に運ばれ，返信は必ずしも，イングランドに向けて出港する郵便船に間に合うわけではなかった。最後に，ハリファックス商人は，イングランド向けの郵便船を，他の郵便船がハリファックスに到着する2-3日前に出港させていたので，郵便への返信は，3-4週間後でなければ送ることができないという状況にあることが多かった[7]。

1816年には，ファルマス-ハリファックス間で，西方への平均的航海日数は，34日間であった。そして，ファルマス-バミューダ間は，39日間であった。ハリファックスないしバミューダで停泊するのは，通常5日間であり，その後，最後にニューヨークまで航海するのに，約7日間かかった。ファルマスまでの平均的な東方への航海時間は，ハリファックスからが23日間であり，バミューダからは，24日間であった。政府の郵便帆船のスピードは，その後速くならなかった。1816-20年に，ファルマス-ハリファックス間の平均的な航海の所要時間は34日間であり，ファルマス-バミューダ間のそれは，39日間であった[8]。ファルマスの郵便船システムには，すべての郵便ルートが含まれており，第6章の第1節でさらに論じられる。

---

[6] ファルマスは，ロンドンから約270マイル離れた，イングランドの南西岸に位置している。コーンウォールからロンドンまでの「グレート・ポスト・ロード」で移動可能な場所は，より乾燥した高地の土地が続く尾根道であった。道路のほとんどの状況は悪かったけれども，「戦略的輸送」のため，ファルマス-ロンドン間の郵便輸送の所要時間は減少し，18世紀中頃には3-4日間に，1798年には，2.5日間になった。それは，それ以降の数十年間の基準となった。Pawlyn, 9-16をみよ。鉄道が敷設される以前には，イングランド北西部のリヴァプールのような場所への郵便事業のため，およそ2日間以上かけることが必要とされた。

[7] たとえば，6月の郵便は，7月26日にハリファックスに到着した。一方，イングランドへの郵便船は，その4日前に出港していた。9月の郵便船は，10月21日に到着したが，イングランドへの郵便船は，その3日前に出港していた。Arnell & Ludington, 21の出航表をみよ。

[8] Arnell & Ludington, 21-29の出航表からの計算。

ニューヨーク–リヴァプールが北大西洋の主要郵便ルートになる

ファルマスは，地理的に海運業に適していたので，もともと17世紀に，政府の主要な郵便船用の港に選ばれていた。フランス沿岸から比較的離れていたので，私掠船による郵便船強奪から免れていたし，天気と風からの絶好の隠れ家となった。この場所は，敵の襲撃をふせぐのに十分なほどに防御が固められており，最短の大西洋航海ルートの東端に位置していたので，この港からの航路をたどれば最速であり，難破のリスクは減少した[9]。

平時には，ファルマスの利点はあまり明確ではなくなった。新たに設立されたアメリカの郵便帆船会社の所有者がニューヨークとイングランド間の定期航海を開始しようと決定したとき，ファルマスが選択肢の一つだとはおおよそ考えなかった。これらの決定は，まったく商業的な観点からくだされた。彼らにとって，第一の貿易港はリヴァプールであったが，のちの時代には，ロンドン，さらには英仏海峡のフランス側にあるルアーブルが加えられた。

アメリカの海運会社が始めた1818年以前における定期運行事業を検討する前に，これらの2港，すなわちニューヨークとリヴァプールが，1820-60年に大西洋横断の貿易の歴史においてこれほど重要な役割を果たしえた理由について，二,三言っておく必要がある。

ニューヨークは，1797年にすでに，アメリカの主導的輸出港になっていたが，ボストンに再びその地位を明け渡した。アルビオンによれば，戦後にニューヨークが目覚ましく台頭した最初のステップは，イギリスが，どこか他の都市ではなく，この都市で，製造品の大部分を廉価に販売しようと決定したことにある。ニューヨークは，ボストンよりも，この目的に適合的であったようである。ボストンでは，イギリス人は，封鎖の際，ある程度の封鎖漏れを赦した。さらにその結果，輸入品が稀少となり，価格が高くなったニューヨークほどにはボストンは，ヨーロッパの製品が取り引きされないということにはならなかった。平和のニュースを予期していたので，イギリス人は，たくさんの貨物を積んだ多数の商船を，ハリファックス，バミューダおよびその近隣にあ

---

9) Pawlyn, 9-10.

り，ニューヨークにすぐに出港する準備のある都市に送った。そして封鎖が解除されると，その状況を自分たちに完全に有利なように利用した[10]。

　2年後，イギリス人がニューヨークの過剰在庫をどこか別の場所に移そうと考えていたとき，ニューヨークは，いくつかのステップを踏んで，輸入事業でリードを維持しようとした。2-3年のうちに，ニューヨークの事業は三つの主要な貿易ルートに収斂した。ヨーロッパ，南部の港，そして西部からのルートである。新たな競売に関する法規が，より多くのバイヤーを引き付けるために，エリー運河法規と同じ日にオールバニーで通過した。運河が建設されていたとき,「綿の三角形」'Cotton Triangle'――17世紀の古いモデルの「小麦粉の三角形」, そののちの植民地時代の「砂糖の三角形」に倣って――が南方のルートに形成された。運河は，ヨーロッパと綿の港との商業を通常の行程から200マイルほど離し，通行税を徴収し，それと同時に，東方に向かう貨物をリヴァプールに提供した。これらの貨物は，主として綿，米，船舶用資材を含んでいた[11]。

　ニューヨークは，多くの商品を生産することはなかったが，すべての種類の商品が19世紀初頭に交換されていた商品集散地であった。アルビオンがニューヨーク港の歴史で述べたように，「ニューヨークの人々は，利潤，手数料，輸送料，多くの事業にかけられた使用料に対する他の理由のために豊かになった」のである[12]。

　1800年には，フィラデルフィアがアメリカ最大の都市であり，人口は6万9000人であった。それと比較すると，ニューヨークは6万人ほどにすぎなかった。10年後，ニューヨークの人口がすでに9万6000人

---

10) Robert Greenhalgh Albion, *The Rise of New York Port 1815-1860* (New York 1939), 10-12.

11) Albion (1939), 3-15, 95-121; Albion (1938), 50-52. この貨物の一部が，バルト海地方に運ばれた。Ahonen, 318, 328 をみよ。

12) Albion (1939), 10. アホネンによれば，1821-60年には，たぶん再輸出の半分がニューヨーク経由で，五分の一がボストン経由で貿易された。イギリスは，この時代を通じて，アメリカとロシアの両国の主要な貿易相手であった。大西洋貿易におけるイギリスの主要な役割を示す適切な事実は，1830年頃，ヨーロッパの銑鉄の約45％を生産し，原綿の66％を消費していたということである。1821-60年には，アメリカの国内製品輸出の41％から53％が，イギリスに向かった。Ahonen, 40-41 をみよ。

であったのに対し，フィラデルフィアの人口は9万1000人であった[13]。アラン・プレドが都市の成長と情報の循環を扱った研究で達した結論によれば，ニューヨークは1817年には，すでにフィラデルフィアと他のすべての競合都市を凌駕し，情報のヘゲモニーを築いた。そのため，アメリカの都市システムを完全に支配した。プレドの考えでは，このような優越は情報と，海運頻度による有利な条件を主要な基盤としていた[14]。

ニューヨークの台頭の直前，リヴァプールがブリストルを追い抜いた。ブリストルはそれ以前には，長年にわたり，人口と商業の点で，ロンドンに次いで第2位だったのである。リヴァプール市は1810年代中頃には急速に成長する都市となり，人口はおよそ10万人になった[15]。1817年に，6300隻が入港し，総トン数は69万3000トンに近かった[16]。

1807年におけるイギリスの奴隷貿易廃止まで，リヴァプールは，イギリスの奴隷貿易の中心であった。1795年から1804年にかけて，リヴァプールの航海はイギリスの港で企画された1300隻近い奴隷貿易のうち85％近くを占めた[17]。この時代の終わり頃，奴隷貿易以外の貿易活動が成長し，かつての奴隷船に代わる新たな事業を見いだすのに，長い時間はかからなかった[18]。南北アメリカでと奴隷労働によって生産された商品のリヴァプール経由での輸入量は急速に上昇した。たとえば，

---

13) Albion (1939), 419. プレドによれば，1810年にニューヨークには10万人以上の人口がいたのに対し，フィラデルフィアは8万7000人であった。フィラデルフィアの人口は，ボストンとボルティモアの人口を合計したのと同規模であった。Pred (1973), 5 をみよ。

14) Pred (1973), 43, 203, 223, 270.

15) リヴァプールは，1811年には9万4000人以上で，その10年前の1万7000人から大幅に伸びた。Liverpool Street Directories, 1818, Appendix, 160.

16) Liverpool Street Directories, 1818, Appendix, 161.

17) Williams, David M. "Abolition and the Re-Deployment on the Slave Fleet, 1807-1811". Merchants and Mariners: Selected Maritime Writings of David M. Williams, 1. in *Research in Maritime History* No.18 (St. John's, 2000). リヴァプールの奴隷貿易の量とトン数に関する詳細な分析として，年間出港比率などを含んでいる研究は，D.P. Lambs, "Volume and tonnage of the Liverpool slave trade 1772-1807" in Roger Anstey & P.E.H. Hair (eds.), *Liverpool, the African Slave Trade, and Abolition. Essays to illustrate current knowledge and research.* (Chippenham, 1989), 91-112 に見いだされる。

18) Williams, *Abolition and the Re-Deployment...*, 6-11 をみよ。

1810-50 年に，原綿の輸入量は4万トンから36万トン弱に上昇した。アメリカ産の小麦は，8000トン強から7万5000トン近くに，小麦粉は900トンから10万3000トンに，砂糖は4万6000トンから5万2000トンに，ラム酒は，57万8000ガロンから，72万6000ガロンに上昇した[19]。

1802年には，イギリスの輸入綿の半分が，リヴァプール経由で到着した。主として，近郊にあるランカシャーの綿製造所のニーズに対して供給された。1812年には，イギリスの輸入綿の70％近くがリヴァプール経由であり，1830年には，リヴァプールの輸入比率は90％に達した[20]。リヴァプールの後背地には，ランカシャー，ヨークシャー，ミドランド，ブラックカントリーなどの工業地帯が含まれた。リヴァプールは，反物，石炭，棒鉄，金輪，竿，鋳塊，リネン，工業製品，陶器，銅を世界中に輸出した[21]。

1815-60年に，リヴァプールはニューヨークよりもいくらか貿易量が多かった。その一方で，ニューヨークの方が，船舶を多く所有していた。人口の点では，この2港は，ほぼ同じであった。リヴァプール-ニューヨークを航海する定期往復の貨物は，やがて，疑いの余地なく，「七つの海」でもっとも価値ある貨物になったのである[22]。

定期航路のはじまり

ニューヨーク-リヴァプール間の航行が活発になってきたため，帰りの航海のための貨物が常に存在し，船主は，二つの港を定期的に船で結ぶよう促進されたことは確実である。当然，自分たちの商品だけを運ぶために，郵便船ラインを開設する労力をかける必要はなかった。潜在的

---

19) Francis E. Hyde, *Liverpool and the Mersey. The Development of a Port (An Economic History of a Port) 1700-1970* (Devon 1971), 41.

20) Gail Cameron & Stan Crooke, *Liverpool – Capital of the Slave Trade* (Liverpool, 1992), 31. 大西洋貿易以外に，リヴァプールは，1813年にEICの独占が廃止されたてからすぐ，東インドとの航海に参加した。そして，以前の三角形の奴隷貿易ではなく，粘性ゴム，象牙，パーム油の西アフリカから直接の輸入を開始した。Cameron & Crooke, 33; Williams, *Abolition and the Re-Deployment...*, 10-11 をみよ。

21) Hyde (1971), 29-30, 41. また，以下をみよ。Adrian Vaughan, *Railwaymen, Politics & Money. The Great Age of Railways in Britain* (Cambridge, 1997), 44-47.

22) Albion (1938), 30.

な利益は，運営者が，（かさばる商品ではなく），別の商人から依頼され高い輸送料をとる商品で，郵便船の船倉の残りの部分を埋めることにどうすれば成功するかにかかっていた。ニューヨークの主要な商会の大半は，自社の船舶を所有していたが，服地を扱う商人，競売人，製造業者の代理人は，海運業自体に関心はなかった。彼らは，できるだけ早く，外国からの商品を入手したかっただけである[23]。

アルビオンによれば，荷主に提供されたこの事業は，郵便船の発展においてもっとも重要な一面であり，航路に関する原理が成功した主要な理由であった。輸送が速くなれば，受取人に魅力的であり，荷主にとっては，投資の収益が早く回収されることを意味した。それ以前の時代なら，多様な定期的貿易船と短期の船舶の出港通知，さらに，最初に航海する可能性が高いのはどの船かということを知る必要があったが，郵便船事業のおかげで，その困難が除去された。航海の日程が前もって知られており，しかも，商品は，巨大で多様な運営者や代理人の集団ではなく，このような人々からなる小集団の一人に転送することができた[24]。

商人が扱う商品，郵便物，乗客に加え，アメリカの郵便帆船が，やがて大西洋を横断し，両方向に大量の正貨を運んだ。当時，金貨や銀貨が，国際貿易の不均衡を是正するために，船舶に乗せられ大量に往復した。というのは，それ以外の選択肢は，為替手形のプレミアムを大きく割り引くことだけだったからである。この事業は，以前にはファルマスの郵便船によっておこなわれていたが，やがてほとんどもっぱら，アメリカの郵便船によって引き受けられるようになった。そして，1隻の船舶で，100万ドルの四分の一，場合によっては三分の一に相当する額の鋳造貨幣で満杯になった「金庫室」の箱や樽を運ぶことも稀ではなかった。イングランド銀行が準備金を均衡させ，ロンドンの銀行家の残高を支払うために，大量の正貨や地金を必要としたなら，正貨や地金は，難破のリスクを減少させるために，いくつかに分けられ，次々と郵便船で運ばれた[25]。

---

23) Albion (1938), 37.
24) Albion (1938), 37.
25) Albion (1938), 39; A. Andréadès, *History of the Bank of England 1640-1903* (London 1909), 224-225, 320-327.

ニューヨーク発の郵便船は，ニューヨーク以外のアメリカの港に対してもあまり定期的に出荷をしない船舶から，事業を奪い取りはじめた。もしマンチェスターの製造業者が，毛織物衣類の委託販売品をボストン，チェスタトン，ないしニューオルレアンに送ろうとすれば，郵便船でそれをニューヨークに送り，沿岸航海をする郵便船の1隻を使って最終目的地に送る方が，他港に直接航海するかもしれない船舶を探すよりも簡単であり，一般的に速かったのである[26]。

　アメリカの郵便帆船の重要性は，アルビオン，カトラーやラボックというアメリカ人の海事史家のあいだでは過大評価されているかもしれないが[27]，イギリス人研究者によって過小評価されてきたこともたしかである。たとえば，フランシス・E・ハイドは，彼の手になるリヴァプール港に関する重要な研究では，郵便船にはほとんど言及していない[28]。

　ファルマスの郵便船は遅く，いつ到着するかはわからなかった。そのような郵便事業と比較するなら，ニューヨーク-リヴァプール間を直接結ぶ定期船は，事業情報伝達という観点からは，もっとも重要な進歩の一つであった。アメリカの郵便船は，(大半が) 予告された日に定期的に航海した。天候に関係なく，貨物が満杯になるのを待つこともなかった。船長と，アメリカの郵便船航路のほとんどすべての船長と乗組員は，戦時にはアメリカの私掠船のすばやい攻撃に対抗して航海し，スピードを増す技術を発展させた。最初の郵便船は約400トンの小型船であり，商人が定期的にすでに同じ所有権のもとでの事業に従事していたり，中古船を購入した。1820年代中頃に，より大型で規格化されたタイプの船に取って代わられた。それは，徐々に巨大化し，500トンから800トンに達した[29]。

　アメリカ最初の郵便船航路は，のちに開始の赤い社旗のなかに赤いボールが描かれ，船舶のトップセイルに巨大な黒いボールが描かれていたので，ブラックボールラインと呼ばれ，1818年1月初旬にニュー

---

26) Albion (1938), 37-38.
27) Basil Lubbock, *The Western Ocean Packets* (Boston 1925) をみよ。
28) Hyde (1971)passim をみよ。
29) Staff, 59; Albion (1938), 79; Carl C. Cutler, *Queens of the Western Ocean. The Story of America's Mail and Passenger Sailing Lines* (Annapolis, Maryland, 1967), 99-100.

ヨークとリヴァプールから同時に航海を開始した。この航路は，5人のニューヨーク商人が所有し，全員が繊維輸入業者であった。ジェレミー・トムソンとフランシス・トムソンは，富裕な毛織物製造業者の息子たちであり，ベンジャミン・マーシャルは，繊維輸出業を営んでいた。一方，アイザック・ライトと息子のウィリアムもまた，輸入業と海運業に従事していた。彼らは，二つの古くからある一流企業を選んだ。クロッパー・ベンソン商会とラスボーン・ハドソン商会がそれにあたる。これらが，リヴァプールの代理商として働き，それぞれが2隻の船舶への責任を有したのである[30]。そのため，所有者が自分自身の船荷をもっとも速い方法で出荷することが可能になり，船舶がヨーロッパからもたらした情報を，それが誰にでも知れ渡る以前に十分に利用することができたのである[31]。

「ブラックボーラー」は，最初の年には，リヴァプールから毎月最初の日に，ニューヨークからは5日に航海した。この事業は，「航路(ライン)」を大洋での航海に現実に適用するはじまりとなった。個々の企業が連携し，特定の日に特定のルートを定期的に航海したのである[32]。

貨物が満載であろうがなかろうが，船舶はスケジュール通りに出発すべきだという主張に対応するために，所有者は，精一杯の努力をして，最初の郵便船が時間通りに航海することを保証した。1月5日にニューヨークに大雪が降ったにもかかわらず，ジェームズ・モンロー号は[33]，宣伝したように，時間通りに航海した。しかしながら，所有者は，リヴァプールの代理人に，最初に時刻通りの航海をすることが重要だと説得するのに，失敗したようである。なぜなら，1月1日に出港するはず

---

30) Albion (1938), 112-114; Cutler (1967), 99.

31) Albion (1938), 112. しかしこれは，必ずしもプラスの結果をもたらしたわけではない。1828年に，綿への投機がおこり，ジェレミア・トムソンは破綻し，破産した。彼は株式を兄弟のフランシスに売らなければならなかった。Albion (1938), 114 をみよ。

32) Albion (1938), 20.

33) 1818-58年のアメリカの郵便帆船の完全なリストには，船舶の名前，大きさ，建造者，進水した年度，事業をはじめた年度，事業が終わった年度，全部の郵便船事業の年度，1隻ごとの西方への平均的航海と最長と最短の航海，それぞれの船舶のその後の事業と海での誓約が含まれており，それらは Albion (1938), 288-295 にある。彼はまた，それぞれの船の沿岸航海船舶について言及している。Albion (1938), 288-295 をみよ。ほかには，あまり定期的ではなく，しばしば短命であった航路がある。大西洋横断航路については，Cutler (1967), 317-413 を，沿岸航路については，414-548 をみよ。

のクーリル号が，3日後に出港したからである[34]。遅れは，長期にわたるリヴァプールの悩みの種である，北西の風のために引き起こされたのかもしれない。冬になると，船舶がスケジュール通りに航路にたどり着けないことも多かったのである。しかし実際には，曳航が一般的になるまで，スケジュールの期日にリヴァプールを出港する郵便船は，あまりなかった[35]。

　理由はよくわからないが，ブラックボールラインのニューヨークから出港した船舶のスケジュールは，操船の最初の年に，各月の5日から10日へと変化した。最初の年の実際の出港日は，以下の通りであった。1月5日，2月5日，3月5日，4月6日，5月11日，6月のデータは欠如，7月10日，8月12日，9月10日，11月のデータは欠如，12月11日である。リヴァプールからの航海日が完全に欠如しているのは，「ロイズリスト」が，この年に報告をしていなかったからである。しかし，少なくとも，ジェームズ・モンロー号は，おそらく，悪天候のため損害を受け，3月6日に港に戻った。そしてニューヨークに，4月30日になってようやく到着した[36]。遅れて到着したため，船舶は，スケジュールよりもさらに6日間遅れ，ニューヨークを1818年5月11日に出港した[37]。もし会社が，船舶がスケジュール通りに航海しているとPRのために示したいと現実に思ったのだとすれば，それが航海の日程が全般的に変化した主要な理由なのかもしれない。

　アメリカの新しい郵便船航路は，完全に成功したわけではなかったが，イギリス政府の郵便事業よりはるかに定期的に運営され，ハリファックスに寄港するという浪費をせず直接航海できたので，アメリカの郵便船は，圧倒的に速かった。東方への平均航海日数は，港から港までで24.4日間であった。最速の航海では，たった20日間しかかからなかった。もっとも遅くとも，29日間であった[38]。西方への往復の平均的

---

34) Albion (1938), 20-22.
35) Cutler (1967), 101; Albion (1938)237; および本書のために収集されたデータ。
36) それぞれの Lloyd's List. ジェームズ・モンロー号については，Lloyd's List 10.3.1818; 5.6.1818.
37) Lloyd's List 12.6.1818.
38) Lloyd's List 1818. アメリカの史料を利用したカトラーによれば，1818年に，2隻の船が，東方への航海に18日間しかかからなかった。それは，「ロイズリスト」の海事情報で

所要時間は，43日間であった[39]。

　興味深いことに，ファルマスの郵便船で最速の東方への航海は，ニューヨークからファルマスに直接航海した場合（1816-22年の12-2月にニューヨークから出港する）であったが，ブラックボールラインの郵便船よりずっと速いことがあった。ファルマスの郵便船フランシス・フリーリング号は，ニューヨークを出港した，17日後の1818年12月にファルマスに着き，モンターギュ号は，19日後の1819年2月に着いた[40]。けれども，ニューヨークからハリファックスないしバミューダをへる東方航海は，平均して38日間かかった。ブラックボールラインの平均航海日数が24日間であったのと比較すると，ファルマスの郵便船がヨーロッパへの航海の前にハリファックスやバミューダで平均7日間停泊するとしても，大きな違いである。ファルマスからはるばる西方のニューヨークまで郵便船で航海する平均日数は，ハリファックスとバミューダでの3日間の停泊を含め，50日間かかった。

　ファルマスの郵便船が出港して，もともとのスケジュールからどれくらい遅れたのか，一つ一つの事例についてわかるものではない。ハリファックスルートには，どうも決められた航海日がなかったように思われるからである。ブラックボールラインの郵便船の場合は，簡単に計算できる。郵便船が本当にスケジュール通りに航海していたのなら，郵便がニューヨークからリヴァプールに到着するのに約25日間かかった。必ずしもスケジュール通りには進まなかったので，ニューヨークからの郵便がリヴァプールに到着するまでの日数は，28日間であった。むろん，手紙は，船舶が停泊しているあいだ，郵便船の郵袋のなかに入れられたままということがありえたが，多くの手紙がスケジュール通りに出発することを見越して書かれたので，そうした手紙は，当然ながら，遅れによる被害を被った。西方へ向かう手紙については，理論と現実の差は，はるかに大きかったに違いない。

は裏づけられない。しかも，ニューヨークからの三つの出港日データがなくなっているので，不可能である。Cutler (1967) をみよ。
　39) Cutler (1967); アルビオンは，著書『スケジュールに関する横帆艤装船』で，1818-57年におけるニューヨークの日刊紙の海事情報を利用して，西方への航海の所要時間を計算したが，正確な航海日程は公表しなかった。Albion (1938), 318-323, 349 をみよ。
　40) Sailing lists of Arnell & Ludington, 25.

それ以後，アメリカの新しい郵便船航路のスピードと規則正しさは改善された。スタッフによれば，ブラックボールラインの郵便船で送られる平均航海日数は，この会社の創業から9年間は，東方には23日間，西方には40日間であった[41]。とりわけ，パイオニアとして成功した企業がでると，すぐに競争相手が同じ航路を使うようになったので，事業情報の伝達による利益は膨大であった。

　新航路の最初の航海は，「ロイズリスト」には記されていないが，最速の情報伝達法を絶えず見つけようとしていたロイズの代理人が，ブラックボールラインの郵便船を，1818年秋から主要な通信手段として利用しはじめた[42]。それを立証したのが，「ロイズリスト」が公表した一連の入港海事情報である。ニューヨーク港の出入港船舶表は，8月と9月に，なお（ファルマスの郵便船ではなく！）商船によって運ばれていた[43]。そのときから，出航表は，もしブラックボールラインの郵便船がかなり速いなら，それによって送られた。しかし，1ヵ月間の航海では，新聞のニーズに応じることはできなかった。

　それゆえ，ブラックボールラインの郵便船ジェームズ・モンロー号は，「ロイズリスト」に1818年8月27日-9月10日のニューヨーク港に関する海事情報をもたらした。ニューヨークを9月10日に出港した船舶は，リヴァプールに26日後の10月6日に到着した。その情報は，「ロイズリスト」で1818年10月9日に公表された[44]。アミティ号

---

41) Staff, 61

42) それがわかっていることが不思議でないのは，リヴァプール港の出航表が，リヴァプールのアンダーライターの代理人によってロンドンのロイズに送られていたからである。しかも代理人は，すぐに，アメリカの郵便帆船の事業にかかわるようになった。リヴァプールのアンダーライターは，1815年に彼ら自身の代理人制度を開始したが，可能なら，代理人として，すでにロイズの代理人として働いたことがある人物を任命した。ロイズおよびリヴァプールのアンダーライターとの協同については，Wright & Fayle, 285, 340 をみよ。

43) ニューヨーク港の1818年7月15-27日の出入港に関する海事情報は，商船カロライナ・アン号によってイングランドに送られた。ニューヨークから1818年7月29日に出港した船舶は，リヴァプールに30日後の8月28日に到着した。出航表は，*Lloyds List* 1.9.1818 で公表された。1818年7月29-8月3日に関する海事情報は，商船フェア・カンブリアン号で送られた。この船は，ニューヨークを1818年8月7日に出港し，リヴァプールに28日後の9月4日に到着した。出航表は，*Lloyds List* 8.9.1818 によって公表された。

44) リヴァプールからロンドンまでの国内郵便は，鉄道が開通する以前の1820年代中頃に，郵便馬車で約24時間（Wright & Fayle, 340）かかるか，内部にたった4人しか乗れず，一夜しか道路で走らない新ステージ馬車で「30時間かかった」(Coaches' in *Post Office*,

は，1818年9月25日-10月10日（ニューヨークからの正確な出港日は，「ロイズリスト」では公刊されていない）の情報をもたらした。その一方で，クーリル号は，21日間のうちに1818年11月6-9日の情報を，パシフィック号は，24日間のうちに1818年12月5-9日の情報をもたらした[45]。その間のリストは，最速の商船によって送られた。たとえば，1818年10月9-19日のリストは，24日間のうちにヘルクレス号によって送られ，1818年10月21-27日のリストは，26日間のうちにアン号によって送られた。さらに，1818年10月30日-11月4日のリストは，ファルマスの郵便船フランシス・フリーリング号によって送られ，この船は，ニューヨークからファルマスまでを17日間ないし18日間で航海した[46]。

ここにあげた事例は，どのような選択肢を用いても，輸送スピードに現実的な相違がなかったことを明確に示す。新しく，またより速い船舶がこの輸送のために建設建造されて，ファルマスの郵便船の速度がこれ以降上昇したとしても，アメリカの郵便帆船の航路を使う事業が，とくに頻度と規則正しさのため，事業情報伝達のもっとも重要な手段となった。

たとえ1818年のブラックボールラインの現実の姿が利用可能な史料によって正確に再構成されることが不可能であったとしても，ライン全体のスケジュールの基盤として利用するなら，理論的な再構成は容易に完成する。それは，正確な航海日程の決定を可能にするために，間違いのない方法を用いて構築された。各月の最初の日に，大西洋の両岸から出港したため，西方へは2カ月間，東方へは1カ月間航海することができた。これは，ほとんどどのような環境にあっても，達成された目標である。1831-32年になされた521回の航海のうち，リヴァプール-ニューヨークルートで，60日間以上かかったのはたった11回であっ

Liverpool Street Directories, 1818, Appendix, 85)。「ロイズリスト」は，1837年以前には1週間にたった2回しか公刊されなかったので，船舶の到着とその情報の開示のあいだに遅れがでる少なくとも二つの明確な理由があった。

45) これらの出航表については，以下をみよ。*Lloyd's List* 6.11.1818; 4.12.1818; 8.1.1819.

46) *Lloyd's List* 20.11.1818; 27.11.1818; 1.12.1818 Arnell & Ludington の出航表では，フランシス・フリーリング号が，11月8日ではなく，11月9日にニューヨークを出港した。「ロイズリスト」による報告。したがって，17日間の航海である (Arnell & Ludington, 25)。

た[47]。ときどきあったように，船舶が2-3日後に出港しても，目的港に到着するときには，スケジュール通りになることは簡単であった。商人には十分な時間があったので，次の郵便船が出港する前に，返信を書くことができた。

　このようにして，定期船航路がシンプルに組織化された。すなわち，ファルマスの郵便船がおこなったように，年間の航海船舶数を同じにし，卓越風と荒れた天候という同じ問題を共有し，アメリカの小規模な郵便船航路が，開設した最初の年から，大西洋横断の情報伝達を大きく改善できたのである。ファルマス郵便船が可能にしたように，3回の連続する情報の循環をおこなうのではなく，情報は，いまや1年間で大西洋を4回循環することができた。しかしながら，定期航路の利益を完全に享受するためには，より多くの船舶が航路上にいなければならず，しかも，すぐに航路に行く必要があった。

　ブラックボールラインへの競争相手として最初に名乗りをあげたのは，1822年1月初旬，ニューヨークのブラインズ・トリンブル商会であり，この会社は，とくにチェサピークの小麦粉貿易に従事していた。同社の取引相手は，数年間リヴァプールまでの取引を定期的におこなっていたが，今度は，1月25日から，4隻の郵便船で航路を開始したのである。毎月の事業には，25日にニューヨークを出港し，リヴァプールを12日に出港することが含まれていた。1823年に，日付がそれぞれ，24日と8日に変更された。この航路は，やがてニューラインないしレッドスターラインと名づけられた[48]。一方，ブラックボールラインは，オールドラインと呼ばれるようになった。ブラックボールの所有者は，すぐにこの最初の挑戦に応じ，航海の数を倍増すると告知した。彼らは航路で使われる船を4隻から8隻に増やし，1カ月に一度ではなく，二度の航海を維持すると述べた。二つの港から，それぞれ1日と16日の2回出港した。この事業は，1822年3月中旬にはじまった[49]。

　新たな競争相手の登場は，ブラックボールラインにとってその年に生じたただ一つの衝撃ではなかった。4月には，彼らの郵便船アルビオ

---

47) Albion (1938), 318-319 の記録をみよ。
48) ブラックボールと区別するために，会社の社旗に赤い星を入れた。
49) Albion (1938), 30-31; Cutler (1967), 149-150, 377.

ン号が，アイルランド岸でこなごなになり，多数の人名が失われた[50]。6月には，リヴァプール号が処女航海で氷山に衝突したのちに沈没したが，人命は失われなかった。これらの悲劇のために人々の信頼が失われる恐れと，彼らが事業を拡大しようとしているときに使われる費用にもかかわらず，ブラックボールラインは，威信を損なわずに，この年を乗り切ることができた[51]。

　リヴァプール号が沈没した5日後，7月30日付けの新聞が，別の新リヴァプールラインに関する告知をした。これは，スワローテールラインないしフォースラインと呼ばれる。ブラックボールの事業が増えたので，すでに第三のラインが存在したと考えられた。広告に現れた代理人の名前は，フィッシュ＆グリネルであり，彼らは，その後，フィッシュ・グリネル商会とグリネル・ネンターン商会の名のもとで，ニューヨークにおける第一の郵便船・総合海運業者となったのである。2年後の1824年，この会社は，同じ名前を使って，ロンドンへの郵便船事業を開始した。他と区別されるために，リヴァプールラインの郵便船は，青と白のツバメの尾の社旗を使った。一方，ロンドン航路の郵便船は，赤と白の社旗を使った。そして，二つのラインに次の名前を冠した。ブルースワローテールラインとレッドスワローテールラインである。さらにまた，ロンドンへの郵便船ラインが1824年に設立された。ブラックテンラインである。ロンドンのラインはどちらも，ポーツマス経由で活動した。三つの郵便船ラインがまた，1822-23年に，ニューヨーク-ルアーブル間に設立された。一つはオールドラインであり，のちにユニオンラインとなった。また，ルアーブル-ウィットロックラインは，のちにユニオンラインと合併した。このほか，さらに第二ルアーブルラインがあった[52]。

---

50) 乗船していた54名のうち，46名が死亡した。この船は，4月の手紙に加えて，大量の金銀と通常の貨物を運んでいた。5000ポンドに相当する正貨用の箱は取り戻されたが，海岸には，郵便袋からあふれ出た大量の商業書簡がまき散らされた。Albion (1938), 202-208をみよ。

51) Albion (1938), 31.

52) ラインの名前は，いくぶん混乱し，混同されている。この間に組織と所有者が，名称を変更したからである。上述の分類は，アルビオンとスタッフが用いてきたものに適合しているが，カトラーの分類は，少し違っている。以下をみよ。Albion (1938), 276-286; Staff121-126; and Cutler (1967), 376-380, 389-391, 394-396.

いくつかの再調整ののち，航路は次のように編成された。ブラックボールラインの郵便船が，ニューヨークとリヴァプールから，毎月 1 日と 16 日に出港した。レッドスターラインの郵便船は，毎月 24 日にニューヨークから，8 日にリヴァプールから出港した。ブルースワローテールラインの出港スケジュールはそれとは反対で，ニューヨークを 8 日に出港し，リヴァプールを 24 日に出港した。したがって，この二港間では，一年中毎週航海をしていた。すべての郵便船が，毎年 3 回往復し，それと比較すると，ほとんどの商船はたった 2 回にすぎなかった。効率性において大きな相違があったのは，アメリカの郵便船所有者が，毎年 2 回ではなく 3 回の資本コストを分担することができたうえに，大半の大西洋横断の船舶が活動していない冬の月に，余分の収入もいくらか入手できたからである[53]。1824 年には，ニューヨーク-リヴァプール間の往復の郵便船による平均日数は 84 日間以下だったが，ファルマスの郵便船によるファルマス-ニューヨーク間の平均往復日数は 118 日であった。

　1824-25 年には，ラインを航海する規則性は大きく改善した。激しい競争があったので，企業は最善を尽くして，スケジュールを守ろうとしたし，スピード記録は，大西洋の両側の人々による激しい競争があった。表 6 が示すのは，いかにニューヨーク――良い評判がもっとも重要な船舶の母港――からの郵便船が，この時期に時間通りに出港していたかということである。

　表 6 からただちに了解されるように，1820 年代中頃，ニューヨークからの出港日はきわめてスケジュール通りであった。1824-25 年の「ロイズリスト」で公刊された 76 回の出港のうち[54]，遅れたり変更されたものは 17 回の航海にすぎず，59 回の出港が，予告されていた日に正確におこなわれていたのである。遅れは，ふつう 1 日間だけであった。リヴァプールからの出港と比較するには，表 7 をみよ。

---

　53) Albion (1938), 27.
　54) 表 6 の日付は，二つの暦年を正確にカバーしているのではなく，技術的な理由のために，これらの年度に「ロイズリスト」で公刊された情報をカバーしているにすぎない。日付が欠けている理由としては，二つある。「ロイズリスト」で報告されていないか，特定の問題が，利用可能なマイクロフィルムから失われているかである。

第 5 章　北大西洋

　ブラックボールラインの郵便船アミティ号が 1824 年 4 月に，さらに 1824 年 12 月にはネストル号が失われたことは，1825 年 1 月の出港スケジュールだけにギャップを生じさせたにすぎない[55]。時刻表が再編され，難破船は，2 隻とも，すぐに新しくより大きな船に変わった。520 トンのフロリダ号は，すでに 1824 年 11 月初旬に最初の航海に向かっており，560 トンのマンチェスター号は，1825 年 5 月に向かった。サイラス・リチャーズ号は，ブラックボールラインでもっとも小さな船ロバート・フルトン号に取って代わり，後者は，1824 年に売られた[56]。

　リヴァプールからの出港は，ニューヨークからの出港ほどには，定時におこなわれることはなかった。1825 年には，出港した船舶 47 隻のうち，少なくとも 23 隻が遅れた[57]。なかでも，秋から冬にかけての航海は，天候が悪いせいで，数日間遅れることがありえた。頻発したのは，リヴァプールの税関での通関手続きが航海のスケジュール通りになされても，出港が数日遅れることであった。けれども，船舶は，数日後に出港した。また，船舶が現実に出港する以前に，通関手続きが 2 回，のちには 5 回もおこなわれることがおった。これはおそらく，重要な積荷が遅れて到着したことが原因であった[58]。

　表 7 から認められるように，通関手続き日が自動的に最終出港日となると想定することはできないのである。会社が公表した公式の航海日と，税関での手続き日，さらに最終的出港日を比較すれば，大きな差異が示される。これはまた，情報伝達の所要時間の計算において異なる史料を使用するとき，受け取る情報が多様になる適切な事例である。

---

　55)　アルビオンは，こう記している。「ブラックボールの所有者の評判が高く，2 年前のアルビオン号とリヴァプール号の損失から，航路の威信を維持しようという当然生まれるべき意志がなければ，もっとも旧式の 2 隻の船舶を処分した新船長が海上保険をかけようとしたことに疑惑がもたれた理由がある，干潮のときに，この 2 隻のどちらもが，絶えず水面に浮かび，その結果，引き上げるのがはるかに困難になっていたためである」。Albion (1938), 220 をみよ。

　56)　Staff, 123; Cutler (1967), 378.

　57)　1824 年のリヴァプールの航海日はわからない。「ロイズリスト」が，それを公刊しておらず，この年の「リヴァプール税関通関申告書」は，マージーサイド海事博物館・文書館から失われている。

　58)　*Liverpool Customs of Entry*, 1825, 1834, 1835.

表6 アメリカの郵便帆船で運ばれる手紙 ニューヨークからの出港の日付 1824-1825 年

船舶 (* = 新規)	会社	ニューヨーク発1回目	ニューヨーク発2回目	ニューヨーク発3回目	ニューヨーク発4回目	ニューヨーク発5回目	ニューヨーク発6回目
ニューヨーク号	BB	1823年12月16日	1824年5月3日	1824年8月16日	1824年12月16日	1825年4月16日	1825年8月16日
パンテア号	RS	1824年12月24日	1824年5月9日	1824年8月24日	1824年12月25日	1825年4月27日	--
コロンビア号	BB	1824年1月1日	1824年4月16日	1824年9月1日	1825年1月1日	1825年5月1日	1825年9月1日
コルテス号	BSw	1824年1月8日	1824年5月8日	--	1825年1月9日	1825年5月8日	1825年9月8日
オービット号	BB	1824年1月16日	--	売却	–	–	–
メテオル号	RS	1824年1月24日	--	--	1825年1月24日	1825年5月24日	–
アミティ号	BB	--	難破	–	–	–	–
コリンティアン号	BSw	--	1824年6月8日	1824年10月8日	1825年2月8日	1825年6月8日	1825年10月12日
パシフィック号	BB	1824年2月16日	1824年6月16日	1824年10月1日	1825年2月1日	1825年6月1日	1825年10月1日
ジョン・ウェルズ号	RS	1824年2月24日	1824年6月24日	1824年10月24日	--	1825年6月25日	1825年10月24日
ウィリアム・トムソン号	BB	1824年3月1日	1824年7月1日	1824年10月16日	1825年2月16日	--	--
リーズ号	BSw	1824年3月8日	1824年7月8日	1824年11月8日	--	1825年7月8日	1825年11月8日
カナダ号	BB	1824年3月16日	1824年7月16日	1824年11月16日	1825年3月17日	1825年7月16日	1825年11月16日
ジェームズ・クロッパー号	BB	1824年4月1日	1824年8月1日	1824年12月3日	1825年4月1日	1825年8月1日	--
マンハッタン号	RS	--	1824年7月22日[a]	1824年11月25日	1825年3月27日	1825年7月24日	
ネストル号	BB		1824年5月17日	1824年9月16日	難破	–	–
ロバート・フルトン号	BSw		--	売却	–	–	–
フロリダ号*	BB			1824年11月2日	1825年3月1日	1825年7月1日	1825年11月2日
サイラス・リチャーズ号*	BSw			1824年12月8日	--	1825年8月8日	
マンチェスター号*	BB					1825年5月19日	1825年9月17日

出典) Lloyd's List 1824-1825. BB = ブラック・ボールライン。毎月1日と16日に出港予定。BSw = ブルー・スワローテイルライン。8日の出港。RS = レッドスターライン。24日に出港。予定通りの出港ができた場合には、太字で表した。

-- = データなし　　– = 航海せず

[a] この日付は、正しくないかもしれない。郵便帆船が予定より早く出港することは稀であった。

第 5 章 北大西洋

表7 リヴァプール港におけるアメリカの郵便帆船の遅れ 1825 年

郵便船と航行ライン	予定の出港日	通関手続き日	現実の出港日	遅れた日数
カナダ号, BB	1月1日	1月1日	1月4日	3日間
マンハッタン号, RS	1月8日	1月8日	1月10日	2日間
ジェームズ・クロッパー号, BB	1月16日	1月15日	1月22日	6日間
サイラス・リチャーズ号, BSw	1月24日	1月24日	1月26日	2日間
ニューヨーク号, BB	2月1日	2月1日	- -	- -
パンティア号, RS	2月8日	(2月8日)：2回目は2月10日	2月13日	5日間
コロンビア号 a, BB	2月16日	2月16日	2月16日	0
コルテス号, BSw	2月24日	2月23日	2月24日	0
メテオル号, RS	3月8日	3月8日	3月8日	0
パシフィック号, BB	3月16日	3月16日	3月16日	0
リーズ号, BSw	(3月16日)	(3月14日)：2回目は3月15日	(3月16日)	- -*
コリンティアン号, BSw	3月24日	3月24日	3月24日	0
ウィリアム・トムソン号, BB	4月1日	3月31日	- -	- -
ジョン・ウェルズ号, RS	4月8日	4月8日	4月8日	0
フロリダ号, BB	4月16日	4月16日	4月17日	1日間
カナダ号, BB	5月1日	4月30日	- -	- -
マンハッタン号, RS	5月8日	5月7日	5月10日	2日間
ジェームズ・クロッパー号, BB	5月16日	5月16日	5月16日	0
サイラス・リチャーズ号, BSw	5月24日	5月24日	5月24日	0
ニューヨーク号, BB	6月1日	6月1日	6月8日	7日間
パンティア号, RS	6月8日	6月8日	6月9日	1日間
コロンビア号, BB	6月16日	6月16日	6月16日	0
コルテス号, BSw	6月24日	6月24日	6月27日	3日間
マンチェスター号, BB	7月1日	7月1日	- -	- -
メテオル号, RS	7月8日	7月8日	7月8日	0
パシフィック号, BB	7月16日	7月16日	7月16日	0
コリンティアン号, BSw	7月24日	7月23日	7月24日	0
ウィリアム・トムソン号, BB	8月1日	8月1日	8月1日	0
ジョン・ウェルズ号, RS	8月8日	8月8日	8月11日	3日間
フロリダ号, BB	8月16日	8月16日	- -	- -
リーズ号, BSw	8月24日	8月24日	8月24日	0
カナダ号, BB	9月1日	9月1日	9月1日	0
マンハッタン号, RS	9月8日	9月8日	9月9日	1日間
ジェームズ・クロッパー号, BB	9月16日	9月16日	9月16日	0
サイラス・リチャーズ号, BSw	9月24日	9月24日	9月28日	4日間

ニューヨーク号, BB	10月1日	10月1日	10月1日	0
パンテア号, RS	10月8日	10月8日	10月12日	4日間
コロンビア号, BB	10月16日	10月15日	10月23日	7日間
コルテス号, BSw	10月24日	10月24日	11月5日	12日間
マンチェスター号, BB	11月1日	11月1日	11月8日	7日間
メテオル号, RS	11月8日	--	11月10日	2日間
パシフィック号, BB	11月16日	11月16日	11月17日	1日間
コリンティアン号, BSw	11月24日	11月24日	11月29日	5日間
ウィリアム・トムソン号, BB	12月1日	12月1日	12月1日	0
ジョン・ウェルズ号, RS	12月8日	12月8日	12月8日	0
フロリダ号, BB	12月16日	12月16日	12月21日	5日間
リーズ号, BSw	12月24日		12月27日	3日間

出典) *Lloyd's List 1825; Liverpool Customs Bills of Entry*, 1825. 予定通りの航海ができた場合には，太字にしてある。

* リーズ号は，リヴァプールを1月4日に出港したが，マージ―川の浅瀬で座礁し，大きな損害を被った（*Lloyd's List* 7.1.1825, 11.1.1825, 14.1.1825をみよ）。同船は，3カ月以上の停泊ののち，修復が完了し，いまや出港しようとしていた。それはおそらく，ブルースワローテイルラインの出港日が4月24日ではない理由であろう。

-- = データなし

　表6と表7をもとにした計算から出された結果から，1825年のリヴァプール港において，アメリカの郵便帆船が出港する場合の平均的遅れは約2日間であったけれども，ニューヨークでは，たった半日間であったことがわかる。表7から分かるように，船舶は，それぞれ，予定の出港時間になって税関で通関手続きを受けるが，船舶が出港しようというちょうどそのときになって，遅れが生じた。最悪の冬の時期には，リヴァプールからスケジュール通りに出港できた船舶は，たった2隻しかなかった。

　このような遅れが生じたけれども，以前と比較するなら，北大西洋の通信は，より頻繁になり，定期的になった。郵便船の速度は，とりわけ西方への船舶において多様であったが，平均航海日数は，驚くほど短くなった。1825年においては，東方へは24日，西方へは，36日であった[59]。

---

59) 十分なデータが利用できる37隻の船舶からの計算。

事業情報伝達に対する定期的な郵便帆船の影響

結局，本章でこれまで述べてきたことは，事業活動の伝達という面からは，どういう意味があったのであろうか。それは，郵便船事業が可能にした連続する情報の循環を調査することで示すことができよう。

表8 ロンドン-リヴァプール間のアメリカの郵便帆船が可能にした連続する情報の循環　1825年

郵便船によって送られた手紙/会社	リヴァプールからの出港日	ニューヨークへの到着日	次に出港する郵便船/会社	ニューヨークからの出港日	リヴァプールへの到着日	返信を入手するまでの日数
マンハッタン号 RS	1月10日	2月20日	ジョン・ウェルズ号 RS	～2月24日	3月20日	69日間
コリンシアン号 BSw	3月24日	4月18日	パンテア号 RS	4月27日	5月21日	55日間
サイラス・リチャーズ号 BSw	5月24日	6月25日	フロリダ号 BB	7月1日	7月28日	65日間
ウィリアム・トムソン号 BB	8月1日	9月5日	コルテス号 BSw	9月8日	10月3日	63日間
パンテア号 RS	10月12日	11月10日	カナダ号 BB	11月16日	12月8日	56日間

出典）*Lloyd's List 1825; Liverpool Customs Bills of Entry*, 1825. ～は予定。

表8にみられるように，リヴァプールからレッドスターラインの郵便船マンハッタン号が1月10に出港して（この船は，元来のスケジュールより2日間遅れた），ニューヨークに2月20日に到着した。もしニューヨークに受取人がいたなら，その人物はすばやく返信し，2月24日にニューヨークを出港する同社のジョン・ウェルズ号で返信することができた（あるいは，数日後だが，それ以前ではない）。この手紙は，3月20日にリヴァプールに到着した。最初の手紙が同港から出されてから，たった69日後のことであった。受取人がリヴァプールにいたなら，その人物はふただひこの手紙への返信をすぐにしたため，3月24日に出港するブルースワローテイルの郵便船コリンティアン号で送ることができた。1年以内に，5通の手紙が次々に大西洋を行き来することができたけれども，6通目は，その年度が終わったときには，すでに海上にあったろう。

表9 ファルマスの郵便帆船が可能にした情報の循環の一例　1825年

郵便帆船によって送られた手紙	ファルマスからの出港日	ニューヨークへの到着日	次に出港する郵便帆船	ニューヨークからの出港日	ファルマスへの到着日	返信を入手するまでの日数
ソールズベリー侯爵夫人号	1月19日	3月10日	(リナルド)ソールズベリー侯爵夫人号	(3月10日)4月9日	(4月20日)5月12日	(91日間)113日間
ロード・メルヴィル号	5月21日	7月12日	(クィーンズベリー)ロード・メルヴィル号	(7月10日)〜8月10日	9月10日	112日間
スワロー号	9月14日	10月26日	キングフィッシャー号	11月9日	12月12日	89日間

出典) *Sailing lists of Arnell & Ludington*, 37-39. 〜は推測。

　比較するなら，ファルマスの郵便船が1年間（1825）で可能にした情報の循環は，次のようになることがわかる。
　イギリス商人は，いまや次の郵便船の出港以前に返信する機会に恵まれていたようだが，この事例は，政府の郵便事業が，1825年でさえあまり適切には運営されていなかったことを示す。一方の端では，なお問題があったからである。ソールズベリ伯爵夫人号で送った郵便が，ニューヨークに到着したのと同日に，イングランドへの郵便船が出港した。誰かが，すぐに返信を出すことができたかもしれないが，イギリス郵政省からの郵便が現実には出港する船舶に返信の期限が間に合うように処理されても，配達されないということがありえた[60]。
　それゆえ，1月に送られた郵便への返信は，第一に，到着する郵便船ソールズベリ伯爵夫人号によって送ることができた。次の帰国船でも，不便が生じた。クィーンズベリー号は，ロード・メルヴィル号によって5月の手紙が到着す2日前に，ニューヨークから出港していた。けれども，スワロー号が運んだ9月の手紙は，次の2週間以内に返信を出すことができた。11月9日にニューヨークを出港したキングフィッシャー号が，手紙を運んだのである。手紙のやりとりには平均で105日間かかったが，その年に達成可能な連続する情報の循環はたった3回であっ

---

60)　郵便が，ニューヨークから3月10日に出港したリナルド号（表9をみよ）によって運ばれたとしても，ファルマスからの次の郵便船は，1825年5月21日に出港したロード・メルヴィル号と同じになったかもしれない。

た。
　ここから，二つの重要な結論を導きだすことができる。第一に，ファルマスの郵便船の事業と比較して，北大西洋を横切る情報の循環の速度が大きく改善されたのは，アメリカの郵便船航路が，より組織化された航海を開始したときであった。ファルマスの郵便船で手紙が3回往復するのではなく，アメリカの郵便帆船で，情報は1年以内に5回以上循環することができた。第二の結論は，リヴァプールとニューヨークは，国内の情報伝達が遅かった他港と比べて通信が速いという累積効果から生まれる利益を享受していたということである。より速く国内で伝達する必要があったとすれば，返信が出港地に着くずっと前に，次の郵便船がすでに航海していたことになる。

　ニューヨーク-ロンドン間，さらにはニューヨーク-ルアーブル間でも郵便船事業があったとはいえ，これらの事業は，ニューヨーク-リヴァプールルートで毎週出港するものと比較すれば，決して効率的ではなかった。ロンドンとルアーブルに対する事業は，せいぜい1ヵ月に2回であり，それを指揮する船舶は小さかった。レッドスワローテイルラインの郵便船は，最初はより重要なリヴァプールラインで事業をおこない，この路線で，より新しくて大きな船舶に道を譲った[61]。1818-57年の西方への航海の平均所要時間は，リヴァプールからが35日間（1993回の航海），ロンドンからが36日間（928回の航海），ルアーブルからが38日である（1239回の航海）[62]。その結果，外国宛の重要な手紙は，ロンドンから直接リヴァプールに国内便でたびたび送られ，次に出港する郵便船に転送されたし，また，その逆もあった[63]。

　アメリカの郵便帆船事業の方がすぐれていたので，政府が何の政策をとらなくても，リヴァプールは，イギリスにとって大西洋側の事実上の

---

61) Staff, 125 の郵便運搬の郵便船のリストをみよ。

62) Albion (1938), 197, 317. 平均は四捨五入されており，すべての数値を書いたわけではない。ロンドンラインの手紙は，ポーツマスで船に積まれ，そこから，郵便用馬車で〔ロンドンの〕シティまで送られるのに，1日かかった。

63) たとえば，1823年11月22日にニューヨークからロンドンのフレデリク・フス銀行にレッドスターラインの郵便船ジョン・ウェルズ号で送られた手紙は，ニューヨークをスケジュール通り1823年11月24日に出港し，リヴァプールに1823年12月15日に寄港し，ロンドンには，1823年12月17日に到着した。差出人の手を離れたから，わずか25日後のことである。Johan Snellman, *North Atlantic Mail* (2004). Postal historical collection. (JSC).

情報センターとなった。その代わりに,イギリス郵政省は,1826年末に,ニューヨークへのファルマスの郵便事業を閉鎖した。アメリカの船舶は,文字通り,ファルマスの郵便船をルートから追い出した。ロンドンのイギリス郵政省本部の公的な郵便でさえ,カナダの郵政公社の本部に送られる場合,イギリス郵政省ではなく,アメリカの郵便船を使用した[64]。しかし,ハリファックスとバミューダへのファルマスの郵便船事業は,キューナードラインの汽船に取って代わられる1840年まで続いたのである。

表10 ニューヨークからのアメリカの郵便運搬船数 1820-55年

目的地	1820	1825	1830	1835	1840	1845	1850	1855
リヴァプール	4	16	16	16	20	24	24	24
ロンドン	-	4	8	10	12	12	16	16
ルアーブル	-	12	12	14	16	16	12	16

出典　Albion (1938), 274. 交換が生じたので,船舶数は,この枠内で変化している。

アメリカの郵便帆船は,イングランドからアメリカまでの手紙を,重さや封入物の数に関係なく,1通あたり2ペンスで引き受けた。郵便帆船航路の代理人は,リヴァプールとロンドンにある事務所で郵便袋を提供した。その郵便袋には,船舶が出航しようとするときにシールが貼られ,航海中にはがされた。同様の手続きは,フランスのルアーブル,ボルドーでもみられた。イングランドでは,このような慣行が広まり,王国中の商人の大多数が利用した。さまざまな会社の特別配達人が,郵便袋をリヴァプールまでもって行った。これは,イギリス内部の郵便配達に対してイギリス郵政省の独占が直接侵害されたことを意味したが,それらについてはほとんど何もなされなかった。それは一般的におこなわれた慣行であり,しかも公的になされたので,手順として受け入れられるようになった。1830年代後半には,郵便改革を声高に唱えたイギリス郵政相のロナルド・ヒルが明らかにしたように,アメリカの郵便帆船は西方への航海ごとに4000通ほどの手紙を輸送していたのに対し,イギリス郵政省をへるものは,一つもなかったのである[65]。

---

64) Arnell & Ludington, viii; 43; Staff, 62をみよ。
65) Staff, 54; Robinson (1964), 114-115. 到着する郵便物でさえ,しばしばイギリスの

ニューヨークないしボストンに到着したとき，アメリカ向けの手紙は，郵便料金を見積るために，船舶託送郵便事務局に送られた。宛先が到着港の場合には，6セントが請求された。それ以外のところでは，船舶託送郵便料金が2セントと，国内郵便料金が課された。カナダへの手紙は，ニューヨークの郵便局へ送られるかボストン経由で送られ，その後，カナダ国境の交換所に転送された。交換所で，カナダ郵政省が手紙を受け取った。合計の郵便料金は，船積み運賃，アメリカから国境までの郵便料金，さらにカナダ国内の郵便料金から成り立っていた。そのため，ケベックまでの手紙は，イギリス郵政省の郵便船で送ったとすれば92セントだったところが，47セントであった。同様に，ロンドンからモントリオール，ニューヨークまでの手紙の料金は，それぞれ96セントと1ドル12セントではなく，31セントと47セントであった。商人への巨額の利益のほかに，このような安価な通信手段が，移民にとっての天恵となった。だから彼らは，故国の親類縁者との関係を，比較的簡単に維持することができたのである[66]。

　モントリオールの聖書協会からロンドンの聖書協会への手紙は，一般にどう考えられていたのかということに対する，適切な事例を提供する。「私はここでまた，あなたが書いたものをイングランドの郵便船ではなく，ニューヨークの郵便船で送ることをお勧めします。それで郵便料金が節約され，2-3冊の聖書が買えるからです」[67]。

　実際，イギリス郵政省の郵便料金による損失額は，これ以降，大西洋横断の郵便汽船事業に補助金を出す主要な理由となった。

郵便局を素通りして商人に配達された。財務府長官は，1837年4月8日，リヴァプールのアメリカ商業会議所に，商人たちに，法律上，到着した郵便物は，イギリス郵政省をへて送られる必要があるという事実を思い出させた。1836年2月14日から，1837年2月28日にかけて，2371通の手紙と小包が「荷受人に許されるべき範囲を超えて」，リヴァプールの税関で見つけられ，イギリス郵政省に送られた。一事例だけをあげても，1836年9月29日から1837年2月20日にかけて，530通の手紙が発見され，111枚の新聞の小包が開けられ，それには822部の新聞が含まれ，さらに隠されていた648通の手紙も発見された。ACC Minute Book, February 1842 - December 1866, related to the meeting on 13.4.1837. 380 AME/2. Liverpool Public Record Office (LPRO).

　66)　Staff, 54 をみよ。
　67)　A letter to Joseph Jarn, Esq. in London, dated in Montreal 8.10.1829. Published in the catalogue of Charles G. Firby Auctions, *British North America Stamps and Postal History. Dr. Kenneth M. Rosenfeld Collection, June 18, 2005* (Waterford, MI, 2005), lot 722.

アメリカの郵便船と，その絶頂期の事業情報伝達における中心的役割について，重要ではあるがかなり混乱した側面が論じられてきた。航海の所要時間が予測できなかったことである。すでに論じたように，現実の航海は，スケジュール通りにおこなわれるとはかぎらなかったが，それぞれの航海がどのくらい続くのか一般に意識されなかったことからくる不快感と比較すると，大した問題ではない。航海中の乗客にとって，通常，航海の長さが重要であり，それには10日間の幅があった。当然の差異であった[68]。

　航海がいつまで続くかわからないことは，乗客だけに不便をかけたわけではない。外国へ郵便を送る日は，ニューヨークとリヴァプールの港で前もって決められていたが，外国からの郵便が届く日まで，誰もそれが現実にいつになるかを知らなかった。大西洋の両側の郵便局の職員は，緊急事態に備えていなければならなかった。なぜなら，荒れた天候などの海上での問題によって引き起こされた遅れから，数隻の郵便船が同日に到着することがありえたからである。

　例をあげよう。1827年8月のある日，ニューヨークの郵便局が，2隻のブラックボールからの郵便を受け取った。ロンドンとルアーブルからの郵便船であり，定期的に交易する商人が若干名乗っていた。2年後，1万7000通以上の手紙が1週間のうちに到着した。3隻のブラックボールの船舶と他の郵便船が同時にニューヨーク港に到着したのである。ニューヨークへの郵便もあったが，それ以外の手紙は〔適切に〕処理され，アメリカの他地域に転送された[69]。

　ニューオルレアン郵便船ラインの所有者として著名なエドワード・ナイト・コリンズは，ニューヨーク–リヴァプール間で1837年にドラマティックラインを創始した。イギリス郵政省のあわただしさは，この路線がブラックボールラインと同じ航海日を決定したので（16日にニューヨークを，1日にリヴァプールを出港した），はるかに頻繁になった。2社の海上での競争は，両社の郵便船が同日に到着することで終わることが多かった[70]。事業情報の伝達の観点からみて，このような手順は，満足

---

68) Albion (1938), 200, 244.
69) Albion (1938), 187.
70) 1838年においては，それは，少なくとも以下の日付でおこった。ニューヨーク

第5章 北大西洋

表11 リヴァプール-ニューヨーク間でアメリカの郵便船が
可能にした連続する情報の循環　1838年

郵便船が送った手紙/会社	リヴァプールを出港する船舶	ニューヨークに到着する船舶	次に出港する郵便船/会社	ニューヨークを出港する船舶	リヴァプールに到着する船舶	返信を受け取るまでの日数
オルフェウス号 BB	1月2日	3月8日	オルフェウス号 BB	～3月16日	4月10日	98日間
イングランド号 BB	4月20日	5月12日	ヨーロッパ号 BB	～5月16日	6月9日	50日間
シドンズ号 DL	6月16日	7月19日	シェークスピア号 DL	～8月1日	8月19日	64日間
イングランド号 BB	8月20日	9月23日	シェリダン号 DL	～10月1日	10月19日	60日間
ノース・アメリカ BB	10月22日	12月4日	ヒバーニア号 BB	12月9日	12月27日	66日間

出典　Lloyd's List 1838.「ロイズ・リスト」にニューヨークからの正確な出港日が記載されていなかったとしても，ラインの通常の航海日を近似値として使用した。それは，情報の循環の計算には影響をおよぼしていない。～は予定。

のいくものではない。2社の競争が，片道航行の所要時間を数日間短縮するとしても，大西洋を横断して郵便を送る可能性を増大させたわけではない。ドラマティックラインの毎月の航海が定期的な大西洋貿易郵便船を年間48隻から60隻に増やしたとしても，1820年代初頭以来，毎年の情報の循環の数は5回にとどまった。

　これとは別の，大西洋横断の郵便事業の発達を阻害する問題とは，平均的な航海速度が現実には改善されてはいなかったことである。非常に正確に時間通りに出港し，懸命に操舵し，航海ルートと潮流に対する知識は増え，技術的に改善されたにもかかわらず，郵便船の到着日は，いつも海の風によって大きく左右された。東方への航海の方が予測しやすかったとしても，西方への航海は3-8週間，場合によっては，それ以上にかかることがありえた。

　航海速度が遅くなるのは，強風や氷河のために，航海が10-12週間延びる冬におこるのがふつうであったからだ。航海がもっとも遅くなった

については，1838年1月5日，1838年3月19日，1838年4月16日，1838年5月12日，1838年10月22日，1838年11月30日である。リヴァプールについては，1838年1月27日も1838年4月24日，1838年6月20日，1838年10月19日である。1838年の「ロイズリスト」で，それぞれの年度をみよ。

事例は，ブルースワローテールラインのパトリック・ヘンリ号が，郵便帆船の時代の終わり頃に 89 日間かけて大西洋横断をしたときのことである。航海が遅れた別の事例は，卓越風の影響を受け，1833-34 年の冬に，ブラックボールラインのサウスアメリカ号が，大西洋横断に 69 日間かかったことである。この船は，すべての郵便船のなかで，平均速度がもっとも速く，船長のロバート・H・ウォーターマンは，クリッパー船の指揮官として，のちに誰にも破られなかった一連のスピード記録をつくったのだけれども，全部で 40 年間のうち，これより遅かった郵便船の航海記録は，1 ダースほどしかなかった[71]。

　図 1 は，郵便帆船事業の主要な問題を明確に示す。西方への平均的航海日数は 34 日間であったが，ときと場合により，それは大きく変わった。より遅い船も速い船もあったが[72]，同じ船舶でさえ，西方への航海で 41 日間かかったと思えば，次には 22 日間であった。航海の日程に 2 週間以上の差がある場合でさえ，出港した日が異なる船舶の到着の順番が入れ替わることは稀ではなかった。冬に航海する方が，春や秋と比べると大変であり，長くかかることが多かったのだけれども[73]（夏の航海では北米沿岸で，しばしば霧の被害に遭った），冬でさえ変化に富んでいた。

　1830 年代中頃から 1838 年までは，アメリカの郵便帆船の最盛期であった。1834 年に，リヴァプールルートを使う 3 社はすべて，ふたたび，古くて小型の船舶を新しい一隻と入れ替えた。ブラックボールラインは，516 トンのニューヨーク号を 663 トンのコロンブス号と入れ替えた。ブルースワローテールラインは，454 トンのサイラス・リチャーズ号を 752 トンのインディペンデンス号に替えた。レッドスターラインは，502 トンのジョン・ジェイ号を 729 トンのグランド号と交換した。新しい船舶は，図 1 にみられるように，必ずしも古いものよりも速くはなかったが，乗客の目には，より魅力的に思えた。賃金コストは，この段階では，重要な問題であったとは思われない。450-500 トンの旧式の船舶が 18-26 人の乗組員で航海したのに対し，新型の船舶は 30 人を

---

71) Albion (1938), 52.
72) Albion (1938), 320-321 の記録をみよ。
73) 1818-27 年の月別平均については，Albion (1938), 322 の記録をみよ。

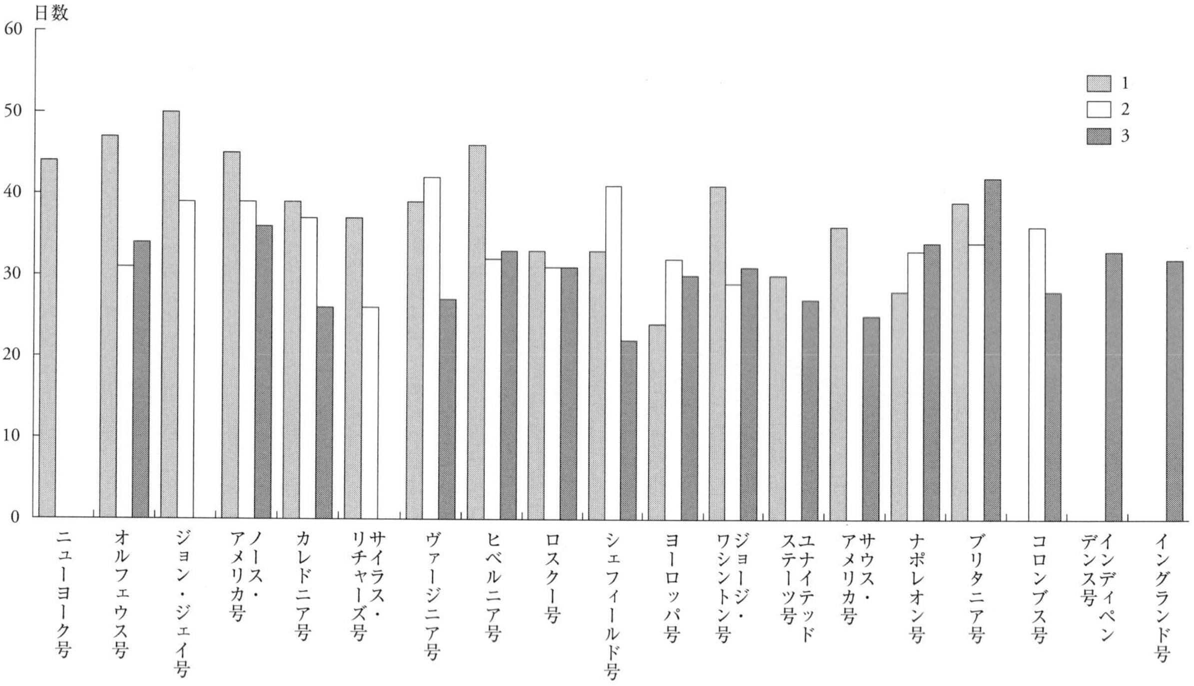

第 5 章 北大西洋

図 1 アメリカ郵便帆船の郵便運搬 リヴァプール-ニューヨーク間の西航船の所要時間 1834 年

出典）Lloyd's List 1834; Liverpool Customs Bills of Entry, 1834. 計画されて航海はすべておこなわれたが、場合によっては、史料に航海のデータがない。この図に含まれていない。定期船の郵便帆船の選択は、Staff, 121-127 で公表されたリストにもとづいている。

定期運行という大革新

必要とした[74]。

　それぞれの航海の所要時間を予測することはいつも不可能だったので，情報が可能なかぎり速く着くように，手紙の複製がしばしば送られた。たとえば，1837年には，ドラマティックラインのシェリダン号が，ブラックボールラインのコロンブス号と同じ日にリヴァプールを出港した。どちらの船も遅れた。当初の計画によれば，シェリダン号は3月12日から3月16日のあいだに，コロンブス号は3月16日に出港するはずであった[75]。そして，どちらも19日に出港した。ヨハン・スネルマンの切手収集には，1837年3月17日と18日にリヴァプールで書かれ，シェリダン号によって送られた別々の手紙のカバーが含まれている。手紙に書かれた手書きの郵便印から，それらは複製であり，本物はコロンブス号によって運ばれたことがわかる。複製のカバーの方が本物よりも早く到着し，4月16日にニューヨークで手押印が押され，一方，コロンブス号は，ニューヨークに4月17日に到着した。受取人は，リッチモンドの到着日を記さなかったが，つとに4月21日に返信が出されていた[76]。

　これらの実例は，主要な貿易都市の事業にかかわることが，どれほど有益であったのかを示している。たとえ船舶のスケジュール通りの航海日のあとでも，送った手紙に最新の情報を書いたり，付け加えることができた。また，複製を使って，可能なかぎり速い返信が確実になった。

　大洋を航行する汽船が導入されるまでは，アメリカの郵便帆船は，他のありとあらゆる世界貿易のルートと比較しても，すぐれた郵便事業を提供した。驚くべきことだが，次章で示されるように，帆船から汽船への移行期の10年以上にわたって，郵便帆船はまた，その地位を維持したのである。

---

74) 船舶が外国に向けて出港したときに乗船していた人数の記録。*Liverpool Customs Bills of Entry*, 1834. 船舶の重量は，スタッフ Staff の packet lists, 121-123.

75) カトラーによれば，ドラマティックラインの出港日は，ニューヨークからが25日に，リヴァプールからが12日に，「結果的に」固定された。しかしこのシステムは，長期間は機能しなかった。少なくとも1838年当初から，ドラマティックラインは，ブラックボールラインと同じ日に，両港から出港していた。以下をみよ。Cutler (1967), 377, 380; *Lloyds List* 1838, passim.

76) Ship letter from Liverpool on 17.3. and 18.3.1837 to Messrs John & Dan K. Stewart, Richmond, Virginia. (JSC) ; *Lloyd's List* 21.3.1837; 9.5.1837.

風 対 蒸気 ——闘争の10年間

初期の実験

　蒸気の技術は，19世紀初頭に陸から海に移転された。商業的に成功した最初の汽船は，1807年にロバート・フルトンによって建造された。彼の18馬力の汽船が，33時間のうちにニューヨークからオールバニーまで運行したのである。イギリスでは，1811年，最初の汽船がクライド川に進水した。1814年には，イギリスにあった汽船はわずか2隻であったが，1816年に15隻，1825年に163隻，1835年にはすでに538隻，1839年には840隻となった。同様な展開は，アメリカでもみられた。1830-39年に，1300隻近い汽船が建造された[77]。

　汽船は，1820年代初頭に，イギリス郵政省の沿岸事業で郵便帆船に取って代わった。アイルランドへの郵便は，1821年5月から，ホリヘッドからダブリンへ，アイリッシュ海をわたって汽船で運ばれるようになった。ドーバーからカレーへという大陸への郵便は，同年末から開始された。ミルフォード支局は，1824年に汽船を使うようになった。しかし，郵便物や乗客からの受け取りは，非常に少なかった。ブリストル商業会議所は，イギリス郵政省に対して，ミルフォードの郵便船をブリストル港に移したと不平を述べた。ブリストルは，商業活動がもたらす需要によって，簡単に輸送量の多い郵便船支局になりえたからである。イギリス郵政省は，これらの要求を無視したが，リヴァプールを，イングランドの西海岸の新郵便船港に加えた[78]。

　リヴァプールからダブリンまでの郵便船事業は，1826年にはじまった。それ以前には，リヴァプールからアイルランドへの手紙は，最初にチェスターに行き，そこからロンドンの郵便に加わり，ホリヘッドに到着した。これが非常に不便だったのは，郵便がリヴァプールから出発するときにはまだ営業中であり，しかも，手紙を運ぶのに，24時間かかっ

---

[77] Peter Allington & Basil Greenhill, *The First Atlantic Liners. Seamanship in the Age of Paddle Wheel, Sail and Screw* (London 1997), 12.
[78] Robinson (1964), 120-121.

たからである。リヴァプールとダブリンのあいだを直接汽船で結んだので，運ぶ時間は，12 時間程度に減少した。リヴァプールはまた，マン島で，汽船による郵便事業をおこなった[79]。

たとえ，沿岸ルートに従事する私企業の汽船会社がすでにあったとしても，イギリス郵政省はそれを無視し，競合相手となる郵便汽船事業を設立した。その理由は，イギリス郵政相のフランシス・フリーリングによれば，私的所有者は，「遅れや不規則生を排除する誘因がまったくなく，郵便の安全性は非常に重要なので，民間人にゆだねることはできない」からである。その投資のためになされたこの事業への毎年の出費は，1817 年に約 7 万 8000 ポンドだったものが，次の 10 年間に 2 倍以上になった[80]。

1830 年に，国税監察官の報告書が示したのは，イギリス郵政省の郵便汽船事業の最初の 8 年間で，支出は 62 万ポンド以上に達したが，受領額は 24 万 3000 ポンドに満たなかったということである[81]。イギリス郵政省が汽船を建造し，郵便事業をおこなうとすれば，儲からない事業に従事することになると思われるであろう。これらの数値は，高い郵便料金を削減させるという公的な圧力とともに[82]，イギリス郵政省がのちに政策を変え，外国への郵便を「アウトソーシング」する決定を下し，民間の汽船会社に補助金を出したもっとも重要な理由に数えられる。

汽船は，大西洋横断で現実に使用される以前に，すでにもっと短距離

79) Robinson (1964), 121.
80) Robinson (1964), 118-122.
81) Robinson (1964), 122.
82) イギリス郵政相であったローランド・ヒルは，彼の主張を表したよく知られる小冊子の『イギリス郵政省の改革——その重要性と実現性』を 1837 年に上梓した。高額の国内郵便料金を一律の 1 ペンスに下げることによる利益に関するヒルの計算は，一般の人々と議会のあいだに大きな論争を引き起こした。国内の一律料金と，世界ではじめて，前払いの郵便切手のペニーブラック，さらに，デザイナーにちなんで，マルレディー封筒として知られる前払いの切手付き書簡類が 1840 年に導入された。これらの発明は，1 ペニーの郵便料金を採用しようという決定を支援した。切手と切手付き書簡類を，使用前に大量に購入することができたし，前払いの手紙のほうが，イギリス郵政省で取り扱うのがより簡単で安かったからである。以下をみよ。Robinson (1948), 258-320; Gavin Fryer & Clive Akerman (ed.), *The Reform of the Post Office in the Victorian Era*, Vol. 1 (London 2000), 79-139. 小冊子については，Fryer & Akerman, 1-46 をみよ。議会での議論については，以下をみよ。The Reports of the Select Committee on Postage in *BPP, Transport and Communications, Posts and Telegraphs,* 1 and 2, passim.

のルートでの定期的外国郵便事業で使われていた。たとえば，ロンドンとオランダないしハンブルクとのあいだの北海を横切るルートがそれにあたる。汽船の事業は，郵便用馬車でハリッジまで行き，郵便帆船で北海を横断することと比較すると，移動距離を著しく短縮した。170年間続いたハリッジの郵便事業は放棄され，オランダへの郵便は，総合汽船航海会社によって運ばれた。このラインは，1824年に創設され，1831年に最初の郵便契約を受け取った。郵便汽船は，ロンドンからロッテルダムとハンブルクに定期的に向かい，ロッテルダムには28時間で，ハンブルクには54時間で到着した。1830年代中頃までに，郵便汽船は，ロンドンから1週間に2回出港した。スウェーデンに向かう郵便は，1840年から，ハルを経由して北海を横切って送られた[83]。

フランスでは，最初の定期的な郵便汽船事業は，1826年にソーヌ川で創設された。しかし，その前に，結実しない無数の失敗があった。1833年，フランスにはたった75隻しか汽船がなく，1835年には，100隻になった。そして1838年になっても，たった160隻であった。フランス人は，マルセイユ–イスタンブル間の汽船による郵便事業を，1837年に開始した[84]。

大西洋を横断した最初の汽船は，1819年のアメリカのサヴァンナ号であった。ジョージア州サヴァンナからリヴァプールまでの航海に，29日かかった。そして蒸気機関は，海上にいた総時間700時間のうち100時間しか使われなかった。この船舶には，航海中，乗客も貨物もなかった。航海の前に地元で報道されたのとは，まったく違っていた。航海的には成功したとしても，結果がまざまざと示したのは，大洋を航行する汽船は，まだ経済的とはいえないということであった[85]。

ロイヤル・ウイリアム号も，北大西洋を東方に向かって横断した船舶

---

83) Robinson (1964), 123; Moubray & Moubray, 105-106.

84) Allington & Greenhill, 12. フランスの地中海での郵便事業については，以下をみよ。Raymond Salles, *La Poste Maritime Française, Historique et Catalogue,* Tome II, *Les Paquebots de la Méditerranée de 1837 à 1935* (Limassol, Cyprus, 1992), 9-34.

85) サヴァンナ号の航海については，以下をみよ。Albion (1939), 314; John A. Butler, *Atlantic Kingdom: America's Contest with Cunard in the Age of Sail and Steam* (Washington D.C. 2001), 41-44; Arnold Kludas, *Record Breakers of the North Atlantic. Blue Riband Liners 1838-1952* (London 2000), 33-36; Staff, 63; and Tyler, 1-17.

である。この船には，乗客も乗っていた。もともとケベック-ハリファックス-ピクトゥ〔ノヴァ・スコーシア〕航行用に 1831 年に建造されたものであったが，1833 年に，所有者が，大西洋を横切り，ヨーロッパで売ろうとして送ったのである。東方への航海においては，カウズへは 22 日間，ロンドンへは 25 日間かかった。しかもそれには，初期の汽船につきものの問題であった故障による停止がすべて含まれていた。ボイラーの火は，航海のあいだ，冷却用の海水から生じる塩の結晶を除去するために，数回にわたり数時間消しておかなければならなかった[86]。

　1820 年代から 1830 年代にかけ，これ以外に 2-3 隻の汽船による大西洋横断が，南方のルートを使ってなされたことが記録されている。コンデ・ド・パトメラ号が，リヴァプールからリスボンをへて，1820 年にブラジルに着いた。ライジングスター号は，1822 年にチリのバルパライソに着いた。クラサオ号は，アントウェルペンから 1827 年に，蘭領東インドに着いた。その後，この船は 1830 年にベルギーで軍艦として使用される前に，2-3 回大西洋を往復したはずだ。キングストン市号は，ロンドンを出港し，マデイラ諸島，バルバドス，そして 1837 年にジャマイカに着いた。その後も航海を続け，ニューヨークに到着したが，激しい嵐のため，ボルティモアが最後の寄港地となった[87]。

大西洋横断汽船事業の開始

　汽船で北大西洋を横切り西方への航海をする可能性についての議論が，1830 年代のあいだに，イギリスでなされた。懐疑論者は，こう断言した。これほど長期間にわたって海水を使うなら，ボイラーが完全に詰まってしまう。だから船舶は，3000 海里の航海に耐えるほどの石炭は積めない。しかもなお，乗客，乗組員，貯蔵品のための空間を残しておかねばならず，必要な燃料が積み込まれた場合，船舶の釣り合いが

---

　86) Lawrence Babcock, *Spanning the Atlantic. A History of the Cunard Line* (New York,1931), 24-29; Bonsor (1975), vol. 1, 51-52; Kludas, 35-36; Robinson (1964), 125-126; David Tyler, *Steam Conquers the Atlantic* (New York 1939), 25-27.
　87) Albion (1939), 316; Allington & Greenhill, 14; Babcock, 24; Bonsor (1975), vol.1, 45-46;Stuart Nicol, *Macqueen's Legacy. A History of the Royal Mail Line,* vol.1 (Gloucestershire, 2001),31; Robinson (1964),125; Tyler, 22-23. イギリス海軍は，数回の大西洋横断航海をおこない，明らかに汽船も利用していた。See Allington & Greenhill, 14; Tyler, 23-25 をみよ。

全くとれなくなる，と。大西洋横断は，二大陸の最短距離，すなわち，アイルランドからハリフファクスを使ってはじめて実現されるであろう[88]。

　1838年の4月，汽船のシリウス号とグレートウェスタン号による，イギリスからニューヨークまでの有名な競争は，最終的に，大西洋横断の商業的汽船事業の幕開けとなった。シリウス号は，700トンの木製外輪船であり，ブリティッシュ＆アメリカン汽船運航会社（B＆A）の船舶で，はるかに大きく定期的な北大西洋航海を目指したブリティッシュクィーン号の代わりに使われた。ブリティッシュクィーン号の進水が数カ月遅れたのは，蒸気機関を引き渡すはずの会社が倒産したからである。そこで，B＆Aは，名誉挽回を目指し，大西洋横断のためにシリウス号をチャーターすることを決めた。彼らはすでに，この競争に参加すると宣言していたからである[89]。

　スティーヴン・フォックスによれば，シリウス号の航海は，「頭を欠いているのとまったく同じで，危険で人目を引く宣伝，苦痛に満ちた敗者の自暴自棄の行為，この競争以来受けてきた歴史的関心にほとんど値しない」のであった[90]。たとえそうであったとしても，「危険で人目を引く宣伝」がかなり成功したことは，非常に多くの関心がそそがれたことが示している。海運会社がリスクを承知で宣伝と評判を獲得するために北大西洋に乗り出したのは，これが最初ではなく，最後でもなかった。すべての事例で，幸せな結末が待っているとはかぎらなかった。

　競争相手であるグレートウェスタン号は1340トンあり，はるかに大きく，効率的な船であった。この船の所有者はグレートウスタン汽船会社であり，1841年に全線が完成したロンドン－ブリストル間のグレートウェスタン鉄道と同時に建造された。著名な主席技師のイザンバード・キングダム・ブルーネルは，この両方のプロジェクトへの責任があっ

---

88) Robinson (1964), 126; Tyler, 39-41. どちらも，ディオニウス・ラードナー博士の「エディンバラ・レビュー」の1837年4月の論文に言及している。

89) Kludas, 36-37; E. Le Roy Pond, *Junius Smith: A Biography of the Father of the Atlantic Liner* (New York, 1927), 100.

90) Stephen Fox, *The Ocean Railway* (London 2003), 78. バーナード・エドワードは，以下でシリウス号の航海のリスクを描いている。Barnard Edwards, *The Grey Widow Maker. The true stories of twenty-four disasters at sea* (London 1995), 27-33.

た[91]。

　1838年4月，両方の汽船には，はじめて大西洋を横断するための備えができていた。蒸気機関が火事になったことで損害が生じたため，グレートウェスタン号は，予定の日にブリストルから出港しなかった。この船が出港したのは，4月8日であり，アイルランドのコークを4月4日に出港したシリウス号より4日遅れであった。グレートウェスタン号は非常に速く進んだので，ニューヨークに4月23日に到着した。これはシリウス号が荒々しい歓迎を受けて到着したわずか2-3時間後のことであった[92]。シリウス号は94人の乗客とともに到着したが，グレートウェスタン号は，たった7人しかいなかった。蒸気機関に火がつき，ブリストルに行く途中の砂州にいたことを聞いて，ほかの50人が予約をキャンセルしたからである。しかし帰路，より速く大きな船の方に人々が集まり，グレートウェスタン号は，故国に68人の乗客を乗せて帰った[93]。

　どちらの汽船も，1834年に開発された重要な革新を装備していた。それは，新鮮な風を循環させ冷却するシステムであり，それによって，ボイラーの内部から出てくる塩の塊を削り取り，蒸気機関を止める必要性をなくしたのである[94]。グレートウェスタン号は，ブリストルを出港する際に600トンの石炭を積み込み，到着時でさえ，155トンも残っていた。1日平均，29トンを燃やしたことになる[95]。シリウス号は石炭不足に陥り，蒸気機関を機能させ続けるために，木製の備品と大量の樹脂を燃やさざるをえなかった。東方への航海においては，シリウス号は，石炭を積み込むために，ファルマスで余分に寄港する必要があった。シリウス号に積まれた郵便が陸揚げされ，受取人に転送されたのは，ファルマスからであった[96]。

---

91)　起源については，たとえば以下をみよ。Pond, 98; Robinson (1964), 127; Bonsor (1975), vol. 1, 60; Butler,45. グレートウェスタン鉄道については，Vaughan, 178-192をみよ。

92)　2隻の航海日誌の比較については，Tyler, 384-387で公表されている。

93)　Bonsor (1975), vol.1., 60-61; Kludas, 37; Nicholas Fogg, *The Voyages of the Great Britain. Life at Sea in the World's First Liner* (Wilts, Great Britain, 2002), 9; Staff, 68.

94)　Butler, 45-46; Bonsor (1975), vol. 1, 55.

95)　Allington-Greenhill, 9.

96)　シリウス号が積載した石炭に関する話は，史料が違うと内容も異なる。以下をみよ。Albion (1939), 318; Butler, 46; Babcock, 32; Tabeart, 16; and Pond, 113; Robinson (1964),

どちらの船舶も，郵便を積載していた。これらの手紙は，郵便史のコレクションにおいては，通常，最初の大西洋横断の手紙だとみなされる[97]。この2隻が西方への航海で積載していた手紙の数に関する記録はないが，帰りには，シリウス号は，約1万7000通，グレートウェスタン号は，約2万通の手紙を積んでいた[98]。5月5日発行のニューヨークの新聞「アルビオン」のコラムニストによれば，郵便に対する請求はなかった。

　これによって生じたシリウス号の所有者の損失額は，4000ドルないし1000ポンドと計算された。この金額は，航海に必要な費用の大部分を支払えるほどであった。新聞によれば，郵便袋は，28名の船室の乗客を運ぶ以上の利益を会社にもたらしたかもしれない[99]。

　タイラーによれば，シリウス号は，地元のリヴァプールの4月3日付けの新聞，コークの4月4日付けの新聞を数紙積んでいた。その一方で，グレートウェスタン号は，4月6日付けのロンドンの新聞，4月7日付けのブリストルの新聞を積んだ。ニューヨークの「クーリア＆エンクワイア」紙の従業員は，グレートウェスタン号が到着したときに郵便を見つけたし，新聞と郵便袋をもって下船することができた。「クーリア＆エンクワイア」紙の編集者は，それらを数時間保管し，目次に目を通し，外国ニュースの号外を印刷した。他の新聞社は大いに困らされた。それは，ワシントンのイギリス公使も同じであった。それゆえ，公使の郵便は遅れた[100]。

　計画されていたわけではなかったが，これがイギリスとニューヨーク間で定期的に郵便物と乗客を輸送するきっかけになった。郵便運搬者として，グレートウェスタン号は，船舶託送郵便と同じ料金で西方への手紙を運んだ。ニューヨークからの料金は，アメリカの郵便帆船のそれと同額であり，25セントであった。そして船長が，ブリストルで手紙を

127; Tyler, 58-59, 384-386.
　97）　ロバートソンは，1819年にサヴァンナ号で送られた民間の船舶託送郵便として，かなり初期のうちに郵送された封筒を示した。それは，実験的時代のものとして知られる唯一の封筒である。Robertson, B.48/C をみよ。
　98）　Pond, 113; Staff, 68; Robinson (1964), 127.
　99）　Staff, 155.
　100）　Tyler, 56.

陸揚げするごとに，イギリス郵政省から2ペンス受け取った[101]。

シリウス号は，2回しか大西洋横断の航海をせず，すぐに沿岸航海に戻った。グレートウェスタン号は，1838-46年に北大西洋の往復を40回以上おこない，ついで，イギリス-西インド事業のためにロイヤルメール郵便汽船会社に売られた。1855年に，クリミア戦争で軍隊を移動するために使われ，1856年に売られ，最後にスクラップにされた[102]。

シリウス号とグレートウェスタン号に次いで，他の大西洋横断のパイオニアとなる船舶が現れた。ダブリン市郵便汽船会社のロイヤル・ウイリアム号が，1838年7月に運行を開始した。トランスアトランティック汽船会社のリヴァプール号が，1838年8月に運行をはじめた。ブリティッシュ&アメリカン汽船運航社のブリティッシュクィーン号は，当初最初の大西洋横断航海のためにシリウス号をチャーターしていたが，1839年7月に運行を開始した[103]。

1838-39年に，これらの5隻の汽船は，合計で26回の大西洋横断航海をおこなった。1833-47年のリヴァプール-ニューヨーク間のアメリカ郵便帆船の西方への平均航海日数は34.3日間であったが[104]，1838-39年の期間，パイオニアの役割を果たした汽船の平均航海日数は，17.7日間であり，約半分であった[105]。

スタートは順調であり，宣伝効果は抜群であったが，初期の汽船のうち数隻が利益をえられなかったようであり，2-3回航海してから，すぐに事業をやめてしまった。ロイヤル・ウイリアム号は，1839年2月に最後の航海をした。ブリティッシュクィーン号もこの事業では短命であったのは，基本的に，財政上の問題であった。それは，新しく建造されもっとも重要なプレジデント号が，ニューヨークからリヴァプールに向かっていた1841年3月に，136名を乗せたまま消息を絶つという損失を招いたことが原因となった[106]。パイオニアの役割を果たした北大西

---

101) Robinson, 128; Staff, 155-156.
102) Tabeart (1997), 16-19; Bonsor (1975), vol.1, 60-66.
103) Tabeart (1997), 16-17. ロイヤル・ウイリアム号は，それ以前のカナダの同名の船と混同すべきではない。
104) Albion (1938), 317.
105) Taeart (1997), 17の出航表からの計算。
106) Tabeart (1997), 18. プレジデント号の損失については，たとえば，以下をみよ。

洋横断事業の汽船のなかで，唯一残ったのがグレートウェスタン号であった。

　グレートウェスタン号は，間違いなく，初期の汽船のなかで最速であった。1838-42 年の西方への航海日数は，平均して 15.8 日間であり，1843-46 年は，16.4 日間であった。東方への航海は，1838-42 年に平均 13.7 日間であり，1843-46 年には，14.8 日間であった[107]。

　これまで論じられてきたのは，汽船が，「風から自由であるという大きな利点」を提供しており，天候に関係なく定期運行をしていた，ということであった[108]。郵便帆船と比較するなら，これはかなり正しいだろうが，初期の汽船は，運営の点ではさほど定期的ではなかった。グレートウェスタン号は，両港から，およそ 7 週間おいて出港した。そして，平均すると，10 日間近く停泊した[109]。たとえ航海が郵便帆船よりも一般的に速かったとしても，航海の所要時間は，まだ予測できなかった。風と潮流も，汽船に影響した。図 2 は，1838-46 年におけるグレートウェスタン号の西方と東方への航海の所要時間の差異を示す。

　グレートウェスタン号が西方へ航海する日数としてもっとも頻度が多かったのは，14 日間，15 日間，16 日間であった。これが，帆船と比較した最大の相違である。しかしながら，すべての航海で速かったわけで

Pond, 210-222; Bonsor (1975), vol. 1, 56-58; Staff, 77-78; Robinson (1964), 129-131; Butler, 46-47; Albion (1939), 320; Fox 99-101．船舶所有会社である B&A は，1841 年 12 月に株主に対し，ブリティッシュクィーン号の 7 回の航海の総収入は 8 万 2000 ポンドであり，総支出は 7 万 1000 ポンド未満であると述べた。航海 1 回あたりの平均利益額は 1200 ポンドになる。それと比較して，運の悪いプレジデント号の平均利益額は 1350 ポンドである。そこで，ボンソルはこう記す。これらの数値は，まず間違いなく，利払い，減価償却，保険，経営のための出費を含んではいない。そのため，利益が出たようにみえても，実は巨額の損失をだしており，会社は清算を余儀なくされたのかもしれない。Bonsor (1975), vol.1, 58. 1837 年の会社の見通しは楽観的であり，ブリティッシュクィーン号の利益額は，往復航海ごとに 4500 ポンドを超えるか，1 年間の B&A の利益額は，2 万 7000 ポンドほどだと推計された。Tyler, 44 をみよ。

　107）　Tabeart (1997), 19 の出航表をみよ。グレートウェスタン号は，1843 年に母港をブリストルからリヴァプールに変えたが，そのために，この時期の航海日数が長くなったわけではない。この船は，ニューヨークからどちらの港にも，1842 年に，13 日間で航海することができた。この年にリヴァプールに関する判断をするため，三角形の航海をおこなった。

　108）　たとえば，Kludas, 38; Talbot, 133; Pond; 1-3; Babcock, 80.

　109）　この船の 1838 年の現実の出港日は，ブリストルが，4 月 8 日，6 月 2 日，7 月 21 日，9 月 8 日，10 月 27 日，ニューヨークが，5 月 7 日，6 月 25 日，8 月 16 日，10 月 4 日，11 月 12 日。Tabeart (1997), 17-19 をみよ。

風対蒸気　　　　　　　　　93

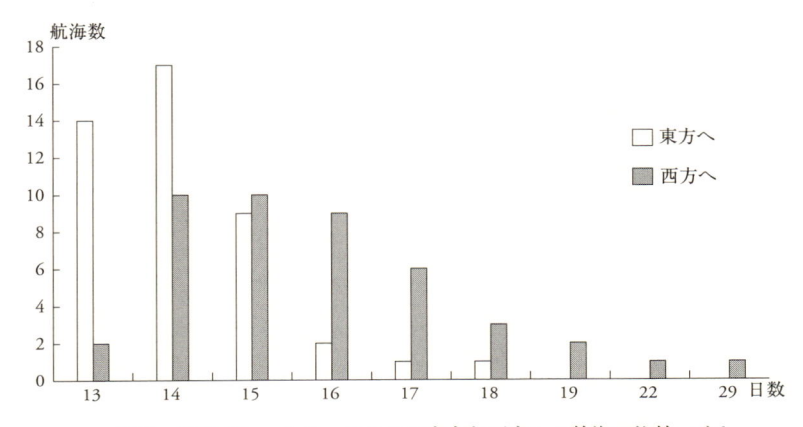

図2　汽船グレートウェスタンの東方と西方への航海の比較　ブリストル/リヴァプール–ニューヨーク間，1838-46年

出典)　*Sailing lists of Tabeart* (1997), 17-19.

はない。13日間という記録を2度出していたとはいえ，1843年の2-3月には最長で29日間かかっている。1840年代には，グレートウェスタン号は，年中使用されるのではなく，冬のさなかには，港に停泊していた。東方への航海には，わずかな例外を除き，13-15日間必要であった。東方と西方への航海の所要時間には，目に見える差異があった。

　初期の汽船事業は，事業情報伝達の所要時間に，どのような影響を与えたのだろうか。表12は，1839年における連続する情報の循環を示す。1838年にアメリカの郵便帆船が可能にした5回の連続する情報の循環，すなわち平均的な情報の循環に64.4日間かかっていたことと比較するなら（50-98日間と変化に富む）[110]，初期の汽船が6回の情報の循環を可能にし，グレートウェスタン号で運ぶなら41.5日間が平均であり，リヴァプール号なら，44.5日間が平均であった。最短の情報の循環はブリティッシュクィーン号によってなされたもので，イングランドからの手紙への返信が到着するまで，33日間しかかからなかった。グレートウェスタン号と競争しようとして非常に急いでいたので，処女航海でニューヨークに停泊したのは，4日間だけであった。2隻は，ブリスト

---

110)　表10をみよ。

第 5 章　北大西洋

表 12　初期の大西洋横断汽船が可能にした情報の循環　1839 年

汽船がが送った手紙	イングランドからの出港日	ニューヨークへの到着日	日数	次に出港する汽船	ニューヨークからの出港日	イングランドへの到着日	日数	情報の循環の日数
グレートウェスタン号	1月28日	2月16日	19日間	グレートウェスタン号	2月25日	3月12日	15日間	43日間
リヴァプール号	*2月6日*	*2月25日*	19日間	リヴァプール号	*3月9日*	*3月25日*	16日間	47日間
グレートウェスタン号	3月24日	4月15日	22日間	グレートウェスタン号	4月23日	5月7日	14日間	44日間
リヴァプール号	*4月20日*	*5月7日*	17日間	リヴァプール号	*5月18日*	*6月2日*	15日間	43日間
グレートウェスタン号	5月18日	5月31日	13日間	グレートウェスタン号	6月13日	6月27日	14日間	40日間
リヴァプール号	*6月13日*	*6月30日*	17日間	リヴァプール号	*7月6日*	*7月20日*	14日間	37日間
グレートウェスタン号	7月6日	7月22日	16日間	グレートウェスタン号	8月1日	8月14日*	13日間	39日間
ブリティッシュクィーン号	7月12日	7月28日	16日間	ブリティッシュクィーン号	8月1日	8月14日	13日間	33日間
リヴァプール号	*8月1日*	*8月18日*	17日間	リヴァプール号	*8月24日*	*9月8日*	15日間	38日間
グレートウェスタン号	8月24日	10月9日	17日間	グレートウェスタン号	9月21日	10月4日	13日間	41日間
ブリティッシュクィーン号	9月3日	9月20日	17日間	ブリティッシュクィーン号	10月1日	10月15日	14日間	42日間
リヴァプール号	*9月21日*	*10月10日*	19日間	リヴァプール号	*10月19日*	*11月6日*	18日間	46日間
グレートウェスタン号	10月19日	11月2日	14日間	グレートウェスタン号	11月16日	11月30日	14日間	42日間
ブリティッシュクィーン号	11月3日	11月23日	20日間	ブリティッシュクィーン号	12月2日	12月25日	23日間	52日間
リヴァプール号	*11月16日*	*12月5日*	19日間	リヴァプール号	*12月15日*	*1840年1月10日*	28日間**	56日間
グレートウェスタン号の平均			16.8日間				13.8日間	41.5日間
全体の平均			17.5日間				15.0日間	42.9日間

出典　Tabeart (1997), 17. グレートウェスタン号の航海が可能にした連続する情報の循環は, 太字で記した。リヴァプール号のそれは, イタリックで表した。クレートウェスタン号はブリストルから, リヴァプール号はリヴァプールから, ブリティッシュクィーン号はポーツマスから出港した。

* 日付は, ここでは Fox, 82-83 に従って訂正した。Pond, 180-181. ターベル号の日付は, 8 月 15 日.
** これは, リヴァプール号最後の大西洋横断航海である。石炭が不足していたので, アゾレス諸島のファイアル島で補給しなければならなかった。そのため, これほど遅れたのである。Tabeart (1997), 17 をみよ。

ルとポーツマスに，2時間も停泊しなかった[111]。

　表12にみられるように，グレートウェスタン号もリヴァプール号も，1839年にニューヨークへと6回往復航海をした。2隻の船のそれぞれが，イギリス商人の手紙に返信をして，6回の情報の循環をした。港への停泊は，大西洋の両岸で短く，1回の情報の循環の長さは，33-56日間と変化に富んでいた。

　通信スピードは，初期の汽船の導入により，明らかに進展した。とりわけ西方への航海は，以前よりもはるかに速くなった。汽船は，1838年には，北大西洋横断航海を11回，1839年にはそれを15回おこなった。しかし，冬の航海は避けられていた。たとえば，1839年11月16日から1840年2月20日にかけて，イギリスの港から離れ北大西洋ルートを使う船は1隻もなかった[112]。

　いまや，いくつかのイギリスの港からニューヨークに向かう事業をおこなう独立した海運会社が4社あった。さらに航海は，できるだけ互いを補完するような方法で組織化された。だが，航海する日は決められておらず，このシステムでは予想がつかないこと自体が，なお問題を生じさせた。次のステップは，これより20年前にアメリカの郵便帆船に革命をおこしたのと類似の方法であった。大洋を横切るラインの編成である。

北大西洋郵便契約の起源

　1820年代初頭から，アメリカの郵便帆船のほうがすぐれていることが，イギリス郵政省に損害を与える原因となっていた。郵便料金の収入だけではなく，威信までも失ったからである。イギリス政府の郵便船は，メディアで絶えず不平の主要な対象となった。アメリカの郵便帆船よりも遅くて不定期であるばかりか，航海への適性自体，人々のあいだで疑問視された。しかも，それは，理由のないことではなかったのである[113]。

　問題は，ナポレオン戦争の時代に端を発した。海軍省が，このとき，

---

111)　以下をみよ。Fox, 82-83; Pond, 180-181.
112)　Tabeart (1997), 17 の出航表をみよ。
113)　Howat, 30; Staff, 62.

ファルマスの郵便船事業を受け継いだからだ。平和になったことと関係して，イギリス海軍の船舶数と軍人の数を大幅に減らす必要性が生じた。イギリス郵政省の郵便船事業を海軍省に譲渡することで，余分な人間と船舶を利用することができ，少なくとも理論的には，将来の活発な事業展開に使えるはずであった。大蔵省は，金を節約できるという希望から，この計画を支援した。そして，イギリス郵政省が強行に反対したにもかかわらず，譲渡は1823年4月におこなわれた。郵政省とファルマス郵便船会社の個々の船長とのあいだでなされた契約と協定は，イギリス海軍委員会に譲渡された。さらに，それぞれの契約期間が終了すると，海軍郵便船が，民間が所有し貸借する船舶に取って代わった。これは長期間におよぶ過程であり，最後に貸借された郵便船は，1839年まで使われた[114]。

海軍省が郵便船事業で使った帆船は，ブリグ型帆船〔2本マストであり，数枚の横帆を装備している〕で，10挺の銃を備え，のちには郵便船用のブリグ型帆船となった。最初の形態の郵便船は，小型の戦艦で，おもに230-240トンであった。1820年代には，海軍の目的全般のために建造された。これらの船舶は，郵便船事業のために設計されたわけではなかったし，武器を6挺の銃に減少させることなど，船舶は一隻ごとに変更が加えられ，再装備された。郵便船用のブリグ型帆船は，1830年代に郵便船事業のために建造された。以前のものより大きく，約360トンあり，航海に適していた[115]。

1827年から1840年にかけて，最初の分類に属する25隻の海軍郵便船のうち，少なくとも9隻が，さまざまな理由から海で失われた。おもには，船舶の航海能力が低かったこと，悪天候，氷河が組み合わされた結果であった。数隻の船が，失踪したばかりだった。世間の関心は，新聞のなかで強く主張された。海軍省の郵便船は，「海軍の廃物そのものであり，嘲笑の対象」，「海を泳ぐ最低の船舶」，「政府の物売り船」，「死の船」，「棺桶船」といわれた。1827-28年に，総計102名の将校と乗組員が3回の郵便船の悲劇で命を失い，それには，19名の乗客，すべて

---

114) Howat, 27-28; Staff, 61. 移転の詳細については，Britnor, 141-146を見よ。
115) Howat, 29.

の郵便と正貨も運ばれていた[116]。報道関係者は、海軍省に、こう助言した。「……もしわれわれが独力で安全な船舶を建造できないなら、ニューヨークの郵便船のうち 20-40 隻を購入した方が良いであろう」[117]。

1826 年以降、ニューヨークに到着するイギリスの郵便船事業はなかった。ハリファックスとバミューダに到着する事業しかなく、そこから、メリーランドのアナポリスのイギリス大使への郵便が、郵便船で届けられた。この事業を 1827 年以来指揮したのは、ハリファックスのサミュエル・キュナードであり、これが、イギリス政府と彼の最初の郵便での接触であった。同年に事業は変化し、ハリファックスからボストンに、イギリスの郵便を運ぶようになった。1833 年に、契約は拡大し、ハリファックス－バミューダ間に第二の郵便船を提供するにいたった[118]。

1838 年 5 月、シリウス号が故国に向かって最初の大西洋横断航海をしているとき、ハリファックスからの帰途にあった海軍省の巨大なブリグ型帆船であるティリアン号に、海上で遭遇した。ティリアン号は、母港から数百マイル離れた波のない穏やかな海で流れに乗っていたので、船長は汽船で自分の郵便を送ろうと決心した。ジョゼフ・ハウという著名なノヴァ・スコーシア人が船に乗り込んでおり、明らかに、大洋の中心部での出会いは、彼には非常に印象的であった。というのも、帰国してすぐ、イギリスと北米のあいだを汽船で通信するよう、国務長官に訴えかけだしたからである。新しいブルンスヴィック＆ケベック号が、ノヴァ・スコーシアに合流し、北米と 2 カ月に 1 回通信するよう求めた[119]。

---

116) Howat, 30. ここでの引用は、*The Times* 1824-1834 であり、ホワトが選んだ。郵便船の損失に関する詳細のいくつかは、Arnell (1980), 89-90 で描写されている。ファルマスの郵便船は、アメリカの郵便帆船よりも乗組員が多かった。それは、貿易船ではなく、海軍省が統治した 10 挺の銃を有するブリグ型帆船だったからである。

117) Staff, 62. 引用は、1834 年の「ロンドン新報」。スタッフが引用。事実、外国人は、アメリカの法によって、アメリカ船の所有権はなかったのである。

118) Arnell, 21-23; Arnell & Ludington, viii-xi.

119) Robinson, 131-132; Hyde (1975), 4 をみよ。数名の著者がサー・トマス・チャンドラー・ハリバートンがこれを考えた名誉をあたえるべきだと主張した。ハリバートンは、むしろ、ペンネームのサム・スリック Sam Slick とウイリアム・クレーン William Crane という名でよく知られる。これはどちらも、「海洋諸州の卓越した市民」という意味である。ティリアン号がシリウス号に海で遭遇したとき、3 名は全員乗船していた。以下をみよ。Tyler, 71; Staff, 69; Pond, 116-117; Babcock, 33.

このような示唆をした目的は，おもに政治的なものであった。当時，カナダでは公然と反乱が生じ，イングランドに到着する情報は，遅く，かつ不完全であった。海軍省は，イギリスの郵便での伝達が，これほどまでにアメリカの郵便帆船に依存していることを快く思っていなかった[120]。この議論の結果と初期の汽船の経験のため，1838年の11月から，海軍省はイングランド–ハリファックス間で郵便汽船を使用し，さらにハリファックス–ニューヨーク間を接続させるよう懇願した。この事業は，300馬力に満たない汽船が実行することになった。航海は毎月おこなわれるべきであり，母港は，リヴァプール，ブリストル，プリマス，ファルマス，サザンプトンのどれかでなければならなかった[121]。

その対応として，二つの提案がなされた。第一はセントジョージ郵便汽船会社からのものであった。この会社は，シリウス号を所有し，コークからの郵便事業を提供したおり，さらに，より小型の船を用いたリヴァプールの支流の事業と関係していた。しかも，ハリファックス–ニューヨーク間で同様の事業関係をもっていた。第二は，グレートウェスタン汽船会社から出された提案であり，ブリストル–ハリファックス間を1000トンの鉄製汽船ないし1500トンの木製汽船で毎月事業をおこなうというものであった。事業はハリファックスだけにかぎられており，ニューヨークまで延ばすというものではなかった[122]。

このような提案は，海軍省が望んでいたものではなかったので，新しい提案をもってイギリスに到着したノヴァ・スコーシアのサムエル・キューナードとの交渉が開始された[123]。1787年にハリファックスで生まれたサムエル・キューナードは，イギリスの海運業でもよく知られていた。それは当時，ハリファックス–ボストン間とハリファックス–バミューダ間で郵便事業をおこなっていたからである。サムエル・キューナードの家族はハリファックスで造船業を営んでおり，彼自身も，ボストンでしばらく働いていた。そして船舶の仲買人の事業をしてから，父

---

120) Tyler, 75-77; Fox, 88.
121) Robinson (1964), 132; Hyde (1975), 5; Tabeart (1997), 16; Babcock, 34.
122) Hyde (1975), 5; Robinson (1964), 132; Staff, 70; Tyler, 77-78.
123) Hyde (1975), 5; Staff, 69 をみよ。

と兄弟の会社に加わった[124]。

　サムエル・キューナードは，1833年に大西洋横断航海する以前の最初のロイヤル・ウイリアム号の株主の一人であった。彼はまた，総合鉱山業連合に関心を抱いた。同連合は，シドニーとノヴァ・スコーシアのケープブレトン鉱山を運営し，さらにハリファックスにおけるその代理人であった。このような取り決めのため，のちにキューナードの船舶に，この鉱山から比較的安価な石炭を供給できたのである[125]。

　1839年に，サムエル・キューナードは，イギリスで数カ月費やしてパートナーを探し，海軍省のニーズを満たすことが可能な新しい汽船会社創設のための資金を集めようとした。友人の助力で，彼は数名の閣僚に紹介された。また，すでにグラスゴーで著名な造船会社を経営していた海洋技師のロバート・ネイピアにも紹介された。さらに，2組の人々に紹介された。デイヴィッドとチャールズ・マクアイブァ兄弟と，リヴァプールまでの沿岸交易で小規模な汽船会社を経営するジェームズとジョージ・バーンズ兄弟である。これらの人々は，やがてキューナードラインとして世に出ることになるブリティッシュ＆ノースアメリカンロイヤル郵便汽船会社の航路の主要なパートナーになった[126]。

　1839年5月，海軍省と郵便を定期的に運ぶ最初の契約が交された。リヴァプールからハリファックスまで，「可能なかぎりの速さで」，最低でも300馬力を備えた3隻の汽船で，ボストンまでの郵便輸送を引き受けたのである。しかも，この会社は，ハリファックスからケベックまで，1カ月に2回郵便を運び，より小さな汽船を使い，セント・ロレンス川が凍らないときは，大西洋を横断する船と連携した。郵便の契約

---

124) サムエル・キューナードの家族の背景と初期の事業については，以下をみよ。Babcock, 3-14; Hyde (1975), 1-4; Butler, 71-74; Fox, 39-49.

125) Hyde (1975), 3; Tyler, 78-80. 石炭の供給は，汽船が運航するための重要な要素であった。しかしながら，石炭の問題は，簡単には解決しなかった。タイラーによれば，キューナードは主としてウェールズの石炭を用いた。アメリカの石炭の質が，あまりよくなかったからである。また，ペンシルヴァニアの内部に鉄道と運河が建設されるまでは，無煙炭は簡単には入手できなかった。グレートウェスタン号の所有者たちは，ノヴァ・スコーシアの石炭を使おうとしたが，「柔らかく，汚すぎる」ことがわかった。その結果，彼らはイングランドの石炭をニューヨークに供給し続けた。しかし，彼らは，そのための税を支払わなければならなかった。Tyler, 27-128, 187-188 をみよ。

126) キューラードラインの創設，資本構造，運営については，Hyde (1975)7-15 をみよ。

は，7年間続くことになり，毎年5万5000ポンドの助成を得た[127]。

　これは，正確には，海軍省が当初もくろんでいたことでもなかった。しかしながら，サムエル・キューナードは，ハリファックスがすでにアメリカの諸都市にとって商業的重要性を失っていたので，リヴァプール―ハリファックス間のラインだけでは，十分な乗客がいて利益が見込めることはおそらくないと気づいていた。ボストンが急速に発展したため，汽船の新しい結節点の適切な選択肢になった。しかも，イングランドからハリファックス経由でニューヨークへと航海したとすれば，ボストンに向かうよりずっと長距離になり，キューナードはハリファックスに寄港せず，大西洋を横切りニューヨークに直接向かう船舶との競争で不利な立場に立たされたであろう。変化は，海軍省によって，大きな問題なく受け入れられた[128]。

　だが，新事業の利潤率をめぐり，キューナードラインの株主に，疑念が浮かび上がってきた。大西洋の両側で船舶が前もって決められた2週間のスケジュールから遅れた場合には，会社は，12時間ごとに罰金を支払うことに加えて，500ポンドを海軍省に支払わなければならなかった。すわなち，この年度のそれぞれの航海のたびに1日遅れるだけで，助成金からの収入を実質的に失うことになった。このような契約は，予測不可能な北大西洋の状況で大きなリスクを冒すことになるとみなされた[129]。

　契約は，すべての航海が，14日間以内で終了したことを意味したわけではない。たとえば，グレートウェスタン号は，1838-39年に11回おこなわれた西方への航海のうち，2週間以下のものはたった3回にすぎなかった。他の汽船は，そういうことは1回すらなかった。だが，スケジュールによれば，船舶は1カ月に2回，両方の港を出港しなければならなかった。それでさえ，この事業に3隻の船しかかかわっていないならば，かなりリスクが高いとみなされたのである。というのは，約2週間海上にいて，1週間港で停泊することを意味したからである。当

---

127) 契約全体については, Arnell (1986), 265-273 をみよ。いくつかの契約の複製版が，リヴァプールのシドニー・ジョーンズ図書館・文書館によって所蔵されている。

128) Babcock, 42-43; Hyde (1975), 8; Robinson (1964), 133; Bonsor (1975), vol.1, 72-73.

129) Babcock, 45-46; Hyde (1975), 10.

風対蒸気　　　　　　　　　　　　　　　　　　101

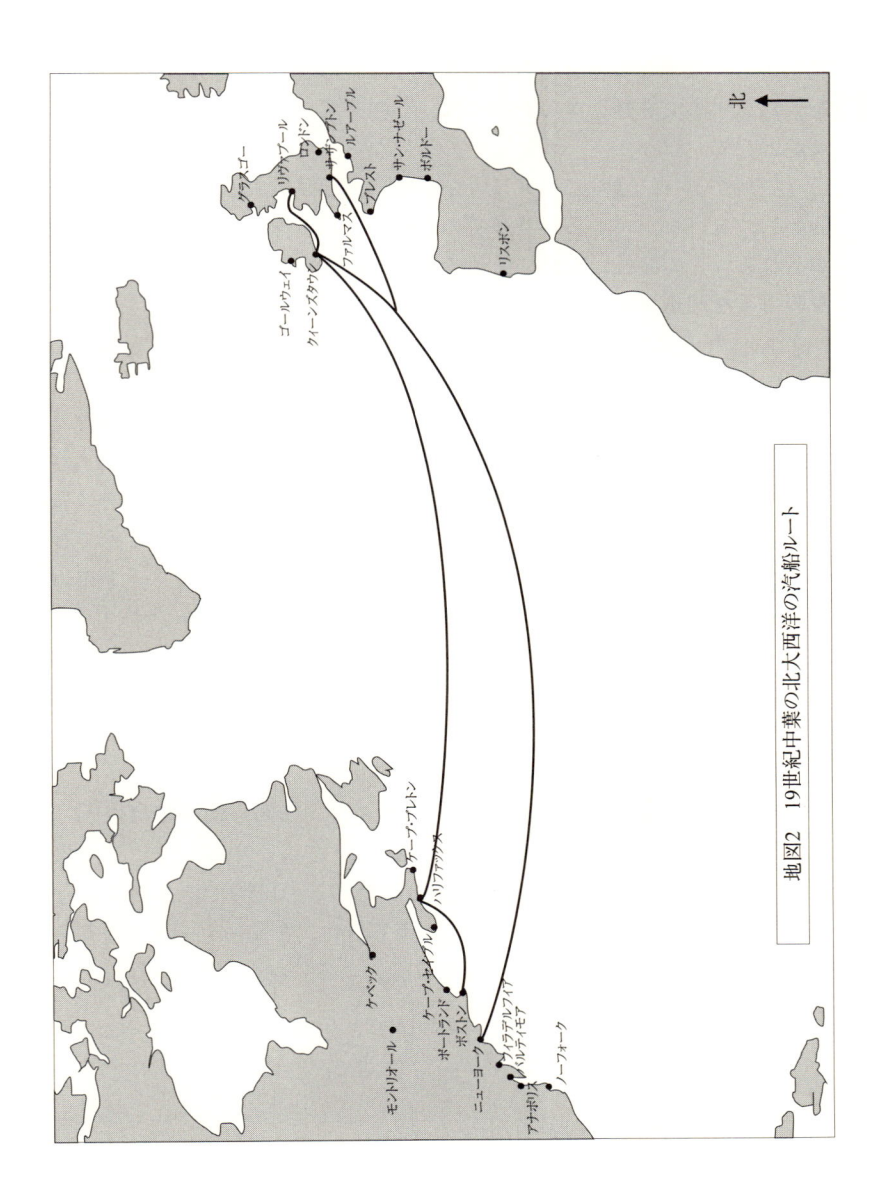

地図2　19世紀中葉の北大西洋の汽船ルート

時としては，かなり非現実的なことであった。

　キューナードラインが，競合相手の汽船会社や人気のある郵便帆船の航路から，乗客と貨物を勝ち取るという保証はなかった。しかし，利益をもたらす事業を遂行するためには，その必要があった。それに対する反論として，ロバート・ネイピアの手になるエンジンは信頼性が高いという評判があり，さらにアメリカが急速に西部に拡大し，新たな産業を開始し，ヨーロッパからより多くの移民と旅行者を引きつけたことが強調される。この会社は，郵便帆船の事業を獲得する必要はなく，自分自身の事業を創造できたのである[130]。

　キューナードの株主は，この好機はリスクをとるに値するものであり，ネイピアからの最初の船舶の注文を受けたとき，計画していたよりもはるかに巨額の資金を獲得すると最終的に確信した。3隻ではなく4隻の船舶を用いて，ボストンの主要な商人と実業家が強く望んだように，株主は大西洋の両側から各月で航海し，寄港地をハリファックスに限定し，定期事業をボストンにまで拡大することを確約することができた。ボストンの主要な商人と実業家は，新たなラインは，ボストン市の貿易にとって非常に重要なことだと考えていたので，ボストンが，ハリファックスの一部門としての扱いしか受けないことを知って失望した。ヨーロッパとアメリカを往復する乗客と貨物は，ハリファックスで小規模な汽船を用い余分な費用を払って運搬されなければならないということを意味したのかもしれない[131]。

　最終目的地が変更されたので，カナダ人は，当然，愉快ではなかった。彼らの観点からは，キューナードは，厳密にいえば，カナダではなく，アメリカの郵便船用ラインであったことの証明であるかのように思われたからだ[132]。しかしながら，海軍省は，キューナードの提案を受け入れ，総額6万ポンドにのぼる政府による援助に対する新協定が，1839年7月に調印された[133]。

---

　130)　Babcok, 46.
　131)　Babcock, 49; Hyde (1975), 10-12.
　132)　Arnell (1980), 94.
　133)　Arnell (1986), 265-273 をみよ。1841年，5隻めの船舶が必要になったので，政府助成額は8万ポンドまで増加した。

海軍省はまた，新規に設立されたロイヤルメール郵便汽船会社とこれと似た契約をした。同社は郵便事業を，1839 年にはイギリスから西インド諸島まで，1842 年にはメキシコまで，1851 年には南米まで拡大した。三番目の契約は，P＆O と交された。この会社の郵便事業は，1840 年にはイギリスからアレクサンドリアまで，1842 年にはスエズを経由しカルカッタまで，1845 年には，ペナン，シンガポール，香港にまで延びた。1852 年から，P＆O はまた，郵便をオーストラリアにまで運んだ[134]。さらに，汽船による郵便ルートが，1850 年に南アフリカのケープタウンにまで開かれた[135]。これらの郵便航路とその発展については，第 6 章と第 7 章で論じる。

初期のキューナードライン

　キューナードラインで最初に大西洋を横断したのは，ユニコーン号であった。小型の汽船であり，ノヴァ・スコーシアのピクトゥとセント・ロレンス川のケベックのあいだを，河川が航行可能な月におこなわれる支流事業のために購入された。ユニコーン号はまた，航海のあいだに郵便を運び，大西洋を横断したキューナードの郵便事業を開始した。最初に契約した汽船のブリタニア号は，1840 年 7 月 4 日にこの航路で出発した[136]。

　大西洋横断の郵便事業の最初の年には，キューナードラインの船舶で，夏という条件下に，リヴァプールからボストンまでの西方航海に 13-14 日間かかった。これには，ハリファックスで必要とされた停泊が含まれた。11 月から 3 月にかけては，どちらの方向でも，一回しか航海できなかった。12 月初旬から 3 月末までの航海がもっとも困難な冬の時期には，西方への航海には 16-19 日間かかった。

　東方への航海は，すべてが，13-15 日間かかり，一度だけ例外があった。1841 年 5 月には，ブリタニア号が，ハリファックス沖の岩に激突

---

[134] Robinson (1964), 148-149, 165; Nicol, vol. 1, 44-45; Tyler, 98-99. P&O 最初の契約は，1837 年にイギリスとイベリア半島のあいだの郵便事業に対して交された。以下をみよ。Cable, 6; Kirk (1987), 5-8.

[135] 以下をみよ。Philip Cattell, *The Union Castle Ocean Post Office.* British Maritime Postal History, Vol. 3 (Heathfield), 11.

[136] Hubbard & Winter, 17; Bonsor (1975), vol. 1, 73-74.

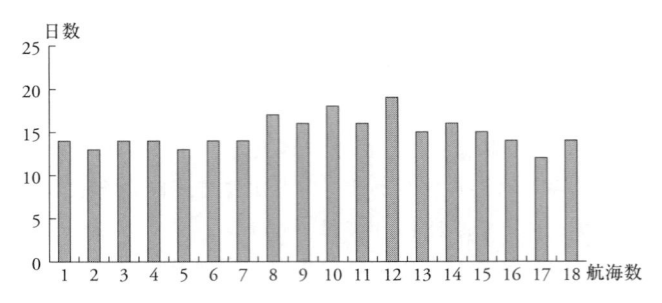

図3 キューナードラインのリヴァプール-ハリファックス-ボストンの航海の所要時間 1840年7月-1841年6月

出典) Sailing lists of Hubbard & Winter, 17-18

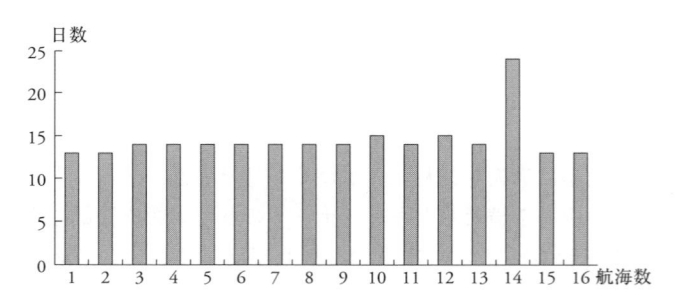

図4 キューナードラインの東方への航海の所要時間 ボストン-ハリファックス-リヴァプール間 1840年7月-1841年6月

出典) Sailing lists of Hubbard & Winter, 17-18. 4隻の類似性は，明らかな利点である。航海はすべて同じスケジュールでおこなわれていた。そのため，事業はより定期的で信頼のおけるものになった。

し，そのため航海が10日間遅れた。それは，図4に示されている[137]。

北大西洋での事業で使われたキューナードの汽船は，全部で4隻ある。それらはブリタニア号，アカディア号，カレドニア号，コロンビア号であった。新しく建造され，規模も同じであり，それぞれ約1150トンであった。木造で外輪がある汽船であり，クリッパー型の舳があり，煙突が一つ，マストが三つあった。二つのシリンダーがある420馬力のエンジンをもち，平均速度は，9ノットであった。4隻はそれぞれ，115

---

[137] Hubbard & Winter, 17-18 の出航表。

名分の一等船室の乗客用の設備が付随していた。海軍省との協定にもとづき，銃器用の砲座が船舶のデッキに備え付けられ，戦争の際には，軍事のために使用するような準備ができていた[138]。

船舶には理想的な大きさで効率性が高く，4隻は，航海してそれぞれを比較することができた。それが，郵便事業と海運業のためにも便利なことであった。4隻ともに違っているよりも，同じであるほうが，能力が予測しやすく，信頼がおけた。それは，一つの航路と郵便の契約を結ぶ明確な利点となった。リヴァプール-ハリファックス-ボストン間を結ぶ西方への航海には，平均して14.9日間かかった。西方への航海の平均日数は，ブリタニア号が15.0日間，アカディア号が15.2日間，カレドニア号が14.8日間，コロンビア号が，14.3日間であった[139]。

東方への航海は，相違ははるかに少なかった。1840年7月から1841年6月の平均航海日数は，以下の通りである。ブリタニア号が13.9日間（1841年5月の不運な航海を除く），アカディア号が13.8日間，コロンビア号が，14.0日間である[140]。

1か月で2回のスケジュールに関する協定は，キューナードラインにとって大した問題とはならなかった。リヴァプールから，4月から10月にかけ，4日と19日に，冬の月には，4日に定期的に出港した。東方への航海においては，船舶はボストンから毎月1日と16日に，冬には1日に出港した[141]。船舶は，このラインができてから1年半のあいだに，29回往復した。58回の出港のうち，ボストンからの2回は，理由は書かれていないが，1日遅れ，リヴァプールからの1回は，イギリスの郵政相が，郵便の配送が遅れたため待つように命令したので，2日間遅れた[142]。

これは，海運会社がヨーロッパと北米の両方にまたがって，比較的速

---

138) Bonsor (1975), vol. 1, 140-141. Kludas, 40-42. Robinson (1964), 134.
139) コロンビア号は，1841年1月にこの事業に最後に加わった船舶である。
140) Hubbard & Winter, 17-18 の出航表による計算。ハリファックスでの停泊データについては，Arnell (1980), 287 をみよ。
141) Hubbard & Winter, 12, 17-18. ロンドン郵政局が日曜日に郵便を受け取らなかったので，その場合には，出港は翌日まで延ばされた。"Tenders and Contracts for Carrying the Mails …: No 10. Return of the Dates of Sailing…", 28-29. CP, PR3/1/12. (SJ).
142) Hubbard & Winter, 17-18 の出航表による計算。

く時間通りに出港し，信頼がおけ，かなり予測可能な事業をおこなった世界ではじめての事例であった。他のどんな会社と比べても，キューナードラインの業績はすぐれていた。

リヴァプール-ボストン間をハリファックス経由でキューナードラインの船が往復するには，通常，40日間ほどかかった。母港での停泊日数は，通常20日間に近かった。1840年にスケジュールがつまっていたのは，4隻の船舶すべてが進水していたわけではなかったからである。ブリタニア号は，1840年10月になされた2回の大西洋横断航海のあいだに，リヴァプールに5日間しか停泊しなかった。カレドニア号も，それと同じであった[143]。必要なら，リヴァプール港で5日間以内に，新たに3000海里におよぶ大西洋貿易の航海をするために汽船から貨物を降ろし，さらにそれを積み，石炭を積み込むことができたことを記しておく価値はある。この港は汽船が停泊できるよう，新しい船渠の建設に巨額の資金を投資していたし，今後もそうするつもりであった。リヴァプールがもつ利点はすぐに明らかになったので，グレートウェスタン号でさえ，この港を定期的なターミナル港としたのである[144]。

キューナードの汽船は，主として乗客と郵便事業のために建造されたが，貨物も運んだし，石炭を積載するために時間もかかった。船舶が，二回大西洋横断できるだけの石炭を運搬するよう提案された[145]。三つの異なる事業——乗客・郵便・貨物——の経済的バランスは，この時代に変化した。東方への航海では，汽船はアメリカの郵便帆船との激し

---

[143]　Hubbard & Winter, 17 の出航表をみよ。

[144]　リヴァプールの船渠システムの発展については，以下をみよ。Adrian Jarvis, *Liverpool Central Docks 1799-1905. An Illustrated History* (Bath, Avon, 1991), passim. 初期の汽船の船渠にかんする短い序論が，同書の 8-9, 144-145 に見いだされる。Hyde (1971), 79 もみよ。グレートウェスタン号については，Bonsor (1975), vol.1, 61-62 をみよ。

[145]　Hyde (1975), 9. 必ずそうだったというわけではないのは，石炭が輸送貨物のためのスペースを奪ったからである。だが，キューナードの船舶が石炭を積み込むために余分に停泊するのを余儀なくされることは稀であった。知られている事例は，おもにキューナード〔の船が〕リヴァプール-ニューヨークルートをノンストップで航行した場合であり，船舶は，ときには，大嵐のために航海が長引いたり，南北戦争があったために，ハリファックスに余分に停泊しなければならないこともあった。Arnell (1980), 310-311, 318, 320 をみよ。キューナードの石炭積載記録によれば，船舶は，通常，次の石炭積載のために到着したとき，以前の航海で残された石炭がおよそ100トンあった。*Cunard Passage* Book I, in CP, GM2/1-4 (SJ) をみよ。

競争にさらされた。キューナードの船舶は，リヴァプールからニューヨークまでの貨物に1トンあたり7ポンド請求できたのに対し，母港への輸送のための貨物がもたらされることはほとんどなく，冬の月には，そもそも運ぶべき貨物がほとんどなかった[146]。この航路の初期の段階で，一連の財政危機があり，海軍省との契約は，何度か修正された。数年間の事業ののち，はじめて，航路に利益で出るようになった[147]。

初期の大西洋横断郵便運搬会社の競争

海事史家は，キューナードラインの郵便契約を，競争を阻害し，競争相手の事業の利益を出さなくしたと批判した[148]。しかし，その意見は，同じような事業をおこなう財政的余裕がある会社が競合していた20年ほど前なら適切であったにすぎない状況を根拠としていた。さまざまな汽船会社がときおり航海することは，速く，定期的で，信頼がおける郵便事業の必要性への回答ではなかった[149]。

キューナードの汽船と速度の点で競争できた唯一の初期の汽船は，グレートウェスタン号であった。図5は，1840-46年に，キューナードのブリタニア号と比較可能であったグレートウェスタン号の能力を示す。この時期には，両船が，北大西洋での定期的事業に参加していた。

ここから気づくように，たとえグレートウェスタン号が1340トンであり，1150トンのブリアニタ号と比較するといくぶん大きかったにせ

---

146) Hyde (1975), 80.

147) Fox, 102-105.

148) 以下をみよ。Allington & Greenhill, 17; Robinson (1964), 137-138; Fogg, 20; Hyde (1975), 34-36; Milne (2000), 170-174; Jeffrey J. Safford, "The decline of the American merchant marine,1850-1914. An historiographical appraisal". In Lewis R. Fischer & Gerald E. Panting (ed.) *Change and Adaptation in Maritime History. The North Atlantic Fleets in the Nineteenth Century* (Newfoundland 1985), 73.

149) これは，のちにリヴァプールのアルフレッド・ホルトでさえ認めたことである。彼は，主として西インド諸島と中国でのさまざまな貿易ルートにおいて，助成を受けた船舶と重なりあうラインを経営する厳しい競争相手の一人であった。「郵便への補助金は，もともと通信航路を推移するために認められたものである。補助金なしで成立せず，少なくとも定期的に維持することが困難だと想定されたラインに出された。明らかに，両端で意図されたことは実現した。通信は，もっと早い時期に開始され，補助金がなかった場合よりも定期的になった。さらに，数隻の堂々とした船隊が，このシステムで生まれるようになった」。Alfred Holt, *Review of the Progress of Steam Shipping during the last Quarter of a Century.* Institute of Civil Engineers. Minutes of Proceedings, vol. 51. (Liverpool 1877), 9-10.

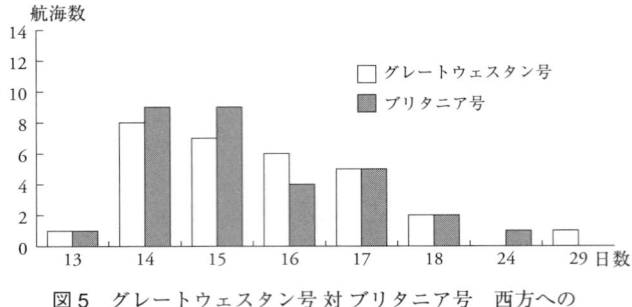

図5　グレートウェスタン号 対 ブリタニア号　西方への
航海の所要時間 1840年7月−1846年12月

出典）*Sailing lists of Tabeart* (1997), 17-19 and Hubbad and Winter, 17-21.
グレートウェスタン号は，ブリストル／リヴァプール−ニューヨークルートで，
ブリタニア号はリヴァプール−ハリファックス−ボストンルートで使われた。

よ，2隻の船舶の性能はほぼ同じであった。どちらも，1840-46年には，西方への航海に13日間しかかからなかったのは，一度しかない。14-15日間かったことは，ブリタニア号の場合，グレートウェスタン号より二，三回多かった。東方への航海においては，ブリタニア号が12日間で済んだ航海が3回あったのに対し，グレートウエスタン号は一度もなかった。合計すると，ブリタニア号は，14日間以下で23回東方への航海をしたのに対し，グレートウェスタン号は，20回であった。

　グレートウェスタン号が，政府の契約とキューナード汽船のもとで，郵便を送ることができたのは明らかである。だが，海軍省は大西洋を横断する定期的な毎月2回の事業を欲したうえに，グレートウェスタン汽船会社は，それを提供する財政的余裕がなかったのである。現代的用語を用いるなら，海軍省は，自らの事業——郵便を輸送し，速い汽船を建造し，維持し，危機的状況が生じる可能性に対応する有能な乗組員——のいくつかをアウトソーシングするよう競争的入札し，その対策として一社を選んだのである。さらに，速くて信頼のおける事業をすれば，アメリカの船舶から郵便料金の収入を引き出し，イギリス郵政省により多くの収入をもたらしたであろう。キューナードの船舶が郵便契約のもとで航海していたので，手紙は，公式の郵便制度によってのみ，この会社の船舶で送られたのである。

　公的な郵便事業と，それと同じルートをたどる初期の汽船のあいだに

協力関係がなかったので，より早く事業情報を伝達する新たな可能性が最適な方法を用いて実行に移されるとはかぎらなかった。イギリス郵政省は，このような情勢の舵取りをすることはできなかった。1842年11月，この問題が，リヴァプールのアメリカ商務会議の委員会で，数名の有力な綿輸入商人によって議論された。その結果，覚書が郵政相に送られた。それにより，この協定は，出港する汽船での手紙の郵送をできるだけ遅くまで保証する「不平と祈り」を示した[150]。

　覚書は，問題点を描写する。「たとえば，汽船アカディア号がハリファックスに向けて11月4日に出港するときに，郵便ポストが朝の8時に閉ざされたが，少しばかりの料金を支払えば，手紙は9時まで受け付けられた。その後は，すべての手紙の受入が拒絶されたけれども，郵便袋は11時45分まで郵便局から出さず，郵便船は，12時20分になって航海を開始した。ゆえに，郵便局から手紙がなくなるまで4時間近くかかった。さらに，郵便船は，どのような場合でも，郵便局で最後に手紙が受け取られる時間の3時間後まで，港に停泊した。とくにハリファックスの郵便船がその日の朝早く出港したときに，配送することがもっとも重要な手紙が，郵便船の出港までのほんの短い時間のあいだに郵便局に届けられないということが頻繁におこった。だが，たとえばリヴァプール在住の人に送られた外国の手紙は，ロンドンや他の地域から朝の郵便で受け取った手紙をアメリカで待っている人に転送されることになっていたのである」[151]。

　覚書は，一事例を根拠としてこう続ける。「たとえば，われわれはこう述べたい。数日間で届くはずであったブリティッシュクィーン号での手紙が，アカディア号の航海の朝にリヴァプールに着いた。けれど，郵便局の手紙の配送が8時45分までなかったので，9時にハリファックスの郵便局が最終的に閉鎖されるまで，それに返事をするどころか，受け取ったことを知らせることもできなかった。しかもこのような状況において，郵便局が手紙の受領を拒否したのである。非常に強い意志表示であった。ここで最良の方法とは，場合によって，絶対に必要な手紙を

---

150) The American Chamber of Commerce (ACC), Liverpool, Minutes of the Committee meeting on 22.11.1842. 380 AME/2. (LRO) .

151) The ACC to the Postmaster General 23.11.1842. (380 AME/2, LRO).

乗客の手によって運ぶことであった。さらに，法律にもっともよく従う人々とは，ある意味では，それを巧みに避ける人を意味した」[152]。

　覚書によれば，リヴァプール郵便局で働いていた人々の数は，通常の事業に対してでさえ不足しており，郵便船が到着する日には，ごったがえす手紙で身動きが取れないほどになった。「満潮が早い場合，郵便船は正午ないし昼頃に出港する必要があった。そのとき商人はもう1時間出港を伸ばすために，余分な謝礼を喜んで支払った。われわれは，尊敬の念をこめて，こう要請する。あなたがたのおかげで，ハリファックスに郵便船が航海するのに間に合い，現実に最短時間で，手紙を人々に送ることができるように手配できるようにして欲しい」と，商人が示唆した[153]。

　不幸にも，これは，リヴァプールのアメリカ商務会議がより良い郵便事業を目指して郵政相と契約しなければならなかった唯一の事例ではない。1840年9月に，リヴァプールからサザンプトンに送られ，ブリティッシュクィーン号がニューヨークに運んだ郵便をめぐり，二つの疑問が出された。これらの手紙の信憑性をめぐって，重大な懸念が生じたのである[154]。1846年2月，リヴァプール郵便局で，「局員の数が足らないことと，なかでも船舶に積載した手紙の配達と配送での遅れに注意が集中したので，国内の配送業務そのものに遅れがでている……」という不平が出された[155]。

　外国郵便の伝達経路においては，明らかに改善すべき点があった。海上航海ができるだけ速くなければならないし，十分に頻繁であっただけではなく，国内のネットワークもまた，可能性を最大限に利用すべきであった。10月8日にニューヨークから送られた手紙への返信を積んで11月4日に到着するアカディア号から送られなかったなら，次の選択

---

152) The ACC to the Postmaster General 23.11.1842. (380 AME/2, LRO). ブリティッシュクィーン号は，1841年9月にベルギーに売却された。けれども，この船は，ベルギー船旗を掲げてさらに3回，大西洋横断航海をおこなった。最後の航海で，同船は，ニューヨークを1842年10月8日に出港し，アゾレス諸島で石炭を積み込むために1回余分に寄港し，サザンプトンには，11月3日に26日の航海をへて到着した。Bonsor (1975), vol.1, 58-59 をみよ。
153) The ACC to the Postmaster General 23.11.1842. (380 AME/2, LRO).
154) The ACC to the Postmaster General 7.9.1840 and 11.9.1840. (380 AME/1, LRO).
155) 1846年2月12日，リヴァプールのアメリカ商業会議の全体会議で，覚書が郵政長官のために作成されると決定された (380 AME/2, LRO)。

肢は，15日遅れの19日に出港するコロンビア号で送ることであった。アカディア号は，13日間航海をおこなったのに対し，コロンビア号は，17日間であった。それゆえ，さらに4日間遅れたのである[156]。10月8日の手紙に対する返信は，アガディア号であれば40日間以内でニューヨークに到着していたであろうが，コロンビア号は59日間以内であった。したがって，郵便局の日常作業で1-2時間の差があるだけで，情報の速度差は3週間近くに及んだ。けれども，船舶のスピードや出港の頻度には何の変化もなかったのである[157]。

　キューナードラインの航海は，連続する情報の循環の数を増加させた。アメリカの帆船の場合に5回，初期の汽船で6回，会社が営業を開始した暦年である1841年には，年間8回近くになった。1840年代中頃の一例は，この事業の長所と短所を示している。

　キューナードラインで示した顕著な業績の一つに，1年を通じて，スケジュール通りに出港するということがあった。だが，初期の汽船は，それぞれの平均がかなり近かったとしても，長距離を同じように航海することはできなかった。すなわち，一回の航海でどのくらいかかるのかが予測不可能なことが依然として壁であったが，これは，当時の人々にとって大した問題ではなかった。彼らは，これよりましな状態を経験したことがなかったからである。表13にみられるように，このように特別な連続する情報の循環の連鎖に含まれる西方への航海の所要時間は，11-20日間とさまざまであった。東方への所要時間は，12-17日間であった。

　表12と表13を比較してわかるように，初期の汽船はキューナードラインよりも一回の情報の循環を短くすることも可能であった。それは，ニューヨークからの出港日を決めておく必要がなかったからである。ゆえに，規則性もまた，情報の循環の加速化の障害といえた。

　グレートウェスタン汽船会社の汽船との協力はなかったが，船舶はほ

---

156)　Hubbard & Winter, 19 の出航表をみよ。
157)　次の郵便帆船であるドラマティックラインのシェリダン号は，リヴァプールから1842年11月15日に出港したと思われる。同船は，ニューヨークに1842年12月25日に到着した（*Lloyds List* 17.1.1843)。このようにして，10月8日のニューヨークの手紙への返信が届いたのははるかに遅く，78日間かかった。

第 5 章　北大西洋

表 13　大西洋横断の郵便汽船が可能にした連続的な情報の循環　1845 年

郵便船が送った手紙	リヴァプールの出港日	ニューヨーク/ボストンへの到着日	日数	次に出港する郵便船	ヨーク/ボストンの出港日	リヴァプールへの到着日	日数	情報の循環の日数
カンブリア号	1月4日	1月24日	20日間	カンブリア号	2月1日	2月13日	12日間	40日間
カンブリア号	3月4日	3月18日	14日間	カンブリア号	4月1日	4月13日	12日間	40日間
ヒベルニア号	4月19日	5月6日	17日間	ヒベルニア号	5月16日	5月31日	15日間	42日間
カレドニア号	6月4日	6月19日	15日間	カレドニア号	7月1日	7月14日	13日間	40日間
カンブリア号	7月19日	7月30日	11日間	グレートウェスタン号またはブリタニア号	7月31日	8月18日	(18日間)	(30日間)
					8月1日*	8月15日	14日間	27日間
カレドニア号	8月19日	9月3日	15日間	カレドニア号	9月16日	9月28日	12日間	40日間
ヒベルニア号	10月4日	10月19日	15日間	グレートブリテン号またはヒバーニア号	10月28日	11月18日	(21日間)	(45日間)
					11月1日	11月18日	17日間**	45日間
カンブリア号	11月19日	12月4日	15日間	カンブリア号	12月16日	12月28日	12日間	39日間
平均日数			15.3日間				13.4日間	39日間

出典）　*Sailing lists of Hubbard & Winter*, 20-21; and *Tabeart* (1997), 19. 船舶はすべて，キューナードラインが所有。例外は，グレートウェスタン汽船会社が所有したグレートウェスタン号とグレートブリテン号。

* 注をみよ。[158]

** ヒベルニア号は，ニューファンドランドのケープレースで座礁したので，セント・ジョンズで2日間停泊しなければならなかった（Hubbard & Winter, 21）。

とんど同時に運行した。事業情報の伝達という視点からみるなら，航海が補完関係にある状況と比較して，一連の好機を失っていることを意味した。この角度からは，初期の汽船（表12をみよ）は，政府が郵便船の航海を支援する以前の時代よりも適切に組織化されていたということになる。グレートウェスタン汽船会社の戦略は，できるだけ多くの乗客と貨物の顧客を乗せてボストンからキューナードラインで航海するのではなく，ニューヨークから直接航海するよう仕向けることだったようである。グレートウェスタン号とグレートブリテン号は，キューナードラインによる航海の1-3日前に出港するのが典型であった。しかしながら，

この二社の航海のスピードは非常に遅かったので，利益は大きくはなかった。それは，表13に示されている。

　キューナードラインが有していた公的な郵便航路という特権的地位が，しばしば競争相手の財政的問題をかかえるようになった理由だと主張された。だが，同社の成功は，政府が補助金を出したということだけが理由なのではない。アメリカの郵便帆船を20年前に成功させたのと同種の条件にもとづいていたのである。すなわち，航海の規則正しさと頻度，そしてスピードと信頼性である。これらの必要条件は，政府の補助金に関係なく，適切な海運業の経営がおこなわれていなければ達成されない。

　キューナードとの競争に対抗するために，グレートウェスタン汽船会社は，1845年7月，新しい鉄製スクリューの汽船を建造した。これが3450トンのグレートブリテン号であり，それまでのキューナードのどの汽船よりも3倍大きかった。ところが，この船の能力は，高い期待にそぐわなかった。絶えず困難に遭遇し，1846年9月の5度目の航海では，アイルランド沖で座礁し，次の夏になってようやく離礁できた。会社には同船を修理するほどの財政能力はなく，当初の価格の五分の一の

　158）8月1日の出港は，受取人がニューヨークではなくボストンにいたなら，まず可能であった。カンブリア号は，ボストンに7月30日の午前5時10分に着いた。ブリタニア号は，そこから8月1日の午後2時10分に出港した（"Tenders and contracts for carrying…"，28-29. CP, SJ）。グレートウェスタン号は，ニューヨークを7月31日に出港した。それは，ニューヨークの事業のパートナーがイングランドからの郵便に返事をする，不確実な選択肢の一つであった。ここにあげた船舶にとって，手紙の到着が遅かった場合には，手紙は8月16日のコロンビア号に積載され，8月28日にニューヨークに着いた。残りの循環は，次のように変化したかもしれない。キューナードラインのブリタニア号が9月4日にリヴァプールを出港し，ボストンに9月19日に着いた。同船での出港は，10月1日であり（グレートウェスタン号は，ニューヨークを9月18日に出港した），リヴァプールに10月14日に到着した。キューナードラインのカレドニア号のリヴァプールからの出港は，10月19日であり，ボストンへの到着は11月3日であった。グレートウェスタン号のニューヨーク出港は，11月6日であり，リヴァプールへの到着は11月21日であった。それは，キューナードの汽船コロンビア号が出港した，2日後のことである。手紙を運んだのは，キューナードラインのアカディア号だったかもしれない。同船は，12月4日にリヴァプールを出港し，ボストンに12月19日に到着した。さらにボストンを1846年1月1日に出港し，リヴァプールに1月15日に到着した。航海で他の汽船から助けてもらうことはほとんどなかったのは，航海で協力することがなかったからである。ときには，数時間の遅れが，情報伝達で2週間の遅れにつながった。それが，その年の残りに連鎖的影響をもたらした。Hubbard & Winter, 20-21 の出航表と Tabeart, 19 をみよ。

2万4000ポンドで売られた[159]。

　この問題を取り扱っていたハリファックス＆ボストン郵便委員会へのありとあらゆる非難にもかかわらず，キューナードの郵便契約は，1846年に更新された。ニューヨークを大西洋横断事業の西方のターミナルにするというキューナードの計画は，政府の補助金なしで8年間このルートで郵便を運び続けているグレートウェスタン汽船会社を破産させるものだという非難を浴びせられた。選抜委員会の会員の一人は，ニューヨークとの郵便契約は，一般の人々にも開かれたものであるべきだと主張したが，委員会の大多数には受け入れられなかった[160]。

　グレートウェスタン汽船会社は，むろん，少なくとも政府の補助金の一部を受け取ったなら財政的にはより成功したであろう。だが，契約は定期的な郵便事業と海軍のある程度迅速な行動を求めていたものであるので，海軍省は，必要としていたものをすでに入手していた。ではなぜ，政府が大西洋を横断し郵便を運ぼうとしているすべての会社に補助金を提供しなければならないのか。

　郵便汽船の所有者である郵政省がおこなった初期の実験の光に照らすと，郵便事業を私企業にアウトソーシングするのは，貧困な発想ではなかった。政府による補助がなかったなら，大西洋を横断する定期的な郵便汽船事業は，何年ものあいだ不可能であったろう。汽船が一，二隻しかなく，小規模な会社がさまざまな港から出港するなら，貨物を満載しているとしても，定期航路事業をおこなっているとはいえなかった。情勢は，第5章の第3節で述べるように，1850年代後半に汽船による移民の輸送を可能にした技術的進歩によって，やがて劇的に変化することになる。

　キューナードラインの新たな契約には，二つのルートが含まれた。一つはニューヨークに，もう一つはハリファックスとボストンに向かうものであった。航海は，1年のうち8カ月，1カ月2回，隔週の日曜日にそれぞれの港からおこなわれ，冬のあいだは1カ月に1回になった。ニューヨークの事業は1848年1月に開始された。それは，アメリカ人

---

159)　以下をみよ。Bonsor (1975), vol.62-64; Fogg, 12-20.
160)　Robinson (1964), 138; Hyde (1975), 35; Babcock, 88-90; Tyler, 161-164.

が同じルートで郵便汽船を開始する以前の適切な時期であった[161]。

4隻の汽船——アメリカ号，ナイアガラ号，ヨーロッパ号，カナダ号——が，そのために建造された。最終的には，1隻に9万ポンドかかった。フォックスが記しているように，これらの汽船に対する資本の大半は，個人の投資家からなされたものであり，郵便への補助金は，主として「元手」と「政府の契約」という威信を提供した[162]。他のすべての会社と同様，郵便契約ラインは，リスクを私的に負う資本を用いて船舶を建造し，新規の投資が，より速くより信頼のおける航海に必要なものに応じるために必要であった。その後，たとえ国の政府のために郵便物を運んだとしても，多くの海運会社が経営に行き詰まった。

キューナードラインにとって，ニューヨークでの事業に投資するという決定は，最初から正しいことだったように思われる。1848年に，キューナードの貨物から徴収された税は，平均して，ニューヨークで1万500ドルに，ボストンで6万3000ドルに達した。1850年には，数値はそれぞれ，ニューヨークで11万8000ドル，ボストンで6万300ドルであった。[163]

グレートウェスタン汽船会社は争いをあきらめ，グレートウェスタン号を西インド諸島の事業で使うためにロイヤルヤール郵便汽船ラインに売却した。グレートブリテン号は，オーストラリアルートで新しい経歴を開始した[164]。

---

161) 1850年9月まで，ニューヨークの船舶はまた，どちらの方向からでも，ハリファックスに寄港した。ニューヨーク-ハリファックス間の航海には，およそ48時間かかった。以下をみよ。Arnell (1980), 308-310; Hubbard & Winter, 23. 1852年に，この事業は，年間を通じて毎週おこなわれるようになった。リヴァプールを出港した船舶は，毎週二つのアメリカのどちらかの港に向かった。Hyde (1975), 35。契約のタイミングについては，Fox, 114-115をみよ。

162) Fox, 115, 121をみよ。

163) Albion (1939), 325.

164) Robinson (1964), 138; Tyler, 165-166. グレートブリテン号は，1852年から1876年にかけて，オーストリアと32回の往復航海をした。その後，同船は売却された。蒸気機関は取り去られ，全装帆の船舶になった。1937年に，フォークランド諸島の浜辺で座礁した。そして1970年代に，復元するためにイギリスまで曳航された。同船は現在，ブリストルの古いウェスタンドックの歴史的記念物として見物することができる。以下をみよ。Fogg, 29, 177, 182-186; Bonsor (1975), vol. 1, 64-65.

風 対 蒸気──フィナーレ

　キューナードラインのニューヨークでの事業開始は，アメリカの郵便帆船が重要だった最後の時代だといわれてきた。10年間にわたり，北大西洋ルートですでに汽船が活躍していたとしても，それは主として貿易商人の定期的ルートであり，汽船会社の定期航路ではなかった。キューナードがニューヨークではなくボストンに航海しているかぎり，郵便帆船に競争能力があったが，ニューヨークに航路が移ると，それが不可能になった。相手が1隻だけなら，郵便帆船は競争力があったのだが，汽船が定期ライン主義をとるようになると，旧式の「郵便帆船」は，道を譲るほかなかった[165]。

　汽船のスピードだけでは，北大西洋の航海で郵便帆船に取って代わるのに十分ではなかった。地金や正貨とともに，もっとも重要な郵便までもが，最初から汽船で運ばれたとしても[166]，汽船は多くの貨物を運ぶことはできなかったし，乗客は，帆船の心地よさを好んだ。さらに，とりわけ東方へのばら積みの郵便は，郵便帆船で大量に運ばれた。

　郵便帆船の大きさは，移民事業のブームと同時期の1850年代初期に限界に達した。1400トンを超える最初の郵便帆船は，1840年代後半に建造された。1860年に，ニューヨーク−リヴァプールルートの郵便帆船の平均的な大きさは1320トンになった。これは，1820年代のブラックボールの船舶の3倍の大きさである。これらの船舶のなかには，三等船室の800-900名の乗客を乗せることができたものもある。定期的な郵便帆船のなかで最大のものは，1854年に建造された1770トンのアマゾン号であった[167]。この時代はアメリカのクリッパー船が世界的に有名だったとはいえ，中国の茶をめぐる競争と遠くの海域でのさまざまな冒険的事業，北大西洋ルートでの情報伝達が，着実に蒸気船に移っていった。

　郵便帆船の大きさが顕著に増大したとしても，1830年代後半にルートで汽船が導入されてからは，帆船の事業は，汽船が描くトレンドと正比例して増えたわけではない。図6にみられるように，20-29日間，さらに30-39日間で西方に郵便帆船が航海する割合は，1835年と比べて

---

165) Albion (1938), 253.
166) Albion (1938), 258.
167) Staff, 121-127; Cutler (1967), 377-392.

風対蒸気   117

表14　アメリカの郵便帆船の平均的大きさ　　　　　　　　　　（トン）

	1820(数)	1830(数)	1840(数)	1850(数)	1860(数)	1870(数)	1880(数)
リヴァプール	420 (5)	538 (17)	745 (20)	1074 (28)	1320 (21)	1400 (5)	-
ロンドン	-	416 (10)	593 (12)	912 (19)	1087 (17)	1013 (5)	1029 (4)
ルアーブル	-	428 (12)	604 (16)	893 (13)	1030 (10)	-	-
合計，平均	420 (5)	471 (39)	662 (48)	984 (60)	1175 (48)	1207 (10)	1029 (4)

出典）　Staff, 121-127 で公刊された郵便船のリストから作成。郵便船の数は，表10の Albion のリストとは少し異なる。それは，表10が，特定の年度に変換されたものを含んでいるからである。

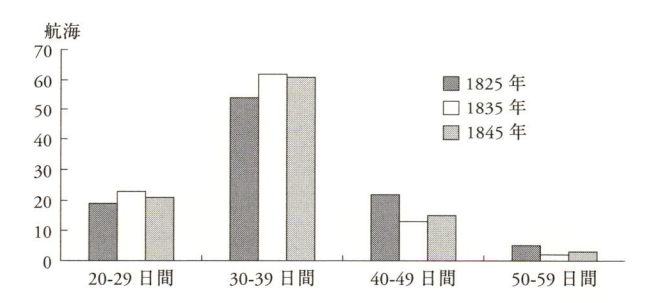

図6　アメリカの郵便帆船の西方への航海の所要時間（％）
リヴァプール-ニューヨーク間　1825, 1835, 1845 年

出典）　*Lloyd's List*, 1825, 1835, 1845; *Liverpool Customs Bills of Entry*, 1825, 1835.
　　　航海数は，1825年が37回，1835年が47回，1845年が66回。

1845年は同程度であり，場合によっては少なかった。40-49日間ないし50-59日間という最長の航海日数の割合は，それに応じて増えた[168]。1835年以降，スピードが上昇した様子はない。

郵便帆船が一級の事業——郵便，高価な貨物，一・二等船客——で優勢を失いつつあることを示す別の現象として，1830年代と異なり，航海日程の正確さを気にしなくなったことがあげられる。郵便船の事業の信頼性が航海の規則性と安全な記録で計測されるなら，1840年代のアメリカの郵便帆船の実績は，このような期待にまったくそぐわないものであった。

表15にみられるように，リヴァプールからの出港日は，1844-45年

---

168)　1825年には，47回の航海のうち，11回の日程が紛失している。1835年には，48回の航海のうち，1回の日程が紛失している。さらに1845年には，70回の航海のうち，4回の日程が紛失している。

表 15 アメリカの郵便帆船の信頼性 リヴァプールからの航海の信頼性と報告された災害 1844-45 年

船舶 (*＝新船)	海運ライン	航海 1	航海 2	航海 3	航海 4	航海 5	航海 6	航海 7
ヴァージニア号	RS	1844年1月2日 氷河の中で速く航行し、航路を見失った	1844年4月27日 ニューヨークでやりだしを失うなど	1844年8月27日	1844年12月18日 ニューヨーク沖に到着。帆柱の喪失や帆の分裂など	1845年4月29日	1845年7月29日	1845年12月6日
ホッティンガー号	NL	1844年1月8日 ニューヨーク沖で座礁	1844年5月7日	1844年9月6日	1845年1月8日	1845年5月6日	1845年9月6日	1845年12月20日
モンテヅマ号	BB	1844年1月8日 ハリケーンのさなかのマストの喪失と航海	1844年5月1日	1844年9月11日	1845年1月3日	1845年5月5日	1845年8月16日	1845年12月17日
ロスキウス号	DL	1844年1月14日	1844年5月12日	1844年9月11日	1845年1月21日	1845年5月14日	1845年9月12日	1845年12月20日
ヨーロッパ号	BB	1844年1月16日	1844年5月17日	1844年9月17日	1845年1月17日	1845年5月18日	1845年9月20日	1845年12月25日
インディペンデンス号	BSw	1844年1月22日	1844年5月21日	1844年9月22日	1844年12月28日 漏れ穴のため引き返す 1845年1月28日に航海再開	1845年5月22日	1845年8月22日	1845年12月24日
サミュエル・ヒックス号 (短期停泊)	RS	1844年2月1日	1844年5月26日	1844年9月26日	1845年1月29日			
ニューヨーク号	BB	1844年2月3日	1844年6月1日	1844年10月4日	1845年2月4日	1845年6月1日	1845年10月2日	(1846年)

118　　第 5 章　北大西洋

風対蒸気

船名	種別							
リヴァプール号	NL	1844年2月6日 座礁したが、損害はなかった	1844年6月9日	1844年10月10日	1845年2月7日	1845年6月7日	1845年10月7日	(1846年)
シドンズ号	DL	1844年2月11日	1844年6月11日	1844年10月12日	1845年2月11日	1845年6月12日	1845年10月13日	(1846年)
コロンブス号	BB	1844年2月18日	1844年6月17日	1844年10月19日	1845年2月18日	1845年6月18日	1845年12月13日	(1846年)
アシュバートン号	BSw	1844年2月22日	1844年6月23日	1844年10月22日	1845年2月25日	1845年6月1日	1845年9月22日	(1846年)
スィーヴァン・ホイットニー号	RS	1844年3月5日	1844年6月26日	1844年10月26日	1845年2月28日	1845年6月27日	1845年10月29日	(1846年)
ヨークシャー号	BB	1844年3月5日	1844年7月2日	1844年11月1日	1845年3月4日	1845年7月2日	1845年11月2日	(1846年)
クィーン・オヴ・ザ・ウェスト号	NL	1844年3月6日 ニューヨークへの到着やり出しとフォア・トプマストの喪失	- -	1844年11月8日	1845年3月7日	1845年7月7日	1845年11月7日	(1846年)
シェリダン号	DL	1844年3月14日	1844年7月12日	1844年11月14日	1845年3月13日	1845年7月3日	1845年11月12日	(1846年)
ケンブリッジ号	BB	1844年3月17日	1844年7月17日	1844年11月17日	1845年3月19日	1845年7月18日	1845年11月12日	(1846年)
ジョージ・ワシントン号	BSw	1844年3月23日	1844年7月21日	大雨の中で損害を受ける	1845年4月22日 売却	-	-	-
ユナイテッド・ステーツ号	RS	1844年3月27日	1844年7月27日	1844年11月26日 全乗組員とともに行方不明に	（3月26日 一時停泊のエンパイア号が出港）			

第 5 章　北大西洋

イングランド号	BB	1844年4月2日	1844年8月3日	1844年12月1日 全乗組員とともに行方不明	-	-
ロチェスター号	NL	1844年4月7日	1844年8月10日	1844年12月6日 沈没しつつあるボストンの郵便船ドルチェター号の乗組員を救出	1845年4月9日	1845年12月8日 (1846年)
ガリック号	DL	1844年4月12日	1844年8月12日	1844年12月12日	1845年4月12日	1845年12月12日 (1846年)
オクスフォード号	BB	1844年4月17日	1844年8月22日	1844年12月18日	1845年4月3日	1845年8月2日 商船と接触したが、航海を続ける	1845年12月6日 (1846年)
パトリック・ヘンリ号	BSw	1844年4月22日	1844年8月22日	1844年11月22日	1845年3月23日	1845年7月22日	1845年11月23日 (1846年)
ジョン・R. スキッディー号*	RS				1845年1月22日	1845年5月22日	1845年10月2日 (1846年)
ワーテルロー号*	RS					1845年5月27日	1845年8月29日 1845年12月29日
ヘンリ・クレイ号*	BSw					1845年6月23日	1845年10月23日 (1846年)
フィデリア号	BB						1845年9月2日 (1846年)

出典：*Lloyd's List* 1844-1845. ―スケジュール通りに航海した日程は太字で記した。コメントは、「ロイズリスト」からとられた。BB＝ブラックボールラインの出港スケジュールは、毎月1日と16日であった。BSw＝ブルースワローラインは、21日に出港した。DL＝ドラマティックラインの出港日は、11日であり、12日のこともあったかもしれない。その場合、上記の日付のいくつかは正しい出港日であった。NL＝ニューラインの出港日は、6日であった。RS＝レッド・スターラインの出港日は26日であったが、航海のスケジューンは、新聞の広告からとられた。(*Liverpool Mercury*, January-March 1845) and from Cutler (1967), 376-380. ―ブルースワローラインは、1849年にニューラインに取って代わったが、6年間しか運営されなかった。Staff, 123-124; Cutler (1967), 380 をみよ。

には，ほとんどスケジュールより遅れている。147回の航海のうちたった25回，すなわち17％しか，スケジュール通りには航海していない。海での悲劇の数もまた，不安を抱かせるほどに増大した。

航海がスケジュール通りにおこなわれた記録はきわめて乏しいが，レッドスターラインは，1845年1月の「リヴァプール・マーキュリー」でこう宣伝した。「毎月26日に航海……。船舶は，一等船室の人々一杯だ。最近ニューヨークで建造され，力強く，美しいモデルで，時間通りに，速く航海する。船室の設備の大きさと快適さは，貿易船のどれにも負けない……。これらの船舶の指揮官には，長年の経験がある。航海で時間の正確性を保証するために，商品は，航海の2日前になるまで，船積みされなかった」[169]。

ブラックボールラインとニューラインは，宣伝の中で「正確性」について述べなかったが，1844-45年の郵便帆船のなかで，もっとも時間に正確であった。航海の日程は，当然明らかにされた。また，彼らの船舶は「一等船室」であり，「性格が良く，熟練し」ているか，「経験と能力がある男たち」によって指揮された。それぞれの郵便帆船の航路が，「優美で広い」キャビンで大西洋を横断するために25ポンド支払った。ワインと蒸留酒を除くすべてが，この値段に含まれていた。この二つは，客室乗務員から購入することができた[170]。

ドラマティックラインは，のちに有力な汽船ラインの所有者になったエドワード・K・コリンズによって経営され，1836年に大西洋横断航海に出現した。アルビオンはこのラインを，「他のほとんどすべてのラインを瞬時に目立たなくさせるほど素晴らしいグループ」と呼んでいる[171]。会社の宣伝もそうであった。「ニューヨークへの郵便帆船のライン。毎月11日に出港……。船舶は，ニューヨーク市で建造され，すべて一等船室かつ最大級で，信じられないほどの速さと乗客にとってまれなほどの快適性を兼ね備えており，経験豊富で有能な船員が指揮をする……。まったく時間通りであることが，航海の日にわかる。毎月9日以降でないと，商品は受け取られない……」[172]。

---

169) *Liverpool Mercury* 24.1. 1845.
170) *Liverpool Mercury* 24.1. 1845.
171) Albion (1938), 43-44.

同じ頁で，キューナードラインはこう伝えた。「ブリティッシュ＆アメリカンロイヤルメールの1200トンの汽船は，それぞれが440馬力であり，リヴァプール-ボストン間の航海を海軍本部が任命し，ハリファックスで上陸するために停泊し，乗客を乗船させた。そして，女王陛下の郵便が，毎月4日にリヴァプールを出港し，（サマーシーズンがはじまる）4月からは，さらに19日にも出港した。乗客の荷物は，出港の前日に積み込まなければならなかった。輸送価格は38ギニーであり，それには食料が含まれいたが，ワインと蒸留酒は含まれていなかった。それらは，船内で購入できた。客室乗務員の報酬は1ギニーであり，犬は一匹につき5ポンド請求された」。宣伝の最後に，重要な注意書きがあった。「これらの船舶で送られるスケジュールのすべての手紙と新聞は，イギリス郵政省を通過しなければならず，代理人の事務所では一通も受け取ることができない」[173]。

　キューナードの宣伝は，たとえ，船長の名前が宣伝に十分に示されており，船長に十分な経験があったとしても，快適な設備や経験のある指揮官に言及することはなかった[174]。初期の汽船の設備は，大きな弱点の一つでもあり，他の郵便帆船と比較したなら，宣伝するほどのものではなかったのである。

　1845年1月24日の「リヴァプール・マーキュリー」の宣伝には[175]，1844年11月26日と12月1日にリヴァプールを出港し，二度と消息を

　　172）　*Liverpool Mercury* 24.1. 1845. 傍点は原文にある。ここで銘記すべきであるが，アメリカの郵便帆船ラインのうち，1845年の時点でよく知られたニックネーム（ブラックボールラインなど）を使ったものはなく，オールドライン，ニューライン，ニューヨークライン，ニューヨークへの郵便船ラインなどが使われた。1850年代になってはじめて，社旗をシンボルとしたわかりやすいコーポレートアイデンティティが市場性の高い商品となり，なかでも移民事業において，「しばしば場当たり的な調整であったものを，統一的で信頼性のあるものにした」。Milne, (2000), 165 をみよ。

　　173）　*Liverpool Mercury* 24.1. 1845.

　　174）　バブコックによれば，「高級船員は，海で十分な経験を積んだ人々から選抜された。航海士は通常，他の船舶の船長よりも早く仕事をはじめなければならなかった。のちの船長は，キューナードの船で航海士として働かなければならなかった。機関士たちは，十分な訓練を積んだ専門家であり，その補佐は，この商売で禄をはぐくんでいた。ようするに，安全性に関する主要な指令は，徹頭徹尾，それまで海での経験を積んだ人々によって出されたのである」。(Babcock, 54)

　　175）　*Liverpool Mercury* 24.1.1845.

聞かなかった2隻の郵便帆船が含まれていた。レッドスターラインのユナイテッドステーツ号とブラックボールラインのイングランド号が，ひどい嵐に遭遇し，他の数隻の船とともに失われた。それには，ルアーブルラインの郵便船であるノルマンディー号，さらに，ボストンラインの郵便船のドルチェスター号が含まれた。後者の乗組員は，ニューヨークに向かっていたニューラインのロチェスター号によって救助された[176]。両社は，ユナイテッドステーツ号とイングランド号のスケジュールを3月21日まで掲載し続けた。この日には，レッドスターラインがユナイテッドステーツ号の代わりにエンパイア号と呼ばれる船を一時的に使い，ブラックボールラインでは，オクスフォード号と名づけられた郵便船が代わりに使われた。この船は2週間後に出港し，新聞が公刊されたのと同日にリヴァプールに到着することになっていた[177]。

キューナードラインの広告には，船舶の交替も掲載されていた。同社が創設以来使われていた汽船のコロンビア号は，1843年7月にノヴァ・スコーシア沖で座礁したが，幸いにも，生命も郵便物も失われなかった[178]。交替したカンブリア号は，広告にも書かれていたが，ちょうど処女航海に出発しており，次の航海に向かうときに宣伝されたのである[179]。キューナードはまた，大西洋横断ルートのために5隻めの船舶を建造した。ヒベルニア号は，コロンビア号が失われる直前に進水し，新しい船がルートへの準備ができるまで，使われることになったのである[180]。

激しい競争というプレッシャーのなか，郵便船のスケジュールが慌ただしくなるのは，災害や新たに進水することなどのために，航海を再編するときであった。1844-45年に，数隻の船舶が，それまでの4ヵ月ではなく，3ヵ月で大西洋往復航海をおこなった。リヴァプールから出港し，それから別の船舶が続くまでの期間で計算された。これらの船舶——レッドスターラインのヴァージニア号とウォータールー号，ブルー

---

176) *Liverpool Mercury* 24.1.1845. 消息を絶った船舶を，いつも数カ月間待ったのは，航海が，悪天候などの障害のため，大きく遅れることがあったからである。
177) *Liverpool Mercury,* January-March, 1845.
178) 以下をみよ。Bonsor (1975), vol.1, 75; Babcok, 73-74.
179) *Liverpool Mercury* 24.1.1845.
180) 以下をみよ。Bonsor (1975), vol.1, 75; Babcok, 75.

スワローテールラインのインディペンデンス号とパトリック・ヘンリ号——は[181]，すべてが北大西洋ルートで最速の船舶であった[182]。しかしながら，このような短期間で大西洋往復ができるかどうかは，スピードによって決まったわけではない。いずれの場合も平均速度で航行したが，スピードはスケジュールによって変更された。郵便帆船の効率性は，スケジュールが詰まっていたために改善されたように思われたのかもしれないが，問題と遅れを生じさせるというリスクを増加させた。

　表 15 にみられるように，西方への航海は，災害というリスクをともなった。1844-45 年の記録に残っている 143 回の航海のうち，少なくとも 12 回が，損失などの問題で終わったと報告されている。さらに，「メインマストのうち下から二番めなど」の損失が，東方への航海で報告された[183]。興味深いことに，これらの災難のうちの五つが，たまたま同じ船におこった。ヴァージニア号とインディペンデンス号がそれにあたる。この 2 隻は，郵便船の歴史のなかでとりわけ速く，大西洋を 3 カ月で往復した[184]。また，失われたイングランド号は，もっとも速い船舶のうちの 1 隻であった。これらの船舶は，すべて，リヴァプールからニューヨークまでを 3 週間以内で航海した。ユナイテッドステーツ号は，1818-58 年において，郵便船の記録では中位のスピードであった[185]。

　アルビオンの計算によれば，事業中に完全に失われた郵便船は，6 隻のうちほぼ 1 隻である。この数値は，より正確に表すこともできるかもしれない。6000 回の郵便船による大西洋横断のうち，このように難破した回数は 22 回にすぎなかった[186]。しかし，郵便帆船のライン間の競争と帆船と汽船のあいだの激しい競争のため，郵便船の船長は以前よりも大きなリスクをとるようになったようだ。難破のほとんどは，帆船と汽船の競争がもっとも激しかった時代に生じた。

---

181)　表 14 をみよ。
182)　Albion (1938), 276-281, 318-319.
183)　1844 年 9 月 2 日にリヴァプール沖に到着したインディペンデンス号は，「ロイズリスト」では 1844 年 9 月 3 日と報告された。港への到着については，9 月 4 日であった。
184)　インディペンデンス号は，実際に，1844 年 12 月に嵐による損害を被って修理して時間を失ったのち，1845 年春になって，スケジュール通りに航海した。
185)　Albion (1938), 278-279.
186)　Albion (1938), 202.

郵便による伝達の観点からは，このような傾向はもっとも警戒すべきことであった。1838年から1847年にかけ，21隻もの郵便用の船が北大西洋ルートで失われた。平均して，1年間に2隻の割合である。そのうち2隻がファルマスの郵便船であり，2隻が汽船であったが，17隻がアメリカの郵便帆船であった。8隻がニューヨーク−リヴァプールルートで，2隻がボストン−リヴァプールルートで，2隻がニューヨーク−ロンドンルートで，5隻が，ニューヨーク−ルアーブルルートで失われたのである。このうち6隻は行方不明になり，乗組員とともに失われた[187]。注目すべきは，3回の難破のうち2回が11月から2月のあいだにおこったことだ。それは，郵便船の船長は，とくに荒れた冬の航海で，あまりに大きなリスクを負っていたことを示す。

　大西洋を横断して間断なく事業情報を伝達するための確実な予防手段としては，複製を送ることしかなかった。それは，この転換の時代に非常に典型的だったことである。複製はまた，確実に情報をもっとも速く送れるようにした。

　この時代に関して，北大西洋商人による通信数がどの程度であったのかを見いだすことは簡単ではない。たとえば，リヴァプールの文書館にはほとんど何も残されていない。幸いなことに，ロンドンに基盤をおいた銀行のフレデリック・フス社の通信は，戦時のエネルギー危機から手紙収集家によってある程度救出されたし，これらの手紙は，こんにちでも手紙博覧会で容易にみつけることができる[188]。1836-50年のフス社のサンプルには，大西洋を横断しロンドンに着いた74通の手紙が含まれており，帆船から汽船への変化を興味深く描いている[189]。

---

187)　以下をみよ。Staff, 121-128; Bonsor (1980), vol. V, 1888-1897; Pawlyn, 132-133. あらゆる種類の沿岸航行用の船舶を含み，合計で，600隻のイギリス船が，1833-35年，1841-42年に失われた。人命の損失は，1450-1560人以上である。以下をみよ。*BPP, Shipping Safety* 3, First and Second Reports of the Select Committee on Shipwrecks in 1843, Appendix 4, 52.

188)　手紙収集において，この時代によく知られた他社の名前をあげるなら，たとえば，次のようになる。ロンドンのモリソン・サイダー社，ロンドンとパリのロスチャイルド・アンド・サンズ社，ランスのルイ・ローデレイン社．コニャックのオーグスト・マルテル社，ニューヨークのアブラハム・ベル社，サンフランシスコのダニエル・ギブ社である。

189)　このサンプルは，5つの切手収集展示による手紙から編集された。SRLC; JSC;JAC; Seppo Talvio, *North Atlantic Mail* (2006) (STC); Richard F. Winter, *Transatlantic Mails. Steamship* (1988) (RWC). それぞれのカバーの写真複写に適切な郵便史の叙述を加えたもの

表 16　帆船から汽船へ　フレデリク・フスの書簡
　　　　のサンプルから　1836-50 年

年度	商船	アメリカの郵便用帆船	汽船	合計
1836	-	3	-	3
1837	1	4	-	5
1838	-	4	1	6
1839	1	2	3	6
1840	1	3	2	6
1841	-	5	5	10
1842	-	4	2	6
1843	-	2	1	3
1844	-	1	2	3
1845	2	1	1	4
1846	-	1	3	4
1847	-	1	5	6
1848	-	-	3	3
1849	-	-	3	3
1850	-	-	7	7
合計	5	31	38	74

出典）　*Letters received by the Frederick Huth & Co. in the following postal historical collections: SRLC, JSC, JAC, STC, and RWC.*

　表 16 にみられるように，帆船による事業情報の伝達は，郵便を運搬する汽船が大西洋を横断する定期的な貿易を開始した 1838 年に終わったわけではない。ここであげたサンプル数はむろん少なすぎるので，この時代の通信手段のそれぞれのシェアについて信頼のおける数値をあげることは当然不可能である。フレデリック・フス社の手元にくる手紙が少なすぎるので，帆船と汽船の比率について判断することはできない。しかし，明らかに，大口の郵便の大部分——とくに東方への——は，大西洋横断の汽船事業がはじまってから 10 年のあいだ，なおも帆船によって運ばれていたことが示されている。
　この史料のどの部分も手紙収集で優先されたと信じる理由はない。それらは大口の郵便であり，料金前払いの郵便切手を運んではいなかった。もしそうなら，コレクションはとりわけ魅力的ないし価値あるものになっているだろう。手紙が収集されたのは，郵便印があるからである。ルート，船名，料金，転送印，さらにこれらのどれも，サンプルの

は，筆者が所有している。

歪みの原因とはなっていないはずだ。それぞれの割合がより大きなサンプルで少し違っていたとしても，明らかに，アメリカの郵便帆船は汽船のルートがはじまるまで支配的地位を占め，さらに，汽船によって最終的に郵便船事業で取って代わられる以前の数年間は，大きなシェアを占めていたのである。

　サンプルはまた，北大西洋航行における情報伝達で，たとえ稀であったとしても，商船がなおも使われていたことを示す。手紙のうちの一通は，政府の郵便船ではなく，商船でブエノスアイレスから送られた。さらに，別の手紙が，ニューオルレアンから沿岸ルートを使うのではなく，ニューヨークに直接送られたのである。そしてニューヨークから，手紙は通常，アメリカの郵便帆船によってリヴァプールへと転送された。

　興味深いことに，たとえフレデリック・フス社がロンドンに位置し，ロンドンと直接郵便船事業をおこなうことができたとしても，ほとんどの手紙はリヴァプール経由で送られたのである。商船の手紙の5通のうち3通，31通の郵便船の手紙のうち25通，38通の汽船の手紙のうち32通が，リヴァプール経由で到着した。全体で，74通のうち57通である。しかも，もともとのルートはリヴァプール経由であったが，ニューヨークの転送代理人がリヴァプールではなく，同港より早くロンドンを出港する船舶で手紙を送ったことが2回ある。

　汽船での手紙に関しては，その理由は，当然，リヴァプールがキューナードラインと，短命であった初期の汽船のリヴァプール号の母港であるということと，グレートウェスタン号も，1843年からリヴァプールを母港として使ってきたということであった。郵便帆船がリヴァプールに到着した理由としては，リヴァプール郵便船のほうがスケジュールが頻繁であり，評判が良かったという程度の説明しかできない。鉄道が1838年にリヴァプール-ロンドン間の全線で開通したので[190]，手紙は通常，船舶がリヴァプール港に入港した翌日にロンドンに着いた。船舶の到着が土曜日になった場合には，手紙がロンドンに配達されるのは月曜

---

[190] ロンドン-バーミンガムの鉄道が開通した1837年には，バーミンガム-リヴァプール間の鉄道が営業していた。その開通後，汽車は1838年後半になってようやく，バーミンガムの恒久的ターミナルに行くことができた。以下をみよ。J.H. Clapham, *An Economic History of Modern Britain. The Early Railway Age 1820-1850.* (Cambridge, 1930), 387; Vaughan, 89-90.

日になった[191]。

　少なくとも，74通の手紙のうち19通に複製があった。あるいは，原本以外に，複製が別の船で送られた。場合によっては，手紙のなかに，どの船で別の手紙が送られたのかが書かれていた。しかし，いくつかの事例では，複製は知られていない。

　1838年まで，手紙の複製は，ニューヨークからの別々の郵便帆船で送られるのがふつうであった。複製のどれ一つとして，商船に言及したものはないし，商船に託された手紙のうち，それが複製であると示すものはない。商船に手紙を託すことは，北大西洋ルートでの通常の郵便に取って代わるものではなかったが，特別の場合に用いられた。おそらく，同じ貿易商人が貨物を送る場合に，荷受人に差し出される手紙だったのであろう。ファルマスからニューヨークへの郵便船事業が1820年代になくなったので，このように複製を送る方法として郵便船を用いるという選択肢は消滅した[192]。

　1838年から，手紙のうち1通を汽船で，もう1通を郵便帆船で送ることがあたり前になった。1844年から，複製が船名を記載しているすべての場合に，原本も複製も汽船で送られるようになった。

　とりわけ興味深い複製は，1850年11月23日にキューバのハバナの日付が入った原本の複製である。原本は，ロイヤルメールラインの汽船コンウェイ号で，この日に送られ，12月2日にセント・トマスに到着した。この手紙は，さらに翌日，同社の汽船であるエイヴォン号で送られ，サザンプトンに1850年12月22日に到着した。一方，複製の手紙はハバナの書き手によって12月2日に続いて出され，別のルートを使って，ロンドンのフレデリック・フス社に送られた。手紙は，ユナイテッドステーツ郵便汽船会社の汽船ジョージア号で運ばれた。同船は，航海の継続を記したその日にハバナを出港し，ニューヨークに12月7

---

191) フス社の通信の手紙に押された郵便印による。

192) サンプルとして，メキシコルートにおけるファルマスの郵便船のコネクションがあった。1836年7月26日に，タンピコから複製の手紙がニューオルレアン，ニューヨーク，リヴァプール経由でロンドンに送られた。原本は，ファルマスの郵便船であるシーガル号によって送られた。同船は，1836年8月7日にベラクルスを出港し，8月26日にハバナを出港し，9月26日にファネマスに到着した。この手紙がロンドンに到着するのに，64-65日間かかった。シーガル号の航海日程については，Lloyds List 30.9.1836をみよ。

日に到着した。そこから，代理商の A・C・ロッシール社がキューナードラインの汽船ヨーロッパ号に〔手紙を〕転送した。同船はボストンを 12 月 11 日に出港し，リヴァプールに 21 日に到着した。ロンドンで手紙が受け取られたのが，23 日であった。おそらく，それと同時に原本が到着した。しかし，原本は，ハバナを 9 日間早く出港していた[193]。これは，実際，当時としては，国際的な汽船事業におけるプロフェッショナルな活動ということができよう。

　ハバナやニューオルレオアンのように遠隔地から多数の手紙が到着したので，転送代理商は，しばしば情報が最速の手段で確実に送られるために使われたのである[194]。もし書き手が船舶のスケジュールについてよく知らなければ，封筒に，「最初の郵便船に託す」や「最初の汽船に託す」と書くことができた。さらに，著名な商会であることが多かった転送代理商は，それ以外のことに注意した。これらの場合，手紙はときおり転送代理商に送られた。彼は，名前と住所を特定し，手紙を最終的な受取人に送った。

　たとえば，フス社の通信のニューヨークの代理商は，アネルドリック・クルーガー，ウィリアム・W・ド・フォレスト社，グッドヒュー社，メイヤー＆ストゥッケンであった。手紙はまた，ヘイルの外国郵便局やギルピンの為替・リーディングルーム＆外国郵便局から転送された。少なくともニューオルレアンでは，ヘルマン社が転送代理商の一つとしてよく使用された。ボストンでは，シェルトン・ブラザーズ社とウィンズロー＆サンズがよく利用された[195]。

　フレデリック・フス社の通信以外に，同時代に大西洋を横断した事業書簡は，ラスボーン・ブラザーズ社のコレクションに見いだされる。手紙のなかの一部分，すなわち 1841-49 年の期間でわずか 23 通しか，上

---

[193] ドイツ語を使う商人の手紙が，1850 年 11 月 23 日と 12 月 2 日に，ニューヨークとボストン経由でロンドンのフレデリック・フス社に送られた。Phil J. Kenton & Harry G. Parsons, *Early Routing of the Royal Mail Steam Packet Company 1842-1879* (Surrey, England, 1999), 122, 126; Theron J. Wierenga (ed. Richard F. Winter), *United States Incoming Steamship Mail 1847-1875* (Austin, TX, 2000), 341; Hubbard & Winter, 28.

[194] 転送システムについては，Kenneth Rowe, *The Postal History of the Forwarding Agents* (Kentucky 1984), 1-22 をみよ。この史料に関する有益なインターネットリンクが見いだされる（2006 年夏）。http://www.pbbooks.com/webfa.htm

[195] Frederich Huth Co.'s correspondence 1836-1850 in JAC.

述のサンプルとあまり類似の結果を示していない。そのうち 10 通は，1841-42 年のものである。2 通が，郵便帆船で送られ，残りが汽船で送られた。1848-49 年の 13 通のうち，11 通がキューナードの船で送られ，2 通が，他の郵便運搬汽船で送られた[196]。

　これ以前の期間の手紙は，10 通のうち少なくとも 5 通が何らかのやり方で複製について言及していた。1841 年 4 月 30 日付けの手紙の書き手であるウィリアム・ラスボーン Jr は，こう記した。「拝啓，今月 28 日のコロンビア号について，貴殿のご友人たちから収集できました情報をもとに，お知らせ申し上げます。しかしながら，複製を送る必要性があるかどうかは，明確ではございません……」[197]。手紙のうち 3 通に複製があるか，複製を同封した。さらに，書き手が，こう告げた場合もあった。「これよりも，汽船で送った方が，早くあなたのもとに届くはずです」。この手紙は，郵便帆船で送られ，7 月 28 日に受け取られた。一方，汽船のブリタニア号が，1 日間遅れた 7 月 29 日にリヴァプールに到着した[198]。

　会社の日常業務では，大西洋を横断して手紙の複製を送り，さらにはその複数も送ることには大変困難があったし，郵便料金はかなり高かったけれども，コストが受け入れられるものと考えられたのは，航海が一般に予測不可能だったからである[199]。上述の事例は，すべて東方への航

---

　　196)　Letters to Rathbone Bros & Co., Liverpool, 1841-1849 in Rathbone Collection（RP XXIV.2, SJ）．ラスボーン・ブラザーズ社は，当時，著名な社であり，なかでも，アメリカからの綿輸入に従事していた。以下をみよ。Williams, David M., "Liverpool Merchants and the Cotton Trade 1820-1850". In Merchants and Mariners: Selected writings of David M. Williams, 42-51. In *Research of Maritime History* No. 18.（Newfoundland,2000）．

　　197)　William Rathbone Jr. to Rathbone Esq., Liverpool, from New York 30.4.1841.（RP XXIV.2, SJ）．

　　198)　ウィリアム・ラスボーン Jr. がニューヨークからリヴァプールのラスボーンに宛てた手紙。1841 年 7 月 7 日付け。受取人の到着印は，7 月 28 日（RP XXIV.2, SJ）．ブリタニア号の航海日程については，Hubbard & Winter, 18 をみよ。ラスボーンが出した手紙のなかには，代理商が転送したものがあった。2 通はボストンの T・W・ウォードが，1 通はニューヨークのギルピンの為替・リーディングルーム & 外国郵便局が転送した。

　　199)　ハージェスはこう記す。「キューナード船」は，さらに損失を免れることを可能にした。「彼らの船は，大西洋を比較的速く横断でき，それとともに航海が規則的で確実におこなわれたので，同じ手紙の数多くの複製を異なった船便で送り，確実に複製ができるだけ速く届くか，ともかく届くようにすることが，必要になった」。Hargest, 2 をみよ。複製は，1850 年代のラスボーンの通信では，これ以上の役割は果たしていなかった。

海からとられたものである。郵便帆船と汽船の相違は，西方への航海の方が，より明確にみられた。

1845年に，リヴァプールからニューヨーク／ボストンに出港する郵便運搬船が102隻もあった。北大西洋の汽船の郵便運搬船は，この年にはすべてリヴァプールを出港し，それに加えて，五つのアメリカの郵便帆船航路があった[200]。10年前の状況と比較するなら，事業情報伝達の選択肢の規模の進展は，目にみえて顕著であった。

さらに，定期的に運行する貿易商人のなかには，自分たちを「郵便船」と呼ぶものや，二，三回の航海のために郵便船航路による短期滞在をするために雇用されたものがいた。彼らは，手紙と新聞も船舶で輸送することができたし，事実，頻繁にそうしたのである。1845年1月31日の「リヴァプール・マーキュリー」の「ニュース&オブザーベーション，アメリカンニュース」は，適切な事例を提供する。「ニューヨークの郵便船であるシー号の船長であるエドワーズは，月曜日に到着し，ニューヨークの新聞を11ある協会にもたらした。その目次は，政治的にも商業的にも，重要ではなかった……」[201]。

当時の大半の「アメリカンニュース」は，キューナードの汽船によって運搬されたとはいえ，高速の郵便帆船が，なおも1845年の時点で，とりわけ，汽船の航海が多くはなかった冬に，東方へニュースを届けることができた。シー号は，アルビオンやスタッフによって定期航路をもつ郵便船にはあげられていなかったが，カトラーは同船をこの年のニューラインの船舶の1隻だと述べた[202]。

図7から，郵便帆船が，とりわけ西方への航海で郵便の輸送という点で，汽船との競争に負けた理由が簡単にわかるだろう。西方からの風に対する闘いでは蒸気の力がもたらす利益は非常に大きかったので，もはや郵便帆船で手紙を送る理由がなくなったのである。次の郵便帆船

---

200) ドラマティックラインだけではなく，のちにニューヨーク-リヴァプールルートのために設立された郵便船会社もあった。1844年に創設されたレッドクロスラインがそれである。ボストン-リヴァプールルートで著名な郵便帆船会社はまた，エノッホトレインズ・ホワインダイヤモンドラインであり，同年から稼働しはじめた。以下をみよ。Staff, 127; Cutler (1967), 371-373.

201) *Liverpool Mercury* 31.1.1845.

202) Cutler (1967), 381.

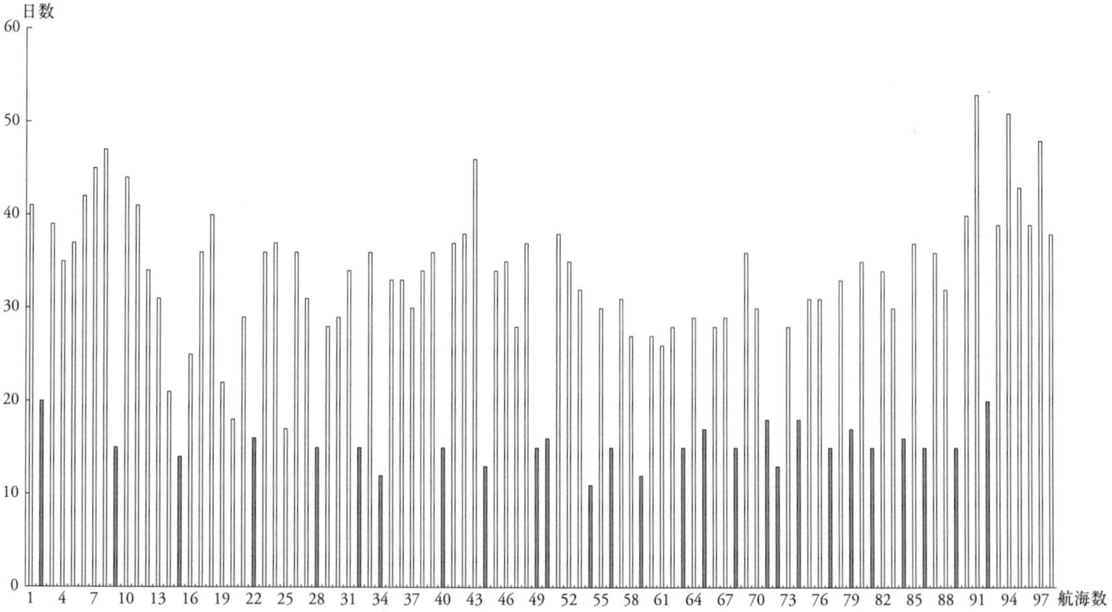

第 5 章　北大西洋

図 7　アメリカの郵便帆船と郵便汽船　リヴァプール-ニューヨーク/ボストン両方向の航海の所要時間　1845 年

出典）Lloyd's List 1845; sailing lists of Tabeart, 19. 帆船と汽船の相違は、西方への航海で顕著であった。黒いラインは、1845 年にリヴァプールからニューヨークないしボストンに郵便を運んだだ汽船を示す。キュナードの船舶と初期の汽船のグレート・ウェスタン号、グレート・ブリタニア号、マサチューセッツ号（アメリカの汽船）である。たった 2 回しか往復航海をしなかった）である。1845 年 2 月 18 日、1845 年 9 月 29 日、1845 年 10 月 29 日、1845 年 11 月 7 日の出港表には記載されていない。薄い棒線は郵便船の航海を示す。73 回目と 74 回目、82 回目と 83 回目、84 回目と 85 回目の間に挿入されるべきである。それには、11 回目と 12 回目、

が，汽船が出港する前にニューヨークに到着する理論的可能性でさえ，ほとんどない状況になった。汽船で原本を，さらに郵便帆船で複製を送り，あるいはその逆をするのではなく，複製は，いまや続いて出港する2隻の汽船で送られ，海で災難にあっても，確実に情報を間断なく伝達することができるようになった。

　キューナードラインによる冬季の毎月の航海が1840年代に汽船が指揮した唯一の航海だったとしても，事業情報の伝達のために，汽船の方を使うことが，郵便帆船を使うよりも，明らかに速かったのである。

　表17は，1844年11月から1845年2月までの，事業通信のさまざまな選択肢を示す。この4カ月にわたる冬の期間，少なくとも30隻の郵便運搬ラインの船が，リヴァプールからニューヨークないしボストンに航海した。11月には8隻，12月には7隻，1月には7隻，2月には7隻が，すなわち毎週ほぼ2隻が運行した。

　ニューヨークの郵便船の西方への航海の所要時間は，27日間から51日間と多様である。東方への航海の所要時間は16日間から31日間である。キューナードラインの汽船の所要時間は，西方へが15-20日間，東方へが12-16日間である。汽船はずっと速かったので，手紙や複製を次の汽船の出港まで待たせる方が，それ以前に出港する郵便帆船で送るよりも，ふつうは早く到着した。

　たとえば，1844年11月5日に，キューナードの汽船ブリタニア号で手紙が送られたなら，その返信は，12月16日にリヴァプールに到着したことであろう。その手紙への返信は，1845年1月4日に出港するカンブリア号で送られたことであろう。さらに，それへの返信は，2月13日にリヴァプールに到着したことであろう。その代わり，送り手が郵便帆船のクィーン・オブ・ザ・ウェスト号を利用して，もとの手紙〔1844年11月15日の〕を送ったなら，その返信は，同船により，ようやく1845年2月13日に受け取ったことであろう[203]。郵便帆船の情報の

　　203）　クィーン・オブ・ザ・ウェスト号は，当時のもっとも斬新な郵便帆船であった。同船は1160トン（キューナードの船は1150トン）であり，ニューヨークからリヴァプールまでを，同年の2月に15日間以内で航海した。カトラーによれば，この大きさの郵便船と最終的──「浮かぶ城」──の費用は10万ドル以上であった。これは，1830年代の平均的郵便船の二倍近い費用である。Cutler (1967), 254-257, 378 をみよ。

第5章　北大西洋

表17　リヴァプール-ニューヨーク/ボストン間ルートの郵便　1844-45年の冬

船舶	ライン	リヴァプールからの出港日	ニューヨークへの到着 (B)	日数	ニューヨークからの出港日 (B)	リヴァプールへの到着日	日数
ヨークシャー号	BB	1844年11月1日	1844年11月29日	28日間	1845年1月16日	1845年2月8日	23日間
汽船ブリタニア号	CL	1844年11月5日	1844年11月22日 (B)	17日間	1844年12月1日	1844年12月16日	15日間
クィーン・オブ・ザ・ウェスト号	NL	1844年11月8日	1844年12月11日	33日間	- -	1845年2月13日	- -
シェリダン号	DL	1844年11月14日	1844年12月30日	46日間	1845年1月29日	1845年2月14日	16日間
ケンブリッジ号	BB	1844年11月17日	1845年1月7日	51日間	1845年2月1日	1845年2月24日	23日間
汽船カレドニア号	CL	1844年11月19日	1844年12月7日 (B)	18日間	1844年12月16日	1844年12月29日	13日間
パトリック・ヘンリ号	BSw	1844年11月22日	1845年1月9日	48日間	1845年2月8日	1845年2月26日	18日間
ユナイテッドステーツ号	RS	1844年11月26日	行方不明	-	-	-	-
イングランド号	BB	1844年12月1日	行方不明	-	-	-	-
汽船アカディア号	CL	1844年12月4日	21.12.44 (B)	17日間	1845年1月1日	1845年1月14日	13日間
ロチェスター号	NL	1844年12月6日	1845年1月11日	36日間	- -	1845年3月22日	- -
ガリック号	DL	1844年12月12日	1845年1月15日	34日間	- -	1845年3月26日	- -
オクスフォード号	BB	1844年12月18日	1845年1月20日	33日間	- -	1845年3月21日	- -
ジョージ・ワシントン号	BSw	- -	- -	- -	1845年3月6日	1845年3月26日	20日間
インディペンデンス号	BSw	1844年12月25日 引き返す	-	-	-	-	-
ヴァージニア号	RS	1844年12月28日	1845年2月14日	48日間	- -	1845年4月8日	- -
モンテズマ号	BB	1845年1月3日	1845年2月13日	41日間	1845年3月8日	1845年4月8日	31日間
汽船カンブリア号	CL	1845年1月4日	1845年1月24日 (B)	20日間	1845年2月1日	1845年2月13日	12日間
ホッティンゲール号	NL	1845年1月8日	1845年2月16日	39日間	- -	1845年3月13日	- -

風 対 蒸 気

ロスキウス号	DL	1845年1月21日	1845年2月16日	35日間	1845年3月27日	1845年4月22日	26日間
ヨーロッパ号	BB	1845年1月17日	1845年2月13日	27日間	1845年4月1日	1845年4月26日	25日間
ジョン・R・スキディー号	RS	1845年1月22日	1845年3月5日	42日間	1845年4月1日	1845年4月26日	25日間
インディペンデンス号	BSw	1845年1月28日	1845年3月14日	45日間	1845年4月8日	1845年4月28日	20日間
サミュエル・ヒックス号*	RS	1845年1月29日	?	?	--	--	--
汽船ヒベルニア号	CL	**1845年2月4日**	**1845年2月19日 (B)**	15日間	**1845年3月1日**	**1845年3月17日**	16日間
ニューヨーク号	BB	1845年2月4日	1845年3月23日	47日間	--	1845年5月11日	
リヴァプール号	NL	1845年2月7日	1845年3月23日	44日間	--	1845年4月26日	
シドンズ号	DL	1845年2月11日	1845年3月24日	41日間	--	1845年4月26日	
コロンブス号	BB	1845年2月18日	--	--		1845年6月3日	
アシュバートン号	BSw	1845年2月25日	1845年3月31日	34日間		1845年5月11日	
スティーヴン・ホイットニー号	RS	1845年2月28日	1845年3月31日	31日間	--	1845年6月4日	--

(B) ボストンルート
出典) *Lloyd's List* 1844-1845. 汽船の出港は，太字にした。キューナードラインしか，この当時は冬季には航行していない。-- は不明
サミュエル・ヒックス号の1845年1月29日の航海は，『リヴァプール・マーキュリー』で，RSラインの定期航路の一つであると宣伝された。この船は，短期使用だったかもしれない (*Liverpool Mercury* 24.1.1845)。
— = 航海せず

循環がたった1回であったのに対し，汽船の事業は，2回の連続する情報の循環を可能にした。

　これは，汽船の通信による「レヴァレッジ効果」と呼ぶことができよう。重要なのは，一回だけ大洋を速く横断するということだけではなかった。通信が基本的に双方向の活動である以上，その効果は，定期的な汽船の郵便事業の衝撃を倍増した。それゆえ，歴史研究で一般的に推測されてきたよりもはるかに革命的なものであった。さらに，あとで示されるように，技術だけではなく，通信システム全体が改善されたので

ある。

競争による利益

新しい郵便契約ライン

　現実には，キューナードラインは，北大西洋での郵便による伝達で独占を保持したことはなかった。1840年代後半になるまで，同社はアメリカの郵便帆船・初期の汽船と競争しており，その後は，外国と契約した郵便運搬船と競争した[204]。1840年代に競争相手が運んだ手紙は，キューナードの汽船が運んだものと比べて切手収集では重視されなかったので，運ばれた郵便の総数は，ここにあげたすべての通信のなかでは，多かったはずである。郵便の契約をした船舶を使わなかった理由の一つに，郵便料金が高かったことがあげられる。民間の船荷を使えば，それはある程度緩和することができた。

　他の政府が，大西洋横断の郵便事業のためにイギリスモデルを採用するのに長い時間はかからなかった。それは，通信が速いからではなく，むしろ国家の商業上の利益と威信のためだとは，フランス閣僚のティエールによる1840年のフランス議会での証言である[205]。1847年4月，数年間ためらったのち，フランス政府は，ルアーブルからニューヨーク

　204）　グレートウェスタン号は，1846年12月まで，不定期の北大西洋の事業に従事していた。アメリカ船のマサチューセッツ号は，1846年に，大西洋を2回横断した。サラ・サンズ号は1847-49年に使われ，1852年に，さらに3回の往復航海をおこなった。Tabeart (1997), 19-20 をみよ。サラ・サンズ号は，グレートブリテン号についで，鉄製のスクリューによって大洋を航行した2隻目の汽船であり，のちにニューヨーク郵便船ラインの一つとなったレッドクロスラインによってチャーターされた。ボンソルによれば，「確実にいえるのは，レッドクロスラインの航海が成功したのは，ほとんどすべての航海で，同時代の郵便帆船よりもかなり速かったからである。サラ・サンズ号は，むしろキューナードの木製外輪の汽船と競争するつもりで製造された」。サラ・サンド号はまた，移民を運んだ最初の汽船であった。たとえば，1848年8月に，リヴァプールから一等船室で60人，二等船室で46人，三等船室で200人の乗客を乗せてリヴァプールを出港したといわれる。1852年には124人の客室乗務員，238人の三等船室の乗客を乗せてニューヨークに到着した。以下をみよ。Bonsor (1975), vol.1, 184-185; and Arnell (1986), 205.

　205）　Marthe Barbance, *Histoire de la Compagnie Générale Transatlantique. Un Siècle d'Exploitation Maritime*（Paris 1955), 30.

への直接の郵便船事業をするために，大西洋横断総合汽船会社すなわちエロー商船ラインと10年間の契約を結ぶと宣言した。フランス政府は，また，フランス海軍が四つの外輪を用いた蒸気船を使用することと，かなりの額の財政援助を提供した[206]。

このラインは，1847年5月31にルアーブルからの航海を開始する計画をたてた。だが，ルアーブルの内湾では，ラインの汽船が航行する前に，泥を取り除かなければならなかった。結局，最初の航海は遅れさせられ，次の7回の航海は，シェルブールからはじまった。この会社の小さな汽船は，北大西洋ルートに適してはいなかった。スピードは遅く，頻繁に機械に問題が生じた。予定されていた航海が終了する以前に，石炭が不足することが多かった。のちの歴史家は，会社の実績について，あまりプラスになることは見いだせなかった。スタッフによれば，「ラインの運営はかなりまずく，船舶は多数の滑稽なまでの場面に遭遇したので，1年以上はもたなかった。競争する分野に対するその影響は，重要だったということはできない」[207]。

重要なのは，スピードだけではなかった。アルビオンは，エロー商船ラインの業績を，誤りの喜劇だと描写している。「最初の航海は，満足して終わったほぼ唯一の事例であった。船舶が，次々に石炭不足に陥り，航海を途中でやめなければならなかった。その間に，ニューヨーク－ルアーブルの郵便帆船により追い抜かれた。いくつかの不注意な事故が，ニューヨーク港で生じた。ここでは，英語を知らない舵手が，水先人の命令を理解できなかったためである。それをいつも肴にした冗談が飛び交ったために，フランス人のプライドを傷つけた。ニューヨークでもっとも著名な80人のフランス人住民が，この問題を調査するために，会合を開いた。ヒアリングの結果，一つの欠点が明らかになった。それは，石炭を切らしたり，ブリグ型帆船に衝突する以上に許すことができないものであった。少なくとも予想されたのは，フランス人は，乗客に食料を十分に供給できたはずだが，どうもそうではなかったということであった。著名な海洋学者のモーリー中尉は，フランスの有名な定期船が，砂糖を積まずに航海した話をした。それがわかったとき，船長は

---

206) 以下をみよ。Barbance, 30; Staff, 85.
207) Staff, 85; また，Barbance, 30 をみよ。

ニューヨークに引き返そうとしたが，モーリーがいったように，遅すぎたのである。乗客はすでに不愉快になっており，この砂糖の件で，ラインが終焉にいたったのである」[208]。

航海のうち，西方への航海は 18.1 日間かかり，東方へは 17.0 日間かかった[209]。1848 年 2 月，エロー商船ラインは，業績が悪かったので政府の補助金を失ってしまい，操業を停止した。この事業は再開せず，別のフランスの汽船会社が郵便事業のために北大西洋ルートで設立されるのに，16 年間を要した[210]。

アメリカにおいても，自国での郵便汽船事業を設立することに関心がもたれるようになったのは，郵便帆船が，イギリスの汽船に対して北大西洋での優位性を失ったときのことであった。1845 年 9 月に，アメリカの郵政長官は，ニューヨークからさまざまなヨーロッパの港に郵便汽船の事業をするよう懇願された。キューナードの事例に刺激を受け，6 社の船舶会社経営者が，大西洋横断の郵便事業を開始させようと計った。これらの申請のうち，三つが受理された。ニューヨークからサザンプトン経由でブレーマーハーフェンに到着する――ないし，ルアーブル経由で他の航海をする――郵便ルートが，海運業界では無名のプロモーターであるエドワード・ミルズによって計画された。オーシャン汽船航海会社すなわちオーシャンラインは，4 隻の船舶と，1 カ月に 2 回の郵便事業を必要とした。ブレーマーハーフェンへの郵便事業が毎月おこなわれるようになったが，補助金の半額しか割り当てられなかった。この事業がはじまったのは，1847 年 6 月であり，契約は，その後，第 2 期の 5 年間の延長がなされた[211]。

ルアーブルルートでの郵便契約は，ニューヨーク＆ルアーブル汽船航海会社，すなわち，ルアーブルラインと調印された。その事業では，毎月，航海のたびごとにサザンプトンで停泊することとなった。このライ

---

208) Albion (1939), 324. ラインの成果に関するさらに詳細な研究として，以下をみよ。Tyler, 149; Barbance, 30.
209) Hubbard & Winter, 93 の出航表。タイラーは，計算で，同じような平均日数を算出するようになった (Tyler, 149)。
210) Hubbard & Winter, 91; Barbance, 30-31.
211) Hubbard & Winter, 81-84; Butler, 99-100; Albion (1939), 323-324; and Tyler, 143-144.

ンは，1850年10月に活動をはじめた[212]。

　ニューヨーク-リヴァプール間でもっとも重要な郵便事業が，エドワード・K・コリンズに認可された。彼のドラマティックラインは，1836年以来同じルートを使用し，それ以前から，ニューヨークとメキシコのベラクルス間，さらにニューヨーク-ニューオルレアン間の郵便船事業を経営していた[213]。ニューヨーク＆リヴァプール・ユナイテッドステーツ郵便汽船会社，すなわちコリンズラインとの10年契約が結ばれ，1年間で最低8カ月間，1カ月に2回，さらに冬季には毎月郵便事業をおこなうということに対して，4隻の汽船と契約し，艤装した。1852年には契約が変更され，1年を通して1カ月に2回の郵便事業をおこなうようになった[214]。

　1850年秋に，北大西洋の郵便と乗客の汽船事業は，たった1年前と比べてもかなり違ってみえた。アメリカの郵便汽船のトン数は，明らかにキューナードラインのそれよりも多かった。その船舶数は7隻しかなく，新しい競争相手よりもずっと少なかった。

キューナードライン対コリンズライン

　エドワード・K・コリンズは，ニューヨーク-リヴァプール間の郵便汽船の事業を，1850年4月終わり頃に開始した。キューナードラインとコリンズラインという二つの海運会社の競争は，おそらく大西洋横断の歴史における他のどの時代よりも，同時代人と海事史家のあいだに，熱狂的感情を惹起した。それは二つの人気ある企業間の闘いにとどまらず，強力な政治的情熱と国民感情が関係していた[215]。

---

212)　Hubbard & Winter, 109-111; Albion (1939), 325.
213)　コリンズラインの盛衰の歴史は，数ダースの海事史家によって議論されてきた。たとえば，以下を見よ。Tyler, 181-246; Albion (1939), 325-330; Arnell (1986), 191-204; Staff, 86-90; Kludas, 44-46; Babcock, 91-106; Hubbard & Winter, 95-108; Bonsor (1975), vol. 1,201-208; Butler, 89-103, 199-224; Fox 116-139; and Hyde (1975), 37-39. ドラマティックラインについては，以下をみよ。Butler, 95-97; Cutler (1967), 198, 210-211, 380; and Staff, 123-124. ベラクルスラインについては，Cutler (1967) 401. ニューオルレアンラインについては，Cutler (1967), 500. 歴史的出来事にもとづく同社に関するフィクションを描いたものとして，Warren Armstrong, *The Collins Story*（London 1957）．
214)　Hubbard & Winter, 95-96.
215)　コリンズラインの契約は，当初から政治的問題の種であった。アメリカ議会においては，オハイオとミズーリの上院議員が，単なる金の無駄遣いだとして強硬に反対し

第 5 章　北大西洋

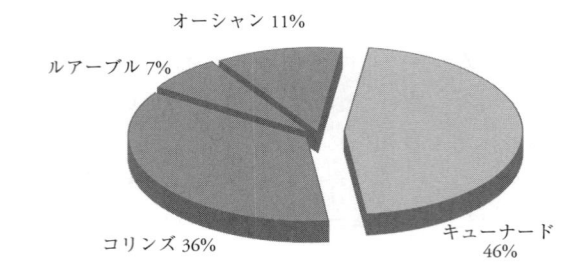

図 8　北大西洋ルートで郵便契約をした汽船会社の
トン数による比率　1850 年

出典）　Staff, 129-131. 1850 年後半の北大西洋ルートでの郵便汽船の総トン数は，
3 万 1824 トンであった。

　ここでは，事業情報の伝達速度に関するキューナード-コリンズの競争の影響に焦点をあてる。どちらの会社も，それぞれの政府によって寛大にも補助金が出され，同じルートで郵便を運んだ。しかし，生き残るのはただ一社であった。

　数名の海事史家によれば，コリンズの事業が，キューナードのそれを打ち破るべきだという合意が最初から形成されていた[216]。コリンズラインが事業を開始したとき，キューナードの汽船がリヴァプール-ボストン間の西方への航海を，ハリファックスでの停泊を含め，12 日間でおこなうことができた。1850 年には，キューナードの新しい汽船のアジア号は，11 日間でニューヨークへの航海をした[217]。これが，エドワード・コリンズの出発点であった。彼は，自分の船が他のどの船よりも速く航海すると断言した。

た。しかし，ニューイングランド，さらになかでもニューヨークの上院議員からは，暖かい支援があった。契約を支援するもっとも強固な議論の一つには，イギリスの事例から借りたものである。政府が管理した船舶は，必要とあらば，軍艦に転用することができるということであった。議論のさなかに，アメリカは，メキシコと交戦中であった。そのため，イギリスとの関係は，1840 年代に危機的な局面に遭遇した（Tyler, 136-138, 145-146）。アメリカ議会で 1852 年，さらに 1855 年にもまた，コリンズに対する議論が蒸し返された。以下をみよ。*Speech of Mr.Edson B. Olds, of Ohio, on the Collins Line of Steamers, delivered in the House of Representatives, February 15, 1855* (Washington, 1855), passim. エドソン・B・オルズは，アメリカ議会の郵政・郵便道委員会の委員長であった。

　　216)　以下をみよ。Albion (1939), 325-326; Kludas, 45; Butler, 99; Babcock, 92; and Hyde (1975), 37.
　　217)　Hubbard & Winter, 28.

コリンズの汽船は，キューナードのものよりもはるかに大きかった。木製の外輪をもち，約2850トンあり，たとえば，はじめて船内にヒーティングシステムを導入したのである[218]。コリンズラインの最初の蒸気船であるアトランティック号は，1850年の4月に，パシフィック号は，5月に事業を開始した。他の2隻の船舶のアークティック号とバルティック号は，同年の10月と11月にそれぞれ最初の航海をおこなった。すべての船は姉妹船で，それぞれ200名の船室の乗客を運んだ[219]。

出航表を用いた計算が示すのは，コリンズラインは，他のどのラインよりも速く目的地に着くことができたことである。1850-51年には，ときたまではあるが，大西洋横断にかかる日数は11日間以下であった。実際，このラインの西方への航海の43.2％が，東方への航海の32.4％が，12日間以上かかったのである。リヴァプール-ニューヨークルートでのキューナードラインの比率は，それぞれ72.5％と35.0％であった[220]。

当初見舞われた不運と遅れにもかかわらず，エドワード・コリンズのPRの努力は，当時の人々には印象深いものがあった。彼らは，キューナードラインが，数値から明らかなように，競争で敗北を喫しつつあると信じたのである。キューナードラインを研究した歴史家であるローレンス・バブコックでさえ，1930年代にこう書いた。「この時期から，最速の移動はコリンズの船舶によってなされ，キューナードが勝つことは，ただの一度もなかった」[221]。

事実，2社のスピードは考えられていたよりも近かったが，人々のイメージは違っていた。最初から，PRと母港での評判は，大西洋の反対側でのイメージよりも重要だと考えられた。ゆえに，たとえ機械が壊れ大きな悲劇を招くという問題があったにせよ，コリンズの汽船は，常に母港であるニューヨークに向かって速く航海しようとしていた。操縦があまりに激しすぎ，ぞんざいであることは，コリンズラインの船長に典

---

218) さらに細かな点の描写として，以下をみよ。Bonsor (1975), vol. 1, 202; Bonsor (1980), vol. 5, 1859; Staff, 86; and Tyler, 182.
219) Bonsor (1975), vol. 1, 202-207; Hubbard & Winter, 98.
220) Hubbard & Winter, 28-30; 98-99 の出航表からの計算。
221) Babcock, 93.

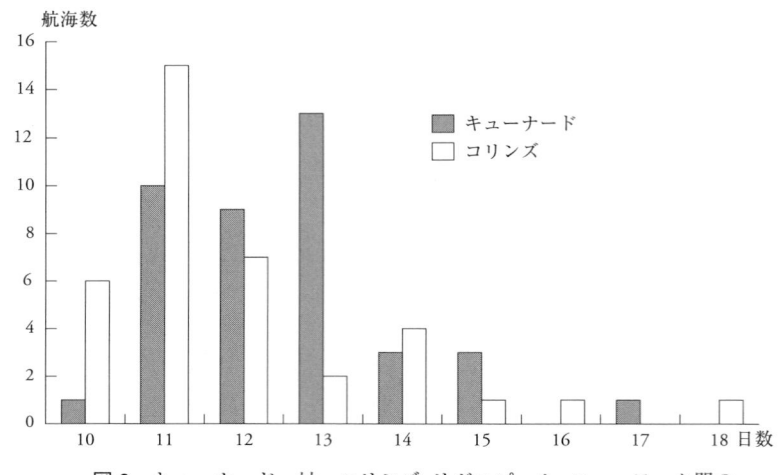

図9 キューナード 対 コリンズ リヴァプール-ニューヨーク間の西方への航海の所要時間 1850年5月-1851年12月

出典) *Sailing lists of Hubbard & Winter*, 28-30; 98-99.

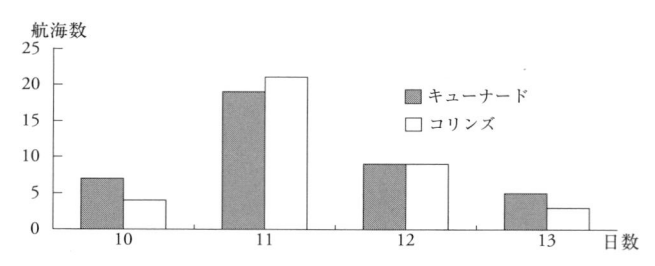

図10 キューナード 対 コリンズ リヴァプール-ニューヨーク間の東方への航海 1850年5月-1851年12月

出典) *Sailing lists of Hubbard & Winter*, 28-30, 98-99.

型的に見られることだといわれた。しかも彼らの多くは，かつての郵便帆船の指揮官であった。同社の船舶が高速を達成したのは，異常に重い装備とエンジンの酷使という犠牲を払ったすえのことであり，機械工が，ニューヨークで修理のために日夜働くことも珍しくはなかった[222]。

キューナードの汽船は，コリンズラインよりも少し速く東方への航海

---

222) 以下をみよ。Albion (1939), 326-328; Babcock, 94-95; Butler, 202; Bonsor (1975), vol.1, 204. コリンズラインの船長の背景については，Albion (1938), 170-171 をみよ。

をおこなったが，コリンズが重要だと考えた場合には，同社のより大きな船舶が，この方向でもキューナードの汽船を破ることは可能だったであろう。

　図9にみられるように，1850-51年に，コリンズラインはキューナードよりも速い西方への航海を数回おこなっているが，航海の所要時間の広がりは注目に値する。コリンズラインの航海はたいてい10-12日間であったのに対し，キューナードラインは11-13日間であったが，17-18日間かかることさえあった。コリンズラインの西方への航海の平均日数は，11.9日間であったが，キューナードラインは，12.5日間であった。

　東方に対しては，キューナードは，コリンズよりも速いことが数回あった。競争の最初の1年半のあいだ，キューナードの船舶は，7回にわたり10日間で東方への航海をおこなったのに対し，コリンズは4回であり，ほとんどが11日間かかった。すべての航海は，10-13日間かかった。東方への平均航海日数は，どちらの海運会社も11.3日間であった。

　イギリスとアメリカの郵便契約ラインによる補完的事業によって，いまや大西洋を横断し，非常に良く機能する通信システムが可能になったのである[223]。スピードという点で大きく改善されたことに加えて，郵便船の出港からの頻度が大きく増えることから，実業界は利益をえた。1851年の事業通信の循環は，表18に描かれている。出発点は，1851年1月1日にリヴァプールからニューヨークに送られた手紙である。

　キューナードラインの船舶は規則正しく，さらに冬季に航海をおこなったため，初期の汽船の時代に1年間で6回であった情報の循環が8回へと改善されることが可能になったが，航海の頻度は次の段階のことであった。1848年にキューナードラインがニューヨークに直接郵便を送るルートを加えはじめたとき，このラインの事業――ボストンとニューヨークの両方に年間22回の往復航海――だけで，ボストン経由であれニューヨークに直接であれ，リヴァプール–ニューヨーク間で10回の連続する情報の循環が可能になった。しかしながら，これらの航海は，最善の方法で調整されたわけではない。イングランドに向かう船舶

---

[223] オーシャンラインとルアーブルラインに関しては，"Ocean Line and Havre Line – the forgotten contract companies" をみよ。

第 5 章　北大西洋

表 18　大西洋横断郵便汽船が可能にした連続する情報の循環　1851 年

郵便船が送った手紙/会社	リヴァプール/サザンプトンからの出港日(S)	ニューヨーク/ボストンへの到着日(B)	次に出港可能な郵便船と会社	ニューヨーク/ボストンからの出港日(B)	リヴァプールへの到着日	情報の循環の日数
フランクリン号 HL	1月2日 (S)	1月16日	パシフィック号 ColL	1月22日	2月3日	33 日間
バルティック号 ColL	2月8日	2月20日	アフリカ号 CL	2月26日	3月9日	29 日間
カナダ号 CL	3月15日	3月28日 (B)	アークティック号 ColL	4月2日	4月14日	30 日間
ナイアガラ号 CL	4月19日	5月1日 (B)	アジア号 CL	5月7日	5月17日	28 日間
ワシントン号 OL	5月21日 (S)	6月2日	アフリカ号 CL	6月4日	6月15日	26 日間
ヘルマン号 OL	6月18日 (S)	7月2日	アークティック号 ColL	7月5日	7月15日	26 日間
ナイアガラ号 CL	7月19日	7月31日	アメリカ号 CL	8月6日 (B)	8月17日	29 日間
アトランティック号 ColL	8月20日	9月1日	カナダ号	9月3日 (B)	9月14日	25 日間
バルティック号 ColL	9月17日	9月28日	ヨーロッパ号 CL	10月1日 (B)	10月12日	25 日間
パシフィック号 ColL	10月15日	10月26日	アメリカ号 CL	10月29日 (B)	11月9日	25 日間
アトランティック号 ColL	11月12日	11月23日	カンブリア号 CL	11月26日 (B)	12月8日	26 日間
バルティック号 ColL	12月10日	12月23日	ナイアガラ号 CL	12月24日 (B)	1852年1月4日	25 日間
平均日数						27.3 日間

(S) はサザンプトン，(B) はボストン経由。

出典）　*Sailing lists of Hubbard & Winter*, 29-30, 87, 99, 111. ColL = コリンズライン，CL = キューナードライン，HL = ルアーブルライン，OL = オーシャンライン，– 西方への平均航行日数は 12.3 日間であったが，11 -14 日間で上下した。一方，東方への平均航行日数は 11.1 日間であり，10 - 12 日間を要した。サザンプトンから出港した船舶に，1 日分の情報の循環が加えられたことがあった点に注意せよ。リヴァプールからの国内航海が 1 日余計に必要だったからである。

が，次の船舶が到着したときに出港したり，同日に出港したりすること

競争による利益

もあった[224]。

またコリンズラインとの激しい競争があったので、キューナードラインは、事業の改善を余儀なくされた。当時、キューナードラインは、さまざまな大きさの7隻の船舶により運営されていた。1840年に建造された最初の船舶のなかで、コロンビア号が1843年に難破し、他の船舶も1840年代終わりに外国に売られた。コリンズラインが大西洋横断ラインを開始したとき、キューナードはまだ古い1420トンのヒベルニア号を使用していた。同船は、1843年、コロンビア号に取って代わった。さらにヒベルニア号の姉妹船コロンビア号は1845年から、1848年には4隻の姉妹船——アメリカ号、ナイアガラ号、ヨーロッパ号、カナダ号で、ほぼ1830トン——が加わり、さらに新しい2330トンのアジア号が1850年5月に処女航海をおこなった。

アジア号の姉妹船であるアフリカ号は、1850年10月に事業を開始し、ヒベルニア号に取って代わった。ヒベルニア号は、やがてスペインに売られた。7隻の船舶のすべてが、リヴァプール-ニューヨーク、リヴァプール-ハリファックス-ボストンの両方の郵便ルートで事業をした。コリンズラインの4隻の船舶と比較すると、新しく巨大な汽船は、リヴァプール-ニューヨークルートでしか航海しておらず、キューナードラインの戦略は本当に挑戦的であった[225]。

キューナードは、コリンズとは異なり、船舶をより早く航海させるための装備は、たとえ問題がなくても、「しなかった」かもしれない。この会社の主要な理念は、「安全第一」に表される[226]。しかもその記録は、他社よりもすぐれている。振り返ってみれば、キューナードラインは——まだ事業を続けているが——、165年の歴史のなかで、二つの世界大戦期を除き、一人の乗客の犠牲者すら出しておらず、郵便物の紛失も

---

224) Hubbard & Winter, 24-25 の出航表をみよ。
225) 1850年9月まで、キューナードラインの船舶はまた、ニューヨークとの行き来でハリファックスに停泊した。Arnell (1980), sailing lists, 308-310 をみよ。
226) 以下をみよ。Hyde (1975) 73; Fox, 106-109, 113, 138, 187, 276. 海での安全に関するいくつかの革新が、キューナードラインによって採用された。たとえば、夜間のマストヘッドには白いライトをつける。右舷には緑のライトをつけ、港では赤いライトを付ける。それとは別の目覚ましい革新は、船舶が、凍りと氷山、他の船舶との衝突を避けるために、安全なコースを使用したことである。以下をみよ。Bonsor (1975), vol. 1, 78; Hyde (1975), 45-47.

ほとんどない。

　1850年代初頭にキューナードの船舶管理において，いくつかの調整がなされ，競争力という点で，会社の地位が改善された。元来，キューナードの船舶は，すべてが両方向に同等に航海していた。例外はボストンルートだけにしか航海していなかった古いヒベルニア号と，より重要で目につきやすいニューヨークルートを航行していたアフリカ号である[227]。

　1851年には，新しい船舶であるアジア号とアフリカ号が，ニューヨークの航海の65%を占めていたが，他の5隻を合わせても，35%にしかならなかった。新船舶のスピードは，このように，ニューヨークルートで最大限に利用された。コリンズラインの船舶と競争し，西方への航海を，12日以下で成し遂げることができるのは，この2隻だけであった。一方，他のキューナードの船は，平均して13-15日間必要であった[228]。このような調整が，同社の西方航海のスピードアップへとつながった。

　1852年には，コリンズの事業が最高潮に達し，このラインの船舶は，キューナードの船舶よりも，大西洋を西方に横断するのに，1日近く速かった。このラインでスピードを増そうという熱意は非常に強く，コリンズは，それを完全に利用しようとした。1852年の夏に，アルビオンが「ロビーイングによる傑作」と呼んだことが生じたのち，アメリカ議会は，このラインへの補助金をもともとの年間38万5000ドルから85万8000ドルへと上げた[229]。コリンズラインが受け取る3万3000ドルの航海と比較して，オーシャンラインは，たった1万6666ドル，ルアーブルラインは，1万2500ドルしか受け取らなかった。郵政長官が航海の数を26回に増やすよう要求したけれども，儲からないという理由から，この2社は，それを断った[230]。そして，アメリカ議会は，外国の競争相手がいないので，国家の利害が関係しているわけではないという理

---

227) Hubbard & Winter, 28 の出航表。
228) Hubbard & Winter, 28-29 の出航表
229) Albion (1939), 327-328. 反対する上院議員は，こう宣言した。「コリンズの申請を支持したのは，立法団体にのしかかり，これまで私がみてきたもっとも強力で強い外部からの圧力であった」(Tyler, 210)。
230) 1852年に，オーシャンラインとルアーブルラインは，それぞれ，11回しか大西洋を往復しなかった。Hubbard & Winter. 87, 111-113 をみよ。

由で，補助金を増加させなかった[231]。

　新たな状況においてさえ，キューナードラインが，郵便のほとんどを輸送した。1851年には261万3000通であり，それと比較して，コリンズラインは84万3000通，オーシャンラインが31万3000通，ルアーブルラインが13万9000通であった。しかし乗客は，コリンズの名声，スピード，快適さ，食事を好んだ。1852年の最初の11カ月間，コリンズの定期船は，4300人の乗客を輸送したが，キューナードの船舶は，3000人近くであった[232]。

　これは，コリンズラインが成功した時代であった。大きな問題が，海で解決されたわけではない。幸運は，1854年秋まで続いた。アークティック号が，1853年11月にリヴァプール沖で座礁し損害はなかったが，アイルランド沿岸で水面下の物体に衝突した。そのため1854年夏に引き返すことを余儀なくされた。この年の9月末に，ニューファンドランドのケープレース付近で霧のため，フランスの汽船であるヴェスタ号と衝突し，4-5時間のうちに沈没したのである。2隻の救助艇に乗った35名の乗組員と14人の乗客が救助され，1人が流木に乗って生き残ったけれども，大嵐のなか，他の75名は，船外に投げ出されて波にさらわれた。300名以上の命が失われたが，そのなかには，エドワード・コリンズの妻，一人息子と娘のうち1人，さらにコリンズラインの社長の家族のうち5人，投資家のジェームズ・ブラウンが含まれていた[233]。乗組員の行動は，のちに強く非難された。船舶を救助しようというのではなく，パニックと訓練不足がみられ，そのため沈むまいとしてもがいている婦女子を見捨てることになったのである。救命艇へと急いだため，それが進水するとき，大怪我をする人もいた[234]。

　1855年，リヴァプール-ニューヨークルートでは何の競争もなかった

231）　Tyler, 215. ルアーブルルート唯一の競争相手は，アメリカの郵便帆船であった。ブレーメンルートでは，商船を除き，競争相手はまったくいなかった。

232）　Albion (1939), 328.

233）　Butler, 202-206; Albion (1939), 328; Bonsor (1975), vol.1, 204; William Henry Flayhart III, *Perils of the Atlantic. Steamship Disasters 1850 to the Present*. (New York, 2003), 19-38. 悲劇の描写は，当時の新聞によって大きく取り上げられた。それには，以下のものも含まれる。*Lloyd's List* 12.10.1854 *and Liverpool Mercury* 13.10.1854.

234）　Butler, 206; Albion (1939), 328; and Fox, 128-132.

のは，キューナードラインがクリミア戦争における輸送のために数隻を提供しなければならず，リヴァプール-ハリファックス-ボストン間の郵便ルートでの事業しかしなかったからである。1856 年 1 月には，このラインは，ニューヨークとボストンへの毎週の航海を再開することができた[235]。

コリンズラインは，アークティック号の損失から立ち直り，残りの 3 隻の船舶で事業を続けた。しかし，さらなる悲劇がすぐに発生した。1856 年 1 月 23 日，同社のパシフィック号が，リヴァプールを出港し，二度と消息を聞かなかった。一般には，氷山に衝突したのち，沈没したものと考えられている。200 名近くが非業の死を遂げた[236]。

アークティック号の直後にパシフィック号を失った。この打撃からコリンズラインは決して完全には回復しなかった。さらに，コリンズラインが困難に直面した理由として，4150 トンの汽船であるアドリアティック号の進水が遅れたことがある。本船は，アークティック号の損失の後，すでに発注されていた[237]。新たな船の建造費は，120 万ドルであった。1857 年 8 月，コリンズラインは，政府の補助金に関する通知を 6 カ月前に受け，毎年 85 万 8000 ドルだったのが，もともとの 38 万 5000 ドルにまで減らされた[238]。

アメリカ議会がコリンズラインの補助金を減額しようと決定したことは，大きな論争の的になり，歴史家のなかには，アメリカ海事史上もっとも致命的な誤りとみなすものさえいる。アメリカの商船に影響した不幸な出来事は，主として南北戦争とその影響に関係しているという歴史家もいる[239]。

この決定の影響がどのようなものであっても，コリンズラインが，郵便契約会社に求められる期待にそぐわなかったことは明らかである。図

---

235) Hubbard & Winter, 13.

236) Hubbard & Winter, 107; Albion (1939) 329-330; Butler, 217-218; Bowen, 192. また，Fox 135-136 をみよ。

237) スタッフによれば，アドリアティック号は，3670 トンであった (Staff, 131)。

238) Albion (1939), 330; Hyde, 39; Bonsor (1975), vol.1, 205. アメリカ議会での議論については，*Speech of Mr. Edson B. Olds...*, 3-56 をみよ。

239) アメリカ商船隊の衰退に関する議論は，以下で描写され，分析されている。Safford in "The decline of the American merchant marine….", 60-79.

競争による利益　　　149

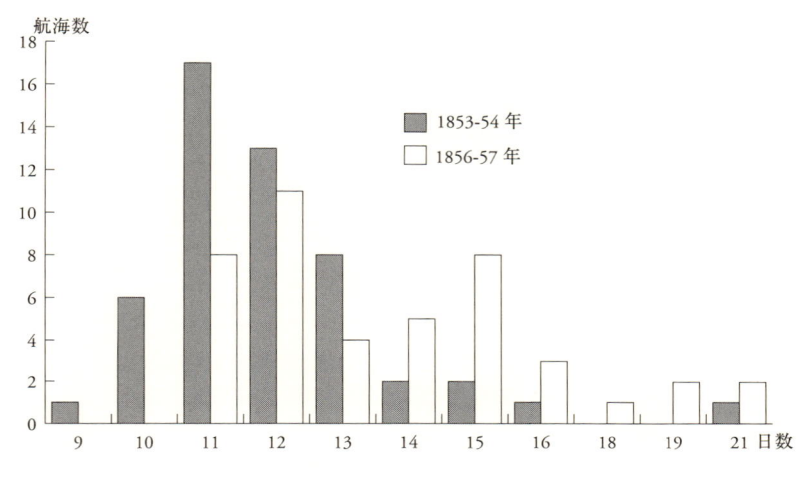

[図: 棒グラフ]
航海数
縦軸: 0, 2, 4, 6, 8, 10, 12, 14, 16, 18
横軸 (日数): 9, 10, 11, 12, 13, 14, 15, 16, 18, 19, 21
凡例: ■ 1853-54年　□ 1856-57年

図11　キューナードラインの西方への航海の比較 リヴァプール－
　　　ニューヨーク間 1853-54年 対 1856-57年

出典　*Sailing lists of Hubbard & Winter*, 101-103 and 107-108. コリンズラインの業績は，最後の苦境期に大きく変化した。航海数の計算は，1853-54年には51隻，1856-57年には44隻であった。

11は，パシフィック号の損失のあとの2年間と，このラインの業績が良かった最後の年月との差異を比較したものである。1856-57年には，9-10日間で済んだ航海はなかった。11日間の航海が8回あったのに対し，1853-54年は17回である。航海の50％近くが，14日間以上かかっている。

同社はまた，東方への事業の指導権を失った。短期の10-11日間の航海が，36回から18回に減少し，2週間以上の航海数は，10回であった。

同社が最後の時期に業績不振に陥った理由は，図12から容易に理解することができる。パシフィック号を失ったので，コリンズラインは，事業を続けるために，船舶をチャーターしなければならなくなった。同社が所有するアトランティック号とバルティック号では，すべての航海をこなすことはできなかった。バルティック号が，修理が長引いたために，1857年2月5日から8月16日まで航路にでることができなかったのが，その主要な理由である。アトランティック号は，3月5日から6月20日まで航路に出られなかった。4月1日から5月27日まで，コリ

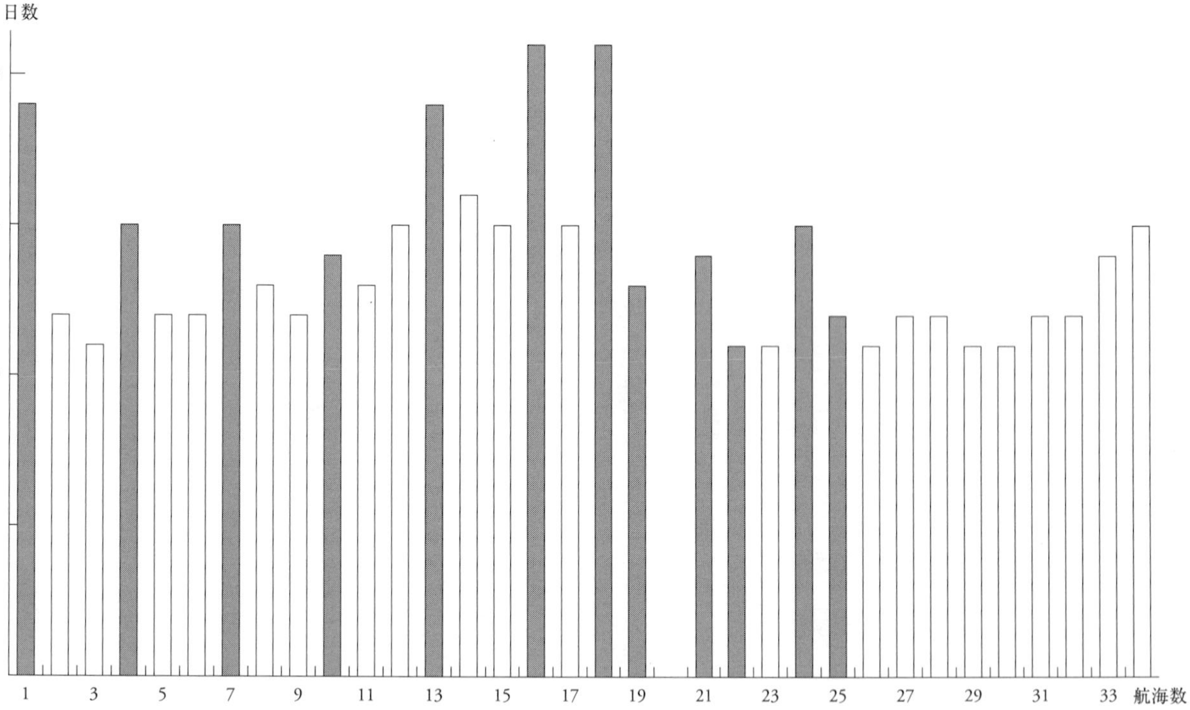

第 5 章　北大西洋

図 12　コリンズラインの西方への航海の所要時間　リヴァプール–ニューヨーク間　1856 年 7 月–1868 年 1 月

出典）*Sailing lists of Hubbard & Winter*, 107-108. 灰色はチャーターされた船舶を示す。コリンズラインの航海の結果にマイナスの影響を与えたことが容易に読み取れる。

ンズの社旗を掲げた船がリヴァプールから出港できなかったのは，使うべき船がなかったからである[240]。

チャーターした汽船は，1920トンのエリクソン号，1275トンのアルプス号，1900トンのコロンビア号であった。これらの船舶のなかで，エリクソン号が，図に示された時代に，9回の大西洋往復航海をおこなった。アルプス号は1回，コロンビア号は2回であった。一回は（図12の20回めの航海），どうやら積載力不足のため，まったくおこなわれなかった[241]。

遅れのほとんどは，チャーターされた船が原因であったが，同社の船舶の能力は，このような異常事態ではまだ許容範囲であったということが，図12からわかるであろう。他方，チャーターされた船舶のすべての航海が遅く，コリンズの船舶の航海がいつも速かったわけではない。チャーターされた船舶の西方への航海は，平均，15.6日間かかった。一方，コリンズの船の場合，12.7日間であった。

コリンズの新しいアドリアティック号は，1857年2月に運行を開始する予定であった。しかし，同年4月になると，試運転が6月に，処女航海が7月に予変更定された。新しいバルブと冷却器が，遅れの主要な原因であり，それらが備え付けられている最中であった。7月には，秋までは運行できそうもないという通知があった。この時点で，アメリカ議会は，補助金の減額を決定した。

アドリアティック号は，北大西洋での事業のために建造された木製で外輪をつけた最良の汽船のうちの一隻であり，11月終わりに，わずか37名の乗客しか乗せずに，ニューヨークを出港した。同船の母港への航海は，図12では，32回目になされた。これが，アドリアティック号がコリンズラインのためにおこなった唯一の航海となったのは，同社が1858年1月に操業停止になったからである。図の33回めの航海は，アトランティック号のものであり，34回めのバルティック号の航海は，同社の最後の事業となった。

ここで，激しい競争の渦中にあったコリンズラインのアトランティッ

---

240) 以下をみよ。Hubbard & Winter, 108; Bonsor (1975), vol.1, 205.
241) 郵便が遅れることはまた，違約金という形態をとって，コリンズラインを余分なトラブルに巻き込んだ。Tyler, 237 をみよ。

ク号，キューナードラインのアジア号という2隻の船の能力を比較すると興味深い結果がえられる。アトランティック号は，コリンズライン最初の汽船であり，1850年4月から使われるようになった。同船は，1858年に会社が操業停止になるまで航海した。この船の西方・東方への航海は，図13と図14に描かれている。ここにみられるように，その能力は，この間にあまり変化していない。例外は，パシフィック号がなくなった1856年に，一時的に航海が長くなったときである。

　西方への航海日数は，冬になると長くなったが，東方のそれと比較すると，差異は少なかった。だが，東方への航海はまた，1856年には，他の年と比較すると，ほぼ1日間長くなった。2年間のうちで同社が被った2回めの全般的損害ののち，さらに注意が払われるようになった。このラインの評判と政府の補助金は，きわめて危険な状態になった。1857年に，アトランティック号の航海は短縮されたが，たぶん，チャーターされた船舶の乏しい能力を補うためだったのであろう。

　興味深いことに，アトランティック号は，1856-57年に9回の大西洋往復航海をおこなうことができたが，10日間の片道航海はしておらず，6-8回ないしそれ以下の往復航海だけにとどまった。この期間は，平均速度がもっとも速かったのである。蒸気機関を大切に扱えば，船舶はより効率的かつ利益が上がり，おそらく会社を救うことさえできたであろう。

　図14にみられるように，アトランティック号は，その稼働期間に，たった2回しか，東方への片道10日間の航海をしなかった。これに比較して，西方への片道10日間の航海は，5回あったが，実はこちらの方が達成困難だったのである。それぞれの会社に対して人々が抱くイメージは，主として母港で測定することができる。それは，図17と図18からわかる。

　キューナードラインの汽船であるアジア号は，1850年5月に処女航海をした。航海は1867年まで続けられ，総計120回の往復航海をおこなった。同船の1850-57年の西方・東方への航海は，図15と図16に描かれている。

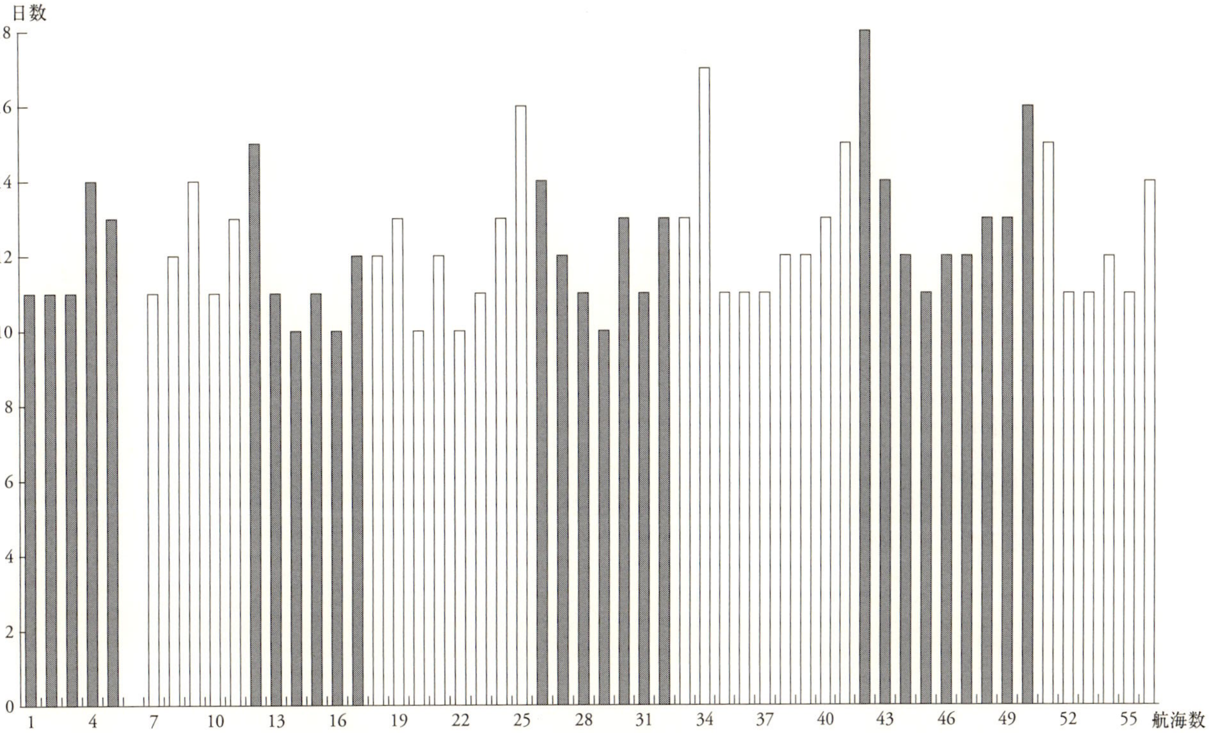

競争による利益　　　　　　　　　　　153

図13 コリンズラインの汽船の大西洋における西方への航海の所要時間　リヴァプール–ニューヨーク間 1850–57年　灰色は閏数年。他と異なる年を区別しやすくした。

出典）*Sailing lists of Hubbard & Winter*, 98-108.

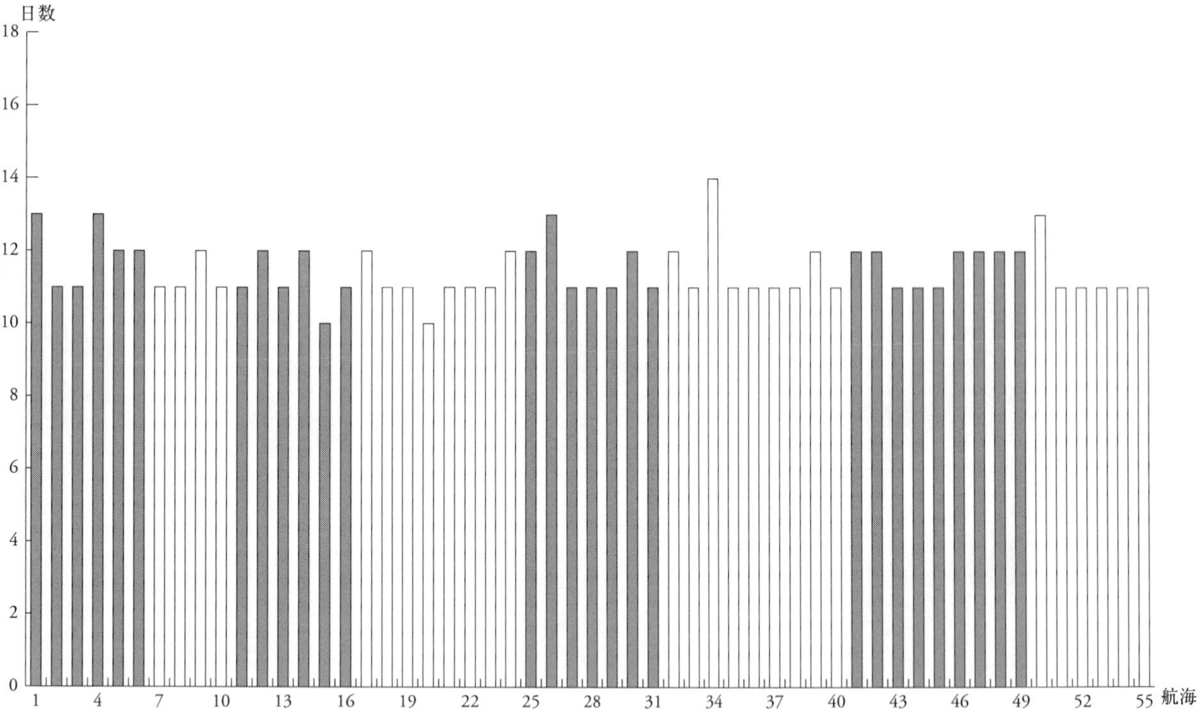

154　第5章　北大西洋

図14　コリンズラインの汽船のアトランチック号の東方への航海の所要時間 リヴァプール−ニューヨーク間 1850−57年

出典）*Sailing lists of Hubbard & Winter*, 98-108.

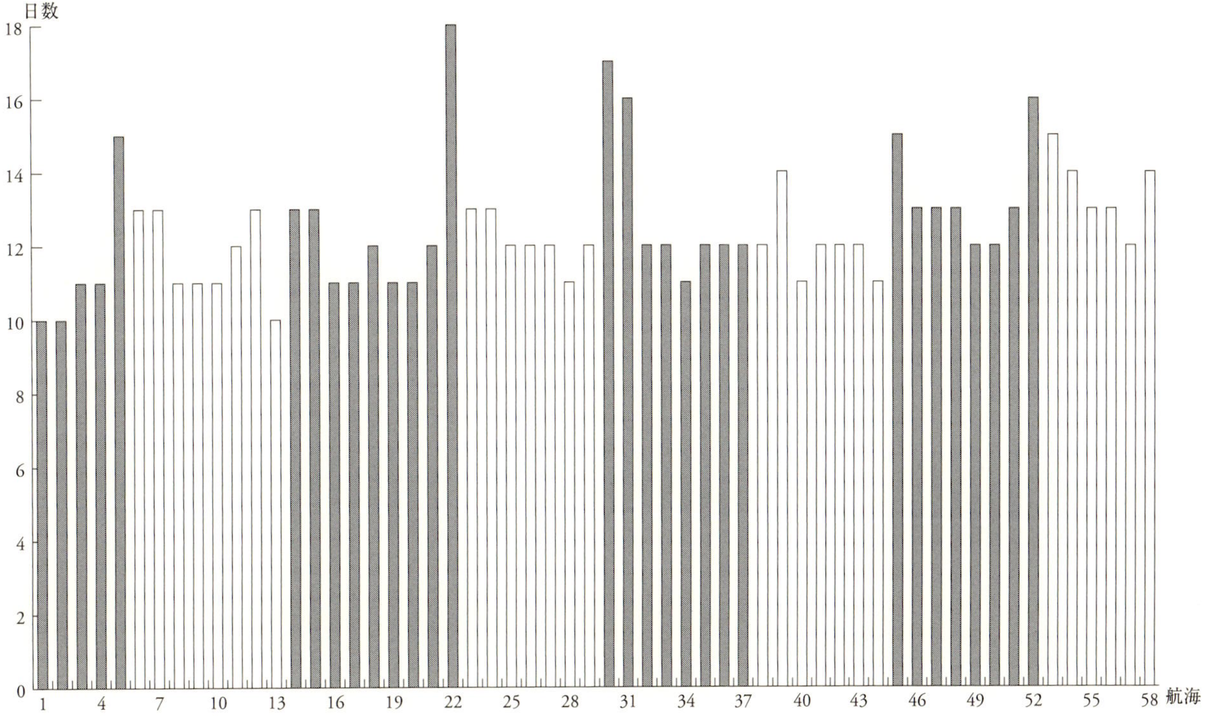

競争による利益　　　155

図15　キューナードラインの汽船アジア号の西方への航海の所要時間 リヴァプール-ニューヨーク/ボストン間 1850-57年

出典）*Sailing lists of Hubbard & Winter*, 28-41. 航海 1, 2, 13 と 37-44 は、ニューヨークではなくボストンに行った。

第 5 章　北大西洋

図 16　キューナードラインの汽船アジア号の東方への航海の所要時間　ニューヨーク/ボストン-リヴァプール間 1850-57 年
出典) *Sailing lists of Hubbard & Winter*, 28-41. 航海 1, 2, 13 と 37-44 は、ニューヨークではなくボストンに行った。

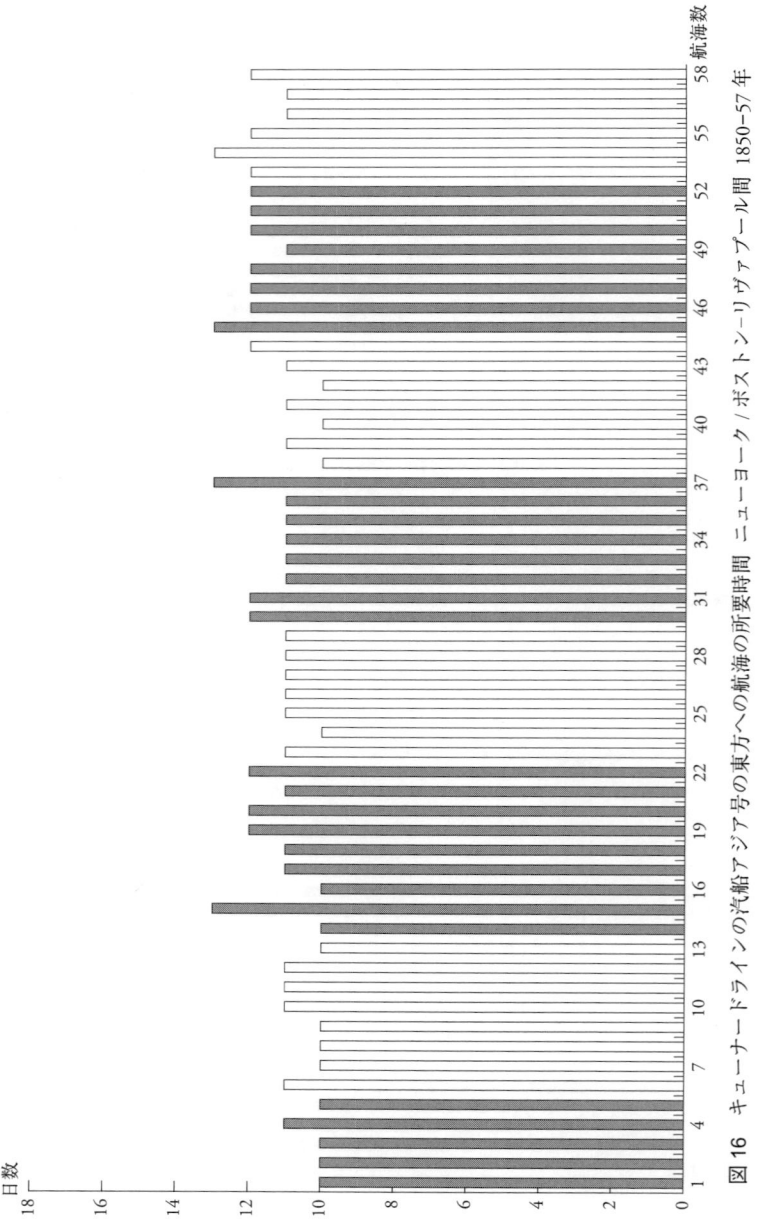

アジア号が，1851 年以降は 10 日間の航海をせず，1854 年以降，2 回しか 11 日間の航海をしていないことに注目する価値はある。東方への航海では，競合する 2 隻の船舶の能力にも大きな相違があった。アトランティック号が，たった 2 回しか 10 日間の航海をしなかったのに対し，アジア号は，それを 14 回もおこなった。さらに，東方への航海について，1850-51 年に 10 日間の航海だったのが，1852-55 年には 11 日間の航海に，さらに 1856 年からは 12 日間の航海へと明確に変化した点に，注意すべきである。

キューナードラインは，競争していたのだろうか。たしかに，1850-51 年に競争していた。だが，1852 年には，同社は政策を変えたようである。航海の速度は遅くなり，1856 年と 1857 年には，アジア号は，1850 年の記録よりも 2 日間遅れることになった。

この傾向は，歴史的状況と無関係に調査されるべきではない。コリンズラインがアークティック号とパシフィック号を失ったことは，当時の海における唯一の大きな悲劇ではなかった。ルアーブルラインは，1853-54 年に，当初から所有していた船を 2 隻とも失っている。フンボルト号は，1853 年 11 月に，ハリファックス沖で霧のために難破した。姉妹船であるフランクリン号は，1854 年 7 月のロングアイランドにおいて，それと似た状況で座礁した。

インマンラインは，所有する 3 隻のうち 2 隻——グラスゴー市号とフィラデルフィア市号——を同じ 1854 年に失った。グラスゴー市号は 1854 年 3 月に行方不明になり，480 人の命が失われた。しかも，移民船であるボルティモアのパウハタン号が，1854 年春に，ルアーブルからニューヨークへの航海の途中，約 250 人とともに失われた。他のいくつかの重大な悲劇が，1850 年代の後半に発生した[242]。

---

242) Bonsor (1980), vol. 5, 1888-1889; Hubbard & Winter, 113-115; Bonsor (1975), vol.1, 213-215, 220, 238; *Liverpool Mercury* 9.5.1854. コリンズラインのパシフィック号は，キューナードのペルシア号と競争していたときに行方不明になったともいわれる (Butler, 217)。ペルシア号は，パシフィック号の三日後に，処女航海のためにリヴァプールを出港し，そのさなかに，氷山に衝突した。しかしリヴァプールを出てから 14 日後に，なんとかニューヨークにたどりついた。けれどもペルシア号は，スケジュール通りニューヨークを 11 日後に出港した。すなわち，同船の損害を修理することは，かなり容易だったのである。以下をみよ。Fox, 163; Hubbard & Winter, 37 の出航表。

キューナードラインは，たとえ激しい競争にさらされているときでも，「速さよりも安全性重視」政策に固執した。例外は，おそらく1850-51年であった。一方，他社は，海で常により大きなリスクを負っていた。天候はどの船にとっても同じであり，キューナードの船舶もこの時代にいくつかの事故に巻き込まれたが[243]，船長は不必要なリスクを冒さず，より安全な航海を続けた。キューナードラインは，反リスク政策をとったことに加え，経営的にも，可能なら，余分な負担を避けようとした[244]。

　イギリス海軍省からキューナードラインが毎年受け取る補助金は，ニューヨークルートの開通後，18万8040ポンドないし94万200ドルにまで上昇した。それには，一年を通じて，ニューヨークとボストンへの毎週の航海を交互に航行するルートが含まれていた。コリンズは，ニューヨークからリヴァプールへの26回の往復航海で，85万8000ドルを受け取った[245]。パシフィック号が失われる前年の1855年には，補助金がなければ，たぶん同社は倒産する運命にあったろう[246]。タイラーが指摘したように，北大西洋での競争の勝者は，スピードと定期運行という点で最高の記録を出しただけではなく，低いコストを勝ち取らなければならなかったのである[247]。

　コリンズラインの汽船による往復航海の平均的な支出は，絶えず上昇し続けた。石炭価格は，1852年から1855年にかけて，クリミア戦争の影響もあり，イギリスで50％，アメリカで75％上昇していると報告された。船乗りの賃金は33％，食料費が25％，機械類の修繕費が30％上昇した[248]。1855年2月に，下院がコリンズラインへの補助金を続けるべきかどうか議論しているとき，事業に巨額の金が必要な理由としてあげられたのは，石炭のための費用の上昇（一航海あたり1トンにつき7ドルで400トン増えたことから，2800ドル），修繕費（一航海につき5000ド

---

243) Bonsor (1975), vol. 1, 85 をみよ．
244) Hyde (1975), 47-49.
245) *Speech of Mr. Edson B. Olds...*, 3 and 10; Robinson (1964), 139-141.
246) *Speech of Mr. Edson B. Olds...*, 30, 47-49.
247) Tyler, 178.
248) *Speech of Mr. Edson B. Olds...*, 16.

競争による利益　　　　　　　　　　　　159

ル）が，スピードアップのために欠くことができなかった[249]。

　スピードは，たしかに，石油の消費に余分な負担をかけた。アメリカ議会に対し，風と海が穏やかで，西方に 3060 海里離れたところにいるなら，コリンズの汽船は，10 日間の航海で 850 トンを，11 日間の航海で 700 トンを，12 日間の航海で 590 トンを，13 日間で 500 トンを，14 日間で 440 トンを消費したという計算が出された。だから，航海を 10 日間から 12 日間に延ばすなら，石炭の費用は 30％節約されたことになる。アメリカ人が議論したのは，キューナードの汽船が，スピードを遅くすることで，費用を軽減し，さらに，ハリファックスで石炭を補給したので，リヴァプール出港時の石炭積載量は少なくて済み，その結果，貨物の積載量ははるかに多くなり，収入を増やすということであった[250]。

　キューナードラインの資本コストは，コリンズラインよりも明らかに低かった。アメリカの造船は，イギリスのそれと比較すると高くついたし，キューナードラインとは対照的に，コリンズとその関係者は，資本の三分の二を借りていた。2 社の運営費用も，顕著に違っていた。全体で，コリンズラインの汽船による大西洋往復航海の費用は，4 万 2300 ドル以上だったといわれたのに対し，キューナードの船舶は，それを 1 万 3300 ドル未満でおこなった[251]。

　249）　Letter from Edward K. Collins, January 19, 1855. In *Speech of Mr. Edson B. Olds...*, 26.

　250）　アメリカ海軍チーフエンジニアのダニエル・B・マーティンの発言。1855 年 1 月 12 日。*Speech of Mr. Edson B. Olds...*, 28 に掲載。現実には，当時のキューナードラインは，4 年間にわたり，ニューヨークへの途中にハリファックスで停泊する予定はなかった。1851-53 年のあいだに 4 回，キューナードの船舶は，西向きの大嵐のために，長距離の航海を余儀なくされたのち，石炭をハリファックスで積載した（Arnell,1980 の出航表，310-312 をみよ）。ボストンルートに関しては，いわれたことは原則的に正しかった。だが全体として，石炭消費量をめぐるこれらの計算は，あまり正しいものだと考えるべきではない。キューナードラインのアジア号は，1851-53 年の西方への航海で，平均して 850 トンの石炭を補給した，通常，東方への航海では，平均して 125 トンが残された。だから，ニューヨークへの航海は，平均して 975 トンの石炭ではじめられた。アジア号は，コリンズの船舶より 600 トン小さく，西方への航海に，平均して，通常 12 日間ほどかかった（以下から計算。*Cunard Passage Book* 1, years 1851-1853, in CP, GM 2/1, SJ）。

　251）　Tyler, 209. コリンズライン自体の往復航海の費用ははるかに高く，6 万 3000 ドルから，6 万 5000 ドルを超えた（*Speech of Mr. Edson B. Olds...*, 16; Tyler, 209）。2 社の数値を厳密に比較できるという証拠はないが，キューナードラインは，コリンズラインよりも，少な

イギリス郵政省は，郵便料金から高収入をえており，それがキューナードラインに支払う補助金を相殺した。1848 年 12 月にロンドンで締結された郵便条約では，イギリスとアメリカのあいだの郵便料金は，郵便を運ぶ船の船籍に応じて分担されることになっていた。基本的な郵便料金は半オンスにつき，1 シリングないし 24 セントであった。これは，三つの部分に分けられた。海上郵便料金が 16 セント，アメリカ内の郵便料金が 5 セント，イギリス内の郵便料金が 3 セントであった。交換所が両社の定期船が使用する港に設立され，特別な消印が押された。それにより，アメリカないしイギリスの郵政省への郵便料金を示した[252]。

　それゆえ，キューナードの定期船が運ぶシングルレターに支払われる 1 シリングから，イギリス郵政省は海上郵便料金 16 セントと国内の郵便料金 3 セント，合計 19 セントを受け取った。そして，アメリカ内の郵便料金 5 セントは，アメリカ郵政省に信用貸しされた。アメリカ船で運ばれた場合には，アメリカ郵政省は，16 セントと 5 セントを受け取り，3 セントをイギリス郵政省の信用貸しにした。重さが 2 倍になれば，費用も 2 倍になった[253]。

　この郵便料金のうち，イギリス郵政省が受領した総計が 191 万 3800 ドルであったのに対し，アメリカ郵政省の受領額は，127 万 9400 ドルであった[254]。それに加え，たとえば，アメリカの汽船がプロイセンに運ぶ「封印された郵便」があった。これらの郵便を含む郵便袋は，封印がされ，直接プロイセンの郵政省に配達されることが保証されていた。コリンズラインの汽船が運ぶ封印された郵便の料金は，表 19 の初年度に 3900 ドルに，2 年めに 1 万 1900 ドル，3 年めに 3 万 700 ドル，最終年度に 3 万 3600 ドルに達した。新聞は，表 19 には書かれていない。コリンズラインの汽船が運ぶ新聞にかかる郵便料金は，表 19 の最初の年に 4500 ドルに，2 年めには 5600 ドルに，3 年めには 6100 ドルに，最後の年には 8900 ドルに達した[255]。キューナードラインのそれぞれの数

い費用で維持することができた。
　252) Staff, 82. 異なった郵便条約のもとでのかなり複雑な郵便料金に関する詳細な説明については，Hargest, 27-39 をみよ。
　253) Staff, 82-83.
　254) *Speech of Mr. Edson B. Olds..*, 18-19 で公表された記録から計算。
　255) *Speech of Mr. Edson B. Olds...*, 18-19. プロイセンの封印された手紙については，

表 19　キューナードラインとコリンズラインが運んだ手紙による郵便料収入 1851-54 年

会社	1851 年 6 月 30 日締めの年度	1852 年 6 月 30 日締めの年度	1853 年 6 月 30 日締めの年度	1854 年 6 月 30 日締めの年度
キューナードライン	53 万 7000 ドル	56 万 5600 ドル	57 万 8000 ドル	58 万 9200 ドル
コリンズライン	20 万 5800 ドル	22 万 8900 ドル	23 万 3300 ドル	26 万 5200 ドル

出典）　"Revenue received by the United States under the Postal Treaty with Great Britain of the 15th of December, 1848", *in Speech of Edson B. Olds...* 18-19.

値は，報告書には書かれていなかった。

　アメリカ人は，イギリス郵政省が，キューナードラインへの手紙を保持しているだけではなく，スケジュールを調節し，大陸からのすべての手紙を定刻に郵政省にもっていったので，キューナードの汽船の航海に対応することができると主張した[256]。それが競争への制限をもたらすものか，単に賢明な戦略，ないしその両方かは，このことからは答えられない。

　競争に対する別の制限は，会社自体が実行した。近年発見された重要な史料は，当初から，二つの海運ラインが乗客と貨物を運ぶことで獲得される稼ぎを貯えるために隠れて共同し行動したことを明らかにした。協定は，会社間の事業競争を事前に除去することはなかったが，料金の水準を維持し，稼ぐ能力が変動するのを調整するために役立った。この協定の背後にある「灰色の人物」は二人の兄弟であった。すなわち，ニューヨークのブラウンブラザーズ社のシニアパートナーであり，コリンズラインでもっとも重要な投資家であるジェームズ・ブラウンと，リヴァプールのシップレー社のシニアパートナーであり，キューナードラインの主要な投資家であるウイリアム・ブラウンであった。パシフィック号を失った後，1856 年に協定は更新されなかった。それは，新しいアドリアティック号が事業の準備をしようとしていたときに，コリンズが協定に執着しなかったからである[257]。

Hargest, 85-98 をみよ。
　256)　*Speech of Mr. Edson B. Olds...*, 21.
　257)　合意の詳細と，それがどのように機能したのかということに関しては，Hyde (1975), 39-45 をみよ。背景については，以下をみよ。Edward W. Sloan, "The First (and Very Secret) International Steamship Cartel, 1850-1856", in David J. Starkey & Gelina Harlaftis (eds.), *Global Markets: the Internalization of the Sea Transport Industries since 1850. Research in*

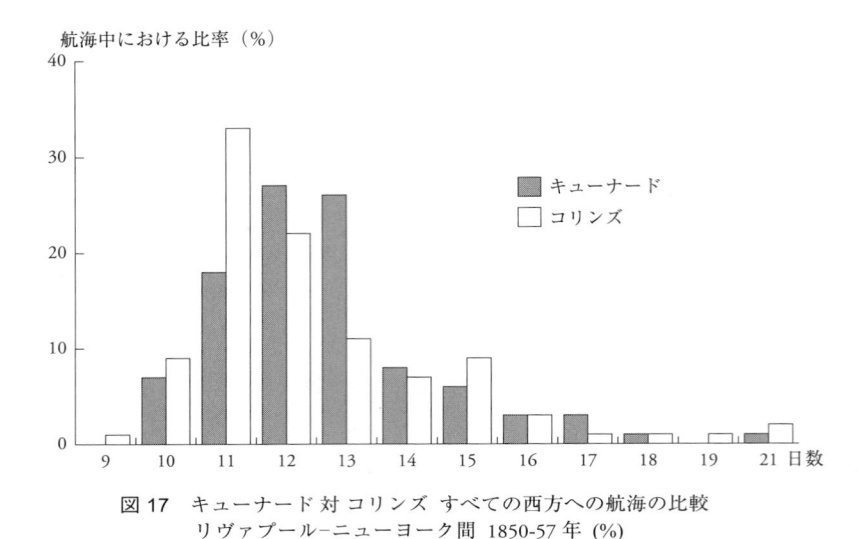

第 5 章　北大西洋

航海中における比率（％）

■ キューナード
□ コリンズ

図17　キューナード 対 コリンズ すべての西方への航海の比較
リヴァプール-ニューヨーク間 1850-57 年 (%)

出典）　Sailing lists of Hubbard & Winter, 28-41, 98-108

　この協定書は，輸送料と乗客の料金しか扱っていなかったが，政府との郵便協定は，郵便を送るための経済的枠組みを提供した。だが，このように色鮮やかで歴史的に強調される時代に，情報伝達のスピードに対し，いったい何がおこったのだろうか。二つの海運業の航路のあいだの競争が，北大西洋の郵便事業の速度を上昇させたのだろうか。現実には，そういうことはなかった。

　1850-57年の全期間を通じて，コリンズの船舶が，明らかにキューナードの船舶よりも西方への航海で速かったことは，図17から読み取れる。コリンズは，11日間以下で西方への航海の比率は43％であったが，キューナードの船舶は，その比率は4隻ごとであった。コリンズの船舶の西方への平均航海日数は12.4日間であり，それと比較して，キューナードラインは12.7日間であった。

　東方へは，キューナードの船舶は，大西洋横断航海が10日間以下であるのが33回あったのに対し，コリンズの船舶は，たった17回であった。換言すれば，キューナードの航海の20％が10日間以下であったが，

Maritime History, No.14 (St. John's, 1998), 29-52. また，Fox, 121-123 をみよ。

競争による利益

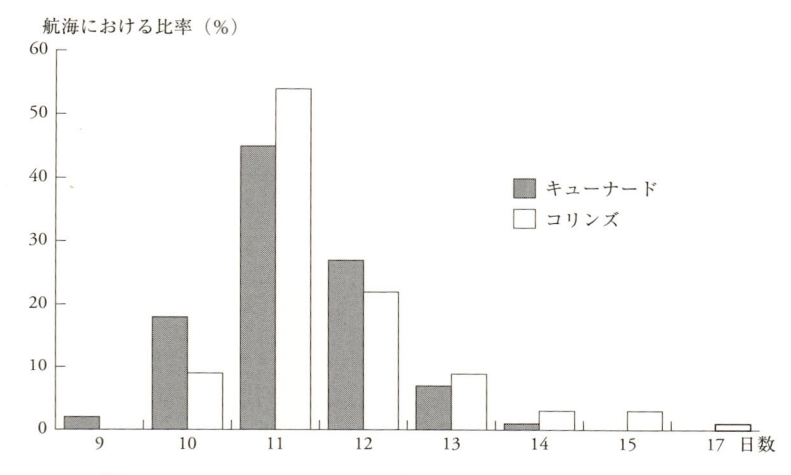

航海における比率（％）

図18　キューナード 対 コリンズ すべての東方への航海の比較
　　　リヴァプール-ニューヨーク間　1850-57年 (％)

出典）　Sailing lists of Hubbard & Winter, 28-41, 98-108.

表20　キューナードラインとコリンズラインのリヴァプール-ニューヨーク間／ニューヨーク-リヴァプール間のすべての大西洋横断航海の所要時間 1850-57年　(％)

会社	10日間以下	11日間	12-13日間	14日間以上
キューナードライン	13.4%	31.5%	43.6%	11.3%
コリンズライン	9.5%	43.8%	31.9%	14.9%

出典）　Sailing lists of Hubbard & Winter, 28-41, 98-108.

コリンズの航海での比率は，たった9回であった。コリンズの平均航海日数は 11.5 日間，キューナードの航海は，11.2 日間であった。

そのため，すべての大西洋横断を比較すると，一般の期待とはいくらか違った結果がえられる。キューナードラインの場合，総航海数に対する速い航海の比率はコリンズラインよりも高かった[258]。だが，長期的には，2社の能力は大同小異であった。平均的な航海日数は，両社とも

---

258)　1850-57年の大西洋横断航海の比較としてパーセンテージが使用されるのは，航海数が異なるからである。コリンズラインは，合計で370回大西洋を横断したが，同時期に，キューナードラインは，リヴァプール-ニューヨーク間を336回航海した。1855年に，キューナードラインがニューヨークへの航海をしなかったのは，数隻の船舶が，クリミア戦争のために兵士の輸送船として徴発されていたからである。Hubbard & Winter, 28-41, 98-108 の出航表をみよ。

12日間であった。コリンズラインが会社の末期に能力を弱体化させたことは，全時代の統計に，当然負の作用を及ぼした。

1850-51年に，コリンズの船舶は，西方への航海日が11日間以下の場合が50％以上あったが，1857年には，この数値は，30％未満にまで低下した。11日間以下で東方に航海する割合は，70-80％から，およそ50％にまでなった。

キューナードラインの西方への航海の実績は，1850-51年よりも1857年の方が低かったが，東方への航海実績は高かった。同社の新汽船であるペルシア号の進水によって進歩がみられた。この船は，1856年に，西方・東方の両方でたちまちのうちに速度記録を達成し，その後7年間にわたり，ブルーリボン〔第一位〕を保持した[259]。

2社の航路のあいだに激しい競争があったので，それぞれの政府に余分な金がかかったばかりか，海で悲劇のうちに人生を閉じた人々が数百人いただけではなく，通信の一般的なスピードはあまり進歩しなかったといってよい。競争のため，両社はより大きくより速い船舶を建造するようになったとしても——キューナードラインのペルシア号，コリンズラインのアドリアティック号——，それらの影響は，年間の記録ではとくにみられなかった。実際，スピードよりもはるかに重要な要素は，郵便船の航海数が二倍になり，それが事業情報伝達の観点から，現実に利益を生み出したことである。さらに指摘しておくべきは，巨人たちの闘いの影で，ほかにアメリカの汽船ライン3社も，アメリカ政府の保護下で，ヨーロッパへの郵便事業をおこなっていたことである。

オーシャンラインとルアーブルライン——忘れられた契約会社

1847年に創設されたオーシャンラインは，一年中毎月サザンプトンを経由しニューヨーク-ブレーメン間で郵便を運んだ[260]。1840年代後半，ブレーメンは，すでにアメリカの貿易にとって主要なヨーロッパ大陸の港であり，ドイツの輸入タバコの三分の一，米，鯨油，綿の輸入量

---

259) Kludas, 146, 148. ブルーリボンの保持者は，大西洋の西方への横断記録を達成したものに与えられた。

260) 最初の数年間で最悪の冬の数カ月間を除くが，1851年以降は一年中航海した。Hubbard & Winter, 82 をみよ。

の四分の一を扱った。ブレーメンは，1827 年以来，アメリカと貿易協定を結んでいた。ブレーメンにはアメリカ領事が滞在し，ブレーメンはニューヨーク（1815 年），ボルティモア（1818 年），フィラデルフィア（1827 年），ニューオルレアン（1840 年）に領事館を創設した。さらに，ブレーメンは，移民の貿易にとって重要なハブになった。新しい海運会社に必要な資金は，有力な数名のドイツ人-アメリカ人の手を借りて集められた。一方，ブレーメン及び他のドイツ諸邦は，ドイツにおけるアメリカ製の商品にかけられる通行税を低くし，ヴェーゼル川の航海を進展させ，北西ドイツの鉄道建設を速め，より大きな岩を使って新しい船着場の建造に助力した結果，外輪船が新しい港を利用できるようになった[261]。

アメリカ政府との郵便契約が締結され，航海が開始されたとき，ブレーメン市の郵政省がヨーロッパ大陸におけるアメリカの郵便代理店と称された，ここを通じて，ニューヨーク-ブレーメンルートのすべての郵便と，のちには，ロシア及びスカンディナヴィアとのすべてのルートが，イングランド経由より安い郵便料金で送れるようになった。しかしながら，すべてのドイツ諸邦がそれに含まれていたわけではない。バーデン，ビュッテンベルク，トゥルン・タクシスの郵便は，料金の値下げにくみせず，郵便料金の値上げを要求した[262]。

オーシャンラインの汽船であるワシントン号とヘルマン号は，アメリカで建造され，これまで就航したなかで，「もっとも醜い」と評された（アメリカ人からは「もっとも美しい」と，ドイツ人からは「もっとも巨大だ」といわれた）。この 2 隻は，キューナードの古いブリタニア号よりも遅かった。これらの欠陥にもかかわらず，この事業は，アメリカ政府が補助金政策を改め，同時にコリンズラインが閉鎖される 1857 年まで 25 年間続いたのである[263]。

---

261) 以下をみよ。Edwin Drechsel, *Norddeutscher Lloyd Bremen, 1857-1875,* vol.1, (Vancouver,1994), 3-4; Lars U. Scholl, "New York's German Suburb: The Creation of the Port of Bremerhaven, 1827-1918" in Lewis R. Fischer & Adrian Jarvis (eds.), *Harbours and Havens.:Essays in Port History in Honour of Gordon Jackson.* Research of Maritime History No. 16 (1999), 201-205; Butler, 99-101.

262) Drechsel, 5. Hubbard & Winter, 126.

263) Staff, 80; Tyler 154-156; Drechsel, 4. 1853-57 年に，ブレーメン-ニューヨーク間で

1847年6月にブレーマーハーフェンにワシントン号がはじめて到着したときに，たとえ，この船が乗客も郵便もあまり乗せていなくとも，大きな興奮と関心を喚起した。この港の設備が不十分であったため，3時間半かけてヴェーゼル川をのぼり，ブレーメン市に到着するまで，すべてを降ろして補助的な汽船に乗せ替えなければならなかった。ワシントン号は，アメリカへの帰途には，機械類に問題を抱えており，サザンプトンまで戻らなければならなかった。同船は，ブレーマーハーフェンを出港後，35日間の処女航海をへて，母港にたどり着いた[264]。

　イギリスでは，サザンプトンに到着するアメリカの最初の郵便汽船の取り扱いは大変冷たいものであり，実際イギリス政府は，アメリカとの競争に対抗するため，イギリスの郵便事業を保護する政策をとった。大蔵卿の指令で，イングランドに運ばれるすべての手紙は，イギリスの汽船が運んだかのごとく，郵便料金を2倍にして請求された。アメリカの郵便汽船に対する差別が数ヵ月間続くと，今度はアメリカ議会が反対行動をとった。新たな法律は，郵便史家には一般に「報復」法ないし「復讐」法として知られているが，この二国間で郵便船が運ぶ手紙はすべて，郵便料金を二倍にする必要があると規定した情勢になった。大きな反動と抗議の時代ののち，交渉が開始され，二国間の郵便条約が，1848年12月に締結された[265]。

　オーシャンラインの業績は，現実にイギリスでとられたすべての政策を支持するほどのものではないというかもしれないが，イギリス政府がこのように対応したのは，北大西洋でアメリカとの競争がすぐに激化すると知っていたからである。オーシャンラインの2隻の船舶の事業では，蒸気機関の問題，事故，航海が長引いたことから発生する石炭積載のために余分な寄港が多数生じた。このラインの実績は，とくに西方への航海においては定期的というにはほど遠く，東方においても，満足いくものではなかった。西方への航海は，平均して15.9日間であり，

郵便を輸送するドイツ船もあった。W・A・フリッツェ社の木製の外輪船であるハンザ号とゲルマニア号がそれにあたる。これらの船は，一年中，ほぼ毎月，オーシャンラインの汽船と交替で航海するはずであった。しかし，1853-54年にはたった8回の航海しかなく，クリミア戦争ののち，1857年に最後の航海をした。Hubbard & Winter, 125-128をみよ。

264) Hubbard & Winter, 82-84; Butler, 100-101; Tyler, 155-156; Drechsel, 4.
265) Hargest, 23-28.

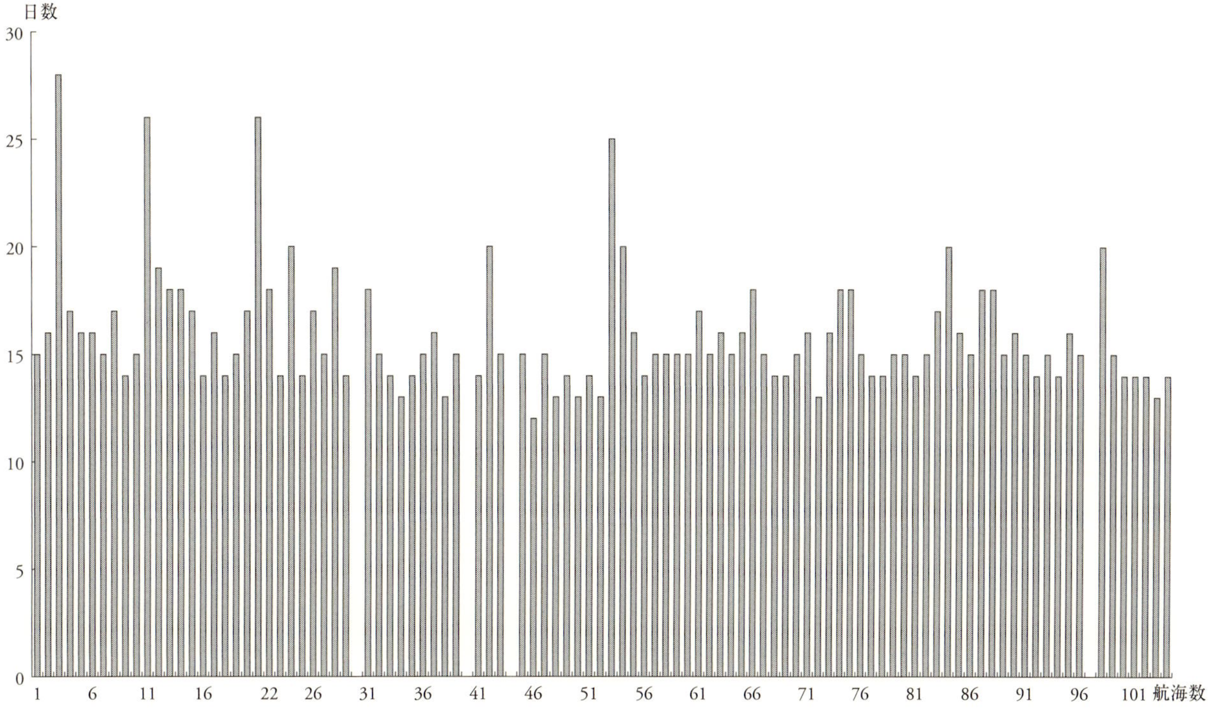

競争による利益

図19 オーシャンラインの西方への航海の所要時間 サザンプトン―ニューヨーク間 1847–57年

出典）*Sailing lists of Hubbard & Winter*, 84–90. オーシャンラインの西方への航海の結果は、明らかに、同社の事業が予測不可能であったことを示す。

東方への航海は，14.6日間であった。航海全体の所要時間は，サザンプトン-ブレーメン間の航海に，サザンプトンでの停泊を含めてさらに2-4日間つけ加わえなければならなかった[266]。

ショルが述べたように，結局，ブレーメンは，ヨーロッパ経済における郵政省になったのである。1848年に，オーシャンラインは8万通の手紙をブレーアメリカのメンに送った。5年後には，その数は35万通に上昇した[267]。しかし，すべての郵便が，このラインの船で送られたわけではない。1849年後半から，アメリカは1848年の米英郵便協定を利用し，ブレーメンの定期郵便船が利用できないときには，封をした郵便をイングランド経由でブレーメンに送った。ブレーメンの封印郵便に加えて，プロイセンの封印郵便も，オーシャンライン以外の契約船で運ばれた。1849年と1850年には，5通の封印郵便が，キューナードとコリンズの船で，ブレーメンに送られた。1851年には，11の予定外の郵便があり，そのほとんどが，ルアーブルラインで送られた。1852年には，他の郵便船でブレーメンに送られた34通の手紙があった。主としてアメリカの契約ラインであるコリンズライン，ルアーブルラインで送られたが，オーシャンラインは，この年に，12回の航海を指揮しただけであった[268]。

ルアーブルラインがニューヨーク-ルアーブル間でサザンプトン（カウズ）を経由する大西洋横断航海を開始したのは，1850年10月のことであった。同社が最初に保有した汽船のフランクリン号とフンボルト号は，どちらも，1853-54年に座礁した。この2隻はチャーターされた船舶によって交替させられ，チャーター船は，2240トンのアルゴ号と2300トンのフルトン号という新船舶が，それぞれ1855年6月と1856年2月に事業に使えるようになるまで続いたのである。どちらの船も，全部で350人の乗客のために一等・二等の寝台があり，800トンの貨物

---

266) Hubbard & Winter, 84-90. W・A・フリッツェ社の船舶の能力は，はるかに劣っていた。同社のブレーメンからニューヨークへの平均的航海には，21.9日間かかり，帰りの航海には19.9日間かかった。直接到着する予定であったが，石炭積載のため，船舶は他の港に3回停泊しなければならず（ハリファックスで1回，ボストンで2回），さらにサザンプトンでも，理由は述べられていないが，2回停泊した。Hubbard & Winter, 127の出航表をみよ。

267) Scholl, "New York's German Suburb…", 206.

268) Hubbard & Winter, 409-414 をみよ。

を運搬することもできた[269]。

　ボンソルが述べるように, アルゴ号とフルトン号は, おそらく, 木製の外輪をもったアメリカ製の大西洋横断船としては, もっとも成功した。機械の故障で, どちらも 1859 年に 1 回, 大西洋往復航海ができなかったことはあったが, アメリカの陸軍省が南北戦争のために 2 隻を徴発した 1861 年末まで, 通常は十分規則的に航海したのである。2 隻は, 1865 年終わり頃になって, 北大西洋に戻ってきた[270]。

　1866 年に, 同社はファルマス経由でニューヨークとルアーブルでの事業を再開したが, 1867 年に断念した。それには, いくつかの理由があったが, 「最大の理由は, アメリカ政府のまずい通商政策であった。そのため, すでにかなりのトン数が, 外国人の手に滑り込んでいたのである」[271]。1840 年代終わり頃にアメリカ政府の支援で成立された三つの海洋航海用汽船ラインのうち, 補助金がなくなって 10 年も生き延びたのは, ルアーブルラインだけであった。それは, もし, 同社の事業がいくらか健全な土台に立脚していたなら, 海洋航海用汽船ラインの事業は, 補助金なしでも不可能ではなかったことを示す[272]。

　コリンズラインに終始付随した威信と宣伝と比較するなら, ルアーブルラインは, たしかに, 本来受けるべきほどの注目がされることはなかった。それを所有していたのは, フォックス&リヴィングストン商会であった。彼らは, 1820 年代初頭から, ルアーブルの郵便帆船であるオールドラインの所有者として, ニューヨーク-ルアーブル間の郵便帆船で多くの経験を積んでいた[273]。

　図 20 にみられるように, ルアーブルラインの業績は, オーシャンラインのそれとは大きく違っていた。ルアーブルラインは, 西方への航海のほとんどを 12-13 日間でおこない, それより速いことさえあった。しかしながら, 航海の所要時間は多岐にわたっているので, 決して, 事業

---

269) Hubbard & Winter, 110; Bonsor (1975), vol.1, 213-214.
270) Bonsor (1975), vol.1, 214.
271) *The Times* 3.1.1867. Bonsor (1975), vol.1, 214 からの引用。
272) Bonsor (1975), vol.1, 213-214. Hubbard & Winter, 109-110.
273) 彼らの郵便帆船事業については, 以下をみよ。Albion (1938), 126-127, and Cutler (1967), 394-396. 彼らの船舶のリストについては, 以下をみよ。Albion (1938), 284; Staff, 125-126.

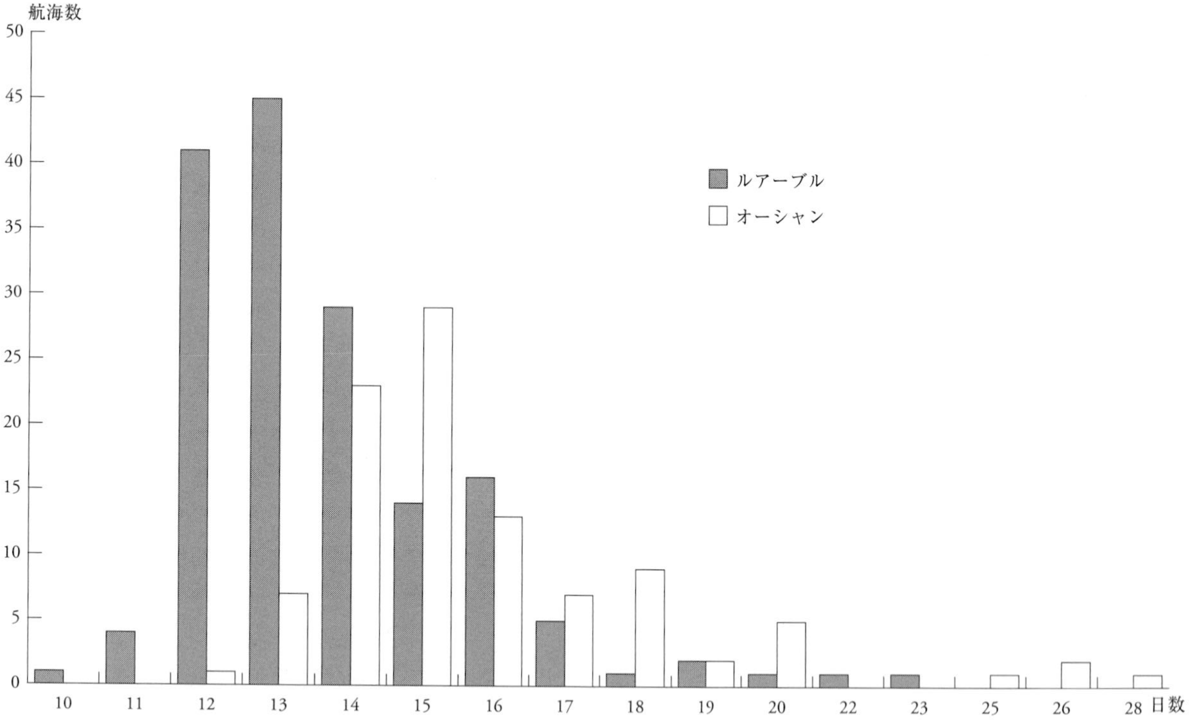

170　第5章　北大西洋

図20　ルアーブルラインとオーシャンラインの西方への航海 サザンプトン-ニューヨーク間 1847-67年

出典）*Sailing lists of Hubbard & Winter*, 84-90, 111-120.

を「定期的」ということはできない。

　ルアーブルラインは，もともと，オーシャンラインのために用意されていたアメリカ政府の契約の半分をもらった。オーシャンラインは，ルアーブルへの代替となるような航海を組織することができなかったからである。当初の契約は毎年35万ドルであったが，そのうちブレーメンへのラインが20万ドルを受け取ったので，ルアーブルラインには15万ドルが残された[274]。1857年6月にこの二つのラインへの契約が消滅すると，郵政長官が提示したのは，たった1年間の臨時契約だけであり，しかもそれは海上での郵便料金の保証しかあてにできなかった[275]。

　オーシャンラインの船舶は，1847年6月から1857年7月にかけて，ルアーブルラインの船舶は，1850年11月から1861年12月にかけて，さらに1865年11月から1867年12月にかけて使われた。南北戦争終了後の1866-67年に，ルアーブルラインの船舶は，サザンプトンではなくファルマスに停泊した。1867年に，同社は，ニューヨーク郵便汽船会社との合弁事業による航海をした[276]。合計すると，ルアーブルラインは161回，オーシャンラインは100回，西方への航海をおこなった。

　ルアーブルラインの汽船が運ぶ郵便量は，巨大な契約をした郵便ラインと比較すると，かなり少なかった。1850年代初頭から，公表された数値が利用可能になる。1851年には，キューナードラインは，261万3000通の手紙を，コリンズラインは84万3000通の手紙を，オーシャンラインは31万3000通の手紙を，ルアーブルラインは，13万9000通の手紙を運んだのである[277]。この年から，ルアーブルラインが運ぶ郵便料金は，以下のようになった。

　1852-54年に，ルアーブルラインとオーシャンラインは，ほぼ同数の郵便を運んだ。2社が運ぶ郵便にかけられた料金は，1852年と比較するなら，1853年に低下し，1854年になっても，その水準に達しなかった。一方，キューナードラインとコリンズラインの郵便料金は，着実に

---

274) Bonsor (1975), vol.1, 212.
275) Hubbard & Winter, 110.
276) Hubbard & Winter, 120.
277) Albion (1939), 328.

表21　ルアーブルラインが輸送したことでえられる郵便料収入 1851-54 年

	1851年6月30日締めの年度	1852年6月30日締めの年度	1853年6月30日締めの年度	1854年6月30日締めの年度
郵便切手	3万7300ドル	8万800ドル	5万3400ドル	6万3300ドル
封をされた郵便	1100ドル	6500ドル	5400ドル	1万600ドル
新聞	80ドル	100ドル	100ドル	2200ドル
合　計	3万8420ドル	8万7400ドル	5万8900ドル	7万6100ドル

出典) "Revenue received by the United States under the Postal Treaty with Great Britain of the 15th of December, 1848" *in Speech of Mr. Edson B. Olds...* 18-19.

上昇した[278]。ニューヨークでこれらの国々に直接航海する船舶を待つよりも，リヴァプールを経由したり，そこから鉄道を利用する方が，ルアーブルやブレーメンに郵便が速く到着するのは明らかであった。

競争と事業情報の伝達

　ニューヨークとボストンからヨーロッパに向かう郵便汽船の頻度は，それ以前のどの時代と比べても，いまや本当に満足できる水準に達した。汽船は，2週間ごとに出港した。汽船の航海は通常2週間未満であり，10日間のことさえあった。

　表22にみられるように，アメリカと契約した郵便帆船は，日曜日ごとにニューヨークを出港し，キューナードの船舶は，水曜日ごとに，ニューヨークとボストンを交互に出港した。1853年4-5月の東方への航海は，たいてい，11日間ほどかかった。例外は，オーシャンラインのワシントン号であり，サザンプトン（カウズ）まで14日間で航海した。

　航海は，企業にとってどう役立ったのだろうか。事業通信の速さから本当に利益をえることができた会社の一つは，ラスボーン・ブラザーズ商会であった。同社は，大西洋の両端に位置するということから生まれる，当時機能していた最良の海による結合を利用したからである。リヴァプールのラスボーン家とニューヨークの代理人のあいだの通信は，1851年に開始され，非常に活発であった[279]。1853年に，ニューヨークでラスボーン・ブラザーズ商会のパートナー兼代理人になったヘン

---

278) *Speech of Mr. Edson B. Olds...*, p.19.
279) Sheila Marriner, *Rathbones of Liverpool, 1845-73* (Liverpool 1961), 14 をみよ。

競争による利益　　　　　　　　　　173

表22　ニューヨークとボストンからヨーロッパに向かう郵便汽船の頻度 1853年4月-5月

船舶	海運会社	出港日	到着日
バルティック号	コリンズライン	4月2日　土曜日	4月14日　リヴァプール
アジア号	キューナードライン	4月6日　水曜日	4月17日　リヴァプール
フランクリン号	ルアーブルライン	4月9日　土曜日	4月20日　カウズ 4月21日　ルアーブル
ナイアガラ号	キューナードライン	4月13日　水曜日(ボストン)	4月25日　リヴァプール
アトランティック号	コリンズライン	4月16日　土曜日	4月27日　リヴァプール
ヨーロッパ号	キューナードライン	4月20日　水曜日	5月1日　リヴァプール
ワシントン号	オーシャンライン	4月23日　土曜日	5月7日　カウズ 5月10日　ブレーメン
アメリカ号	キューナードライン	4月27日　水曜日(ボストン)	5月9日　リヴァプール
アークティック号	コリンズライン	4月30日　土曜日	5月11日　リヴァプール
アラビア号	キューナードライン	5月4日　水曜日	5月14日　リヴァプール
フンボルト号	ルアーブルライン	5月7日　土曜日	5月18日　カウズ 5月19日　ルアーブル
カナダ号	キューナードライン	5月11日　水曜日(ボストン)	5月22日　リヴァプール
パシフィック号	コリンズライン	5月14日　土曜日	5月24日　リヴァプール
アジア号	キューナードライン	5月18日　水曜日	5月29日　リヴァプール
ヘルマン号	オーシャンライン	5月21日　土曜日	6月2日　カウズ 6月4日　ブレーメン
カンブリア号	キューナードライン	5月25日　水曜日(ボストン)	6月6日　リヴァプールJ
バルティック号	コリンズライン	5月28日　土曜日	6月7日　リヴァプール

出典）Hubbard & Winter, 33, 87, 101, 113, 383. 数年のうちに，さまざまな郵便契約会社の航海は，サーヴィスの組み合わせに完全に適合するように編成された。

リ・ウェインライト・ゲールからきた113通の手紙のサンプルは[280]，郵便を運ぶ船舶を選択する際，国が考える優先順位はほとんど影響を及ぼ

---

280) Letters to Rathbone Bros & Co., Liverpool, 1853. In Rathbone Collection, RP XXIV.2. (SJ). H.W. ゲールは，結婚によってラスボーン家とつながりをもった。(Marriner, 6).

さなかったことを示している。むしろ，運搬する会社の名声と予想されるスピードが，船の選択にもっとも大きな影響を与えたようである。

　手紙については，77 通がキューナードラインの船で運ばれ，44 通がボストン経由で，33 通がニューヨークから直接送られ，手紙のうち 31 通が，コリンズラインの船舶で送られた。ルアーブルラインで送った手紙はたった 3 通，オーシャンラインは 2 通しかなく，どちらも，サザンプトンを経由した。

　日付から，手紙がニューヨークからリヴァプールに到着するまでの平均配達日数は，12.3 日間であったことがわかる。これは，キューナードラインもコリンズラインも変わらなかった。ボストンないしサザンプトンを経由する国内移動が加わったため，配達にさらに時間がかかった。それゆえ，キューナードラインによるボストン経由での配達，ルアーブルラインまたはオーシャンラインによるサザンプトン経由での配達には，平均で，13.3 日間から 13.5 日間かかった[281]。すべての手紙が，東方への航海で運ばれた。航海にとって，あまり困難ではなかったからである。より大きな相違は，西方への航海でみられたはずである。

　サンプルからいくつか抽出された詳細な事項を，さらに検証を進めるために選択することができる。6 通の手紙が，1853 年 2 月 24 日と 3 月 5 日のあいだに，2 隻の異なる汽船によって送られた。3 月 2 日に，ボストンからキューナードラインのアメリカ号が，3 月 5 日に，ニューヨークから直接，コリンズラインのアークティック号が送ったのである。2 通の手紙は，2 月 24 日と 3 月 1 日のあいだに書かれたものであり，アメリカ号がボストンを発った 12 日後にリヴァプールで発送された。書き手から受取人までの総所要時間は，港での待機時間のために 13 日間から 18 日間とまちまちであったが，海運会社はそれに対し何もしなかった。

　3 月 1 日と 4 日の日付が書かれた 2 通の手紙が，アークティック号によって送られた。同船は，3 月 5 日にニューヨークを出港し，リヴァ

281） ルアーブルラインとオーシャンラインの平均は，事例が稀少なことと，関係する手紙のすべてが，船舶が出港する前日ないし当日に書かれたが，キューナードラインとコリンズラインの平均は，手紙がもっと前に書かれており，実際の出港以前の数日間，港にあった事例を含んでいたことから，相対的にみて少なすぎると思われるであろう。

表23 手紙をニューヨークからリヴァプールに送る人によって変わる
配達のための総時間 1853年

船舶	海運会社	手紙の日付	出港日	リヴァプールへの到着日
アメリカ号	キューナードライン	2月24日	ボストン3月2日	3月14日
アメリカ号	キューナードライン	2月28日	ボストン3月2日	3月14日
アメリカ号	キューナードライン	2月28日	ボストン3月2日	3月14日
アメリカ号	キューナードライン	3月1日	ボストン3月2日	3月14日
アークティック号	コリンズライン	3月1日	3月5日	3月16日
アークティック号	コリンズライン	3月4日	3月5日	3月16日

出典) *Letters to Rathbone Bros & Co. in Rathbone Collection*, RP XXIV.2. (SJ)

プールに16日に到着した。手紙が配達されるまでの総時間は，12-15日間とさまざまであった。それは，情報伝達全体の所要時間が，いまだに郵便を運ぶ船舶だけではなく，送り手に依存していたことを示す。

ラスボーンの経験が示すのは，手紙は，通常，書かれた翌日の船舶で送られ，最後の瞬間の情報が，出港日に送られたということである。113通の手紙のなかで，68通が船舶の出港前日に書かれ——そのうち21通がボストン経由——，10通が，船舶が出港する当日に書かれた。エクスプレスサーヴィスが，急ぎの手紙をボストンの汽船まで運んだ。実際，手紙のうち1通は，船舶がボストンを出港するのと同じ日に書かれたものであった[282]。

1850年代終わり頃の大西洋横断郵便事業の変化

クリミア戦争の期間中，キューナードラインはニューヨークルートから撤退していたが，ニューヨーク地域で名高い船主の「司令官」コルネリウス・ヴァンダービルトが，郵政相に低額の入札を提示した。彼の船舶は，ニューヨーク-リヴァプール間で郵便をほぼ毎月運び，コリンズラインと交替で，毎週通信をした。彼の会社は，往復航海のたびに，1万5000ドルの事業を指揮し，その契約は5年間続いた。契約はなされなかったが，ヴァンダービルトは，自費で航海をおこなった。彼の汽船ノーススター号とアリエル号は，サザンプトンで停泊することを含め，

---

[282] 翌日の出港に間に合わせるための急ぎの手紙の1通は，ボストンへの 'Express New York' と印された。Letter to Rathbone Bros Co. 20.12.1853. (Rathbone Collection, RP XXIV.2., SJ).

ニューヨーク−ルアーブル間のルートで事業をおこない，1855 年 4 月から，3 週間おきに出港した[283]。

ヴァンダービルトの事業は，出航表を調査したところ，現実には定期的ではなかったが，東方・西方のいずれの方向でも，オーシャンラインを簡単に負かした[284]。1857 年 6 月，オーシャンラインとのブレーメンに毎月航海をおこなう第二次 5 カ年契約が完了すると，郵政相は，ヴァンダービルトに，ブレーメンルートでの事業契約の年間 13 回の往復航海をするという 1 年間の臨時契約を認めた。その代償となったのは，アメリカの国内と海外の郵便料金であった。臨時契約は，コリンズラインが事業をやめた後も続いた[285]。

オーシャンラインは，このタイプの賠償を拒否した。その額は，それまでの契約で受け取っていたものよりもかなり少なく，以前の補助金が継続することを望んだからである。それが拒絶されると，同社は 1857 年 7 月に活動を停止した[286]。船舶は，太平洋岸で使われていたもとの価格の約十分の一で売られ，株主は，投資額の三分の一程度しか受け取れなかった。しかしながら，コリンズラインとは対照的に，同社は，少なくとも，1854 年にそれぞれ 7％と 10％の配当を支払った[287]。

ヴァンダービルトラインが 1858 年に臨時契約を更新したとき，コリンズラインは，事業を中止した。1858 年 5 月から，コルネリウス・ヴァンダービルトは，ルアーブルルートへの片道航海に対して，臨時契約を許された[288]。1858 年末，外国の海上郵便は，郵便料金のために運ばれるべきだという法律が可決した。すなわち，国内と海上の郵便料金が，

---

283) Hubbard & Winter, 161-162; Butler, 211. このラインは，ニカラグアルートのヴァンダービルト・ニカラグア・ラインと区別するために，ヴァンダービルト・ヨーロッパ・ラインと呼ばれた。第 6 章の 3 節をみよ。ヴァンダービルトの初期の人生と経歴の詳細については，Butler, 121-134 をみよ。

284) ニューヨーク−サザンプトン間のヴァンダービルトの平均的航海日数は，1855-57 年には，13.1 日間であった。西方へは 12.5 日間であり，東方へは 14.5 日間であった。一方，オーシャンラインはそれぞれ，15.1 日間と，14.5 日間であった。Hubbard & Winter, 89-90, 163-165 の出航表から計算。

285) Hubbard & Winter, 161-162. 補助金を受けた郵便汽船のラインから海上郵便料という形態だけの賠償への意向については，Hargest, 113-115 をみよ。

286) Hubbard & Winter, 161.

287) Tyler, 242.

288) Hubbard & Winter, 161.

競争による利益

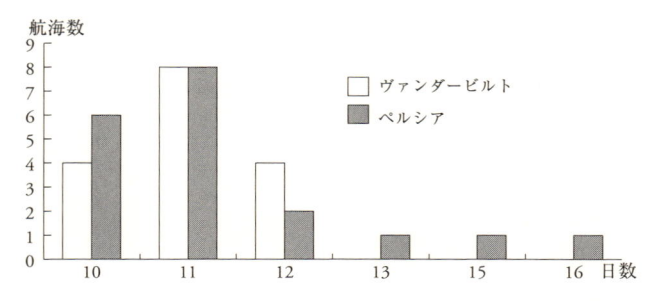

図21 ヴァンダービルト号 対 ペルシア号 西方への航海の所要時間 イングランド-ニューヨークの港間 1857年5月-1859年12月

出典）*Sailing lists in Hubbard & Winter*, 38-44, 163-165.

アメリカ船で運ばれる場合にかけられ，また外国船で運ばれる場合には，海上郵便料金だけが課せられるということになったのである[289]。

ヴァンダービルトラインは，汽船のヴァンダービルト号がなければ，海事史のなかで記憶されることはほとんどなかったであろう。同船は，1857年5月に航海で使用されるようになり，たちまちのうちにコリンズラインのアトランティック号と，キューナードラインの新しい鉄製の外輪船のペルシア号に挑戦した。ヴァンダービルト号は，一等船室と二等船室の乗客400人を収容し，1200トンの貨物と1400トンの石炭を運搬することができ，毎日100トンの石炭を消費した[290]。

ヴァンダービルト号は，3回めの東方への航海で，センセーションを巻き起こした。ニューヨークから（ワイト島の）ニードルズまで9日間と8時間で，すなわち平均速度13.87ノットで航海したのである。同社はこう主張した。ヴァンダービルト号は，ペルシア号が記録した航海よりも速かったが，比較を誤ったために，ペルシア号から，ブルーリボンを奪い取ることができなかったのだ，と。これは，ヴァンダービルト号が，ニューヨークを同日に出港したコリンズラインのアトランティック号と正面から戦った3回の航海の一つであった。この3回の航海のあいだに，ヴァンダービルト号はサザンプトンに停泊し，アトランティック号がリヴァプールに着いたその日に，ルアーブルに到着し

---

289) Robinson (1964), 141.
290) Bonsor (1975), vol.1, 330.

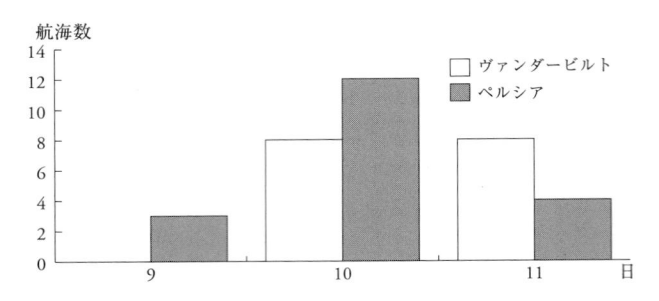

図 22　ヴァンダービルト号 対 ペルシア号　東方への航海の所要時間
　　　　ニューヨーク–イングランドの港間　1857 年 5 月 -1859 年 12 月

出典）*Sailing lists in Hubbard & Winter*, 38-44, 163-165.

た。ハージェストによれば，アメリカの郵政長官は，「ヴァンダービルト号と極端なまでに協力的であるようにみえた。というのは，郵便を運ぶためにコリンズラインに巨額の補助金が支払われていたにもかかわらず，郵便は，ヴァンダービルト号によって，サザンプトンとルアーブルに送られたからである」[291]。

　ヴァンダービルト号のスピードは，キューナードラインの新船舶のペルシア号と同じであった。1857-59 年に事業に従事していた 1857 年 5 月に，ペルシア号が航海しているときに計測された記録である。ペルシア号の西方への平均は，11.4 日間であり，ヴァンダービルト号の平均は，11.0 日間であった。東方については，数値はそれぞれ 10.1 日間と 10.5 日間であった。また，どちらの船舶も，故国への航海では，同方向に向かう競争相手の船舶より，速く航行したのである。

　これらの図から気づくように，2 隻の船舶の能力は，それ以前の時代のどの船も明らかに上回っていた。ペルシア号は 3 回，港から港へと，9 日間で東方への大西洋横断航海をおこなった。船舶の規則正しさは，大西洋航海で使われたそれ以前のどの船と比べても，際立っていた。ヴァンダービルト号は，郵便汽船として活躍しているあいだ，大西洋横断に 12 日間以上かけることはなかった。だが，厳寒の冬季には，航海をしなかったことに注意しなければならない[292]。

---

291) Hargest, 117 をみよ。
292) この箇所はまた，1860 年のヴァンダービルト号の実績を含む。Hubbard & Winter,

コルネリウス・ヴァンダービルトは，政府の補助金なしに郵便事業をおこなうこと，さらに補助金を与えられた船舶の最高能力を上回ることさえ可能だということを示した。ヴァンダービルト号とキューナードラインの事業は，10年前のグレートウェスタン号とキューナードの船舶との競争に似ていた。だが，一隻の高速船を所有していたとしても，もし同じ会社の船が予想通りの水準に達していなければ，定期的で信頼のおける郵便事業には，十分とはいえなかった。図23から気づくように，ヴァンダービルトラインの実績は，どの船で航海するかによって，大きく変わった[293]。

　南北戦争の開始とともに，ヴァンダービルトの汽船が，連邦政府によってチャーターされ，ヴァンダービルトのヨーロッパラインの事業は，決して再開されなかった。司令官ヴァンダービルトは，資本と利子を鉄道事業に移した[294]。

　1857年から1867年のほぼ10年のうちに，アメリカの郵便汽船会社は，北大西洋での事業から消えていった。もともと契約していたラインの二つであるオーシャンラインとコリンズラインは，船舶と財政の管理運営のまずさに加え，政府の十分な補助金が不足したので，閉鎖された。

　しばしば指摘されてきたことではあるが，コリンズラインが崩壊した主要な理由は，同社が4隻の船舶のうち2隻を失ったちょうどそのときに，補助金を削減されたことにある。しかし，ルアーブルラインも，創業以来使っていた船舶を2隻とも失ったが，南北戦争後でさえ，ラインを維持することができた。ルアーブルラインも，アメリカの他のすべての海運会社と同時期に補助金を失い，配達される郵便にかかる郵便料金にもとづく賠償金を受けただけであった。

　コリンズラインとヴァンダービルトの船舶の能力を比較して，さらに気づくのは，速く，定期的な事業は，必ずしも継続的で，長期的で，高

165の出航表をみよ。
　293）　同社の事業は，1858年に終了した。数カ月間，アリエル号とノーススター号という2隻の船舶に問題が発生していたからである。2隻の郵便船はキャンセルされ，3隻めが，インマン・ラインによって引き受けられた（Hargest, 116; Hubbard & Winter, 163-164.）。
　294）　Hubbard & Winter, 162; Butler, 241.

180 第 5 章　北大西洋

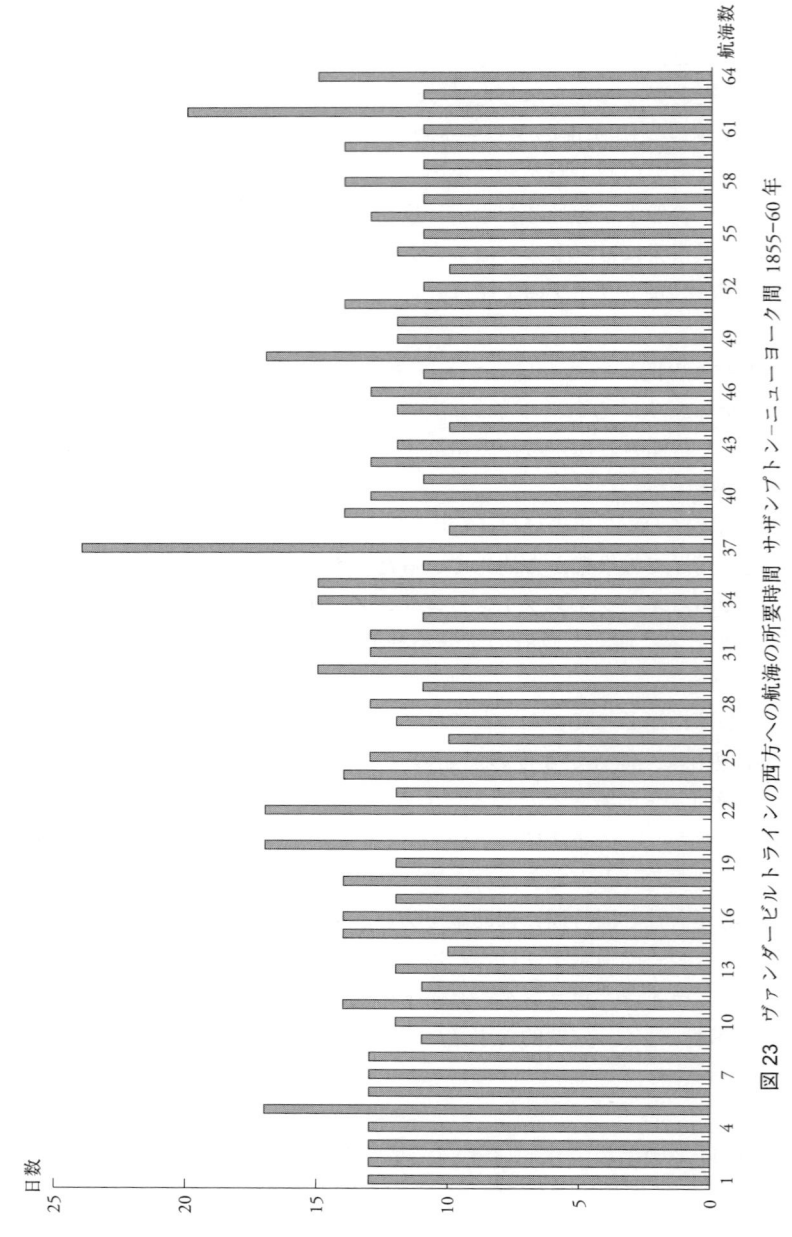

図 23　ヴァンダービルトラインの西方への航海の所要時間　サザンプトン–ニューヨーク間 1855–60 年

出典）*Sailing lists of Hubbard & Winter*, 163-165. ヴァンダービルトの西方への航海の結果は、最高水準のそれと比較すると、かなり違ってみえる。

価な修理を意味するものではなかったということである。ヴァンダービルト号は，航海の間に，7-14 日間だけ，定期的にニューヨークに停泊した。例外は，同社が，厳冬期に，このラインの船舶が，母港に停泊していたときであった[295]。主として 1-2 月に，場合によっては 3 月でさえ，事業をしていなかったからである。

　3350 トンのヴァンダービルト号は，アトランティック号とその姉妹船——それぞれ 2850 トン——よりいくぶん大きかった。ペルシア号は，3300 トンであった。これらはすべて，木製の外輪をもった汽船であり，例外は，ペルシア号であった。同船は，大西洋での事業ではじめての鉄製の船だったからである。コリンズの船舶とペルシア号は，それぞれ二つのサイドレバーエンジンを搭載していたが，ヴァンダービルト号は，二つのビームエンジンを搭載していた。アメリカの船舶は，アメリカで，ペルシア号は，イギリスで製造された。

　コリンズの船舶のエンジン（1850 年建造）は，2000 図示馬力，ペルシア号の船舶（1856 年建造）は，すでに 3600 図示馬力であった[296]。コリンズラインの崩壊をもたらした他のいくつかの要因のなかで，エドワード・コリンズがいくらか時代に先んじており，グレートイースタン号の建造者がより大規模に失敗したのとほぼ同じ理由で失敗したようにも思われる[297]。技術は，船主の期待に応えるほどには，進歩していなかった。技術的改良は，より速い事業を可能にしただけではなく，海上で機械が抱える問題を軽減した。しかし，発展を大きくスピードアップさせることは，できなかったようである。船舶は，技術的に解決される以前には大きさや容量だけではなく，スピードも，増加させることはで

---

295) Hubbard & Winter, 163-165 の出航表。
296) Kludas, 45, 49.
297) 18195 トンのグレートイースタン号は，イサンバールド・ブルネルの傑作であり，元来は 1860 年に東洋ルート用に建造されたが，北大西洋の事業用に変更された。同船は，世界のどの船より 5 倍ほど大きかったが，経済的には決して成功しなかった。当時の技術は，この船が挑戦的なまでに巨大であることに対し，うまく対応することはできなかった。同船は，その後 40 年間，世界最大の船であった。グレートイースタン号は，何よりも大西洋ケーブルを敷設したことで，記憶に残っている。以下をみよ。N.R.P. Bonsor, *North Atlantic Seaway* (New York, 1978), vol.2, 579-585; John Steele Gordon, *A Thread Across the Ocean. The Heroic Story of the Transatlantic Cable* (London, 2002), 153-208. グレートイースタン号は，郵便に関する契約を結ぶことはなかったが，他の商船がいつもそうだったように，手紙を私的に運んだかもしれない。

表24 キューナードラインのブリタニア号とペルシア号の技術発展の比較

	ブリタニア号	ペルシア号
製　造	1840年	1856年
ニューヨークまでの石炭消費量	750トン	1400トン
運搬貨物量	224トン	750トン
乗客数	90人	250人
図示馬力	710図示馬力	3,600図示馬力
100平方フィートあたりの圧力	9ポンド	33ポンド
1図示馬力あたりの石炭 //1時間	5.1ポンド	3.8ポンド
スピード	8.5ノット	13.1ノット

出典）　Tyler, 235.

きなかった。たとえさらなる技術的進歩を目指して一日中働いても，それにはいつも時間がかかった。

　タイラーは，16年以上にわたり，汽船の技術効率性の発展について，いくつかの興味深い数値を収集してきた。そして，キューナードの最初の郵便汽船のブリタニア号と，ペルシア号を比較した。

　では，ルアーブルラインが1867年に，「何よりもアメリカ政府の劣悪な通商政策のために会社を閉鎖する。そのために，非常に多くのアメリカの船舶が，外国の企業の手中に陥っているのだから」といったのは，いったいどういう意味だったのか[298]。同社のアラゴ号とフルトン号は，1855年に建造され，数年間戦争のために使われ，1860年代末に，新しい船舶に取って代わられるはずであった。同社が，新たな船舶に投資しなかったのはなぜか。アメリカの商船が衰退した主要な理由は，資本が不足していたからである。イングランド人の投資家は，アメリカで建造された船舶は劣ったものとみなしたので，すすんで投資しなかったのに対し，アメリカ人の投資家は，帆船のために，さらにそれ以上に，国内で西部の発展ために金を使っていた。すなわち，鉄道，電信，産業企業，鉱山に投資したのである[299]。

　アメリカ商船の海運は，南北戦争後急速に衰退した。それは，以降数十年間続くことになった傾向である。1860年には，輸出入の総トン数の三分の二が，アメリカ船で運搬されていたが，1866年にはたった

---

[298] Bonsor (1975), vol. 1, 214.
[299] Safford, 72-73; Tyler, ix.

30％になり，その9年後には，27％になった[300]。イギリスが1849年に航海法〔の廃止〕を可決し，貿易を国際的に開放すると，アメリカ人は，造船所を保護するようになったにすぎず，海運業を促進するためには何もしなかった。これは，政治的問題ともみられよう。奴隷に賛成の南部の指導者たちは，北部の海運業を支持することに反対であった。それは，北部諸州の経済的優位をさらに強めることになるからである。コリンズの補助金がなくなったのは，少なくともある程度，この背景への反抗とみられる[301]。

法的理由から，アメリカの海運会社は，アメリカで建造された船舶を使用しなければならなかった。アメリカの造船所は，木製の船舶を建造する点ですぐれていたが，鉄製の船舶建造の経験はあまりなかった。鉄はまた，アメリカの方が，イギリスと比較して高価であった。しかも，イギリスの機械技術と工学は，アメリカの水準をはるかに凌駕していた[302]。アメリカの汽船会社は，支援のないまま競争にさらされ，新しい市場状況のなかで，最後のアメリカ郵便汽船会社が閉鎖された。しかし，定期的な事業情報の伝達という視点からは，これは問題ではなかった。新たなヨーロッパの会社のうち数社は，アメリカ人が残したマーケットシェアを奪い取ろうとした。

移民ラインが郵便輸送のシェアを取る

アイルランドで発生した大飢饉は，1840年代中頃ジャガイモの収穫に数回続けて失敗したために生じ，新たなタイプの大西洋横断を開始した。飢餓から逃れ，よりよい生活を目指して，移民が大量に輸送された[303]。1846年から1875年にかけて，220万人以上のアイルランド人が，アメリカに移住した。ドイツ人移民の数ははるかに多く，およそ260

---

300) その後，1881年には16％，1910年には9％未満になった。Safford, 53をみよ。タイラーは，異なった統計を出したが，傾向は同じである。Tyler, 377をみよ。
301) これが，Tyler, 226-229の主要な結論の一つである。また，Safford, 64, 74をみよ。1838年に最初に大西洋横断をおこなった初期の汽船シリウス号の所有者であるジャニアス・スミスは，反奴隷制度の意見の持ち主であったため，1852年にサウスカロライナの茶のプランテーションで襲われ，致命傷を受けた。Pond, 266-279をみよ。
302) アメリカ商船の衰退については，Safford, 53-81をみよ。
303) Fox, 168-169; Kenwood & Lougheed, 63-64をみよ。

万人であった。一方，イングランド，スコットランド，ウェールズからのこの時期の移民は，合計で160万人であった。スカンディナヴィアからの移住は，その後1860年代にはじまり，つづいてイタリア人とロシア人が，19世紀末に最大の集団を形成した[304]。

この集団的輸送の最初の頂点のあいだに，270万人近い人々が，帆船で大西洋を横断し，移住が出港する主要な港はリヴァプールであった。アメリカの郵便帆船の貨物——郵便物，立派な貨物，正貨，地金——の方が運びやすかったので，彼らは三等船室に興味をもたず，さまざまな移民ラインにそれをゆだねた[305]。汽船がもっとも儲かる事業を受け継いではじめて，移民が，郵便帆船にとって興味深い選択肢となった[306]。

そのときには，技術的発展のため，汽船が以前よりも多くの貨物と乗客を運ぶことが可能になった。革命的なスクリューのプロペラの利点を現実に利用した最初の鉄製汽船は，木製の外輪をもつ汽船よりも，費用が少なくて済んだ。その後，複合機関が，石炭消費量を大きく削減した[307]。

現実にスクリューの利点を利用し，三等船室の乗客を運んだ最初の汽船ラインは，リヴァプール＆フィラデルフィア汽船会社であり，同社はむしろ，創設者であるリヴァプールのウィリアム・インマンにちなんだインマンラインとして知られる。インマンラインは，1850年に，リヴァプール－フィラデルフィア間で大西洋横断航海を開始した。鉄製のスク

---

304) Maldwyn A. Jones: *Destination America* (New York 1976), 16-17. 移住の経済的理由ととれが大西洋両岸の労働市場に与えた影響に関する有益な分析は，以下に見いだされる。Kevin H. O'Rourke & Jeffrey G. Williamson, *Globalization and History. The Evolution of a Nineteenth-Century Atlantic Economy* (Massachusetts, 2000), 119-206. また，Kenwood & Lougheed, 66-69 をみよ。

305) 1840年代終わり頃に，いくつかの海運ラインが創設された。イギリスとニューヨークないしボストンのあいだで事業をおこなっていた会社は，そのうち1ダース以上あった。この頃に移民を運ぶこともはじめたアメリカの郵便帆船だけではなく，さまざまな品質の郵便帆船がチャーターされていた。Cutler (1967), 371-392 をみよ。HAPAGが，この目的のために1847年に設立された。同社は，最初の10年間，ドイツ人移民をアメリカに帆船で運搬し，1856年に汽船の事業を開始した。郵便帆船の時代については，以下をみよ。Kurt Himer, *75 Jahre Hamburg-Amerika Linie.* I Teil: *Adolph Godeffroy und Seine Nachfolger bis 1886.* (Hamburg 1922), 7-23.

306) Albion (1938), 247-251. 船上での生活については，Jones, 28-39 をみよ。

307) 技術的発展については，Fox, 140-167, 172-178 をみよ。

表25 さまざまな地域からのアメリカへの移民 1846-75 (-1925) 年 単位：1000人

地域	1846-55	1856-65	1866-75	1876-85	1886-95	1896-1905	1906-15	1916-25
イングランド・ウェールズ・スコットランド	423	435	730	563	673	277	592	283
アイルランド	1288	416	535	487	537	345	277	123
ドイツ	971	537	1063	1170	891	285	302	200
スカンディナヴィア	25	26	229	476	549	419	363	178
ロシア	-	-	17	86	398	918	1833	293
イタリア	-	-	35	138	486	1323	2025	542
合計	2707	1414	2601	2919	3534	3567	5391	1620

合計) Jones, 16-17. 1875年以降の50年間の数値は，初期の趨勢が経時的にどのように変化するのかを示すために出された。南北戦争と第一次世界大戦のため，移民数は大幅に減少した。

　リューをもつ汽船であるグラスゴー市号を1852年に購入後，インマンは同船を移民船に変えた。西方への航海のために，400の臨時寝台をおき，東方への航海では，それを貨物用のスペースとして使った。汽船での航海は，帆船での航海よりもはるかに速かったことに加えて——それは，三等船室で不快な思いをしながら航海していた乗客に当然便利であった——，インマンの発想には，郵便汽船と比較した場合の料金の安さと，あまり裕福ではない乗客が乗船しているとき調理された食事も含まれていた[308]。

　インマンラインは，やがて，2隻の似てはいるがより大きな汽船を船隊に入れたが，すぐに事業は中断することになる。グラスゴー市号は，480名を乗せて1854年3月にリヴァプールを出港したが，二度と消息を聞かなかった。同年9月には，フィラデルフィア市号が，ケープレース付近で失われた。これらの災禍のため，人々は，数年のあいだ，スクリューをもつ汽船の航海への適性に疑問を抱くことになった[309]。

　　308) 最初の鉄製のスクリュー船であるグレートブリテン号は，1845年に建造されたが，三等船室の乗客は運ばなかった。しかし，1847年に建造された二番めのサラ・サンズ号は，200人の三等船室の乗客を運んだ。Bonsor (1975), vol. 1, 63, 184-185をみよ。ウィリアム・インマンと彼の事業に対する考え方については，Fox, 178-181をみよ。
　　309) Bonsor (1975), vol. 1, 218-220; Fox, 182-185.

1854年の損失の後もインマンで唯一残った船舶は，交替した2隻の船とともに，クリミア戦争で軍隊の運搬のためにイギリスおよびフランス人にチャーターされた。そのため会社は財政的に救われ，人々には悲劇を忘れさせられる時間がもたらされた。戦後，北大西洋ルートの市場情勢は，コリンズラインの崩壊によって変化した。インマンは，アメリカの港をフィラデルフィアからニューヨークへと移し，さらに，会社の名前を，リヴァプール・ニューヨーク＆フィラデルフィア汽船会社へと変更した。アメリカの郵政長官は，停止したコリンズラインの郵便事業に取って替えて，リヴァプールと他のヨーロッパの港に郵便を運ぶ汽船会社のそれぞれと航海の契約を結び，輸送された手紙だけに対して海上郵便料金の報酬を提供した。このように，インマンラインは，1857年初頭から，リヴァプール–ニューヨーク間の郵便配達人として，1カ月間に2回の事業を開始した[310]。

　カナディアン・アランラインは，1856年にリヴァプール–ケベック間の1カ月間に2回の事業を開始し，セント・ローレンス川を上る航海が不可能な冬季には，ポートランドに航海した。コルネリウス・ヴァンダービルトは，1857年にサザンプトン経由でニューヨーク–ブレーメン間のラインを開始したが，同年，インマンラインは，ニューヨークルートへと変更した。さらに，二つの重要なドイツのラインが，北大西洋ルートで汽船の事業を開始した。ハンブルク–アメリカライン（Haburger-Amerikanische Packetfahrt Aktien Gesellschaft=HAPAG）が，1856年にハンブルク–ニューヨーク間で就航し，北ドイツロイド〔NDL〕が，1858年にブレーメン–ニューヨーク間で就航した。どちらのドイツラインも，事業に，サザンプトンでの停泊を加えた[311]。

　これらのすべての新ラインのなかで，インマンライン，HAPAG，北ドイツロイドは，移民事業に関与したばかりか，アメリカ郵政省のために郵便を運んだ。アランラインは，カナダ政府との契約のもと，郵便の配達をはじめただけではなく，当初から，移民も運んだ。これらのラインはすべて，300-400人の乗客を三等船室で運ぶ設備を備えた鉄製のス

---

310) Bonsor (1975), vol. 1, 218-221, 238-239; Fox 181-185; Hubbard & Winter, 195-198.
311) Hubbard & Winter, 129-130, 161-162, 167-168, 235-236; Arnell (1980), 159-161. アメリカとハンブルク，ブレーメン間の郵便協定については，Hargest, 119-125 をみよ。

競争による利益　　　187

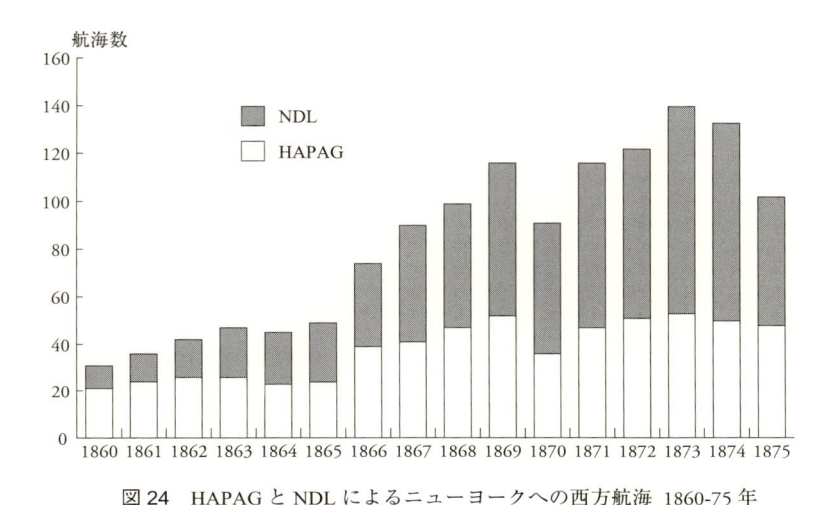

図24　HAPAGとNDLによるニューヨークへの西方航海　1860-75年

出典）　Sailing lists of Hubbard & Winter, 174-194, 242-262. ドイツ移民の数は，1860年代中頃にほぼ倍増した。それは，航海数の増加と大きく関係している。表25の移民記録をみよ。

クリューをもった汽船を使って，事業を開始した[312]。

　1860年から1875年にかけ，北大西洋ルートの航海は，著しく成長した。1860年代初頭には，イングランドから，ないしイングランド経由で，ドイツ諸邦からニューヨークに毎週2隻が航行した。南北戦争のあいだに少し成長したのは，主としてドイツからの出航が増えたからである。なかでも，北ドイツロイドが，ヴァンダービルトラインに取って代わったことが大きい。1860年代終わり頃には，ドイツの会社が力強く成長し，数年のうちに，ルートの点では，リヴァプールの諸会社よりも大きなマーケットシェアを確保するにいたった。ドイツの海運会社が思いもかけないほど急速に成長したことは，図24に描かれている。

---

[312]　さらに，この期間に，他の移民用の汽船ラインもいくつか設立された。1856年にグラスゴー－ニューヨーク間を結ぶアンカーラインが，1864年にリヴァプール－ニューヨーク間とロンドン－ニューヨーク間を結ぶナショナルラインが，さらに1866年にリヴァプール－ニューヨーク間を結ぶギオンラインが設立された。これらの船舶は，郵便契約をしておらず，したがって，本書では言及されない。これらのラインについては，以下をみよ。C.R. Vernon Gibbs, *British Passenger Liners of the Five Oceans*. (London 1963), 222-232, 238-247; Bonsor (1975), vol.1, 422-471; and Bonsor (1978), vol.2, 599-615, 701-711.

第 5 章　北大西洋

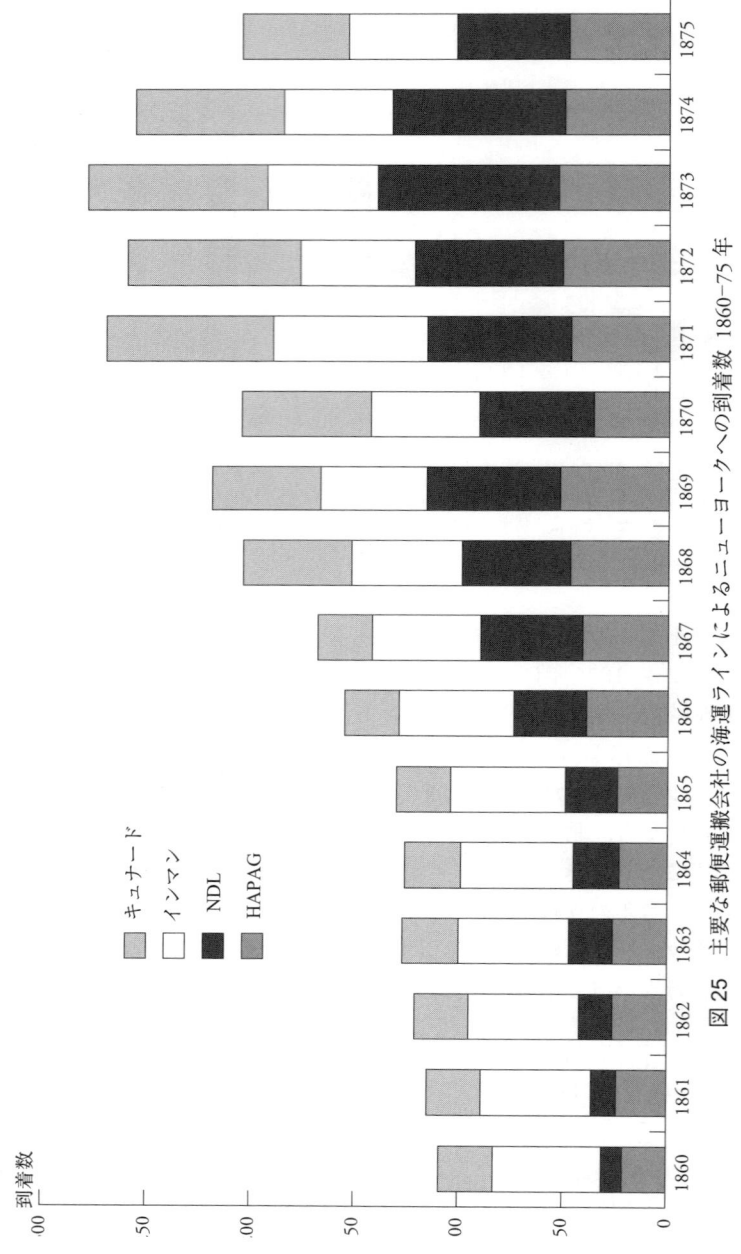

図 25　主要な郵便運輸会社の海運ラインによるニューヨークへの到着数 1860-75 年

出典) *Sailing Lists of Hubbard & Winter*, 44-80, 174-194, 200-224, 239-262.

南北戦争で，大西洋ルートからアメリカの競争相手が一掃されたのち，市場は二つのイギリスの会社と二つのドイツの会社のあいだで分割された。移民の輸送が，1860年代中頃から出航数が著しく増加した主要な要因であった。この時期の頂点となった1873年には，四つの会社の船が，合計で279隻，ニューヨークに到着した[313]。

図25では，キューナードラインのボストンへの出港数と，インマンラインのハリファックス（1867-71）への事業は含まれていない。

事業情報伝達への影響

主導的な海運会社に加えて，1858年に設立されたアイリッシュ・ゴールウェイラインが，ゴールウェイからハリファックス経由で，あるいはセント・ジョン経由で，ニューヨークに郵便を運んだ。この会社の郵便契約がいくらか変化し，契約上の責任を果たせないことが続いたのち[314]，1864年初頭にラインが閉鎖された。同社の衰退は，1861年に政府が補助金をとりやめたためだといわれてきた。しかしながら，郵便契約の廃止には，明確な理由があった。このラインの成果が上がらなかったからである。西方への航海には，平均して15日間以上かかった。航海の半分は，16日間以上かかった。一方，コリンズラインから購入された同社の新しいアドリアティック号は，8-9日間で同じルートを航海できた[315]。

ゴールウェイラインは，その短い存続期間のあいだに，事業情報の伝達に，いくつかの新しい発想を導入した。同社の契約には，船舶が電報をセント・ジョンまで運び，そこから，カナダないしアメリカに伝えられるので，情報伝達がいくらか短縮される計画もあった。大西洋横断ケーブルは，まだ定期的に使われるにはいたっていなかったが，すでにニューファンドランドからの電信での通信は存在していた[316]。しかし，

---

313) Hubbard & Winter, 44-45, 53-54, 200-201, 209-210 の出航表。
314) 同社は当初，ニューファンドランド植民地の政府との契約があったが，その後，イギリス政府との契約に変わった。以下をみよ。Hubbard & Winter, 263-264; Hargest 125-127.
315) 以下をみよ。Timothy Collins, *Transatlantic Triumph & Heroic Failure - The Galway Line* (Cork,2002), 151; Hubbard & Winter, 265-270 の出航表。
316) Hubbard & Winter, 263-264. この船舶-電信ルートは，すでにニューヨーク報道連合が，ハリファックスでキューナードラインの停泊と連結することで，数年前から使われて

同社の船舶のスピードが遅かったので，この通信手段は成功しなかった。郵便汽船で直接ニューヨークに情報を送った方が速かったのである。

アイルランドからのゴールウェイラインの事業がもたらした直接の影響は，1859年，インマンラインがニューヨークとの航海の途中でクィーンズタウンに停泊し，利益の大きなアイルランド移民の事業の一部を確保したことにあった。キューナードラインは，郵便を運ぶ航海への影響を読み取り，同年に同じことをはじめたのである[317]。

インマンラインが，クィーンズタウンにも停泊しはじめることで，実際にリヴァプール商人に損害を与えたともいえよう。ついで，郵便汽船は，クィーンズタウン沖で停泊しているあいだに，到来する郵便が降ろされて，それは補助の汽船でコークまでもって行かれ，ダブリン行きの列車に積み込まれた。ついで，郵便汽船は，ダブリンの港湾都市であるキングズタウンから，ウェールズのホリヘッドまで郵便を運び，そこから郵便は列車でロンドンに直接送られた。このような郵便と乗客の動きは，移動時間を12時間ほど短縮した。一方，リヴァプールとイングランド北部への郵便は，さらに大西洋を横断する郵便汽船に載せられて，翌日，リヴァプールで発送された[318]。それゆえ，リヴァプールの実業家は，ロンドンよりも，アメリカの郵便を1日早く受け取れるという利点を失った。もっとも重要なニュースが，どのような場合にでも，最初の到着港から電信で伝達可能だったので，1850年代終わり頃には，相違はもはや重要だとはみなされなくなった。

リヴァプールは，それ以前に，北大西洋における郵便輸送に対する支配権を失いはじめていた。ヴァンダービルトライン，ルアーブルライン，HAPAG，北ドイツロイドというアメリカとドイツの汽船の郵便輸送会社数社は，リヴァプールではなく，サザンプトンを経由し，ルアーブルやブレーメンに向かった。〔リヴァプールが面する〕マージー川での輸送の競争は，〔船舶が込み合い〕とても厳しかったからである。1840年代終わり頃，リヴァプールのアメリカ商工会議所は，こう書い

いた。しかし，それは決して，公的な郵便の契約方法ではなかった。第5章の4節をみよ。
317) Hubbard & Winter, 44, 199-200; Collins, 149.
318) Hubbard & Winter, 14.

た。「女王陛下の大蔵省の理事の皆様へ。……郵便がサザンプトンに午後遅く到着するときにはいつも，リヴァプールへの手紙は，ロンドンと比べて 12 時間遅れます。したがってロンドン商人が，すべての取引で決定的に有利になるのです。しかも，サザンプトンへの到着がたまたま土曜日の遅くになった場合には，手紙は，火曜日の朝までリヴァプールには着きません。前日の月曜日の晩の事業の時間以後まで，手紙が配達されないからです」。したがって，商人は，郵便がこの国に直接向かうよう「おそれながら，申し出た」のである[319]。

リヴァプール商人のいい分にも，合理的な点があったであろう。たとえ，ロンドン商人がクィーンズタウンからの列車によって素早く郵便を受け取っていたとしても，サザンプトンに郵便を運んでいる海運ラインと郵便の契約を廃止しようという計画は，1860 年代にロンドン商人による「激しい抵抗」を受けたからである[320]。新しいニュースを早く入手することは重要であったが，競争相手よりも早く入手することも重要であった。

ここで言及したすべての海運ラインは，イングランドと郵便をやりとりしていたけれども，イギリスの実業家は，速いという評判の船舶を好み，また，国内における連絡が短いことも好んだようである。ラスボーン・ブラザーズ商会の通信を読めば，たとえたった一社の目的，とくに，リヴァプールに位置する一社を表しているにすぎないこの主張にも，いくらか説得力があることがわかる。

ラスボーン・ブラザーズ商会の 1864 年の通信のサンプルは[321]，この年にリヴァプールに到着したほとんどすべてのイギリスの郵便汽船によって，同社が郵便をニューヨークから受け取ったことを示す。受け取った 146 通の手紙のうち，77 通がキューナードラインの船によって，64 通がインマンラインによって，直接リヴァプールに送られた。キュー

---

319) A Memorial to the Right Honorable the Lords Commissioners of Her Majesty's Treasury, resolved in a meeting of the ACC in Liverpool on 14.4.1849. (LRO, 380 AME/2). 覚書は，西インド諸島連合と協力し，とりわけ西インド諸島の郵便の遅れがあったときに書かれた。ただし，外国からの郵便がサザンプトンに到着したときはいつも，当然同じ問題が生じたのである。

320) Tyler, 341.

321) Rathbone Collection, RP XXIV.2.20, (SJ).

ナードラインが運んだ手紙のなかで，34 通がボストン経由で，43 通がニューヨークから直接送られた。5 通は，ドイツのラインによってサザンプトン経由で到着した[322]。

　リヴァプールの船舶はすべて，クィーンズタウンを経由した。ハバードとウィンターによれば，キューナードラインの船舶は，クィーンズタウンでは少ししか停泊せず，ときには 10 分間のこともあったが，郵便を送ったのである[323]。とくに西方への航海では，インマンラインは，何百というアイルランドの三等船室をすべて入手するために，はるかに多くの時間を要したに違いない。

　それ以外で，ニューヨークからリヴァプールまで事業情報を送る最速の選択肢は，1864 年の時点では，キューナードの船で直接送ることであったようだ。キューナードの船舶は，ニューヨークからクィーンズタウンまで 10.5 日間で航海した。ボストンからの船舶が到着するのに，たとえ約 8 時間短縮されたとしても，11.1 日間かかったのである。ニューヨークに関しては，キューナードラインの最新・最速の船は，航海の大半を 9-10 日間で終えたのである。ここで述べたすべての平均日数に，リヴァプールまでの最終航海のための約 1 日を付け加えるべきであろう。クィーンズタウンに早朝に到着した船舶が，リヴァプールに晩に着くことは可能であったが，あまり頻繁にあることではなかった。その場合でも，翌日の朝になる前に郵便が発送されるには遅すぎたのである。

　ラスボーン・ブラーザーズ商会のニューヨーク在住の代理人は，船舶のこのスケジュールに，慎重に従っていったようである。ほとんどの手紙は，船舶の出港日の前日（68 事例）か当日（また 68 事例）に書かれたが，出港の 2-3 日前――一度は 4 日も前に――書かれたのは，10 例しかなかった。1853 年からは，同日に出港する船舶に乗り込んで最新のニュースを入手しようとするプレッシャーにさらされた実業家のため，

---

　322) キューナードラインでは，ニューヨークから 27 通，この年にリヴァプールから 26 通が，ボストンに到着した。インマンラインでは，ニューヨークからリヴァプールに到着したのは 54 通であった。ニューヨークからサザンプトンに到着した郵便数は，北ドイツロイドは 22 通，HAPAG は 23 通であった。Hubbard & Winter, 50-52, 177-178, 241-242, 206-207 の出航数をみよ。

　323) Hubbard & Winter, 14.

ニューヨークの補助事業があった。その準備は、汽船の波止場にいる職員が、郵政省での郵便の受付が表向きは終わる時間以降に郵便料金不足を受領し、船舶が出航する10分前まで手紙の管理をしたために可能になった。この事業は、可能なときには、商業新聞で宣伝された[324]。1864年のラスボーンの数通の手紙には、「補助の手紙」という手押印が押されていた[325]。これらの手紙のほとんどは、キューナードラインが運んでいたが、他のラインも関与していた。それは、この事業が、郵便が運ばれる船の国旗とは無関係におこなわれていたことを示す。

ラスボーンの代理人が適切に事業を運営していたので、ニューヨークから手紙を送るのに、不要な日程は通常なかった。しかし、ボストンまで郵便を国内輸送するために、余分な1日がふつう必要であった。キューナードラインの航海のスケジュールのため——水曜日にヨークとボストンを出港する——、船舶はまた、日曜日にリヴァプールに到着することがかなり多かった。1864年には、それが20回生じた。そのため、35通のラスボーンの手紙が1日遅れた。手紙は、月曜日以前に発送されなかったからである。インマンラインは、土曜日に航海していたので、ふだんそれは、彼らの船舶にとって問題ではなかったし、日曜日に到着したことは、この年にはたった2回しかなかった。だがそのため、3通のラスボーンの手紙が、さらに遅れた。

これらのごまごまとしたことをすべて含めて、書き手から受け手までの情報伝達の所要時間は、手紙がキューナードの船でニューヨークから直接届いた場合には、平均で12.2日間であったし、ボストン経由であれば、13.6日間であった。インマンラインによって送られる手紙は、平均で13.8日間かかった。その他、キューナードのボストンへの航海には代替手段となったが、ニューヨークからの手紙については、そうならなかった。

ドイツのラインである北ドイツロイドやHAPAGから送られた手紙のサンプル数は非常に少ないので（たった5通）、結論を導きだすことはできないが、すべての航海が、11-13日間で終わっており、平均で11.8日間であった。手紙は、付された日付から平均して13.6日間でリヴァ

---

324) Hubbard & Winter, 14.
325) Rathbone Collection, RP XXIV.2.20, SJ.

プールに着いた。ドイツの船舶の能力がインマンラインのそれと同等であったとみえたとしても，ドイツ船が使われたのは，同日に出港し，アイルランドに郵便を運んでいる場合にすぎなかった。ニューヨークから日曜日に航海することに対して，郵政長官によって，アメリカの郵便は，日曜日ごとに，複数の汽船によって送られるという取り決めがなされ，それゆえ，同日に 2-3 隻の郵便船が出港することがありえた。1 隻は郵便をアイルランドに運び，1 隻はフランスに，1 隻は，他のヨーロッパに運んだ[326]。

　ラスボーンの通信から判断するなら，手紙は，もし可能なら，サザンプトンもロンドンも経由しなかったようである。手紙がドイツの汽船で運ばれていた場合は，常に，次のキューナードの汽船が送るよりも早くリヴァプールに着いた。3 日間から 5 日間と相違はあったが，ドイツの汽船で送った手紙のうち 3 通は，補助的事業により転送された。それは，何か本当に重要なことが伝えられなければならなかったことを示す。

　キューナードラインとインマンラインの事業を比較すると，インマンラインよりも 4 日前にニューヨークを出港したキューナードの船が，同日にクィーンズタウンに到着し，さらに 2 社の手紙が，ともに翌日にリヴァプールから発送されることは，例外ではなかった。このような出来事は，当然，たとえインマンラインも時折速い航海をすることがあったとしても，信頼がおける郵便船会社として，キューナードラインの名声を高めた。

　1859 年に爵位を与えられたサー・サムエル・キューナードは，なお，郵便伝達での唯一の安全な方法は外輪船であると主張し，北大西洋での事業において，この基準を 1860 年代まで維持した[327]。1862 年に建造されたスコーシア号は，キューナードライン最後の外輪船であり，1876 年まで運行した。サムエル・キューナードは 1865 年に死去した。それは，同社が北大西洋の郵便ルートで 1862 年に最初の鉄製スクリュー汽船であるチャイナ号を進水させた 3 年後のことであった。この船舶は，

---

326) Hubbard & Winter, 391-407 をみよ。

327) キューナードラインの地中海における事業は，1852 年以来鉄製のスクリューをもつ汽船でおこなわれていた。Bonsor (1975), vil.1, 142-147; Fox, 186-191.

多くの点で，変化した環境に適応した。268 の船室にいる乗客に加えて，三等船室で 771 人を運んだ。そのときまで，キューナードは，郵便の安全性と，移民の輸送は相容れないものだと考えていた。したがって，移民を運ぶことはなかったが，時代は変化しつつあったのだ[328]。

開かれた競争——郵便契約をめぐる新しい交渉

1850 年代終わり頃には，インマンライン，HAPAG，北ドイツロイドは，すでに鉄製のスクリューをもった汽船で航海していた。そのため石炭の使用量はより少なく，数百人の移民を運ぶことができた。キューナードラインは，地中海の事業で移民船を航海させていたけれども[329]，北大西洋の事業で使うことには躊躇していた。1867 年になってようやく，同社はロシア号を建造した。これは，高速で鉄製のスクリューをもった郵便汽船であり，235 名の船室の乗客を乗せていたが，三等船室の乗客はいなかった。同社は，この船が建造されているあいだに，1867 年に切れることになっていたイギリスの郵便契約を，イギリス郵政省が再び結ぶ交渉をする気持ちはないことを知った[330]。

この決定が下された理由は，明確であった。イギリスとアメリカの郵政省は，それまでの郵便料金を半額に削減する計画をたてていたからである。そのため，送られる手紙の数は増えるであろうが，郵便料金による収入が低下することは，ほとんど確実であった。しかも，イギリス郵政省は，古い形態の取り決めは，そのためにもっとも有利なものとはいえないと考えた。信頼のおける汽船事業は，いまやいくつかの異なる会社によって指揮されていた。もし汽船会社がそれぞれ短期間かつ別々の契約を結んでいなかったなら，アメリカへの郵便事業がもっと頻繁にあったであろう。アメリカが同種の取り決めをしたなら，両国間の通信

---

328) 以下をみよ。Bonsor (1975), vol.1, 142-147; Fox, 186-191.

329) 地中海の事業は，1850 年代初頭にイギリス-地中海間の航海からはじまり，1855 年にイギリス・外国汽船航海会社という名の会社が設立されたとき，北大西洋の事業からは切り離された。どちらの会社も，同じ家族が所有者であった。事業を地理的に拡大する他の可能性も，この当時には考慮されていた。コリンズラインとの競争が，非常に激しかったからである。オーストラリアへの汽船ラインを始動する計画も考えられていた。Hyde (1975), 16-26 をみよ。

330) 以下をみよ。Bonsor (1975), 149; Hyde (1975), 51.

は，大きく改善されたであろう[331]。

　新しい契約の時期が近づくにつれ，イギリスの郵政相は，外洋での郵便料金だけを支払う提案を宣伝した。これは，すでにアメリカで長年にわたり実践されてきたことであった。キューナードラインは，このような提案はまったく相手にせず，事業から撤退することをほのめかした。インマンラインは，郵便をニューヨークからクィーンズタウンに運ぶことに同意し，ドイツのラインは，ニューヨークからサザンプトンまで，手紙は1オンスあたり1シリングで，新聞は1ポンドあたり3ペンスで運ぶことに同意した。キューナードラインを除外するため，インマンは，手紙を，ニューヨークだけではなくハリファックスに運ぶことに同意した[332]。

　イギリス郵政省は，キューナードラインが従わないとは夢想だにしなかったので，困難な状況におかれた。毎週，イギリス-アメリカ間を，定期的に四つの郵便船が行き来した。火曜日は，サザンプトンから北ドイツロイドないしHAPAGでの航海，木曜日以降は，インマンラインによるクィーンズタウンからの航海であり，水曜日にリヴァプールを出港する。日曜日は，キューナードラインによるクィーンズタウンから国外への出港であり，リヴァプールからは土曜日に出港した。ニューヨークから故郷への手紙は，キューナードラインが水曜日に，火曜日にはドイツ船が，土曜日にはインマンラインが運んだ。しかも，カナダと行き来するアランラインの郵便があった。キューナードがこの事業形態をやめると，定期的な郵便配達のバランスが大きく崩されることになったのは明らかだ。したがって，ジョン・バーンズに対してなされた申し立てによれば[333]，同社は，海上郵便料金の支払いではなく，補助金を提供しなければならなかった[334]。

　通常，キューナードの郵便との契約は，政治的な問題でもあった。イ

---

331) Tyler, 339; Hubbard & Winter, 14.
332) Tyler, 339; Hubbard & Winter, 225.
333) 創業者の死去ないし引退ののち，キューナードラインの経営は，息子に移譲された。ジョン&ジェームズクレランド・バーンズ社と，エドワード&ウイリアム・キューナード，そしてデイヴィッド&ジョン・マカイヴァー社である。同社の新しい資本構造と管理については，Hyde (1975), 12-23 をみよ。
334) Hyde (1975), 52; Hubbard & Winter, 56-57, 149-150, 181-182, 212-213, 244-245.

ンマンラインとドイツの会社との契約が政府に認可される前に，自由党政権は，保守党政権に取って代わられた。新しい郵政相は，キューナードラインが遅ればせながら提出した，ニューヨークに郵便を配達する申し出を受け入れる考えを示した。それは，インマンラインとドイツのラインとの契約に加えて，もしハリファックスで停泊するなら，9万5000ポンドから12万ポンドを受け取るというものであった。保守党は，キューナードラインに対し積極的な態度をみせ，汽船のラインに補助金を提供する政策を支持した。彼らは1846年にキューナードとの契約をし，1858年にそれを延長したのである。このとき，政府はキューナードラインに妥協案を提示した。1年間郵便を配達することを許可し，それに対し8万ポンド支払ったのである[335]。

アメリカが海上郵便料金を半額にするという協定に賛成するとすぐに，新しい取り決めが必要になった[336]。郵政相は，新しい入札の広告をしなければならなかった。ナショナルラインが最高額を提示したが，船のスピードが遅いという理由で，契約されなかった。最速の船なら10日間もかからなかったのに，14日間かかったのである。このときまでに，キューナードラインは，パンは半分でもないよりはましだという結論に達し，インマンと交渉した。その結果，私的な同意に達した。両社の代弁をしたジョン・バーンズは，キューナードラインへは10万ポンドの，インマンラインへは5万ポンドの要求をして，政府と対立した。一連の交渉の過程で，この要求は，それぞれ7万ポンドと3万5000ポンドに，さらに契約期間は，10年間から7年間に減らされた。これらの契約が終了すると，ふたたび交渉されることはなかった[337]。

1869年初頭から，キューナードラインは，イギリスの郵便をニューヨークに運び，土曜日ごとにリヴァプールを出港し，クィーンズタウ

---

335) Tyler, 339-340.
336) Tyler, 340. 協定の交渉と詳細については，Hargest, 149-150 をみよ。
337) Tyler, 340-341. ミルネは，新しい契約について，違った見方を提示している。「1868年にインマンが協同したのは，単なる策略にすぎず。事業の出費のための新たな源泉を獲得したが，その一方で，重要な競争相手が利用できる補助金を大幅に削減した。ついで，キューナードが協同しなければならなかったのは，それに代わる選択肢の方が悪かったからであろう。政府の考えは，補助金の削減に向かったので，キューナードの選択が妥当だと思われたにちがいない」(Milne 2000,174)。

ン経由で火曜日ごとにボストンに着いた。インマンラインは，これもクィーンズタウン経由で，毎水曜日にニューヨークまで航海した。さらに，ドイツのラインは，サザンプトンの郵便を，以前と同様，郵便料金だけで運んだ[338]。

海上郵便料金は，1870年初頭にふたたび切り下げられた。大西洋を横断する郵便料金は，1867年には1通あたり1シリングであったが，1868-69年に6ペンスになり，1870年にたった3ペンスになった。同時に，運ばれる手紙の数は，1867年の390万通から，1870年には670万通へと増加した。情報伝達が飛躍的に成長したにもかかわらず，イギリス郵政省の収入は，著しく減少した[339]。

その後，郵便の輸送は汽船会社の事業ではなくなった。イギリスがキューナードラインとインマンラインと結んだ契約は，キューナードラインが開始した水準からはほど遠かった。アメリカは，海上郵便料金しか支払わないという政策に固執していた。便利な場合には汽船のラインで，毎週郵便を運んだ。1868年には，わざわざ郵便を運ぶなどということはしないということが，二回生じた。1870年に郵便料金がさらに引き下げられたとき，イギリスのラインは，アメリカの郵便を運ぶことを拒否し，ギオンラインと北ドイツロイドとの協定がなされた[340]。

北大西洋ルートで，同時に二つの展開が生じた。すなわち，航海の数が増え，スピードはそれまでになく速くなったのである。この二つの傾向は，郵便料金が急速に低下したことと相まって，情報の伝達量を著しく増やした。これが，大西洋の両側でプラスに作用したとしても，海運会社にとって良かったわけではない。郵便による収入が減少したばかりか，輸送能力が急速に向上したため，輸送料金も低下したのである。乗客が支払う料金までもが，激しい競争のため減少した[341]。

---

338) Hubbard & Winter, 15, 58-61, 212-213.
339) Tyler, 342.
340) Tyler, 343; Hubbard & Winter 169, 237. 北ドイツロイドは，ドイツの郵便を運んでいるときでさえ，必ずしも，サザンプトンから西方へとイギリスの郵便を運ぶとはかぎらなかった（Hubbard & Winter, 248）。HAPAGは，イギリスとの郵便契約にふたたび応募することはなかったが，アメリカの郵便は運び続けた。同社は，停泊港をサザンプトンからルアーブルへと変え，さらに，少し調整がなされた。Hubbard & Winter, 169をみよ。
341) 以下をみよ。Kenwood & Lougheed, 27; Tyler 197.

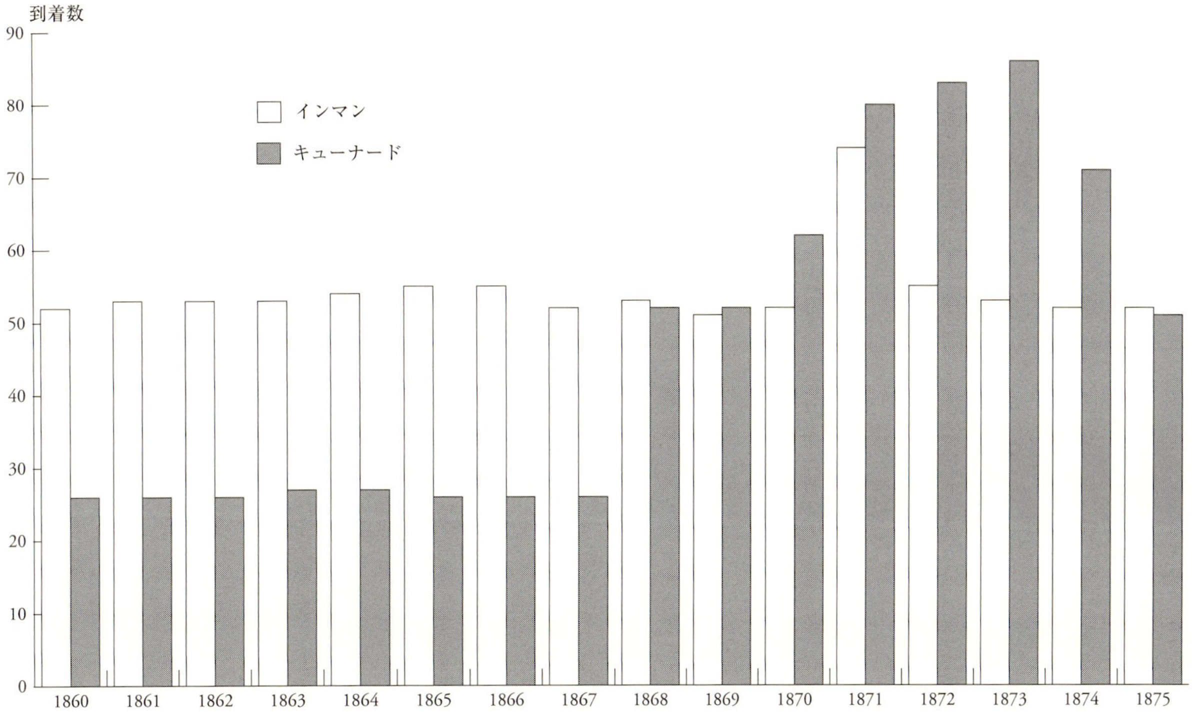

競争による利益　　199

図26　インマンラインとキューナードラインのニューヨークへの到着数 1860-75年

出典）*Sailing lists of Hubbard & Winter*, 44-80, 200-224. キューナードラインのボストンへの航海とインマンラインのハリファックスへの航海は含まれない。

このような事業状況において，移民の輸送が，海運業の機能の一部として重要になった。移民事業は，簡単なことでも，大きく儲かることでもなかった[342]。しかし，うまくいけば，海運会社に巨額の収入をもたらした。たとえば，キューナードラインは，1年間に104回航海し，イギリス政府から郵便の補助金7万ポンドを，さらに，ニューヨークから運ばれるアメリカの郵便料金1万6000ポンドを受け取った[343]。ボストンルートを除くと，郵便による収入は，平均して1回の往復航海で980ポンドであったと計算される。もし，1人の移民がリヴァプールからニューヨークへの航海に6ポンド6シリング支払ったとすれば[344]，500人の移民に対する収入が加わるので，往復航海ごとに，会社の収入は3250ポンド増大した。

1870年には，インマンラインが，4万500人の三等船室の乗客を運んだ。ナショナルラインが3万3500人，ギオンラインが2万7500人であった。キューナードラインが運んだ三等船室の乗客は1万7000人に満たなかったが，一・二等船室の乗客をさらに7500人運んだ。それは，他のすべての会社をあわせたよりも大きな数であった[345]。郵便契約に関する新しい交渉についてキューナードラインが再考していた影響は，図26から読み取れる。

1868年末まで，キューナードラインはニューヨークにもボストンにも，毎年26回航海していた。新しい郵便契約は，両方の港で52回の航海を必要とした。だが，それから数年間，移民が大西洋に流出していたときに，ニューヨークへの航海数は86回にまで上昇した。すなわち，新しい船舶に巨額の投資をしたのである。2500トンのシベリア号とサマリア号は，130人の一・二等船室の乗客と800人の三等船室の乗客を乗せることができた。さらに，1860年代後半になると，より大きな船

---

342) Hyde (1975), 58-66 をみよ。
343) Tyler, 355.
344) Hyde (1975), 64.
345) Bonsor (1975), vol.1, 228. ボンソルの統計は，本書とは異なる理論にもとづいており，航海数は，ハバードとウィンターの郵便航行のリストとは一致しない。リヴァプール（クィーンズタウン）－ニューヨーク間については，ボンソルの数値よりも多くの郵便用の航海があったかもしれない。たとえば，ハリファックス経由のインマンラインないし地中海からのキューナードラインの航海がそれにあたる。

競争による利益　　　　　　　　　　201

が次々に建造されることになった[346]。

　議会での審問におけるウィリアム・インマンの主張にもとづいて，歴史家は，二つの航海ラインは，1860年代終わり頃には，スピードとサーヴィスの両方の点で本質的に同じであったと仮定してきた[347]。しかしながら，1870年には，政府の補助金をすでにこの両社が分け合っていたとしても，同じとはいえなかった[348]。

　図27に示されているように，キューナードラインが，9日間以下の西方への航海を21回，すなわち34％しているのに対し，インマンラインはたったの5回，すなわち10％にすぎない。平均して，キューナードの航海は10.2日間であったが，インマンは，10.6日間であった。

　東方への航海の場合，相違はさらに大きかった。東方への航海では，9日間以下の航海が，キューナードラインは43回，すなわち，70％を占めていたのに対し，インマンラインはたった20回，すなわち38％であった。しかも，同社は不運にも，2回の航海が，17日間と27日間まで延びた[349]。キューナードの平均的な航海は，9.3日間であったが，インマンの航海では，9.9日間かかった。

　とはいえ，この状況は急速に変化した。キューナードラインのように航海数を増やすのではなく，ウィリアム・インマンは，より大きくより

---

346) バタヴィア号，アビシニア号，アルジェリア号，パルティア号は，すべて，2500-3500トンであり，800-1000人の三等船室を備えており，1870年に進水した。さらに三隻の船舶，すなわち約2500トンで800人が乗れる三等船室をもつアトラス号，4500トンで1100人の三等船室の乗客が乗せられるボスニア号とシチア号は，1873年と1875年に，北大西洋のために建造された。Bonsor (1975), vol.1, 150-152 をみよ。

347) Fox, 192; Tyler 340; and Milne (2000), 173.

348) しかし，両社には，1867年ないし1868年の初頭から，外国との競争に対してイギリスの海運ラインを保護するために，一定の輸送料と最低の乗客の料金に関する合意があった。ナショナル，ギオン，アラン，アンカーという四つのラインも，この協定に加わった。Hyde (1975), 94 をみよ。

349) 2回の不運な長くかかった航海は，もともとはリヴァプールに行く予定であった。他の数値と比較するために，これらの航海は，たとえ船舶が直接リヴァプールまで航海するとしても，表では，クィーンズタウンまでそれぞれ16日間と26日間かかるものとして計算された。ハバードとウィンターがリヴァプールの到着日しか書いていない場合は，航海の所要時間から1日間を引いた（このような場合，悪天候などの理由のため，船舶はおそらくクィーンズタウンに停泊することができなかった）。この年にニューヨークで事業をおこなっていたキューナードラインに，一度そのようなことがあった（さらに，ボストンでは5回）。インマンラインの事業では，2回の長期航海を含んで，それは8回あった。

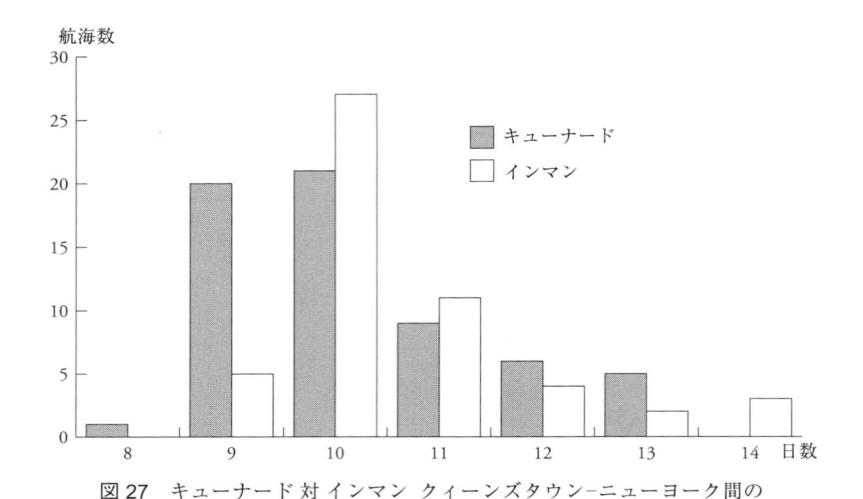

図27 キューナード対インマン クィーンズタウン-ニューヨーク間の
　　　西方への航海 1870年

出典）Sailing lists of Hubbard & Winter, 61-64, 215-217. キューナードとインナムの総航海数は、それぞれ61回と52回であった。

　速い船舶に投資した。新しく建造された2隻の船舶ブルックリン市号とブリュッセル市号には、200人の一・二等船室と600人の三等船室の乗客があった。これらの船を進水させたのち、1869年に、同社は4500トンの船舶を3隻進水させた。それぞれ、120-200人の一・二等船室の乗客と、1200-1300人の三等船室の乗客が収容できた。1875年に進水したベルリン市号は、5500トンの汽船で、一等船室では170人、二等船室では200人、三等船室では1500人の乗客を運ぶことができた。同船は、北大西洋ルート、東西両方向で航海の記録を打ち立てた。クィーンズタウンからニューヨークに7日間と18時間2分で到着し、帰りは、それよりも2時間半短かった[350]。新しい船舶は、キューナードラインの船舶より大きかっただけではなく、速かったのである。
　この点で、まだ二つの郵便汽船会社を紹介する必要がある。イギリスとフランスの会社である[351]。1870年代初頭に生じた大西洋横断の海運

---

[350] Bonsor (1975) vol.1, 230-231.
[351] この2社だけが、1870年代初頭に設立された重要な大西洋横断汽船ラインではなかった。オランダ–アメリカライン（オランダ–アメリカ汽船会社）は、1872年に創設され、

ブームのため，とりわけ重要なイギリスの郵便運搬汽船会社が設立された。オーシャン蒸気航海会社がそれであるが，むしろ，ホワイトスターラインとして知られる。この会社の名前は，1850 年代初頭にゴールドラッシュがはじまると，帆船でオーストラリアに移民事業をおこなっていることで知られていた。このラインは，メルボルンまで大量の移民を運んでいたためだけではなく，最悪の座礁事故をおこし，会社自体が 1860 年代終わり頃に倒産したことで知られる。財政上の失敗は，不成功であった貿易によって引き起こされたわけではなく，リヴァプールのロイヤルバンクが破産したことが原因であった。オーシャン蒸気航海会社は，船舶に投資したために，この銀行に大きな借金があった。船舶が売られても，会社の名前は残り，それをトマス・ヘンリ・イズメイという人物が買収した[352]。オーストラリアへの移民事業を再開したのち，イズメイは，関心を北大西洋での事業に向けた。

1871 年 3 月から 1 年もしないうちに，ホワイトスターラインは 5 隻の巨大な汽船を，リヴァプール-クィーンズタウン-ニューヨークルートにもたらした。オーシャニック号，パシフィック号，バルティック号，リパブリック号，アドリアティック号は，どれも，およそ 3700 トンで，166 人の一・二等船室と 1000 人の三等船室の乗客を運んだ。イズメイは，1850 年代に著名であったコリンズラインから船舶の名称を借用したばかりか，事業のアイデアまでも真似たのである。彼が所有

ヘレフットスライス-ニューヨーク間を航海した。レッドスターライン（フィラデルフィア国際航海会社）は 1873 年に創設され，主としてフィラデルフィア-アントウェルペン間を航海した。アメリカンライン（アメリカ汽船会社）は，1873 年に創設され，フィラデルフィア-クィーンズタウン-リヴァプール間を航海した。これらについて言及する必要がある。けれども，すべて違ったルートで事業に従事し，本書の範囲では数年間しか重ならないので，本書の対象外となる。1875 年までの出航表については，Hubbard & Winter, 335-346 が利用可能である。のちにインマンラインと合併することになるレッドスターラインとアメリカンラインの歴史は，以下の書物で取り扱われている。William Henry Flayhart III in *The American Line (1871-1902)* (New York, London, 2000)．また，初期のオランダ-アメリカラインについては，Bonsor (1979), vol. 3, 885-887 をみよ。レッドスターラインについては，Bonsor (1975), vol. 2, 829-835. アメリカンラインについては，N.R.P. Bonsor, *North Atlantic Seaway* (New York, 1979), vol. 3, 920-924.

352) Robin Gardiner, *The History of the White Star Line* (Surrey, 2001), 25-66 をみよ。移民船のテイラー号，は，オーストラリアへの航海のためにホワイトスターラインによってチャーターされ，アイルランド沖で難破した。1854 年の処女航海で，420 人の命が失われた。Gardiner, 26-28 をみよ。

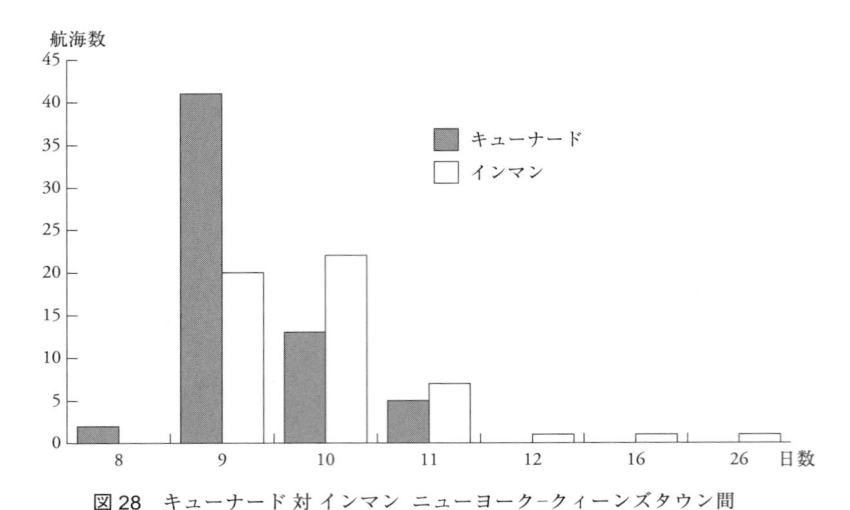

204　　第 5 章　北大西洋

図 28　キューナード対インマン　ニューヨーク–クィーンズタウン間の東方への航海　1870 年

出典）　*Sailing lists of Hubbard and Winter*, 61-64, 215-217. キューナードとインナムの総航海数は，それぞれ 61 回と 52 回である。

する船舶は，北大西洋の航海で最速であっただけではなく，乗客にとって，もっとも快適なものであった。いくつかの新たな革新があり，それは当然，他の会社にすぐに真似られた[353]。

ここで言及すべき長命の海運ラインの一つに，大西洋横断総合会社，すなわちフレンチラインがある。同社は，ルアーブル–ニューヨーク間のフランス政府との郵便事業契約を，1864 年 6 月に結んだ。それは，不成功に終わった 1847 年のエロー商船ライン以来，最初のフランスの郵便ラインであった[354]。イギリス政府が補助金を出した北大西洋（キュー

---

[353]　船名のアークティック号とパシフィック号が，リパブリック号とケルト号（1872 年に進水）に変わったのは，この会社が，船名が一般の人々のあいだに引き起こすと信じた悲劇と関連していた。以下をみよ。Fox, 241; Bonsor (1975), vol. 1, 733. コリンズの伝統を引き継ぐかのように，ホワイトスターラインのアトランティック号は，1873 年に難破し，585 人の人命を失った。そのため，同社がもつ海での最悪の悲劇の記録に，新たな悲しい数字が付け加えられた。それは，39 年後に，ホワイトスター社の豪華客船のタイタニック号が沈没し，広く知られる結果をもたらすまで続くことになった。アトランティック号の損失の描写については，以下をみよ。Gardiner 86-89; Flayhart (2003), 39-55.

[354]　同社が，当初総合海事会社のもとで事業をしていたときに，財政問題とクリミア戦争に影響された。以下をみよ。Barbance, 31-48; and Bonsor (1978) vol. 2, 619-620. 同社創

ナードライン），西インドと南米（ロイヤルメールライン），東インドとオーストラリアルート（P & O）のさまざまなラインの郵便事業とは対照的に，フランスは，次のような形態をとった。北大西洋と西インドの郵便は，一つの海運ライン（フレンチライン）が引き受けていたが，南米とアジアのルートを引き受けていたのは，他の会社であった。その名は，郵船海運，ないし，帝国主義時代に帝国海運として知られた[355]。

フレンチラインは，ルアーブルとニューヨークのあいだの北大西洋郵便事業を，1864年に開始した。同社の船舶は，最速のキューナードラインに従って建造されたが，外輪船は，他の大西洋横断の海運ラインによって，すでに時代遅れになろうとしていた。フレンチラインは，三等船室の乗客を輸送することもなかった[356]。

1865年に[357]ブレストからパリまでの鉄道事業が確立されたとき，同社の船舶は，途中でブレストに停泊しはじめた[358]。それは，ロンドンからの最新の郵便を乗せるために，リヴァプール船がクィーンズタウンに停泊する取り決めと非常に似ていた。そのため，HAPAGに対して，フレンチラインにいくらかの競争優位が与えられたのはたしかである。HAPAGの船舶は，ハンブルクからニューヨークまでの航海で，ルアーブルに停泊していたからである。フレンチラインの航海は，また，1866年には1カ月に2回になった。HAPAGは，1869年に，サザンプトンからルアーブルへと停泊港を変更したが，その取り決めは，1870-71年のフランス-プロイセン戦争のため，いくつかの点で変更された。1872年から，同社は，ニューヨーク-ルアーブル間で，毎週事業をおこ

設からの最初の数年間に関する英語での短い要約は，以下に見いだされる。Duncan Haws, *French Line. Compagnie Générale Transatlantic. Merchant Fleets* (Pembrokeshire, 1996), 7-8. 1864年からの郵便事業については，Hubbard & Winter, 275-276 をみよ。

355) 西インド，南米，アジアルートでのこれらの会社の事業については，以下の諸章をみよ。

356) 燃料を大幅に節約し，貨物用のスペースが増加したので，同社は，この政策をのちに改めた。新しくスクリューをもった汽船を建造し，古い外輪船を再建した。Bonsor (1978), vol.2, 619-625 をみよ。

357) 1860年代には，フレンチラインの事業は，一連の戦争のために縮小された。南北戦争，アメリカ-メキシコ戦争，フランス-プロイセン戦争である。以下をみよ。Barbance, 73-74; Haws, 8-9.

358) Hubbard & Winter, 275-277 をみよ

なった[359]。

　1875年の1-6月に，フレンチラインの船舶がルアーブルからニューヨークへと西方への航海をするのに，平均して11.5日間かかった。それは，HAPAGの船舶と同じ日数の航海であった。1年間全体で，HAPAGの平均は，11.3日間であった[360]。

　それゆえ，1870年代中頃，北大西洋のニューヨークへの郵便ルートについては，イギリスは三つの，ドイツは二つの，フランスは一つの海運ラインによって支配されており，そのほかに，郵便事業をおこなわない，他国の大小取り合わせた多数の海運ラインがあった。1870年代のイギリスとドイツの会社の船舶には，三等船室のための大規模な空間があったが，フレンチラインの船舶には，概して，その種の宿泊施設がなかった[361]。異なる企業の業績を比較すれば，乗船している人々の数が，必ずしもスピードに影響を及ぼすものではなかったことがわかる。ただしその前に，移民は，目的に合致していない船舶ではなく，合致した新しい船で運搬されるということが受け入れられていた。規模が巨大になり，より効率的な機械が，利用可能なら，スピードアップを可能にしたのである。

　栄光を目指して――評判と現実の生活

　北大西洋ルートでの競争は，1838年に汽船での航海がはじまってから1875年までの全時代を通じて，大変激しく，その後も長く衰えなかった。海運ラインの一般的なイメージは，おおむね乗客の快適さと記録を達成した航海にもとづいており，常にマスコミによって強調された。世間の人々の目からみれば，もっとも明確な利点でもあった。旅行に関する個々人の決定がその時点での価格にもとづいていたとしても，

---

　359) Hubbard & Winter, 169, 180-189, 277をみよ。ブレストでは停泊は，同港に進入することが難しかったので，1874年に中止された。Hubbard & Winter, 286をみよ。
　360) Hubbard & Winter, 193-194, 286. 1875年7-12月のフレンチラインの記録は，えられていない。
　361) ボンソルは，同社は，1871-79年に，ニューヨークの郵便汽船に三等船室の乗客を乗せることは認められていなかったと想定している。Bonsor (1978), vol. 2, 628をみよ。しかも，フランスからの移民は，他の数カ国と比較すると，全体としてかなり少なかった。以下をみよ。O'Rourke & Williamson, 155; Kenwood & Lougheed, 57-61; and Tyler, 362.

競争による利益　　　　　　　　　　　207

海運会社の評判が，意思決定に本質的な役割を果たした[362]。

　スピードはおそらく乗客には現実にもっとも重要な要素ではなかったとしても，郵便と輸送料にとっては重要であった。北大西洋ルートでの郵便汽船のスピードは，汽船の時代全体を通じて着実に上昇した。シリウス号は，最初の航海を18.5日間で終えた。平均時速は，たった8ノットであった。1870年代には，ホワイトスターラインのジャーマニック号が，スピードを2倍の16ノット近くまで上げた。スピード記録は，シリウス号の最初の航海から1875年末までに17回更新された。この数字には，グレートウェスタン号が1838-43年に数回記録したように，1隻の船舶が，自身のスピード記録を更新することができた場合が含まれている[363]。

　サミュエル・キューナードが，1853年に郵政相のカニング子爵への手紙で述べたように，郵便は，安全かつ適切に，400馬力の船舶で大西洋を横断して送られることができたかもしれないが，「すぐに効果があがる（とるべき）方法とは，われわれの強力な敵に対応することであった」[364]。これらの方法は，繰り返し同社に対する人々のイメージだけではなく，国家全体に対する威信のためにも，より大きく速い船が競争相手を負かすということを意味した。

　ブルーリボンは，まったく非公式的な，北大西洋横断の競技であった。誰もこれを組織化しなかったし，現実には，紋章もトロフィーもこの当時は存在しなかった[365]。競争について，公的な既述された規則はなかった。当時の規則は，数十年間かけて形成されていた。海事史家は，この記録に多様な解釈の余地があることを知っている。ブルーリボン競

　362）　航海の所要時間が許容できる範囲であることが確保されると，スピードは必ずしも乗客にとってもっとも重要なことではなくなった。1882年と1883年におこなわれたリヴァプール船で運ばれた乗客調査によれば，速い船舶は，同じ航路の遅い船舶と同様，あまり予約されていないことがわかる。実際，最速の定期船は，旅行にとってもっとも快適な船舶ではないのがふつうであった。オーシャン号やケルト号，のちにはオリンピック号，タイタニック号などのホワイトスターの定期船，アメリカ号，ヴィクトリア女帝号などのHAPAGの汽船，フレンチラインのフランス号とパリ号は，このルートのために建造された最速ではないが豪華な船舶の実例であった。以下をみよ。Hyde (1975), 74; and Kludas, 25-26.

　363）　ジャーマニック号は，1875年に西方への航海を平均時速14.65ノットでおこなった。そして，1877年にはその記録を15.76ノットまで更新した。Kludas, 146-147をみよ。

　364）　Samuel Cunard's letter to Viscount Canning 11.3.1853, published by Staff, 140-142.

　365）　「ヘイルズトロフィー」は，ようやく1935年に導入された。Kludas, 16-18をみよ。

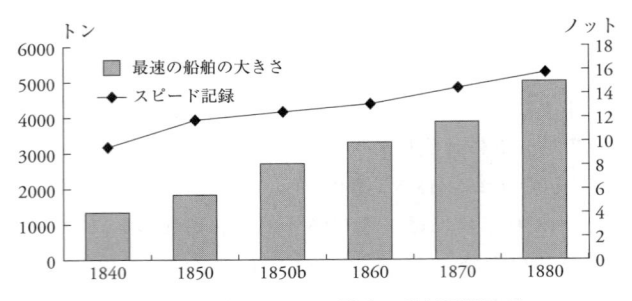

図29 北大西洋ルートでの最速の郵便運搬汽船の
トン数とスピードの発展 1840-80 年

出典) Kludas, 36, 45, 49, 58, 60, 148. 記録をつくった船は，キューナードラインのグレートウェスタン号（1840），ヨーロッパ号（1850），コリンズラインのパシフィック号（1850b），キューナードラインのペルシア号（1860），スコーシア号（1870），1875 年に建造されたホワイトスターラインのジャーマニック号（1880）．

技は，権力者によって組織化されなかったので，歴史家が利用できる公的な文書館史料は残されていない．情報のほとんどが新聞によるものであり，新聞は熱心に，船舶の到着や会社が打ち立てた記録を，船舶の航海日誌や他の通信記録にもとづいて追っていた[366]．

その後の歴史研究では，次に述べる規則が，それぞれのスピード記録に関する混乱に終止符を打ったことが認められている．船舶は，ヨーロッパから北米まで西方に向かう際，定期的な航路をたどらねばならなかった．東方航路の記録は，「第二級のもの」だとみなされた．ルートが異なっていたので，平均速度だけが計算された．沿岸から沿岸への航海記録は，港から港への記録と同じではなかった．以前には，クィーンズタウン沖のダウント・ロックとニューヨーク沖のサンディ・フックの灯台のあいだで計測されることがほとんどであった[367]．

船舶の大きさとスピードのあいだに典型的な相関関係があった．1838 年から 19 世紀末まで，ほとんどすべてのブルーリボンの保有者は

---

366) これらの計算で使用された資料の詳細な分析については，Bonsor (1980), vol.5, 1867-1871 をみよ．

367) Kludas, 10-16. クルダスのブルー・リチャードの競争に関する研究は，ボンソルの渡航記録の改訂版にもとづいている．ボンソルは，はじめて西方と東方の航海記録を分け，航海の所要時間をめぐる報道記録と会社の報告の数多くの誤りと遺漏を訂正した．これらの議論については，Bonsor (1980), vol.5, 1866-1887 をみよ．

競争による利益　　　　　　　　　　　　209

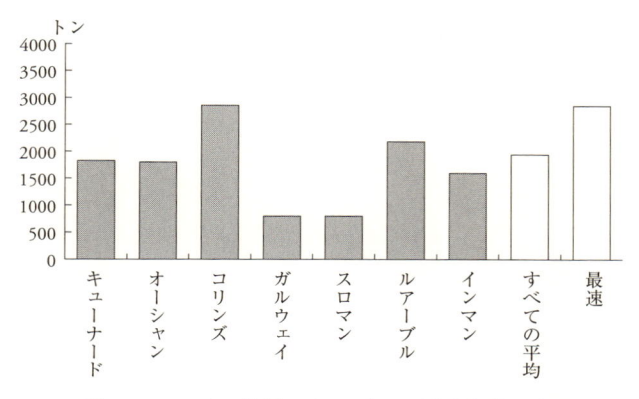

図30　1850年の海運ラインごとの平均的船舶の大きさと
　　　最速の船舶との比較

出典）　Staff, 129-132; Kludas, 45, 146.

また，グレートイースタン号を除いて，世界最大の船舶であった[368]。同船は，決してブルーリボンの保有者ではなかったが，20世紀までに建造された乗客船であった。

　図29は，1840-80年に北大西洋の郵便ルートで最速であった船舶の大きさとスピードの発展を示している。1870年代に，移民の流入が増えたことがおもな理由となり，スピードが上昇する以上に船舶の規模が増大した。長期的には，これらの二つの要素——大きさとスピード——が，緊密に結びついているかもしれない。それは，「エピローグ」で示される。

　海事史家は，航海の成功の記録は，北大西洋の航海が，いつも同じスピードであるということを意味するものではないことを忘れることがある。他の大西洋船舶と比較するなら，最新で，最大で，最速の船舶が代表的だというわけにはいかない。このジレンマは，汽船の時代全体を通じて，大西洋横断事業を特徴づけた。それは，以下の図にみることができる[369]。

368）　Kludas, 25; Staff, 103.
369）　郵便の契約をしている企業しか，この図に含まれてはいない。そのために除外された一つの巨大な海運ラインは，アンカーラインであった。1860年に北大西洋ルートにはたった3隻の船舶しかなかったが，18隻，1880年には25隻であった (Staff, 135)。郵便運搬

第 5 章　北大西洋

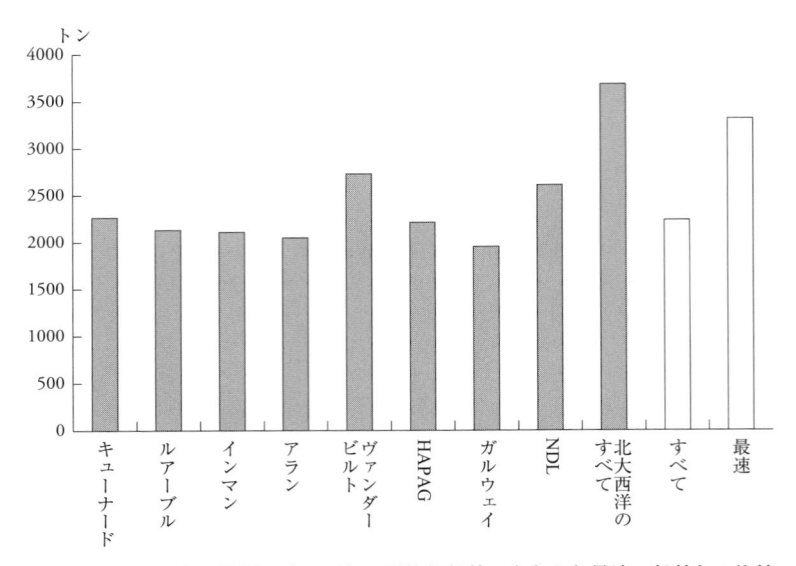

図 31　1860 年の海運ラインごとの平均的船舶の大きさと最速の船舶との比較
出典）Staff, 129-137; Kludas, 49, 146.

　1850 年代終わり頃に（図 30 をみよ），北大西洋ルートで最速の船舶は，コリンズラインのパシフィック号であった。同船は，西方への航海で，平均時速 12.46 ノットで横断して記録をつくった。コリンズの四種類の新しい定期船の 1 隻だったので，同社の平均的船舶を表していたのであり，たしかに，それ以外の北大西洋海運ラインを表していたのではない[370]。パシフィック号は，キューナードの船舶の平均よりも 1000 トン重かったし，この航路で使われるもっとも小さな船よりは，3 倍大きかった。北大西洋の郵便事業で使われる船舶の平均的規模は，1946 トンであった[371]。
　しかしながら，1860 年において，北大西洋郵便事業で最速の船は，最大の船ではなかった。図 31 にみられるように，短命に終わったアメ

会社のために 1-3 回往復航海をしたチャーター船もまた，数値から除外されている。
　370）　以下をみよ。Staff, 130-132; Kludas, 45, 146.
　371）　全体の平均値については，それぞれの会社が航路で使用する船舶の数に従ってウェイトをつけた。

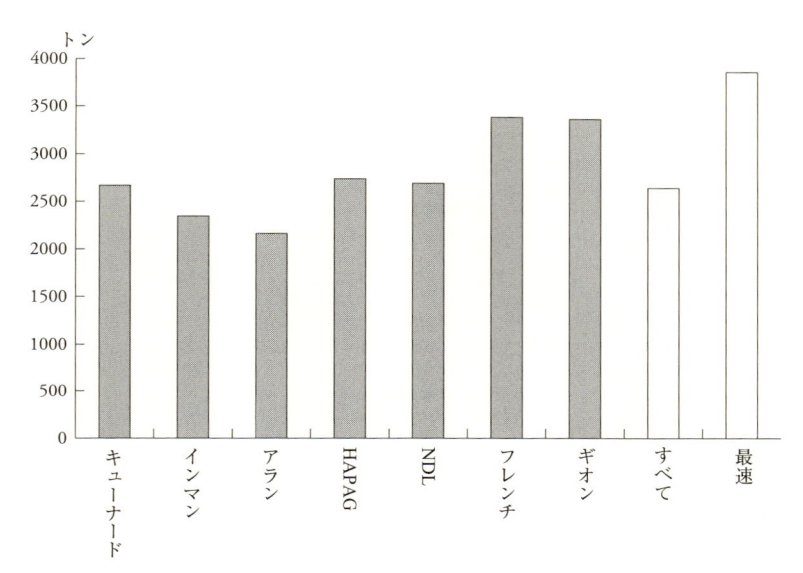

図32 1860年の海運ラインごとの平均的船舶の大きさと最速の船舶との比較
出典）Staff, 129-139; Kludas, 49, 146.

リカ北大西洋汽船会社が，かつてのコリンズラインのアトランティック号とアドリアティック号を使って定期的な郵便事業に従事しようとしており，トン単位で船の平均的規模を計測するなら，統計的にみると強力であった。同社のアドリアティック号は，明らかに，当時のどの船舶よりも大型であったが，ブルーリボンの所有者ではなかった[372]。

北大西洋の郵便事業で1860年に使用されていたすべての船舶の平均的な大きさは2250トンであったが，最大の船舶であるキューナードラインのペルシア号の大きさは，3300トンであった。同船はキューナードの典型的な船舶ではなく，同社の平均的な船舶は2260トンより50％大きかった。

---

[372] アドリアティック号は，倒産以前に，コリンズラインのためにたった一度しか航海しなかった。同船は，さまざまな海運会社によって所有され，チャーターされた。1861年初頭に閉鎖された北大西洋汽船会社のためにアメリカの郵便を乗せて，5回往復航海をした。南北戦争のあいだには，軍隊の輸送船となった。以下をみよ。Staff, 129-137; Hubbard & Winter, 271.

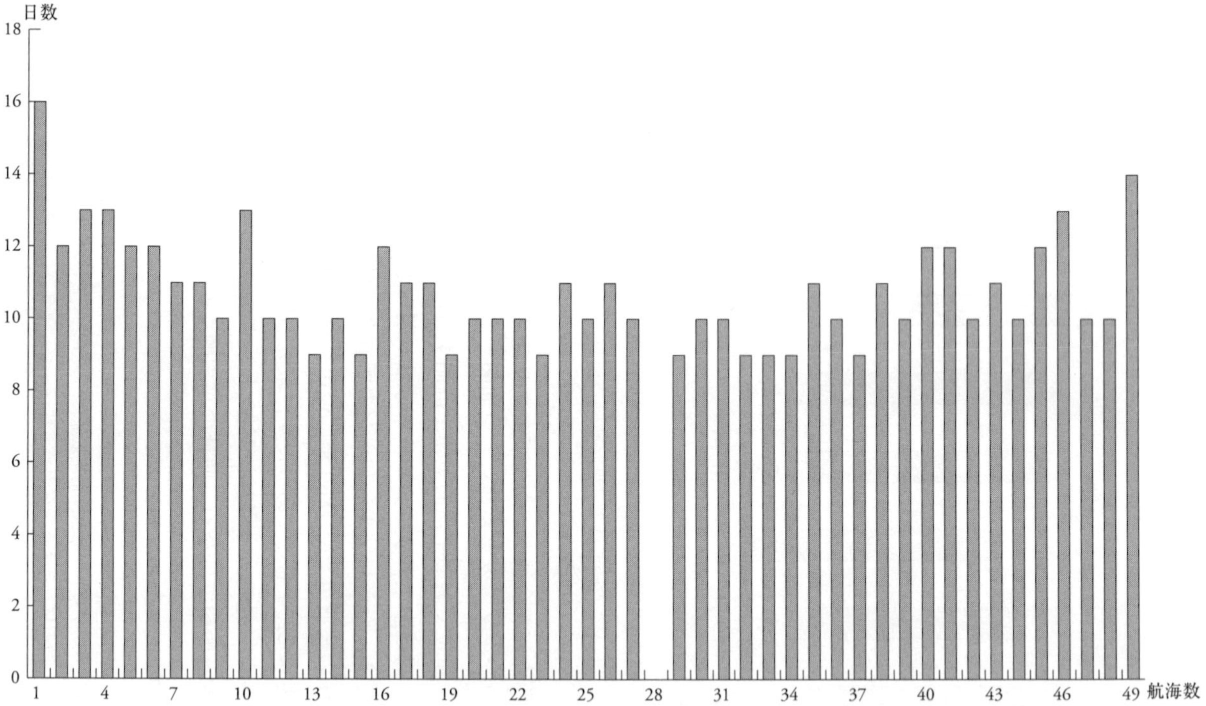

212　第 5 章　北大西洋

図 33　キューナードラインの西方への事業　クィーンズタウン―ニューヨーク間 1875 年

出典）Sailing lists of Hubbard & Winter, 78-80, 200-224. 12 月 12 日以降の航海は記録が失われている。1875 年のキューナードラインの事業結果は、最速かつ定期的な郵便航海は、なお同社の優先順位のなかでは高くなかったことが明確に示される。

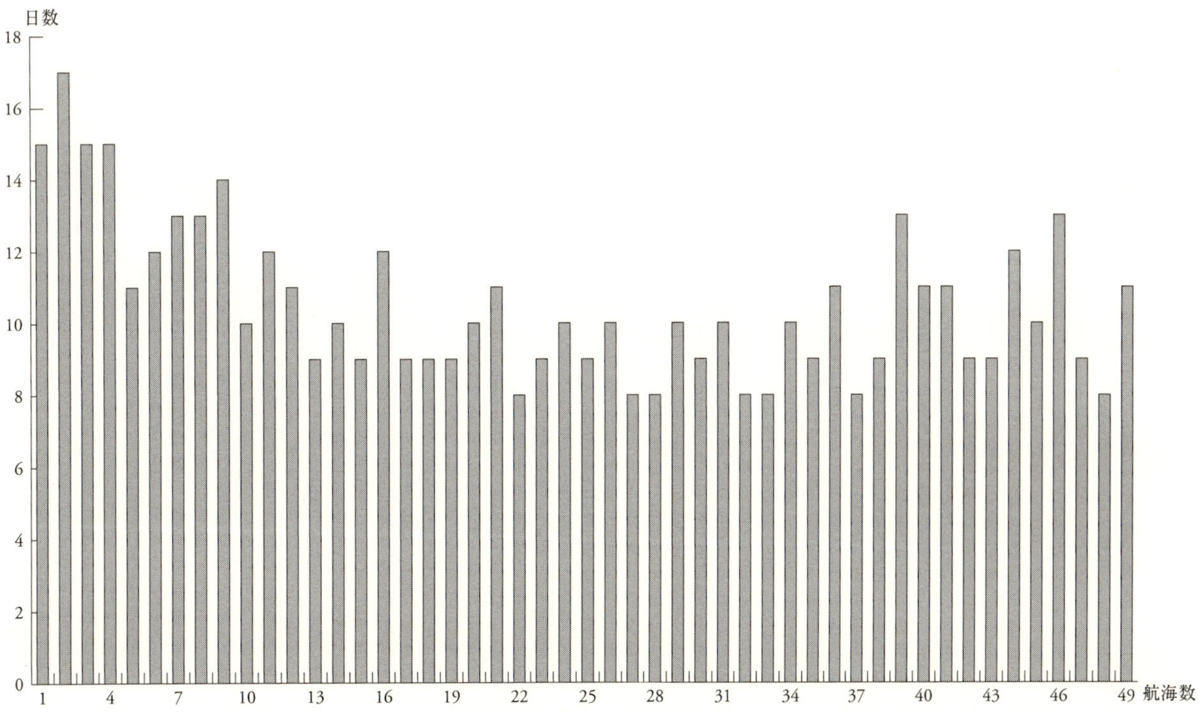

競争による利益　　　213

図34　インマンラインの西方への事業　クイーンズタウン–ニューヨーク間 1875年

出典）*Sailing lists of Hubbard & Winter*, 223-224. 12月10日以降の航海は，記録から失われている。1875年1月2日のクイーンズタウンからの航海は，長すぎたため，このグラフには入っていない。だが23日間にわたるこの航海には含まれている。1875年のインマンラインの航海は，さまざまな船舶を同じルートにおさめることから生じる問題を，明確に示す。非常に速い船もあったが，平均値は，インマンラインの実績自体は，バランスがとれていない。

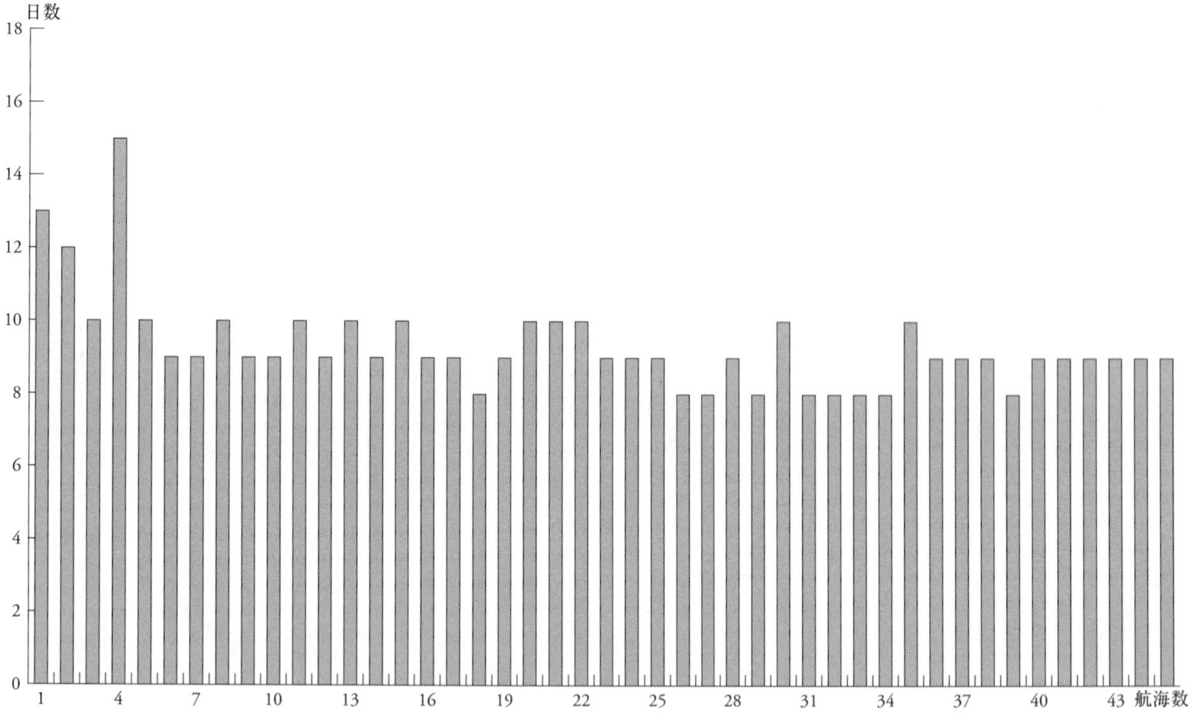

図35 ホワイトスターラインの西方への事業 クイーンズタウン―リヴァプール間 1875年

出典) Sailing lists of Hubbard & Winter, 331-333. 12月3日以降の航海は、記録から失われている。気づかれるように、ホワイトスターラインの実績は、スピードと航海の定期性の点で、競争相手を明らかに打ち破った。

1870年に，北大西洋ルートで最速の船舶は，明らかにどの会社の平均的な船よりも大きかった。ブルーリボンの所有者は，キューナードラインの著名な汽船スコーシア号であり，同社最後の外輪船であった。その大きさは，3870トンであったが，キューナードの船は，平均してたった2670トンしかなかった。
　次の10年間の初頭に，北大西洋ルートでの最速の船は，平均的競争相手とは，目に見えて違っていた。ホワイトスターラインの5000トンのジャーマニック号は，同社の平均的船舶よりも800トン大きく，郵便事業に従事する平均的な船舶よりも，1900トン大きかった。
　したがって，ブルーリボンの所有者は，特別で新しく速い船舶であり，航路の平均的な船舶を代表してはいなかった。この文脈でスピードについて論ずるときに銘記しなければならないのは，記録的航海と航海数のあいだには，大きな相違があったことである。現実には最大限の能力は発揮されなかった。
　異なった戦略は，1875年の主要な郵便運搬会社の能力の多様性に結びついていた。クィーンズタウンとニューヨーク間の主要な三つの郵便運搬会社の所要時間は，図33-35で比較されている。
　キューナードラインは，頻繁に使用された中規模の移民船に投資する一方で，北大西洋での郵便配送に対するかつての優位性を失った。1875年には，キューナードの航海には9-13日間必要であり，2回の冬季の航海はずっと長く，14日間と16日間かかった。このラインの平均的な航海の所要時間は，10.8日間であった。同社の汽船であるアジア号が，1850年に，1日長くかかるリヴァプール-ニューヨーク間のルートを西方に航海する場合，平均航海日数が11.4日間であることを思い起こすなら，これは，さほど印象深いものではなかった。航海の平均的所要時間に加えて，一回の航海の長さは，予測することがかなりむつかしかった[373]。
　すでにみてきたように，規則性とは，19世紀にはまったく不正確な

---

　373) 国内における長期間の議論と，最後に会社の政策の変更ののち，この不幸な時代は1880年に終焉を迎えた。北大西洋の事業で競争することができるより大きく速い船舶を建造するための大規模な造船計画を開始するために，同社はキューナード汽船株式会社の名で公式に上場された。

概念であり，世界はとりわけ，船舶の到着に関する不規則性に慣れていた。船舶は，予定通りに到着することは期待されていなかった。そのようなことは，不可能に近いと思われていた。図33と図34は，非常に明晰に，二つの公的な郵便運搬会社が，規則性をめぐる期待を満たすには，大きな問題があったことを示す。北大西洋での35年におよぶ汽船ラインの事業ののちでさえ，航海の所要時間はなお予想困難であった。

　ここでまた示されたのは，多様な種類の船舶からなる船隊は，古くても新しくても，大きくても小さくても，定期的な郵便事業には理想的とはいえないということであった。さらに，歴史は繰り返す。新しく進水し，効率的な船舶を有する船隊をもつ新しい会社の方が，実績的にはすぐれていた。図35は，同一ルートでの，ホワイトスターラインの実績を示す。

　一番古い船舶のオーシャニック号を売却してから，チャーターされたベルジック号ではなく，新しいジャーマニック号を航路で使うことで[374]，ホワイトスターラインは，一度の例外すらなく，8日間から10日間で，北大西洋で航海をする船隊を有した。キューナードとインマンとを比較すると，相違は顕著であった。インマンラインの西方への航海の平均所要時間は，10.8日間であった。それは，キューナードの船舶の方が明らかに速い場合があったとしても，まったく同じであった。ホワイトスターラインが，主導的役割を演じた。西方への平均航海日数は，1875年には9.3日間であった。

　ホワイトスターラインの規則正しさ——到着の際，たった2日間の差異しか許されない——は，当時の競争相手と比較するとかなり良かったが，航海は，正確というにはなおほど遠かった。ヴァンダービルトは，18年前に，すでに同じような差異で航行することができたのである[375]。

　海運ラインの評判には，快適性，スピード，規則正しさだけではなく，安全性も重要であった。海運事業に安全性が欠かせないという事実を考慮すると，海運ラインで，絶えず生じる災難による損失とさまざま

　374）図35の第1回めの航海は，オーシャン号の最後の航海であった。第4回めの航海は，ベルジック号の最後の航海であった。

　375）図21と図22をみよ。

競争による利益　　　　　　　　　　　　　　217

な遅延にもっと目を向けるべきかもしれなかった。けれども，安全性に関する規定がすべての汽船会社の規則に含まれていたとしても，その規定にいつも従うことができるのは，現実にはキューナードラインだけであった[376]。

　実際，毎年いくらかの難破が当然発生し，それは避けがたいとみなされた。海での災難が，会社にとって好ましからざるネガティヴな宣伝になったとしても，その事故はすぐに忘れられた。現代の歴史家にとっては，8年間で郵便事業をおこなう9隻の汽船と，合計で556人の人命を失ったのちに，海運会社が事業をどのようにして継続できたのかということは，いくぶん理解しがたいことである[377]。

　1838-75年に，50隻以上の郵便運搬汽船が北大西洋航海で失われた，その多くが郵便すべてを，ときにはかなりの数の人命を失った[378]。このように不運な航海に加えて，技術的問題，疾風による損害，他の船舶と

---

[376] Fox, 106-109 をみよ。これらの会社は，一般には安全性以上に，規則正しさを重視した。それは，郵便契約に，遅延した場合には，罰金をとられると記載している場合が多かったからである。具体例としては，たとえば，Arnell (1980), 181-182 をみよ。乗客は，むろん，自らの安全について心配したし，それを緩和するために，いくつかの措置がとられた。「これらの汽船は，防火装置を備えており，経験をつんだ外科医が一隻一隻の汽船に配置されています」と，インマンラインが広告で宣伝していた。*Liverpool Mercury* 13. 10.1854. 1874年に，短期間のうちに数回の致命的な難破が続いたのち，アメリカンラインが告知した。「すべての汽船には救命いかだがあり，さらに余分の救助艇と救命具がある」。

[377] アランラインは，リヴァプール-ケベック/ポートランドの郵便ルートで，次の船舶を失った。カナディアン1号-1857年。インディアン号-1859年。ハンガリアン号-1860年。カナディアン2号-1861年。ノースブリトン号-1861年。アングロサクソン号-1863年。ボヘミアン号-1864年。ユラ号-1864年である。災害のほとんどは，岩がちで霧の多いカナダの沿岸で発生した。だが，アランラインは，リヴァプールのマージー川での災害の結果，船舶のうちの一隻を失った。以下をみよ。Bonsor (1980), vol. 5, 1888-1889; and Hubbard & Winter, 131-144.

[378] 汽船の乗客で失われた人命は65人であった。政府の契約のもとで郵便を運ぶあいだに，そのうち36人が落命した。さらに，これらの船舶のうち14隻が，ときおり郵便を運んでいた。たとえば，アンカーラインは，Hubbard & Winter には掲載されていないが，郵便を運んだ可能性があるとスタッフは述べた。そして，この時期に北大西洋航路で11名の乗客を失った。インマンラインは，同時期に6隻の船舶を失ったが，災害のうち二つは，郵便契約を結ぶ以前に生じた。初期の汽船プレジデント号を1841年に失った。それは，同社がアメリカの郵便を運んだときの数値に加えなければならない。以下をみよ。Bonsor (1980), vol. 5, 1888-1890; Hubbard & Winter, 195-196; and Staff, 135. Hubbard & Winter は，郵便契約を結んだ汽船ラインのすべての航海の一覧表を作成した。スタッフはまた，時々郵便を運んだ二，三の他のラインを列挙した。

の接触により，多数の航海が中断させられた。汽船のための機械は，悪天候や操縦の困難に耐えられるほどには進歩していなかった。シャフト，舵，サイドレヴァー，シリンダーが折れ，スクリューの羽が失われることは，もっとも頻繁にみられるトラブルであった[379]。1880年代までは，すべての汽船に帆布が備えられており，とりわけ汽船が登場した頃には，スピードを増し横揺れを防ぐために，帆が使用されることがたびたびあった。さらに，汽船が舵やスクリューを失った場合，操舵できなくなり，帆を使って前進することで，ようやく危険を免れた[380]。

　ハージェストは，さまざまな理由によって郵便用の航海が不規則になった特筆すべき一覧表を作成した[381]。ハバードとウィンターの出航表は，1840-75年をカバーしており，はるかに情報量が多かったが，この理由をめぐっては，記録は完全ではない。船舶が失われた場合の航海は数えられておらず，機械の問題のために，90回以上の航海が中断され，嵐による損害のために中断された事例は16件に達する。しかも，20回ほど船舶が航海したなかで，半数で修理を必要とした。接触のために損害を被った事例が12回ある。両船が事件に巻き込まれることが多かった。二，三の事例では，船舶が何かに衝突した。それは，氷山，鯨，暗礁であった。火事になった船が1隻あった[382]。

　機械類のトラブルと座礁や衝突が引き起こした問題に加え，50回以上の航海が，石炭を積み込むために延長された。悪天候による遅れに備えて予備の石炭を積んでいたとしても，ハリファックスで，あるいはドイツ船とフランス船がイングランドで停泊しなければならないことが時折生じた。航海の終わりに，石炭を積み込むためであった。さらに，霧，氷，吹雪のために遅れが生じることは，北大西洋ルートではよくあ

---

379) Hubbard & Winter, passim.
380) 帆を使って港までたどり着いて，郵便用の航海が終わった事例が数回ある。大洋を航行する蒸気力が発明されて40年たった1870年代になるまで，帆は，このような状況のために使われた。Hubbard & Winter, 18, 49, 62, 80, 98, 113; 277, 278,etc をみよ。
381) Hargest, 127-133.
382) ここにあげた問題によって引き起こされた難破の総数は，これらの統計には含まれていない。1841-1875年に生じた汽船による乗客の死亡のなかで，難破したのが41回もあった。主として北米とアイルランド沖での出来事であり，船は2回捨てられ，4回火災で破壊され，5回が接触で失われ，3回が浸水沈没し，1回が氷山と衝突し，9回が跡形もなく霧に消えた。Bonsor (1980), vol. 5, 1888-1890 をみよ。

ることであった。ハバードとウィンターが，80回の事例を報告している[383]。

　すべての会社は，不必要な遅延，問題，金の損失，船舶と人命の喪失を防ぐために，多くのことができたはずであった。いくつかの企業がたえず問題を抱え，数年間，場合によってはそれ以下の期間で，経営の全般的失敗のために事業をやめなければならなかったことは，偶然ではなかった。典型的には，最新の技術，とりわけスクリューをつけた汽船を最初に導入した海運ラインの方が，より保守的なキューナードよりも蒸気機関のトラブルを発生させることが多かった。そのため同社は，他社に金がかかる実験的試みをさせ，利益だけを得ていると非難された[384]。同社の慎重な姿勢は，霧や氷のために引き起こされた多数の遅延にもみられる。キューナードラインの船舶が座礁したり衝突したときでさえ，さらには，機械のトラブルを免れなかったときでさえ，船舶が記録した遅延のほぼ半数は，悪天候で万が一のことを考えて待ったために生じたのである[385]。

　全体として，郵便汽船のスピードは，1838-75年に著しく上昇したといえよう。郵便事業の頻度は，イングランドからが，毎月ないし1カ月に2回から，ほぼ毎日になり，ドイツとフランスの港からは，少なくとも毎週2回になった。出港の規則正しさは，現実には契約の初期の郵便船の航海の改善にはつながらなかった。出港が定期的になったのは，

---

383)　Hubbard & Winter, passim.
384)　Hede (1975), 33. 技術的進歩と政府の郵便への補助金に対する活発な議論は，以下で公刊された。Holt, *Review of the Progress...* Institute of Civil Engineers. Minutes of Proceedings, 2-94.
385)　36年間にわたり，キューナードラインの船舶は，2回難破した以外に，少なくとも8回座礁した。しかしながら，8回のうち，4回は修理の必要がなかった。同社の船舶は，少なくとも2回衝突に巻き込まれ，一度，水没していた物体と衝突した。おそらくは，鯨だったと思われる。2回の遅延は，詳細はわからない嵐が原因であり，10回の遅延は，機械が壊れたためであった。少なくとも，23回の大幅な遅れは，霧，氷，吹雪のためであった。しかも，キューナードの船舶は，この時代に，少なくとも5回，悪天候のためにクィーンズタウンに停泊することなく通過したと報告された。Hubbard & Winter, 17-80 をみよ。これらのリストが完全にはほど遠かったとしても，郵便事業で遅延が生じた理由とさまざまな海運会社の概観がわかる。キューナードライン創設から75年間，大西洋横断の往復航海を何千回とおこなったが，失ったのは，3隻の船だけであり，乗客は無事で，郵便もほとんどが無事に到着した。

1840年代だったからである．悪天候，機械の問題，他の不運のために，この時代を通じて遅れと事業の損失が生じた．船舶は，着実に巨大化していったし，スピードも速くなっていった．だが，記録保持者は，最新技術の稀少な事例であった．日々の事業における郵便汽船は，船隊がもっとも経済的な方法で徐々に近代化したにすぎなかったので，より小さくて遅い船で成り立っていた．

　事業情報伝達のスピードに何がおこったか？
　1850年代中頃から1870年代中頃の20年間に多数の新記録がつくられ，多数の人命が不必要なスピード競争で失われたけれども，船舶のスピードを上昇させる努力が，事業情報伝達にほとんど影響を与えなかったと気づいて，驚くことであろう．この水準は，1851年にキューナードラインとコリンズラインによって達成されたことは，図36から分かる．
　この図は，いくぶん人為的ではあるが，この20年間に，郵便汽船が大西洋を西方に横断する所要時間がたった1日削減されたにすぎないことを示す[386]．同時に，すべての航海の所要時間の広がりは同じであった．1875年には，航海は9-19日間のうちのどれかであったが，航海の半分は，いや53.6%が，10-11日間でおこなわれた．1850-57年には，コリンズラインの航海の所要時間は9-21日間であったが，55.4%が，11-12日間であった．
　表26は，1875年の郵便契約ラインによって可能となったリヴァプール-ロンドン間の情報の循環を示す．出発点は，1875年にリヴァプールから送られた1通の手紙である．
　すでに言及したように，西方への航海は，1851-57年に平均して1日近く（0.9日間）短縮された．郵便契約ラインは，1875年に，北大西洋航路を296回往復航海した．しかも，HAPAGは，東方に49回航海をしたが，西方への航海では，イングランドの港には停泊しなかった．にもかかわらず，このような巨大なネットワークでさえ，1年間のあいだ

---

[386] コリンズラインの平均的な西方への航海は，1857年の特別な航海を含んで，12.4日間かかったが，このルートで契約したすべての郵便汽船の西方へのの平均航海日数は，1875年には11.3日間であった．

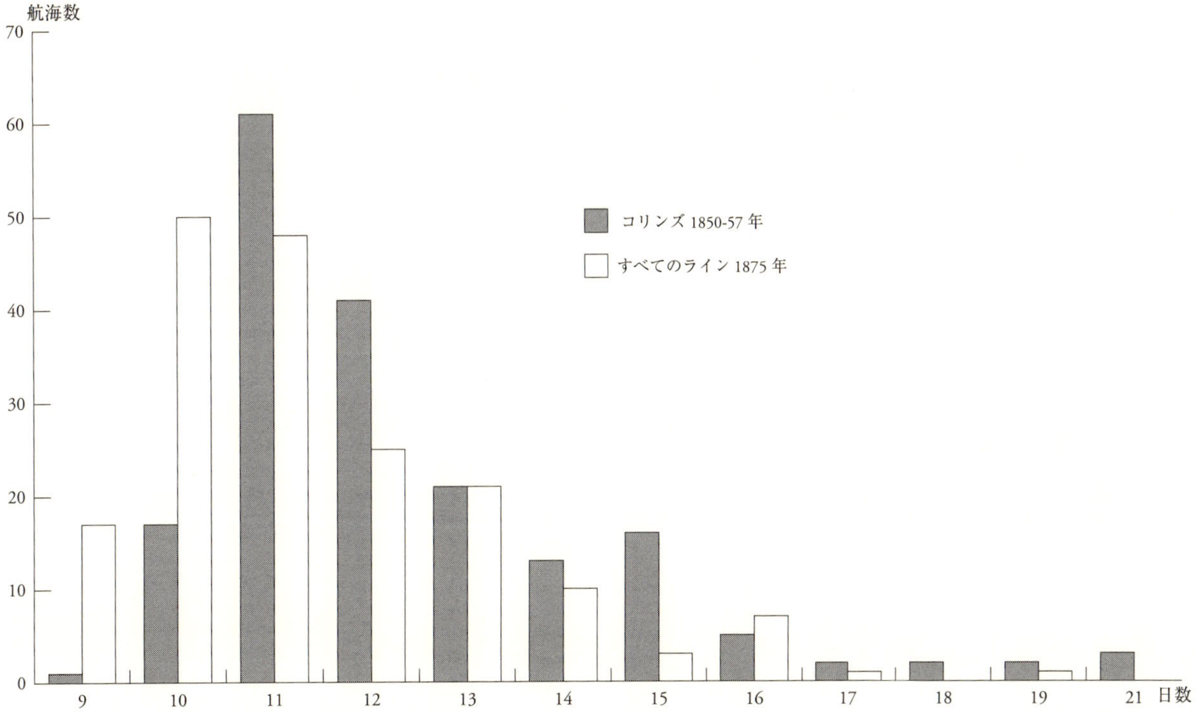

競争による利益　　221

図36　コリンズラインの西方への航海 1850-57 年 対 すべての郵便ライン 1875 年　リヴァプール-ニューヨーク間

出典) Sailing lists of Hubbard & Winter, 78-80, 98-108, 223-224, 315-316, 331-333. 「すべての郵便ライン」は，1875年にリヴァプール-ニューヨーク間を航行するすべての郵便汽船との契約である。すなわち，キュナード，ギオン，インマン，ホワイトスター，ナショナルの各ラインである。1850-57年のコリンズラインの航海数は，184回であった。1875年の郵便汽船の航海数は，183回であった。

に，14回以上の連続する情報の循環をすることはできなかった。1851年に70回の往復航海をしたキューナードラインとコリンズラインの12回の情報の循環と比較するなら，改善は，目覚ましいものではなかった。一回の情報の循環の所要時間は，それよりいくらか削減された。1851年には，リヴァプールからニューヨークに手紙に返事を書くのに平均で27.3日間かかったが，1875年には，その数値は26.1日間になった。

　船舶は，1850年代初頭から技術的に改良されてきた。そのため，事業で使われる船舶をより効率的に使用することができたのである。たとえば，キューナードラインのチャイナ号は，1875年に10回往復航海をし，リヴァプールからニューヨーク間の西方への航海は平均して10.9日間かかった[387]。ホワイトスターラインの新しいアドリアティック号も，1875年に10回の往復航海をおこなった。リヴァプールからニューヨークという西方への平均西方航海日数は，10日間であった。1850年代と比較すると，キューナードラインのアジア号は，年間最高で7-9回の往復航海をおこなっていた[388]。

　1875年には，それまで以上に効率的な船で年間300回近い往復航海がなされていたので，情報の循環が最大値にまで達しなかったのはなぜかという疑問が出される。つまり，1年間での連続する情報の循環が，17回ではなく，14回だったのはなぜか，という疑問である[389]。解答は，その必要がなかったから，ということになる。1866年に大西洋ケーブルが最後に導入されてから，郵便汽船は，1838年のアメリカの郵便帆船とまったく同様，最新のニュースをもたらす手段として重要な役割を喪失した。郵便制度の観点からは，もっとも効率的な方法で船舶の出港を組織化することが必要だとはみなされなかった。多数の郵便の伝達は，たとえまだ非常に重要であっても，もはや緊急を要するものではな

　387）　1875年1月5日から1876年1月9日まで。どちらも，リヴァプールからの出航表（Hubbard & Winter, 78-80の出航表）。チャイナ号は，主としてリヴァプール-ボストンルートで使用された。1862年に建造され，同社が大西洋横断事業で用いたもっとも古い船のうちの一隻であった。Bonsor (1975), vol.1, 146-147をみよ。

　388）　Hubbard & Winter, 28-41の出航表。

　389）　最大値の推計は，西方へは10日間で，東方へは9日間で横断する。冬季には，どちら側の航海の終わりにも，1日の余裕をみるということにもとづいている。

競争による利益

表26 大西洋を横断する郵便用汽船が可能にした連続する情報の循環　1875年の一例

郵便船が送った手紙／会社	出港日クィーンズタウン／サザンプトン(S)	ニューヨークへの到着日	次に出港可能な郵便船／会社	ニューヨークからの出港日	クィーンズタウン／プリマス(Pl)への到着日	情報の循環の日数
パルティア号 CL	1月3日	1月19日	ポメラニア号 HPG	1月21日	1月31日 (Pl)	30日間
ネッカー号 NDL	2月2日 (S)	2月14日	アビシニア号 CL	2月17日	2月28日	28日間
ヘルマン号 NDL	3月2日 (S)	3月13日	キューバ号 CL	3月17日	3月26日	26日間
モーゼル号 NDL	3月30日 (S)	4月10日	チャイナ号 CL	4月14日	4月24日	27日間
ライン号 NDL	4月27日 (S)	5月8日	スコーシア号 CL	5月12日	5月21日	26日間
ドナウ号 NDL	5月25日 (S)	6月4日	ジャーマニック号 WSL	6月5日	6月14日	22日間
ウィスコンシン号 GL	6月17日	6月27日	ロシア号 CL	6月30日	7月9日	24日間
メイン号 NDL	7月13日 (S)	7月23日	ベルリン市号 IL	7月24日	8月2日	22日間
ワイオミング号 GL	8月5日	8月14日	ウィスコンシン号 GL	8月17日	8月27日	24日間
ライン号 NDL	8月31日 (S)	9月10日	ブリタニック号 WSL	9月11日	9月20日	22日間
リッチモンド市号 IL	9月24日	10月3日	スキティア号 CL	10月6日	10月15日	23日間
オーデル号 NDL	10月19日 (S)	10月30日	ダコタ号 GL	11月2日	11月11日	25日間
アビシニア号 CL	11月14日	11月26日	チャスター市号 IL	11月27日	12月6日	24日間
ワイオミング号 GL	12月9日	12月20日	ロシア号 CL	12月22日	12月31日	24日間
平均日数						24.8日間
リヴァプールを寄港する場合の平均日数						26.1日間

出典）*Sailing lists of Hubbard & Winter*, 78-80, 193-194, 223-224, 260-262, 315-316, 331-333. CL＝キューナードライン，GL＝ギオンライン，HPG＝HAPAG，IL＝インマンライン，NDL＝北ドイツロイド，WSL＝ホワイトスターライン。ほとんどの船舶の母港はまだリヴァプールであったが，Hubbard & Winter は，1875年については，クィーンズタウンまでの記録しか提示していない。クィーンズタウンないしサザンプトンからニューヨークまでの平均日数は10.9日間であった。リヴァプールから計算した場合，11.4日間である。それぞれの東方への航海の平均日数は，9.4日間と10.3日間である。

表27 日曜日のニューヨークからの郵便船の持続期間　1875年

船舶，ライン	ニューヨーク/ボストン（B）からの出港日	クィーンズタウン/サザンプトン（S）への到着日	ニューヨークからリヴァプールへの所要時間（日間）
モーゼル号, NDL	1875年3月6日	1875年3月17日(S)	12（11＋1）
チャイナ号, CL	1875年3月6日(B)	1875年3月15日	11（1＋9＋1）
セルティック号, WS	1875年3月6日	1875年3月16日	11（10＋1）
ニューヨーク市号, IL	1875年3月6日	1875年3月20日	15（14＋1）

船舶，ライン	ニューヨーク/ボストン（B）からの出港日	クィーンズタウン/サザンプトン（S）への到着日	ニューヨークからリヴァプールへの所要時間（日間）
オーデル号, NDL	1875年4月3日	1875年4月14日(S)	12（11＋1）
アトラス号, CL	1875年4月3日(B)	1875年4月13日	12（1＋10＋1）
アドリアティック号, WS	1875年4月3日	1875年4月12日	10（9＋1）
ブルックリン市号, IL	1875年4月3日	1875年4月15日	13（12＋1）

船舶，ライン	ニューヨーク/ボストン（B）からの出港日	クィーンズタウン/サザンプトン（S）への到着日	ニューヨークからリヴァプールへの所要時間（日間）
ライン号, NDL	1875年5月15日	1875年5月25日(S)	11（10＋1）
アルジェリア号, CL	1875年5月15日(B)	1875年5月24日	11（1＋9＋1）
ケルト号, WS	1875年5月15日	1875年5月24日	10（9＋1）
ベルリン市号, IL	1875年5月15日	1875年5月24日	10（9＋1）

出典　*Sailing lists of Hubbard & Winter*, 78, 223-224, 261, 332. CL＝キューナードライン, IL＝インマンライン, NDL＝北ドイツロイド, WS＝ホワイトスターライン

かった。これはおそらく，たとえ郵便史家が明確に指摘してこなかったにせよ，1860年代末に生じた郵便契約の根本的変化の背後にある理念の一つであった。

　とりわけニューヨークからの出港日がより統一的に組織化されると，同港から，その年にはほとんど毎日郵便船が出港したかもしれない。しかし，四つのラインが土曜日に出港するようになったが，その週の7日間のうち数日間は，出港はまったくなかった[390]。表26にみられるように，到着と出港とのあいだに，時には4日間の差があったが，手紙が

---

[390] 1875年に，インマンライン，ホワイトスターライン，北ドイツロイドのすべてが，ニューヨークから土曜日に出港した。土曜日は，キューナードラインの船がボストンから出港する日でもあった。Hubbard & Winter, 78-80, 193-194, 223-224, 260-262, 315-316, 331-333 の出航表をみよ。

到着したちょうど翌日に郵便汽船が出港することもありえた[391]）。
　目的地への到着日は，まだ予測不可能であった。土曜日にはじまる航海の長さが多様であったことから，この問題の様相がわかる。
　表27a-c に示されているように，土曜日の出港による情報伝達の所要時間は，10-15 日のどこかの時点になることがありえた。余分な1日が，ニューヨーク–ボストン間，さらにクィーンズタウンないしサザンプトンからリヴァプールまでのあいだの国内移動のために付け加えられた。実際には，ある手紙が，船舶が航海しようとしているその日にニューヨークで書かれていたとしても，ボストンから出港日に着くことがときどきあった。鉄道に代表される国内交通の改善が，通信の連鎖全体を合理化し，ニューヨーク外の諸都市により平等な機会を提供したのである。
　表28は，北大西洋ルートにおいて，1815-75 年に帆船と汽船によって生じた事業情報伝達の主要な変化を示す。その変化は，ファルマスの郵便船にはじまり，国際的な汽船会社で終わる。スピードと規則正しさにおける変化をいくぶん大ざっぱに推計したことに加え，この表が示すのは，郵便契約をした船舶がおこなった往復航海の数と，当該年度にその事業が可能にした連続的する情報の循環の数である。しかも，事業の改善ないし停滞の理由に関する二，三のコメントが添えられている。

事業情報と電信

　一般に想定されていることとして，電信の時代以前には，海外の情報伝達は遅く，安定していたが，ついで急送に速くなり，現代にいたったということがある。これまでの諸章で示してきたように，海路による事業情報伝達の改善は，帆船から汽船の時代まで継続した。それは，電信の発達と事業情報伝達でそれが使用されることと軌を一にしていた。一つの時代から次の時代へと急に変化するわけではない。船舶による情報伝達から電信への変化には時間がかかり，進歩と後退の繰り返しであった。
　歴史を通して，ある場所から別の場所に，一人の人間が動くよりも速

　391）　たとえば，1875 年 3 月 13-17 日。1875 年 4 月 10-14 日。1875 年 5 月 8-12 日。1875 年 7 月 23-24 日。1875 年 9 月 10-11 日。1875 年 11 月 26-27 日。

226　第 5 章　北大西洋

表 28　北大西洋ルートでの帆船と汽船による事業情報の伝達 1815-75 年

商船	郵便事業の期間	スピード	規則性 出港	規則性 到着	頻度 -1 年間の往復航海	1 年間の連続的な情報の循環*	改善／停滞の理由
ファルマス郵便船（ニューヨークルート）	（継続中）	--	--	--	n.a.	n.a.	当該期のこのルートにおける情報伝達にとって重要ではない。
アメリカの郵便帆船：ブラックボールラインのみ	1815-26 年	-(-)	--	--	12 回	(1816 年：2.5 回) 1826 年：3 回	1826 年の出港の調整はニューヨークで適切になされた。
アメリカの郵便帆船：すべて：リヴァプール-ニューヨーク間	1818-22 年	-	+	-	12 回	1818 年：4 回	定期航海
	1822-47 年	-	+	-	1825 年：48 回 1838 年：60 回	1825 年：5 回 1838 年：5 回	1825 年の方が航海数は多い。1838 年には、新しい船舶のにによる航海はおこなわれなかった。
初期の汽船	1838-49 年（および 1852 年）	+	+	+	1839 年：15 回	1839 年：6 回	とくに西方への航海スピードは速い
郵便契約汽船：キューナードライン	1840 年から	+(+)	++	+	1845 年：20 回	1845 年：8 回	定期航海
郵便契約汽船：キューナードライン、コリンズライン、オーシャンライン、ルアーブルライン	1848-57 年	+(+)	++	+	1851 年：92 回（70 回キューナードラインとコリンズライン）	1851 年：12 回	スピードの上昇：航海の頻度が上がり、調整が進む。
競争状態にある汽船：キューナード、ホワイトスター、インマン、ギオン、北ドイツロイド、HAPAG	1858-75 年	+(+)	++	+	1875 年：296 回（HAPAG の東方航路だけでこれより 49 回増加）	1875 年：14 回	スピードは少し上昇：出港は、最大の利益を生むためにより効率的に組織されるべき。

n.a. ＝ 非常に少ない、-- ＝ 少ない、+ ＝ 非常に多い、++ ＝ 多い
n.a. ＝ 適用できない。この問題が調査されてこなかったのは、当該期に、商船がこのルートでの情報伝達の主要な手段ではなく、さらに第二義的な手段でさえなかったからである。
* 情報の循環とは、手紙を送ってからの返信を受け取るまでの時間のことをいう。たとえば、1826 年には、ファルマス郵便船で、手紙を送って返事を受け取り、その手紙の返事を送り返信を受け取ると、毎年 3 回の連続的な情報の循環が可能であった。1875 年には、郵便汽船を使えば、そのような情報の循環は 14 回可能になった。

く伝言を送らなければならない状況があった。馬に乗るメッセンジャー，伝書鳩が，早くも古代エジプトで使われていた。初期のヴィジュアルな通信手段は，日中は煙を，夜には焚き火の赤色を使い，山から別の場所に合図を送った。そのシステムは，世界のあちこちで知られる[392]。

　ある場所から別の場所にメッセージを送るためたに使われた方法は，ローマ帝国やナポレオンが多数の戦争遂行のためにしたように，当初は一般に軍事目的のために利用された。はじめて現実に成功をおさめた〔腕木通信などの〕遠隔用視覚通信 optical telegraph は，フランスの聖職者クロード・シャップによって，革命の時代に発展させられたものであった。彼の発明は1790年代にフランスに導入され，スウェーデンで，すぐにニクラス・エーデルクランツ[393]によって採用され，ストックホルム周辺の王室のメッセージと，スウェーデンからフィンランドまでの重要な郵便ルートであるグリッセルハム－エッケレ間に向けて出す通信のために使用された。この制度を維持したナポレオンとは対照的にスウェーデンは同制度の維持を怠り，ニーズが最大になった1808-09年にスウェーデン－ロシア間の戦争のさなかに崩壊した。フィンランドはロシアに編入され，遠隔用視覚通信は長年にわたり忘れられていた。しかしながら，クリミア戦争のあいだに，新しいラインが，フィンランド沿岸に沿って敷設され，軍事目的のために使用することに成功した[394]。

　フランスの遠隔用視覚通信は，最初からドイツ諸邦のあいだで熱気を喚起したが，諸邦がこの発明を採用するには38年間かかった。最初のラインは，プロイセンに1832年に敷設された。遅延が生じた主要な理由は，もっとも実践的なシステムに対する意思決定と諸邦間の政治的問題と関係していた。イギリス人は，シャップのアイデアにもとづいた独自のシステムを発展させ，それはむしろエーデルクランツが開発したア

　392）　地域的焦点がない初期の通信手段システムの概観は，数編の電信史で提示されている。たとえば，Frank Large, *Faster than the Wind. The Liverpool to Holyhead Telegraph* (Great Britain, 1998), 8-9; Einar Risberg, *Suomen Lennätinlaitoksen historia 1855-1955* (The History of the Telegraph in Finland) (Helsinki 1959), 15-22; and James D. Reid, *The Telegraph in America. Morse Memorial.* (New York 1886), 2-6.

　393）　多数の歴史書で「スウェーデン人」と呼ばれたけれども，A.N. エーデルクランツは元来フィンランド人であった。彼は，トゥルクで生まれ育ち，その後，高位の行政職に就くため，ストックホルムに移住した（Risberg,33）。

　394）　Large, 10-11; Risberg, 23-27, 30-49.

イデアとかなり似ていた。ジョージ・マレー卿の遠隔用視覚通信は，ロンドン-ドーヴァー間，ポーツマス-グレートヤーマス間で使用された。イングランド沿岸部では，通常は霧が発生し視界が悪かったので，英仏海峡で遠隔用視覚通信が大きな成功をおさめることはなかった。しかしながら，ロンドン-ポーツマス間の腕木通信は，イギリス海軍省で，1847年まで使用された[395]。

遠隔用視覚通信は，通常はもっぱら当局によって，とくに軍事目的のために使われた。例外的に，スウェーデンにおいては，早くも1810年には，ラインは商業目的のために使うことができることが示唆された。その計画は，時代に先んじていたように思われたので，政府の意思決定者や商業関係者のあいだの大きな関心事にはならなかった。それでもなお，私的な通告と海洋情報は，最後の頃には遠隔用視覚通信によって伝達され，1837年から，この事業は料金によって運営されるようになった[396]。

世界において他のすべての光学式システムに対する注目すべき例外は，電信であり，1827年に，リヴァプールとウェールズの西海岸沖のホリヘッド間に敷設された。民間の資本で建設され，リヴァプール・ドック評議会によって運営された。このシステムは，とりわけ，商業的使用を目的として計画された[397]。このような状況において，電信は，現実に重要な情報伝達の所要時間を数日間短縮できたであろう。

そのシステムはバーナード・L・ワトソンによって発展させられ，一部は所有された。彼はおそらく，王立海軍のかつての中尉であった。このシステムには，リヴァプール，ビドストン，ヒルブル島，プレスタティン北部，リル近郊，コルウィン湾，グレート・オーム頂上，パフィン島，ポイント・ライナスの上部，ホリヘッド山上に11の基地があった。もともと一本マストのシステムであったが，1841年にオーバーホールのうえ改善されて，2本マストのシステムになり，1861年になって

---

395) Risberg, 27-30; G.R.M. Garratt, *One Hundred Years of Submarine Cables* (London, 1950), 2.
396) Risberg, 49.
397) Large, 3, 18-19, 109-111; Risberg, 30.

ようやく，電信に取って代わられた[398]。

　これらの基地は，3.3-12.5 マイル，ないし 5-20 キロメートル間隔で設置された。たがいに目に見える距離で設置するようにされた。通信伝達の所要時間が天候に大きく左右されたとしても，システム自体は，通常は非常に良く働いたし，信号が一日中停止することはほとんどなかった。通信は，概して，数分間で全基地の連鎖を通して伝達された[399]。

　信号システムは，アルファベット，コンパスシグナル，タイムシグナル，単語と句，助動詞，商人の名前，電信基地，新聞，船名，水先人の船のあいだの信号を包摂する多数の符号をもとにしていた。たとえば単語と句に含まれていた多様なリストを海で受け取ると，それが船主やロイズに転送された。さまざまな積荷についての言及もあった。それは，船荷が物理的に港に到着する以前に，船荷の販売を開始することができた船主にとって有効な知識であった[400]。

　リヴァプール-ホリヘッド間の電信は，当初から，事業情報伝達のために使用された。その起源は，リヴァプール港が成長しはじめ，アメリカの郵便帆船にとってもっとも重要な目的地になったときにまでさかのぼる。船舶が近づいているとわかると，貨物の処分のための取り決めが必要になり，次の航海の計画を開始することも可能になった。彼らはまた，ホリヘッドの風の状態もわかるし，アイルランドやアメリカからの重要な政治的ないし商業的情報が，故郷に向かう船舶によって伝達された[401]。

　1836 年の報告書で，バーナード・L・ワトソンは，事業の規模に関し

---

398)　Large, 3, 19, 109-111, 115-117.
399)　Large, 83-89, 97.
400)　Large, 92-93, 99-100. 実際には，符号については，二つの異なる本があった。ラージは，その違いと，Chappe and Edelcrantz, 90-107 で使用された文字コードを説明する。
401)　Large, 10.「ロイズリスト」は，ふつう，船舶が「ホリヘッド沖」ないし「リヴァプール沖」に到着していると報告した。とりわけ，リヴァプール - ロンドン間の全行程で鉄道が敷設されてからは，ホリヘッド沖に船舶が到着したというニュースは，当該船舶がリヴァプール港に到着する以前にロンドンで公表された。電信によりスピードが増した他のニュースサーヴィスである「船舶相談」も，「ロイズリスト」のなかで刊行された。それには，海上で遭遇した船舶，船舶の名前，船長，出港地と目的地，海で遭遇したときの経度と緯度に関する情報が書かれていた。「船舶相談」の目次，到着した船舶の公刊情報と比較すると，報告の多くは，遠隔用視覚通信によって，船が海上にいるあいだに送られたことは明らかなように思われる。

て，手短にまとめた。「1828年に，国の内外を含めて，およそ847隻の船舶の名前が報告された。1837年には，1712隻となった。今年は，11月30日までに，2440隻となった。それに加えて，番号のない船が数百隻あり，500以上の水先船について報告があった。約200の通信が，難破，事故，災害に関するものであり，風と天気をめぐる報告が，700回にも及んだ。これは，リヴァプールの電信局，1836年12月12日の記録である」[402]。

　平均するなら，毎日，約8隻の国内・国際船と1-2隻の水先船の動きが報告されていたことになる。しかも，最低でも2日ごとに，海で何かの問題に関するニュースが報告された。気候条件は，毎日2回報告された。とくに冬には，海での航海が少ない時期が当然あったので，最高の航海の季節の数日間は，電信基地は非常に忙しかったに違いない。

　それゆえ，腕木通信は，商人間，海にいる船舶間，ロイズの間で，この特定の空間での事業通信のために使われた。そして，1820年代から，必要なら，これらの人々から他の出資者に広められた。

　1830年代には，電気電信は，いくつかの国でだいたい同時期に発明され，異なった形態に発展していった。イギリス人W・F・クークとチャールズ・ウィートストーンは，もともとの発明者であるデンマーク人のハンス・クリスティアン・エーステッドによる発明を発展させた磁針電信を製作し，それは，とくに鉄道のために使われた。安全上の理由のために，電車が接近するときの警戒システムがきわめて重要であっただろうし，電気電信は，鉄道網が急送に建設されていた国々で非常に速く成長した[403]。

　1845年に，クークはロンドン-ポーツマス間で電気電信を設置し，たちまちのうちに，腕木信号を時代遅れのものとした。同年，チェスターからホリヘッドへの鉄道ラインに電信を敷設するために，政府との交渉を開始した。全部で300マイルの長さであり，バーミンガム，マンチェスター，リヴァプール経由でロンドンとホリヘッドを接続し，ロイズに

---

　　402) Large, 19.
　　403) J. V. Kieve, *Electric Telegraph. A Social and Economic History* (Devon, 1973), 18-35. また，以下をみよ。Risberg, 54-64; Reid, 71-75.

「海運上の目的のために，すべての施設を提供した」[404]。この計画に何が生じたのかは，あまり明らかではない。ホリヘッド–リヴァプール間の電気電信は，それからたった15年後の1860年12月に完成したようである[405]。多くの激論が交わされたとはいえ，リヴァプール・ドック委員会は，「システムを変化させる必要性はまったく感じなかった」のである[406]。

実験的な電気通信ラインが，1845年にパリとルアンのあいだで敷かれた。しかもそれには成功したので，1846年に，フランス政府は，視覚通信ラインを電気電信ラインに切り替える決定を下した。ウィートストーン＆クークはさらに，1846年にブリュッセル–アントウェルペン間に電信を敷設した。このラインは，ブレーメン–ブレーメハーフェン間に関しては1847年に，ハンブルク–ククスハーフェン間に関しては1848年に海上でのニュースを伝えるために使われ，どちらも個人の企業家が建設した点で似ていた。スウェーデンでは，遠隔用視覚通信基地が，1853年から，電気電信基地によって徐々に取って代わられ，電気電信ラインは，モスクワ–サンクト・ペテルブルク間においては1858年から使用されるようになった[407]。

初期の電気電信にはおもに国家の利益につながり，商業的使用さえ意図しなかった。ラインは1840年代終わり頃ないし1850年代初頭に一般用に使われるようになったが，その後になっても，当該国〔の政策〕

---

404) Large, 14; Kieve, 38.
405) Large, 116; Kieve, 55-56, 62, 64.
406) Large, 115. ラージによれば，解決すべき現実の問題も多数あった。地主は，土地を横切るワイヤを不快に思っていたし，海底ケーブルは，1860年代でさえ，次々と生じる障害の原因となった。しかも，海上の船舶と陸上の電信のあいだの通信は，いまだに旗などの旧来のシステムが用いられており，視力が良くなければならなかった。のちの時代の船舶が利用した無線電信は，19世紀末に発明されたにすぎない（Large, 115-117）。腕木通信システムもおそらく，海からニュースを受け取り，それをロンドンに転送するリヴァプール商人にいくばくかの利点があったのであろう。しかし，利益は長くは続かなかった。1850年代初頭に，電気電信ラインが，ホリヘッド–チェスター間で鉄道に沿って敷設された。さらに，1851年から，ロンドン–リヴァプール間に直接，電信ラインが敷設された（Kieve, 49, 55, 82）。
407) Large, 14; Risberg, 64. レイドによれば，ハンブルク–ククスハーフェン間の電信ラインは，チャールズ・ロビンソンとチャールズ・L・チャピンという二人のアメリカ人によって中継技術を用いて建設され，ウィートストーンのシステム以上に効率的に機能した（Reid, 85）。

表29　電信利用回数 1851-66 年

国　名	1851 年	1856 年	1861 年	1866 年
オーストリア	4 万 5000	25 万 2000	84 万 6500	250 万 7500
ベルギー	1 万 4000	9 万 9000	26 万 9000	112 万 8000
フランス	9000	36 万	92 万	284 万 2500
イギリス*	9 万 9000	81 万 2000	120 万 1500	315 万

出典）　BPP, Transport and Communications, Posts and Telegraphs 3. Reports from Select Committees on the Electric Telegraphs Bill with the Proceedings, etc. 1867-1868, Appendix 1, 17-18; Kieve, 68.

＊イギリスの数値は，他と直接比較することはできない。エレクトリック＆インターナショナル電信会社が送った電信しか分からないからである。

に左右された。そのような会社の最初の事例の一つは，1848 年にイギリスで創設された電気電信会社である。通信を送る費用は，当初はきわめて高かったが，それ以後急速に低下した。異なった国のあいだの通信は，1840 年代終わり頃に可能になった[408]。

電信によって送られる通信の数は，電信が一般に使用されるようになった 15 年間のうちに，急速に増加した。表 29 の比較は，ヨーロッパ大陸，イギリス，フランス，ベルギー，オーストリアにおける進展を例示する。

出典が異なっているために，イギリスの数値は，エレクトリック＆インターナショナル電信会社が送った通信に限定される。同社は，1868 年において，イギリスの電信市場のほぼ 60％ を占有していた。主要な競争相手であるブリティッシュ＆アイリッシュ・マグネティック電信会社でさえ，国内であれ大西洋とヨーロッパ大陸のケーブルを加えた場合であれ，敷設マイル数と通信数では，競争相手の半分の規模であった。一般の人々のあいだでは「電気」Electric と「磁気」Magnetic と一緒くたにして呼ばれた同社は，1868 年に，イギリスと結ぶ外国の電報の 96％ を扱った[409]。

---

408)　Risberg, 64-65.

409)　Kieve, 68, 73. 電気電信会社は，クークとウィートストーンの特許をもとに 1846 年に創設され，鉄道会社と協同することで，電信を敷設した。一方，ブリティッシュ＆アイリッシュ・マグネティック電信会社は，1851 年に創設され，海底ケーブルを使った電信でイングランドとアイルランドを結んだ。同社は，1856 年にブリティッシュ・エレクトリック電信会社と合併し，ブリティッシュ＆アイリッシュ・マグネティック電信会社となった。その技術は，磁気から発生した電気にもとづいていた。同社の本部はリヴァプールにあり，この地域の株主と重役と強く結びついた地域的・商業的利害集団があった（Kieve, 43-44, 54, 269）。イギリスは，1868-69 年に電信会社を国有化し，郵政省がその事業を受け継い

ヨーロッパ人が技術的に多様な電気電信を開発していたあいだに，アメリカ人は，それ以上に良い選択をした。サミュエル・F・B・モールスは，元来はアメリカの画家であったが，ドイツ人のゲオルグ・シモン・オームとアメリカ人技師ジョゼフ・ヘンリの実験にもとづいて電磁印字電信機 electro-magnetic telegraph を発明した。モールスは，独自のシステムを1837年に正式に導入し，数年の改良をへて，1845年にアメリカ合衆国で一般に使われるようになった[410]。

　アメリカ政府が，発明を10万ポンドで購入してくれるようにとのモールスの提案を拒否したので，民間から資本が集められ，マグネティック電信会社が設立された。1845年12月初旬，その最初のラインがフィラデルフィアとペンシルヴァニアにあるノリウタウンのあいだに敷設された。ヨーロッパとアメリカのシステムの基本的相違を指摘するようだが，フィラデルフィアの事務所は商業取引所の2階にあった[411]。ヨーロッパの電信会社が，主として国家所有であるのに対し，アメリカでは私企業であるのが典型になった。1840年代終わり頃から1860年代にかけ，アメリカ大陸ではモールスの特許が保護され鉄道と協力し地方の会社が管理する電信ネットワークがすさまじく成長した[412]。

　新しい技術の拡散は，多くの場所で困難に遭遇した。いくつかの課題が，技術的なものであれ，現実的なものであれ，解決されなければならなかった。初期のラインのどれも，伝達能力は誇れるほどのものでは

だ（Kieve, 138-175 をみよ）。新しい取り決めには，距離とは関係なく，20語につき1シリングに統一した料金が含まれた。郵便料金が1ペニーに統一されたのと同モデルに従ったのである。結局，イギリスで送られる電報数は，約650万通から1875年の約1925万通にまで増加した（1874年中頃から1875年中頃までの計算）。これほど拡大した国は，ほかになかった（Kieve, 162-163, 183 をみよ）。国内での最高料金は，1850年代初頭に10シリングから4シリングに値下げされた。そして1シリングごとの料金設定は，1860年代初頭にすでに競争相手となる小さな会社によって導入されていた（Kieve, 53, 64）。

　410）技術的解決法は国によりさまざまであった。1855年に創設されたサンクト・ペテルブルク-ヘルシンキ間のラインは，異なる磁針システムを採用するのではなく，モールスの発明を採用した（Risberg, 75-84）。モールスの発見と彼の電磁印字電信機については，Reid, 48-111 をみよ。

　411）Reid, 112-117.

　412）歴史的に重要なアメリカの電信会社は，Reid, vii-xiii によってリスト化された。鉄道会社の協同に関しては，Reid, 244-245, 479-481 をみよ。レイドの本は，電信が商業化した時代の最初の40年間にわたる北米の重要な電信会社をおそらく網羅している。

なかったし，そのため，夜に事業をしなければならなかった。ライン
は，しょっちゅう止まった。公共事業での最初の 5 カ月間では，マグ
ネティック電信会社のラインは，36 日間も完全に停止していた。フィ
ラデルフィア–ニューヨーク間を直接結ぶ電信ラインは，ニューヨーク
の地理的な問題から，何年も遅れた。海底ケーブルに必要なガッタパー
チャ〔熱帯の木から産出される絶縁体〕はまだ導入されていなかった。
フィラデルフィアからの電信ラインの終結点であるニューアークから
ハドソンをへて，メッセージがフェリーでニューヨークに送らなけれ
ばならなかった。1854 年のニューオルレアンとオハイオ会社において
も，問題は多様であった。黄熱病が，南部を席巻し，ほとんどすべての
オペレーターが病気で倒れた。ラインは，大きな困難をともないながら
維持されたが，事業はほとんど止まってしまった。冬がはじまると，嵐
のためラインが何マイルも破壊され，事業はふたたび長期間停止させら
れた。債権者は動揺した。事実，その地方の会社の多数は，電信が開
通してからの 10 年間に，合併されるかリースされなければならなかっ
た[413]。

　興味深いことに，ニューヨークは，電信で近隣地域と接触すること を
あまり好まなかった。このメトロポリスには独自の利害があり，外国と
の通信におもに焦点をあてた。したがって，この都市へのもともとのラ
インは，現実にはマサチューセッツのスプリングフィールドからオール
バニーとユーティカとを経由してニューヨークのバッファローに到着す
るよう作成された。スプリングフィールドは，ニューヨーク＆ボストン
会社の結節点となるよう計画されていた。しかしその不合理性は，すぐ
に明らかになり，東部の終端はニューヨーク市に変わった。このライン
の最初の中心は，1846 年 8 月に，ウォールストリートとブロードウェ
イの隅におかれた。ポキブジーの事務所が，最初のラインがフィラデル
フィアでほぼ 1 年後の 1846 年 10 月に開設された一方で，ハドソンが，

---

　413) Reid, 120-121, 128-130, 139, 173-175, 207-209. ガッタパーチャは，マレー半島で成長するある種のゴムの木が凝固した合成物である。ヨーロッパに 17 世紀中頃に知られていたとしても，その卓越した絶縁性と水中での伝導体の性質は，1840 年代終わり頃になってようやく発見された。それは，1950 年にポリエスレンの近代的な人口プラチックから挑戦を受けるまで，ほぼ 1 世紀にわたり海底ケーブルの絶縁体として使われた。以下をみよ。Garrett, 6; Kieve 101-102.

競争による利益　　　　　　　　　235

同月末に開設された[414]。

　ボストン-ニューヨーク間の電信ラインは，それより少し前の，1846年6月後半に完成した。しかしながら，このラインは，安価で，しかも粗雑な建設をされた。嵐になると，ワイアがいたるところで寸断された。そのうちの一つに，30マイルの担当区画のなかで170箇所寸断されたという報告があった。あまりに頻繁に寸断が生じたので，会社が設立されてからの半年間，ラインが時間の半分しか稼働しなかった。ワイヤが稼働していたとしても，遅れはふつうであった。列車の通行さえ，必ず報告されていたわけではなかった[415]。J・S・ブラウンとポール・ドゥギルドは，電信が情報時代（「人々が，列車の速さで旅行した。情報が，光の速さで移動しはじめた」）の開始であるという神話は，たんなる技術的アプローチにもとづいてつくられたと主張した。それは核心をつく言葉であった。スピードと距離だけを祝うのではなく，情報と社会が交差する方法により多くの注意を向けなければならない[416]。

　ニュースを目的とした電信の価値を十分に認識した最初の人々は，ニューヨークの新聞社に勤める人たちであった。1847-48年に新たに創設されたニューヨーク報道協会は，ニューヨークのディグビーとメイン州ポートランドのあいだに汽船を航海させ，ハリファックスで大西洋を横断した汽船が受け取ったニュースを運んだ。ヨーロッパのニュースは，陸路で速達便を運ぶ騎手 express rider によって149マイル離れたディグビーに送られ，そこから汽船でポートランドに発信され，さらに，キューナードの汽船がボストンに到着する以前に，ニューヨークに電信が送られた。電信ラインが〔カナダの〕ニューブランズビック州のセント・ジョンまで延長されたとき，汽船は，ディグビーからセント・ジョンまでの最短ルートをとった。そこから，ニュースがボストン経由でニューヨークまで電信で送られた[417]。

---

414)　Reid, 300-304.
415)　Reid, 358-359.
416)　John Seely Brown & Paul Duguid, *The Social Life of Information* (Boston 2000), 17-18.
417)　Reid, 343-346, 362-364.; Bonsor (1975), vol.1, 77. ヨーロッパでは，ロンドンの「タイムズ」誌がすでに1844年に，"電気電信"を使った最初の新聞となった。Oliver Woods & James Bishop, *The Story of The Times* (London 1983), 90をみよ。しかしながら，電信の使用は，

1851年に，ハリファックスからポートランドまで電信で通信文を送り，そこからふたたび，通信文を電信でニューヨークまで送ることは可能であった。カナダ人の郵便史家J・C・アーネルによれば，このシステムは，1850年以降，キューナードの汽船がニューヨークへの航路で，ハリファックスに正式には停泊しなくなってからも続いたのである。しばしばハリファックスで電報と郵便が，待機する小舟に渡された。そのため，電信によるニュース事業が機能し続けたのである。そして，ハリファックスにキューナードの汽船が停泊し，北米のさまざまな地域に電信による通信が導入されたことから，汽船が目的地に到着するずっと前に，通信文がボストンとニューヨークに着くことが可能になったのである[418]。

　このようにして，郵便汽船と電信の組み合わせは，少なくとも一時的には，15年以上にわたって——ホリヘッド-リヴァプール間の腕木通信はずっと長く——，大西洋ケーブルが永続的に使われるようになる以前に，大西洋の両側でもっとも重要なニュースのスピードアップのために使われたのである。ゆえに，電信は無から生まれたものではなく，すでに外国との通信の一部であった。しかしながら，汽船は依然として情報連鎖でもっとも重要な一部であり，電信のような航海の終わりにニュース伝達のスピードアップをはかる選択肢は現実に実行可能なものとしては，非常に少なかった。

　電気電信が一般的に使用されるようになった最初の10年間で，内陸の電信ラインのネットワークはヨーロッパ大陸とブリテン諸島に広がり，アイルランド西海岸にまで及んだ。大西洋の反対側では，電信ラインは東部諸州に広がり，ニューファンドランドを越えたが，ニューファンドランド岸と大陸のあいだには距離があった。大西洋ケーブルで，新旧両世界をつなぐという夢が生まれるのは当然であった。

主として試験的なものにすぎなかったはずである。電信ラインが，二，三年後に敷設されたことが，それを示す。キーヴェによれば，ジュリアス・ロイターこそ，「おそらく，新聞に対して電信使用することから生じる途方もない利点を感じた最初の人であり，それゆえ1851年にロンドンに事務所を設けたのである」(Kieve, 71)。

　418）Bonsor (1975), vol.1, 77; Arnell (1986), 190. しかし，アーネルは，もとになった史料に言及していない。キューナードの船舶が一年中この北回りのルートで航海することはほぼ不可能だったので，この種の取り決めは一時的なものにすぎなかったのかもしれない

海底ケーブルを敷こうという試みが1840年代にはじめてなされ，それが失敗したのは，管のなかのワイヤを水の浸透から保護することができなかったからである。1850年に英仏海峡に敷くことに成功した最初のケーブルは，漁師の錨で切断された。実際，錨は，それ以降も，イングランドのマージーサイド，さらには地中海においても，海底ケーブルにとっての問題点となった[419]。とはいえ，永続的なケーブルが敷設され，1853年にはイングランドとアイルランドを結びつけた。さらに同年，ヨーロッパ大陸との関係では，ドーヴァーとオーステンデが結びつけられた。イギリス−オランダ，イギリス−ドイツのケーブルも敷かれた。1857年には，オランダ，ドイツ，オーストリア，サンクト・ペテルブルクと電気による通信がなされた。地中海では，フランス・イタリア政府のためにいくつかのケーブルが敷かれた。しかし，すべての試みが成功したわけではなかった。サルディーニャとアフリカ北岸，マルタとアレクサンドリアのあいだの深い水路でケーブルを敷こうとして，何度か失敗に直面した[420]。

　大西洋ケーブルの歴史は，ニューファンドランドに電気電信を敷設することに起源があった。これは，ラインが人跡未踏の荒涼たる地方を400マイル横切るため，困難な仕事であった。利用可能な資本は，この作業が完成する前に尽き果てていたので，イングランド人技師であり，この計画の主要な責任者であった富裕なF・N・ギズボーンが支援を求めてニューヨークまでの旅をしたのである。幸運なことに，30代初めに実業界から引退したばかりのサイラス・W・フィールドに出会った。フィールドは，すぐにこの計画に積極的な関心を示し，1854年初頭から，ニューファンドランドの計画は，より大きな計画と関連させるべきだという意見を述べた。それからの12年間で，フィールドは大西洋海底ケーブル計画の中心の人物となった。彼は，疲れを知らぬ精力的かつ勇敢な人物であり，この計画が必ず成功すると信じていた。サミュエル・F・B・モールスもまた，もともとアメリカ側から，この計画に関与していた。だが，多数の科学，技術能力，資本は，イギリスから来

---

419) Robinson, 271; Garratt, 6-11; Large, 115-117; Kieve 103-104, 115.
420) Garratt, 13; Kieve, 105, 115.

た[421]。

　大西洋横断ケーブルは巨大な計画であり，いくつかのリスクがあった。問題は，技術的・現実的なものであり，さらには金融面からの問題もあった。大西洋の深さはまだわかっておらず，ルートを調査するには，深海の状況を調査する必要があった。ケーブルを運び，さらに敷設することができるような船はなかった。ケーブルの長さは2500海里にもおよび，1マイルあたりの重さは107ポンドもあった。電気による通信の初歩的な知識でさえ，まだ原初的な段階にあり，費用がかかる間違いをしでかした。しかも，必要な資本は35万ポンドと推計され，そのうち約三分の二が，ケーブル生産のためのものであった[422]。

　1857年に大西洋ケーブルを敷こうという最初の試みがなされたが，失敗に帰した。ケーブルは，2隻の船で敷設された。イギリス政府が貸与したHMS・アガメムノン号と，アメリカ海軍のフリゲート船のナイアガラ号である。しかし，ケーブルは，深い大西洋の水域には技術的に適してはいなかった。最初の航海でケーブルのすべてを敷設することができなかったのは，荒れた海でケーブルが破損し，大洋の深海で失われたからだ。船舶は，プリマスに戻らなければならず，残りのケーブルは船から降ろされ，埠頭で巻きつけれらた。埠頭では，ガッタパーチャの絶縁部分が，それに続く航海を待っているあいだに太陽光線のもとで劣化した。それに続く1858年の航海も，同様に惨めな結果に終わっ

---

　421) 最初の大西洋ケーブルを敷設するための全般的理念に関する鳥瞰図を描いているので，ギャラットの小さな作品はきわめて有益である。Garrat, 14-22をみよ。最近上梓された2冊の本は，非常に違った見方を提示する。Gordon, *A Thread Across the Ocean* は，この計画におけるサイラス・W・フィールドの役割を強調する。一方，Gillian Cookson, *The Cable. The Wire that Changed the World* (Gloucestershire, 2003) は，大西洋の通信を加速化した最終的な飛躍的発展について，よりバランスのとれた見解を提示する。Gordon and Cookson, passim をみよ。また，Kieve, 105-115 をみよ。計画に対するモールスの役割については，Cookson, 56-57, 60-63, 69-70, 72 をみよ。レイドは，こういう。「ファラデーとモールスは，アメリカの計画者（サイラス・W・フィールド）を励ました。だが，科学的な考え方の持ち主と実践を重んじる人々とのあいだに分裂が生じ，成功するために必要な信頼性を与えることが困難になった」。さらに彼は続けた。「このような障害のすべてに直面したので，フィールド氏はロンドンに行った。そして1856年に，最初の大西洋電信会社を組織化し，さらにこの計画を実行するのに必要な資金を調達することに成功した。彼自身，全資本の四分の一以上を提供した」(Reid, 519)。イギリスの史料からは，計画の投資家として，それとはかなり違ったフィールドの役割に対するイメージがえられる。以下をみよ。Kieve, 107, Cookson, 63.

　422) Garratt, 14-15; Cookson, 23-24, 52-54, 62-63.

た[423]。

　同年 8 月，三回目になって努力が実り，ヴィクトリア女王とアメリカ大統領のジェームズ・ブキャナンのあいだで大西洋を横断し，新しい通信手段で祝電が交換された。不運にも，ケーブルは——技術的には当初から貧弱であったが——，困難な状況での処理をすべて済ましたのちでさえ，良い状態とはいえなかった。通信文は，非常にゆっくりとしか伝達できなかったし，信頼性は低く，何度も繰り返し送る必要があった。数週間のうちに，信号は意味不明なものとなったし，10 月には，ケーブルは完全に機能しなくなった。ケーブルの機能不全の理由が完全に説明されることはなかった。ギャラットによれば，それを引き起こした理由はたくさんあったので，機能不全に陥ったことではなく，機能したこと自体が不思議なのである[424]。

　最初の大西洋横断ケーブルは，機能した時間は短かったけれども，有益であった。わずか数百の通信文しか送られなかったが，多くはきわめて重要であった。たとえば，イギリス政府が推計で 6 万ポンド節約したのは，カナダにおける二つのイギリス軍の連隊の移動を止めることができたからである。インドのセポイ反乱が鎮圧されたという緊急の通信を，電信によって送ることができたのである[425]。

　ケーブルの機能不全——および，そのために投資した株主が，最終的におよそ 50 万ポンドの損失を被ったこと——は，数年のあいだ，大西洋をさらに電信で結ぶという企画の阻害要因となった。この企画をさらに阻害したのは，1859 年に，紅海ケーブルの敷設に失敗したことである。これには，約 80 万ポンドが投資されていた[426]。

　資本の大半は，ロンドン，リヴァプール，マンチェスター，グラスゴーのイギリス商人から来た。大西洋横断ケーブルのために資金を調達

---

　　423) Garratt, 15-17. Cookson, 81-96.
　　424) Garratt, 18. Cookson, 96-105. キーヴェは，政府が任命した共同委員会の報告に言及し，機能不全は電気の問題ではなく，ケーブル芯線の問題でもなく，とりわけ，伝導体が小さすぎたからだと説明した。Kieve, 110-111.
　　425) クックソンによれば，271 通の通信文がニューファンドランドのトリニティ湾からアイルランドのヴァレンシアまで転送され，129 通の電信が，逆方向に流れた。それぞれ，平均で 10 語である。不幸にも，筆者は，使用された史料にまったく言及していない。Cookson, 102 をみよ。
　　426) Garrat, 19.

する最初の会議は，1856年11月に開かれ，サイラス・W・フィールドが，投資家に対してすぐれた演説をした。とりわけ綿に関する市場価格の変化をめぐる情報は，電気電信によって，たちまちのうちに送られた。ニューオルレアンから手紙を送り，そこから返事を入手するのに，40日間かかったが，時差の関係で，イギリス商人が手紙を送る以前に，電報はアメリカに着いていた。アメリカとイギリスの投資家以外に，両国政府も，この計画に参加した[427]。

　計画が失敗したとき，失望は大きかった。新しいケーブルの必要性が，広くアピールされたが，投資家はより慎重な態度をとった。リヴァプールにあるアメリカ商工会議所は，イギリス女王の第一大蔵卿〔首相〕であるダービー伯に覚書を書いた。

>「我が国とアメリカ大陸とのあいだの電気による通信が一時的に成功いたしました。そのことに対する偉大な国民的，さらにそれぞれの重要性を認め，さらにある程度経験したのちに，貴殿の請願書起草者は，現在の大西洋横断ケーブルによる通信ができなくなりました。それを修復し，確実に通信するためにさらにワイヤの敷設が必要なことを，大いに残念がることでありましょう。そのため通信が不可能なことは，いうまでもないからでございます……貴殿の請願書起草者は，この偉大な企画の組織者が寄付した基金が使い果たされたと知らされております。寄付する人々に対し，投資から少ないながらも得られる収益にもとづいた保証がなければなりません……この大仕事を完成するために必要な資本を確保することはできないと……貴殿の請願書起草者が，この仕事の意義，国全体にもたらす重要性について考察し，連鎖が適切に完結したならば，さまざまな植民地とこの国の保護領を一つの巨大な帝国に統合されると信じます。また，まったく収益がなくすでに使いはたした資本と労働全体について考慮し，女王陛下の政府が，前例によって正当化される形態と方法で援助を拡大し，大西洋電信会社がおこなうこの広大で高貴な計画に必要な資本を提供するおつもりがなく，さらに国家の繁

---

[427]　Cookson, 62-63; Garratt, 15; Large, 14.

栄に大きく寄与するために，外部から援助がなかったとすれば，この仕事は成就しないと，残念ながら認めなければなりません」[428]。

　新しい試みに対し，ふたたび資金が調達されるには，二，三年を要した。一方，ケーブル生産における技術的進歩と新たな取り決めが，成功への見通しを高めた。海事史の文脈においては，1850年代終わり頃に大西洋横断ケーブルを敷設する最初の熱心な試みがコリンズラインの崩壊と，そして数社——ヴァンダービルトライン，インマンライン，ジャーマンライン——の参入と同時期に発生した。だが，海上郵便の契約だけに終わった。このこととの関係では，通信はほとんど言及されなかったにせよ，近い将来，大西洋の通信が速くなるという期待が，アメリカの援助額を削減する決定に影響をおよぼしたはずである。
　しかしながら，イギリス政府は，1858年夏に，キューナードラインと10年間の契約を更新した。最初のケーブルが短期間であったが成功し，すぐに失敗する直前のことであった。契約の更新は，競争会社，なかでもインマンラインから激しく反対された。だが，イギリス郵政省でさえ，反対の立場に立った。いまなお郵便契約を管理していた海軍省は，この事業には国家的な重みがあると考え，契約を続けることを選んだ[429]。
　アメリカ議会は，大西洋の両側のどちらでもイギリス領に属する電信ラインを維持することに疑念をもったが，南北戦争によってこの計画を続けるために，新しい資本を調達する企画を促進した[430]。
　1865年，南北戦争が終焉を迎え，アメリカ大統領のアブラハム・リンカンがワシントンで暗殺された。大統領が死去したというニュースは，汽船のノヴァ・スコーシア号によって4月15日に急いで大洋を横

---

　428)　"Laying of the Atlantic Cable". Memorial of Liverpool Merchants Trading with America and Associated as the American Chamber of Commerce, 2.12.1858. (LRO, 380 AME/2)
　429)　Robinson (1964), 143-144. 1860年には政府の委員会はこれらの取り決めの必要性をほとんど感じなかったので，海軍省からイギリス郵政省へと，海上での郵便事業の契約を戻すように勧めた。それは，同年の議会法によって生じた。Robinson (1964), 144をみよ。
　430)　大西洋横断ケーブルの西端をイギリス領からアメリカ領へと移動する可能性についてアメリカでおこなわれた議論については，Cookson, 64-67をみよ。また，Kieve, 112をみよ。

断し，4月26日にロンドンデリーの電信局に届いた。電報は，ロンドンに2時間後に届き，暗殺から12日後の翌27日にイギリスの新聞に掲載された。最初にニュースを出したジュリアス・ロイターは，事前に知っていたのにニュースを知らせなかったので株式市場で私的に利益をえたという理由で，のちに告発された。報告書が与えた衝撃の価値は，事件以来多くの月日が流れたので薄らいだが，ロイターによる大きな成果は，大西洋横断電信を敷設するために示された費用に対し，ある程度バランスのとれた見方を提供する[431]。

　これは，船舶と電信のあいだの協調の適切な事例である。アランラインのノヴァ・スコーシア号が，ポートランド-リヴァプール間の冬季ルートにいた。同船は，北方ルートのために，他の会社が使っていたクィーンズタウンではなく，北アイルランドのロンドンデリーに停泊することになっていた。アランラインの船舶は，通常，ハリファックスやニューファンドランドで停泊をしなかったので，ノヴァ・スコーシア号の船長は，暗殺について耳にしたかもしれない。暗殺は，船舶がポートランドに向けて出港する以前の4月14日にすでに発生しており，そのニュースをポートランドにおいて電信で受け取っていたので，最新のニュースを求めてハリファックスに向かったのである。

　ノヴァ・スコーシア号は，4月15日にポートランドを出港し，同日にニューヨークから出港したインマンラインのエタ号，さらにHAPAGのテュートニア号という競争相手よりも早く，確実にそのニュースを伝えた。ニュースの重要性は，すべての船舶の乗組員が十分に理解していた。エタ号は例外であり，クィーンズタウンに寄港したことは一度もなく，リヴァプールに急行した。一方，テュートニア号は，サザンプトンに向かった。どちらも，4月28日に到着した。しかし，遅すぎた。ニュースはすでに，その前日に新聞で報道されていたからである[432]。

---

431) Cookspn, 140-141. ニュースは，「タイムズ」誌で1865年4月27日に掲載された。それには，「ノヴァ・スコーシアを通じてグリーンカスル経由で」到着したと書かれていた。

432) Hubbard & Winter,178,208 の出航表。エレクトリック・マグネティック電信会社は，1859年1月にロイターと，外国の電信をイギリス内でのすべての都市に電信を供給する独占契約をした。ロイターは，ロンドンから15マイル内の商業・海運のニュースの独占権を保有した（エレクトリック・マグネティック電信会社は，ニュースを新聞や自由ラウンジに

1865年7-8月に次の大西洋横断ケーブル敷設の航海がおこなわれる頃には，生産計画とケーブル技術の両面で，いくつかの改良がなされた。新しく設立された電信の建設維持のための会社も，必要な残りの資本を提供した。その期間内に，それに適した船舶が建造された。東方ルートへの乗客輸送業務のために著名なイサムバード・ブルネルが建造した巨大なグレートイースタン号は，経済的には失敗であり，人々を雇用することができなかった。同船が不在のあいだは，ケーブルを敷設するために3隻の船を使用する必要があり，2隻の船舶が共同で作業することでさえ危険だと，1850年代終わり頃に十分に知られていた[433]。

ふたたび失敗してから，1866年7月下旬，通信可能な大西洋横断ケーブルがとうとう敷設された。数週間後，工事の初期に失われたケーブルの先端が，大西洋の中央部分で発見され，9月に，二番目のケーブルが，ニューファンドランドのトリニティ湾で安全に降ろされた[434]。旧世界と新世界が，いまようやく電気電信によって結ばれたのである。しかしこの電信は，大西洋の両側で，すでに20年間にわたり，一般に使用されていた。

大西洋横断ケーブルの商業的利用はすぐに開始され，問題がなかったわけではない。シェイラ・マリナーは，ラスボーン・ブラボーズ社の初期の大西洋電信の経験を，こう描く。「二つ，大きな問題点があった……完全な誤りから負担が生じる可能性である。というのも，手紙で確認される以前に，ケーブルによる注文が実行され，輸送されることがありえたからである。そこから生じる損失危険は，一つのケーブルに託さ

伝えることは禁止されていた）。1865年2月，電信会社（小規模なイギリス電気電信会社を含む）は，共同委員会の指導と同社のチャールズ・ボイズの経営によって，ニュースと情報を結びつけた。電信会社がイギリス内の電信による通信を独占したので，電信でニュースの取得が必要な新聞は，ニュースを電信会社に頼り，さらに電信会社が供給しようとするものを受け取るしかなかった。小規模な新聞は満足しただろうが，大規模な新聞は満足しなかったことは，彼らが絶えず電信会社を攻撃していたことからもうかがえる。この失望感は，電信システムの国営化の主要な要因の一つとなったであろう（Kieve, 71-72）。

433) Garatt, 19-21 をみよ。

434) 以下をみよ。Garratt, 21-22; Kieve 114-115; Cookson, 142-150. 大西洋横断ケーブル敷設の成功によって，別の野心的試みが終わらせられた。それは，シベリアを横断しアラスカ経由で，ロシア-アメリカの陸上ルートの電信を敷く計画である。完成しなかったこの企画の損失は，300万ドルに達した。それは，おおむねアメリカ・ウェスタンユニオン電信会社によって支払われた。以下をみよ。Cookson, 150; Reid 508-517.

れる注文総額を4万ポンドに制限することで最小限にとどまった。他の大きな困難は，意図的な不正であった。これを克服するには，暗号を使う必要があった。そうすれば，『この国じゅうで電信と関係している冒険的な人々』が，『貴殿の通信の内容を隣人に売ることはなくなるであろう』」[435]。電信会社は，当初，通信文を暗号で送ろうとはしなかった。なぜなら，重要な通信文をすべて読むことができるためにえられる利益が大きかったからである。最後に，電信会社は，暗号の使用に同意したが，そのときには，もはや受け入れられていた習慣であった[436]。

　大西洋横断ケーブルの開設から1年後，ラスボーン・ブラボーズ商会のニューヨークの代理人が，絶望してこう結論づけた。「ケーブルを適切に維持することは不可能に近い」。翌月，代理人は，ケーブルが敷かれていないことを望むようになった。穀物価格に関するニュースが，小商品の価格を維持することに協力してきた投資家の利益という点で間違っていたことに「少しも疑いの余地が」なかったのである[437]。現実的な問題があったにもかかわらず，ラスボーン家は，ニューヨークとほとんど毎日電信で通信をおこない，注文書を送り，代理人に，販売と価格の上下が予想される市場と理由についての助言をしてもらうことを続けた[438]。

　グレイム・J・ミルネは，また，電気電信に対してイギリス商人が出したよくある不満を分析した。非常に短い通信文しか送ることができなかったし，外国のラインの信頼性とオペレーターの清廉さについては大きな疑念があった。技術的問題は頻繁に生じた。電信の最大の資産であるスピードでさえ，電信の事務所で電信が次々に山のように積み重ねられ，伝達されないままの通信文が増えたので，必ずしも信頼することは

---

　　435) Marriner, 114.
　　436) Marriner, 114. 各社が，独自のコードブックをもっており，電信は，大西洋の両側で解読されなければならなかった。最初は暗号用の言語を送り，ついで英語に訳された。明らかになった電信の事例は，MMM (B/FT, box 2) のフレイザー・トレンホルム社事業記録にあるC・K・プリオローの書簡に見いだすことができる。暗号の使用は，混乱と遅れを招いた。「チャールストンの暗号を使うことで苦行がなされる。電信はすぐに送られる。オルレアンの3-4月に91回の支払い。デュフール」。(Telegram from H. Dufour & Co. at Havre to C.K. Prioleau & Co. in London, 5.1.1875. (MMM, B/FT, box 2)
　　437) Marriner, 114-115.
　　438) Marriner, 115.

できなかった。いずれにせよ，巨大な資料，サンプルなどが，海路で送られなければならなかった。したがって，商人は，信頼がおける郵便および，電信事業が必要であり，そのために費用は二倍かかった[439]。

電信の中身は，安全のためばかりではなく，伝達が非常に高価なため，極端なまでに短くなければならなかった。もともとの料金は，最初の20語が20ポンドであり，1語増えるごとに1ポンドかかった。1872年には，価格は大きく下がり，1語につき4シリングになった。1888年にはさらに低下し，1シリングとなった[440]。

実際，大西洋横断通信は，汽船が運ぶ手紙と電信の混成になり，互いを補完した。短い注文が電信によって発せられたが，郵便汽船が運ぶ手紙に説明が書かれ，資料が送られた[441]。ラスボーンのニューヨークの代理商であるブッシュ＆ジェボンズは，キューナードの汽船ロシア号で送られた手紙のなかで，1869年1月6日に，リヴァプールに向けてこう書いた。「皆様，12月31日。皆様が，シュヴィンド・リーズは，10ポンド1/4シリングの出荷の価値があると『書いた』と，私どもは電信でお送りしました。それを，皆様は，明らかにランポート＆ホールト社の1月2日の汽船によって転送されました。キャサリン・リーズ号に積載された2610袋のコーヒーは，上述のように，最終的に，10ポンド

---

439) Milne (2000), 129-130. アメリカでも，同様の問題があった。Reid 136-137, 308, 327-328, 357-358 をみよ。負担を減らすために，オペレーターは，時々，少ない給与で若い女性を雇用した。彼女たちは，無料で通訳をし，自分たちがわからない箇所は抜いて通信した。彼女たちには商業の条件は知られておらず，貿易に新しい条件がつけ加えられた。(Reid, 780)

440) Garratt, 38. ジョアン・イエイツは，アメリカの会社の通常の郵便と電信の情報コストを比較した。彼女の研究では，会社は，代理人に対してより中心的な権威をふるうことができた。たとえば，許可されていない価格削減は，なされるべきではなく，急いで出される注文は，本部による確認が必要だと主張したのである。このような場合，電信を高い費用をかけて送ることは，企業が事業で貯蓄することにつながるので正当化された。しかしこの研究は，外国の情報伝達を扱っていない。以下をみよ。JoAnne Yates, "Investing in Information: Supply and Demand Forces in the Use of Information in American Firms, 1850-1920" in Peter Temin (ed.) *Inside the Business Enterprise. Historical Perspective on the Use of Information.* (Chicago, 1991).

441) リチャード・B・キールボヴィッチは，アメリカの新聞の国内ニュース収集で同じこと述べた。たしかな事実だけが，電信で伝えられ，その他は通常の郵便で送られた。また，アメリカの新聞はの交換システムのため，資料そのものを移動させる必要があった。以下をみよ。Richard B. Kielbowicz, 'News Gathering by Mail in the Age of the Telegraph: Adapting to a New Technology', in *Technology and Culture,* Vol.28, No.1, Jan. 1987, 26-41.

1/4 シリングの価値があり，9 ポンド 1/4 シリングの費用がかかり，適正な利益を約束すると書かれております。シュヴィンド氏の様子から考えますに，マキネル商会の手紙によれば，彼らは，海運業で少し遅れており，今年のコーヒーにおいて非常に良い作業をしているという意見が出されております。私どもは，次の通信文を付け加えさせていただきます。『海運を促進』すれば，彼らがより勇敢に闘うことができるようになると……」[442]。

　この引用文が述べているように，通常の手紙の語調はまた，電信の短い通信文では把握することができない感情を表すことができた。だから，重要な資料は，むろん，郵便で送る必要があった。「拝啓，私どもは，帳簿の収支を計算し，この年の会計を終わらせますが，この郵便でそれを詳細に分析する余裕はございません。ご承知のように，貴殿らはできるだけ早く帳簿を入手されたいと切望しておられますが，現在のところ，不可欠の情報，すなわち，貸借対照表と代理人資産しかお送りすることができません。次の郵便で，今年度の事業の通例の計算書をお手元にお届けいたします……」[443]。

　電信使用の増加と汽船による貨物輸送のスピードアップは，イギリスにおける生産物市場の組織に大きな影響を与えた。輸送する貨物の量を削減する必要があったのは，生産の中心地の新鮮な供給物が，素早く市場に運ばれ，市場の価格水準を生産物地域で知ることができたので，不十分な情報にもとづいて，数カ月前に状況を予想する必要がなくなったからである。価格の変動幅が狭くなる傾向にあったのは，世界中で，そのときどきの事業と市場の状況に関する最新の情報が，より容易に入手できたからである。その結果，生産物市場での事業展開は，地域的・国家的な影響ではなく，むしろ国際的影響にさらされるようになった。電信の普及は，綿と穀物における委託事業を消滅させたが，先物市場形成

---

442) Busk & Jevons in New York to Rathbone Bros & Co. in Liverpool 7.1.1870. In the Rathbone Collection, RP XXIV.2.29. (SJ)．シュヴィンド・マキネル社は，リオ・デ・ジャネイロの会社であり，この会社は，小麦粉を売り，ラスボーン社のためにコーヒーを購入していた。

443) Busk & Jevons in New York to Rathbone Bros & Co. in Liverpool 7.1.1870. In the Rathbone Collection, RP XXIV.2.29. (SJ)

表 30　電信による事業情報の発展

時期	地域	電信のタイプ	所有権	使用法	利点
ナポレオン戦争期間	とくに，フランスとフランス人に占領された地域。また，スウェーデン－フィンランドなど。	遠隔用視覚通信	国家所有	軍艦，戦争	軍事・行政の使用だけ；1810年以降も，スウェーデンでは私的な使用は可能であった。
1827-1861年	リヴァプール－ホリヘッド	遠隔用視覚通信	私的所有	商船；アメリカの郵便船の時代，郵便汽船	商業的使用。事業情報伝達のスピードアップ。
1845年－	イギリスとヨーロッパ大陸	磁信電信	ほとんどが国家所有	鉄道；海軍省	行政の使用；安全；事業情報伝達のスピードアップ
1845年－	アメリカ合衆国	電磁電信	私的所有	鉄道；国内の事業；郵便汽船との関係	商業的使用；安全；事業情報伝達のスピードアップ。
1840年代後半ないし1850年代	ヨーロッパ	磁信ないし電磁電信	ほとんどが国家所有（イギリスの国有化は1868-69年）	鉄道；国内の事業；郵便汽船との関係	商業的使用；安全；事業情報伝達のスピードアップ。
1851年－	英仏海峡；アイリッシュ海；地中海	海底ケーブル	私的所有	外国との通信	商業的使用：事業情報伝達のスピードアップ。
1858年失敗	北大西洋	海底ケーブル	私的所有	大西洋横断通信	商業的使用：しばらくのあいだ，事業情報伝達のスピードアップ。
1866年	北大西洋	海底ケーブル	私的所有	大西洋横断通信	商業的使用。事業情報伝達のスピードアップ；「先物」市場を可能にする。

への刺激を与えた[444]。

　1840年代から，人々が「先物」取引をする傾向が強まった。「先物」に関連する事業の本質は，ニュースの方が商品よりも速く移動し，ス

---

　444)　Marriner, 54, 115-116. 以前には，商人が取り扱うすべての綿は，所有者であれ，荷受人であれ，紡績業者のために活動する購入仲買人に販売仲買人を通じて売られたのである。みずから綿を輸入する二，三の強力な紡績業者は，仲買人を雇用した。ケーブルは，紡績業者の輸入を促進し，さらに仲買人と商人を融合させた。彼ら自身が，輸出入をし，そのため，仲買人を追い出したのである。J.H. Clapham, *An Economic History of Modern Britain. Free Trade and Steel 1850-1886* (Cambridge, 1932), 315-316 をみよ。

ピードが出る汽船の発展にともない，それが可能になった。ニューヨークからノヴァ・スコーシアとニューファンドランドへの電信通信の設立は，ニュースと貨物のスピード差をますます広げることになった。そのため，綿貿易で，先物取引に関連する事業が発達した。南北戦争期間中に，綿と「先物」商品の売買において，多数の投機的活動が発生した。ナイジェル・ホールによれば，この種の先物市場においては，特定のロットの商品が，配達可能な状態になる以前に契約されるのは，一般に見られる慣行であった。リヴァプールの綿市場は，契約がかなり標準化し，特定の貨物とは関係がない先物市場に向けて適合した，ヨーロッパで最初の事例であった。生産物の質と量は一定であり，契約で唯一交渉可能な部分は，価格であった。先物市場と先渡し市場は，1870年代には，大西洋横断ケーブルの開通に続いて分離した[445]。

　ナポレオン戦争期から大西洋横断ケーブルへの電信の発展は，表30に描かれている。

---

445) Marriner, 115-1117; Hall, 99-107.

第6章
西インドと南米

風対風

　北大西洋での事業情報伝達は，1820年代初頭から，おもに商業的な海運ラインが所有する速くて定期的な郵便帆船が管理していたが，他の重要な貿易ルート——西インドと南米——の通信は，商船によって支配されていた。しかも，ファルマスの郵便船は，どちらのルートでも，重要な通信手段であった。

　西インドの郵便ルートは，イギリスとカリブ海植民地間の旧来のルートを使っていた。それには，南米北岸の港が含まれていた。長年にわたり，イギリス以外の植民地も入っており，いくつかの植民地とイギリスの郵便船基地のあいだで，補助的な船舶事業が開始された[1]。ファルマスの郵便船は，カリブ海諸島以外に，通常英領ギニアとメキシコに航海した。南米ルートは，ファルマスからリオ・デ・ジャネイロ，さらにブエノスアイレスとモンテビデオにまで，同じ郵便船や補助艦船を使って航海することによって成立していた。

民間の郵便事業と政府の郵便事業のどちらを選ぶか——ミクロな事例

　19世紀初頭における西インドの貿易ルートの重要性を考えるなら，

---

1) 1820-46年におけるさまざまな西インドルートの説明と補助的艦隊の事業については，以下をみよ。Britnor, 129-140, 149-154; and John L. L. DuBois, Jeremiah A. Farrington and Roger G. Schnell(eds), *Danish West Indies Mails 1754-1917*(Snow Camp, USA, 2000), 32-33.

他地域の文書館で保存されている通信文の量と比較して，政府が収集したもののなかには，信じられないほど少数の商人文書しか見いだせないのである。これまで提示されてきた説明の一つは，西インドの事業に関係していた商人の子孫がこのような史料を保存していなかったのは，奴隷貿易時代を忘れたかったのだというものであった。

　英領ギアナのデメララとベルビスからリヴァプールのサンドバック・ティン社とトマス＆ウィリアム・アール商会に1825-41年に送られたの少数の書簡が，マージーサイド海事博物館・文書館のコレクションから発見された。この書簡から，情報伝達のありかたがかなり似通っていたことがわかる。15通の手紙が，商船で送られ。手紙を書いてからその返信を受け取るまでに51日間かかっている[2]。

　これらの一般的な手紙以外に，トマス＆ウィレム・アール商会とベルビスにおける彼らの砂糖プランテーションの通信のなかに，もっと価値のある事例がみられる[3]。この興味深いサンプルは，1840年からはじまる10通の手紙からなる。その一通一通が，プランテーションの事業活動への毎月の報告を載せていた。同一人物が同一の受取人に対して書き，さまざまなルートを使い，帆船の時代に大西洋を横切って異なる通信手段で送られた。そのため，郵便史研究のうえで，稀にみるほど貴重なものである[4]。

　手紙は，個々人による現実的な選択肢と選択を描き，主要な情報伝達の手段が，植民地と定期的に事業をおこなっていた商人にとってどの程度効率的であったのかということを鮮やかに叙述する。海運業の記録と

---

　2) Bryson Collection, Records of Sandbach, Tinne & Co., D/B/176; Earle Family and Business Archive, correspondence of Thomas and William Earle & Co, D/Earle/5/2(MMM,Liverpool). しかも，サンドバック・ティン社への手紙（dated 26.11.1825, 6.2.1826 and 2.3.1836）には，民間の郵便収集をもとにした計算が含まれている。Heikki Hongisto, *Sugar in the life of Mankind*.(2005)(HHC). たとえ，すべての手紙が民間の船舶で運ばれたとしても，そのうちの一通は複製であり，原文は政府の郵便船でベルビスからトマス＆ウィリアム・アール商会に送られた。1841年10月18日付けの手紙。

　3) 以下をみよ。The correspondence of Thomas and William Earle & Co, D/Earle 5/1-11(MMM)。

　4) 1837年に，植民地の郵政長官が請求した郵便料金の総額は，ベルビスからは年総額でたった410ポンドであった。一方，たとえばカナダからの総額は，100倍も多く，3万8977ポンドであった。*BPP, Transport and Communications. Post and Telegraphs* 2,(1838). Select Committee on Postage, Appendix E, 221.

ごく少数の事例を比較すると，1840年の郵便運搬のために使われた商船と，イギリス-ギアナ間の政府の郵便事業の効率性に関してある程度のことがわかる[5]。

　この当時，政府の事業対象には，イギリス，デンマーク，オランダ，フランス，スペインのさまざまな植民地が含まれていた。それは，停泊港が非常に広範囲で航海が容易ではなかったため，困難な事業であった。1810年には，6隻の西インドの地域的な郵便用の船が，大西洋を横断する郵便帆船に取って代わり，その数は，1840年には1ダースに達した。イングランドからの通信は，1カ月に2回であった[6]。

　トマスとウィリアム・アールは，リヴァプールの商人兼船主の父親と息子であり，かつては，奴隷貿易商人であった。そのため，カリブ海地域で生じる好機を熟知しており，同地域での組織に精通していた[7]。1830年代に，同社は，不良債権の一部として，ギアナのベルビスにプランテーションを獲得した[8]。プランテーションハノーヴァー〔ジャマイカ西端〕は，「砂糖，ラム酒，糖蜜，サトウキビ，家畜，黒人労働」をもちいて[9]，管理人のJ・M・ハウストンによって運営された。彼は，リヴァプールとの通信文を保存しており，それには，1840年のプランテーションハノーヴァーの10カ月分の報告書が含まれる。2通の報告書が紛失しているらしい。

　この年度が船舶所有者の観点から重要であったのは，奴隷制が少し前に廃止されたからである。数年間の移行期間をへて，1838年に，プランテーション労働者に完全な自由が与えられた。ジャマイカ，トリニダードとともに，英領ギニアが，この変化で最大の被害を受けた国の一

　5）　より詳細な記述に関しては，以下をみよ。Seija-Riitta Laakso, "Managing the Distance: Business Information Transmission between Britain and Guiana, 1840" in *International Journal of Maritime History,* XVI, No.2（December 2004）, 221-246.

　6）　以下をみよ。Robinson(1964), 93; and "A List of Packets at Present, Employed in the Service of the Post-Office" in *Lloyd's Register* 1840.

　7）　カリブ海地域におけるリヴァプール商人の利害関係の変化については，以下をみよ。Williams,'Abolition and the Re-Deployment…, '1-17; Milne(2000), 51-53; and Dawn Littler, "The Earle Collection: Records of a Liverpool Family of Merchants and Shipowners", *Transactions of the Historic Society of Lancashire & Cheshire,* Vol. 146(Liverpool, 1996), 97-102.

　8）　Littler, 96.

　9）　J.M. Houston to Thomas and William Earle & Co in his Monthly Return of Plantation Hanover, Berbice, for January, 1840. Earle Correspondence, D/Earle 5/7/1(MMM).

つであった。以前には繁栄して生産的だった土地が，かなりの損失を被りながら耕作され，いくつかの土地は完全に放棄された[10]。

　管理人であるJ・M・ハウストンは，毎月末にプランテーションの収益を計算し，リヴァプールのアール家に船便で報告した。手紙には，郵便印とともに輸送手段に対する送り主の評価が書かれていた。そのため，現実の事業情報伝達の過程を跡づけることができるのである。手紙を書くときと受け取るときに，いったい何がおこったのか？　手紙を扱ったのは誰か？　情報が届くのに，毎回どのくらいの時間がかかったのか？

　プランテーションハノーヴァーの1月の報告書は，商船のゴシャウク号によって送られた。同船は，2月13日にベルビスを出港し，リヴァプールに4月11日に到着した[11]。報告書は，到着した当日に，トマス＆ウィリアム・アール商会の事務所に送られた。手紙は，完全に民間の手で送られたので，郵便局の郵便印はなかった。アール兄弟は，当該月が終わってから71日後にプランテーションの経済的進展に関して知った。

　2月と3月の報告書は，イギリス政府の郵便船で送った。それぞれ，ベルビス郵便局の郵便印が押してあった。2月の報告書は3月18日にベルビスから送られ，アール兄弟が5月13日に受け取った。報告書を運んだのは，5月10日にファルマスに到着した郵便船のランガー号か，5月8日に到着した郵便船ペンギン号であった[12]。手紙はリヴァプールに13日に到着したので，ファルマスに到着した日は，ほぼ間違いなく10日であった[13]。

　西インドの郵便船は，通常，ファルマスからバルバドスに直接向かっ

---

10)　*BPP, Colonies. West Indies* 1,(1842), Report of Select Committee on West IndiaColonies, iii-v. 土地所有者のなかには，他の土地所有者に比べて，変化に対する準備を怠っていない人々もいたようである。たとえば，リヴァプールのジョン・グラッドストーンは，1820年代にデメララに数カ所のプランテーションを購入し，巨額の損失を被ることなく，1849年に資産を適切に処分した。S・G・チェックランドは，西インドにおけるグラッドストーンの事業理念とネットワークを，次の論文で描いた。S.G. Checkland, "John Gladstone as Trader and Planter" in *Economic History Review*, v. 7, 1954/55, 222-228.

11)　*Lloyd's List* 13.4.1840.

12)　*Lloyd's List* 11.5.1840; 12.5.1840

13)　その当時，郵便はエクセター経由でファルマスからロンドンに馬車で，そこから鉄道でリヴァプールに送られた。ふつうは，2-3日かかった。以下をみよ。*BPP, Transport and Communications. Post and Telegraphs* 2, (1838). Appendix E, 227-232; and Clapham(1930), 387.

た。さらにバルバドスから，地域の郵便用小舟（この時代には，ほとんどが汽船であった）が，郵便を西インド諸島の島々に配達した。母港に戻ると，郵便船が郵便袋を集め，いくつかの島を通り，イギリスへと航海した。このシステムは進度が遅く複雑であり，天候条件などにより変化が生じることが多かった。

この問題については，ベルビスからの手紙が 1840 年春にどの港に転送されたのかということについて，史料が不明瞭であるので[14]，たしかなことはわからない。表 31 は，母港に帰港するあいだに，2 隻の競合する郵便船が，港に立ち寄った日を示す。ベルビスからプランテーションの報告書が 3 月 18 日になってようやく送られたので，バルバドスは，ギアナからの手紙が当時収集された場所ではなかったかもしれない。同様の理由で，トバゴ[15]は問題外であった。地域の郵便用の船が手紙をランガー号までもって行くとすれば，トリニダードまで運ばれたかもしれないが，ペンギン号は，すでにこの島を通りすぎていた。

ギアナからの郵便も，かなり遠方のセント・トマスまで，単独の地域用郵便船で送られたかもしれない。この島も，バルバドス島とともに，郵便の主要な交換地点であったからだ。なぜそうなったのか，さらに，ファルマスの郵便船も，母港へ帰るさいにトリニダード，グレナダなどを経由していつ航海したのかということについては[16]，依然としてよくわからない。月報のどれ一つとして，西インド諸島からの通過郵便印が押されてはいなかったが，これがかなり特徴的なことであった[17]。ギアナからの郵便が郵便汽船ないしファルマスの郵便船でセント・トマスまで運ばれたかということとは無関係に，その郵便はベルビスとデメララから送られ，さらにその 10 日以上あとに，郵便船がセント・トマスからプエルト・リコ，ハイチ，さらにイングランドへと航海したのである。特定された指示から推察するに，少なくとも，セント・トマスは，

---

14) 以下をみよ。Britnor, 150, 154; and DuBois(etc.), 32-33.

15) トバゴは，デメララとベルビスの郵便が転送される場所の一つだと述べられてきた。たとえば，Britnor, 154 をみよ。

16) 「ロイズリスト」には，表 31 から気づくように，通常，訪れたすべての島の出港日が書かされていた。

17) 'loose packet letters' に関する郵便の手押印使用については，DuBois(etc.), 34-36 をみよ。

表31 西インド諸島から出発し，イングランドに到着したランガー号とペンギン号1840年2月-5月（日数）

港	郵便船ランガー号	郵便船ペンギン号
ファルマス	2月5日	2月17日
バルバドス	3月13日/3月14日	3月13日/3月15日
トバゴ	3月15日	3月16日
トリニダード	3月21日	3月17日
グレナダ	3月23日	3月23日
セント・キッツ	3月29日	3月29日
トルトラ	3月31日	3月31日
セント・トマス	4月1日	4月1日
プエルト・リコ	4月2日	4月1日
ケープ・ヘンリ		4月5日
カプハイティエン	4月5日	
ファルマス	5月10日	5月8日
往復航海の所要時間	95日間	81日間

出典）　*Lloyd's List* 11.5.1840, 12.5.1840.

ギアナからの郵便が収集された島であった。

　この表は，西インドに郵便を運ぶ問題を示し，商人が不満をいった理由を明らかにする。郵便船ランガー号は，2月5日にファルマスを出港し，3月13日にバルバドスに到着した。これは，ファルマスを2月17日に出港した郵便船ペンギン号とまったく同じ日であった[18]。2隻の郵便船は郵便を配達し，トバゴまで航海した。ランガー号は14日に，ペンギン号はその翌日に到着した。航海を続ける前に，トリニダードかグレナダで長めの停泊をした。しかしながら，どちらの船も，グラナダや他の諸島を同日に出港し，ハイチでは，別の港に到着した。両船舶は，バルバドス-ケープヘンリ間ないしバルバドス-カプハイティウン間のどちらかの島間を航海した。それには3週間かかり，その後，イングランドに戻った。大西洋横断に，さらに5週間かかったのである。

　ランガー号は，2月の報告書を運搬しており，セント・トマスからの母港に戻るのにペンギン号より2日間余分にかかったが，40日間以内であった。報告書は，5月12日にリヴァプールに到着した[19]。そして，トマス＆ウィリアム・アール商会が13日にそれを受け取った。決算書締め切りの74日後であった。

18）　*Lloyd's List* 7.2.1840; 19.2.1849; and 25.4.1840.
19）　手紙には，リヴァプール郵政省に到着したときの手押印がある。

3月の報告書は，4月9日に送られた。決算報告月の終りよりもかなり早かった。それを運んだのが郵便船ホープ号であり，ファーマスを3月4日に出港して，バルバドスに4月4日に到着した。航海を続け，同日にトバゴに着き，そこを4月6日に出港後，トリニダードに到着した。そこで数日間停泊したのち，下記の注に書いているように航海を続けた[20]。バルバドスからファルマスへの航海は，島々での停泊をへて，52日間かかった。郵便船は，5月26日に到着し，15万ドルという，巨額の貨物を運んだ[21]。3月の報告書は，数日後にリヴァプールのプランテーション所有者に配達された。それは，報告書の締め切りの，ほぼ58日後のことであった[22]。

　4月の報告書は，商船アン＆ジェイン号によって私的に送られた。同船はリヴァプールからベルビスに3月30日に到着し，思いもよらない遅れのあと，5月20日に出港した。この港に，51日間停泊していたことになる。アン＆ジェイン号で，32日間かけてリヴァプールに報告書が届いた。船舶が到着した翌日の6月22日，ウィリアム＆トマス・アール商会に送られた[23]。海上を速く航海したにもかかわらず，報告書がプランテーション所有者に届くまで，53日間かかった。

　J・M・ハウストンのそれ以外の選択肢に，郵便船ラップウィング号で報告書を送るという手があった。同船は，6月6日にセント・トマスを出港し，7月15日にファルマスに到着した。手紙は，7月17日頃にリヴァプールから送られたかもしれない。民間の船舶よりも，25日後のことであった。

　5月の報告書は，リヴァプールの商船レイドマンズ号がベトリスから

---

20) ホープ号がさまざまな港から出港した日付は，次の通りである。ファルマスが3月4日。バルバドスが4月4日。トバゴが4月6日。トリニダードが4月12日。グレナダが4月14日。セント・キッツが4月18日。トルトラが4月19日。セント・トマスが4月20日。プエルト・リコが4月21日。カプハイティウンが4月26日。ファルマスが1840年5月26日 (*Lloyd's List*, 28.5.1840)。

21) *Lloyd's List* 28.5.1840. 武装したファルマスの郵便船が，メキシコや西インドから到着したときに，高価な地金や正貨を運んでいたことは稀ではなかった。資金の到着は，通常，「ロイズリスト」で報告された。

22) リヴァプールに手紙が届いた正確な日付は紛失している。ここでは，5月28日であり，ファルマスからリヴァプールまでの郵便輸送に2日間かかると仮定した。

23) *Lloyd's List* 22.6.1840. 手紙には郵便印はなく，受取人が到着日を記録しているだけである。

送った．手紙を送った日のデータはないのは，J・M・ハウストンが記録に日付を記入せず，手紙には，郵政省で送られた日が記入されていなかったのである．「ロイズリスト」によれば，レイドマンズ号は，デメララから 8 月 12 日に「サルクーム沖」に到着し，8 月 16 日にロンドンのグラーヴズエンドに入った[24]．

同船はリヴァプールに向かってはいなかったので，郵便袋をサルクーム沖の地域用の小舟に送るあいだに，船はロンドンにまで進んだ．手紙は，島のなかの小さな村にあるキングズブリッジから投函され，民間の船舶が運ぶ手紙のために使用される郵便局の手押印が押された[25]．手紙にはまた，8 月 14 日付けのリヴァプール郵便局の到着手押印が押されていた．郵便印は，「ロイズリスト」が公表した情報とともに，手紙を運んだのがレイドマンズ号であったことを明確に証明する．同船のデメララからの正確な出港日がいつであったのかはわからないので，航海の正確な所要時間を計算することはできない．しかし，手紙は，船舶がロンドンに入港する 2 日前にリヴァプールに到着し，決算報告期間の最終日から 76 日後にトマス＆ウィリアム・アール商会が受け取った．

公的な郵便事業は，遅れを著しく短縮したかもしれない．J・M・ハウトソンが，セント・トマスで 6 月 18 日に停泊し，ファルマスに早くも 7 月 18 日に到着した郵便船スター号への郵便を積み込むために十分な時間を取らなかったとしても，郵便船レインディア号に積み込むことはできたはずである．同船は，7 月 24 日にセント・トマスに停泊し，ファルマスに 8 月 7 日に到着したからである[26]．最初の選択肢は，待機時間を 3 週間以上短縮させることになったかもしれないし，後者の場合，約 1 週間の短縮になったであろう．

6 月の報告書は，リヴァプールの商船ジョン・ホロックス号によって送られた．この新しい 294 トンの船舶は，4 月 12 日にベルビスに到着した．同年に建造されたことから，おそらく処女航海だったものと思われる[27]．同船は 7 月 30 日にリヴァプールに向け出港し，J・M・ハウト

---

24) *Lloyd's List* 15.8.1840; 17.8.1840.
25) 'SHIP LETTER KINGSBRIDGE', Tabeart(1997), 132 をみよ．
26) *Lloyd's List* 20.7.1840; 10.8.1840.
27) *Lloyd's Register*, 1840.

ソンが計算したプランテーションの6月の決算報告を運んでいた。同船が港を離れたとき，会計期間の終りから4週間以上が経過していた。

同船は，9月10日にリヴァプールに到着した。そして手紙は，その日のうちにトマス＆ウィリアム・アール商会の事務所に届けられた。航海には42日間かかり，手紙は，決算月が終わって72日間，プランテーション所有者の手にあったことになる。この方向では，民間の事業に対して郵便料金は支払われなかった。政府の郵便事業が利用されたなら，郵便船ミューティン号は，7月22日にセント・トマスから6月の報告書を拾い上げ，8月21日にファルマスまで手紙を運んだことであろう。そうしていれば，ファルマスからリヴァプールまでの航海に必要な2日間を加えて考えるなら，手紙は現実よりおよそ18日間早く，アール兄弟の事務所に届いたはずである[28]。

7月の報告書は，政府の郵便で送られ，8月21日付けのベルビス郵政省の手押印が押してある。郵便は，郵便船ホープ号で9月4日にセント・トマス港で集められ，同船は，10月23日にファルマスに到着した[29]。大西洋横断航海だけで，44日間かかった。これは，この年の西インドの郵便船での東方への航海の最長記録であった。7月の報告書は，リヴァプールでプランテーション所有者が10月26日に受け取ったとき，86日間かかっていた。

J・M・ハウストンが7月の報告書を政府の郵便船ではなく，商船で送ったとしたら，いったいどうなっただろうか。8月に，デメララからイギリスに定期的に貿易をおこなう商人が数名いた。（グラスゴーの）イザベラ号は，ロンドンを8月13日に出港し，クラーヴズエンドに10月2日に着いた。（ロンドンの）チャンドス侯爵号は，同日に出港したが，グラーヴズエンドには10月17日に着いた。（リヴァプールの）サンドバッハ号も，同日に出港し，リヴァプールに9月22日に着いた。同様に，（グラスゴーの）ティスル号は，8月23日に出港し，9月22日に

---

28) *Lloyd's List* 23.8.1840.
29) ホープ号の，ざまざまな港からの出港日は，以下の通りである。ファルマスが7月17日。バルバドスが8月16日。トバゴが8月17日。トリニダードが8月26日。グレナダが8月29日。セント・キッツが9月2日。トルトラが9月3日。セント・トマスが9月4日。プエルト・リコが9月5日。ケープ・ヘンリが9月9日。そしてファルマスが1840年10月23日である（*Lloyd's List* 26.10.1840.）。

クライドに到着した[30]。ここにあげたすべての船は，郵便船よりもはるかに速く，7月の報告書をプランテーション所有者に運んだかもしれない。サンドバック号によって，報告書が，実際よりも33日間早くリヴァプールに到着したかもしれないのだ。

上述の航海に共通していたのは，すべての船舶が，デメララから出港していたことである。ベルビスから出港した唯一の事例は[31]，8月1日のリッチモンドヒル号である[32]。7月の報告書にはあまりに早い時期であったので，プランテーション管理者が完成させられなかった。

もし，デメララとベルビスのあいだに私的な郵便の送付をめぐって何の接触もなかったとしたら奇妙なことだが，二港間の航海は，卓越風と川の流れのために，かなり困難であった[33]。陸上ルートが存在し，特徴的な年である1840年に出された声明によれば，イギリス郵政省は，それを使う計画をした[34]。このルートの長さと状況については，たしかなことはわからない。管理人の報告書は，通常，当該プランテーションに関して形式的に述べているだけで，このような通信の問題に関する証拠はまったく保管されていない[35]。

8月の報告書は，リヴァプールの商船であるギアナ号によって送られた。同船がグラスゴーからベルビスについたのは7月10日のことであり[36]，ロンドンへの積荷を運んでいたのである。ギアナ号がベルビスから出港した日付に関する情報は何もないが，ディールには，11月9日に到着した。手紙には，ロンドンからの民間船の手押印が押されてお

---

30) それぞれ，「ロイズリスト」による。

31) 「ロイズリスト」で報告されている唯一の出港であるが，報告書にそのすべてが書かれているわけではないであろう。

32) *Lloyd's List* 12.9.1840.

33) Britnor, 136. 大西洋とカリブ海の風と潮流については，地図1をみよ。

34) "Sketch of the New Arrangements for the Conveyance of Her Majesty's Mails in the West Indies. To Commence in October, 1840", Britnor, 153-154. 汽船の時代には，ベルビスからの郵便は，デメララからの陸上ルートが使われることが多かった。

35) しかしながら，J・M・ハウストンは，6月の報告書で，農村の状況についてある程度のことを述べた。かつてアール家が所有していた近隣のコーヒープランテーションであるオブ・ホープ・ファン・ベーターのプランテーションで，5匹の羊が1頭の虎によって殺された。J.M. Houston to Thomas and William Earle & Co in his Monthly Return for June, 1840. Earle Family and Business Archive, D/Earle 5/7/6,(MMM)．

36) *Lloyd's List* 25.8.1840.

り[37]、11月10日の日付であった。報告書は，同日に送られたものの，リヴァプールに 11 日に到着した[38]。プランテーション所有者の手に届いたときには，報告期間が済んでから 72 日間すぎていた。

　もしギアナ号で送られたものでなければ，手紙は 9 月 18 日にセント・トマスから郵便船のパンドラ号に預けられ，ファルマスに 10 月 27 日に到着したかもしれない。ベルビス-リヴァプールの民間船よりも，約 2 週間早かった。

　9 月の報告書は，4 月の報告書を運んだ商船アン&ジェイン号によってリヴァプールに 12 月 1 日に到着した。アン&ジェイン号は，リヴァプール-ベルビス間を定期的に輸送した船舶の一隻であり，1840 年に 2.5 回の往復航海をした。ベルビスには 9 月 8 日に到着し，リヴァプールを 10 月 25 日に出港した。母港への航海には 37 日間かかり，船舶が到着した当日，マス&ウィリアム・アール商会の事務所に届いた。報告期間終了後，62 日目のことであった。この手紙には，郵便印は押されていなかった。

　これが比較的速い配達であったとしても，郵便船ペテレル号は，10 月 18 日に送られたセント・トマスからの報告書を，11 月 26 日にファルマスに運べたかもしれない。報告書は，民間船が運ぶよりも，数日早くリヴァプールに到着したかもしれない。

　最後に，12 月の報告書――10 月と 11 月の報告書は失われている――は，ロンドンの商船キャメロン号によってベルビスから送られた。「ロイズリスト」によれば[39]，12 月 13 日にロンドンに向けて出港した船舶が，3 月 5 日にディールに到着し，翌日に投函された手紙が，1841 年 3 月 8 日にリヴァプールに到着した[40]。会計報告の期間終了後，98 日目のことであった。明らかに，同船は，11 月の報告書を積んで，上述

---

37)　封筒のカバーに押された 'SHIP LETTER' の消印は，1840-1857 年にロンドンで使用された。1840 年に，ディールは，'DEAL SHIP LETTER'，クラヘウグラーヴズエンドは，'GRAVESEND' という手押印を使用していたかもしれない。Tabeart, 63-64, 102, 182 をみよ。

38)　*Lloyd's List* 10.11.1840. リヴァプール郵政省に到着した日の消印と受取人の手紙へのメモ書きによる。

39)　*Lloyd's List* 14.1.1841; 6.3.1841.

40)　'DEAL SHIP LETTER' と，1841 年 3 月 6 日付けのディールの手押印。1841 年 3 月 8 日のリヴァプールへの到着から。受取人の 1841 年 3 月 7 日のメモ書きが正しいはずはないのは，郵便印が，明らかにそれ以降の到着を示しているからである。

の日程で航海してはいなかった。出港は，数週間遅れていたに違いない。キャメロン号は，1841年1月6日に到着したエウテルペー号と同日にディールに着いた。

管理人が他の選択肢をとらなかった理由は，依然として明らかではない。ベルビスからリヴァプールに直接向かい，その後，ロンドンへと出港した船舶も数隻あった。最良の選択は，12月7日にグラスゴーに向かったフェーヴァリット号であったかもしれない。同船は，1月19日に到着したが，これは，最終的にディールで11月の報告書が届けられる45日前ことであった[41]。

2隻のファルマスの郵便船が，キャメロン号以前に母港に帰った。どちらも，1841年2月12日に到着した。郵便船のスイフト号とランガー号は，それぞれセント・トマスを12月30日と1月1日に出港し，ふたたび一緒に航海した。それぞれが高価な貨物を運んでいた。スイフト号が10万ドル，ランガー号が8万ドルである[42]。2隻の郵便船は，11月に実際に報告書が届いた日よりも3週間以上早く，それを届けられたかもしれない。

J・M・ハウストンは，10回のうち7回，民間の商船を使って，毎月の報告書をリヴァプールに送った。7回のうち6回は，政府の郵便の方が早かった。商船ではなくファルマスの郵便船で送った場合，10回の報告書のうち8回は，リヴァプールに着くのが早かったかもしれない。2回は，政府の郵便より民間の船舶の方が早かった。

表32の数値は，決算報告期間の終りからリヴァプールにその結果が届けられるまでの平均72日間の情報伝達の所要時間を示す。商船で送られた場合には，決算報告期間の終りとリヴァプールへの毎月の報告書の到着のあいだの最短期間は53日間であり，最長期間は98日間であった。政府の郵便船では，数値はそれぞれ58日間と86日間であった。

この間，ずっと海上にいたわけではない。それぞれの手紙の伝達を短縮するために，ここで示してきたように，出港する船の実質的な管理者が商船を選ぶ前に，数週間がすぎてしまうことがありえた。待機時間は，2週間から2カ月以上とまちまちであったが，おそらくそれ以上の

---

41) *Lloyd's List* 20.1.1841；15.2.1841
42) *Lloyd's List* 16.2.1841

風対風

表32 ハノーヴァー，バービスのプランテーションの毎月の往復　1840年。各財政年度末にリヴァプールの所有者に利用可能な情報の持続期間

毎月の往復	財政報告の時期が終了したのちに所有者に情報が利用可能になるまでの日数	船舶のタイプ：商船（M）ファルマス郵便船（F）
1月	71日間	M
2月	74日間	F
3月	58日間	F*
4月	53日間	M*
5月	76日間	M
6月	72日間	M
7月	86日間	F
8月	72日間	M
9月	62日間	M
11月	98日間	M

選択肢（民間/政府の郵便）が，それぞれの事例でチェックされた。日付に関する最良の選択は，星印（*）で記されている。

場合もあった。しかしそれでもなお，完全にもとのことがわかったとはいえない。

　少数の手紙の事例から，大西洋の両側のプランテーションとそのプランテーション所有者の明確かつ変化の多い通信状況像が判明する。こんにちの事業生活で欠かせないオンラインで決算報告と経営システム，そして厳密な情報管理と比較するなら，遠隔地のプランテーションを結ぶ19世紀初頭のプランテーション所有者と経営は，あまり体系的ではなかった。通信速度は遅いばかりか，まったく予測できなかった。

　多くの場合，ベルビスからの手紙は，商船よりも政府の郵便船の方がイングランドに早く着いたが，逆のこともあった。そのためJ・M・ハウストンは，通信手段を決定するのが困難だったのである。彼が複製を送ったのは，少なくとも手紙のうちの一通が最速の輸送手段で運ばれてはいるが，手紙のうちどれ一つとして，それを示す消印を押されていないのをたしかめるためであった[43]。

　43）　1826-41年に送られた別のサンプルが示すのは。サンドバック・ティン社もトマス・アンドウィリアム・アール商会も，彼らがギアナに所有するプランテーションから複製を受け取ることがごくあたり前であったことである。このサンプルでは，15通のうち7通が複製であり，そのうち5つがサンドバックの通信文で，2つがアール商会の通信文である。興味深いことに，後者のコレクションにあるどちらの複製も，1841年からであり，まるで複製という習慣が，この年からプランテーションに導入されたような印象を受ける。結局，1842年からのアール商会の通信文のうち，少なくとも3通が複製である。全体のサンプルは

複製を送ることで，それぞれの報告期間の終りとリヴァプールに情報が最初に到着する平均的時間は，72日間から56日間に短縮されたようであり，しかも，輸送には変化がなかったのである。それゆえ当然コストは増加し，管理人は，余分な費用をかけてまで，報告書を送る必要はないと考えたかもしれない。しかしながら，ほとんどの報告書がこんにちまで会社の書類のなかに保存されているので，プランテーション所有者は，報告書が重要だと考えたのかもしれない。

　報告書を毎月送る選択肢を比較すると，J・M・ハウストンが本当に最善を尽くして計算をし，できるだけ早く郵送するようにしたかどうかが問われるであろう。人生と事業のリズムは，この当時はさほど慌ただしくはなく，ギアナの経済情勢全般が，意欲をもたせる誘因となることはほとんど期待できなかった。そのため，悪い知らせをプランテーション所有者に知らせるのを遅らせるのに，合理的な理由があったのであろう。

　通信がなかなかできないという不満は，世界中どこでも聞かれる現象であった。とはいえ，輸送が風によって左右される以上，確実に速い航海をするためにできることは，あまりなかった。もしプランテーション所有者から，海外の企業の財政や経営に関する論評や指示があったとしても，管理人がそれを手に入れるのに，さらに2-3カ月かかった。典型的なのは，プランテーション所有者は，特別の助言を与えられず，管理人の決定能力にゆだねるしかなく，必要なら，彼らに権威をもたなければならなかったことである。だがもし事態が悪化すれば，管理人を変更できたことはいうまでもない[44]。

1825-42年に36通しかないので，当然，事業の実践の実例を示すだけであり，決して，会社の政策を表す完全な証拠だとみなすべきではない。以下をみよ。Records of Sandbach, Tinne & Co., D/B/176; Correspondence of Thomas and William Earle & Co, D/Earle/5/2.(MMM). 複製を送ることは，単に通信文によってできるだけ早く情報を獲得するにとどまらない理由があったのは当然である。たとえば，原本を送ってから何か新しいことが生じたかもしれない。「私は，貴殿にこの郵便船についてすでに文書をお送りいたしましたが，私の手紙を投函いたしましてから，W・B・チゾーム氏にお目にかかりました。私はこの方と，大変長時間にわたり，興味深いお話をいたしました」。(William Carter to William Earle, Berbice 23.1.1842, 'p. Packet'. Correspondence of Thomas and William Earle & Co, D/Earle/5/8/4b, MMM）。

　44）ブラウンとデュグイッドはこう指摘した。海外の管理人の独立度を劇的に減少させたのは，最終的には，ヨーロッパの資本を外国の植民地と結合させていた電信だった，と。素早く通信できるようになったので，意思決定が中央集権化されたのだし，外国とのパート

プランテーションハノーヴァーの場合，プランテーション所有者は，明らかに，プランテーションの財政状況を懸念していた。アール商会の通信文には，リヴァプールの会社経営について書かれた代理人のジョン・ロスからの数通の手紙が含まれていた。彼の言によれば，ハノーヴァーは，植民地でもっとも生産性の低い土地の一つとして有名であった。彼は可能な販売価格と勘定残高について論じた。2週間後，別の手紙で，会計簿に誤りがあると指摘した[45]。

さらに，プランテーション所有者は，ベルビスのプランテーション経営に関しては，少しも満足していなかった。ジョン・ロスは，奴隷解放とそれに続く約束手形の支払いから生じる問題に言及するだけでなく，高い出費をかけて運営している代理人も批判した。10月には，それを経営の誤りだと主張し，ハノーヴァーのために新しい管理人になる人々の数名の名前を示唆した[46]。実際，2-3週間後，管理人は別の人物に変えられた[47]。

結論に移ろう。プランテーションの管理人は，政府の郵便船ではなく，慣れ親しんだ商船を使って，リヴァプールに決算報告を送ろうとしていたことに注目すべきである。可能であれば，リヴァプールを母港とする船を選んだ。彼はわざわざデメララから航海する船舶で郵便を送ろうとはせず，たとえもっと時間がかかっても，ベルビスから船が出航するまで待とうとした。毎月の報告書で，可能なかぎり早く伝達しようとはしなかった。複製を送らなかったからである。

プランテーション管理人は，できるなら，政府の郵便を使って郵便を

ナーの財政上・経営上の自律性があっという間に消滅したのである。Brown & Duguid, 30 をみよ。

45) John Ross of Inverness to Thomas and William Earle & Co., Liverpool, 30.12.1839; 10.1.1840. 彼は，プランテーションの販売可能性に着いても続いて言及している。20.1.1840. D/Earle 5/1-11,(MMM)

46) Ross to Thomas and William Earle & Co., Liverpool 16.8.1841; 30.10.1841. D/Earle 5/1-11,(MMM)

47) アール商会の通信文には，プランテーションハノーヴァー管理人ナッシュ氏が，リヴァプールの代理人ウィリアム・カーターに宛てた手紙が含まれている 12.4.1842.(D/Earle 5/1-11). 数回販売を試みたけれども，プランテーションは1840年代には売れず，利益を生まないという理由で廃棄され，ウィリアム・アールの子孫によって，数十年後に完全に閉鎖された。Earle Family and Business Archive Records. Thomas Algernon Earle's interview, September 1939.(MMM)

送るべきであったが，この規則はいたるところで破られた。手紙は，到着すると，国内輸送が必要な場合には，イギリス郵政省に転送された。リヴァプールに到着した民間船の手紙は，直接トマス＆ウィリアム・アール商会の事務所に送られた。リヴァプールの郵便局に送られたことは，一度もなかった[48]。

イギリス-ギアナ間の商船による通信の概観（1840年）

すでに述べたように，1840年のイギリス-ギアナ間で使用される事業情報伝達には，二つの異なる方法があった。いくつか問題が残っている。この当時，母国と植民地のあいだの商業交通はどの程度盛んであったのか？　ギアナとの交通量がもっとも多かったイギリスの港はどこか？　デメララとベルビスに出港する船舶数に相違があるのはなぜか？　ギアナからイギリスに商船が航海するのに，通常どの程度の時間がかかったのか？　船舶は，どの程度の期間港に停泊したのか？　イギリス政府の西インドの郵便事業は，全体としてどれくらい有効に機能したのか？　本章では，ギアナルートの商船に焦点をあてる。

イギリスの議会文書の西インドの貿易と商業に関する統計には，1840年に西インドの港と行き来した船舶の帰国のための航海は含まれてはいない。しかしながら，現在も残っている1822-30年の数値は，年によって航海に大きな差があったことを示す。デメララの港に到着するイギリスの輸入商船の数は，1824年には128隻，1829年には184隻に変わった。一方，輸出船は，1826年の145隻，1829年の212隻と多様

---

[48] この方法は，郵政省と大蔵省にはよく知られていたし，マイルを基本として1ペニーという国内の郵便料金の一律化を計画していた郵政相と関係がある，1838年の議会で活発な議論のなかで論じられるようになった。1840年の改革と軌を一にして，イギリスに入る民間船舶での手紙の料金は，1オンスあたり8ペンスに統一された。これで，出港地からイギリス諸島のどの住所にでも伝達できたのである。以下をみよ。Robertson, C2; and *BPP, Transports and Communications, Posts and Telegraphs* 1 and 2(1838). Select Committee on Postage, passim. サンプルとなる1825-41年においては，6通の手紙が，郵政省を経由して到着した。1通がグラスゴー，2通がプリマス経由であり，リヴァプール郵便局を経由し，'LIVERPOOL SHIP LETTER' の手押印が押された1通がサンドバックのティンネ社に到着した。6通の手紙が，船長によって，受取人に転送された。2通は複製で私的に，1通は包み紙が記録に残っていないので，どのようなものか不明である。〔トマス＆ウィリアム社とティンネ社という〕どちらの会社の通信にも，料金が支払われた手紙と支払われなかった手紙がある。D/B/176; D/Earle/5/2(MMM) and HHC をみよ。

であった。ベルビス港に到着する輸入商船の数は，1822年と1826年が25隻であったが，輸出船は，1826年が20隻，1822年，1824年，1827年が31隻と多様であった。

　それゆえ，奴隷制廃止以前の「古き良き時代」には，平均して162隻の商船が，毎年デメララの港に到着したのである。その一方で，180隻が輸出品を積載してイギリスまで航海した。そのほかに，28隻の船がベルビスに到着し，同港から，27隻が輸出をした。多数の他の船舶もまた，これらの港を使ったが，数が多かったにもかかわらず，船舶は小さく，通常は100トンに達しなかった。すなわち，主として近隣の諸島間を輸送していたのである。デメララに向かうイギリス船の平均的な大きさは280トンを超えていたが，ベルビスへの船舶は，240トン未満であった[49]。

　統計にはあらわれない問題に対する解答をみつけるためには，イギリス-ギアナ間の商業航海の数と所要時間を計算しなければならない。そのために，同年に公表された「ロイズリスト」の海事情報を用いる。アイルランド諸港とチャネル諸島は除かれているのは，経済的理由のためである。これらの航海数は，顕著なものとはいえない。実際のところ，ギアナとの貿易で優位に立つイギリスの三つの港があった。ロンドン，リヴァプール，グラスゴーである[50]。

　1840年にイギリス-ギアナ間を結ぶ商船の交通量を計算すると，いくぶん混乱した数値がえられる。およそ245隻の船が，「ロイズリスト」で，ルートのどちらかの端に到着するか，そこから出港する船舶として報告された[51]。総計は，1暦年のあいだに少なくとも一方向から航海したすべての船舶を含む。船舶によっては，この年に二，三回往復航海をしたものもあったが，ロンドン，リヴァプール，グラスゴーからデメラ

---

　49) この数値は，以下の統計から計算された。*BPP. Colonies. West Indies* 2(1806-49), Select Committee Reports and Correspondence on the Trade and Commerce of the WestIndies. Appendix, 306-307. 比較するなら，インドおよび中国と貿易していた東インド会社の最大規模の船は，1200-1300トンであり，1400トンのことさえあった。*Lloyd's Register* 1826.

　50) 他のイギリス船の出入港数の合計は，全体の約10%であった。他の港のうち，ギニアへの航海がもっとも多かったのは，ブリストルとプリマスであった。しかし，合計で20隻に満たない。

　51) 正確な船舶数がわからないのは，同じ名前の船が数隻あり，しかもそれ以外に詳細なことがわからないからである。

ラないしベルビスに向かった航海は，たった184回しか報告されていない。一方，これらの港には，イギリスの港から177隻が到着したと報告されている。ギアナからロンドン，リヴァプール，グラスゴーへの航海はわずか104回しか報告されておらず，ギアナからこれらの港に到着したのは，130回であった。

　この現象が生じた理由としては，すべての船が，イギリス-ギアナ間を直接航海したとはかぎらないということで，ある程度の説明がつく。多くの船は途中で別の港に立ち寄り，西インドから他の場所に行き，その途中で貨物の一部を積んだり降ろしたりした。この場合，船舶は，バルバトスやジャマイカとのあいだを行き来したと報告されたかもしれない。あるいは，イギリスの港ではなく，ときおり生じたように，何も報告されなかったかもしれない。しかしながら，イギリスでの到着港では，船舶は「デメララ」から到着したと報告された。現実にいつ航海したのか，どこから来たのかということは，言及されなかった。ときには，船舶がアイルランドに到着したり，突然現れ，ロンドンで荷を積むように見えることもあった。とはいえ，1840年の総計は，1822-30年の年平均に近く，ベルビスを行き来する船は増加した。

　事業情報伝達の観点から，それ以外に，おそらくより重要な側面は，母港へ帰港する航海と他の方向に向かう航海について，報告された航海数に，あまりにも差があることである。デメララないしベルビスに到着したと報告されたのは177隻であったが，そのうちおよそ60％にあたる104隻しか，イギリスに戻ったと報告されてはいない。この年のギアナで生産量が低かったとしても，この年に，船舶は母港に帰港したか，どこか別の港に帰ったはずである。

　情報が失われた理由として，「ロイズリスト」で公表された出航表は，基本的にアンダーライター，船主，他の利害関係者に，外国の港で船舶が安全に到着・出港したことを知らせるためのものであったという説明がなされる。長距離の通信には時間がかかったので，当該の船が，ギアナから出港するニュースがロンドンの「ロイズリスト」で公表される前に，イギリスに到着することが頻繁にあった。海事情報が，この種の遅

風対風　267

れが生じた事例を数例提供する[52]。

　古くなったニュースを発表することは，誰の利益にもつながらなかった。利害関係者は，船舶がすでに母港にいる場合には，船舶がギアナから出港する情報は必要ではなかった。だからこそ，ほぼ間違いなく，「ロイズリスト」は，この情報を無視したにすぎない。そこから，上述のような差異が生じたともいえよう。このように考えるなら，帆船時代における，植民地からの事業情報の全般的問題が浮かび上がる。受け取った情報は，最終的に到着したときには，全般的に古いことがありえた。

表33　イギリスの港であるロンドン，リヴァプール，グラスゴーとギアナの港であるベルビスとデメララを航海し，「ロイズリスト」で報告された船舶数 1840年

報告場所	航行先 ベルビス	航行先 デメララ	航行先 合計	出港元 ベルビス	出港元 デメララ	出港元 合計
ロンドン	16 (15)	54 (43)	70 (58)	14 (8)	45 (24)	59 (32)
リヴァプール	16 (16)	54 (53)	70 (68)	10 (12)	32 (37)	42 (49)
グラスゴー	3 (3)	41 (47)	44 (50)	2 (4)	27 (19)	29 (23)
合計	35 (34)	149 (143)	184 (177)	26 (24)	104 (80)	130 (104)

（　）内は，大西洋の反対側からの対応する数値。たとえば，「ロイズリスト」は，この年に54隻の船舶がロンドンからデメララに向け出港し，デメララからロンドンには43隻の船舶が到着したと報告している。

　表33にある595回の記録のうち，多くの部分が重複しているのは，数値が，片道航海の両側の終結点を含んでいるからである。到着日ないし出港日は多くの日誌から失われているので，148回の航海の所要時間を計算することしかできない。

52）たとえば，レディ・キャンベル号がリヴァプールに到着したのは1850年5月6日であったが，「ロイズリスト」では，1840年5月7日に公表された。デメララからの出港（1840年3月14日）は，到着よりほぼ1週間遅れの1840年5月13日に発表された。パルミラ号は1840年7月1日にリヴァプールに到着したが，それが「ロイズリスト」では1840年7月2日に発表された。そしてデメララからの出港（5月26日）は，リヴァプールへの到着の翌週の7月9日に公表された。植民地の港から出港し，母港に到着する船舶のニュースが，同じ号で発表され，場合によっては，同じ頁に掲載される可能性さえあった。たとえば，「ロイズリスト」が，デメララからのシッスル号の出港日（8月23日）とクライドへの1840年9月22日の到着を，1840年9月23日に発表した。このような問題は，到着時のメモ書きによって避けられることが大変多かった。それゆえ，「航海した……」には，二つの異なる新しい形態が組み合わせられている。

ロンドンとリヴァプールが，ギアナ貿易に対するイギリスの主要な港であった。グラスゴーは三番目に重要であったが，他の港は大した役割は演じなかった。航海の20％がベルビスに向かっていたけれども，大多数は，デメララを目指した。グラスゴーの貿易は，ほとんどもっぱらデメララに集中していた。1840年には，クライドからベルビスに向かう船舶は，たった3隻しかなかった。

　ギアナでは困難なことがあったことはよく知られているが，1840年には，10年前と比べるなら，少しばかり多くのイギリス商船がこの地の港と行き来していたように思われる。すなわち，貿易の数値をみると減少していたが，情報伝達の機会は現実には1820年代以降増えていたのである。

　イギリスからギアナへの平均的航海には，およそ43日間かかった。母港へは，51日間であった。航海の所要時間には大きな差異があった。ギアナに行くには，30-49日がもっとも平均的な数値であったし，母港への帰港は，40-59日間であった。グラスゴーからデメララへのの最短航海日数は26日間であり，デメララからロンドンへの最長航海日数は，77日間であった[53]。

　東方と西方への航海では所要時間が大きく違った。それは，イギリス－ギアナ間の貿易の不均衡によって生じたのかもしれない。母国からデメララに輸入される商品額の推計は，1822-30年の平均でおよそ48万ポンドであり，デメララからイギリスへの輸出額は，平均で約140万ポンドであった。ベルビスの数値は，それぞれ7万ポンドと20万ポンドであった[54]。イギリスの工業製品輸入額は植民地のかさばる商品の輸入額を上回ることが一般的であり，それゆえ，輸出入品の重量には，さらに違いが生じた。

　港での停泊は，12-120日間におよんだが，その理由はわからない。2カ月間以上停泊するのは，大きな修繕の必要があったからかもしれないし，その間に，報告せずにどこかに航海していたかもしれない。イギリ

　53）88-97日間かった3回の航海は，計算から除外した。ほぼ間違いなく，直接航海ではなかったからである。

　54）*BPP, Colonies. West Indies* 2(1806-49), Select Committee Reports and Correspondence on the Trade and Commerce of the West Indies. Appendix, 307.

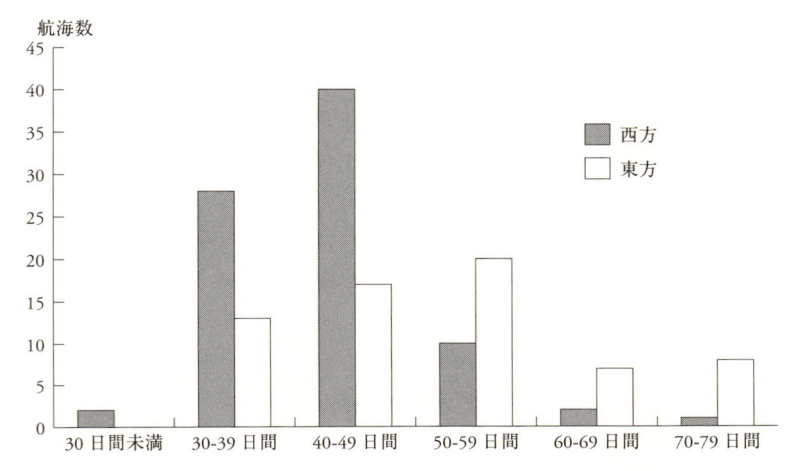

図37 イギリス-ギアナ間の商船の航海の所要時間 1840年

出典) Lloyd's List, 1840. 記録に含まれる両方への航海の総数が83回であり，東方への航海数は65回である

スの巨大な港は，植民地の港よりも効率的に機能した。とはいえ，サラ・パーマーが19世紀のロンドン港の経済学研究で示したように，港の機能もまた，非常に労働集約的であった[55]。リヴァプールにおいては，1840年代と1850年代の蒸気の到来とともに，劇的な造船所の計画と造船行程がはじまった。しかし，1840年にはまだそれははじまっていなかった[56]。

定期的にギアナと取引する商人は，通常，ロンドンやグラスゴーで荷物を積み込み，降ろすのに約4週間かかった。リヴァプールでは，平均して5週間以上かかった。デメララとベルビスでの停泊期間はもっと長く，平均して6-7週間であった。ギアナの港での労働力不足が，プランテーションとまったく同程度に問題であったかどうかということについては，資料では言及されていない。しかし，プランテーションでの生産

---

55) Sarah Palmer, "Port Economics in an Historical Context: The Nineteenth-Century Port of London", *International Journal of Maritime History.* Vol. XV No. 1(June 2003), 27-67.

56) Jarvis(1991), 68-102; Graeme J. Milne, "Port Politics: Interest, Faction and Port Management in Mid-Victorian Liverpool", in Lewis R. Fischer & Adrian Jarvis, *Harbours and Havens Havens: Essays in Port History in Honour of Gordon Jackson. Research in Maritime History* No. 16(St. John's 1999), 35-62.

が遅れたことだけでも，港で輸出しようとしている船を待つために，よけい時間がかかったはずである[57]。

　1840年に当該の港のあいだを航行する245隻の商船のうち，約10％を，定期的な貿易船と呼ぶことができよう。これらの船舶は，同年に，少なくとも2回往復航海をおこない，そのうち1隻は，それを3回おこなうほど速かった。これらの船舶のうち，13隻がロンドン-デメララルートを利用し，5隻がリヴァプール-デメララルートを，4隻がグラスゴー-デメララルートを使った。リヴァプールとロンドンの1隻は，定期的にベルビスに航海した。不定期船とは違い，定期的な商船は，二つの港のあいだを直接航海したため，より信頼がおける郵便配達船であった。

　テムズ川を上流に航海することは，混雑して遅々として進まないことがあったので，商船は，ふつう，ロンドンに到着してから1-2日後に，ディールで郵便袋を配達した。グレーヴセンドの郵便局も，ふつうに使われた。たとえば，本書の微細な事例にみられるサルコスのような南岸沖の場所も使用された。法律によれば，到来する船舶の船長は，イギリスの最初の停泊港にもっとも近い郵便局に，手紙を転送しなければならなかった。多くの場合，最初の停泊港は，天候，水や店などの必要性によって左右された。そして，入港するのが便利な場合には，そうすることができたのである[58]。

　ギアナルートを利用する他の商船の多くは小さな船舶であり，200トンを越えることはなく，それ以下のこともあったが，定期的な貿易船はたいていより大きく，400トン近くあり，それ以上のことさえあった。しかしながら，このルートで最速の船は，214トンあったグラスゴー

　57）プランテーション所有者は，こう主張した。奴隷廃止後，自分たちの土地を購入することができなくなったので，かつて奴隷だった人々は，プランテーションで「1週間に3-4日以上働いたり，1日に5-7時間以上働く気はなかった」。*BPP, Colonies. West Indies* 1(1842), Report of Select Committee on West India Colonies, iii-v. 現在の研究は，この問題が生じた理由について，より批判的に検討している。たとえば，以下をみよ。Douglas Hall, "The Flight from the Estates Reconsidered: The British West Indies, 1838-1842" and O. Nigel Bolland, "Systems of Domination After Slavery: The Control of Land and Labour in the British West Indies After 1838" in Hilary Beckles & Verene Shepherd(eds): *Caribbean Freedom. Economy and Society from Emancipation to the Present*(Princeton, 1996), 55-63, 107-123.

　58）Robertson, A1, C5.

のシッスル号である。大風に苦しみながらも3回完全に往復航海し，1840年1月の航海のうち1回は，「小舟，舷しょう，帆柱など」を失った[59]。シッスル号は，まぎれもなく最速の船であったが，比較的小型であったため，貨物の積み降ろしも大型船よりも速いことがあった。とりわけ，グラスゴーでの停泊は短くて済み，14日間，19日間，27日間であった。

　往復航海のルートについては，日付がわからなくなっているので，完全に再構成できるものは多くはない。ほぼ3回の往復航海をした定期的貿易船の適切な一事例として，パーカー号がある。その航海と停泊については，以下のとおりである。

　この事例は，たとえ同じ船であっても，海ないし港で費やす時間の相違が大変大きいことを示す。航海の所要時間を予想することはかなり難しかった。平均して，このときに，パーカー号は34日間を海ですごし，32日間を，停泊に費やした。換言すれば，リヴァプールからの最初の往復航海は，海上で61日間，デメララの港で47日間であり，港ですごした時間が44％を占めた。2回目の航海は，海上が78日間，デメララの港が48日間であり，港で費やす時間が全体の38％であった。パーカー号が例外的に効率的だったことが明らかになるのは，これらの数値と，この年に港で船が費やした一般的な平均時間を比較したときである。通常，53-55％であった[60]。

　この記録から，リヴァプール-デメララ間の商船は，人々が期待するほどには全体を代表するものではなくても，植民地から母国に私的な郵便を送るための最良の選択肢であったという印象が与えられる。毎月，デメララからリヴァプールに出港する船舶は平均して4-5隻あったが，ベルビスからの船は1-2隻しかなかった。

　事業の性質，すなわち，植民地の作物を取引するために，ギアナからの出港が記録されている船舶の40％以上が，11-1月に集中した。さらに，船長の多くが，ハリケーンの季節を避けようとしたことは間違いない。それは6月から11月まで続き，最悪の時期は，8月から10月で

---

59) *Lloyd's List* 22.1.1840.
60) Ojala(1999), 238, 435.

表 34　定期商船パーカー号がリヴァプール-デメララルートで航海し停泊する所要時間 1840 年

船舶	出港		到着		所要時間 日数	
	イギリスの港	ギアナの港	イギリスの港	ギアナの港	海上で	港で
パーカー号	リヴァプール 2月17日	デメララ 1839年12月11日	リヴァプール 1840年1月17日	デメララ 3月19日	37日間 31日間	31日間 リヴァプール 47日間 デメララ
	リヴァプール 7月25日	デメララ 5月5日	リヴァプール 6月4日	デメララ 8月26日	30日間 32日間	51日間 リヴァプール 48日間 デメララ
	リヴァプール 12月26日	デメララ 10月13日	リヴァプール 11月28日	デメララ 1841年1月22日	46日間 27日間	28日間 リヴァプール

出典）*Lloyd's List*, 1840.

あった[61]。そのため，ロンドンやグラスゴーに向けて出港する船舶がなかったり，1-2 隻しかないこともあった。さらに，リヴァプールに向かう船舶数が 1-2 隻のリヴァプール港で荷揚げをしていた船舶があったとしても，郵便の送り主が，スケジュールを確実に知っているというわけではなかった。

「ロイズリスト」の海事情報では失われた日付が多いので，ギアナルートでの郵便配達船として商船を使った場合，情報の循環のすべてを再構成することは簡単ではない。表 35 は，1840 年初頭にリヴァプールを出港した船舶が，デメララとの手紙のやりとりをどのようにしておこなったのかという一事例を描く。

表 35 から気づくように，郵便配達船として商船だけしか使われなかったとしても，西インドルートで 1 年間で 4 回の情報の循環がなさ

---

[61] *Lloyd's Maritime Atlas*(London 1964), Map 1. 航海がこのように多様だったことに，スティールも気づいていた。しかし彼は，イングランドの港からものごとを考察している。彼がまた指摘するように，西インドの郵便船は，季節に関係なく，安全にルートをたどれることを示した。A Steele(1986), 23, 286, 290 をみよ。

風対風   273

表35　リヴァプール–デメララ間で商船が可能にした
　　　　　連続する情報の循環 1840 年の一例

商船が送った手紙	リヴァプールからの出港日	デメララへの到着日	次に出港可能な商船	デメララからの出港日	リヴァプールへの到着日	情報の循環の日数
レオノラ号	1月4日	～2月半ば以前*	ジェームズ・レイ号	2月16日	4月7日	94日間
ハーヴウェア号	4月8日	5月17日	ラピッド号	5月28日	7月1日	84日間
パーカー号	7月25日	8月26日	メアリ号	9月7日	10月28日	95日間
ストールモント号	11月10日	12月18日	ヴィクトリー号	12月19日	1841年1-2月	--

出典）　*Lloyd's List* 1840.
* 正確な到着日は報告されていない。この表では、42日間かかっている。それに対し、西方への移動は 39 日間、32 日間、38 日間である。最後の往復航海の所要時間は、大部分が翌年までたがったので、計算されていない。

れることはなかった。ギアナは当然，ジャマイなどと比較するなら，遠くの植民地であるが，プランテーションと母国のプランテーション所有者のあいだの情報伝達は，むろん，植民地で事業に従事するあらゆる人々と同様，プランテーション所有者にとって重要なことであった。

　二つの事例（1840 年 4 月 7 日と 1840 年 12 月 18 日）に関して，この表から，手紙への返事にあてられる時間があまりなかったことがわかる。地元からコーヒーハウスとしばしば連絡をとるか，郵便局の配達が非常に速い場合にのみ，予定通りにものごとがすすんだのである。最速の情報流通のためには，ときには，幸運が必要であった。

ファルマスの郵便船システム全体の一部としての西インドと南米の郵便事業

　商船以外にも，イギリスに商業書簡を送ったり，イギリスを経由してヨーロッパの他の地域に転送する公式のルートがあったファルマスの郵便船である。プランテーションハノーヴァーの詳細な事例研究ですでに描いたように，政府の郵便制度では届くのが非常に遅く，制度そのものが複雑であった。しかしながら，ほとんどの場合，民間の船を使って送ることと比較するなら，この制度を使う方がプランテーションの管理人にとってよりよい選択となった。

第6章　西インドと南米

　郵便船は，ファルマスから西インドに毎月3日か17日に出港した[62]。ひどい大嵐のため1-2日間遅れることは例外ではなかったが，イングランドからの出港は，おおむね予定通りにおこなわれた。郵便船の往復航海は，三つの部分からなりたっていた。西方への大西洋横断，諸島間航海，母港へ戻る東方への大西洋横断航海である。この部分の一つ一つが，それ以前の部分によって左右され，その所要時間は，ほとんど予測できなかった。

　郵便船が大西洋を横断するのに必要な期間は，1840年には[63]，20-45日間と多様であった。航海のうち9回は，30日間かからなかった[64]。ファルマスからバルバドスへの平均的航海日数は，31日間であった。

　バルバドスとケープヘンリないしカプハイティンの諸島間航海は，20-30日間かかり，平均で，23日間であった。バルバドスに郵便船が到着してから24時間以内に，諸島間航海に出港した。郵便船が遅れて，2週間後にファルマスを出港した次の郵便船と同時に到着した場合には，2隻の船舶は，事実上一緒に残りの航海をした。

　ハイチからファルマスまでの東方への航海は，平均して33日間かかったが，最短ではたった25日間であり，最長で44日間であった。東方への平均航海は，それゆえ，平均的な商船よりもはるかに速かった。郵便船は，商船とほぼ同じ大きさであり，平均して300トン近かった[65]。さらに，貨物を積載せずに航海した。諸島間で時間を浪費する巡

---

　62) *Lloyd's List,* 1840. 郵便は，以前には，ロンドンから第一水曜と第三水曜に送られていた。郵便船は，そのあとの土曜日にファルマスを出港した。だが，このような混乱をもたらす制度は，1834年に改良された。郵便は，いまや毎月1日と15日にロンドンの郵便局から出された。もしその日がたまたま日曜日であれば，ファルマスからの出港日は，4日と18日になった。Britnor, 149-152をみよ。

　63) 一貫性を保つために，計算は，1840年に西インドからイギリスに郵便を送ることが可能な郵便船に関するデータにもとづいた。それゆえ，ティリアン号は，最初に含まれるべき郵便船であった。同船は，1839年12月4日にファルマスを出港し，1840年1月16日にバルバドスに到着した。ランガー号は，つづく12カ月間で最後の郵便船であり，1840年11月にファルマスを出港した。同船は，1841年2月12日にファルマスに戻った。

　64) 三つの事例で，バルバドスでの停泊の日付は失われているので，西方への航海と諸島間の航海の所要時間を計算することは不可能である。商船と比較するなら，通常，ファルマスの郵便船の出港と到着は，「ロイズリスト」に詳細に記録されている。

　65) "A List of Packets at Present Employed in the Service of the Post-Office", *Lloyd's Register,* 1840.

風対風　　　　　　　　　　　　　　　　　　　　275

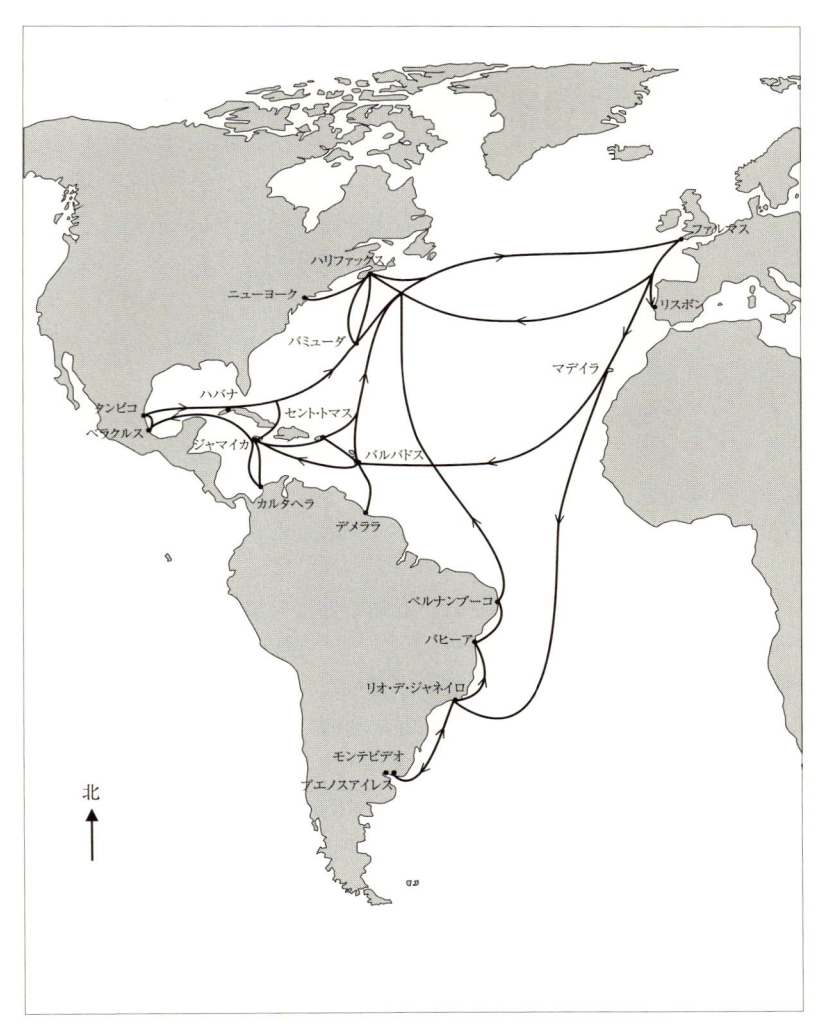

地図3　19世紀前半のファルマス郵便帆船のルート

航をしないなら，郵便船は，通信において本当に競争力のある手段になったかもしれない。

だが，西インドの郵便帆船の所要時間は，初期のエドムンド・ダマーの時代から，あまり変化をしてはいなかった。彼の郵便船は，チャネル諸島の港，主としてファルマスとプリマスから出港した。1702-11 年には平均して 32.7 日間かかり，1840 年のファルマスの郵便船と比べても，2 日間しか遅くなかった[66]。しかし，それと同時に，イギリスの港からギアナに出港する商船は，1840 年の方が，1698-1700 年にバルバドスに向かう船より，はるかに速かったようである。イアン・K・スティールによれば，平均して，チャネル諸島の港からバルバドスに到着するには，62.9 日間（20 例）で，イングランド西岸からは，80.2 日間（26 例）であった[67]。

商船が，郵便船よりもはるかに速く発達したと考えることはおそらくできない。スティールがおこなったように，税関ごとに計算するなら，航海の所要時間に，余分な日数を加えてしまうことになるように思われる。悪天候などの理由のために，税関に到着したのと同じ日に出港することができなかった場合もあろう。

西インドの郵便伝達においては，おおむねより速く航海できた。そのため 1 カ月に 2 回でおこなわれたとしても，商船と比べるなら，事業情報循環の観点からは，政府の郵便事業になんら利益をもたらさないような編成がなされた。表 36 は，1840 年初頭にリヴァプールを出港したときの，最良の選択肢を提示する。

表 36 にみられるように，西インドの郵便ルートを通るファルマスの郵便船が可能にした情報の循環は，商船が達成できたより決して速くはなかった（表 35 をみよ）。この事業で唯一の利点は，イングランドからの航海時間が規則正しかったことである。バルバドスへの到着までの時間は非常にさまざまであったが，ハイチからの出港日が決まっていたようには思われない。リヴァプール商人の観点に立てば，ファルマスとの内陸の往復に少なくともあと 4 日間付け加える必要があった。郵便は，郵便船の出港日の 2 日前にロンドンで作成された。そして，そして，ロ

---

66) Britnor, 9.
67) Sttle(1986), 283.

表36 リヴァプール－デメララ間での通信をするためにファルマスの郵便帆船が可能にした連続する情報の循環　1840年の一例

郵便船が送った手紙	ファルマスからの出港日	バルバドス（デメララ）への到着日	次に出港可能な郵便船	ハイチからの出港日	ファルマスへの到着日	情報の循環の日数
シェルドレイク号	1月3日	2月3日	シェルドレイク号	3月4日	4月6日	98日間
ラップウィング号	4月17日	5月21日	ラップウィング号	6月12日	7月15日	93日間
パンドラ号	8月3日	8月31日	パンドラ号	9月22日	10月27日	85日間
スウィフト号	11月4日	--	スウィフト号	1月4日	(1841年2月21日)	(100日間)

出典）　*Lloyd's List* 1840.

ンドンの郵便局経由で到着した。

　西インドルートだけに目を向けるなら，ファルマスの郵便船が，北大西洋でアメリカの郵便船が20年間も使用してきた方法を採用しなかったのは，奇妙なように思われる。アメリカの郵便船は，逆風や不運とは関係なく，毎年きっかり3回往復航海をした。それゆえ，アメリカの郵便船は，大西洋の両側で，おおむね公表された日に出港することができた。すでに論じたように，このように時間を厳守したため，北大西洋の事業情報は当時としては最良のものになった。

　ファルマスの郵便船は，平均で87日間かけて，西インドとの往復航海をおこなった。最長の往復航海は107日間であり，最短は73日間であった。このような限界のなかで，北大西洋ラインの航海モデルに似たより適切に循環が作動するシステムを構築することはかなり容易であったかもしれない。定期的に1カ月に2回イングランドを出港する郵便船が存在したので，それと同じだけ，他の端から出港する郵便船があった。いまや，ファルマスを定期的に出港する郵便船があったが，航海のもう一方の端であるハイチから出港する時間は，2-34日間と多様であった。しかも，1840年4月の同日に2隻の船が出航したのである。

　不運なことに，このシステムはあまりに複雑なので，簡単な解決法を提示することはできなかった。ギアナの郵便を最初にバルバドスに運び，イングランドに返信をもたらしたのと同じ船が，1840年の中頃まで，ハリファックスとバミューダにも郵便を運んだ。この頃，キューナードラインが新しい汽船を使って，北大西洋ルートを奪取したのであ

る[68]。さらに，これらの汽船は，長い郵便ルートをたどって，ベラクルス，タンピコ，バヒーア，プエルト・リコ，リオ・デ・ジャネイロを航海した。リオ・デ・ジャネイロルートは非常に長かったので，郵便船の船長には不人気であり，船舶が2回続けて送られることは通常なかった。寒々とした風が吹く嵐のハリファックスルートは，同様の事例であった。郵便ルートの長さが一定していない以上，さまざまな往復航海の予定をたてることは，簡単な作業ではなかった。

　南米の郵便船ルートは，最長であったけれども，メキシコへのルートと比べて，現実に非常に長いというわけではなかった。1840年には，リオ・デ・ジャネイロとの平均的な往復航海の所要時間は，133日間であり，ベラクルスとは，122日間であった[69]。

南米ルート

　南米ルートは一部には，1808年から，イギリスと，戦時にブラジルに亡命したポルトガル王家との良好な関係によってもたらされた。航海は，元来，リオ・デ・ジャネイロに限定されていた。途中，マデイラとテネリフェに停泊したが，イギリス-ブラジル間の貿易が発展したので，南米にさらに多くの停泊港をおく必要が生じた。1817年4月，「リヴァプールとロンドンの商人」は，郵政相に，バヒーアとペルナンブーコは，停泊港に含まれるべきだと提案した。「貿易に非常に便利だという理由」からであった。ファルマスの船長たちの委員会は，こう考えた。リオ・デ・ジャネイロを出入りする航海は，ペルナンブーコに立ち寄ることで，1週間から10日間以上遅延させるべきではない，と[70]。

---

68) Arnell & Ludington, 69 の出航表をみよ。
69) この数値は，Howat, 81 の出航表と Lloyd's List 1840 から計算した。ファルマス-リオ・デ・ジャネイロ-ファルマスの公式の往復航海の期間は，18週間であった。Howat, 5 をみよ。
70) Howat, 1-6 をみよ。実際のところ，このシステムはもっと複雑であった。毎年 1-6 月にファルマスを出港する航海では，郵便船は，帰港する途中に，バヒーアとペルナンブーコに停泊した。1817年後半におけるファルマスからの商業では，バヒーアとペルナンブーコには，外国への航海のときに立ち寄った。1832年に，南米へのイギリス郵政省の事業が，完全に海軍省に取って代わられたとき，ふたたび，2-7月と8-1月に分けられるように調整された。Howat, 65 をみよ。奇妙な6カ月の調整は，単に，南米の停泊港の当時の順番が，卓越風によって決まったからにすぎない，Pawlyn, 111 をみよ。

このルートでの事業は，たしかに簡単ではなかったし，顧客も満足してはいなかった。ペルナンブーコの沿岸は，郵便船の船長から，きわめて危険であり，夜になっても直接航海するための灯台はなく，昼間でも，郵便船が避難する場所はなく，沿岸からは，ほんのわずかな助けさえ期待できないと報告された。初期の郵便船航海の時代には，強烈な大風だけが，問題となったわけではない。私掠船と海賊による捕獲が，いくつかの致命的な損失のもとになり，船舶に乗組員が不足していたので，予定通りに航海できないこともあった。多くの人命を失うことは，戦時中の船内での出来事にとどまらなかった。1780-1828年のあいだに，郵便船の船内で，少なくとも99名が黄熱病のために死んだのである[71]。

　ペルナンブーコ–イギリス間の貿易に従事する商人は，この取り決めののち1-2年ほどのうちに，郵便船は，滞在する時間が短かったので，イギリスからの手紙に返答することができないという不満を述べた。依然として，郵便船が，1日の停泊しかできない，いや，それすらも難しい場合が多数あった。商人にとって，郵便を受け取るために十分な時間があり，内容を咀嚼し，イギリスの取引相手に返信を書くことが不可欠であった。陳情の結果，郵政相は，バヒーアと同様，郵便船は，安全に支障がないかぎり，ペルナンブーコでも48時間停泊すべしという指示を出した[72]。

　ホワトの出航表から，郵便船事業の初期のあいだになされたすべての航海の計算ができるわけではないのは，リオでの到着日が記載されていないからである。リオからファルマスへの帰港の時間を比較するなら，次のような結果がえられる。

　ここで興味深いことを指摘しておこう。1820年代から50年代にかけ，ルートに関する協定に変化がなく，航海のすべてを政府の郵便帆船がおこなったとしても，平均航海日数は約10日間短縮しているのである[73]。

---

71) Howat, 5, 10, 16-18; and Pawlyn, 54-56, 66-68.
72) Howat, 6.
73) 1830年に，イギリス郵政省と海軍省が指揮した，南米への二種類の事業があった。イギリス郵政省の郵便船の航海は，ファルマス–リオ・デ・ジャネイロ–モンテビデオ–ブエノスアイレス–モンテビデオ–リオ・デ・ジャネイロ–ファルマスルートにまたがり，バヒーアにもペルナンブーコにも停泊しなかった。リオ・デ・ジャネイロからの帰港の平均的航海日数は，51.3日間であった（Howat, 61）。しかし，リオで郵便船から軍艦に郵便が積み換えられ

この点で，船舶の技術的改善が明らかにみられる。

ファルマスのハリファックスへの郵便船航海との関係ですでに述べたように（第5章の第2節をみよ），海軍省は，戦後処理の一部として，1823年にイギリス郵政省がおこなっていた郵便船の管理を引き継いだ。郵便船事業で海軍省が導入した船舶は，10門の大砲を備えたスピードがでないブリグ型帆船とスループ帆船であったが，のちに，ブリグ型郵便船となった。最初の範疇に属する郵便船は，230-240トンの小型の軍艦であり，1820年代に，海軍全体のために建造された。その船舶が，郵便事業のために改造を受け，装備を改造された。ほとんどの場合それには，搭載する武器を6門の大砲に減らすことが含まれていたが，郵便事業のためには，決して適しているとはいえなかった。のちのブリグ型郵便船は，とりわけ郵便事業のために1830年代に建造された。それらはより大きく，約360トンであり，旧来の郵便船より航海に適していた。このような再改造が実施される以前には，最初の範疇に属する25隻の海軍用郵便船のうち9隻が，1827-40年のあいだに海で失われた。そのうち数隻は，消息はまったくわからない[74]。

表37　リオ・デ・ジャネイロからの郵便帆船の平均所要時間　1820-50年

	1820	1830	1840	1850
平均日数	62.2	60.1	58.7	51.9

出典）　*Sailing lists of Howat*, 13, 77, 81, 86. バヒーアとペルナンブーコに停泊する郵便船は，12年間で毎年6回母港への航海をした。

表37によれば，1840年は，たまたま転換点の中間にあたった。海軍省が，すでに旧来の軍艦の一部を，新モデルのブリグ型郵便船に置き換えていたからである。リオからの毎月の航海のうち5回は，新型の郵便輸送のために建造された船が指揮したのである。平均的航海日数は51日間であったが，旧型は，平均して64日間かかった。1850年には，事業で使われるのは新型の船舶だけになり，平気航海日数は52日間に満

る事例が3回あった。このような変化が，地域の商人ならびにイングランドの郵政省で大きな抗議の原因となったのは，航海のスケジュールが混乱し郵便料金の差異が生じたからである。Howat, 54-55をみよ。

74)　Howat, 29, 32-35.

たなくなった[75]。

　すでに述べたように，ファルマス-リオ・デ・ジャネイロ間の平均的な郵便船の往復航海には，だいたい133日間必要であった。しかし，これは情報の循環と同じ日数ではなかった。1840年までに，郵便船制度が組織化されたために，12の事例のうち4例で，イングランドから郵便を運ぶ郵便船よりもリオから出港する郵便船に乗せられた手紙に早く返信することができたのである。このように小さな調整でさえ，平均的な情報の循環を8日間短縮し，133日間から125日間へとなったのである。しかも，航海の所要時間には変化がなかったのだ。表38には，それがどのように機能したのかが書かれている。選択肢であるリオ・デ・ジャネイロ-ファルマス-リオ・デ・ジャネイロについては，図20をみよ。

　航海の期間は多様であったけれども，到着と出港がうまく調整できたなら，イギリス郵政省の郵便帆船が航行しているときには，情報の循環は明らかに速かったかもしれない。リオ・デ・ジャネイロの商人が，手紙にすぐに返信を書けたのは，12回のうち4回だけであった。それに対し，残りの8回は，最新のニュースを載せた次の船が到着したときにはもう，その前の郵便船がすでに港から出港していた。前者の4事例では，2つの郵便船事業が組み合わされたために情報の循環が可能になり，1隻の船舶の往復航海と比較して数週間短縮された。

　1840年の初頭から計算するなら，ファルマスの郵便船事業は，この年のイングランド-リオ・デ・ジャネイロ間で，せいぜい3回の連続する情報の循環しか提供できなかった。最初の循環は，1840年1月10日のアラート号の出港からはじまった。2番目は，6月5日のデライト号であり，3番目が，10月9日のエクスプレス号であった。表38から気づくように，循環のうち2回は，それより前の郵便船がリオ・デ・ジャ

---

[75] Howat, 32-35 の海軍省郵便船のリストをみよ。これは，*Lloyd's Register* 1840 よりも完全なリストである。バヒーアとペルナンブーコを経由し半年のうちに帰港するより長いルートをとったことでは，この違いの説明にはならない。どちらのルートでも，新旧両型の船舶が使われていたし，1年を通じて，どちらのルートを使っても，新型の方が速いことが通常であった。Howat, 81 の出航表をみよ。この法則に対する例外について言及するなら，事業で使用された最後のファルマスの郵便船であったシーガル号は，中規模の280トンであった。

ネイロからの手紙に返信する可能性があったことから，明らかに利益をえていた[76]。

　もしリオ・デ・ジャネイロへの情報の循環が，たとえばずっと近いデメララと比較してはるかに速いと考えられたとしても，手紙がアルゼンチンやウルグアイまで届けられたなら，事態は悪化したであろう。ブエノスアイレスへの郵便船の航海は1824年にはじまり，イギリス郵政省の郵便船がこのルートを使うかぎり，リオからモンテビデオ，ブエノスアイレスへとファルマスからの航海を続けた。長い航海は，海軍の将校にとってかなりの負担だったようである。この制度が変わったとき，海軍省が，徐々に民間が契約する郵便船に取って代わっていったからである。1832年の終り頃から，リオと南部の港とのあいだに支部となる郵便船事業があった。

　1830年に，イギリス郵政省の郵便船は，リオとモンテビデオを経由してブエノスアイレスに到着し，またこのルートを逆にたどる往復航海をおこなった。平均して，170日間を要した。ブエノスアイレスから，より早い郵便船で返信を送ることが人に可能であった事例が二つある。それは，1回の情報の循環を10日間，別の事例では23日間短縮した。そのため，1回の情報の循環の平均的長さは，168日間であった[77]。この制度により，同年のブエノスアイレスとの2回の完全な情報の循環が可能になった。ファルマスで1830年1月23日にはじまり，同港で1830年12月11日に終わった。3回目の循環は，ファルマスで12月24日にはじまった。この郵便船は，リオに，1831年2月18日に到着した。リヴァプールと内陸の伝達のため，少なくとも両端で2日間が加えられなければならない。

　ブエノスアイレスに航海する海軍省のシステムはより複雑であった。表39は，1840年にそれがどのように機能したのかを描いている。このルートは，現実にはいくつかの部分からなりたっている。第一に，

---

76) このような可能性は，1850年でさえ残っていた。しかし，12回のうち3回しかそれ以前に出港した郵便船で手紙を送ることしかできなかった。しかも，その郵便船のうちの1隻が出港したのと同日に，イングランドからの郵便船が到着した。そのため，港の近隣に住む人々がイングランドからの郵便船でもたらされた手紙に返信する機会は，ほとんどなかった Howat, 85-86 の出航表をみよ。

77) Howat, 61 の出航表からの計算。

風対風　　　　　　　　　　　　　　　283

表38　ファルマス郵便船の往復航海と情報の循環の長さ
　　　ファルマス=リオ・デ・ジャネイロ間　1840年

郵便帆船	ファルマスからの出港日	リオ・デ・ジャネイロへの到着日**	リオ・デ・ジャネイロからの出港日	ファルマスへの到着日**	往復航海日数	情報の循環の日数 イングランド－ブラジル－イングランド	情報の循環の日数 ブラジル－イングランド－ブラジル
アラート号	1840年1月10日	2月28日	3月25日	5月13日	124日間*	124日間	126日間
パンドラ号	2月7日	3月31日	4月15日	6月1日	115日間*	115日間	134日間
ピージョン号	3月6日	4月23日	**5月31日**	8月11日	158日間	158日間	147日間
スペイ号	4月10日	**5月22日**	6月21日	8月21日	133日間	123日間以上	126日間
シェルドレイク号	5月8日	6月26日	**7月31日**	9月26日	141日間	141日間	114日間
ディライト号	6月5日	**7月29日**	8月13日	10月17日	134日間	113日間以上	137日間
アラート号	7月10日	8月27日	9月27日	11月20日	133日間	133日間	118日間
マグネット号	8月7日	**9月24日**	10月18日	12月30日	145日間	105日間	
ラップウィング号	9月4日	10月25日	**11月26日**	1841年1月22日	140日間	140日間	
エクスプレス号	10月9日	**11月22日**	12月15日	2月11日	125日間	105日間以上	
シーガル号	11月7日	12月28日	1841年1月13日	3月4日	117日間	117日間	
ペンギン号	12月8日	1841年1月23日	3月2日	4月13日	126日間	126日間	
最大－最小日数	--	--	--	--	115-158日間	105-158日間	114-147日間
平均日数	--	--	--	--	133日間	125日間	129日間

出典）　*Calculated from the sailing lists of Howat*, 81. より早く出港する郵便船を使って返信を送るという選択肢は，太字で記した。ファルマスからリオ・デ・ジャネイロまでの平均航行日数は，48日間であり，42-54日のあいだを上下した。他の方向への航海は，平均して57日間を要し，42-73日間かかった。
* 1840年の2月は29日まであった。
** ペルナンブーコとバヒーアを経由して，この年には6回の航海がおこなわれた。

　ファルマスからリオ・デ・ジャネイロという外国への航海には平均して48.5日間かかり，現実には42-54日間とさまざまであった。支部の郵便船は，ファルマスの郵便船が到着してから3-5日間以内にブエノスアイレスまで航海する準備をしていた。航海には，12日間かかった。ブエノスアイレスでの平均的待機時間は10日間であったが，7-22日間と

第6章　西インドと南米

表39　ファルマス郵船の航海とリヴァプール－リオ・デ・ジャネイロ－エンスナアイレスルートの航海が可能にした情報の循環 1840年

郵船	ファルマスからの出港日	リオ・デ・ジャネイロへの到着日（ペルナンブーコとバヒーア経由の6回の航海）	リオ・デ・ジャネイロからエンスナアイレスへの支部の郵船の出港日	エンスナアイレスへの到着日	エンスナアイレスからの出港日	リオ・デ・ジャネイロへの到着日	郵船	リオ・デ・ジャネイロからのファルマス郵船の出港日	ファルマスへの到着日（バヒーアとペルナンブーコ経由の航海）	情報循環
アラート号	1840年1月10日	2月28日	3月2日	3月14日	3月21日	4月2日	パンドラ号	4月15日	6月1日	146日間
パンドラ号	2月7日	3月31日	4月4日	4月14日	4月23日	5月16日	鳩号	5月31日	8月11日	189日間
ピージョン号	3月6日	4月23日	4月27日	5月8日	5月22日	6月12日	スペイ号	6月21日	8月21日	172日間
スペイ号	4月10日	5月22日	5月26日	6月9日	6月21日	7月12日	シェルドレーク号	7月31日	9月26日	173日間
シェルドレーク号	5月8日	6月26日	7月1日	7月14日	7月21日	8月7日	デライト号	8月13日	10月17日	166日間
デライト号	6月5日	7月29日	8月1日	8月16日	8月26日	9月14日	アラート号	9月27日	11月20日	172日間
アラート号	7月10日	8月27日	8月30日	9月15日	9月25日	10月13日	マグネット号	10月18日	12月30日	177日間
マグネット号	8月7日	9月24日	9月28日	10月8日	10月30日	11月24日	ラップウィング号	11月26日	1841年1月22日	172日間
ラップウィング号	9月4日	10月25日	10月28日	11月8日	11月16日	12月10日	エクスプレス号	12月15日	1841年2月11日	164日間
エクスプレス号	10月9日	11月22日	11月26日	12月8日	12月17日	1841年1月3日	シーガル号	1841年1月31日	1841年3月4日	150日間
シーガル号	11月7日	12月28日	12月31日	1841年1月9日	1841年1月19日	1841年2月13日	ペンギン号	1841年2月13日	1841年4月13日	161日間
ペンギン号	12月8日	1841年1月23日	41年1月27日	41年2月9日	41年2月17日	41年3月8日	アラート号	1841年3月14日	1841年5月5日	152日間

出典）*Sailing lists of Howat,* 81, 94-95. 大字は、1840年1月初頭からの連続する情報の循環を示す。右端の欄では、航海のために4日間追加されているここにみられるように、つぎの郵船の出港日が6月5日に迫っていたので、リヴァプール－ファルマス－リヴァプールの国内航海のためのスケジュールは非常にタイトであった。現実には、リヴァプールからの手紙は、ファルマスに6月1日に到着することはおそらくなかったであろう。ロンドンからの定時に出港するための手紙を書くためのスケジュールは非常にタイトができる。現実には、リヴァプールからの手紙は、ほとんど考えられなかった。

多様であった。リオへの帰港は困難なので，行きよりももっと時間がかかるのがふつうで，平均で20日間であった。次のファルマスの郵便船は，平均して10日間以内で郵便を受け取って出港した。しかし，遅れは，2-19日間と多様であった。リオからファルマスへの帰港のための航海は，平均で57.3日間かかった。他方向よりも，9日間余分にかかった。

表39に示されているように，リオ・デ・ジャネイロからファルマスの郵便船の出港が組織化された結果，ブエノスアイレスからの郵便は，いつも，ヨーロッパからの郵便を積載していた郵便船の次の郵便船が運ぶことができた。これは，他の海軍省の管理ルートと比較すると，大きな改善点であった。他のルートでは，付随的事業と郵便を積載して到着したとき，次の船がちょうど出港したばかりということがたびたびあったからである。とはいえ，このシステム自体は，船舶港での停泊の変化と比較すると，かなり緩慢なものであった。たとえ，場合によっては10年前の船よりも良いようにみえても，平均的な情報の循環の長さは，10年間ではあまり低下しなかった。168日間から162日間になったにすぎない[78]。

ファルマスの郵便船の停泊は，リオの場合平均しておよそ27日間であったのに対し，支部での事業で，モンテビデオとブエノスアイレスまでの往復航海するのに，平均して43日間近くかかった。イングランド-ブラジル間の郵便事業については，アルゼンチンとウルグアイへの航海を独立した支部の事業として組織化し，そのため，リオ・デ・ジャネイロとの情報伝達がスピードアップしたことは，間違いなく賢明なことであった。しかしながら，港でもっと効率的であったなら，情報の循環の長さを少なくとも1週間短縮できたという主張がなされるかもしれない。このときには，ヨーロッパの郵便をリオにある支部の郵便船に運び，同じ港にいて帰港しようとするファルマスの郵便船に支部の郵便船が郵便を渡すのに，平均して2週間かかった。

---

78) Howat, 61. 84, 94 の出航表からの計算。

メキシコルート

メキシコまでの郵便船ルートは，1826年に確立された。そして，1842年に，西インドルートとともにロイヤルメール郵便汽船会社によって取って代わられた[79]。本書の著者が発見できた範囲内では，この時代のメキシコルートのファルマスの郵便船に関する歴史研究は，出版されていない。ブリントルの研究から，1832年のこのルートでの航海について，以下のことがわかる。ファルマスからの出港は，毎月第3水曜日であり，郵便船は，ジャクメル（ハイチ），ジャマイカ，ベリーズ（ホンドゥラス），ベラクルスとタンピコ（どちらもメキシコ）経由で，航海を続け，ベラクルス，ハバナ（キューバ）をへて母港のファルマスに帰港した。ジャマイカにメキシコの郵便船が到着すると，支部の郵便船がカルタヘナ（コロンビア）に送られ，そしてこの船も，母港に帰るよう義務づけられたジャマイカの郵便船に間に合うように，返信を積んで航行したのである。植民地の舟は，郵便をジャマイカからナッソー（バハマ）に運び，返信をクルックト島（バハマ）にもって行った。それは，母港に帰港するジャマイカの郵便船に乗せられた[80]。

上述のリストから気づかれるように，メキシコルートは，現実に，西インドのカリブ諸島の北部と西部，中米，メキシコへの事業も組み込んでいた。1837年に，すでにベリーズを訪れていたメキシコの郵便船は，

---

79) 以下をみよ，Howat, 27; Kenton & Parsons, 2-3,8,21. 1827-35年には，ボルドー−ベラクルス間のフランス政府の郵便船ラインもあった。「政府定期郵便船」がおこなっていた毎月の事業は，1835年中頃に終わった。ボルドーからマルティニーク，ハイチ，ベネズエラへの最後の航海は，1835年7月1日のことであった。大西洋横断総合会社の新事業は，1862年にはじまった。初期のフランスの郵便船事業は，ボルドーからベラクルス間で，イングランドからのファルマスの郵便船事業とほぼ同じ回数の情報の循環を可能にした。往復航海は，通常，約5カ月間かかった。2回の情報の循環は，11カ月間以内で実行可能であった。サレは，ボルドーから出港日と到着日を書いたが，ベラクルスからの到着日はなく，わずか二，三の出港日しか書いていなかった。そのため，この時代に同ルートの事業で可能になった情報の循環を再構成することは不可能である。現在のところ情報がないが，より以前に出港する郵便船で通信文を送った可能性はある。しかしそれを除けば，情報が失われたため，フランスないしイギリスの会社でヨーロッパに郵便を送る選択肢を比較することは，どのようなものであれ，不可能になった。以下をみよ，Raymond Salles, *La Poste Maritime Française, Tome IV, Les Paquebots de L'Atlantique Nord, Antilles – Amérique Centrale et Pacifique Sud, États-Unis*(Limassol, 1992), 9-14.

80) Britnor, 150. 1840年に，メキシコに向かうファルマスの郵便船は，毎日17日に出港した（*Lloyd's List* 1840）。

ハバナからベラクルスに直接航海し，ホンドゥラスの郵便は，ジャマイカからの支部の船舶が運ばなければならなかった[81]。

　いくつかの興味深いこまごまとしたことを，1840年にファルマスからメキシコに出港した郵便船に関する「ロイズリスト」の海事情報から収集することができる（表40をみよ）。おそらく，最初に気づくのは，巨額の正貨を，メキシコからの郵便船の一隻一隻が運んでいたことである。1840年には，5億ドルがメキシコ発の郵便船に載せられ，ファルマスに到着した[82]。イングランド銀行へと正貨が流入してきたのは，たとえかなり巨額の輸送料も絶えず西インドと他地域から流れ込んでいたとしても，おもにベラクルスとタンピコからであったようだ[83]。

　たぶん，メキシコルートが重要であったので，ファルマスからの出港は，この年のあいだずっと時刻通りであった。しかし，ここで，時刻を厳守するのが終わったのである。航海の終わりになると出港日がわかることは理論的に難しかった[84]。1月にオポッスム号が遅れたため，2月に出港した郵便船リネット号は1月の郵便が到着するまでタンピコに停泊しており，オポッスム号と同日にハバナから出港し，1日早くファルマスに到着した。この2隻は，114万ドルの貨物を分担した。さらに，一緒に航海する十分な理由があったのかもしれない。だが，情報伝達の観点からは，これは当然，理想的な方法ではなかった。

---

81) Britnor, 150. 表40にみられるように，数隻のファルマスの郵便船が1849年にふたたびベリーズに停泊した。これらのルートでは，絶えず変化することがしばしばみられた。

82) この表で言及された郵便船に加えて，ピージョン号が，ベラクルスからファルマスに，1840年1月15日に，20万ドル積載して到着した。トナカイ号は，1840年4月15日に，58万ドル積載して到着した。デライト号は，1840年4月30日に，25万ドル積載して到着した（それぞれ，*Lloyd's List*, 1840をみよ）。これらの船舶は，すべて，1839年に往復航海に出港していた。

83) たとえば，アメリカの郵便帆船のコロンブス号は，ニューヨークからリヴァプールに，5万ドル積載して到着した。フィラデルフィアの郵便船モノガヒーラ号は，「50万ドル以上積載して」到着した（*Lloyd's List*, 17.6.1840）。

84) より詳細に日程を述べよう。1839年の10月，11月，12月は，航海は次のように続いた。ピージョン号は，ベラクルスを1839年11月28日に出港し，タンピコには12月10日に，ハバナには12月19日に，ファルマスには1840年1月15日に到着した。レインディア号は，ベラクルスを2月11日に，タンピコを2月17日に，ハバナを3月6日に出港し，ファルマスには1840年4月15日に到着した。デライト号は，ベラクルスを3月6日に，タンピコを3月10日に，ハバナを3月27日に出港し，ファルマスに，1840年4月30日に到着した（それぞれ，*Lloyd's List*, 1840）。

このシステムのため，ベラクルスの商人には，郵便に返信を書くのに約2週間の猶予が与えられた。その間，イングランドの郵便船は，タンピコまで往復したのである。ハバナからファルマスへの出港は，ほぼ確実に月の中旬の水曜日，木曜日，金曜日になされたけれども，その日は，5日から27日まで大きな幅があった。母港への航海は，平均して32.6日間かかった[85]。表40から気づくように，この年には，イギリスとメキシコの貿易相手のあいだで，たった2回しか完全な情報の循環はおこなわれなかった。メキシコへの次の郵便船は11月18日に出港し，ファルマスには，1841年4月のどこかの時点で戻ってきたであろう。

　海軍省は，イギリス商人に到着した手紙の返信を書かせるのではなく，まったく予定通りにファルマスからメキシコの郵便船を送ることを好んだようである。スカイラーク号は，7月17日に出港した。これは，リラ号がメキシコから到着したのと同日のことであり，返信は，まるまる1カ月間，次の船の到着を待たなければならなかった。クレーン号は，ティリアン号がメキシコからの郵便を積載して到着する4日前に出港した。スター号は郵便が到着する6日前に，そして，スペイ号は，ちょうど1日前に出港した。

　時刻通りに航海することがむろん大切であったとしても，それを再考することも有益だったかもしれない。というのも，メキシコからの航海の所要時間——平均的往復航海は126日間であった——の関係で，ベラクルスからの郵便が，毎月の郵便船の出港日の直後に届くことが頻発していたからである。もしこの事業が1カ月に2回でおこなわれていたとすれば，この問題は生じなかったかもしれない。これは，北大西洋におけるアメリカの郵便帆船の毎週の事業と，海軍省がありとあらゆるルートに対してできるすべてを比較する際に，銘記しなければならないことである。

ファルマスの郵便事業最後の日々——結　論

　結論を述べるとすれば，ファルマスの郵便船ルートの長さが多様かつ複雑であり，さらにその付随的事業のために，郵便制度の編成が，挑戦

---

[85]　スカイラーク号のハバナからの出港日が失われているので，1840年の11回の到着から計算した。それぞれ，*Lloyd's List,* 1840-1841 をみよ。

風対風

表40 メキシコ行きのファルマス郵便帆船と，それが可能にした連続する情報の循環　1840年

郵便船	ファルマスからの出港日	クルッキド島からの出港日	ベリーズからの出港日	ベラクルスからの出港日	タンピコからの出港日	ベラクルスからの出港日	ハバナからの出港日	ファルマスへの到着日
オポッスム号[a]	（1月17日）1月29日			4月23日	4月30日		5月13日	6月12日（76万ドル）
リネット号	2月17日				4月21日	5月2日	5月13日	6月11日（38万ドル）
リーラ号	3月18日	4月19日	5月1日	5月20日	5月28日		6月15日	7月17日（23万ドル）
トリアン号	4月17日					7月7日	7月22日	8月21日（35万ドル）
シーガル号	5月17日				7月24日	8月2日	8月19日	9月23日（80万8650ドル）
ペンギン号	6月17日		7月29日	（8月8日到着）	8月16日	8月24日	9月11日	10月18日（17万ドル）
スカイラーク号	7月17日							12月2日[b]（44万ドル）
クレイン号	8月17日		10月2日	～10月12日	10月18日	10月29日	11月10日	12月7日（9万5200ドル）
スター号	9月17日				12月13日	12月23日	1841年1月5日	1841年2月12日[c]（80万ドル）
スペイ号[d]	10月17日							
シェルドレーク号	11月18日							1841年春
パンドラ号	12月17日							1841年春

出典）　*Lloyd's List*, 1840-1841.

[a] オポッスム号は，すでに1月17日にファルマスから出港していたが，1月28日に戻った。
[b] スカイラーク号は，すでに1840年11月28日にコークに到着していた。同船が6月何日に出港したのかという正確な記録は失われている。
[c] スター号が80万ドルという巨額の貨物を積載してメキシコから到着したのと同日，2隻のファルマス郵便船が西インドから到着した。スイフト号は10万ドルの，ランガー号は8万ドルの積荷を積載していた。それゆえ，ファルマスからロンドンへの郵便馬車は，1日に総額で100万ドル近い安全な輸送への責任があった（*Lloyd's List* 13.2. and 16.2.1841）。
[d] オールド・バハマ海峡で1840年11月24日に難破した。乗組員，乗客，郵便，備品は助かった（*Lloyd's List* 16.1.1841）。同船は廃棄されたが，HMSサンダー号によって，のちにナッソーまで引き上げられた（*Lloyd's List* 16.2.1841）。
－＝航海せず
～＝予定の日

のしがいがある課題になったといえよう。海軍省は，四つの異なるルートと毎月の事業のために，24隻の郵便船を保有していた。ただし西イ

ンドは例外であり，1カ月に2回であった。郵便船のなかで，13隻が小型（約230トン）であり，この事業にはまったく適していなかった。2隻が中型（280トンと320トン）であった。この目的のために建造されたのは9隻しかなく，およそ360トンの船舶であった。しかも，いくつかの支部での事業があった。ハリファックス-バミューダ間，広くカリブ海と南米の北部，そしてリオ・デ・ジャネイロと南部の諸港間である。この問題は，帆船の時代には完全にあてはまったようだ。卓越風と嵐が，どのような計画も破滅することがありえたし，実際，そうしたのである。

図38は，1840年にさまざまなルートでファルマスの郵便船の航海したことを例証する。それぞれの船が，1月1日からはじまり，どのルートを通り，この年にどの程度長く航海したのかを示す。ハリファックスへの事業が1840年に終焉したときに，キューナードラインの郵便汽船が事業を開始した。そのため，この年の中頃，3隻の船が使われないままに放置された。しかも，郵便船スペイ号がバハマ海峡のサンゴ礁に座礁し，1840年11月に失われた[86]。

郵便船の一隻一隻は，どのルートを通っても航海することができた。その差異がなかったのは，郵便船のスピードが遅かったのと，他の不利な条件のためであった[87]。基本的に，南米ルートの研究で気づいたように，航海の所要時間の差の大部分は，郵便船の質が多様であったことに由来した。すでに第5章で論じたように，海運会社がかなり多様な汽船を使った場合，北大西洋ルートにおいてさえ，難題が生じた。一方，商船隊が似たタイプの船から成り立っているときには，大きな利点となった。その問題について，海軍省は知悉していたが，何もしなかった。経済的理由に加えて，船舶がすぐに汽船に取って代わられてしまうと考えられていたからに違いない。

アメリカの郵便船が一般に好まれたのは，大西洋の両側から定期的に出港するという理想のためであった。航海の予定は，通常，目的地に無

---

86) *Lloyd's List* 16.1.1841; 16.2.1841.
87) 1840年にすでに取って代わられていたリスボンの郵便船を除いて，ファルマスの郵便船は，母港での到着時刻によって，航海の順番をさまざまに変えた。Robinson(1964)，111をみよ。

風対風　　　　　　　　　　　　　　　　291

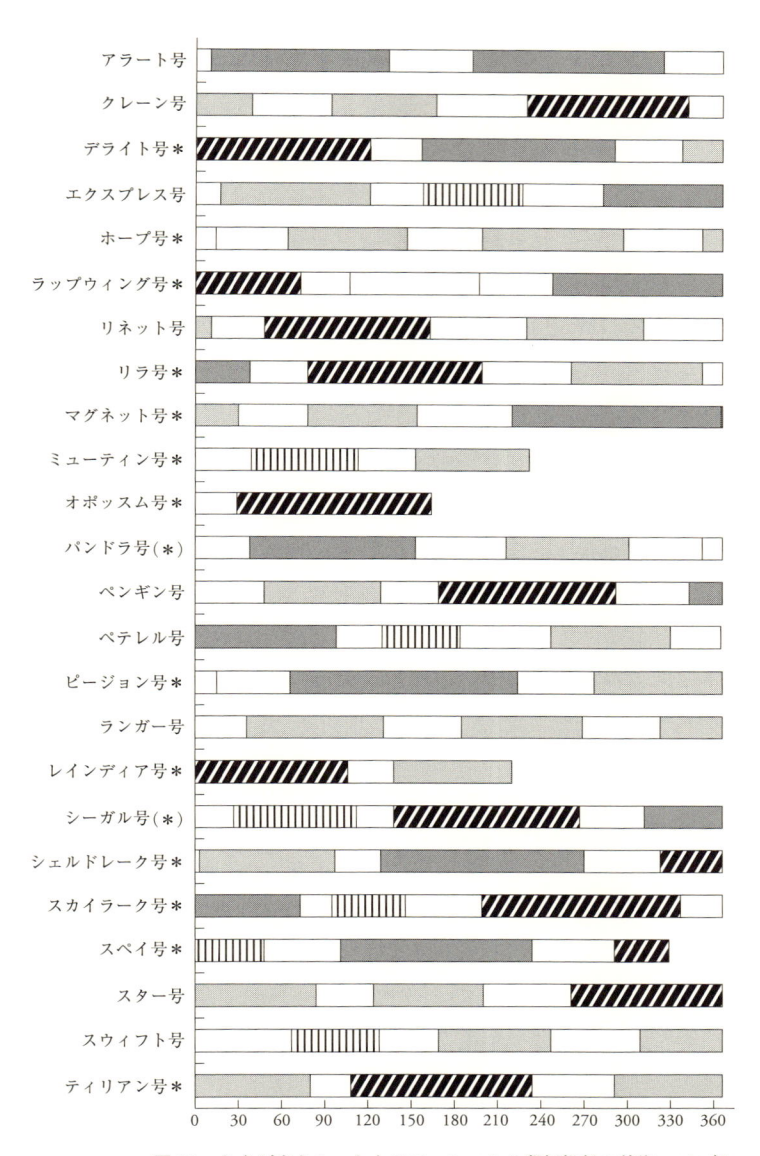

図38　さまざまなルート上のファルマスの郵便帆船の航海　1840年

出典）　*Lloyls List*, 1840. 小さな船舶には＊を入れ，中規模の船舶は（＊）をつけた。棒グラフの黒い部分は南米への，灰色の部分は西インドへの航海を指す。縦線はハリファックスへの，斜線はメキシコへの航海を指す。白い部分は，航海中に母港に停泊する時間である。

理をせずに到着できるようにとの配慮でつくられた。そして，航海の所要時間が多様であろうと，出港は，ヨーロッパとニューヨークの両方から決まった日におこなわれた。その管理が簡単だったのは，航海が頻繁だったからである。船舶が到着し，次の船舶が出航するまでの最大の待ち時間はたった1週間であり，通常は，2-3日間にすぎなかった。事業で使用されている多数の船舶に，大西洋航海の両端の港で，積荷の上げ下ろしのための十分な時間が確保されていた。

ファルマスの郵便船が規則的だったのは，イングランドから出港する場合だけであった。そしてその法則は，ルートによって異なった。1840年に，西インドの郵便船は，きわめて定期的に，毎月3日と17日に出港した。メキシコの郵便船は，非常に正確に，17日に出港した（当日が日曜日だった場合は，例外であった）。南米の郵便船は，毎月10日にもっとも近い金曜日に出港したが，2-3回の例外があった。そしてハリファックスの郵便は，毎月第1ないし第2土曜に出港した[88]。全体として，イングランドからの出港日は，郵便船の運用システムのなかでは，定期的だったといえる。

大洋の反対側からの出港に対してとられる視点は異なっていた。予定は，イングランドからのファルマス郵便船が到着するごとに計算された。航海に3-6週間かかったが，関係がなかった。バルバドスに船舶が到着してから何日間，あるいは何時間ののちに，補助船が植民地の島々に向けて出港すべきか，そして，そのために，この数年間に郵便はいつまでにハバナ，カプハイティエンないし，選ばれた場所に収集されるべきかを，厳格な指令が規定した。このシステムの利点は，郵便が，母港に可能なかぎり速く運ばれ，船舶が，イングランドにできるだけ速く戻る点にあった。

残念ながら，次の郵便がファルマスをいつ出港するのかを前もって知るという利点は，いくつかの場合，無駄に終わった。それは，外国からの郵便が到着する直前に，その前に出港したのと同じ港から，別の郵便船が到着したためである。植民地からの手紙の到着が遅れるというリス

---

88) 西インドとメキシコルートについては，*Lloyd's List* 1840 をみよ。南米ルートについては，Howat, 81 の出航表をみよ。そしてハリファックスルートについては，Arnell & Ludington, 69 の出航表をみよ。

クを冒しても，情報の流通という観点からは，このような事件を避けるために，航海日程を調整することが肝要であったかもしれない。しかしながら，航海が定期的におこなわれる必要性を考慮すれば，長期的には，それは困難な課題だったであろう。予定された船舶が決して到着しないというリスクもあった。

ファルマスの郵便帆船の時代は，1840年の中頃，ハリファックスルートで終焉を迎えた。このとき，キューナードラインが，ハリファックス経由でリヴァプールからボストンへと汽船による事業を開始したのである。さらに，西インド，メキシコルートが，1842年初頭に開通したとき，ロイヤルメール郵便汽船会社がこのルートを受け継ぎ，新たな目的のために建造された汽船を使った。6隻の郵便帆船が，1850年末まで，南米で長く航海を続けた。この年に，シーガル号が，リオ・デ・ジャネイロから最後の郵便を受け取り，1851年4月30日にファルマスに到着したのである[89]。

帆船から汽船への突然の変化

ロイヤルメールで60の港に

北大西洋で10年間にわたる長期的な〔帆船から汽船への〕変化があったときに，郵便は，ありとあらゆる方法を用いて送られていた。アメリカの郵便帆船，開拓期にあった民間の汽船と政府が契約した汽船が使われた。その一方で，西インドルートの複雑なファルマスの郵便船システムは，たちまちのうちに，複雑なロイヤルメール（ロイヤルメール郵便汽船会社 Royal Mail Steam Packet=RMSP）のシステムに変わった。政府の助成金が24万ポンドと巨額であっても（キューナードラインで激しく議論された8万1000ポンドと比較すると），契約のために競合する会社はなかった。事実，イギリス政府は，入札を要求することさえなく，ジェームズ・マクィーンとよばれる男性の要請を受け入れるほかなかったのである[90]。

---

89) Howat, 86 の出航表をみよ。
90) Gibbs, 322 をみよ。

マクィーンはスコットランド人であり，西インドに長年住み，グレナダの砂糖プランテーションの管理人として働き，カリブ海地域と南米北岸を何度も旅行した。グラスゴーに戻ったのは，35歳のときであった。新聞記者，商人として生計を立て，アフリカの地勢と地理に大きな関心を抱いた。ニジェールからベニン湾への困難な移動を企てた最初の人物であった。ニジェールの行程を確認する際，彼は自ら所有するグレナダの奴隷の助力をえた。そのなかには，かつて川岸に住んでいたマンディゴ族のものもいた[91]。

　このようなバックグラウンドがあったので，マクィーンには，汽船による通信ネットワークを計画する能力が備えられていた。それは，西インド，イギリス，さらに他の数ヵ所の商人に役立った。彼が提唱した「イギリスと世界の西部と東部および広州と太平洋西方のシドニーに関する郵便通信の総合計画」には，世界のいたるところでの事業が含まれていた。ファルマスからハリファックス，北米，西インド，ブラジルに，パナマ経由で中国の広東とニューサウスウェールズ，(オーストラリア)のシドニーへ，紅海をへて地中海と東インドへ，さらに喜望峰を通って，より東方の世界へという計画がたてられたのである[92]。港間の距離，出港日と到着日は，すべて入念に計算された。中米の諸地峡を通して流れる運河(マクィーンは，パナマルートではなく，ニカラグアルートを好んだ)は，「遠からず」開通されるべきだと信じていたので，大胆にも，彼が使っているルートのいくつかは，このような運河を利用して直接太平洋へと向かうよう計画されたのである。ゆえに彼は，時代を約80年先取りしていた。また，彼は汽船に燃料を早く積み込むべきだと提案した。それは，数十年後においてさえ，先進的だとみなされたのである[93]。

　この計画は，一社で実行するには明らかに巨大すぎた。ヴァーノン・

---

91) Nicol, vol.1, 33-35.

92) マクィーンは，南米の太平洋岸の業務にも加わっており，太平洋岸に沿って事業をおこなう汽船ラインのために働いていた。その結果，1840年に，太平洋汽船航海会社が創設された。同社は，その後，ロイヤルメールラインと密接な関係をもつようになった。Nicol, vol.1, 39 をみよ。

93) T.A. Bushell, *Royal Mail. A Centenary History of the Royal Mail Line 1839-1939* (London, 1939), 4; and Nicol, vol. 1, 37.

帆船から汽船への突然の変化 295

　ギブズは，イギリスの旅客ラインをあつかった書物で，キューナードラインも P & O も，現実には，マクィーンが陳情してくれたからこそ誕生したのだと述べた。彼が 1837 年にイギリス政府に提案したことは，西インド委員会で強く支持され，1839 年 9 月にロイヤルメール郵便汽船会社が誕生し，さらに 1840 年 3 月に，カリブ海との郵便の契約にいたったのである[94]。必要とされる資本が 150 万ポンドと巨額であったので，西インドの問題にかかわっている銀行家たちの助力によって集められた。それには，ロンドンの著名なベアリング商会が含まれていた。最初の会長であるジョン・アーヴィングは，下院議員かつ商人であり，植民地銀行の頭取でもあった[95]。

　マクィーン自身は，カリブ海の状況についてのエキスパートとして振舞っていたし，間違いなく，彼はエキスパートであった。西インドの郵便システムに対する彼の計画は，実際非常に野心的であった。14 隻の新しい汽船と，3 隻のスクーナ船が，そのために建造されているあいだに，マクィーンは，事業の準備のために，最後のツアーを計画した。8 カ月にわたり，さらに 1 万 8000 マイル以上の距離を航海して，港，ルート，予定を含む郵便事業のための最良の方法を研究した。彼の最後の計画は，大西洋横断事業と，北部はハリファックス，南部はデメララ，東部はバルバドス，西部はタンピコのあいだの地域を結ぶ 10 の支部ラインから成り立っていた。このルートには，およそ 60 の港を結び，毎年 54 万 7000 マイルを航行する汽船が必要であった[96]。このルートは，これまでの研究でも十分に言及されているので，ここで詳細に繰り返す必要はない[97]。大西洋横断航路がここから開始され，サザンプトンで終わった。この都市は，ロンドンと鉄道によって結びつけられたばかりだった。まだ海での郵便輸送の管轄をしていた海軍省は，こう主張した。国内の郵便ではサザンプトンからよりもはるかに時間がかかったとしても，ロイヤルメールの船は，ファルマス経由で輸送すべきであ

---

94) Gibbs, 323.
95) Nicol, vol.1, 40; and Bushell, 7-9.
96) M.H. Ludington & Geoffrey Osborn, *The Royal Mail Steam Packets to Bermuda and the Bahamas 1842-1859*(London 1971), Preface.
97) とりわけ，以下をみよ。Kenton & Parsons, 2-7, 80-81, 116-119, 222-226, 322-323; and Ludington & Osborn, 3-23.

る，と。郵便は，ロンドンで集められ，サザンプトンからの列車は，毎月1日と16日に出発した。一方，ファルマスからの出発は，3日と18日であった。ファルマスは，最終的には，1843年9月に事業の対象からはずされた[98]。それは，この港にとっては，当然，大きな失望を招いた。なぜなら150年にわたって，イギリスの主要な郵便船基地だったからである。

カリブ海諸島と中米を結ぶ地方ルートは，すべてが他の何かに依存する複雑なネットワークを形成した。以下のような，独立したルートがあった。バルバドスからギアナ，グレナダからクラサオ，アンティグア経由でバルバドスからタークス諸島，タークス諸島からジャマイカ地区，カルタヘナとマン・マルタ地区，ハバナとホンデュラス地区，ハバナからメキシコ地区と北米の基地およびマデイラ地区である[99]。

新たな航路は，1842年1月1日にはじまった。そして西インドの郵便事業を，帆船から汽船へと一夜にして変えた。この日までに，8隻のロイヤルメールの汽船が，西インドの基地で活動するために航海していた。イングランドを最初に出港した船舶は，姉妹船のリー号とラーン号であった。2隻は，サザンプトンを12月3日に出港した。それぞれ250トンと300トンの小型船であり，諸島間の事業のために使われた。大西洋を横断した最初のロイヤルメールの船はフォース号で，1939トンであった。サザンプトンを12月17日に出港し，テムズ号が運んだ郵便をセント・トマス島で待ち受けていた。テムズ号は，ファルマスを1月3日に出港し，直接デメララに向かった。そして，テイ号は，同日に出港し，バルバドスへと，定期的に郵便を最初に運んだ船であった[100]。

最初の航海は，それ以前の基準と急いで比較された。テムズ号は，20日間でファルマスからデメララに到着した。テイ号がデメララに到着するのに，18日間かかった。1840年に，郵便帆船でファルマスから

---

98) Kenton & Parsons, 2, 36. サザンプトンにおける初期の計画については，Bushell, 36-40 をみよ。

99) より詳細については，Kenton & Parsons, 2-3 をみよ。

100) Kenton & Parsons, 10 の出航表 ; and Duncan Haws, *Merchant Fleets. Royal Mail Line & Nelson Line*(1982), 26-30.

西方のバルバドスへの航海で到着するのに,平均で 31 日間かかり,現実には 20-45 日間と多様であった[101]。1842 年の最初の 9 カ月間に,ロイヤルメールでの郵便汽船によるファルマス-バルバドス間の平均航海日数は 19.2 日間であり,現実には,17 日間から 24 日間とさまざまであった。航海の 70% 以上が,18 日間から 20 日間のあいだにおさまった。汽船の方が速かったばかりか,到着の予想がしやすかった。汽船は,例外なく,ファルマスから,定期的に航海した。

しかしながら,問題があった。事業は,バルバドスだけではく,母港への帰港を含んでいた。さまざまなルート間の協同は難しく,そのため郵便の伝達に,数多くの日数が必要となった。

それゆえ,郵便が平均して 20 日間もかからずにイングランドからバルバドスに運ばれたとしても,セント・ヴィンセント,グレナダ,サン・クロワ,セント・トマス,ターク諸島,ナッサウ,バミューダ,ファイアルからファルマスに帰港するのに平均で 38 日間かかったが,33 日間から 45 日間と,現実の所用日数は多様であった[102]。それよりはるかに悪いことに,ファルマスからバルバドスに到着した船舶は,同日に航海を続けたので,返信を書くための時間はなかった。次の郵便帆船は,およそ 2 週間後に出港した。

現実には,デメララとの情報の循環は,バルバドスのそれと同じくらい速かったが,バルバドスの方が,イングランドに数日間早く着いたのである。システムは,西インドとの往復航海が一回おこなわれているあいだに,すべての植民地に作用したからである。バルバドスの商人は,デメララの商人よりも先にニュースを受け取った。バルバドスからの手紙は,ギアナからの手紙よりも少し先に着いたが,情報の循環は,イギリス商人の観点からは,同じような長さであった。

郵便が母港に輸送される所要時間は,通常,西方への航海の二倍に近かった。1842 年にリヴァプールとデメララのあいだの事業によって可能になった連続する情報の循環は,表 41 に例示されている。

ここから気づかれるように,このシステムは,1 暦年のあいだにたっ

---

101) 第 6 章第 1 節をみよ。
102) 1842 年 1 月から 9 月に出港した航海からの計算。Kenton & Parsons, 10-12 の出航表をみよ。表では,数日間のデータが失われている。

た4回の情報の循環しかできないようにした。2年前に海軍省が古い郵便帆船でおこなった3.5回の情報の循環と比較すると，あまり大したものではない。ロイヤルメールの汽船による循環の一つは，92日間かかったファルマスの郵便船の平均よりもはるかに長くかかった。

　ロイヤルメールルートのシステムは，すでに非現実的なことがわかり，1842年10月，実施されてからたった9カ月間で，すぐに変更された。表41から気づくように，4回目の循環は，バルバドスではなく，セント・トマス経由で指揮された。母港への航海では，いまやバミューダとファイアルにしか停泊しなくなった。このような調整のため，航海は著しく短縮され，情報の循環の長さは，最初の3回の航海の平均82日間から，4回目の航海ではわずか68日間にまで短縮されたのである。

　ファルマスからセント・トマスまでの平均的な航海日数は，1842年には22.7日間であった。それと比較して，バルバドスへは，19.2日間にすぎなかった。しかも，バルバドスの商人は，郵便がセント・トマスから到着するまで，3-4日間待たなければならなかった。これらの商人にとって，イングランドからのニュースの到着という観点からみるなら，ルートの変化は明らかに不利であった。しかし，彼らはいまや返信を出すのにほぼ6日間かかるあいだに，諸島間航海の船が，デメララまで航海したのである。これは，同日に返信を出したり，次の船舶を2週間待ち続けることと比べるなら，明らかな改善点であった。

　デメララの実業家は，新たな取り決めは，自分たちの通信にとって改良点となったと感じていたが，ベルビスの実業家は，受け取った手紙への返信をすぐに書こうとすれば，きわめて多忙な予定をこなさなければならなかった。ロイヤルメールの汽船は，通常，デメララまでしか行かなかったが，ベルビス，スリナム，パラマリボ〔スリナム〕は，地方の船の事業に任されるか，郵便が，陸上ルートで輸送されたりした[103]。ときには，船舶がデメララで1-2日間しか停泊せず，そのため，ベルビスの実業家が到着した手紙に急いで返信を出すことは不可能に近かった[104]。

　1842年の具体例は，バルバドス経由での郵便制度がどのように機能

---

103) Kamen & Parsons, 14.
104) Kenton & Parson, 28 の出航表。

帆船から汽船への突然の変化

299

表41 ロイヤルメールラインの事業が可能にしたリヴァプール-デメララ間の連続する情報の循環 1842年

ファルマスからの出港日	バルバドスへの到着日とデメララへの出港日	デメララへの到着日とバルバドスへの出港日	バルバドスへの到着日とグレナダへの出港日	グレナダへの到着日とナッソーへの出港日	ナッソーへの到着日とファルマスへの出港日	ファルマス（ないしサザンプトン）への到着日	情報の循環の日数
1月3日	1月21日 1月26日	1月30日 2月4日	2月5日 2月21日	2月22日 2月22日	-- 3月13日	4月2日	93日間
4月17日	5月5日 5月5日	5月6日 5月14日	5月17日 5月24日	5月25日 5月25日	6月3日 6月4日	6月22日	70日間
7月17日	8月4日 8月5日	8月8日 8月17日	8月21日 8月22日	8月23日 8月25日	9月3日 9月6日	10月4日*	83日間
10月17日	11月5日** 11月8日	11月14日 11月16日	11月22日** 11月24日	-	-	12月20日	68日間

出典） *Sailing lists of Kenton & Parsons*, 10-14, 26-28.
* 船舶は10日間遅れた。同船は、強い東方からの強風により、ラ・コルーナに10月1日に停泊した。
** 停泊地は、セント・トマスに変更された。バルバドスは、デメララの行き帰りの寄港地であった。
– ＝データなし

していたのかを示す。リヴァプールから，ベルビスを訪れているさなかの代理人ウィリアム・カーターに，ウィリアム・アールが宛てた手紙は，ロイヤルメールの汽船テヴィオット号で2月15日に送られ，同船はファルマスを2月17日に出港し，バルバドスに3月8日に到着した。手紙は，グラスゴー市号に託され，手書きの消印によれば，手紙は3月13日にベルビスの代理人が最終的に受け取った。彼は同日に返信を書き，同じ汽船が，3月15日にデメララから手紙を運んだ。手紙は，バルバドスに3月18日に到着した。汽船はトバゴで損害を被ったが，航海を続けることができた。ついで，メッドウェイ号がバルバドスから手紙を運ぶために，4月4日に出港した。同船は，4月16日にナッサウ

に到着した。クライデ号は，郵便を積んで4月17日にヨーロッパに向けて出港し，ファルマスに5月8日に到着した。郵便は，5月10日にロンドンに着いた。手紙は，リヴァプールで，同日，ウィリアム・アールが受け取った[105]。具体的な情報の循環の所要時間は，84日間であった。

リヴァプールからベルビスへの最初の手紙は，1842年1月と2月のものであり，驚くほど早く，それぞれ24日後と26日後に着いた。次の郵便が遅れたなら，すぐさま懸念が生じた。カーターは，アールにこう書いた。「私は，ベルビスでバルバドスからの汽船を待った。イングランドから，3月1日から28日までの郵便であった。しかし，汽船については何も聞かされなかった。私はデメララまで下って行こうと決心していた。そこに，私は小さなスクーナ型船で，他の数名の乗客とともにイングランドに到着した……そこで私が聞いのは，郵便は，26日にはバルバドスに到着せず，私が探していた汽船は，損傷を受けていたということであった！　私はすぐにバルバドスに行く船について質問した……バルバドスから，セント・トマスに行こう。そこで，手紙を受け取ることができるかもしれない……」。

カーターは，4月7日にバルバドスから，商船セント・ヴィンセント号に載せて手紙を送った。手紙は，44日間かけて，5月21日にリヴァプールのウィリアム・アールが受け取った。カーターはまた，翌4月8日，複製を公的な郵便で送った。その手紙には，4月18日付けのバルバドス郵便局の手押印が押されていた。そして，ロイヤルメールの汽船ソルウェイ号によって，5月28日にイングランドに到着した[106]。汽船に乗せた手紙は，到着に50日間かかった。それは，それまで商船で手紙を運んだのと比較すると，1週間近く長くかかった。

ウィリアム・カーターは，ロイヤルメールの汽船が出港する前に，バルバドスから，もう一通手紙を送った。商船アリス号が4月22日の日

---

105) Earle Correspondence, D/Earle 5/8/8, 5/9/8.(MMM)；および Kenton & Parsons, 10-11, 14 の出航表。

106) William Carter to William Earle from Barbados 7.4. and 8.4.1842. Earle correspondence, D/Earle 5/8/8;10.(MMM)；また Kenton & Parsons, 10-12 の出航表をみよ。

付でそれを運び，35日間かけてリヴァプールに着いた[107]。

　西インドと北大西洋郵便ルートの大きな差異は，カーターが出した北方への航海の際に出した次の手紙に明らかにみられる。彼は，バルバドスからセント・トマスへと航海を続けた。セント・トマスから，4月28日にウィリアム・アールに手紙を出した。イングランドには，同じロイヤルメールの汽船でバルバドスから複製を送るよりも20日間早く到着した。5月14日付けのニューヨークからの手紙は，キューナードの汽船カレドニア号によって送られた。同船は，5月16日にボストンを出港し，5月29日にリヴァプールに到着した[108]。それは，西インドからすべてのロイヤルメールの手紙を，アールが受け取ったのと同日のことである。そのなかでもっとも古いものは，ニューヨークからの手紙よりも36日前に送られたのであった！

　ロイヤルメールの海運業の運営は，ルート，スケジュール，給炭，補修を含めて，北大西洋を横断してリヴァプール-ニューヨーク間を往来する航海よりはるかに困難だったことは明らかである。ファルマスの郵便帆船が利用した古いシステムの名残であるバルバドス経由の旧来のルートは，1842年10月に変化した。変化が生じた主要な理由は，ターク諸島は危険すぎ，ロイヤルメールの汽船の1隻であるメディーナ号が，すでに1842年5月に失われていたためである[109]。航海図1は，新システムの機能のあり方の一例を提供する。

　11月23日に，5隻の巨大なロイヤルメールの汽船が，同時に，セント・トマスのシャーロット・アマリー港に停泊していた。汽船テイ号は，ヨーロッパの郵便を積載して，11月23日にファルマスから到着した。同日，ディー号は，ジャマイカの郵便を積んで到着した。一方，テムズ号はハバナ，ナッサウ，バミューダから2-3日前に到着し，すでにシャーロット・アマリー港に停泊していた。トレント号も同じであり，デ

---

[107]　William Carter to William Earle from Barbados 22.4.1842. In Earle correspondence, D/Earle 5/8/11.(MMM)

[108]　William Carter to William Earle from St. Thomas 28.4.1842 and New York 14.5.1842. In Earle correspondence, D/Earle 5/8/12-13.(MMM)

[109]　Kenton & Parsons, 10．ふつうの海図，あてにならないコンパス，明かりがついていない珊瑚の岩礁が，ロイヤルメールが事業を開始してから10年間のあいだに多数の災害を生んだ理由だといわれた。さらに詳細な描写については，Bushell, 41-53をみよ。

第 6 章　西インドと南米

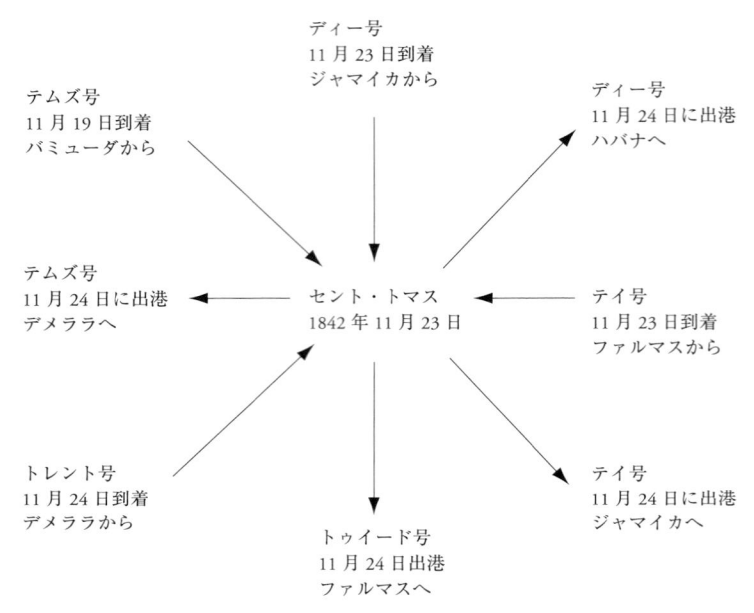

```
テムズ号                  ディー号                      ディー号
11 月 19 日到着          11 月 23 日到着              11 月 24 日に出港
バミューダから           ジャマイカから              ハバナへ


テムズ号                セント・トマス              テイ号
11 月 24 日に出港   ←  1842 年 11 月 23 日   ←    11 月 23 日到着
デメララへ                                          ファルマスから


トレント号                                           テイ号
11 月 24 日到着                                     11 月 24 日に出港
デメララから          トゥイード号                 ジャマイカへ
                     11 月 24 日出港
                     ファルマスへ
```

　　航海図 1 　ロイヤルメールラインの汽船　1842 年 11 月 23 日
　　　　　　　セント・トマス

メララから 22 日に到着していた。すべての郵便がただちに整理され，翌日，テイ号はジャマイカに，ディー号はハバナに，テムズ号はデメララに向け出港した。ツィード号は，諸島で集められたすべての郵便を運び，同日，バミューダを経由し，ファルマスに向けて航海を続けた[110]。

---

110) Kenton & Parsons, 26-32 の出航表をみよ。「ロイズリスト」にみられるそれぞれの情報は，これらのリストとはいくらか違っている。「ロイズリスト」では，テムズ号は，バミューダから，18 日ではなく 19 日に到着した。ケントンとパーソンズによれば，11 月 24 日にジャマイカに向けて出港したのはテイ号であった。一方，「ロイズリスト」には，トレンテ号と書かれている。「ロイズリスト」は，11 月 8-23 日のディー号のジャマイカへの航海については，報告していない。どの史料も，ツィード号が，11 月 23 日に，どこからセント・トマスに着いたのか，あるいは，トレンテ号が 23 日以降どこに向かったのかは語っていない。ケントンとパーソンズの出航表は，おおむねカリブ海地域の新聞で発表された海事情報にもとづいており，現場に近いとはいえ，他の理由のため，あまり信頼がおけない。「ロイズリスト」はふたたび，はるか遠くのロンドンで公刊され，ロイズの代理人が情報を送ったのち，変更が可能になった。参照文献としては，Kenton & Parsons, 415-417 をみよ（さらに，「ロイズリスト」，「タイムズ」，「イラストレーテッド・ロンドンニューズ」が，その史料となる）。航海のもともとの計画について知ることは不可能であるし，たとえもし知っていたとしても，

帆船から汽船への突然の変化

あらゆることが，必ずしも予定通りに動いていたわけではないことは，簡単に想像できる。「ロイズリスト」の2-3の注も，さらにケイトンとパーソンズの出航表も，どのような困難に遭遇していたのかを，ある程度示す。テイ号は，2月にハバナで座礁したが，大きな損傷はなかった。メディーナ号は，1842年3月のあいだに10日間，ナッサウで検疫を受けた。同船は，5月，ターク島の砂州で完全に使用不可能になった。グラスゴー市号は，3月に損害を受けた。しかし，乗組員，乗客，手紙は助けだされた。クライデ号は，ネヴィス近くの砂州で座礁し，7月に，セント・トマスに戻らなければならなかった。テヴィオト号は，7月に火災にあった。テムズ号は，（セント・トマスとアンティグアのあいだの）ネヴィスの砂州で，8月に座礁し，修理のためロンドンまで行かなければならなかった。ソルウェイ号は9月のハリケーンで，帆と帆桁を失った。翌年4月には，スペインのコランナの砂州で座礁し，使用できなくなった。イシス号は，9月にプエルト・リコ近くの砂州で損害を被った。そして同年10月，バミューダ近郊で完全に使用不可能になった。だが，一人の見習い水夫を除き，すべての乗客と乗組員が助け出された[111]。

海での悲劇だけではなく，多種類の小さな事件が群発した。しばしば言及される問題の一つは，給炭である。汽船は，毎週およそ2000トンの石炭を必要とした。そして全部を供給してもらうために，チャーターされた船舶の貯蔵庫を満たすだけの量を供給しなければならなかった。大西洋で天気が悪ければ，石炭船が遅れ，地域的な事業が，結果的に縮小されなければならなかったこともある。1842年3月，メドウェイ号とツィード号は，石炭が不足しているので遅れると報告された。グラスゴー市号の報告書は，さらにこう記した。「黒人(ネグロ)が，デメララでストライキをおこなっている。そのため，給炭が困難になっている。52トン

諸島間の船舶が予定通りであったかどうかということを，出航表から読み取ることは不可能である。たとえば，ニコルはこういう。クライデ号は，ナッサウに，予定より9日間遅れて2月17日に到着した（Nicol, vol.2, 25)。出航表からわかるのは，ナッサウに2月16日に到着し，2月20日にそこを出港したことだけである。そゆえ，出航表からは，船舶がいた場所はわかるが，そのときにいるべきであった場所はわからないのである。

111) *Lloyd's List* 11.6.1842; 29.8.1842; 5.11.1842; および，Kenton & Parsons, 10-21, 26 の出航表。

304　第6章　西インドと南米

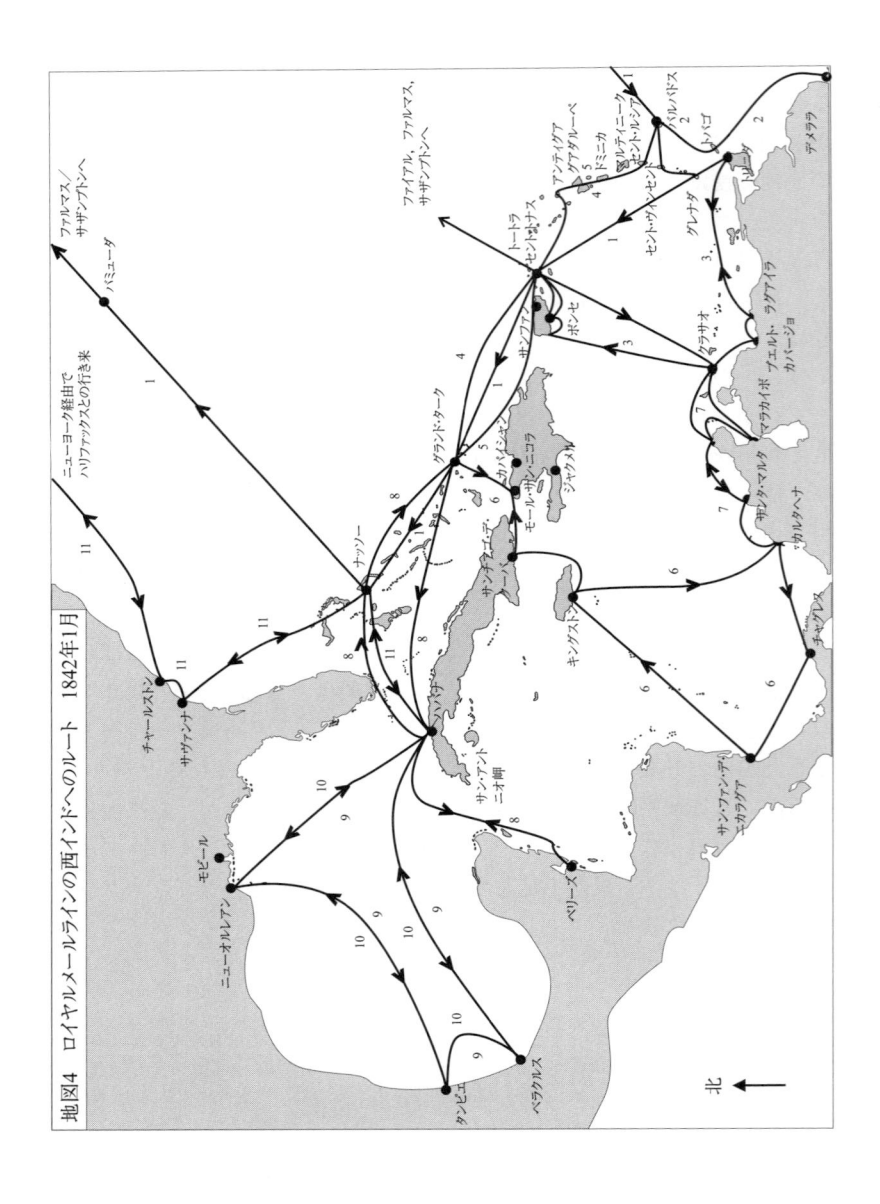

地図4　ロイヤルメールラインの西インドへのルート　1842年1月

を輸送するのに，24時間かかっている。それだけしか，扱えないのだ。技師長と石炭配置人は，『不正行為』のために，停職させられた」。さらに，テムズ号は，4月に石炭の不足を報告した[112]。

汽船の乗組員が，必ずしももっともすぐれた技量の持ち主とはかぎらなかった。グラスゴー市号の別の報告書には，こう書いてある。「1842年3月。気がふれたという理由で，外科医が故郷に帰された。船の乗組員は，ボクサー船長により，『野蛮人とほとんど変わらない』と評された。第三技師が，バルバドスで，食堂のコックを殴ったという理由で投獄された。『彼は，むち打たれ，女王陛下への奉仕から罷免された悪名高い性格の持ち主である」。ハバナの当局は，クライデ号の乗組員の「乱暴な振る舞い」に対し，不平をいった。そして，乗組員を閉じ込めておくための倉庫の周囲に石の壁を築きたかった。さらに他方，諸島の環境は原始的であり，暴力的なことさえあった[113]。

片道航海の所要時間は郵便が必ずしも「定刻に」着かなかったことには，明確な理由があった。船長は，テムズ号に関する報告書に書かれているように，その場その場で臨機応変に対応しなければならなかった。「4月23日。ハスト船長が，表3を予定通りに完成させようとしたが，そうできるかどうか疑っている。船が遅れていることが明らかになれば，トリニダード経由で引き返し，グレナダで給炭し，そうして，西方からの郵便を受け取る準備をしなければならない。グラスゴー市号がまだ使える状態にないなら，船長がギアナまで郵便を運ばなければならない」[114]。

海軍省と契約したすべての海運会社はまた，海軍の代理人を乗せ続けなければならなかった。代理人は，郵便に対する完全な管轄権をもっていた。「契約を適切かつ厳密に遂行し，出港する場合であれ，ないしは入港する場合であれ，苦境にある船舶を援助するか，あるいは人命を救うために必要なすべての事柄に対し，完全な権限がある……」。この

---

112) Bushell, 27; Nicol, vol.2, 26; Kenton & Parsons, 16, 19. セント・トマスは，おそらく給炭のためにもっとも信頼のおける場所であった。たとえば，メドウェイ号は，クラサオからセント・トマスまで，給炭のために航海しなければならなかった。そのため，10日間余分にかかった。(Kenton & Parsons, 16)

113) Nicol, vol.1, 54-56; Nicol, vol.2, 25-26.

114) Nicol, vol.1, 54; Nicol, vol.2, 27.

将校は,「一等船室と召使いに適した宿泊施設,自分が使うのにふさわしい船を提供された」。ギズバーンが記したように,元海軍将校だった人物にとって,これは悪い条件での任命ではなかった。彼らは,(しばしばそうだったように),将校であったときには,二等船室を使うしかなかったからである[115]。

船舶に2名の船長がいることになったため,この制度は,摩擦を生じさせることになった。1842年3月,ロイヤルメールラインのフォース号とテイ号が同時にナッサウ港に停泊していたとき,2人の代理人は,2隻のうちどちらが,母港への郵便を運ぶべきか,さらにどちらが西インドの諸島間ルートで活動を続けるべきかということに,同意できなかった。両船は郵便袋を分割し,イングランドに航海することで妥協した。フォース号は,この信じがたい競争に勝ち,6名の乗客と二,三の郵便袋を乗せ,ファルマスに4月20日に到着した。同社は,ブリストルで修理にだされていた2隻の船が引き渡されていないのですでに当惑していたが,こういうことがおこったため,さらに困難な状態に陥った[116]。

1842-43年の出航表は,本来は積んでいなければならなかった郵便を積載せず,別の場所に到着した,少なくとも14の事例を報告している。しかも,船舶がどこにも停泊しておらず,必然的にこれと同じ結果になることが頻発していた。海軍の船が,あとに残された郵便の処理をしなければならないことが数例あった[117]。

ロイヤルメールの事業についてイングランドで出された報告書は,積極的な評価を下してはいなかった。たとえば,1842年4月,ジャマイカから,2カ月間一通も郵便が来ていないとの報告があった。郵便は,軍艦HMSスピットファイア号によってもたらされた。8月には,フォース号が帰港途中であったが,「バミューダからの郵便は忘れ去られ,

---

115) Harold G.D. Gisburn, *The Postage Stamps and Postal History of the Bahamas* (London 1950), 22 をみよ。

116) Gisburn, 22; Bushell, 27. テイ号は,翌日に到着した。フォース号は,5月1日に西インドに戻り,バルバドス経由で,直接デメララに向かうルートをたどった。一方,テイ号は,5月16日に出港し,デメララルートへと進んだ。Kenton & Parsons, 10, 12 の出航表をみよ。

117) たとえば,Kenton & Parsons, 13-17 をみよ。

帆船から汽船への突然の変化 307

ファイアルで浜に打ち上げられた」と報告された。11月には，トレント号が，バルバドスの郵便を積載することなく，セント・トマスまで航海したという報告があった。手紙は，借りた帆船が転送した。1843年5月，テムズ号がイングランドの郵便を積載することなくバルバドスに到着したとき，バルバドスの新聞のうち一紙が，最近，このようなことがおこったのは4回目だと書いた[118]。

ヨーロッパとカリブ海ないし中米地域との通信スピードの向上を調査する場合に銘記しておかなければならないことは，多くの進展は，たとえ，その間に技術的改良がおこなわれたとしても，船舶のスピードが変化したことではなく，郵便ルートを調整したことから生じたということである。

1842年1月から1875年の1月のあいだに，ロイヤルメールラインの西インドとの契約は4回，ルートは11回変更された。事業の規模は，たえず減少していった。元来の11のルートは，1840年代末までに，5-6に減少していた。元来のシステムには，6つの異なる通信のハブがあった。バルバドス，セント・トマス，クラサオ，ターク諸島，ハバナ，ナッサウがそれにあたる。これらの港はすべて，2-4の異なる郵便ルートが交差する場所であった。すでに1842年10月に，いくつかのルートと停泊港が除外され，ハブの数は4-5にまで減少した。タークス諸島でメディーナ号を失ったのち，この地域での航海はされなくなり，これらのルートは，セント・トマス経由に変えられた[119]。

---

118) Kenton & Parsons, 13, 28 の出航表。4月のジャマイカ郵便は，フォース号とテイ号という2隻の汽船のうち，1隻が運ぶべきであった。しかし両船は，母港に航海することが決まっていた。

119) 1842年10月から，ロイヤルメールの汽船は，「もはやニューオルレアン，サヴァンナ，チャールストン，ニューヨーク，ノヴァ・スコーシアのハリファックス，クラサオ，スリナムのパラマリボ，マラカイボ，バヒア・ホンダ，サン・ファン・デ・ニカラグア，ポルトリコ〔プエルト・リコの旧名〕のマヤゲス，ポルトリコのポンセ，ターク諸島，ハイチのサン・ニコラス岬やサンタクルスには到着しなかった」であろう。メキシコ，ホンデュラス（ベリーズ），チャグレスとパナマ地峡，カルタヘナ，サンタ・マルタ，ラグアイラ，プエルト・カベヨへの郵便は，1カ月に2回の事業ではなく，毎月たった1回しか送られなかった。マデイラとファイアルのあいだの郵便による伝達も，省略された（"Notice to the Public and Instructions to all Postmasters... General Post Office 12th September, 1842", reprinted by Kenton & Parsons, 24.）。1843年6月，システムはふたたび調整された。郵便船は，サン・ドマングのカプハイティンには行かなかったが，同島のジャクメルに航行した。母港への航

カリブ海と中米の経験から学び，さらには財政上の問題の発生が不可避であったのは，ロイヤルメールの事業がたえず合理化されていたということである。システムもまた，揺れ動いていた。たとえば，バルバドスはもともとヨーロッパからの郵便の受入口であったが，ナッサウは，出て行くための基地であった。1842年10月，それが変化し，すべての郵便はセント・トマス経由で入ってくるようになり，同島，場合によってはハバナ-ナッサウ経由で送られた。1843年7月，郵便は，バルバドス経由で入り，セント・トマスないしハバナ-ナッサウ経由で出た。1850年から，セント・トマスが入り口と出口の両方で主要な基地になった。しかし，それも1872年に変化し，セント・トマスとバルバドスのどちらでも，出入りする郵便の基地として選ぶことができた[120]。

ここで，さまざまなルートのすべての情報伝達のスピードを詳細に論じることは不可能である。ギアナルートをなお一事例だとするなら，1870年代まで，汽船による郵便輸送の改善をたどることができる。すでに表41から気づかれたように，1842年の汽船事業の開始は，郵便帆船の時代と比較して，あまり大きな変化はもたらさなかった。10年後，1暦年間のリヴァプール-デメララ間の連続する情報の循環の数は，4回から6回へと増加した。それと同時に，キューナードラインとコリンズラインが北大西洋ルートをめぐって競争し，連続する情報の循環の数が，初期の汽船の時代の6回から12回に増加したのである。

1842-52年のあいだに，リヴァプール-デメララ間の情報の循環は，平均して，約3週間短縮され，70日間以上かかっていたのが，50日間程度になったのである。1852年1月にアマゾン号の悲劇的喪失がきっかけになった混乱に加えて，2カ月間以内の信頼できる情報の循環が期待された。郵便は，毎月1日と16日にロンドンで作成され，ロイヤルメールの汽船が，翌日サザンプトンから出港した。

海では，バミューダとファイアルには，交互にしか停泊しなかった（'Notice to the Public and Instructions to all Postmasters... General Post Office, June 1843', reprinted by Kenton & Parsons, 34.）。このような変化があったので，ロイヤルメールは，最初の契約が終わる1847年末まで郵便事業を継続したのである。例外は，1847年2月のトゥイード号の損失によって引き起こされた「緊急計画」の数カ月間であった。代わりに使える船舶がなかったからである。Kenton & Parsons, 73-78 をみよ。

120) The route maps 1-12 in Kenton & Parson, passim をみよ。

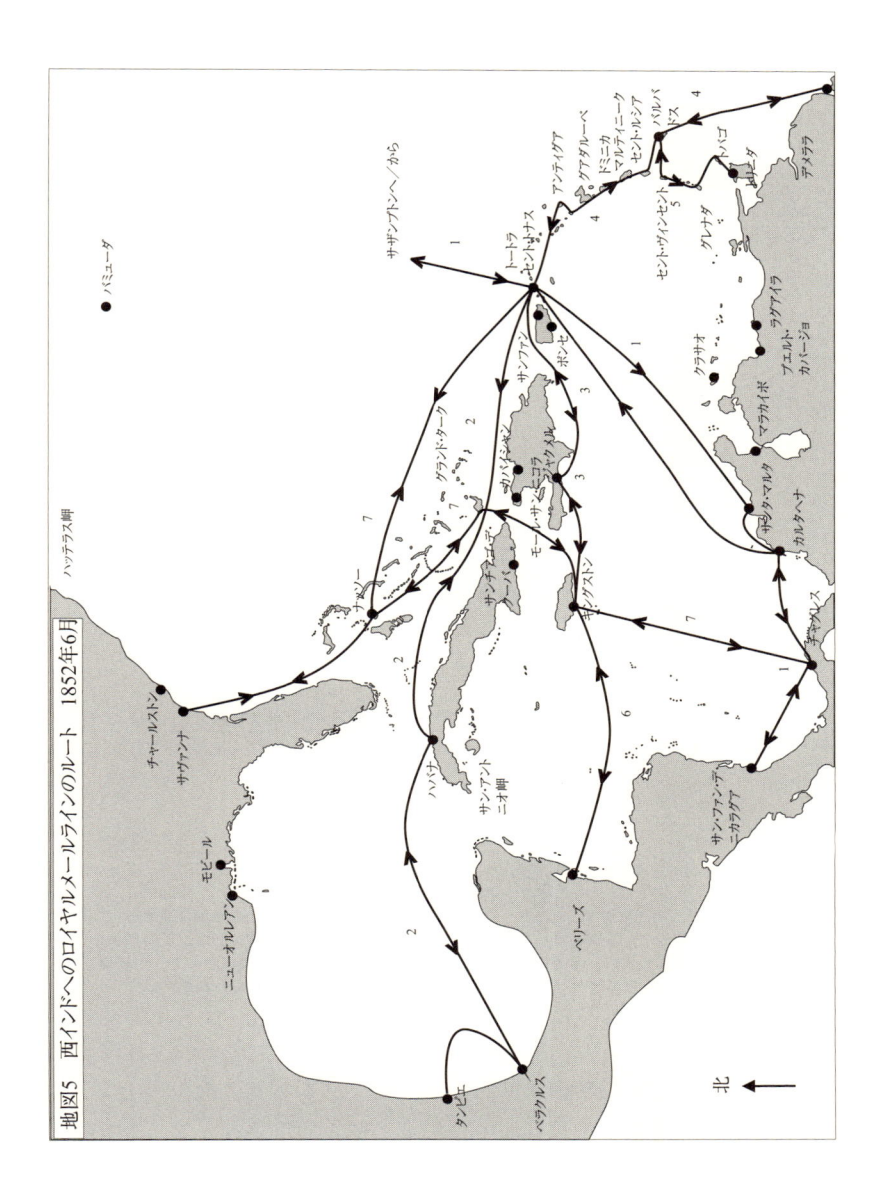

帆船から汽船への突然の変化   309

地図5 西インドへのロイヤルメールラインのルート 1852年6月

表 42 ロイヤルメールラインの事業が可能にしたリヴァプール−デメララ間の連続する情報の循環 1852 年

大西洋横断汽船	サザンプトンからの出港	セント・トマスへの到着日とデメララへ向かう諸島間汽船の出港日	デメララへの到着日とセント・トマスへの出港日	セント・トマスへの到着日とサザンプトンへの出港日	大西洋横断汽船	サザンプトンへの到着日	情報の循環の日数
アマゾン号*	1月2日	−					
エイヴォン号	1月11日	2月4日 2月8日	2月15日 2月15日	2月20日 2月25日	グレートウェスタン号	3月18日	69日間
グレートウェスタン号	4月2日	4月23日 4月23日	4月28日 4月29日	5月3日 5月7日	パラナ号	5月22日	52日間
パラナ号	6月2日	6月17日 6月20日	6月25日 6月25日	6月30日 7月2日	パラナ号	7月17日	47日間
パラナ号	8月2日	8月19日 8月19日	8月24日 8月25日	8月30日 9月3日	パラナ号	9月22日	53日間
メドウェイ号	10月2日	10月22日 10月22日	10月28日 10月28日	11月2日 11月4日	ラプラタ号	11月17日	48日間
パラナ号	12月2日	12月19日 12月22日	12月29日 12月29日	1853年 1月3日	パラナ号	1月18日	49日間

出典) *Sailing lists of Kenton & Parsons*, 131, 136.「情報の循環の日数」の数値は,リヴァプール−サザンプトン−リヴァプール内陸ルートに向かうための両端での余分の1日を含む。

* アマゾン号は,処女航海で,ビスケー湾の沖合で炎上した。115人の人命と郵便がすべて失われた。この悲劇まで,海軍省は,郵便事業で鉄製の船舶使用を許可しておらず,戦時に都合が良いと考えられるために,木製の船舶を優先した。いまや態度は世論の圧力のもとで転換し,郵便汽船はすべて,鉄で建造できるようになった。Bushell, 63-71; Nicol, vol.1, 45 をみよ。

サザンプトンからセント・トマスへの平均航海日数は 17.5 日間であり,母港への帰港には 16.9 日間かかった。バルバドス経由のセント・トマス−デメララ間の往復航海の平均は,11.4 日間であった。港で待機することで,2−3 日間失ったが,ほとんどの準備は,うまく機能した。船舶は,郵便が到着したその日でさえ出港する準備ができていた。問題

は，明らかにギアナにあった。諸島間航海をする汽船は，通常，巨大な大西洋横断用の船舶であったが，ヨーロッパから到着したばかりの船と同じものではなかった。その汽船は，到着したのと同日ないし翌日に，デメララから出港した。ベルビスの商人は，次の汽船が手紙に返信を出すために約2週間待たなければならなかった。もし商人が急いでいたとすれば，むろん，郵便を待つためにデメララまで行くことができた。それは，1842年に，ウィリアム・カーターがすでに実行していたことである。しかし，それが現実的ではなかったのは，汽船がいつ着くのか，前もって知らされてはいなかったからである。

　汽船による郵便伝達の発展は，北大西洋では1850年代にほぼ頂点に達し，その後の20年間ではごくわずかの改善しかなされなかったが，西インドの事業で，まだまだしなければならないことが数多くあった。10年後，リヴァプール−デメララ間の情報の循環は，以下のようであった。

　6回ではなく8回の連続する情報の循環が，いまや1年以内でおこなわれるようになった。平均的な情報の循環の所要時間は，42日間であった。船舶は，サザンプトンから時刻通りに，そしてセント・トマスからかなり定期的に出港したが，それは，さまざまな諸島間ルートからの郵便の到着によって左右された。サザンプトンへの到着は，1-2日間の違いしかなく，規則的であったが，手紙への返信を出すのに，最低3日間あった。厳しいスケジュールであったが，不可能ではなかった。

　商人は，2カ月間ではなく，1.5カ月以内で西インドの貿易パートナーと連絡することができた。ロイヤルメールラインのスケジュールは，精密に構成されていた。サザンプトンから郵便を運んできた同じ船舶が，返信を積んで帰港した。ロイヤルメールの船がセント・トマスに停泊しているあいだに，諸島間航海をしていた船が，別の植民地から郵便を収集した。バルバドスとデメララからの郵便は，同じ船でイングランドに送ることができた。一方，より離れた場所から来た郵便は，あとで到着した船舶が送った。

　サザンプトン−セント・トマス間の平均的航海日数は，3日間短縮され，14.5日間になった。航海の所要時間は，他の方向でもほぼ同じであった。諸島間の航海時間は10年前とほとんど変わらなかったが，船

第6章　西インドと南米

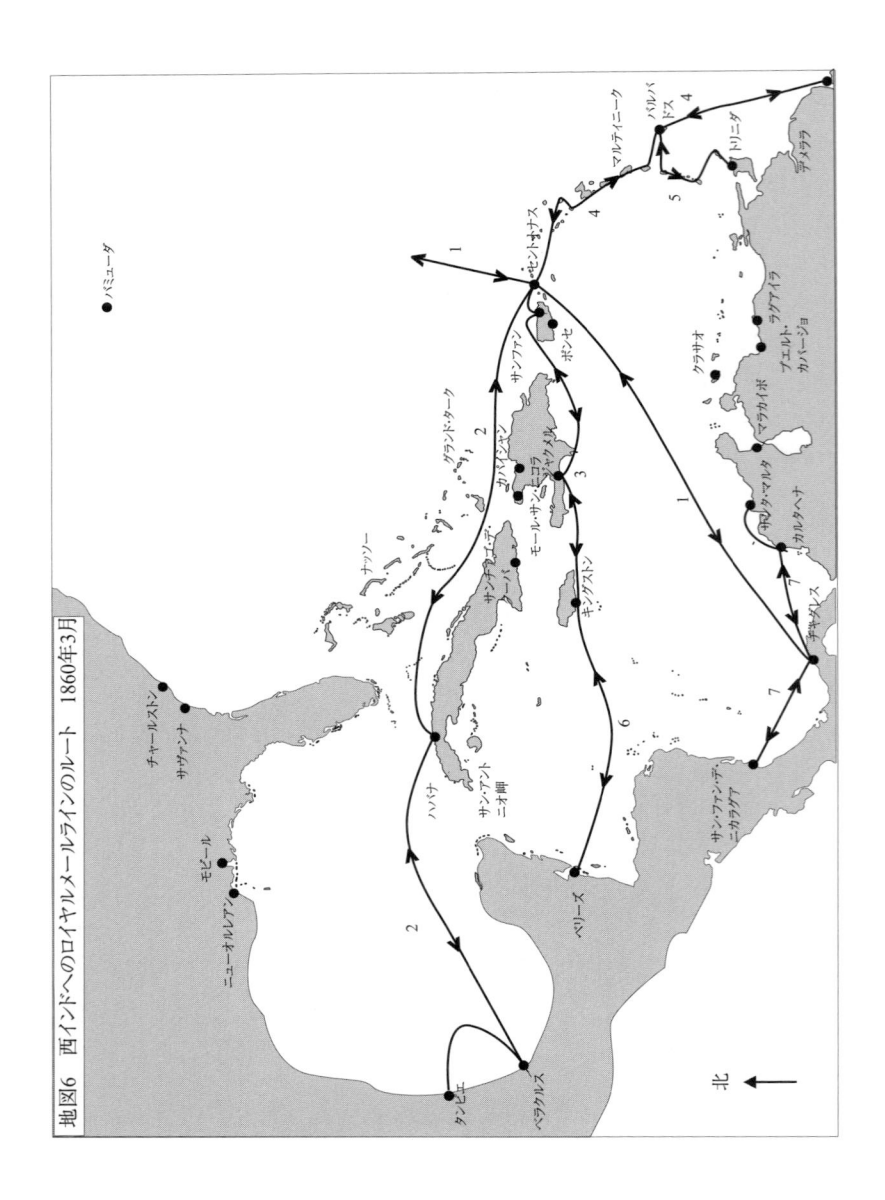

地図6　西インドへのロイヤルメールラインのルート　1860年3月

表43 ロイヤルメールラインの事業で可能になったリヴァプール-デメララ間の連続する情報の循環 1862年

大西洋横断汽船	サザンプトンからの出港日	セント・トマスへの到着日とデメララへの諸島間航行汽船の出港日	デメララへの到着日とセント・トマスへの出港日	セント・トマスへの到着日とサザンプトンへの出港日	大西洋横断汽船	サザンプトンへの到着日	情報の循環の日数
アトラト号	1月2日	1月16日 1月16日	1月21日 1月23日	1月28日 1月31日	アトラト号	2月14日	45日間
ラプラタ号	2月17日	3月7日 3月7日	3月12日 3月13日	3月17日 3月17日	ラプラタ号	3月30日	43日間
セーヌ号	4月2日	4月16日 4月16日	4月21日 4月23日	4月29日 5月1日	セーヌ号	5月14日	44日間
シャノン号	5月17日	5月31日 5月31日	6月5日 6月8日	6月12日 6月13日	シャノン号	6月28日	44日間
アトラト号	7月2日	7月16日 7月16日	7月21日 7月23日	7月28日 7月30日	アトラト号	8月13日	44日間
タスマニア号	8月18日	9月1日 9月1日	9月6日 9月6日	9月12日 9月14日	タスマニア号	9月28日	43日間
セーヌ号	10月2日	10月16日 10月16日	10月21日 10月23日	10月28日 10月29日	セーヌ号	11月13日	44日間
シャノン号	11月17日	12月1日 12月2日	12月7日 12月8日	12月12日 12月15日	シャノン号	12月29日	44日間

出典) *Sailing lists of Kenton & Parsons*, 209, 212. 「情報の循環の日数」は，リヴァプール－サザンプトン－リヴァプールの国内ルートの両端での余分な1日を含む．

舶はデメララで1-3晩停泊するようになった。そこには，明確な改善がみられた。

　情報の循環の観点から計測した場合，これが，リヴァプール-デメララ間の汽船による情報伝達改善の頂点であったといえよう。だが，北大西洋と同様，1870年代初頭においても，いくらかの進展が，なおもみられた。連続する情報の循環の数は増大せず，1872年には，セント・トマスからの船舶到着が遅れたため，サザンプトンで1回，航海することができなかった[121]。

　海運業運営の観点からみた興味深い変化は，1872年4月におこった。ロイヤルメールが，セント・トマスとバルバドスを交互に経由して西インドと行き来する航海を編成することを決定したのである。当時，これらの場所に航海する時間に，それほどの違いはなかった。目的港に着く

---

[121] 西インドへの次の船舶は，同日に出港した．

には平均 13.5 日間かかり，母港への帰港は，平均して 13 日間もかからなかった。これらの諸島で生きている人々にとって，手紙を受け取るのに，直接か間接かということは，当然，大きな違いであった。それが，このような編成がなされた理由だったかもしれない[122]。

デメララとベルビスの事業パートナーにとって，この編成は良い知らせであった。表 44 にみられるように，ようやく，手紙に返信を出すための十分な時間ができた。諸島間航海は，この編成によってより多くの時間を要するようになった。汽船が 10 年前よりもいくらか速くなっていたので，情報の循環の所要時間は，1862 年には，ほぼ 1 日間短縮された。

サンドバック・ティン社とトマス＆ウィリアム・アール商会の 1875-76 年の通信文をみれば，デメララの手紙が，通常，23 日間以内でリヴァプールに到着したが，ベルビスからの手紙は，それより数日間かかったことがわかる。18 通の数少ない手紙のサンプルのすべてのカバーがなくなっている。手紙を書いた日付と，受領者の消印しかわからない。しかし，二，三の興味深いこまごまとしたことを指摘することはできる[123]。

第一に，手紙は，必ずしも，汽船が港で待っているあいだに書かれたとはかぎらないようである。手紙のうち 2 通は，汽船が到着する 3 日前に書かれた。1 通は，1 日前であった。もっとも典型的だったのは，船舶が到着したその日か翌日，すなわち，入ってくる手紙を受け取ってから書くということであった。そういう事例が，11 回あった。それ以外の手紙は，汽船が到着する直前に書かれた。1 回だけ，汽船が港に 1

---

[122] セント・トマスでの停泊数を減少させる他の理由もあった。素晴らしい港であり，地理的には理想的な場所に位置していたが，セント・トマスには，いくつかのかなり大きな問題点があった。まずハリケーン地域の中央に位置していた。1867 年に，汽船が同時に郵便をめがけて進入するハブとして，ロイヤルメールラインを使用したとき，約 150 名の乗組員を有する船舶のうち数隻がハリケーンのなかで失われ，さらにハリケーンは，その朝にシャーロット・アマリーで投錨していた 60 隻のうち，58 隻を沈没させた。地震が生じ，津波がおこった。そのため，わずか数週間後に，同じ港にさらなる損害がでた。セント・トマスがさらに避けられたのは，黄熱病とコレラが頻発したからである。以下をみよ。Bushell, 115-124; Kenton & Parsons, 246-250.

[123] Bryson Collection, Records of Sandbach, Tinne & Co., D/B/176; Earle Family and Business Archive, correspondence of Thomas and William Earle & Co, D/Earle/5/11.(MMM)

帆船から汽船への突然の変化　　　315

表44　ロイヤルヤールラインの事業で可能になったリヴァプール-デメララ間の連続する情報の循環 1872年

大西洋横断汽船	サザンプトンからの出港日	セント・トマス（S）/バルバドス（B）への到着日とデメララへの諸島間航行汽船の出港日	デメララへの到着日とそこからの出港日	セント・トマス（S）/バルバドス（B）への到着日とサザンプトンへの出港日	大西洋横断汽船	プリマスへの到着日*	情報の循環の日数
モーゼル号	1月2日	(S)1月17日 1月18日	1月23日 1月24日	(S)1月29日 1月29日	ナイル号	2月10日	41日間
タスマニア号	2月17日	(S)3月2日 3月3日	3月8日 3月10日	(S)3月14日 3月20日	ナイル号	4月2日	46日間
ナイル号	4月17日	(B)4月30日 4月30日	5月3日 5月8日	(S)5月14日 5月15日	ターガス号	5月27日	42日間
モーゼル号	6月3日	(S)6月16日 6月17日	6月23日 6月26日	(B)6月30日 6月30日	エルベ号	7月13日	42日間
タスマニア号	7月17日	(B)7月30日 7月30日	8月2日 8月7日	(S)8月13日 8月14日	ナイル号	8月27日	43日間
ターガス号	9月2日	(S)9月15日 9月17日	9月23日 9月26日	(B)9月29日 9月29日	モーゼル号	12月10日	42日間
エルベ号	10月17日	(B)10月30日 10月30日	11月2日 11月7日	(S)11月13日 11月14日	タスマニア号	11月26日	42日間
ナイル号	12月2日	(S)12月16日 12月17日	12月23日 12月26日	(B)12月29日 12月30日	ターガス号	1月13日	43日間

出典）　*Sailing lists of Kenton & Parsons*, 288-289, 295.「情報の循環」の日数は，リヴァプール-サザンプトン-リヴァプールの国内ルートの両端での余分な1日を含む。

＊　プリマスは，1867年10月からイングランドにおける郵便の到着港になった（Kenton & Parsons, 247）。

晩停泊せず，入ってくる手紙を読んで，即日返事を出さなければならないことがあった。実際，そういうことがなされた。船舶を待っているあ

いだに，手紙を書きはじめ，1-2日間書き上げるのにかかったことが3回あった。

　この当時，諸島間の事業は，かなり規則的におこなわれた。デメララの送り手は，次の汽船がいつ出港するのか，かなり正確に知ることができた。セント・トマスへの船舶は，通常，毎月5日と6日に，バルバドスへの船舶は，25日か26日に出港した。到着日は，もっとバラバラであった。セント・トマスからの船舶は，2日と6日のあいだに，バルバドスからの船舶は，22日から26日のあいだに到着した。この要因と月による長さの違いが，理論的な情報の循環と現実のそれがわずかではあれ相違していた理由の少なくとも一部を説明するかもしれない。

　興味深いことに，すべての手紙が，ロイヤルメールの汽船で届いたというわけではない。少なくとも，手紙のうち1通は，汽船の商船アナン号によって送られた[124]。手紙は，デメララで1876年2月2日に書かれた。これは，ロイヤルメールの汽船コルシカ号が到着し，翌日に出港するちょうど3日前のことであった。この手紙をリヴァプールで受け取ったのはサンドバック・ティン社であり，2月28日のことであった。29日に，返信を出した。ロイヤルメールの大西洋横断汽船ナイル号がプリマスに到着したのと，同日のことであった。手紙のカバーが保存されていないので，アナン号が到着した港に関する情報はないが，直接リヴァプールか，イギリス西岸のそれに近いこどこかの港に到着したと考えられる。

　ほとんど同時に送られた2通の手紙が，おそらく違う手段で送られた事例が，さらに三つある。そのうちの一つで，書き手がこう述べた。「われわれは，直接航海する汽船で，昨日一通の手紙の複製を同封した……」[125]。船舶の名前に関する書き手の既述はなく，郵便印のついたカバーは失われているので，この三事例は，不確かなものである。しかし，少なくともイギリス政府の郵便は，1870年代中頃でさえ，ギアナ

---

124) アナン号は，1872年に建造された，鉄製のスクリューをもつ662トンの汽船で，98馬力であった。同船は，西ハートリプールのジャコブ・ローデンが所有した。彼は，1882年の「ロイズレジスター」によれば，3隻の船を所有していた。同船は，1870年代中頃のサンドバック・ティン社の通信文で言及される平均的商船であった。

125) Letter to Sandbach, Tinne & Co. in Liverpool from Sandbach, Parker & Co. dated in Demerara 25.3.1876. Bryson Collection, Records of Sandbach, Tinne & Co., D/B/174.(MMM)

帆船から汽船への突然の変化　　　　　　　　　　　317

表45　帆船と汽船によるリヴァプール-デメララ間の事業情報伝達の
　　　 発展 1840-1862年

	郵便事業の期間	スピード	定期性 出港	定期性 到着	1年間の航海数	1年間の情報の循環	改善/停滞の理由
商船	継続中	－－	－－	－－	数百回	1840年：3.5回	直接の航海
ファルマスの郵便船	1842年以前	－－	－	－－	24回	1840年：3.5回	カリブ海における時間を要する諸島間航海事業
ロイヤルメールライン	1842年から	＋(＋)	＋(＋)	＋	24回	1842年：4回	1842年：より定期的,よりスピーディーに
						1852年：6回	1852年：諸島間航海事業の減少。諸島間航海事業のスピードアップ
						1862年：8回	1862年：連携活動の充実。スピードアップ

－－＝大変低い　　－＝低い　　＋＝かなり良い　　＋＋＝良い

からの唯一の通信手段ではなかったといえよう。

　次のように，推測することができるかもしれない。1870年代になり，船舶が以前よりずっと速くなったときでさえ，少なくともイギリスの場合，手紙に返信を出すための十分な時間がとれるよう，スケジュールを調整することができたかもしれない，と。とはいえ，1875-76年のサンプルでは，リヴァプールに到着したのと同じ日に，次の船がサザンプトンから西インドに出港した二つの事例がある。しかも，おそらくスケジュールに余裕がほとんどなかったので，手紙にまったく返信が送られなかった事例が一つである。

　この現象は，北大西洋ルートと大きな関係があった。1870年代に郵便を運ぶことは，これ以前の他の伝達手段がなかったときほどには，重要ではなかった。

　西インドルートの事業情報発展の決定的事例として，リヴァプール-デメララ間の情報の循環の数が，イギリスの郵便事業によって指揮されて，次のように増加したことがあげられる。

　カリブ海地域の国際的郵便事業は1860年代初頭にはじまり，第6章の第3節で取り上げられる。

南米への長い道

　ロイヤルメールラインが，当初からあった西インドの郵便に加えて，南米の郵便事業を手がけるようになったにせよ，それと同時に，海軍省は，すべてのものを同社にゆだねることはないという分別をもちあわせていた。リオ・デ・ジャネイロ，モンテビデオ，ブエノスアイレスへの新しい汽船ルートが最終的に同社の郵便契約に入れられたのは，1850年7月のことであった。27万ポンドの政府補助金のうち，3万ポンドが，1851年初頭からはじまったブラジルとラプラタ川ルートと関係していた。これが，ファルマスの郵便帆船最後の事業となった。北大西洋とカリブ海ルートで，定期的な汽船事業が郵便船に取って代わってから10年後のことであった[126]。

　ロイヤルメールラインは，それ以前の経験から多くのことを学習し，新たな挑戦のために必要な技術を十分に改善した。カリブ海で遭遇した問題のほとんどは避けることができ，時刻表通りに運行され，予定より数日早く港に到着することもたびたびあった。これは，むろん，良い成果をあげ，悪い評判が立たないようなスケジュールを，同社が計画できるようになったからである。郵便契約にはまた，遅れた場合の罰則が含まれていた。だから，余裕のある時刻表を作成する必要があったのであろう。そして，南米ルートが非常に長かったとしても，支部がおこなう事業は単純であり，西インドルートと比較して簡単で，扱いやすかった。

　毎月9日に，もし9日が日曜日であれば10日に，ロイヤルメールの汽船がサザンプトンから南米へと出港した。予定では，船がリスボンに到着するのは14日か15日であり，マデイラには18日に，テネリフには19日に，カボヴェルデのサン・ヴィセンテ島に23日から25日のあいだに到着した。ペンナンブーコには翌月の2日か3日に，バヒーアには4日か5日に，リオ・デ・ジャネイロには8日に到着した。船舶は，リオ・デ・ジャネイロに4日近く停泊し，12日に帰港を開始した。サザンプトンに戻ってくるのは，その翌月の12日であった[127]。現実には，航海にかかった日数が多様であったことはいうまでもない。

---

126) 契約については，Howat, 103-104 をみよ。
127) Howat, 105.

表46 サザンプトン−リオ・デ・ジャネイロ間のロイヤルメールラインの往復航海と情報の循環の長さ1851年。

汽 船	サザンプトンからの出港日	リオ・デ・ジャネイロへの到着日	リオ・デ・ジャネイロからの出港日	サザンプトンへの到着日	イングランド−ブラジルー−イングランドの情報の循環の日数	ブラジルー−イングランドーブラジルの情報の循環の日数
テヴィオト号	1月9日	2月7日	2月11日	3月14日	**64日間**	87日間
テイ号	2月10日	3月11日	3月14日	4月15日	**64日間**	86日間
メドウェイ号	3月10日	4月6日	4月12日	5月14日	**65日間**	87日間
テヴィオト号	4月9日	5月9日	5月12日	6月8日	**60日間**	87日間
テイ号	5月9日	6月8日	6月11日	7月11日	**63日間**	89日間
セヴァーン号	6月9日	7月8日	7月15日	8月12日	**64日間**	84日間
テヴィオト号	7月9日	8月7日	8月14日	9月10日	**63日間**	84日間
テイ号	8月9日	9月8日	9月14日	10月14日	**66日間**	86日間
セヴァーン号	9月9日	10月7日	10月15日	11月13日	**65日間**	81日間
テヴィオト号	10月9日	11月6日	11月14日	12月11日	**63日間**	
テイ号	11月10日	12月9日	12月15日	1852年1月15日	**67日間**	
セヴァーン号	12月9日	1952年1月4日	1月14日	2月15日	**68日間**	
最小−最大	--	--	--	--	60-68日間	81-89日間
平均	--	--	--	--	64日間	86日間

出典) *Sailing lists of Howat*, p. 129. ロイヤルメールの郵便船が1851年に可能にした連続する情報の循環は，太字で書かれている。平均的な外国への航海は29日間かかった。所用日数は，26-30日間と多岐にわたった。一方，帰国のための航海は平均30日間かかり，所用日数は27-32日間と多様であった。

　商業上重要な南米ルートの情報伝達のスピードと規則性が改善されたことは，刮目すべきであった。1850年に，リオ・デ・ジャネイロからサザンプトンにファルマスの郵便船で航海するには平均で52日間かかったが，ロイヤルメールの汽船は，1851年に平均で30日間かけて同じ航路を航海した[128]。これは，おそらく，帆船から汽船の時代への変遷期における片道の情報伝達のスピードがもっとも目覚ましく向上した事例の一つである。

　海軍省の郵便船が1850年に可能であった情報の循環はたった3回であったが，ロイヤルメールの汽船は，1851年のイングランド−リオ・デ・ジャネイロ間で，4.5回の連続する情報の循環をおこなうことができた。だが，このような実績でさえ，なお理想にはほど遠かった。いま

---

128) Howat, 85-86, 129の出航表からの計算。

や，リオ・デ・ジャネイロの商人が手紙にすぐに対応できるように組織化されていたとはいえ，反対側の末端では，システムは同じように機能しなかったのである。表46にみられるように，南米への汽船は，通常，別の汽船が到着するよりもちょうど2-3日早く出港した。そのため，イングランドではなくブラジルからみれば，情報の循環は3週間長くかかったのである。

　ブエノスアイレスからサザンプトンまでの航海日数は，1850年の76日間から1851年の44日間へと，1カ月間以上縮まった。ファルマス－ブエノスアイレス間の往復航海は，ファルマスの郵便船で合計150日間かかったが，ロイヤルメールの汽船でサザンプトン－ブエノスアイレス間を往復航海する平均日数は95日間であった[129]。いまや1月初旬にイングランドから送られた手紙が，アルゼンチンからの返信を5月の遅くにではなく4月中旬に受け取るようになった。

　しかし，帰りの航海だけで32日間短縮されたとはいえ，帆船と汽船の往復航海で55日間の差が生じたのはいったいなぜか。第一に，卓越風と潮流のため，ブエノスアイレスから帆船で帰港するには，逆に出港するよりも時間がかかったことがある。帆船では，その差異は1840年には平均で9日間であったが，汽船では2日間にすぎなかった。だから，帆布ではなく蒸気を使う利益は，逆の方向に向かう以上に帰港する場合に大きかったのだ。北大西洋ルートほどには差異が目立たなかったとしても，明らかに有意味な差異であった。

　郵便は，リオ・デ・ジャネイロで2-3日留め置かれたあと，支部が出す汽船でブエノスアイレスに送られた。船舶はそこで1-2週間停泊したので，商人に手紙を受け取って返信する時間が与えられた[130]。リオ・デ・ジャネイロに戻ると，ヨーロッパへの郵便を積んで出港するまで，4日間近く待たねばならなかった[131]。それゆえ，ブエノスアイレスまでの往復航海では，南米においては主要な港（リオ・デ・ジャネイロ，ブエ

---

129) Howat, 85-86, 99-100, 129 の出航表からの計算。
130) 港での停泊期間は，元来1週間であったが，1851年中頃にはすでに延びていたので，返信を出すまでの期間が長くなった。国内での接続が悪かったので，現実にはさらに時間がかかり，不十分なことも多かった。変化は，リオ・デ・ジャネイロからの帰港予定には影響を及ぼさなかった。Howat, 129 の出航表をみよ。
131) Howat, 105, 129 をみよ。

ノスアイレス，ふたたびリオ・デ・ジャネイロ）に3回停泊したが，リオ・デ・ジャネイロとの往復航海では1回だけであった。停泊する港の数が少ないほど，汽船を使用する効率性が高くなった。平均的なファルマスの郵便船は，リオ・デ・ジャネイロとの往復航海に122日間かかったが，同じ航海を平均的なロイヤルメールの汽船がしたとすれば，64日間であった[132]。

　新しいルートは，たちまちのうちに成功した。初年度から，乗客数と輸送貨物量が着実に上昇していったのである。1851年6月から11月にかけて運ばれた正貨額が，その傾向を反映している。3万5000ポンド，4万7090ポンド，8万8000ポンド，11万5000ポンド，23万2000ポンドと上昇していった。こんにちからみても，これは巨額の上昇である。たとえば，11月の数値は，正貨を輸送する汽船の価値の4倍に達した。高額の運賃は，ほとんどが，南米の経済発展を支援する投資の注入財として使われ，イギリスは，それに大きく関与した。11月全体の運賃のうち20万ポンド近くが，リオ・デ・ジャネイロで商業銀行を創設するためにイギリスの商会が寄贈した金であった[133]。

　石炭は依然としてスペースの大半を占めていたが，雑貨も，主として工業製品の形態をとって，イングランドから輸送された。帰港の際には，船舶は少量の金銀（金額では2万ポンドから3万ポンド），コーヒー，熱帯産の果実を運んだ。南方への平均的乗客数は30-70人であったが，着実に上昇した。1855年には，合計して200人ほどになり，船舶の収容能力の限界に近づいた。すでに最初から，帰港の方が乗客数が多く，100人ないしそれ以上であった。彼らの多くはリスボンで下船した。大使から，国外追放された奴隷貿易商人まで，ありとあらゆる階層にわたった[134]。

---

　132) Howat, 85-86, 99-100, 129の出航表からの計算。公式の予定によれば，リオ・デ・ジャネイロとの往復航海には62日間と16時間かかった。銘記しなければならないのは，日付にもとづく計算では，確実な数値がえられないということである。しかし，会社は，スケジュールを見事に守った。
　133) Nicol, vol.1, 64.
　134) Nicol, vol.1, 64. 旅は1年目の乗客にとっては，あまり快適なものではなかった。この時期に船上にいるという一般的な不利益に加え，南米の港湾施設はまだ整っていなかった。ブッシェルは，その状況をこう書いた。「リオ・デ・ジャネイロが世界でもっとも美しい街の一つになったのは，十分な計画がなされたアベニダス，素晴らしい建物，ホテル，倉庫，

南米の港には快適さがなかったうえに，ブラジル，ウルグアイ，アルゼンチンの関係が政治的に不安定であったことによる被害を被っていた。1860年初頭に，イングランドとブラジルは一触即発の状態にあった。リオ・デ・ジャネイロの港は，しばらく封鎖された。だが，南米の国々の経済は，主としてイギリスとアメリカ，さらにある程度フランスの外国資本の支援によって成長した。港と鉄道のどちらも，外国資金で建設された[135]。

　最初の頃運ばれた手紙数に関する統計もいくつかある。1852年4月，外国への郵便には，ブラジルの港への3414通の手紙（リオ・デ・ジャネイロ，ペルナンブーコ，バヒーア），1020通のブエノスアイレスへの手紙，996通のモンテビデオへの手紙，大西洋のヨーロッパ側の港（マデイラ，カボヴェルデ，テネリフェ，セント・ヴィンセント，リスボン）に925通の手紙，リオ・デ・ジャネイロのイギリス海軍提督への833通の手紙が含まれていた。帰港の際には，ブラジルの港から5668通の手紙，ブエノスアイレスから1794通の手紙，モンテビデオから1136通の手紙，他の港から918通の手紙があった。合計すると，郵便汽船が南米まで7188通の手紙を運び，帰港するときには9516通の手紙を運んだ。これは，南米東部への郵便事業で唯一残された事業なので，イギリス以外の国々も絶えず利用していた。事実，外国から来た手紙の44.7％，そして国内の手紙の56.9％が，イギリス以外の国に送られていた[136]。

埠頭があったからだが，この当時はまだ存在していない。エスク号（ロイヤルメールの最初の汽船であるこの船が到着すると，それは，リオ・デ・ジャネイロ，モンテビデオ，ブエノスアイレスを結ぶ支部となった）の乗客は，岸へ降りて，狭く，ひどい臭いがする道路，よどんだ水たまり，腐りかけの生ゴミ，不潔な下水溝に行った。それは，この時代のイギリスで鍛え抜かれた船乗りさえも不快にさせたといわれる。少し停泊したのち，エスク号はふたたび南方に向かった。モンテビデオで停泊し，ラプラタ川の泥水に進入した。……初期のうちは，ロイヤルメールの汽船は，ブエノスアイレス沖の7マイルほどの場所に停泊していた。乗客と郵便は小さな汽船に乗せられ，約2マイル沖の地点まで移動した。ここで，2回目の積み替えがおこなわれ，捕鯨船に乗せられた。その船は帆で航海するか，オールで漕ぐかして，岸にたどり着いた。沿岸から200ヤードほどはなれたところで，長く病気で苦しんだ乗客が乗せ換えられた。今度は，馬がひく荷馬車に乗せられ，最終的には，木製の桟橋で降ろされた。非常な悪天候に見舞われたならば，ブエノスアイレスでの上陸は，航海全体のなかで最悪の経験だったはずである」。Bushell, 58をみよ。

135) Pekka Valtonen, *Latinalaisen Amerikan historia* (Helsinki, 2001), 208-209, 617.
136) Howat refers to the Post Office statistics.(Howat, 150)

1856年，ロイヤルメールの汽船は外国に6万6252通の手紙を，南米ルートでの帰港の際には8万76通の手紙を運び，12万3048部の新聞を外国に，6万84部を国内に運んだ。イギリス経由で輸送した手紙の総数は，1856年に14万6328通であったが，1863年には24万2000通に増加した[137]。

　ロイヤルメールの汽船事業は，ヨーロッパ-南米間の通信における大きな改善であった。ところで，いったい，事業上の関係はどのように機能していたのだろうか。イギリスの商会の西インドとの書簡がほとんど現存していないのとは違って，南米からの商業書簡を保存している文書館は数カ所ある。郵便印のないものを除いた，ブラジル，ウルグアイ，アルゼンチンから大西洋を横断した253通のサンプルが，事業関係をみるために調査された。

　手紙は，リヴァプールの三つの商会から来ている。ダニエル・ウィリアムズは，南米からリヴァプールへの塩漬けの獣皮，馬の毛，肉などの動物を素材とした製品と，塩・石炭・鉄器類の外国向けの船荷に従事していた。南米の六つの違った場所からの手紙が，リヴァプールにある会社の事務所や，リヴァプールの郊外約10キロメートルの位置にあるランカシャーのオームズカークのアルティガ家の別荘に送られた。全部で211通のサンプルとなる手紙の大半は，1854-72年のこの通信からえられた[138]。

　他の手紙のうち，23通がラスボーン・ブラザーズ商会の書簡から来ており，それはすでに北大西洋との関係で言及された。ラスボーンの事業のほとんどがリヴァプール-ニューヨーク間の事業に関係していたとしても，彼らはさらに，南米からヨーロッパとアメリカへのコーヒー貿易と，ブラジルへの茶の出荷にも従事していた。手紙は，1854-72年に，リオ・デ・ジャネイロ，モンテビデオ，ブエノスアイレスから到着した。第三の商人の書簡はカークデールのヘンリ・エルド・シモンズのものである。彼は，南米とオーストラリアの貿易全般に従事していた。

---

137) Howat refers to the Post Office statistics.(Howat, 116)
138) Correspondence of Daniel Williams, DB/175(MMM). ウィリアムの記録については，Dawn Littler, *Guide to the Records of Merseyside Maritime Museum,* Volume II(St. John's, 1999), 13.

サンプルには，1857-58 年にリオ・デ・ジャネイロとブエノスアイレスからリヴァプールに宛てられた 19 通の手紙が含まれる。ヘンリ・エルド・シモンズは 1858 年 3 月に死去し，同年夏に通信は終了した[139]。

1850 年代遅くから 1860 年にかけて南米ルートの郵便事業がいくつかの重要な変化を遂げたので，素材は 1854-59 年と 1860-72 年の二つの時代に分けられる。次の表は，手紙の発信場所とその時期を示している。

表47　南米の商業書簡の発信地 1854-72 年

商会	ブエノスアイレス	モンテビデオ経由でヘルビデオ	モンテビデオ経由でサルト	モンテビデオ	リオ・デ・ジャネイロ経由でリオグランデ	リオ・デ・ジャネイロ	書簡の総数
DW	1859-70	1854-58	1861-67	1855-72	1854-60	1854-65	211
HES	1857-58	–	–	–	–	1857-58	19
RB	1854-56	–	–	1855-72	–	1856-71	23
手紙の総数	54	20	27	102	21	29	253

* さまざまな港からの総書簡数。ブエノスアイレスは 54 通，モンテビデオは 149 通，リオ・デ・ジャネイロは 50 通。DW＝ダニエル・ウィリアムズ，HES＝ヘンリ・エルド・シモンズ，RB＝ラスボーン・ブラザーズ

サンプル中にある 1854-59 年の 93 通の手紙のうち，ブエノスアイレスから 13 通が，モンテビデオ経由でヘルビデオから 20 通が，モンテビデオから 25 通が，リオ・デ・ジャネイロ経由でリオグランデから 21 通が，リオ・デ・ジャネイロから 14 通が来た。手紙のうち 89 通がロイヤルメールの汽船で，4 通が商船で送られた。

このサンプルは，歴史研究であまり触れられなかった興味深い問題を提起する。この当時にはスピードの遅い通信伝達がなされなかったのではなく，場所によって大きな違いがあったことに注意すべきである。ダニエル・ウィリアムズは，南米から数通の手紙を同日に受け取ることがありえた。たとえば，ウルグアイのヘルビデオから 1 通，ブラジルのリオグランデから 1 通，アルゼンチンのブエノスアイレスから 1 通，たぶん，ブラジルのリオ・デ・ジャネイロから 1 通である。これらの手

---

139) Correspondence of Rathbone Bros & Co., RT XXIV.2.36.(SJ); Accounts and papers of Henry Eld Symons, 380 MD (LRO). 当時のラスボーンの南米での事業については, Marriner, 21, 44-46 をみよ。

帆船から汽船への突然の変化　　　　　　　　　　　　　　　325

紙はすべて，リオ・デ・ジャネイロから同じ大西洋横断の汽船に乗せられていたが，ヘルビデロから 35 日間かけて，モンテビデオ経由で陸路と支部の汽船によりブエノスアイレスまで到着した。リオグランデからの手紙は，陸路で 18 日間かけてリオ・デ・ジャネイロに到着し，ブエノスアイレスの手紙は支部の汽船で 13 日間かけてリオ・デ・ジャネイロに到着した。リオ・デ・ジャネイロからの手紙は，大西洋横断の汽船が出港するのと同日か前日に郵送された。そのため，最新のニュースがもたらされた[140]。

別言すれば，同じ郵便汽船に乗せられても，手紙が到着するのに必要な時間はかなり違っていた。ヘルビデロからの手紙は，2 カ月間以上かかった（1855 年の一例によれば，3.5 カ月間）。リオグランデとブエノスアイレスからの手紙は，1.5 カ月間かかった。だが，後者は，少なくとも数日分新しい手紙がついた。リオ・デ・ジャネイロからの手紙は，書かれてから約 1 カ月後に受け取られた。しかもこれは，最悪の問題ではなかった。往信にもっとも長期間を要した手紙は，返信においても長期間かかった。それゆえ，ダニエル・ウィリアムズは，1856 年 2 月 10 日に書いた手紙への返信を，リオ・デ・ジャネイロから 4 月 13 日に受け取ったのかもしれない。とはいえ，〔同日に〕ヘルビデロから受け取った返信は，前年の 11 月 8 日に書かれた手紙に対するものであった[141]。

---

140) これらは，サンプルから計算された平均的数値である。しかも，大西洋横断の汽船がリオ・デ・ジャネイロからリヴァプールに到着するのに，通常 31 日間かかった。

141) この事例は，ウィリアムズの通信と，Howat, 131 の出航表にもとづいている。文書館には，外国への手紙は実質的にまったく保存されていない。通信控え帳が役立たないのは，郵便印と到着日の記録がないからである。事実，ダニエル・ウィリアムズは，4 月 12 日にサザンプトンに到着した手紙のうち一通も，13 日に受け取らなかった。しかしながら，もしリヴァプールに宛てられていたなら，受け取っていたはずである。オームズカークにある彼の別荘の住所は，その地域の郵便局にとって絶えず問題の種であった。たとえば，ヘルビデロからの手紙が最終的に到着するまでに，その周囲で 3 循環し，3 日間余分にかかっていた。その手紙は，次のような郵便局の手押印と消印があった。ロンドンに 4 月 13 日。リヴァプール，4 月 14 日。バーケンヘッドに 4 月 14 日に到着。ニューブライトンに 4 月 15 日。さらに，こう手書きされていた。「ニューブライトンについてはわからない」。最後に，受取人が 1856 年 4 月 15 日に記している。ほかに注目すべき点は，すべての郵便が同日にロンドンで扱われていたわけではないことである。モンテビデオの郵便袋の中身――ヘルビデロからの手紙――には，4 月 13 日という手押印があった。リオ・デ・ジャネイロの郵便袋のなかにあったリオグランデからの手紙は，ロンドン郵便局ですでに 4 月 12 日，リヴァプール郵便局で 4 月 13 日という手押印があった。ダニエル・ウィリアムズは，その手紙をオームズカー

さまざまな取引相手と取引をし，時間差が多様であれば，大きな混乱を招いたに違いない。また，たとえばその当時約25日間で返信を受け取ることができると期待できたニューヨークとの取引で，明らかに有利になる商人もいたと想像される。通信がより速くなったおかげもあり，資本は南米よりも北大西洋の貿易で速く移動した。明らかに，そのため，リオ・デ・ジャネイロやモンテビデオのような場所における代理人の貢献がとりわけ重要になった。彼らは，手紙がヨーロッパと行き来しているあいだに国内の生産者と取引し，海運業を組織化することができた。

　1850年代初頭に，このようにヨーロッパ-南米間で通信スピードが上昇したとしても，郵便事業を使用する人々が満足したわけではない。ロンドンとマージーサイドからの商人と銀行家は，ロイヤルメールラインのスケジュールに関して，イギリス郵政省にいくつかの請願書を書いた。問題は，手紙の到着が月の中頃以前だったのに対し，イギリスからの手紙は翌月の9日以前には送れなかったことである[142]。そのため，情報のフローは約3週間遅れた。実際，手紙がまったく同じ船で運ばれたにもかかわらず，リオ・デ・ジャネイロ-ロンドン間の情報の循環は，ロンドン-リオ・デ・ジャネイロ間よりも3週間以上かかったのである[143]。

　進取の気質に富むリヴァプール商人は，すぐに企画書を作成し，リヴァプールから毎月，直接南米まので郵便船事業を開始した。イギリス郵政省は，すでにこの種の事業に補助金を出していたので，新規の郵便契約を結ぶことに熱心になる必要はなかった。しかしながら，南米・総合汽船航海会社は，1853年8月に，リヴァプールと南米の港間で，4隻の新規のスクリュー汽船による事業を開始した。これらの船舶は，郵便船で手紙を運んだわけではなかったが，疑いの余地なく，リオ・デ・ジャネイロ，モンテビデオ，ブエノスアイレスに船で手紙を送った。リヴァプールからラスボーン家が送った通信用手紙の一通は，1854年の

クですでに1856年4月14日に受け取っていた(Daniel Williams correspondence, D/B/176, MMM)。
　142)　Howat, 147.
　143)　表46をみよ。

帆船から汽船への突然の変化　　　　　　　　327

終り頃に「リヴァプール汽船」が運んだが，この事業が，郵便輸送で重要な役割を演じたようには思われない[144]。

　翌年の夏，イギリス郵政省は，最終的に南米・総合汽船航海会社と郵便輸送船の月間契約を結んだ。船は，ロイヤルメールラインの航海との衝突を避けるため，毎月24日にリヴァプールを出港した。同社の船が軍団の輸送のためにクリミア戦争中にチャーターされる以前には，郵便契約のもとではたった四回の往復航海――それに，機械に問題が生じ遅れたこともある――しかおこなわれなかった。そして，事業は再開されることなく終わったのである。合計しても，同社は，南米への航海をたった12回おこなったにすぎないが，ボンソルがいうように，「とはいうものの，たぶんこれは，1854-59年に他の八つの会社が鉄製のスクリュー汽船で成し遂げた航海の数より少なくはなかったのであり，しかもこれらの会社のどれ一つとして，1-2年以上事業を継続したものはなかったのである」[145]。

　潜在的な競争のためもあり，1858年までに，ロイヤルメールラインは新しい郵便契約で，最終的に西インドと南米への事業を提供することができた。同社は，1858年5月9日から，ブラジルに，1859年9月以降は西インドに，より速く航海する事業を提供することに同意した。また，新しい鉄製の外輪汽船を4隻提供することに同意した。3隻は西インドに，1隻は南米ルートに提供されたのである[146]。

---

　144)　Howat, 147-151. Correspondence of Rathbone Bros & Co., RT XXIV.2.36.(SJ) この海運会社の歴史については，以下をみよ。N.R.P. Bonsor, *South Atlantic Seaway*(1983, Jersey, C.I.), 34-38.

　145)　Bonsor (1983), 36. 以下の会社のリストは，当時の南米貿易の関心の幅広さを示す。Compagnie de Navigation Mixte (French, 1853-1858); Companhia de Navegação a Vapor Luso-Brasileira (Portuguese, 1854-1857); Compagnie Franco- Américaine (French, 1856); Union Line (British, 1856-1857); Compagnia Transatlantica (Italian, 1856-1857); Hamburg-Brasilianische Packetschiffahrt Gesellschaft(German, 1856-1858); European & American Steam Shipping Company(British, 1857); and Real Companhia de Navegação a Vapor Anglo-Luso-Brasileira(Portuguese, 1859-1860). Bonsor(1983), 39-63 をみよ。

　146)　Howat, 116をみよ。西インドルートに関しては，イングランドからの到着と出港がうまく一致することは，1860年4月以前には現実的なことではなかった。適切に働く新しいスケジュールは，このルートで6回ではなく8回の連続する情報の循環を可能にした。それは表48に示されており，1862年からその事例が提示されている。変化については，Kenton & Parsons, 184, 193 の出航表をみよ。

南米へのより早い移動が可能になったのは，マデイラとテネリフェで停泊をしなくなったからである。それは，プリマスからアフリカの西海岸への郵便船契約をし，そして大西洋横断ルートの汽船の平均速度を毎時9.5マイルまで，支部のルートを毎時9.0マイルまで上昇させることで，すでに実行されていたことである。船舶は，航海の最初で重い石炭を運ぶのではなく，いまやペルナンブーコとブエノスアイレスを除いたルートのすべての港で石炭を補充するようになった。それゆえ船舶は，より速く航海できるようになった[147]。

　ブラジルへの事業が7日間早くなった主要な理由の一つは，南米からの通信文が，同じ月の9日にサザンプトンの汽船で送られることで，イギリスに確実に間に合うように着いたことにある。郵便通信がこのように改善され，それは，以降の137カ月間のすべての手紙発送において有効になった。例外は，帰港の汽船が事件にあった2回にかぎられる[148]。

　表48は，システムが完全に利用されるようになった1860年代初頭の情報の循環への影響を示す。片道航海の所要時間は，1850年代に4-5日間だけ削減された。だが，連続する情報の循環の数は，毎年4回から6回に増加した。手紙は，いまや航海の両端で，到着後2-3日間で返信を出すことができた。

　表49は，南米ルートの発達に関する結論を示し，表38，46，48を組み合わせたものである。

　1851年に帆船から汽船へと変化したことで，イングランドからみた場合の平均的な情報の循環が61日間短縮されたが，リオ・デ・ジャネイロからみた場合には43日間でしかなかったことは，興味深く詳細な検討に値する事例の一つである。別言すれば，同じ航海ルートでロイヤルメールの汽船がおこなう平均的な情報の循環の長さは，イングランドからリオ・デ・ジャネイロに行き，イングランドに戻る場合には64日間であったが，ブラジルからイングランドに行き，ブラジルに戻る場合には3週間余分にかかった。問題は，イングランドでなかなかスケジュールが合わなかったことから生じた。

---

147) Howat, 117.
148) Howat, 117の計算。

表48 サザンプトン-リオ・デ・ジャネイロ間のロイヤルメールラインの汽船による往復航海と情報の循環の日数 1862年

汽船	サザンプトンからの出港日	リオ・デ・ジャネイロへの到着日	リオ・デ・ジャネイロからの出港日	サザンプトンへの到着日	イングランド-ブラジル-イングランドの日数	ブラジル-イングランド-ブラジルの日数
オネイダ号	1月9日	2月2日	2月8日	3月5日	55日間	54日間
タイン号	2月10日	3月7日	3月11日	4月6日	55日間	53日間
マグダレーナ号	3月10日	4月3日	4月8日	5月4日	55日間	56日間
オネイダ号	4月9日	5月3日	5月9日	6月2日	54日間	60日間
パラナ号	5月9日	6月2日	6月8日	7月4日	56日間	55日間
マグダレーナ号	6月9日	7月8日	7月11日	8月6日	58日間	53日間
オネイダ号	7月9日	8月2日	8月8日	9月2日	55日間	57日間
タイン号	8月9日	9月2日	9月9日	10月2日	54日間	53日間
マグダレーナ号	9月9日	10月4日	10月9日	11月3日	55日間	55日間
オネイダ号	10月9日	11月1日	11月8日	12月2日	54日間	56日間
タイン号	11月10日	12月3日	12月9日	1863年1月2日	53日間	
マグダネーラ号	12月9日	1863年1月3日	1月9日	2月4日	57日間	
最小-最大	--	--	--	--	53-58日間	53-60日間
平均	--	--	--	--	55日間	55日間

出典） *Sailing lists of Howat*, p. 134. ロイヤルメールの汽船は，9日が日曜日であれば，サザンプトンを10日に出港した。外国への平均航海日数はいまや25日間であり，23-29日間を上下した。一方，母国への帰港には平均25日間かかり，23-26日間を要した。

1860年代初頭までに，情報の循環の長さは，それ以前の64-84日間から，平均で55日間にまで短縮された。それが可能になったのは，ロイヤルメールラインの汽船が，いまや2カ月未満で南米との往復航海をできるようになったからである。この改善のため，ブラジルへの次の船がまだ港に停泊しているときに，さらにその次の船が到着するシステムが機能することができるようになった。

このようにして生じた明確な変化が示したのは，新規の技術革新がなくても，あるいは航海の数を増やさなくても，情報伝達がどのようにすれば速くなるかという特異な事例である。現在のスケジュールを新たに組み替えることで，1年間の連続する情報の循環の数を三分の一以上増

表49　イングランド-ブラジル間の情報の循環のスピードの発展1840-62年

年	船舶のタイプ，大きさ，事業頻度	イングランド-ブラジル間の片道航海の平均日数	差異	ブラジル-イングランド間の片道航海の平均日数	差異	イングランド-ブラジル-イングランド間の情報の循環平均日数	差異	ブラジル-イングランド-ブラジル間の情報の循環平均日数	差異	1年間の連続する情報の循環
1840年	郵便帆船；230-360トン；毎月	48日間		57日間		125日間		129日間		2.5回
1851年	汽船；1700-1800トン毎月；	29日間	(-19日間)	30日間	(-27日間)	64日間	(-61日間)	86日間	(-43日間)	4.0 - 4.5回
1862年	汽船；2200-2900トン；毎月	25日間	(-4日間)	25日間	(-5日間)	55日間	(-9日間)	55日間	(-31日間)	6.0回

加させたのである[149]。

　変化はまた，リヴァプール商人の通信文から簡単に読み取ることができる。1858年5月以前には平均して31日間かかっていたリオ・デ・ジャネイロからの手紙が，このときから，それより3-4日前に届くようになった。しかも，平均すると輸送に50日間かかっていたリオグランデからの手紙が，40日間以内で届くようになった。まず間違いなく，リオグランデ-リオ・デ・ジャネイロ間の国内の接続がこの時期に改善されたのである[150]。

---

149) Howat, 131-133の出航表から計算。

150) Correspondence of Daniel Williams, DB/175 (MMM). Correspondence of Rathbone Bros & Co., RT XXIV.2.36 (SJ); Accounts and papers of Henry Eld Symons, 380 MD (LRO).

国際的競争と電信の影響

フランスの郵便事業，西インドと南米北岸

　北大西洋の郵便事業の文脈で示されたように，イギリス政府がフランスをモデルにして補助金を出す郵便制度は，イギリスとは違った地理的な条件のもとで運営された。北大西洋ルート（キューナードライン），西インドと南米ルート（ロイヤルメールライン），東インドとオーストラレーシアルート（P & O）で，それぞれ一つの会社が操業していたのとは異なり，フランスのモデルは，次のようになっていた。北大西洋と西インドの郵便は一つの会社，総合北大西洋会社，すなわちフレンチラインが操業していた。南米と極東ルートはそれとは別会社である帝国海運が操業していた。のちに，他の企業が，このシステムに加わった。

　フレンチラインは，1860年代初頭にメキシコへの軍事的遠征のさなかに政府の圧力によって，ベラクルスへの郵便契約事業を開始した[151]。1862-65年のフランス最初の汽船事業は，フランス西海岸のナントに近いサン・ナゼール，マルティニークのフォル・デ・フランス，サンティアーゴ・デ・キューバ，さらにベラクルスのあいだで操業された。その事業とは，1700-1900トンの4隻の鉄製スクリュー汽船の船隊を毎月一回送ることであった。船舶のうち2隻，すなわちタンピコ号とベラクルス号は，リヴァプールにあったかつての南米・総合汽船会社から購入された[152]。

　フランス人の汽船による郵便事業がロイヤルメールラインよりも20年間遅れて開始されたとしても，情報伝達のために十分に機能するスケジュールがすぐに作成されたわけではない。サレの出航表からピックアップしたものから，新ルートに関する初年度の事業結果全体が，次の

　151）　フランスがそれ以前の1830年代にボルドー–ベラクルス間で郵便事業を運営しようとしたことは，第6章の第1説で説明された。
　152）　Salles, Tome IV, 25 の出航表と，Haws (1996), 23-24 の船隊表をみよ。マルティニーク，クアドループ，さらに1863-65年のセント・ルシア，セント・ヴィンセント，セント・グレナダ，トリニダード間の支部事業もあった。Salles, Tome IV, 27-29 をみよ。

ように示される。

　軍事的事業を重視するなら，両端の港から毎月出港する日が決まっていれば，定期的な事業が十二分におこなえたであろう。実際，ベラクルスからフレンチラインを使うサン・ナゼールへの平均的移動は29.4日間であり，同港からロイヤルメールラインを使ってサザンプトンへ航海するよりも，たった2日間程度しか長くはなかった[153]。フレンチラインによるベラクルスとの平均的な往復航海日数はほぼ60日間であったので，次の汽船ではフランスからの返信を受け取る機会を逃す恐れが大きかった。いくつかの事例では，船舶は，メキシコからの手紙が到着したときにはすでに出港していた。ロイヤルメールラインは，ベラクルスとの往復航海に平均57.5日間かかった。そのため，次の汽船で返事を出すまでに商人に2-5日が残された。非常に慌ただしいスケジュールであったが，鉄道の時代に返信を出すことは可能であったことは明らかである[154]。

　二つの海運会社におけるスピードの差がたとえ目覚ましいものではなかったとしても，ロイヤルメールラインは，ベラクルスに年間6回の情報の循環をおこなうことができたのに対し，フレンチラインができたのはたった5回であった。

　マルティニークの商人——および同植民地と貿易していたフランス商人——は，恵まれていない地位に追いやられていた。マルティニークとの航海がどちらの方向へも平均して16.5日間かかっていたとしても，スケジュールのために，この島で3-4週間，フランスで平均2週間以上返信を待たなければならなかった。事業がどうなるか予測もつかなかった点が，事業家の観点からははるかに腹立たしいことであったに違いない。マルティニークでは，平均的待ち時間は26.6日間であった。早く出港した船が遅れたが，フランスへの返信は郵便が到着してから2日間以内で送ることができた事例が2回あった。サン・ナゼールにお

---

153) 北側にあるサザンプトンへの航海は，サン・ナゼールよりもいくぶん長かったが，ロイヤルメールラインの方が，カリブ海でのルートが短かった。この海域で，彼らはセント・トマスからの帰港を続けたが，フレンチラインはより東方のマルティニークに向かって航海した。

154) Salles, Tome IV,25 の出航表，Kenton & Parsons, 215-216 からの計算。

国際的競争と電信の影響   333

表 50　フレンチラインの事業が可能にしたサン・ナゼール–マルティニーク–
　　　ベラクルス間の往復航海と連続する情報の循環 1863 年

汽船	サン・ナゼールからの出港日	マルティニークへの到着日	ベラクルスからの出港日	マルティニークからの出港日	サン・ナゼールへの到着日	マルティニークの情報の循環の日数	ベラクルスの情報の循環の日数
ベラクルス号	1月16日	2月2日	2月16日	3月3日	3月20日	63日間*	63日間
フロリダ号	2月16日	3月1日	3月16日	3月27日	4月12日	32日間	55日間
ルイジアナ号	3月16日	3月30日	4月16日	4月27日	5月14日	59日間	59日間
タンピコ号	4月16日	5月2日	5月17日	5月30日	6月15日	59日間	59日間
ベラクルス号	5月16日	6月4日	6月17日	7月1日	7月17日	62日間	62日間
フロリダ号	6月16日	7月1日	7月17日	7月28日	8月12日	57日間	57日間
タンピコ号	7月16日	8月5日	8月18日	9月1日	9月19日	65日間	65日間
ベラクルス号	8月16日	9月4日	9月18日	10月3日	10月20日	63日間	63日間
ルイジアナ号	9月16日	10月1日	10月15日	10月26日	11月9日	34日間	54日間
フロリダ号	10月16日	10月31日	11月14日	11月26日	12月15日	60日間	60日間
タンピコ号	11月16日	12月3日	12月15日	12月26日	1月14日	59日間	59日間
ベラクルス号	12月16日	1864年1月3日	1月15日	1月28日	2月14日	60日間	60日間

出典）　*Sailing lists of Salles*, Tome IV, 25. ほとんどの場合，郵便汽船がサン・ナゼールから到着し
　　　　たときには，帰港する船舶はすでにマルティニークから出港していた。
　＊　ルイジアナ号は，マルティニークを 1863 年 1 月 28 日に出港し，2 月 2 日に届いた手紙の返信は，
　　　たとえば，ロイヤルメールラインが他の島から送ったとしても，3 月 3 日まで届かなかった。

いては，返信のための時間は 1 日間から 32 日間のあいだになることが
ありえたし，事実そうなったのである[155]。

　マルティニークと母国のあいだの情報の循環は，ベラクルスからの航
海次第であり，ほとんどの場合，情報の循環はどちらの方向でも同じく
らい遅かった。船舶の出港が大きく遅れたため，ベラクルスへの情報の
循環の平均的な長さは 59.7 日間であり，マルティニークへは 56.1 日間
であった。ロイヤルメールラインは，当時マルティニークまでは航海し
ていなかったが，その近くにあるバルバドスには，平均で 17.3 日間と
非常に速く着いた。1 カ月に 2 回事業をおこない，スケジュールがうま
く調整されていたので，フレンチラインのマルティニークへの情報の循
環が毎年 5 回だったのに対し，ロイヤルメールラインは，毎年 8 回提

---
155)　表 50 をみよ。

供することができた。ロイヤルメールラインが毎月1回の事業しかしなかったとしても，イギリスとバルバドスの間で6回の情報の循環をすることができたであろう[156]。

このような状況で，マルティニークの商人はいったい何をしたのだろうか。彼らは，それ以前と同様，ロイヤルメールラインの汽船で手紙を送った。筆者の所有するコレクションにある1通の手紙は，1863年9月3日にマルティニークのサンピエールから〔フランス南西部でガロンヌ川に面する〕アジャンに，ロイヤルメールの汽船タスマニア号で送られたものである。この船は，9月13日にセント・トマスから出港し，28日にサザンプトンに到着した。パリからボルドーまでは汽車に運ばれ，29日にボルドーからツールーズに着いた。アジャンに到着したのは，9月30日のことであった。これは，フランスの郵便船がマルティニークから出港するより，3日前のことであった[157]。

しかしながら，フランスが郵便事業を再編するのに，あまり時間はかからなかった。1865年8月，システムは根底的に変化し，主要な問題が解決された。これは，数年前にロイヤルメールラインが一夜のうちに変貌を遂げたことに似ている。ここでは，システム化が最初からあまりうまくいかなかった理由を考えることしかできない。サレによれば，主要なルートはメキシコの軍事的目的に合うよう，急いで改善されたものであった[158]。サン・ナゼールから2隻の船が毎月出港していた。1隻はベラクルスへ，もう1隻は〔パナマ運河のカリブ海岸の〕コロン（アスピンウォール）に向かった。しかも，いくつかの支部ルートがあった。少なくとも，終点の港への航海は，いまや適切に組織化されたのである[159]。

メキシコへの新たな取り決めには，マルティニークからセント・トマスへというフランス郵便の中心の変化が含まれていた。セント・トマスの方がさらに西側に位置し，そのためベラクルスに近かった。これら3

---

156) Salles, Tome IV, 25 の出航表，Kenton & Parsons, 215, 218 からの計算。
157) SRLC; Salles, Tome IV, 25 の出航表，Kenton & Parsons, 215.
158) Salles, Tome IV, 17.
159) ルート，スケジュール，郵便汽船，特定の航路で使用された郵便の手押印は，Salles, tome IV, 30-223 で説明されている。

隻の汽船はすべて，新しくより大きな船になった。ウジョニー皇后号とパナマ号は，それぞれ3400トンの外輪汽船であり，フランス号は，3200トンの鉄製のスクリュー汽船であった[160]。これらの変化は，どちらの方向でも，航海日数を2日間ほど減少させ，ベラクルスからの出港を早めることを可能にした。それゆえ往復航海の長さは，59.7日間から54.4日間に減った。減らされた5日間で，フランス商人はすぐに返信を書き，さらにそのために，フランス-ベラクルス間の連続する情報の循環は毎年5回だったのが6回に伸びた。このような変化のため，フランスの郵便事業は，イギリスと同様の効率性とスピードをこのルートで獲得した。

ロイヤルメールラインの航海日は毎月2日であったが，フレンチラインは16日だったので，メキシコとの事業通信の頻度は現実には倍増した。イギリスとフランスからの毎年の航海は，いまや合計24回になった。かといって，それとともに情報の循環の数が増えたわけではない。航海は非常に長く，メキシコとヨーロッパでの停泊は非常に短かったので，他の海運会社は，手紙を送るために，より早い選択肢を提供することができなかった。一例をあげよう。1隻のロイヤルメールの汽船が1866年4月2日にサザンプトンから出港し，16日にセント・トマスに到着した。メキシコへの支部の汽船は翌日出港し，4月28日にベラクルスに到着した。同船は，30日に手紙への返信を乗せて出港した。さらに，フレンチラインの汽船が4月中頃にベラクルスに停泊し，ふたたび4月中頃にそこにいたという事実は，イギリスの通信にまったく影響を与えなかった。同じことは，フランスの通信にも明白にみられた[161]。

したがって，互いに決して交わることのない情報の循環があった。だが，同時にもたらされる影響が，良い方向に働くことがあり，それが，遅い航海が引き起こす損害よりも多かったことは間違いない。このように，長距離の郵便ルートに対する二重のシステムがもたらすとされる具体的な利点は，大西洋の航海に対するフランスの事業導入との関係が示す。ここでの航海では，これと似た取り決めが数年前になされており，それがよい成果をもたらしていた。

---

160) Haws (1996), 26-28 の商船出航表。
161) Kenton & Parsons, 240-243 の出航表；and Sales, tome IV, 105.

第6章　西インドと南米

表51　フレンチラインの事業が可能にしたサン・ナゼール–ベラクルス–セント・トマス–サン・ナゼールルートの往復航海と連続する情報の循環 1866年

汽船	サン・ナゼールからの出港日	ベラクルスからの出港日	セント・トマスからの出港日	サン・ナゼールへの到着日	ベラクルスの情報の循環の日数
ルイジアナ号	1月16日	2月13日	2月22日	3月10日	53日間
パナマ号	2月16日	3月13日	3月24日	4月7日	50日間
インペリアル・ユージーン号	3月16日	4月13日	4月28日	5月12日	57日間
フランス号	4月16日	5月13日	5月22日	6月7日	52日間
パナマ号	5月16日	6月13日	6月26日	7月11日	56日間
インペリアル・ユージーン号	6月16日	7月13日	7月24日	8月8日	53日間
フランス号	7月16日	8月13日	8月24日	9月8日	54日間
パナマ号	8月16日	9月13日	9月25日	10月8日	53日間
インペリアル・ユージーン号	9月16日	10月13日	--	11月13日	58日間
フランス号	10月16日	11月13日	11月22日	12月10日	55日間
パナマ号	11月16日	12月13日	12月19日	1月9日	54日間
インペリアル・ユージーン号	12月16日	1月13日	--	2月12日	58日間

出典）　*Sailing lists of Salles*, Tome IV, 105. 太字は，6回の連続する情報の循環が，この暦年のあいだにどのようにして達成されたのかを示す。

　フランスの支部の事業は，国内のスケジュールとの不整合に悩まされたイギリスの事業がかつて経験したものと，まったく同じ悩みをかかえた。マルティニークは，それを適切に示す事例である。同島は，いまやこれとは別のサン・ナゼールからコロン（アスピンウォール）までの長い郵便ルートの一部として機能するようになった[162]。コロン–パナマ間

162）　新しいルートはラインA，そしてメキシコルートはラインBと呼ばれた。支部の事業は，これと同様，名前のアルファベット順に並べられた。それは，これらの事業によって運ばれる郵便の上に押される郵便の手押印でも使われた。ラインCは，フォール・ド・フランスとガイエンヌ，フランス領ギアナの間で操業された。ラインDは，セント・トマスとキングストン，ジャマイカ，ラインEは，セント・トマスとフォール・ド・フランスの支部ライン，ラインFは，ベラクルス，タンピコ，マタモロスのあいだの支部ライン，ラインGは，フォール・ド・フランス，グアダループのポワン・ア・ピトルのあいだの支部のライン，ラインLは，フォール・ド・フランスとベネズエラのあいだのラインであった。GとLのあいだにある文字は失われており，Lのあとは，世界の他の場所を示すために使われた。たとえば，ラインHはルアーブル–ニューヨークルート，ラインJとKは，南米ルートであ

の鉄道が1855年に開設されたので，いくつかの海運会社はすすんでこの事業に参加しようとしていた。パナマの郵便ルートは，本章のもっとあとの箇所でより詳細に分析される。この関係においては，マルティニーク経由でのサン・ナゼールとコロン間の往復航海は，平均して50日間かかり，それは，1年間で6回の連続する情報の循環を可能にするのに十分な時間であったことはほぼ確実だといってよい。それだけではない。セント・トマス－フォール・ド・フランス間の支部の汽船があり，そのためマルティニークへの1カ月に2回の事業は容易になった。ベラクルスへの大西洋横断汽船がサン・ナゼールからセント・トマスに到着すると，郵便は，マルティニークとグアドループに補助船で運ばれ，その返信は，郵便汽船が戻る2-3日前にセント・トマスに運ばれた[163]。

大西洋横断の汽船は，サン・ナゼールから毎月8日と16日に出港した[164]。新しいスケジュールでは，マルティニークは，サン・ナゼールからの手紙を毎月，3日と22日ないし23日に受け取り，郵便汽船は，毎月7-9日，さらに18日にマルティニークからサン・ナゼールへと出港した[165]。これがいささか非実用的だったのは，いまや二つの郵便が続いて入ってきたが，どちらにも出て行く船がなかったし，また，その逆もあったからである。表52は，この問題を鮮明に示す。

1カ月に2回の事業がマルティニークに存在していたからといって，事業情報伝達の観点からみて，一部分しか改善されなかったというわけではない。それ以前の56日間という長い情報の循環は，いまや平均で46日間へと削減された。だが，情報の循環の長さは37日間から57日間と多様であった。さらに41日間から50日間とさまざまな情報の循環の平均的期間でさえ，8日と16日というもともとの出発日によって左右された。サン・ナゼールから16日に送られた手紙は，フレンチラ

り，ラインZは，地中海支部のラインである。この郵便ラインシステムは，フランス郵政省が発達させたものであり，いくつかの海運会社の操業を含む。以下をみよ。Raymond Salles, *La Poste Maritime Francaise*, Tome VII, *Index Alphabétique des Cachets Postaux et Marques Maritimes* (Cyprus 1993), 98-102.

163) Salles, Tome IV, 79, 168 の出航表をみよ。

164) それ以前のサン・ナゼールからの出港日は6日であったが，1866年4月から8日に変更された。Salles, Tome IV, 80, 106, 168 をみよ。

165) Salles, Tome IV, 79, 105, 168 をみよ。

表52 フレンチラインの事業が可能にしたマルティニークのフォール・ド・フランスへの往復航海と情報の循環 1866年

サン・ナゼールからの出港日	フォール・ド・フランスへの到着日	フォール・ド・フランスからの出港日	サン・ナゼールへの到着日	往復航海の日数	情報の循環の日数
1月6日	1月22/23日	2月9日	2月27日	52日間	52日間
1月16日	2月3日	2月18日	3月10日	53日間	42日間
2月6日	2月22/23日	3月16日	3月31日	53日間	53日間
2月16日	3月3日	3月18日	4月7日	50日間	43日間
3月6日	3月22/23日	4月10日	4月26日	51日間	51日間
3月16日	4月3日	4月18日	5月12日	57日間	41日間
4月8日	4月22/23日	5月9日	5月24日	46日間	46日間
4月16日	5月3日	5月18日	6月7日	52日間	38日間
5月8日	5月22/23日	6月9日	6月22日	45日間	45日間
5月16日	6月3日	6月18日	7月11日	56日間	37日間
6月8日	6月22/23日	7月9日	7月25日	47日間	47日間
6月16日	7月3日	7月18日	8月8日	53日間	39日間
7月8日	7月22/23日	8月10日	9月3日*	57日間	57日間
7月16日	8月3日	8月18日	9月8日	54日間	49日間
8月8日	8月22/23日	9月9日	9月24日	47日間	47日間
8月16日	9月3日	9月18日	10月8日	53日間	39日間
9月8日	9月22/23日	10月9日	10月26日	48日間	48日間
9月16日	10月3日	10月18日	11月13日	58日間	40日間
10月8日	10月22/23日	11月13日	12月2日	55日間	55日間
10月16日	11月3日	11月18日	12月10日	55日間	47日間
11月8日	11月22/23日	12月14日	12月28日	50日間	50日間
11月16日	12月3日	12月18日	1月9日	54日間	42日間
12月8日	12月22/23日	1月9日	1月25日	48日間	48日間
12月16日	1867年1月3日	1月18日	2月21日	48日間	40日間

出典　*Sailing lists of Salles*, Tome IV, 79, 105, 168.－フォール・ド・フランスへの到着（22/23日, 3日）のデータと，同港の18日の出港のデータはすべて，サレが公表したスケジュール通りの日程であり，現実の日付ではない。しかし，それは大した問題ではない。太字で記した到着日と出港日は，出港日がより早いほうが利益につながる事例である。3日に到着した手紙は，別のルートを使って帰港することにより同月9日にすでに返信を出すことができたかもしれない。
　＊ 遅れて到着したのは，帰港のための航海のあいだに，ルイジアナ号がコルーニャで検疫を受けていたからである。（Salles, Tome IV, 79）

インの汽船でベラクルスに到着し，コロンから帰港中の汽船に乗せてフランスに送ることで，非常に早くマルティニークで返信がもらえた。しかし，逆の航海ではそうはうまくいかなかった。同社は，1872年になってようやく，スケジュールの変更を遂行したので，とうとうサン・ナゼール－マルティニーク間のフランスの事業で8回の情報の循環が可能になった[166]。

---

166) Salles, Tome IV, 80, 106, 168 の出航表。

フランスの郵便事業は，主としてイギリスのそれと重なりあっているのであり，補完関係にあったわけではない。だが，セント・トマスからサン・ナゼールへは毎月24日に出港した（毎月中旬と月末に）ので，2日間あるロイヤルメールラインの出港日を考えると適切な処置であり，そのためセント・トマスからヨーロッパとの通信は2-3日間スピードアップした[167]。

1872年には，フレンチラインが出港地をサン・ナゼールへと，さらに出港日を毎月16日から20日へと変えた。また，それはもう一方の端の変化もおよぼした。船舶は，月の終り頃にセント・トマスから出港するようになった。それは，ロイヤルメールラインとほぼ同時であった[168]。結局，フランス郵政省は，おそらくイギリスの顧客を失った。それは，イギリス人にとって，フランスのサーヴィスはもはや役立たなかったからである。これは，マルティニークで，より円滑に機能する郵便制度を獲得するための代償であった。さまざまな諸島ですべてのカリブ人を満足させ続けることをしようとしても，それは決して達成できない難題であった。

フランスの郵便事業——南米

南米ルートに関しては，フランス郵政省の侵入が，すでに1860年にはじまっていた。郵便事業が南米に進入する10年前に西インドで開始していたイギリスの順番とは反対であった。契約は，著名なフランスの海運会社である帝国海運に付与された。同社は，このとき，たった57隻でマルセイユから地中海郵便ルートで操業していた。しかしながら，リオ・デ・ジャネイロへの新ルートは，モンテビデオとブエノスアイレスへの支部の事業を利用し，マルセイユではなくボルドーを最終港として使用した。この事業のために，同社は毎年470万フランの補助金を受け取っていた[169]。

---

167) Kenton & Parsons, 240 と Salles, Tome IV, 105 の出航表。
168) Kenton & Parsons, 289 と Salles, Tome IV, 106 の出航表。
169) Duncan Haws, *Merchant Fleets. Messageries Maritimes* (Pembroke, 1998), 3-4; Raymond Salles, *La Poste Maritime Française,* Tome III, *Les Paquebots de l'Atlantique Sud; Brésil-Plata de 1860 á 1939, Cote Occidentale d'Afrique de 1889 à 1939* (Cyprus 1992), 9. 同社の名は，フランスの政治史に従って変化した。もともとは国民海運 Messageries Nationales だっ

事業は，1860年5月にはじまり，大きな問題は生じなかった。大西洋横断ルートで使用された最初の4隻の汽船はすべて目的をもって建造された，新しいものであった。ベアン号，エストラドゥーラ号，ギエンヌ号，ナバーラ号は，どれも1900-2400トンで，鉄製外輪汽船であったが，のちにはスクリュー船へと転換した。支部の汽船であるサントンニュ号は，リオ・デ・ジャネイロからモンテビデオとブエノスアイレスへと郵便を運んだ。このシステムは，イギリスから模倣され，そのためフランスがカリブ海で犯したのと同じ間違いを不必要にしでかした。初年度から，帝国海運は非常に適切に運営され，毎月25日にボルドーとリオ・デ・ジャネイロの両方から出港し，翌月の20日頃に互いの目的港に到着した。出港は定時におこなわれ，ボルドーへの到着は，予定より遅くなるより早まることが多かった[170]。

　1862年という年をランダムサンプルとして，ロイヤルメールライン（表48をみよ）と帝国海運のリオ・デ・ジャネイロへの事業を比較すれば，2社の事業に大きな差はなかったことが示される。

　簡単に気づくことだが，技術の発展と効果的な輸送ネットワークをつくりあげる能力があったために，1860年代初頭には，定期的で，比較的速く信頼のおける通信が通常の状態になった。どちらの会社も，平均して55日間で往復航海をおこなった。それは，彼らの契約に沿うものであった[171]。

　かといって，すべての不確実性が一掃されたわけではない。到着日は，必ずしも予定通りとはかぎらなかったし，どちらの方向でもある程度の差異があった。たとえば，1862年には，リオ・デ・ジャネイロからヨーロッパの終着点までの航海の長さは，帝国海運の場合24-27日

たのが，ナポレオン3世の時代に帝国海運 Messageries Impériales となり，この名称は1853-70年のあいだ続いた。1871年には第三共和政がはじまり，同社の名称はふたたび変わり，海洋海運 Messageries maritimes となった。Haws (1998), 2-5. 補助額は，およそ19万ポンドであった。19世紀中頃には，1ポンドはほぼ24-25フランであった。この推計は，以下のデータにもとづく。Moubray & Moubray, 498; and Mario D. Kurchan, *Argentine Maritime Postal History* (Buenos Aires, 2002).294.

　170）Kurchan, 235; Salles, Tome III, 24 の出航表。
　171）1862年のロイヤルメールラインの契約に効力があったことについては，Howat, 116-117をみよ。帝国海運がこの時代に決まったスケジュールで運行していたことについては，Salles, tome III, 24をみよ。

国際的競争と電信の影響　　　　　　　　　　　　341

表 53　帝国海運が可能にしたリオ・デ・ジャネイロへの
往復航海と連続する情報の循環 1862 年。

汽船	ボルドーからの出港日	リオ・デ・ジャネイロへの到着日	リオ・デ・ジャネイロからの出港日	ボルドーへの到着日	情報の循環の日数
ベアン号	1月25日	(2月20日)	2月25日	3月21日	55 日間
ナバーラ号	2月25日	(3月20日)	3月25日	4月19日	53 日間
エストレマデューラ号	3月25日	(4月20日)	4月25日	5月19日	55 日間
ギエンヌ号	4月25日	(5月20日)	5月25日	6月18日	54 日間
ベアン号	5月25日	(6月20日)	6月25日	7月20日	56 日間
ナバーラ号	6月25日	(7月20日)	7月25日	8月19日	55 日間
エストレマデューラ号	7月25日	(8月20日)	8月25日	9月18日	55 日間
ギエンヌ号	8月25日	(9月20日)	9月25日	10月19日	55 日間
ベアン号	9月25日	(10月20日)	10月25日	11月21日	57 日間
ナバーラ号	10月25日	(11月20日)	11月25日	12月20日	56 日間
エストレマデューラ号	11月25日	(12月20日)	12月25日	1月18日	54 日間
ギエンヌ号	12月25日	(1863年1月20日)	1863年1月25日	2月20日	57 日間

出典）　*Sailing lists of Salles*, Tome III, 24-25. リオ・デ・ジャネイロの到着日は，予定されていたものであり，必ずしも現実のものではない。これらのデータとボルドーへの到着の日付と比較することで，標準的な偏差が理解される。

間，ロイヤルメールラインの場合 23-26 日間と多様であった。

　多くの移動は予定より早く，遅れが現実に生じることは稀であった。とはいえ，嵐が発生する大西洋を横断する長距離の海上ルートを航海し，小さな船舶の平均的な移動速度はまだ 9-10 ノットであったことから，結果が多様なことは当然であった。

　国内移動は，この当時，ウルグアイやブラジルでは確実に，情報伝達の遅れの主要な要因であったとしても，イギリスや中欧ではそうとはならなかった。鉄道は郵便を，サザンプトンからロンドンないしリヴァプールまでは同日に，ボルドーからは 2 日間以内で運んだ。郵便船が晩に到着した場合には，手紙の発送は翌日におこなわれた。

　帝国海運が当初に編成したスケジュールによって，利用者の観点からは，事業規模が二倍になったことから生じる利益が最大限に活かされた。ロイヤルメールラインの汽船が 9 日に航路の両端から出港したので，フランスとイギリスの事業には 2 週間の時間差が生じた。事業通信のためには，両方の会社を使う方が良かったし，フランスの郵便汽船は，すぐにイギリスにも郵便のかなりの部分を運ぶようになった。

　リヴァプール商人の商業書簡は，それに対する具体的証拠を提示す

表 54 南米からの商業書簡　時代と海運会社ごとの数 1854-72 年

年度	RMSP	CMI	LH	PSNC	商船数	合計
1854-59	89	–	–	–	4	93
1860-69	75	56	1	–	–	132
1870-72	9	12	2	5	–	28
合計	173	68	3	5	4	253

出典）　*Correspondence of Daniel Williams, DB/175.*（MMM）；*and Rathbone Bros & Co., RT XXIV.2.36.*（SJ）；*Accounts and papers of Henry Eld Symons, 380 MD.*（PRO）

RMSP＝ロイヤルメール郵便用汽船会社ないし ロイヤルメールライン；CMI＝帝国海運；LH＝リヴァプール・ブラジル＆ラプラタ川汽船航海会社（むしろ ランポート＆ホルトとして知られる）；PSNCo＝太平洋汽船航海会社

　る。1860-62 年に南米から送られた 160 通の手紙のうち，84 通がロイヤルメールラインによって，68 通が帝国海運によって運ばれた。しかも，8 通の手紙が，このあとで設立されたイギリスの 2 社の郵便請負ラインによって送られた[172]。

　イギリス人の事業請負は，南米のすべての港においてフランスのサーヴィスを使用したけれども，しばしば帝国海運の汽船によって運ばれたのは，モンテビデオからの郵便であったように思われる。とりわけダニエル・ウィリアムズのウルグアイ人の事業パートナーは，モンテビデオだけではなく，モンテビデオから約 1 週間のところにあり，ウルグアイ川上流に位置する都市のサルトからも頻繁に送られる手紙のためにフランスの郵便事業を利用した。しかも，ラスボーン・ブラザーズ商会は，フランスの汽船から手紙を受け取った。

　移動距離が長かったので，事業が二つあることが，1 暦年内のうちに連続する情報の循環の数を上昇することにはつながらなかった。1865 年以降のメキシコルートにあてはまるように，二つの郵便事業を——たとえそれが単独で十分に機能し最善の方法で互いに補完するとしても——現実におこなうことで精一杯であった。

　南北戦争中に，南米−アメリカ間の沿岸事業は，制限され，不確実になった。たとえば，ブエノスアイレス−ニューヨーク間で手紙を送る最良の方法は，大西洋を二度横断することであった[173]。筆者のコレクショ

　　172）　*Correspondence of Daniel Williams, DB/175.* (MMM). *Correspondence of Rathbone Bros & Co., RT XXIV.2.36.*(SJ).
　　173）　この考えは，カリフォルニアからニューヨークに重要な郵便や正貨を送る場合にも利用された。パナマ地峡のコロンでニューヨーク向けに積載するのではなく，ロイヤルメー

表55 南米からの出港地と郵便運搬船会社ごとの商業書簡 1854-72年

	RMSP	CMI	LH	PSNC	商船数	合計
ブエノスアイレス	47	6	–	–	1	54
モンテビデオ	85	55	3	5	1	149
リオ・デ・ジャネイロ	41	7	–	–	2	50
合　計	173	68	3	5	4	253

出典　*Correspondence of Daniel Williams, DB/175.*（MMM）; *and Rathbone Bros & Co., RT XXIV.2.36.*（SJ）; *Accounts and papers of Henry Eld Symons, 380 MD.*（PRO）.
RMSP＝ロイヤルメール郵便汽船会社ないしロイヤルメールライン；CMI＝帝国海運；LH＝リヴァプール・ブラジル＆ラプラタ川汽船航海会社（むしろ ランポート＆ホルトとして知られる）；PSNCo＝太平洋汽船航海会社

ンには，この方法で送られた2通の手紙がある。1862年3月1日にブエノスアイレスからニューヨークに向けて送られた手紙が，サザンプトンまで航海し，ニューヨークから同日に出港するロイヤルメールに乗せられなかったので，帝国海運のサントンジュ号が運んだ。同船は，3月14日にリオ・デ・ジャネイロへと航海した。3月25日に，手紙はそこから同社の船のナバーラ号に載せられ，4月19日にボルドーに到着した。手紙はさらにロンドン経由でクィーンズタウンに運ばれた。4月24日に，インマムラインのエディンバラ号でニューヨークに向けて送られ，1862年5月6日に到着した[174]。

1862年8月14日にブエノスアイレスからニューヨークに送られたそれとは別の手紙は，まずサントンジュ号でリオ・デ・ジャネイロまで運ばれた。そこから，8月25日に，同じ帝国海運のエストラドゥーラ号で運ばれ，ボルドーに9月18日に到着した。手紙はクィーンズタウンから9月21日にキューナードラインのヨーロッパ号でボストンに運ばれ，ついでその日のうちに鉄道でニューヨークまで運ばれた。1862年10月2日のことであった[175]。

パナマルート

パナマルートは，最初から特別であった。太平洋岸との通信を発展さ

ルの汽船でサザンプトンに運ばれ，ついでキューナードの船でクィーンズタウンからニューヨークに運ばれた。遅かったが，これはより安全なルートであり，航海全体が，中立船によって指揮された。John Haskell Kemble, *The Panama Route 1848-1869* (Berkeley, 1943), 111をみよ。

174)　SRLC; Howat, 134, と Salles, Tome III, 24, 29 の出航表。
175)　SRLC; Howat, 134, と Salles, Tome III, 24, 29 の出航表。

第6章 西インドと南米

せることへの興味は，時代的に比較的近い1820年代初頭に，南米諸国が独立を達成したのと同時に生じた。1823年の6カ月の帰路をみると，イギリス船が31隻，アメリカ船が33隻，チリのバルパライソ港を訪れた。しかも，同港に停泊した他の数隻の船舶は，チリの国旗を掲げていたとしても，イギリス人が所有し，乗組員となったのである。イギリス船のなかで，18隻がリヴァプールへと航海するか，そこから航海してきたものであり，ロンドンに行く予定だったのは，たった1隻しかなかった。このような傾向は翌年以降も続いた。すべての船は，ホーン岬経由でイギリスまで航海した。帰港のための航海には，通常4カ月間かかった[176]。

ダブレは，1820年代ないし1830年代初頭における南米西海岸‐ヨーロッパ間の郵便ルートのいくつかの選択肢を記録している。疑いなく，これらのルートはすべて遅く，通信は不確実であった。チリからの手紙は，とりわけ，次の方法で送ることができた。

> 海路北方へ。通常，民間の船舶を使いパナマに送られた。パナマ運河でチャグレス川に積み換えられ，ファルマスの郵便船と西インドでの事業と接続された。
> 南方へ。民間の船舶でホーン岬を経由しブエノスアイレスに，その後，船舶でリオ・デ・ジャネイロに送られ，ファルマス郵便船の南米での事業に接続された。
> すべての行程で，民間の船舶が使われた。アメリカからの船舶であ

---

176) A.R. Doublet, *The Pacific Steam Navigation Company. Its maritime postal history 1840-1853 with particular reference to Chile* (London 1983), 17-18. ダブレはまた，1836年以来，リヴァプール在住のアメリカ商人が組織化したリヴァプール‐バルパライソの郵便船ラインがあったと述べている。これらの郵便船は，リヴァプールから次のルートをたどって航海すると宣伝されていた。バルパライソ，アイラ〔スコットランド〕，リマ（カヤオ）には3週間ごと，アリカ，アイラ，リマには2カ月ごと，リマに直行するのは6週間ごとである。タンカ（ペルー）の副領事は，1842年10月の外務省宛の手紙で，この事業について以下のように言及している。「……私は，リヴァプールからアリカへの船舶の直行便を正式に送るよう推奨いたします……」。この事業について，これほど明確な言葉は知られていないであろう。Doublet, 24をみよ。船舶は，政府の介入なしで定期的に貿易をおこなう商船であったはずだ。タイミングは，リヴァプール商人の活動全体の増加——たとえば，東インドとオーストラレーシア（第7章の第1節をみよ）——と合致していた。ラインの方式自体は，リヴァプール‐ニューヨークを航行するアメリカの郵便帆船の模倣であった。

れば，手紙は通常アメリカの港でイギリスに向かう船舶に積み換えられた。
　イギリスと行き来する太平洋艦隊によって送られた。フランスとアメリカの船舶が，各々の国籍に従って同じように利用された。
　メンドサ経由でブエノスアイレスに陸路で送られ，ついで民間の船舶ないし郵便船でイングランドに送られた[177]。

　西インドのファルマス郵便船との関係を研究した歴史家はいなかったし，それについてはほとんど知られていない。ポウリンは，ジャマイカの事業が拡張し，1825年に「パナマに近い」カルタヘナも包摂するようになったといった。さらにブリトールはこう記す。1838年，HNB・ホーネット号が，ジャマイカとチャグレス間で支部の郵便船として使われていた，と[178]。1838年以前に，カルタヘナ－チャグレス間で民間の船舶以外の事業があったかどうかは，わからないのである。
　パナマ経由のルートは，非常に長い航海と強いフンボルト海流のために，（ペルーのリマに近い）カヤオ南部ではあまり使われていなかったようである。ファルマスからチャグレスまでの航海には，45日間かかった。23日間が商品の荷下し，パナマまでの陸路での移動に必要なラバを調達し，遅々として進まない税関の役人たちの作業のために，船舶にふたたび荷物を積んだり止めおいたりすることにあてられた。パナマからカヤオへの航海には35日間かかり，モンスーンのなかをバルパライソに航海するためにさらに22日間かかった。合計，125日間必要であった[179]。
　パナマの陸上ルートは，それに対応するアレクサンドリアとスエズの間と比較するとずっと短かったが，はるかに困難〔な行程〕であったようだ。パナマ地峡は，デルタ地帯の川を利用した平面の土地ではなく，中央部にはごつごつした岩があり，中心から離れると熱帯林で覆われた丘があり，徐々に海面まで降りていった。川は浅く，道はなかった。峡

---

177) Doublet, 18.
178) Pawlyn, 95, 111; Brintor, 150. また，ダブレは，1830年代には，ジャマイカ－チャグレス川間でイギリスの軍人によって，毎月郵便事業がおこなわれていたと書いている。
179) Doublet, 24.

谷と繁茂した下生えが，熱病を運ぶ蚊の繁殖場所となった。郵便，商品，旅行者が使われ，水路で丸木舟を，水路が利用できないところでは，ラバを使った。50マイルに満たない地峡を通る行程は，チャグレスからパナマまでで平均4日間，その逆方向へは，2日間必要であった。だが，雨期になると，移動にはもっと時間がかかった[180]。

　当時存在した公的な郵便事業との関係は，他の場所の方が，はるかに簡単というわけではなかった。リオ・デ・ジャネイロからブエノスアイレスまでのファルマス郵便船の支部ルートには，ブエノスアイレスとモンテビデオが南米の事業に組み入れられた1824年以降，アンデスをへてチリとペルーにいたる区間が含まれていた。アンデスを横断するルートは，季節よっては，ブエノスアイレスからサンティアゴに行くまで14-18日間かかった。1829年初頭，この事業は，「相争う党派と掠奪をするインディオとのあいだで生じた衝突のため」に，すべて閉鎖された。このルートが再開されたのは1832年のことであり，1837年になっても，「きわめて不規則」であったと報告された[181]。

　このような調整と軍艦としての使用に加え，商船は郵便運搬船として絶えず使用された。ダブレがいうように，「商人，個人，公職にある人々が，郵便をヨーロッパに運ぶために，利用可能な船舶なら何でも使用したのである」[182]。

　このような状況において，太平洋汽船航海会社が，パナマと南米西岸の新興国家のあいだで事業を開始した。その目的は，2隻の汽船でパナマ－バルパライソ間で毎月の連絡を手配することにあり，いくらか異国情緒のあるコキンボ〔チリ〕，ウアスコ〔チリ〕，コピアポ〔チリ〕，アリカ〔チリ〕，イスライ〔ペルー〕，ピスコ〔チリ〕，カラオ〔ペルー〕，ワンチャコ〔ペルー〕，ランバイエケ〔ペルー〕，パイタ〔ペルー〕，グアヤキル〔エクアドル〕，ブエナベントゥラ〔コロンビア〕に停泊した。同社は，1838年にロンドンで設立され，1840年に女王から特許状をも

---

180) Bushell, 87; Robinson (1964), 154; Doublet, 35. 水路が両方向で同じように使うことができなかったのは，潮流などのためである。それは，国内の航海に必要な時間の長さがさまざまであった理由かもしれない。
181) Doublet, 20; Howat, 48-50.
182) Doublet, 25.

らい，1845年にイギリス郵政省によって15年間の郵便契約を与えられた。毎年の補助金は，2万ポンドであった[183]。

これは，現実にイギリスとはまったく関係ない船舶のためのイギリス郵政省の歴史における唯一の契約であった。これらの船舶は，イギリスないし帝国の植民地の港とはまったく関係がなかった。郵便料金はきわめて小額だったので，補助金のわずか5分の1しか占めていなかった。1853年には，契約郵便を視察する委員会報告にはこう書かれていた。「イギリスの影響と商業の拡大は，ニューグレナダ，ボリビア，ペルー，チリのあいだの通信を援助する主要な誘因であったようだ……」[184]。

太平洋汽船航海会社の郵便事業は，ロイヤルメールラインのチャグレスへの事業と密接に関係した。後者の事業は，他の新しい西インドルートとともに，1842年に開始された。カルタヘナ，チャグレス，サン・ファン・デ・ニカラグアでは，ジャマイカのキングストンから来る支部の同じ汽船が事業をしていた。カルタヘナはまた，クラサオからの別のラインの一部にもなっていた。クラサオは，バルバドス-グラナダ-セント・トマスの三角形のラインの事業にもかかわっていた。それゆえ，チャグレスからの郵便は，二つの異なるルートでカルタヘナに到着したのであるが，どちらも同じ船でヨーロッパから到着したので，あまり大した利益はもたらさなかった。1842年10月，このような事業の重複は，同社のルートマップから削除された[185]。

公表された出航表では，パナマ地峡へのロイヤルメールラインの初期の事業スケジュールに関して，より詳細な研究はできない，1843年初頭の往復航海を，一事例として使用できる。

四つの異なる郵便ルートを組み合わせて使い，ロイヤルメールラインの汽船でファルマスからチャグレスに移動するのに，39日間かかった。これは，ファルマスの郵便帆船よりも6日間短かった。チャグレスからイングランドへの移動はもっと長く必要で，45日間かかった。表56に載せられている停泊港のほかに，船が途中で短期間停泊する港がいくつ

---

183) Doublet, 25-33.
184) Robinson (1964), 154. パナマは，この当時はニューグラナダ（コロンビア）に属していた。
185) Kenton & Parsons, 9, 19, 25, 33.

表 56　ロイヤルメールラインのファルマス–チャグレスの
　　　　往復航海 1843 年 4 月の事例

港	到着日	出港日	コメント
ファルマス		1月4日	ファルマス–セント・トマス（主要ルートではない）
セント・トマス	1月27日	1月27日	セント・トマス–キングストン（ルート6）
キングストン，ジャマイカ	1月30日	2月1日	キングストン–チャージズ–キングストン（ルート10）
チャグレス	2月12日	2月16日	
キングストン，ジャマイカ	2月28日	3月2日	キングストン–ハバナ–バミューダ（ルート6と6b）
ハバナ，キューバ	3月6日	3月9日	
バミューダ	3月15日	3月18日	バミューダ–ファルマス（主要ルートに戻る）
ファルマス	4月2日		

出典）　*Sailing lists of Kenton & Parsons*, 25-27, 31-33.

かあった。往復航海のあいだに停泊するのは，次の港であった。すなわち，（サザンプトン–）ファルマス–マデイラ–セント・トマス–ジャマイカ–サンアントニオ岬–カルタヘナ–チャグレス–ハバナ–バミューダ–ファイアル–ファルマス（–サザンプトン）という航路をとった。太平洋からの郵便を待つためにチャグレスに滞在する 4 日間に加え，合計で，郵便は違う港に 10 日間停泊した。それゆえ，大西洋側での 88 日間という長い往復航海のうち，港で 14 日間，海で 70 日間費やしたのである[186]。

太平洋汽船航海会社がおこなった初期の航海の海事情報は公表されていない。1846 年の記録には，新しいエクアドル号が，パナマを 5 月 25 日に出港し，カヤオに 6 月 6 日に到着し，その後 6 月 18 日に航海を再開し，6 月 24 日にバルパライソに到着したことが記されている。だから，チリまで下るのに，停泊を含めて 1 カ月しかからなかった[187]。郵政相が 1846 年に PSNCo と契約したと表明したため，一般の人々に，ニューグレナダ，エクアドル，ペルー，ボリビア，チリの港に向けての郵便が毎月 17 日にロンドンから出され，パナマからの汽船は，翌月の 23 日頃に太平洋側で郵便を積んで出港する用意があることを知らされたのである[188]。

186）　Kenton & Parsons, 25-27, 31-33 の出航表。
187）　Doublet, 33.
188）　この知らせは，Doublet, 34 に再掲された。

当時，サザンプトンからチャグレスに到着するまでに，ロイヤルメールの汽船で33-35日間かかった。エクアドル号の航海は，郵政相の公示とうまく一致する。大西洋の郵便は，5月20日にチャグレスに到着し，海峡の横断に5日間かかったようである。それ以前の時代と比較するなら，かなり大きな改善であった。おそらく，郵便と乗客は，通常の貨物以上にパナマ地峡を横断しやすかったという説明がなされよう。積荷の上げ下ろしにはあまり時間がかからず，税関の役人は，あまり文句をいわなかった。また，国内の定期的移動を組織化する方が容易であった。

結論を述べよう。大西洋と太平洋の両方の郵便ルートで事業をおこなっていた汽船は，イングランドからの情報の循環を，それ以前の4カ月間（ないしそれ以上）から，カヤオへは50日間，バルパライソへは68日間へと減少させた。それ以前に可能であった1.5回に満たない連続する情報の循環ではなく，かなりの頻度で，毎年2回の完全な情報の循環がいまやおこなわれるようになったのである。

アメリカ合衆国においても，パナマ地峡ルートへの関心が高まっていった。北米西岸は，カナダとオレゴンの国境をめぐって争い，メキシコとの戦争があった，1840年代中頃から，アメリカの一部になっていた。1849年にはカリフォルニアへのゴールドラッシュがはじまった。大陸横断鉄道がまだ敷設されていなかったので，サンフランシスコに到着する一番簡単な方法は，パナマ地峡の両側の水路に沿って移動することであった[189]。

パナマ地峡を横断する交通量は急速に増大したので，1850年には，ニューヨークの投資家の一団が，チャグレスからパナマへの鉄道建設を開始した。ブッシェルによれば，ロイヤルメールラインも，巨額の資金を提供した。鉄道は，1855年に完成した。チャグレスは，少し東のより近代的な港に取って代わられた。それは，敷設した会社によってアスピンウォールと名づけられたが，のちには「コロン」として知られるようになった[190]。

汽船によるアメリカの沿岸事業は，主として四つのルートから成り立っていた。ニューヨークとニューオルレアンから，キューバ経由ない

---

189) Robinson (1964), 154-155.
190) Robinson (1964), 155; Bushell, 88.

350　　　　　　　　　　第6章　西インドと南米

し直接パナマ地峡に行き，パナマからカリフォルニアに向かうルート。ニューオルレアンとベラクルスルート。チャールストンとハバナルート。1865 年になってようやく開通したニューヨークとブラジルルートである[191]。

　ニューヨーク-チャグレス間の事業は，1848 年 12 月にアメリカの郵政長官の郵便契約によって開始された。その目的のために建造された汽船が，1849 年 9 月と 1850 年 1 月に事業を開始した。アメリカ郵便汽船会社の郵便契約は，10 年間継続し，1858 年には，1 年間延長された。契約が終わると，同社はパナマルートから撤退し，太平洋郵便汽船会社とパナマ鉄道がそれを受け継いだ。それは，ニューヨーク-コロンを結ぶラインで事業をする北大西洋汽船会社となった[192]。

　太平洋郵便汽船会社——パナマより南部で事業をしていたイギリス太平洋汽船航海会社と混同してはならない——は，パナマ市とサンフランシスコのあいだで事業に従事した。メキシコのアカプルコ，マンサニージョ，サン・ブラス，マザトラン，さらにカリフォルニアのサン・ディエゴとモンテレーで何度も停泊した。この事業は，1849 年に開始された。1851 年以降，アカプルコないしマンサニージョのどちらかで 1 回だけ停泊した。そのため，航海がスピードアップした[193]。

　1853 年のアメリカ郵政長官の報告書を使えば，興味深い比較をすることができる。ニューヨーク-コロン間のさまざまな郵便ルートは，2000 マイルあり，1 カ月間に 2 回事業をおこなっており，毎年合計して 29 万ドルの補助金を受けていた。パナマ市とサンフランシスコの距離は 4200 マイルであり，双方 1 カ月間に 2 回の航海をおこない，34 万 8250 万ポンドの補助金を受けていた。さらにパナマ鉄道は，完全には完成していなかったけれども，毎年 9 万 5335 ドルの補助金を受けた。したがって，ニューヨーク-サンフランシスコ間の全事業は，アメリカ政府に全部で 73 万 3585 ドルの負担をかけた。この経費で，6200 マイルのルートで 1 カ月に 2 回（24 回の往復航海）の汽船と鉄道を使う郵

---

　191)　Wierenga, 73-81.
　192)　Wierenga, 74.
　193)　Wierenga, 74. 太平洋郵便汽船会社はまた，南米のチャラオとバルパラシオでも事業をした（いくぶん不完全な出航表として，Wierenga, 336-337 をみよ）。

表57　パナマ経由でニューヨークからサンフランシスコに向かうアメリカの郵便事業が可能にした連続する情報の循環　1851年

ニューヨークからの出港日	チャグレスへの到着日	パナマからの出港日	サンフランシスコへの到着日	サンフランシスコからの出港日	パナマへの到着日	チャグレスからの出港日	ニューヨークへの到着日	情報の循環の日数
1月11日	1月24日	2月2日	2月27日	3月5日	3月26日	3月29日	~4月9日	88日間
4月11日	4月24日	5月1日	5月20日	5月31日	6月19日	6月26日	7月6日	86日間
7月11日	~7月24日	8月1日	8月19日	9月1日	9月19日	9月24日	10月6日	87日間
10月7日	~10月22日	11月4日	11月16日	12月5日	12月18日	12月22日	1852年1月6日	91日間

出典）　*Sailing lists of Wierenga*, 321-322, 341-342. ~ は推測。

便事業をまかなった。同年，コリンズラインは，3100マイルにおよぶニューヨーク-リヴァプール間を26回往復航海する大西洋ルートに対して，85万8000ドルを受け取った[194]。北大西洋に対する国家の誇りを示す追加費用の出費は，実際，かなり高額であった。

ところで，1850年代初頭のニューヨーク-サンフランシスコ間のアメリカ郵便事業は，どのように機能していたのであろうか。表57は，1851年に事業が結合したことによって可能になった情報の循環を示す。

パナマ経由でのニューヨーク-サンフランシスコ間の郵便事業が，二つの異なる汽船事業と未完成の鉄道からなるということを考えるなら，1851年に非常に効率的に組織化されたことになる。ニューヨークで書かれた手紙に対してサンフランシスコからの返事を受け取るまで，平均して88日間かかった。最終到着地のニューヨークのスケジュールは忙しかったようだが，システムが変化しなかったことから判断すると，うまく機能したのであろう。

数年間のうちに，このルートでの事業情報の伝達は，きわめて賞賛すべき方法によって改善された。

1851年に88日間かかっていた情報の循環が，いまや平均して53.5日間でおこなわれるようになった。郵便事業は，わずか数年のうちに，毎年たった4回ではなく6回の情報の循環を可能にした。

航海の長さは，停泊港の数を減らし，古い汽船を新しいものに取り替

---

194)　アメリカ郵政長官の報告書は，Wierenga, 81に再録されている。

表58 パナマ経由でニューヨークからサンフランシスコに向かうアメリカの郵便事業が可能にした連続する情報の循環 1856 年

ニューヨークからの出港日	コロンへの到着日	パナマからの出港	サンフランシスコへの到着日	サンフランシスコからの出港日	パナマへの到着日	コロンからの出港日	ニューヨークへの到着日	情報の循環の日数
1月5日	1月16日	1月16日	1月30日	2月5日	~2月19日	2月19日	2月27日	53日間
3月5日	3月13日	3月14日	3月28日	~4月5日	--	4月21日	4月30日	56日間
5月5日	5月13日	--	6月1日	6月5日	6月18日	6月19日	6月28日	54日間
7月5日	--	--	7月29日	8月5日	8月19日	8月20日	8月29日	55日間
9月5日	--	9月16日	9月29日	10月6日	10月20日	10月20日	10月28日	53日間
11月6日	11月18日	--	11月30日	12月5日	12月18日	12月19日	12月28日	52日間

出典） *Sailing lists of Wierenga*, 325-326, 352-354. ~は推測。 --はデータなし。

えることで短縮された。1855年にパナマ鉄道が完成したことは，そのための重要な要因の一つとなった。「ニューヨーク・ヘラルド」紙は，「パナマ鉄道の効率性」という見出しのもとで，1855年4月17日にこう述べた。汽船ジョン・L・スティーブンズ号の船長が，3月16日，サンフランシスコ沖で次のようなメッセージを送った。「サンフランシスコのパナマ郵便汽船会社の代理人フォーブズ様，ビーコック様。パナマを20日の午後7時30分に，私の指揮のもと出港しました。266（256?）の郵便袋，421人の乗組員，600個の荷物，3頭の馬がありましたが，それらがみな積載され，10時間内で，積載限界に満たずにアスピンウォールから出港したのです。P・H・ピアソン」[195]。

カリフォルニアへのヨーロッパからの手紙は，ロイヤルメールの汽船でサザンプトンからセント・トマス経由でコロンに送られた。さらにパナマ地峡を横断し，アメリカの郵便事業によってサンフランシスコに到着したのである。別の選択肢として，キューナードの船舶や他のいくつかの郵便事業によって，北大西洋を横断し，ついでパナマ経由でアメリカの沿岸事業を用いて送られるものがあった。

さらに，第二の選択肢も使われていたように思われる。筆者のコレクションには，1858年3月30日付けでグラスゴーからサンフランシスコに送られた手紙がある。この手紙は，4月3日に，リヴァプールを出港したキューナードラインのアフリカ号で，大西洋を横断して運ばれた。

---

195) Wierenga, 324.

国際的競争と電信の影響　　　　　　　　　　　　　353

　手紙がニューヨークに着いたのは4月16日のことであり，さらにアメリカ郵便汽船会社のスター・オブ・ウェスト号で運ばれ，コロンに20日に到着した。さらに鉄道でパナマ地峡を越え，パナマから太平洋郵便汽船会社のジョン・J・スティーヴンズ号が運び，サンフランシスコに5月15日に到着した。46日間かかったことになる[196]。

　手紙は，ロイヤルメールの汽船パラナ号で運ぶことができたかもしれない。同船は，サザンプトンを4月2日に出港し，セント・トマスに22日に到着したからである。汽船トレント号は，翌日に出港し，4月28日にコロンに到着した[197]。その手紙は，いつも通り，コロンからおそらく同じ船でサンフランシスコに送られたであろう。英米間のコネクションは，最高の機能を果たしていたわけではない。手紙が北大西洋ルートで送られたとすれば，ニューヨークで1週間近く待たなければならず，西インド経由の場合には，コロンで待たされた。アメリカのニーズに応じてスケジュールを変えることはイギリスの利益にはつながらなかったし，逆もまた真であった。

　パナマ経由で南米の西海岸にいたるイギリスの事業も，パナマの鉄道から利益をえたのは当然のことである。西海岸で利用可能な1860年代の出航表はないが，筆者のコレクションにある1通の手紙が，改善があった証拠を提示する。その手紙は，1866年1月15日にルアーブルから送られたものであり，4隻の汽船によって運ばれた。最初は，支部の汽船が英仏海峡を横断し，サザンプトンに行き，そこから1月17日にロイヤルメールの汽船ラプラタ号でセント・トマスに行き，そこに2月2日に到着した。同社のタイン号は，同じ日に手紙を受け取り，ハイチとジャマイカ経由で2月8日にコロンに到着した。そこから，手紙は鉄道でパナマ地峡を横切り，2月9日にパナマに到着した。さらに，太平洋汽船航海会社の汽船がカヤオに向かい，2月17日に到着した[198]。ルアーブルからイングランド，西インド，パナマを経由してペルーに到着

---

　196) この手紙には，1858年3月13日付けのリヴァプール港の通過・手押印があった。北米に向かう郵便のために使用された。ロンドンやサザンプトンからの手紙には消印がない（SRLC; この手押印に関しては，Tabeart, 165-166 をみよ）。
　197) Kenton & Parsons, 176-177 の出航表。
　198) SRLC; Kenton & Parsons, 240, 243 の出航表。

するまで、たった1カ月程度しかかからなかった——33日間であった。

　それと同時に汽船の事業と鉄道が発達し、巨大な帆船が、大きさとスピードの両方の点で発展のピークに達した。カリフォルニアと南米のルートでは、中国からイングランドへの茶貿易と同様、もっとも美しいクリッパー船が発達した。美しく、鋭利で、速い船舶が、非常に重い貨物を運ぶために設計され、最長のルートでは汽船より帆船を選ぶ会社のために、アメリカやイギリスの造船所で建造された[199]。クリッパー船のブームは1840年代終わり頃にはじまり、1857年の不況まで続き、南北戦争直前に急速に衰退した。

　スピードでは大いに賞賛されたとはいえ、クリッパー船は、カリフォルニアや南米まで、大口の郵便を運ぶことはしなかった。ホーン岬経由でニューヨークからサンフランシスコまで最速のクリッパー船で移動した場合、少なくとも3カ月間かかり、平均して130日間必要であった[200]。しかし、長距離ルートでクリッパー船数が増加したことは、貿易のために素早く郵便サーヴィスをおこなう必要性を刺激したはずである。クリッパー船がニューヨークからカリフォルニアに行くためにホーン岬をまわっているあいだに、郵便は、パナマ経由でスピードの出る郵便汽船で送られた。

　ピークとなった1853年に、少なくとも130隻のクリッパー船が北米の東海岸からホーン岬経由でカリフォルニアまで航海した。航海では、一年中、季節による変動はほとんどなかった。実際、少なくとも2隻の船が毎週サンフランシスコに向けて出港した。ときには4隻や5隻になることもあった[201]。けれども、パナマ経由での汽船で郵便を運ぶ方がはるかに速かったので、たとえ次の汽船の出航日が2週間後であっても、クリッパー船で郵便を送る意味はなかった。

　199）　アメリカのクリッパー船については、たとえば以下をみよ。Cutler (1961), passim; McKay, passim. イギリスのクリッパー船については、MacGregor (1952) passim. マクグレゴールが出した最近の論文では、イギリスの視点からのクリッパー船に関する手短かで鋭い分析がなされている。R. MacGregor, "The Tea Clippers, 1849-1869" in Richard Harding, Adrian Jarvis & Alston Kennerley, *British Ships in China Seas, 1700 to the Present Day* (Liverpool 2004), 217-224 をみよ。

　200）　Cutler (1961), 476-520 の出航表は、1848-60 年をカバーする。平均は、カトラーの計算。

　201）　Cutler (1961), 487-493 の出航表。

パナマルートは，二つの大洋を汽船でつなぐ唯一の選択肢ではなかった。1850年代初頭のアメリカでは，陸上ルートはもっと北に行き，ニカラグアを横切るようにすべきだという強い意見があった。そうすれば，ニューヨークからおよそ400マイル，ニューオルレアンからなら500マイル短縮されるからである。横断自体は，ニカラグアの方がはるかに長距離で，およそ170マイルであったが，そのほとんどは，サンファン川とニカラグア湖に沿う水路を航行するだけであった。パナマ地峡を横断する移動は，約55マイルであった[202]。

非常に重要であったのは，新ルートの位置だったので，イギリスとアメリカは，ゴールドラッシュがはじまるとすぐにニカラグアをめぐって，一触即発の状況に陥った。このとき，パナマ地峡で運河を掘る計画がはじめて起草され，二国はどちらも，その管理権をえようと必死であった。危機が回避されたのは，イギリスとアメリカが条約を結び，中米のニカラグアなどで掘られるすべての運河に対する共同管理権が与えられることで利害が明確に一致するようになったからである[203]。

カリフォルニアにいたるこれらの儲かる陸上ルートも，海運会社間での刺激的で破滅的な競争の原因となった。競争の主要な要因は，パナマルートと競合するニカラグアルートの開通であった。ニカラグアルートを熱心に推進したのはコルネリウス・ヴァンダービルトであった。「司令官(コモドール)」と呼ばれた彼は，のちに北米での事業のためにヴァンダービルト・ヨーロッパラインを創設した[204]。政府がニューヨーク-コロン間の郵便ルートに補助金を支払い，パナマとサンフランシスコはすでに占領されていたので，ヴァンダービルトはニカラグア経由での「独立」ラインを開始し，彼の船の方が「独占会社の船」よりも速くて料金も安いと述べた。司令官(コモドール)と彼の関係者が舞台を支配していたけれども，他にもいくつかの競争相手が出現し，ニューヨークとサンフランシスコの新聞

---

202) Kemble, 58-60.
203) David McCullough, *The Path Between the Seas. The Creation of the Panama Canal 1870-1914* (New York, 1977), 38. ニカラグアルートの重要性は，イギリス人が改名したサンファン・デ・ニカラグアないし〔英語名〕グレイタウンは，この時代においては，1842-43年を除いて，ロイヤルメールの汽船が停泊した港の一つであったことからも読み取れる。Kenton & Parsons, passim のルートマップをみよ。
204) 第5章の第3節をみよ。

は，しばしばこれらの事業をめぐる記述と憶測で埋まった[205]。

　営業上の不確実性の原因となった多数の戦争と株式価格の大きな変動がもたらした会社の財政的浮き沈みを無視するなら，競争にはプラスとなる面もあった。乗船代が安かったために，カリフォルニアに旅行するときに，人々は汽船を使いたがったし，ピーク時には，ニューヨークから頻繁に臨時便が出港したので，サンフランシスコには現実に毎週船が航行していたことになる[206]。郵便船の事業は1カ月に2回であったが，手紙を運ぶために他の船も私的に使われていたことはほぼ確実である。そのため，この期間の情報の循環がスピードアップしたかもしれない。しかし，事業には予測不可能な部分がきわめて多かった。報告された事例のなかには，乗客が，たとえ全旅程の切符をもっていたとしても，サンフランシスコに向かうための船がないのでパナマに取り残されたというものがあった[207]。

　「いかさま師の汽船会社」どうしの競争は，当時人気があったバラードに反映している。そのうちの一曲は，こうはじまる。

　　「人々がこれまで目にした一番の重荷は，
　　パナマまで走るカリフォルニアの汽船さ。
　　航路については反対があるが，船室は素敵さ。
　　ふつうの半分の価格で連れてってくれると宣伝する。
　　余剰在庫をかかえても，支払いを拒否する。
　　だからこっちがその分まで支払わなきゃいけない。
　　でなけりゃ，海から帰ることさ」[208]。

　ヴァンダービルト・インディペンデントラインは，ニカラグアの革命

---

205) 詳細については，Kemble, 58-115 をみよ。
206) Kemble, 89 をみよ。ニューヨーク−コロン間のさまざまな汽船の事業については，Wierenga, 340-346 の出航表をみよ。ニューヨーク−サン・ファン・デル・ノルテ（ニカラグア）間については，365-372，サンフランシスコ−パナマ間については，320-329，サンフランシスコ−サン・ファン・デル・スル（ニカラグア）間については，331-335 をみよ。
207) Kemble, 62-63.
208) Kemble, 68.

戦争に巻き込まれたのち，1856年に閉鎖された[209]。なおもヴァンダービルトを巻き込んださまざまな会社の争いは，1860年代後半までパナマルートで続いた。郵便契約が1859年に終了したとき，それまでとは違った新しい取引がなされ，それによって，ニューヨーク-コロン間の郵便ルートで優勢であったアメリカ郵便汽船会社が，それまでの事業に終止符を打った。同社は太平洋郵便ほどの人気はでなかったし，事業をやめたときにはほとんど残念がられなかった。同社は，「海事についてほとんど知識がなく，年間2回の配当金にしか関心をもたず，生活の糧をえている多くの人々の生活には関心がない多数の冷酷な銀行の投機家の手に」ゆだねられていたといわれる。それでもなお，同社が操業していた11年のあいだに，唯一のひどい災害を被った。すなわち，1857年9月のハリケーンで，セントラルアメリカ号が423名の人命を失ったのである[210]。

このとき，北大西洋ルートでのアメリカの郵便契約は，海上の郵便料金しかカバーしないように変化したので，アメリカの郵政長官は，パナマルートでの新契約を結ぼうという努力を求めようとした。ヴァンダービルトも太平洋郵便も契約を結ぼうとしたが，契約はダニエル・H・ジョンソンに与えられた。彼は，この事業をそれ以前の年間74万1200ポンドではなく21万6000ポンドで事業をおこなうことを約束したのである。のちほど明らかになったのは，彼は契約をまったく履行することができず，たんに「仲介人」として活動しただけであり，事業全体は，最終的にヴァンダービルトの手中に収まったということである。新規の「郵便ライン」である大西洋・太平洋汽船会社は，1859年の遅くに事業を開始した。同社の後援者のリストは，旧来のアメリカ郵便の組織のほとんどが，ヴァンダービルトにもゆだねられたことを示す[211]。

したがって，ヴァンダービルトの汽船が，「郵便汽船」になり，10年間以上にわたり郵便を運んだ船舶が，「敵対者」の手に渡ったのである。太平洋郵便は，郵便を迅速かつ安全に運び，10年間にわたり，1通の

---

209) これらの出来事については，以下をみよ。Kemble, 74-76; Wierenga, 368-382; and Valtonen, 326-328.
210) Kemble, 83, 86-88.
211) Kemble, 82-85.

郵便も失わなかった．新しく結ばれた同意のために，さらに郵便料金をめぐる戦争へとつながり，郵便による伝達は，ほとんど改善されなかった．1860年代の出航表は，どこでも出版されていない．南北戦争は，正貨に関する安全の問題をさらに引き起こした．財宝を積んだ船は，おもにカリフォルニアからの金銀からなりたっており，郵便船が海軍の船によって防御されたこともある．1848-69年には，40万人以上の人々がニューヨークからサンフランシスコに旅行し，23万人以上の人々が，パナマ経由で逆方向に旅行した．ニカラグア経由で旅行したそれに相当する人々の数は，それぞれ7万人以上と6万人以上である．パナマ経由での正貨の輸送は7億1000万ドル以上の価値があり，ニカラグア経由では約4600万ドルであった．これらは，当時としては，巨額であった．たとえば，1859年の太平洋郵便の全船隊は7隻の大洋航海用の汽船であり，交渉のあいだに，ヴァンダービルト社から200万ドル提供された[212]．

しかし，大西洋郵便はこのルートを続け，1870年になってもまだパナマで操業していた．一方，大陸横断鉄道は，多数の乗客と郵便，それに正貨を内陸ルートに運んだ．鉄道との競争を予知した太平洋郵便は，1860年代中頃に，事業を日本と中国にまで拡大した[213]．

大陸を横断する陸上の郵便ルートは，すでに1850年代後半に存在していた．手紙は，アメリカの東海岸からミズーリのセント・ルイスまで鉄道で，さらにフォートスミスとエルパソ経由で郵便馬車によってカリフォルニアまで運ばれた．後者の事業は，政府の観点からはきわめて利益率の低い郵便契約のもとで，2週間おきに運営された．年間補助金額は60万ドルであったが，年間収益額は，わずか2万7000ドルであった．南北戦争のさなか，事業の交渉が再開され，北部の領土への「中央陸上ルート」が，次のように編成された．最初の区間は，セントラル・オーヴァーランド会社により，ミズーリのセントジョゼフからソルトレークシティまでである．第二の区間は，ダタフィールド会社により，ソルトレークシティからネヴァダのヴァージニア市までである．第三のサクラメントへの区間は，パイオニア・ステージ会社に下請けに出され

---

212) Kemble, 86-93, 110-113, 254-255.
213) Kemble, 101, 114-115.

国際的競争と電信の影響　　359

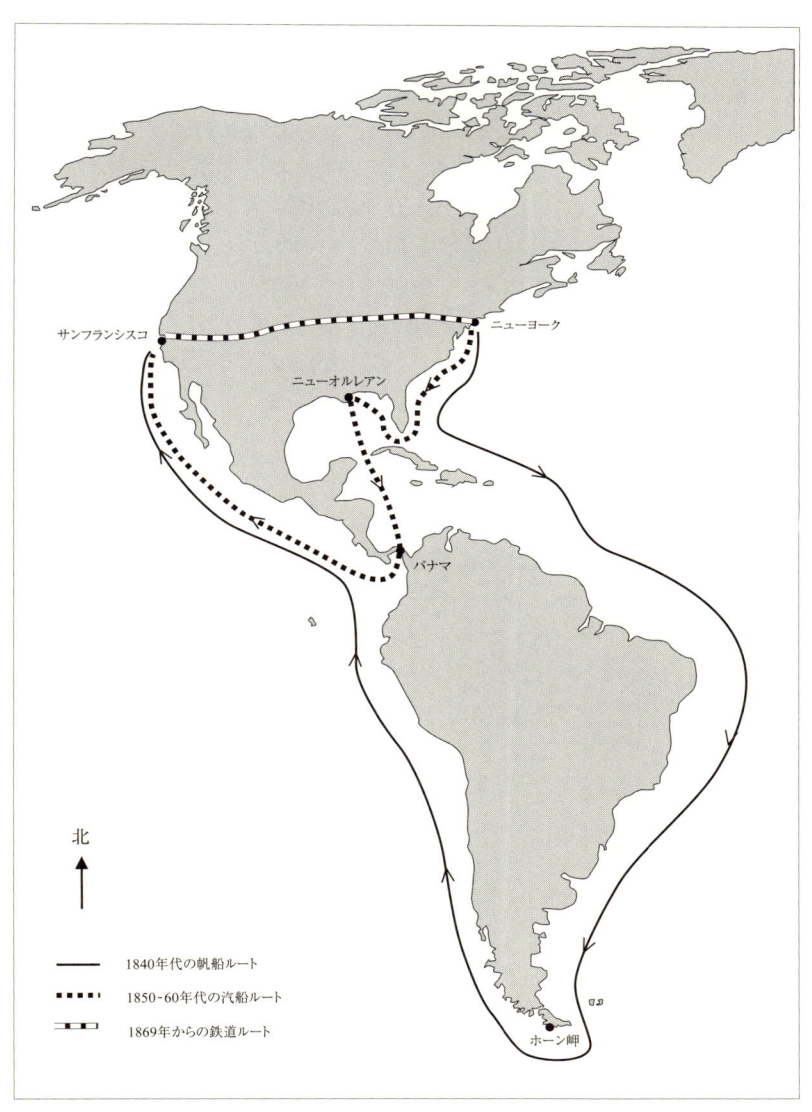

地図7　19世紀中葉におけるニューヨークからサンフランシスコへの郵便ルートの発展

凡例:
- 1840年代の帆船ルート
- 1850-60年代の汽船ルート
- 1869年からの鉄道ルート

北 ↑

た。サンフランシスコへの最後の移動は、川の汽船事業によって完成した[214]。

　契約期間は、35日間であった。だが、1861-62年のように、雪が激しく降ったので、軽い手紙しか運ぶことができず、春になると馬車が泥に車軸ボルトが埋まることもあった。夏の状況には、インディアンが歓迎されざる注目を示した。争いは、1860年代のあいだ続いた。オマハとデンヴァーのあいだの道は、最悪の影響を受けた道の一つであった。契約者は、1867年4月と8月中頃までのあいだに、インディアンが350頭の宿場用家畜を盗み、3頭の馬車を破壊し、数人の乗客に大怪我を負わせ、もっとも信頼のおける使用人のうち13名を殺したと不平を述べた。インディアンはさらに、鉄道が自分たちの土地を侵略しないようにするために闘った。そのため、列車を攻撃し、鉄道用の施設を破壊した。1867年の攻撃のときには、彼らは列車を脱線させ、人々の頭皮をはいだ[215]。

　安全性に問題があったとはいえ、パナマルートは、1869年に開通した大陸横断鉄道によって急速に取って代わられた。情報伝達の所要時間の相違は大きかったが、これまで一般に想定されてきたほどではなかった。正しい比較とは、ケープ岬を回る数カ月間がかりの移動と鉄道のスピードと比較するのではなく、当然、汽船によりパナマ経由で3週間がかりで移動し、さらに鉄道で1週間かけての移動を比較することである。数年後、ニューヨークからサンフランシスコまで、急行列車が4時間以内で到着することができるようになった[216]。

　大陸横断用の駅馬車は、パナマの汽船よりもニュースの伝達では非効率的であったが、ポニー・エクスプレス（1860-61年にミズーリのセント・ジョセフとサンフランシスコのあいだで使われた）は、一部分建設が進ん

　214）　Moubray & Moubray, 248-249.
　215）　Moubray & Moubray, 249; Rudolph Daniels, *Trains Across the Continent. NorthAmerican Railroad History* (Indiana, 2000), 52-53.
　216）　大陸横断鉄道が開通してから、オーストラリアとニュージーランドからの太平洋郵便汽船の事業も、ホノルル経由でサンフランシスコへと再転送され、パナマルートは使わずに、鉄道でニューヨークにまで運ばれた。1870年代には、東方へのルートによって、ふつうは、年間3回の連続する情報の循環が可能になった。航海のデータについては、以下をみよ。Colin Tabeart, *Australia New Zealand UK Mails to 1880. Rates Routes and Ships Out and Home* (Fareham, 2004), 281–316.

だ電信とともに，船舶よりも速く沿岸間でニュースを伝達した。1861年から，郵便を運ぶ汽船を，重要な事件の最初のニュースの運び手ではなく，資料と細部の確認をするための運搬者に変えたのは，電信だけであった。郵便が鉄道まで運ばれると，パナマの汽船がやるべき仕事は終わった。パナマルートは，より安価な選択肢であったので，まだあまり豊かではない人々のあいだで人気があった。以前よりも事業がサーヴィスのスピードが遅かったのは，船舶がいまや中米とメキシコの港に頻繁に停泊するようになったからである。太平洋郵便会社は，太平洋横断の事業に精力をそそぎ込み，その結果，パナマの汽船は損失を被った。同社の汽船は，「安かろう悪かろう」，天幕は穴ぼこだらけ，備品は汚く，食事はまずいものとして描かれた[217]。郵便と正貨を失うことは，典型的な場合には，利益全体を失うことを意味した。パナマ運河が最終的に開通したのは，1914年で，第一次世界大戦勃発と同日のことであった。そのとき，利益は貨物輸送にあり，情報伝達にはなかった。

　情報の循環の所要時間は，ヴィールニャとカトラー（1960）にもとづいて推計されたが，おおまかな比較にすぎない。クリッパー船の航海時間は多様であり，ニューヨークまで航海して戻ることに関する情報はなかった。その多くは，太平洋を横断し，中国まで航海したはずである。クリッパー船は，現実には郵便運搬船ではなかったので，表59に含まれているのは，帆船の最大限の能力を示す事例にすぎない。正確な数値としては，パナマルートでの汽船航行も，ニカラグアルートの多様な会社すべてと比較するべきである。しかし，本書の観点からは，あまり新しいものはえられないであろう。鉄道のスケジュールは，簡単にはみつからず，相違は，数日間にすぎない。

　結論を述べよう。北米の東岸と西岸の情報伝達には，パラドクスがある。通信伝達の手段としてもっとも遅い帆船による航海が，距離的にももっとも長かった。二つの汽船ラインとパナマないしニカラグアでの陸上ルートの横断を組み合わせることで，二重の効果が現れた。移動の長さが著しく短縮されたが，帆船から汽船に変わることで，スピードも大幅に上昇したのである。パナマ地峡を横断する鉄道は，この箇所の移動

---

217) Kemble, 114-115.

距離を短縮し，移動そのものを比較的容易にし，そのためまた移動スピードが上昇したのである。最後に，可能なかぎり短いルートと速い乗り物が使われるようになった結果，移動の所要時間が，元来の4カ月以上から，1週間未満へと短縮されたのである。この過程は，電信を加えても，通信伝達の伝統的手段であらゆる地域で獲得された情報伝達の改善のなかで，もっとも顕著なものの一つであった[218]。

表59 ニューヨーク−サンフランシスコ間のさまざまな通信手段による情報伝達の所要時間　1850年代−1870年代頃

通信手段	時代	ニューヨーク−サンフランシスコ
帆船（クリッパー船）	1850年代	~4か月
鉄道以前のパナマ経由での汽船	1855年以前	~6週間
鉄道を使ったパナマ経由での汽船	1855年以後	~3.5週間
ポニー・エクスプレス（152頭が西方，146頭が東方へ。合計で西方へは1万1500通，東方へは2万3500通）	1860-61年	~約2-3週間（ニューヨーク−セント・ジョゼフの4日間を含む）
大陸間鉄道	1870年代	~1週間

出典）Richard C. Frajola, George J. Kramer and C. Walske, *Pony Express. A Postal History* (New York, 2005), 84-100．~は推測。

国際競争と西インドにおける電信の導入

ドイツ・ハンブルク−アメリカライン（HAPAG）は，1871年にハンブルク−西インド間の汽船事業を開始し，それには，西インド諸島の間の事業も含まれていた。ドイツ帝国の郵政省は，HAPAGが，ロイヤルメールラインに似たこのようなルートで郵便輸送を組織化することを認可し，この二社は，「友好的競争相手」となり，頻繁に同じ港に停泊した。両社はまた，諸島間の航海のために使われる独自の郵便切手を発行した。ロイヤルメールがそれを使用したのは1875年という短期間にすぎなかったが，HAPAGの切手は，さまざまな国々の郵便事業が万国郵便連合の加盟国になるまで使われた[219]。

---

218) 1891-1904年のシベリア鉄道建設は，これとは別の適切な事例かもしれない。

219) Sigurd Ringström & H.E. Tester, *The Private Ship Letter Stamps of the World.* Part 1. *The Caribbean.* (Trelleborg, 出版年不明), 126-128, 133-134; Bushell, 127-128. ブッシェルないしニコルの手になるロイヤルメールラインの歴史は，ドイツの競争相手に言及していない。万国郵便連合（UPU）は，1875年に創設されたが，その数年後，西インドの郵便事業に関係している国々が参加した。1875-77年のHAPAGの消印がついた手紙は，Ringström & Tester,

しかも，いくつかの支部のルートを利用する地域的な汽船会社があった。もっとも重要なものは，キャプテン・ロバート・トッドの会社であり，彼は，1860年代にベネズエラ政府との合意のもと，ラグアイラ－プエルト・カベヨ－セント・トマス間で郵便事業をおこなった。このルートは，もともとロイヤルメールラインが操業していた[220]。

ロイヤルメールラインはさらに，バハマへの北方ルートで1859年にキューナードラインに負けたように，他の郵便ルートに敗北した場合もいくつかあった[221]。1865年初頭には，リヴァプールの西インド・太平洋汽船会社が，ハイチ，ジャマイカ，メキシコへの，そしてジャマイカとベリーズへは，別のルートで毎日出港する事業を開始した。しかし，政府との契約が短期間で終わってしまったのは，航海の日程にいくつか変更が生じたのと，船舶が使えない場合があったからである。1866年4月，契約期間が完了し，同社の船舶が運んでいた手紙は，イギリス郵政省から通常の船便として扱われた。同社には，1868年に別の機会が与えられ，メキシコと南米の北岸へのルートが開拓されたが，契約はたった1年間であり，その補償金は，運搬される郵便の重量にかぎられていた[222]。

1875年1月，ロイヤルメールの新たな郵便契約が結ばれた。年間補助額は約12万ドルに減らされたけれども，同社は，すでに必要な改善と変更をおこない，資産の変化に対応した。西インドの事業に対する年間補助額はいまや8万6750ドルになり，南米での事業に対する支出は，運ばれる郵便物の重量によって決まった。西インドで事業をおこなっていた港のいくつかは，現実には契約を結んでいない港であった。ロイヤルメールラインの以前のルートの一部を他の会社が奪い取っていったこ

144-157に描かれている。
 220) Ringström & Tester, 12-28をみよ。
 221) Gisburn, 23-25; Moubray & Moubray, 277-278をみよ。キューナードラインも，1833年以降ハリファックスからバミューダへの，1850年からはセント・トマスへの事業をしていた。セント・トマスは1880年にキングストンに取って代わられた。このルートが，ヨーロッパとの手紙のやりとりではあまり使われなかったのは，ロイヤルメールラインを利用して送る場合よりも遅かったからである。キューナードの事業は1868年に終了した。事業の開始については，Arnell & Ludington, x-xviをみよ。ハリファックス－バミューダ間の出航表については，55-161をみよ。さらに，Moubray & Moubray, 280-281もみよ。
 222) Moubray & Moubray, 276.

ともあれば，その逆もあった。プリマスが 1867 年 10 月からイングランドで最初の停泊港になってから，西インドの船舶は，フランス側のシェルブールで停泊するようになり，その後，1869 年 5 月からサザンプトンにまで進んだ。1873 年 6 月，サザンプトンから西インドまで毎月航海がおこなわれるようになり，故国に帰る前に，ブレーメンとハンブルクに立ち寄った[223]。

1870 年代のさまざまな郵便ラインのスケジュールについてほとんど知られていないのは，詳細が公表されていないからである。西インドルートで，ロイヤルメールラインと HAPAG のあいだの「友好的競争」についての調査は，とりわけ興味深い。しかし，その調査は，誰か他の人の手にゆだねられなければならない。事業情報伝達の観点からは，この時代の詳細な研究は重要ではない。電信はすでにカリブ海に到達していたので，もはや汽船が最新のニュースをもたらすことはなくなっていた。

数社と政府が関係して多くの技術的問題が解決され，10 年間の交渉ののち，フロリダ-キューバ間で 1867 年に最初の海底ケーブルがアメリカン・インターナショナル・オーシャン電信会社によって敷設された。電信のネットワークを発展させる際に直面する困難な問題の一つは，ここでもまた，パナマ経由での通信伝達の独占権をどの国が握れるかということであった。大西洋岸と太平洋岸が，電信によって結ばれるからである。歴史的背景から予想されるように，イギリス政府は，この問題について決して自らの主張を曲げようとはしなかった。いくつかの国と植民地は，新たな電信ネットワークに対する助成金や補助金を受けようとして熱心であったが，アメリカン・インターナショナル電信会社は，新会社の名のもとですぐに新規の資本を獲得する必要があるとわかっていた[224]。

西インド・パナマ電信株式会社が 1869 年ロンドンで創設され，おお

---

[223] Bushell, 126-127; Ringström & Tester, 126. ロイヤルメールラインの契約変更については，1864 年 1 月 2 日から効力を発揮した第 4 回目の契約にかんして，Kenton & Parsons, 222-227 を，1875 年 1 月 2 日から効力を発揮した第 5 回目の契約については，322-325 をみよ。Kenton & Parsons の出航表は，プリマスまでの航海しかカバーしていない。

[224] Jorma Ahvenainen, *The History of the Caribbean Telegraphs before the First World War*(Helsinki 1996), 9-22 をみよ。

むねリヴァプールの執行部が役職に就いた。それは，この地域の主要な利益がどこにあったのかを示す。1870年代初頭には，サンティアゴ・デ・キューバとジャマイカのキングストンのあいだで電信ラインが開通したが，キングストン-パナマ間の電信ラインは，技術的困難のために遅れた。セント・トマスはセント・キッツと結びつき，アンティグア，グアドループ，ドミニカ，マルティニーク，セント・ルシア，セント・ヴィンセント，グラナダ，トリニダードにまで延長された。1872年初頭に，このラインはバルバドス，さらにトリニダード経由でデメララにまで延長した[225]。

カリブ海地域で参加していたのは，現実には一つではなく，四つのケーブル電信会社であった。二つはイギリス（西インド・パナマ電信会社とキューバ海底ケーブル会社），二つはアメリカ（インターナショナル・オーシャン電信会社と中南米電信会社）である。このうち三社が提携し，中南米電信会社と競争した。この会社の活動は，その名前が暗示するように，主として中南米にあった。同社は西インドでは事業をせず，提携した会社の独占に対する脅威にはならなかった[226]。

これらの会社は，すぐに事態は計画通りには進行していないことに気づいた。ケーブルの敷設と最初の事業は，計算されたよりもはるかに困難で高価であった。南米に活動を広げようという当初の考え——計画のもっとも儲かる部分であった——が実現しなかったので，ケーブルネットワークには，使われていない部分がきわめて多かった。つぎに驚くべきは，電信への需要が，それまで推計されてきたよりもはるかに少なかったことである。砂糖貿易で不況が続いたことで，ほとんどの植民地に大きな経済的困難がもたらされ，世界貿易におけるカリブ海地域の経済的重要性は低下した。この地域の社会構造が電信に適したものではなかったのは，住民の大多数が文盲だったからである。電信は，商業集団，製造業者，プランテーション所有者，さまざまな政府の役人にとっては役に立ったが，それ以外の人々には，ほとんど無駄であった。カリブ海諸島は異なるヨーロッパ列強諸国の植民地だったので，諸島間の交

---

225) パナマラインは，最終的に，1875年に開通した。Ahvenainen (1996), 22-30, 42 をみよ。

226) Ahvenainen (1996), 196-197.

通量が多くなかったとしても不思議ではない[227]。

　ところが，英領ギアナの事業にとって，電信は有益な道具であったように思われる。サンドバック・ティン社の通信文から，汽船が運ぶ手紙と電信が実際にどう関連していたのかということについて，いくつかの事例が提示される。

「わたくしどもは，汽船の直行便で昨日到着した手紙の複製を同封します。……そして，『マルヴィーナ・シャトル便』で木材を送るよう要請するわたくしどもに対し，あなたの電信による返信を認めなければなりません。ルイムヴェルドについて，ロバート・スミス氏からの手紙を同封します。あなたが返信を送る権限がない場合でも，あなたが受け取るだろうと思ったのが，その手紙であることはいうまでもありません。わたくしどもは，あなたの指示を待ちますが，『ロッテルダム』とは書きません。そういうことはあまりしたくないからです。アーサー王は，ロンドン向けに荷を送りました。砂糖も一緒で，1個あたり1シリング9ペンスです……」。
「3月3日に加え，あなたは『avaria』という単語を使えます。「第二の『avaria』の代わりに，『average』を用います」。
「拝啓　わたくしどもは，一通あたり，同封物と電信4/94とともに，あなたの16ペンスを……ハリソン一家に認めなければなりません。わたくしどもが電信を使った理由は，……グレンコーン社のためです。あとで，電信を送ります。所有者から聞きました」。
「親愛なるジョンへ　郵便が遅れましたので，「わたくしどもは認めてはならないものはなく，あなたの勘定についていうべきこともありません」。
「拝啓　わたくしどもは，あなたの38,39,40ペンスを所有しています。メキシコ人です。あなたの電信4/119は，当然受け取りましたが，政府の長官がわたくしどもに返事をしてくれません……同封するのは，クロスビーへの手紙，オリビエイラへの手紙，3つの電信，最後の郵便の複製です」。[228]

---

227) Ahvenainen (1996), 197.
228) Letters to Sandbach, Tinne & Co. in Liverpool from Demerara (Georgetown)

電信と汽船で受け取る事業情報が混在していたので，デメララの砂糖プランテーションとリヴァプールのオーナー会社の通信は，きわめて複雑であった。部外者には，何がおこっているのかうかがい知ることは不可能に近かった。複数の手段で照会することは，大洋の反対側にいるパートナーに，手紙を送ろうとしているときに書き手の知識がどのようなものであるかを知らせるために必要不可欠であった。大量の手紙と電信のコードが，事業通信がかなり規格化されていたことを示す。そのうえ，プランテーションの独立性は，著しく弱まった。数十年前と比較して，何千マイルも離れたところにいる所有者が，いまやはるかに厳格に遠隔地のプランテーションを管理するようになったのである。

国際競争と南米での電信の導入

1860年代後半に，ロイヤルメールラインや帝国海運のような古くからの会社の事業規模は，南米ルートで大きく変化した。複合機関が導入されたので，船倉を石炭で埋めるかわりに，以前よりも多くの貨物と乗客を運ぶことが可能になった。これは，長距離の航海ルートでとくに重要になった。イギリスとフランスの郵便事業が操業のために多額の補助金をえていたのに対し，新たな競争相手は，いまや政府の支援なしで同じルートで出発することができた。貨物と乗客のスペースが増大し，ともかく航海で利益が出るようになった。実際，汽船は，長距離の運搬者としては，帆船よりも優位に立ったのである。他の地域と同様，南米ルートで政府の政策が変わるまでに時間はあまりかからなかった。海運会社は，運ばれる郵便の重量だけで支払いを受けるようになったのである[229]。

リヴァプールに根拠地をおく会社は，一般にはランポート＆ホルトと

25.3.1876, 4.4.1876, 25.4.1876, 24.8.1876 and 5.9.1876. (Bryson Collection, Records of Sandbach, Tinne & Co., D/B/176, MMM)

229) Bushell, 125-127; Howat 164, 166, 169, 180, 189-190 などをみよ。複合機関は，船舶の航行速度にあまり影響しなかったようである。たとえば，1870年代のロイヤルメールの汽船のスピードは，11-12ノットであり，倒立エンジンをもちいた船舶の通常のスピードとほとんど変わらなかった。技術的には，1860年はまた，旧来の木製外輪汽船が，鉄製のスクリューへと転換した時期であった。Royal Mail Line in Bonsor(1983), 21-24, Howat, 122 の出航表をみよ。

して知られ，1863 年に，リヴァプール・ブラジル・ラプラタ川汽船航海会社の名のもとで，1863 年に南米との事業を開始した。彼らは，初年度に 2 隻の船を南米に送り，1864 年には 8 隻，1865 年には 24 隻，1866 年には 41 隻を送った。これらの船舶は，ときには，リヴァプールの商会のために私的な船便で手紙を運んだ[230]。1868 年に，同社は政府との契約のもと，リヴァプール-リスボン-バヒーア-リオ・デ・ジャネイロ-モンテビデオ-ブエノスアイレスルートで公的な郵便運搬船として出発した。短期的な契約も，ロンドンに拠点をおくテイト社と結ばれた（ロンドン・ベルギー・ブラジル・ラプラタ川郵便汽船会社）[231]。

このルートに関する興味深い現象として，南米の東岸に太平洋汽船航海会社が参入してきたことがある。これは，1840 年代中頃から西岸でイギリスとの契約のもとで郵便を運搬していたのと同じ会社である。彼らは，いまやリヴァプールからボルドー，リスボン，カボヴェルデ，リオ・デ・ジャネイロ，モンテビデオ，プンタアレナスを経由してバルパライソに向かう直行ルートを確立した。汽船は，ケープ岬まで下るのではなく，マゼラン海峡経由でより短いルートをとるようになった[232]。

1870 年には，西欧の主要な港と南米を結ぶ五つの定期的な郵便汽船ラインが稼働していた。ブエノスアイレスへの手紙は，ロンドンから出発港へと，毎月 2 日，9 日，19 日，23 日，24 日に送られた。日曜日と重なった場合，1 日ずれることもあった。ブエノスアイレスからの出港日は，毎月 9 日，12 日，17 日，27 日であった。太平洋汽船航海会社は，毎月 12 日にリヴァプールを出港し，モンテビデオ経由でバルパライソとカヤオまで，ブエノスアイレスに立ち寄ることなく航海した。彼らの船舶は，モンテビデオから故国に 26 日に出港した[233]。

すべての会社が，まったく同じルートで事業をしていたわけではない

---

230) Howat,159. ランポート & ホルトが送った私的な船便の手紙の一例として，a letter from Montevideo 22.9.1863 to Rathbone Bros & Co. in Liverpool 'p. Str Kepler'(RT XXIV.2.36, SJ).

231) Howat,159-170, 175-181; Moubray & Moubray, 284-285 をみよ。

232) Howat,185; Moubray & Moubray 285 をみよ。

233) Howat,187. さらに，ドイツ・ハンブルク南 (Hamburg-Südamerikanischen Dampfschiffahrts Gesellschaft) が，2 年後の 1872 年に南米ルートを航海しはじめた。Bonsor (1983), 189, 200-201 をみよ。

表60 リヴァプール-モンテビデオ間の連続する情報の循環 1870年の事例

会　社	港と出港日	モンテビデオへの到着日	会　社	モンテビデオからの出港日	港と出港日	情報の循環の日数*
テイト社	ファルマス 1月4日	2月8日	ランポート＆ホルト	~2月10日	サザンプトン 3月18日	73日間
ランポート＆ホルト	リヴァプール 3月20日	4月19日	PSNCo	4月28日	リヴァプール 5月27日	68日間
テイト社	ファルマス 3月5日	6月2日	ランポート＆ホルト	~6月10日	サザンプトン 7月13日	71日間
ランポート＆ホルト	リヴァプール 7月20日	8月22日	PSNCo	8月26日	リヴァプール 9月23日	65日間
PSNCo	リヴァプール 9月29日	10月29日	海洋海運	11月2日	ボルドー 11月26日	60日間**
PSNCo	リヴァプール 11月29日	~12月24日	PSNCo	12月27日	リヴァプール 1871年2月3日	66日間

出典） Sailing lists of Howat, 137, 171, 183, 211; Salles, Tome III, 89, 91.
* ＝情報の循環は，モンテビデオにおける最速の変化を利用することにより，母港の出港日から到着日までの計算（しかし，ヨーロッパからの郵便が到着したその日の出港は含まない）した。
** ＝ボルドー-リヴァプール間の移動にはもう2日間かかった。郵便は，主として 他の港から鉄道によって同日に送られた。~は推測。

のは，商業的には当然の理由がある。ロイヤルメールライン，ランポート＆ホルト，テイト社はイギリスの異なる港からブエノスアイレスに航海し，海洋海運は，ボルドーからブエノスアイレスに航海した。太平洋汽船航海会社は，すでに述べたように，リヴァプールからモンテビデオまで航海した。船舶はまた，航海中に，いくらかの異なる港に停泊した，すべての海運ラインがリオ・デ・ジャネイロとモンテビデオに停泊したので，この二港には，現実にはブエノスアイレスよりも，事業通信のための選択肢があった。ウルグアイとの通信で巨額の利益をえられたのは，テイト社が1870年にブエノスアイレスでの操業を停止し，太平洋汽船航海会社が，同年7月にモンテビデオとバルパライソへの事業を二倍にしたときのことであった[234]。

234) ロイヤルメールラインは，サザンプトン-リスボン-セント・ヴィンセント（カボヴェルデ）-ペルナンブーコ-リオ・デ・ジャネイロ-モンテビデオ-ブエノスアイレスを航海した。ランポート＆ホルトは，リヴァプール-バヒーア-リオ・デ・ジャネイロ-モンテビデオ-ブエノスアイレスを航海した。テイト社は，ファルマス-リオ・デ・ジャネイロ-モンテビデオ-ブエノスアイレスを航海した。太平洋汽船航海会社は，リヴァプール-ボルドー-リスボン-セント・ヴィンセント（カボヴェルデ）-リオ・デ・ジャネイロ-モンテビデオ-バルパライソを航海した。海洋海運は，ボルドー-リスボン-ダカール-ペルナンブーコ-バヒーア

第 6 章　西インドと南米

　しかしながら，モンテビデオとブエノスアイレスのあいだの距離は
たった 1 日の航海程度だったので，この相違が現実に非常に重要だっ
たのかどうかはわからない。局地的な汽船事業があり，それでブエノス
アイレスまで郵便を運んだことがあったかもしれないが，この 2 都市の
あいだには，国境があったことを忘れてはならない。表 60 は，リヴァ
プール（ないし国内で鉄道と結びついている主要なイングランドの港）とモ
ンテビデオのあいだの，1870 年における連続する情報の循環のフロー
を示す。ブエノスアイレスに対しては，航海の期間に 1-2 日間を付け加
えるべきである。
　偶然にも，1870 年 1 月初旬からはじまった情報の循環は，ロイヤル
メールの航海がなくても続いた。このルートにより，6 回に近い情報の
循環が，ほとんどもっぱら新しい会社を利用することで指揮された。海
洋海運の 1 回の航海は，例外である。4 社の事業で可能になった平均的
な情報の循環は，67 日間であった。非常に頻繁に船舶が出港していた
ので，情報の循環の上限は年間 5.5 回に上昇した。ロイヤルメールライ
ンがこのルートだけで航海したなら，平均的な情報の循環の長さはほぼ
同じで，68 日間であったろう。だが，毎月のスケジュールは，1 暦年
内では，4 回の情報の循環しか可能ではなかったであろう。
　異なる海運ラインの事業が同じことをおこなっていたわけではない。
興味深いことに，古くからある郵便ライン——ロイヤルメール，海洋
海運，太平洋汽船航海会社——は，新参者——テイト社とランパート
＆ホルト——よりも，常に速く航海することができた。ロイヤルメー
ルラインは，さらに，最終的にはリオ・デ・ジャネイロ-ブエノスアイ
レス間の古い支部の事業をやめ，直接事業をおこなうことで，航海の所
要時間を短縮した[235]。すべての会社を適切に比較するのが困難なのは，
ルートが異なっていたことと，出航表に書かれている日付は，必ずしも
現実の日付ではなく予定にすぎないこともあったからである。しかも，

──────────
-リオ・デ・ジャネイロ-モンテビデオとブエノスアイレスを航海した。以下をみよ。Howat,
123, 163, 180, 189-190; Salles, Tome III, 89.
　235) ロイヤルメールラインの郵便契約がそれに相当する変化を示したことについては，
Howat, 122-123 をみよ。

表 61　イングランド/フランスの港とモンテビデオ間移動の
平均的な航海の所要時間 1870 年

海運会社	母港 − モンテビデオ移動の平均所要時間	モンテビデオ − 母港移動の平均所要時間
ランポート & ホルト	30 日間	35 日間
海洋海運	30 日間	26-27 日間
PSNCo.	28 日間	32 日間
ロイヤルメールライン	28 日間	30 日間
テイト社	33 日間	35 日間

出典）　*Sailing lists of Howat*, 137, 171, 183, 211; and Salles Tome III, 89, 91.

史料によっては，日付が異なる[236]。このような留保条件を考慮するなら，海運ラインの平均的な運行日数は，次のようになる。

　むろん，イギリス郵政省は，郵便の航海の所要時間を詳細に調査した。テイト社が業績を向上させることができず，しかも新しい郵便契約で，航海の日数を 42 日間に延ばす可能性について打診したので，イギリス郵政省は，太平洋汽船航海会社によりよい条件を提示した。それゆえ，同社が 1870 年 7 月に契約を引き継いだのに対し，テイト社は，舞台から姿を消した。表 61 は，ランポート & ホルトが契約をすることを要請されなかった理由を明確に示す[237]。

---

　236)　南米の港に海洋海運の船が到着した現実の日付は，サレの出航表には記載されていない。帰港する際の航海の日付は，ブエノスアイレスからしかわからない。ダニエル・ウィリアムズの通信文（Bryson Collection, D/B 175, MMM）と出航表を比較するなら，ボルドー − リヴァプール間の乗り換え時間が，通常の 2 日間ではなく 4 日間と異常に長いことが，わずかながらある。これは，フランスの新聞に掲載された到着日がおそらく間違っていて，郵便の手押印の方が信頼性があるとみなされるべきだということを示す。それはおそらく，1870 年代の北大西洋のフレンチラインの海運に関するサレの出航表とハバートとウィンターの出航表のあいだに，不整合な箇所がいくつかあるからであろう。サレは史料として，フランスの新聞と海運会社の文書館を使ったが，ハバートとウィンターは，ニューヨークの新聞と「ロイズリスト」を利用した（Salles, Tome III, 4; Salles, Tome IV, 8, 238-39; Hubbard & Winter, 275, 284-286）。だが，さらに考えられることは，航海の日程は合っているのだが，ボルドー − リヴアプール間の郵便がなんらかの理由で遅れたということである。ホワトの出航表では，テイト社とランポート & ホルトの航海日が少しだけではあるが失われており，ブエノスアイレスに到着ないしそこから出港する日付を使って推計されている。場合によって，ホワトはまた，現実の日付ではなく，「到着ないし出港する予定の」日付を用いている。しかも，ウィリアムズの通信文にある郵便の手押印から，船舶が予定された日に到着しなかったことが明らかなことからわかるように，リヴァプールの到着日は修正されている。Howat, 171, 183, 211 をみよ。

　237)　郵便契約の更新をめぐる議論については，Howat, 181-190 をみよ。イギリス郵政省はまた，1869 年 7 月からの 6 カ月間のあいだに，南米 − イギリス間の郵便ラインで運ばれ

第 6 章　西インドと南米

表 62　リヴァプール−モンテビデオ間の連続する情報の循環 1875 年の事例

会社	港と出港日	モンテビデオへの到着日	会社	モンテビデオからの出港日	港と到着日	情報の循環の日数*
海洋海運	ボルドー 1月5日	~2月3日	ランポート＆ホルトないし海洋海運	2月11日 2月11日	サザンポート 3月12日 ボルドー 3月9日	68日間 67日間
海洋海運	ボルドー 3月20日	~4月18日	PSNCo	4月27日	リヴァプール 5月28日	71日間
PSNCo	リヴァプール 6月2日	7月1日	ロイヤルメールライン	7月2日	サザンポート 7月31日	59日間
海洋海運	ボルドー 8月5日	~9月3日	ランポート＆ホルト	9月10日	サザンポート 10月10日	68日間
ランポート＆ホルト	リヴァプール 10月18日	11月19日	PSNCo	11月24日	12月24日	67日間

出典）　*Sailing lists of Howat*, 140, 174, 217; Salles, Tome III, 94.　~は推測。
*　ボルドー−リヴァプール間の移動にはもう 2 日間かかった。郵便は，主として 他の港から鉄道によって同日に送られた。

　1874 年，ロイヤルメールラインは 1 カ月に 2 回の事業を開始し，1872 年に政府の郵便事業にくわえ，新しい商業ラインを開始し，海洋海運の事例に続いた。海洋海運の「速い」新ラインは，バヒーアやプエルト・リコには関係しなかったが，他のラインは関係した。1875 年には，南米の汽船による郵便事業は，頻度とスピードの点で頂点に達した。イングランドからは三つの，ボルドーからは一つの郵便運送ラインにくわえて，ハンブルクからはハンブルク南が，マルセイユからはフランス郵船輸送ソシエテ・ジェネラレ（SGTM）が，ジェノヴァからはイタリア・ラヴァレロラインが事業をおこなった[238]。
　アルゼンチンの郵便・電信長官が提出した当時の統計から，1876 年

る通信文にもとづいて収集されるイギリスの郵便料金の総額を調査した。そこで気づいたことは，固定額の補助金を受け取っていた唯一の会社であるロイヤルメールライン（帝国海運は，フランス政府から補助金を受け取っていた）の稼ぎが，郵便ラインを増やしたために減少しなかったことである。別の調査は，イギリス郵政省がランポート＆ホルトに支払った金額は，1869 年に 8443 ポンド，1870 年に 5418 ポンドにすぎなかったことを示す。しかしこれらの数値は，運搬される郵便量の多さを示すものではない。太平洋汽船航海会社の分け前ははるかに少なかったが，同社には，当然，太平洋の事業が重要であった。ロイヤルメールラインの実際の稼ぎは，1874 年にはまだ 3 万 3100 ポンドであったが，急速に低下し，1875 年には 2 万 828 ポンドになり，1876 年は 1 万 6976 ポンド，1880 年はたった 5538 ポンドになった。Howat, 128, 170, 181, 209 をみよ。

　238)　以下をみよ。Howat, 123-126; Salles, Tome III, 91; Bonsor (1983), 102-105, 128-129, 135-136. ドイツないし地中海で操業していた会社の出航表は存在しない。

にブエノスアイレスからヨーロッパに向かう海運ラインで運ばれた手紙の数に関する興味深い情報がえられる。海洋海運が市場のリーダーであり，10万通（31％）を運んだのに対し，ロイヤルメールラインは，8万8,000通（28％）を運んだ。地中海の諸会社は，事業をはじめてから数年間は輸送でかなりの比率を占めた。SGTMは4万6,000通（15％）を，ラヴァレロは4万5,000通（14％）を運んだ。ランポート＆ホルトは1万通（3％）を運び，「太平洋汽船航海会社のさまざまな船と多様なドイツの船」は，2万9,000通（9％）を運んだ。ブエノスアイレスからヨーロッパに送られた手紙の総数は，31万8000通であった[239]。しかも，それの船舶が，モンテビデオからブラジルの港まで，郵便を運搬したのである。

表62は，リヴァプールを絶えずヨーロッパの終点として使うことで，大西洋の郵便発着港とモンテビデオのあいだで情報の循環がおこなわれた事例を提示する。むろん，鉄道と連結している主要なイングランドの港すべてで同じことがおこなわれた可能性がある。

ブラジルとラプラタ川の港を行き来する郵便船は，1870年に61隻だったのが，1875年には86隻になった。しかしながら，事業情報の循環の観点からみるなら，結果は，以前よりも悪化していた。1暦年内の連続する情報の循環は5.5回であったのが，たった5回になった。同じ結果は，ロイヤルメールラインの1カ月に2回の事業を利用しても，達成可能であったかもしれない。

このような結果になった主要な理由は，海運ラインがさまざまな契約にしばられていたので，航海を現実に調整することができなかったからである。海洋海運とロイヤルメールラインは1カ月に2回で航海し，ランポート＆ホルトがそれと同じルートで毎月航海していたのだが（日曜日のイギリスのラインを例外として），太平洋汽船航海会社は，第二水曜日ごとに航海したので，絶えず日程が変わった。

ヨーロッパの港からの出港は，均等に分布しているわけではなかったばかりか，大きく異なっていた。毎月7-8回の出港があったとしても，事業情報の循環の観点からは，このシステムが十分に機能していたわ

---

239) Howat, 126.

けではない．1週間で4回出港することがあれば，一度の航海もなく，10日間がすぎ去ることもあった．

　到着と出港は，同じ海運会社であっても，タイミングが合わないことがあった．その結果，他方向からその会社の船が到着するのと同日，あるいは1-2日前に次の船が出航することもあった[240]．リヴァプールを根拠地とする会社は，古くからの郵便契約会社と同日ないしかなり近い日に出港して競争した[241]．

　たとえば1875年2月に，海洋海運は，自社の船舶がボルドーに到着したその日に出港した．そのため，イングランドはいうまでもなく，パリでも，到着した手紙に返信を出すことは誰にもできなかった．当時，太平洋汽船航海会社は，ロイヤルメールラインの1日後に出港した．それは，誰にとってもあまり有益なことではなかった．ランポート＆ホルトは，海洋海運がボルドーを出港した1日後に航海をした．つまり，船に載せる郵便は，イングランドからほとんど同時に送らなければならなかったのである．最後に，太平洋汽船航海会社は，ふたたび，ロイヤルメールラインと同日に航海した．たとえば，7隻が4日ごとに1隻ずつ出港するのではなく，2月5-10日のあいだの6日間に3隻が出港し，2月20-24日の5日間のうちに残りの4隻が出港した．2月それ以外の期間は，出港する船は1隻もなかった[242]．

　そのうえ，太平洋汽船航海会社の場合，同社の別の船が出港したのと同日に手紙が届いたなら，それへの返信は，次の出港まで通常10日間待たなければならなかったが，ロイヤルメールラインの手紙を待つ期間は，5日間であった．航海せずに1週間半すごし，同日に，また2隻がきた[243]．1875年には，5年前よりも航海がいくぶん速くなったとはいえ，航海の所要時間は多様であった．

　ロイヤルメールラインがモンテビデオから母国に帰る航海には，平均

240）　たとえば，海洋海運は，1875年には，1月初旬，2月，7月，8月，10月，12月に到着した．Salles, Tome III, 94 をみよ．

241）　たとえば，ランポート＆ホルトは，1-4月に航海した（スケジュールは，1875年5月から変わった）．太平洋汽船航海会社は，2月下旬，3月，5月初旬，10月中旬に航海した．Howat, 139-140, 173-174, 216-217 の出航表をみよ．

242）　以下をみよ．Howat, 139-140, 173-174, 216-217 の出航表と Salles, Tome III, 94．

243）　以下をみよ．Howat, 139-140, 173-174, 216-217 の出航表と Salles, Tome III, 94．

で 29.5 日間（1870 年には 30.2 日間）かかったが，現実には 28-32 日間とさまざまであった。ランポート＆ホルトの航海は，1 年を通して 31.1 日間（1870 年には 35 日間）であったし，1875 年 4 月に開始した新しい契約のもとでは，30.3 日間であった。航海の所要時間は 26-37 日間であった。太平洋汽船航海会社の航海は，平均で 30.7 日間（1870 年には 31.8 日間）必要であった。航海には，29-33 日間かかった。海洋海運の速達便ラインは，母国への航海を平均 25.1 日間（1870 年には 25.6 日間）でおこない，現実の所用日数は 24-27 日間であった。一方，通常の航海に加え，いくつかの港に寄港する商業ラインは，母国への航海に 30.3 日間費やし，現実には 26-35 日間必要であった[244]。

　北大西洋の事業で同時に生じたように，航海のスピードと頻度がもっとも効率的な方法で利用されたわけではない。たがいの航海日と同日かかなり近い日に航海することで会社間の競争が生じ，航海の期間が重なりあうことがあったため，少なくとも事業情報伝達の機会は失われた。郵便輸送が航海の主要目的ではなくなり，貨物と乗客の輸送のニーズが重要視されると，情報伝達は優先されなくなった。

　1870 年代中頃から，イギリス郵政省は，郵便契約事業をおこなえる海外の国々を探していた。そのため，輸送される手紙 1 オンスにつき会社に支払われる合計額が減少した。イギリス郵政省はまた，手紙の運搬義務をイギリスから外国に送られるものに限定することで，支出額を削ろうとした。このとき，海外の国々は，郵便をヨーロッパに輸送する海運会社との独自の契約を結ぶ責任を負うようになった。このような状況で，ランポート＆ホルトの郵便契約は 1876 年に解消されたが，それにともない南米ルートで活動していたイギリスのロイヤルメールラインと太平洋汽船航海会社との契約は，短縮された[245]。

　1824 年に開設されたブエノスアイレスでイギリス郵政省の支局も，フランスの支局とともに，アルジェリア政府の命令で，1873 年に廃止

---

244) Howat, 139-140, 173-174, 216-217 の出航表と Salles, Tome III, 94. 1870 年の平均は，Howat, 139-140, 173-174, 216-217 と Salles, Tome III, 89, 91 の出航表にもとづいている。郵船海運とランポート＆ホルトの移動の所要時間を計算すると，モンテビデオからの出港は，ブエノスアイレスからの日付よりも 1 日遅かったと推計される。

245) Howat, 170 をみよ。

になった。数十年間にわたり，イギリスとフランスの人々は，ブエノスアイレスの郵便を管轄する当局が手紙を取り扱う際に生じる費用を負担することも，請求する金額を支払うこともなく，母国と中継港への手紙を運ぶことができるという特権を享受していた。手紙は，いまやアルゼンチン郵政省によって運ばれ，アルゼンチンの郵便切手で前払いされた。郵便袋は，「郵便ラインの郵便職員が決めた日付と時間」に，イングランドとフランスの汽船に乗る郵便職員に送られた[246]。

　かつての特権，補助金と特別の取り決めのすべてが，いまや情報伝達事業から移され，ネットワークを調整するものはいなくなった。そのため，政府にとってより安価になったことは間違いなく，自由競争の原理により適していたが，事業情報伝達の観点からは，間違いなく後退していた。最速の通信が電信によって送られていたとしても，大量の重要な資料，電信と音のトーンの説明を手紙で送るのは，以前よりも遅くなった。耐えざる改善が，サーヴィスのオーバーラップと不健全な競争に変わっていった。そのため数十の海運ラインと，なおもかなり予測不可能な情報の循環の所要時間が破滅に追いやられたのである。

　南米における情報の伝達環境の変化はまた，電信の導入と関係していた。だが，長く困難な距離と数カ国の商業上・政治上の利害関係が，ヨーロッパ，南米，西インドと関係し，そのためケーブルを敷設する交渉過程が長引いたのである。数社が設立され，資本が徴収され，政府間で合意がなされ，ガッタパーチャを使った数千マイルのケーブルがそのために製造された。ヨルマ・アホヴェナイネンは，南米におけるヨーロッパの海底ケーブル会社に関するすぐれた研究で，初期の計画を詳細に分析した[247]。

　最初に機能したケーブルは，1866年後半にウルグアイ－アルゼンチン間に敷設された。ラプラタ川電信会社が，二人のイギリス人によって創設された。リヴァプール商人のジョン・プラウドフットと，グラスゴー

---

[246]　Howat, 121-122. リスボン，ゴレ島，ペルナンブーコ，バヒーア，リオ・デ・ジャネイロ，モンテビデオ，ブエノスアイレスにおけるフランス領事とその事業については，Salles, Tome III, 41-49 をみよ。

[247]　Jorma Ahvenainen, *The European Cable Companies in South America before the First World War* (Jyväskylä 2004), 11-30. 南米において，国際的な海底ケーブルがさらに発展したことについては，本書の随所を読むことを強くお薦めする。

の技師，インド・ゴム・ガッタパーチャ電信会社の業務執行取締役であったマシュー・グレイがその二人である。プラウドフットは，イギリス–南米間の貿易に関心があったのに対し，グレイの関心は，これらの関係が会社に対して創出する作用にあった。株の購買者は，主としてスコットランドとイングランド北西部，なかでもリヴァプールとマンチェスターの出身であった[248]。

　当初から，同社が健全な企業であったことがわかる。そのラインが，1872 年にアンデス横断電信会社が創設したアルゼンチンとチリのあいだを結ぶ陸上ラインと接続すると，ラプラタ川電信会社が，南米西岸とヨーロッパ間で非常に速く情報を伝達する企業として主導権を握ったのである。これはまったく正しいというわけではないが，航海が終わる両端で，情報伝達の所要時間を数日間短縮したことは本当のことだ。緊急を要する通信を，イングランドやフランスからリスボンへと電信で送り，そこから汽船でモンテビデオに運び，チリのバルパライソやサンティアゴには，ふたたび電信で転送することができた[249]。これは，それ以前から北大西洋ルートで使用されていたシステムに似ている。ニューヨークからニューファンドランド，そしてホリヘッドからリヴァプールにいたる大西洋の海底ケーブルは，まだ機能していなかったからである[250]。

　ラプラタ川電信会社は，通常の汽船による事業ではなく，同社の接続方法を使えば，ヨーロッパ–バルパライソ間の情報伝達の所要時間を，12 日間短縮することができると宣伝した。現実には，郵便汽船と電信を組み合わせて事業をおこなう効果は，はるかに大きかった。太平洋汽船航海会社が，42 日間でリヴァプール–バルパライソ間を航海し，その逆方向へはもう 4 日間かかったが，リスボン–モンテビデオ間を同社の郵便汽船で移動するなら，たった 23-25 日間ですんだ。したがって，電信と汽船を組み合わせた事業をおこなうなら，たとえ大西洋の海底ケーブルを使わなくても，緊急の情報伝達の所要時間を 19-21 日間にまで短

---

248) Ahvenainen (2004), 31-33.
249) Ahvenainen (2004), 35. ヨーロッパ間のラインは，当然，1860 年代に使用されていた。
250) 第 5 章の第 4 節をみよ。

縮できた。この海底ケーブルは，1874年に，ブラジル海底ケーブル電信会社がポルトガル-ブラジル間に敷設していたのである[251]。

とはいえ，初期の南米の電文は高く，緊急の事態以外に用いられなかったことはたしかである。モンテビデオ-ブエノスアイレス間の料金が10語で15.75フランだった時代に，アメリカ-イギリス間のアングロ-アメリカ会社は，10語あたり50フランを請求した。モンテビデオ-バルパライソ間で最初の10語で21フラン，それ以降10語ごとに13.10フランの税金がかかった。さらに，リスボン-モンテビデオ間の海底ケーブルの料金は，1語あたり18.125フランであった[252]。

電信によって表される技術の発展に目を奪われている研究者は，情報伝達全体における電信の重要性を過大視しがちである。たとえば，アホヴェナイネンは，1875年7月のヨーロッパ-ブエノスアイレス間の公共ケーブルの開設について，こう書いた。「これ以前には，ヨーロッパから郵便で送られる通信は，リオ・デ・ジャネイロに到着するのに1カ月間かかり，ブエノスアイレスへの到着はそれより数日かかった。これは，世界の通信伝達のスピードという点で，非常に大きな変革であった」[253]。

ニュースが送られたのと同日，あるいは翌日に到着するなら，これはむろん，非常に大きな変化である。だから，ニュースを伝達する点において，電信の価値はいくら評価してもしすぎることはない。さらに，特定の事業においては，ニュースをすぐに受け取ったり，できるだけ速く「買ったり」，「売ったり」することが大切である。

だが，海底ケーブル敷設以前と以後の南米への情報伝達の差異は，1カ月ではなく，2週間半にすぎなかった。イギリスの港とリオ・デ・ジャネイロのあいだの情報の循環の所要時間は，着実に低下した。

---

251) Ahvenainen (2004), 35, 92-96 をみよ。太平洋汽船航海会社の数値は，現実の平均的航海時間である。航海の予定所要時間は，バルパライソまでで41日間，逆方向で帰国する場合は43日間であった。リスボン-モンテビデオ間で航海の予定所要時間は，それぞれ23日間と24日間であった（Howat, 200）。南米西岸は，1875-76年にバルパライソ-カヤオ間で接続された電信を受け取り，パナマ-カヤオ間の電信ラインは，最終的に1882年，南米電信会社によって敷設された。Ahvenainen (2004), 111.

252) Ahvenainen (2004), 33, 35, 122.

253) Ahvenainen (2004), 80. 別の見解については，Kaukiainen (2001), 1-6, 21-23 をみよ。

表63　リオ・デ・ジャネイロ−ファルマス／サザンプトン間の帆船，汽船，電信による情報伝達の持続期間

年	情報伝達の手段	持続期間の日数　年平均	コメント
1820	ファルマス郵便船	62.2日間	最初の郵便船
1850	ファルマス郵便船	51.9日間	郵便船の一部が新しい目的のために建造された
1851	ロイヤルメール　汽船	29.7日間	帆船から汽船への変化
1859	ロイヤルメール　汽船	25.2日間	ルートの合理化　新船舶
1872	ロイヤルメール　汽船	22.0日間	競争のため，蒸気ラインルートのスケジュールが決まる。
1872	イングランドからリスボンへの電信とリオ・デ・ジャネイロへの汽船	～18日間	さまざまな事業が可能だったのは，国際電信ラインが1850-60年代に敷設されたからである。
1875	電信	～1日間	情報伝達は，輸送から出発する。

出典）　*The average numbers of sailing days are calculated from the sailing lists of Howat*, 12-13, 85-86, 129, 132-133, 137-139. ～は推測。

1820年代のファルマスの郵便船で60-70日間かかっていたのが，1870年代には，汽船で22日間かけ港間を移動した[254]。イギリスとポルトガルのあいだで情報伝達のために電信ラインが使用されていたなら，ロンドン−リオ・デ・ジャネイロ間の情報伝達の所要時間は，18日間にすぎなかった。

　時間は，かならず日数と時間で計測されるが，現実にわれわれが論ずるスピードの上昇とは，相対的なものではありえない。電信を使用すれば，明らかに汽船を使うよりも20倍速いとしても，事業の通信伝達では，そこまで大きな差異が生じることは稀である。事業の規模で大きく変わるのは当然であるが，おそらくほとんどの会社は，これほど新しく，かつ費用がかかる情報システムを毎日使うわけではない。情報のための出費を受け入れる決定は，絶えず，解決しなければならない問題の性質によって左右される。多くの場合，いつも通り通常の郵便で情報を送るだけで十分であった。大口の郵便と電信が互いを補完して使われることが頻繁であったので，大陸間を横断する電信が導入されたあとでは，正確な連続的な情報の循環を計算することは，不可能ではなくても困難であった。

　表63は，1820年代から1870年代にかけ，イギリス−ブラジル間で情

---

254)　1875年に，サザンプトン−リオ・デ・ジャネイロ間をロイヤルメールラインで移動する平均。Howat, 140の出航表をみよ。

報伝達の変化が目を見張るほど大きかった理由を示す。航海時間がはじめて大きく減少したのは，1830年代のことであった。海軍省が，古い軍艦から建造された郵船の一部を，ファルマスの事業に変えたのである。航海する船のタイプを変えたために，平均して航海日数が10日間短縮した。

　最大の変化は，1851年初頭に生じた。このとき，ロイヤルメールの汽船が，南米ルートでファルマスの郵便船にとって代わったのだ。リオ・デ・ジャネイロからファルマスまで郵便帆船が航海するのに52日間必要だったのに対し，汽船なら30日間はかからなかった。日数で計算するなら，これは1875年に海底ケーブルが敷設されたとき以上の突然の変化である。

　汽船の技術発展は，1850年代初頭から1870年代にかけて，航海の期間を大幅には短縮しなかった。航海の所要時間は，この間に1週間短縮されたが，技術的改良のみならず，ルートの合理化もその要因であった。この点であまり進展しなかった理由は明確である。ロイヤルメールラインが，最初の汽船が大西洋を横断してから13年後に，南米ルートで航海を開始したのだ。技術に関する初期の問題点は，すでに解決されていた。だから南米ルートは，当初から，比較的順調に機能することができた。

　すでに数年間使われてきた，電信と郵便汽船を組み合わせても，ヨーロッパ－ブラジル間を直接海底ケーブルで結んでも，その差は2週間半にすぎなかった。当然，電信によるサーヴィスが速ければ，1年間に多数の情報伝達をおこなうことができた。理論的には，100回以上あったかもしれない。それでもなお，時間の相違は存在したのだし，技術面が原因となるあらゆる種類の遅れは，異なる支局から通信文を送る場合に生じた。料金は高く，むろん，四六時中通信文を送る必要はなかった。電信は，南米の貿易を革命的に変化させることはなかったかもしれないが，緊急を要する情報の伝達が不可欠な場合，もっとも速い手段を提供したことは間違いない。

第7章

東インドとオーストラレーシア

────────

独占の崩壊

　栄光あるイギリス東インド会社（EIC）の独占が1813年に廃止される前には，イギリス-東インド間，ないしイギリス人が利害関係をもつ他のアジア地域とのほとんどすべての情報伝達は，東インド貿易船でなされた。中国にとって，これは1833年まで続いた慣行であった[1]。
　ここで，EICのすべての歴史を描くことは不可能である。ロンドンのイギリス図書館のインド記録部局の文書館には，3世紀半にわたる社史に関する記録が，棚に14キロメートル保管されている。歴史的状況を理解するためには，全体像を少し俯瞰する必要があるかもしれない。
　EICは，ポルトガルが支配していた東インドの香料と繊維製品のシェアを奪うために，1600年に設立された。18世紀中頃には，同社は商業的事業だけをおこなう企業であり，在外商館で輸出入をし，カルカッタ，マドラス，ボンベイに交易所を有していた。1815年には，長年の戦争ののち，同社は，ボンベイ海軍省を含め，インドでもっとも強力な軍隊を有しており，ウィリアム要塞（カルカッタ），セント・ジョージ

---

1) 東インド貿易におけるEICの独占は，イギリス政府によって1793年に修正され，1813年に廃止された。戦時のイギリス-インド間の貿易改善が目的であった。同社の商業的事業は，さらに1833年に中国貿易の独占が廃止されたことで終焉を迎えた。最後の貿易船が帰国したのは，1834年のことであった。それ以降，1857年のセポイの反乱にいたるまで，インドにおけるEICの活動はインド諸州の統治義務に焦点があてられ，やがて活動をやめた。Cain & Hopkins, 97, 282-288をみよ。

要塞（マドラス），ボンベイ城（ボンベイとスラート）の三州を支配した。インドにおける特権には，内国関税，アルコール飲料にかかる税金，塩とアヘンの独占，裁判所，警察などの運営からの収入があった。EICはまた，中国の広州に交易所があり，茶と銀とを，さらにのちにはインドで栽培したアヘンとを交換した。1820年には，イギリス政府によって同社による他のルートでの独占が廃止されたので，アヘンと茶の交換は，唯一利益が出る事業部門となった[2]。

オランダ，フランス，デンマーク，スコットランド，オーストリア〔オーステンデ会社〕，スウェーデンにも，東インド会社はあった。しかしこのなかで，イギリス東インド会社ほど長期にわたってインド洋で重要だった会社はないし，ナポレオン戦争が終わるまでに，他の会社は解散させられた[3]。

---

2) Lawrence James, *The Rise and Fall of the British Empire* (London, 2000), 24-26, 123, 129-138; Robertson, B 26. 最近上梓され，EICと中国に関連するコンファレンスにもとづく2冊の論集が，さらに研究を深めている。H.V. Bowen, Margarette Lincoln & Nigel Rigby (eds): *The Worlds of the East India Company* (Suffolk, 2004); and Harding, Richard, Jarvis, Adrian & Kennerley Alston (eds.): *British Ships in China Seas: 1700 to the Present Day* (Liverpool, 2004). 上述したEICの特権については，以下をみよ。*BPP, Colonies, East India* 3 (1812). The Fifth Report from the Select Committee on the Affairs of the East India Company, 1812, 12. EICの軍事活動については，ここでは論じられない。しかし，同社の特殊な役割を理解するためには，喜望峰，セイロン，マニラ，モルッカで戦時中におこなったEICの軍事遠征の賠償金について，イギリス議会で議論されたことに言及しておくことが有益であろう。同社は，船主が食料，木材，火薬，高級船員と水夫のための賃金を船に積み込んで艤装したので，彼らのために補償を求めようとした。EICは，イギリスがアジアで拡張するにあたって重要な役割を演じたが，補償に対する反論としては，たとえば同社もセイロンでの香料貿易から巨額の利益を獲得したというものがあった。以下をみよ。*BPP, Colonies, East India* 2 (1810-1812). Third and Fourth Reports from the Select Committee of the Affairs of the East India Company. Appendix 47, 3-7. インドから中国へのアヘン輸出のため，イギリス−中国間で，1839-42年と1856-58年の二度にわたるアヘン戦争が引き起こされた。この貿易の重要性は，輸出額から検証することができる。統計が利用可能なもっとも初期の時期である1842年と1852年のあいだに，インドからのアヘン輸出は，平均して6150万ルピーであった。それに対し，他の輸出額は，以下の通りである。綿が2940万ルピー，綿製品が770万ルピー，ジュートが130万ルピー，ジュート製品が200万ルピー，米が760万ルピー，茶が40万ルピーであった。アヘン戦争については，James, 236-238をみよ。統計については，B.R. Mitchell, *International Historical Statistics. Africa, Asia & Oceania 1750-1988* (New York 1995), 635をみよ。

3) イギリスとオランダの東インド会社の関係については，以下によって明確に示されている。Femme S. Gaastra in "War, Competition and Collaboration: Relations between the English and Dutch East India Company in the Seventeenth and Eighteenth Centuries", in Bowen, Lincoln & Rigby, 49-68.

19世紀まで，インドや喜望峰以東の交易所に郵便を送るためには，アジアルートで国家的な独占を保持していたいくつかの東インド会社を使うほかなかった。すべての会社が郵便を運んでいたことはほぼたしかなことだが，手紙の数や郵便について，あまり大したことはわかっていない。1815年以降はイギリス東インド会社だけしか生き残ってはいなかったので，本書では，その郵便事業，独占廃止後の郵便配送者としての民間の商船，そして政府が補助金を出した汽船事業に焦点をあてる（第7章第2節をみよ）。

1761年から1834年にかけ，570隻の船舶がイギリス東インド会社の名のもとで東インドや中国に航海した。そのなかには，往復航海で東インドルートで停泊するので，一度しか「往復航海」をしない船もあった。一方，19世紀初頭の長命な船は，10-11回も往復航海をすることができ，14回という記録も残っている。そのうち約30隻は，主として100-300トンの船で，同社の重要な郵便を運ぶ「郵便船」として航海した。それらは，年間たった1-2回しか送られず，定期便ではなかった。同社の商業活動のなかで，最後の73年間の総航海数は，「郵便船」を除いて，2451回であった[4]。

最大の東インド貿易船は，1790年代と19世紀初頭に建造され，1200トン，場合によっては，それ以上のこともあった。1300-1400トンと記録された船舶は，主として，1817年から1834年に商船を売却するまで使われた。最大の船舶の乗組員数は，130人と定められた。どの船舶も重武装で，軍艦のようであり，必要とあらば，防御も攻撃もできた。伝統こそもっとも重要であり，海運業は，本質的に「エリートの集団」であった[5]。

　4）　この数値は，ロバートソンが公表したリストから計算した。「郵便船」は，1761-1814年に，アジア，主としてインドの港に55回航海した。リストは，ハーディの'Register of Ships Employed in the Service of the East India Company'の最後の版にもとづく。大量の通関記録から分析をすることで，ロバートソンは，1761-1834年に航海した東インド貿易船をアルファベット順に整列した非常に有益なリストを作成し，出版した。Robertson, B31-B41.

　5）　以下をみよ。Robertson, B 29; Jean Sutton "Lords of the East: the ships of the East India Company"in Harding, Jarvis & Kennerley, 25-31. EICの海運業，船舶，乗組員，船上生活，航海，有名な戦いに関するよく知られた研究として，1940年代終わり頃に出版されたSir Evan Cotton (ed. Sir Charles Fawcett): *East Indiamen. The East India Company's Maritime Service* (London, 1949). EIC最後の50年間の商業史における議会と同社との政治的つながりは，以下

ロンドンから東の航路に向かうほとんどの船は，春に出港し，1-2年間のうちに帰国した。同社は，1810年の議会の聴聞会で，都合が良い時期は，11月中旬から3月中旬だと述べた。イングランドからの航海も，インドからの航海も同じことであった。帰国する船に積載された貨物は，イングランドからよりもインドからのものが高価であったので，時期については，イングランドではなくインドからの船舶が優先された[6]。それは現実には，母国への航海を開始する前に，インド，そしてとりわけ中国に頻繁に停泊したことを意味する。ジャン・サットンが最近の研究で指摘したように[7]，広東に長期間停泊するのはモンスーンのためだけではなく，中国当局が実施した複雑で時間を浪費する貿易制度のためでもあった。その結果，ヨーロッパから送られた郵便を入手するために，長い遅れが生じた。

長い道のりは，通常イングランドからはじまった。そして東インド貿易船が再装備され，ロンドンの停泊所で「浮かんでいた」。貨物が積み込まれると，船はグレーヴセンドまで連れてこられた。そこで，「私貿易のための商品」，糧食，水，家畜，最後に乗客のほとんどが，船に乗せられた。平時には，船は次にディール沖のダウンズまで行き，航海をともにすることになる残りの東インド貿易船と遭遇した。道路を使ってディールまで移動した乗客が船に乗り込み，航海に適した風が最初に吹いたとき，航海をした。戦時には，船はふつう，ポーツマスまで航海し，編隊を組み，護衛する軍艦の保護と命令のもと，航海を続けた[8]。

1815年に郵政省法が可決される以前には，イギリス郵政省が東インドに郵便船で郵便事業をおこなうことはなかった。郵便は，EICの船舶——ときには海軍の船に——「手渡しされた」のである。主としてイギリス郵政省，政府の部局，ないしグレーヴセンドのEICの支部から郵便袋で送られるか，乗客がもってきて乗船した。多くの送り手，なか

で議論された。C.H. Philips in *The East India Company 1784-1834* (Manchester, 1968).

6) *BPP, Colonies, East India* 2… Appendix 47, 140. また，ロイズは，6月から1月のあいだにインドに向かう船の保険を引き受けたがらなかったといわれる。以下をみよ。Geoffrey Eibl-Kaye, "The Indian Mails 1814 to 1819. Negotiations between the Post Office and the East India Company" in *The London Philatelist,* Volume 113, April 2004, 113: 86.

7) Sutton, 22-25.

8) Robertson, B. 29.

でも商人集団は，最後の機会が来るまで待ち，そして手紙をディールやポーツマスで載せるために素早く送った。郵便は，イギリス郵政省が徴収する通常の料金と，国内の郵便料金以外に支払う必要はなかった。EIC は，この事業から何の補償ももらわなかった。無料で輸送できることがイギリス郵政省にとって大きな利益につながったのは，これほどの長距離ルートで郵便船による通常の郵便事業を利用したとすれば，きわめて高価なものになったからである。しかも他方，事業のスピードは大変遅かった。東インド貿易船は，最速の郵便運搬船として設計されておらず，その主要な関心は，貿易にあった[9]。

　東インド貿易船が護衛艦に護られて出港すると，まずマドラス，ついで北東の風をえて，ブラジル沿岸に向かい，西経 20-25 度のあいだで赤道を横切ろうとした。変風帯のなかをゆっくりと進み，次の目標は，南緯 30-40 度の緯度に到達し，強い西への風を利用することであった。船は，さらに「荒れ狂う 40 度」へと東進するために舵をきり，最終的に，南方ないし場合によっては南東からでさえ，喜望峰へと近づいた。ほとんどの護衛艦は，水と糧食を補給するため喜望峰で停泊した。これは，海で 2-3 カ月すごしたならば，不可欠のことであった。セント・ヘレナ島への手紙は，ふつうケープで陸揚げされ，収集され，母港に航海する船で転送された[10]。

　直接中国に向けてオーストラリア西岸付近まで航海する船舶は，1840 年代にも続いていた。それから，船舶は，この緯度で航海し続け，オーストラリアの東岸を北上し，ニューギニアとフィリピン諸島を経由し，北西に向かい，広州に到着した。東経 100 度付近でティモール海を目指して北方へと航海し，「ジャワ島の東側の航路」とモルッカ諸島

---

9) Robertson, B. 30; Eibl=Kayne, April 2004, 113:78.
10) Robertson, B. 29. 卓越風と海流の関係で，航海する船舶は，通常，外国に向かう場合にはマデイラ島に，母国に帰る途中にはセント・ヘレナ島に停泊した。だから，ロンドンからセント・ヘレナ島へ送られる手紙は，ブラジル沿岸を経由して南米へと，さらにそこから停泊日数は場合によりずいぶん違っていたが，別の船でセント・ヘレナ島へと，最初は大西洋を 2 回横断して運ばれていた。最低でも，4 カ月かかった。だが，ケープで母国に向かう利用可能な船がない場合には，数週間，場合によっては数カ月間さらに遅れることもあった。しかもそういうことは頻繁に生じた。他方，セント・ヘレナ島からロンドンへの手紙は，直接運ばれ，2 カ月間ほどかかった（*Lloyd's List* 1812-1813 and 1832-1833 の海事情報からの計算）。

を経由し，さらにフィリピン諸島東部を通って広州に着いた。インドへの護衛艦隊は，季節と吹きすさぶモンスーンに左右され，いくつかのルートの一つをたどってケープを出港した。モザンピーク海峡を経由して「モザンピーク海峡航路」を使用し，コモロ諸島で給水し，そしてボンベイまで「8度」ないし「9度」を航海するか，「マダガスカル東側航路」を使い，モーリシャス島で給水し，マダガスカル東部に行った。マドラスとカルカッタへの船舶は，より北側ないし北東側を航海し，しばしばセイロンに停泊し，コロマンデル海岸を進んだ[11]。

　インド洋での航海は，新たな問題を引き起こしたが，ヨーロッパから外部への航海の重要な部分を形成していたのは大西洋であった。ケープ・レシフェ（ブラジル）をうまく通過できなかった船は，二回目の航海でさらに4-6週間簡単に失い，さらに航海を続ける前に，ブラジル沿岸で給水する必要があった。ヨーロッパから喜望峰まで直接航海することは，ほぼ不可能であった。公海の主要な三つの転換点に関する決定が，利用可能な最良の手段を用いてなされた。すなわち，緯度，先導，見張り，月の観察，のちにはクロノメーターによって航海をすることになったのである。潮流の影響を計算することがとりわけ困難であった[12]。1隻ないし数隻の東インド会社が船隊を離れ，二度と消息を聞かないこともあった。見知らぬ海岸に取り残されるのは，ハリケーンや敵の襲来と同じくらい恐るべきことであった。海には多数の不確実性があったので，手紙の複製を2-3通書いて，確実に少なくともそのうちの1通が目的港に到着するようにするのが一般的であった[13]。

　11）　Robertson, B 30.
　12）　航海の発展と海のルートの知識の詳細については，以下をみよ。Andrew S. Cook, "Establishing the Sea Routes to India and China: Stages in the Development of Hydrographical Knowledge" in Bowen, Lincoln & Rigby, 119-136.
　13）　1780年に，東インド会社貿易船グローヴナー号が母国に向けて出港し，乗客で溢れかえっていた。そのなかに，ベンガル社会の高名な人々が多数いた。この船は，ケープから500マイル離れたアフリカ沿岸で座礁した。135人の人々が海岸にたどり着いたが，その噂を二度と聞くことはなかった。例外は，4人の乗組員であり，最終的に徒歩でケープタウンまでたどり着いたのである。1761-1834年に，541隻の東インド貿易船のうち12隻（「郵便船」は除く）が，航海中に痕跡を残さずに消滅した。しかも，48隻が海で失われ，4隻が他の理由のために廃棄処分にされ，15隻が燃やされ，さらに15隻がフランス人によって捕獲され，3隻が捕獲されたが，奪い返され，1隻が爆発した。6隻がインドに残った。Robertson, B31-41からの計算。

独占の崩壊　　　　　　　　　　　　　　　　387

表64　東インド貿易船の出港と目的地 1812年

ポーツマスからの出港日	船舶数	ボンベイへ	マドラスへ	ベンガルへ	セイロンへ	中国へ	ベンクーレンへ	ペナンへ	バタヴィアへ
1月4日	7	5	-	1	-	6	1	-	-
3月1日	6	-	5	1	-	5	-	1	-
3月10日	7	1	4	7	-	-	-	-	-
3月25日	7	-	-	-	-	7	-	-	-
4月8日	8	1	7	8	-	-	-	-	-
5月15日	8	1	-	-	2	-	-	-	2
6月4日	5	-	-	5	-	-	1	-	-
7月14日	2	-	-	-	-	-	-	-	-
9月21日	1	-	-	1	-	1	-	-	-
12月24日	6	5	-	-	-	6	1	-	-
合計	57	13	16	30	2	25	3	1	2

出典）*Lloyd's Register for Underwriters 1813. "Ships in the East India Company's service &c."* 数隻の船は，複数の港で貿易しようとしていたので，目的港は57を超える。しかも，オーストラリアに航行していた船舶が2隻あった。

　ナポレオン戦争以降の時代に焦点をあてる前に，インドの独占が放棄される前年の1812年に，郵便を運搬するEICの能力がどの程度であったか，簡単に吟味することが有益かもしれない。表64は，1812年にイングランドから出港した東インド貿易船の出港日と目的地を示す。

　この表から気づくように，1812年に東洋に向かう船舶が57隻あったとしても，船舶が護衛艦に囲まれて航海しているので，アジアに郵便を送る機会は，現実には10回しかなかった。しかも，どちらの方向でも，郵便を送る機会は数回しかなかった。護衛艦を要した10回のうち5回で，ボンベイに向かう船舶が存在し，合計13隻であった。マドラスへの船舶は全部で16隻であり，3隻の護衛艦で3-4月に航海した。ほとんどすべての護衛艦に，ベンガル（カルカッタ）への船舶が含まれ，総数で30隻であった。25隻が，5隻の護衛艦とともに，中国（広州）に航海した。

　同年には，スマトラのベンクーレンに航海する船が3隻，セイロンへが1隻，マラヤ沿岸沖のペナンに1隻，ジャワのバタヴィアに1隻あった。もし郵便を運搬する船が，直接中国に航海するのではなく，インド経由であったとすれば，いつも通り，中国への航海の所要時間は，きわめて長くなった。

　東洋に向かう護衛艦のうち4隻が，1812年の3-4月の6週間のあい

だに出港したが，7月中頃から12月末までの5カ月間に，アジアには1隻しか行かなかった。

航海の所要時間は，天候と航海，船舶の規模と積載量などによって変化した。たとえば，ロンドンからアジアに行ってまた戻る平均的「往復航海」には，1年5カ月間かかった[14]。これには，少なくともインドの港で2-3カ月，中国ではそれ以上に滞在することが含まれていた。

東南アジアには，ときたま訪れるだけであり，その航海では，バタヴィア，ベンクーレン，ペナンに向かった。少なくとも2隻の船が，中国への航海の途中でマラッカに停泊した[15]。

EICの「郵便船」は，1809-14年には航海しておらず，1814年に1隻が航海しただけだった[16]。それゆえ軍艦以外には，東インド貿易船だけが，1812年にインドや他のアジアの港に郵便を送る唯一の手段であった。中国に向かって航海するEICの船舶はすべて大規模であり，1200トンを越えたが，インドだけに向かう船舶は，500-950トンとさまざまであった。32隻のより小さな船舶のなかで，14隻が，1回，4回，6回ないし8回の航海のためにEICにチャーターされた。そのうちのほとんどは，1812年3月10日ないし4月8日に，集団で出港した[17]。

さまざまなアジアの港にいるロイズの代理人は正確な出港日を通常は記載しておらず，到着日について記載しているのはきわめて稀であるので，「ロイズリスト」に到着日自体が申告されていたとしても，異なった港で費やした時間，あるいはロンドンからの郵便が到着し，次の船が出港するまでの時間について結論を導きだすことは不可能である。だから，1812年の資料から，情報の循環について計算することはできない，二，三の事例から，この当時，イギリスとアジアの貿易港のあいだで事業情報の伝達がどのようになされていたのかが，示されるであろう。

1812年3月1日，5隻の巨大な東インド貿易船が，軍艦のピク・フリゲート号に守られ，護衛艦隊に囲まれ，ポーツマスから出港した。東

---

14) 表64で示された航海に関する数値は，以下から計算。*Lloyd's Register for Underwriters 1813*, "Ships in the East India Company's service, &c."; *Lloyd's List* 1812 and 1813, passim.

15) *Lloyd's List* 14.5.1813をみよ。

16) Robertson, B.27.

17) *Lloyd's Register for Underwriters 1813*.

インド貿易船のうち，カフネルズ号，ディヴィッド・スコット号，ロイヤル・ショージ号，ウィンチェルシー号は，マドラス経由で中国に向かう途中であった。マドラス港には，かなり速く航海して102日かけて，6月11日に到着した。スラート城号は，ペナンへのルートをとり，そこから直接中国に向かった。マドラスからの海事情報によれば，4隻の船が「7月25日頃に中国に向け出港することになっていた」が，理由不明の遅れが生じ，9月16日に出港した。

さらに，われわれには，ディヴィッド・スコット号とロイヤル・ジョージ号の動きしかわからない。両船は，ともに10月25日にマラッカに到着し，中国の広州には，1813年1月13日に到着した。ポーツマス沖から同年の8月9日に出港したと報告されており，グレーヴセンドには，8月13日に着いた。他の2隻のカフネルズ号とウィンチェルシー号は，おそらく5隻めのスラート城号と一緒に中国から航海し，2カ月前の6月7日に到着していた[18]。

インドに向けて出港する次の船舶は，ポーツマスを1812年3月10日に出港した。船舶は，西インド，南米，アフリカ，マデイラ，東インドに向かう約100隻の船舶を含む大規模な護衛艦隊に囲まれ，マデイラまで航海し，軍艦ロアール・フリゲート号が防衛をした。アジア号，アステル号，ベンガル号，セント・ヴィンセント伯号，プリンス・リージェント号が，マドラスとベンガルに行く義務があった。チャップマン号とレディ・カリントン号が，ボンベイとベンガルへの途上にあった。一方，コールド・ストリーム号とラーキンズ号は，セント・ヘレナ島とベンガルに向かっていた。これらの船舶はすべてチャーターされており，550-950トンという平均的大きさの東インド貿易船であった[19]。

アジア号は，セント・ヴィンセント伯号とプリンス・リージェント号，さらにおそらくアステル号とともに125日間の航海ののち，7月13日にマドラスに到着した。ベンガル号は，それより4日間早く到着していた。これらの船は，どれもがベンガルに向かい，母国への航海途上でセント・ヘレナ島に到着した。11月26日に出港したと報じられて

---

18) *Lloyd's Register for Underwriters 1813; Lloyd's List* 23.10.1812, 9.2.1813, 14.5.1813, 4.6.1813, 8.6.1813, 10.8.1813 and 16.8.1813.

19) *Lloyd's Register for Underwriters 1813*.

いる。1813年5月13日にグレーヴセンドに到着したが、遅れた理由についてはわからない[20]。

コールドストリーム号とラーキンズ号は、セント・ヘレナ島に6月3日に到着し、そこからインドに向け、7月7日に出港した。両船は、ベンガルを12月27日に出港し、1813年3月16日、ともにセント・ヘレナ島に到着した。最後に、ラーキンズ号は、中国から、カフネルズ号、スラート城号、ウィンチェルシー号を含む護衛艦隊とともに、グレーヴセンドに7月7日に到着したが、コールドストリーム号も、ディヴィッド・スコット号とロイヤル・ジョージ号に付き添われて、中国から8月13日に到着した[21]。

情報が失われたことと、新聞の情報全体が、とりわれ戦時に不確実であったために、上述の詳細なデータから、多くの結論を引き出すことは不可能である。インドにおける行政上の必要性を含めて、航海がもっぱら貿易を目的とし、現実に郵便がここに書かれた日に届いたということは、明らかなようである。中国まで航海を続けることなく、インドからイギリスまで直接航海した船が、それ以前の東インド貿易船で送られた手紙の返信を運ぶことができたかどうかについて、判断することは困難である。少なくとも、1813年5月16日に到着したアジア号、アステル号などは、外国への航海で自ら運んだ手紙と、以前から航海していたが、中国への航海を続けていた巨大な東インド貿易船で配達された手紙に対する返信を運んだはずである。この場合でさえ、もっとも早く返事を運んだのは、反対方向への手紙を運んでいた同じ船であった。だから、インドへの手紙に対する返信は、14カ月をいくらか上回ったし、中国からの手紙に対する返信は、15カ月より少しかかった[22]。

イギリスからインドに手紙を送るのに、平均して180日間かかると正式に表明された[23]。しかし、これは、平均的な情報の循環の所要時間が、1年間に近かったということを意味するものではなかった。目的港

---

20) *Lloyd's List* 6.11.1812, 9.2.1813, 16.4.1813, and 18.5.1813.

21) *Lloyd's List* 24.7.1812, 8.9.1812, 9.2.1813, 11.5.1813, 11.5.1813, 8.6.1813, 10.8.1813 and 16.8.1813.

22) 以下からの計算。*Lloyd's Register for Underwriters 1813, "Ships in the East India Company's service, &c."; Lloyd's List* 1812 and 1813, passim.

23) Eibl-Kaye, April 2004, 113:85.

からの出港の季節はかぎられており，告示された出港日でさえ，何カ月も延ばされることがあった。航海のルートと停泊港はさまざまであり，いくつかの問題が生じれば，船舶の航海は遅れさせられた。解放後の東インドで市場に参入する私貿易商人の数が増大したとき，情報伝達が遅く，あまりに予測できないシステムであることを再検討しなければならなかった。それは，1815-19年におこった。

EICの独占廃止後の発展

　ナポレオンがヨーロッパの諸港を閉鎖し，フランスとの戦争が長引いたので，イギリスの貿易量は低下した。それ以外のいくつかの理由もあって，イギリス政府は，外国商人にインドの市場に参入する許可を与えた。悪夢のような日を延期させようとして尽力したあげく，EICは，最終的に1813年のインド貿易独占廃止法で，独占を失った。

　EICの船舶の「特権的」空間だけを利用して商品を輸送することを許されていた私貿易商人は，今度は少なくとも350トンの積荷が必要であったが，自身の船を使うことができるようになった。さらに，手数料の支払いを担保としてEICから航海ごとに許可状を獲得しなければならなかったし，船舶がインドで利用できたのは，かぎられた港だけであった。すなわち，ボンベイ，マドラス，カルカッタ，ペナンの港である。私貿易商人は，インドからヨーロッパ大陸の港へと，直接商品を輸送することはできなかった。さらに，西インドの砂糖貿易を保護するために，西インドの砂糖にかけられる以上の税金が，東インドから輸入される砂糖に特別にかけられた[24]。

　私貿易は，制限を受けていたにもかかわらず，EICの貿易以上に儲かり，広範囲に実行されていた。1823年の強化法で，この貿易は，中国を除き，EICの管轄地域のありとあらゆる場所にいるイギリス船でおこなわれるべきだと宣言された。最後に，1833年の中国貿易独占権廃止によって，中国との貿易の排他的特権を奪い取り，それは1834年4月22日から効力を発揮した。その年の終りまでに，東インド貿易船は新

---

24) K. Charlton, "Liverpool and the East India Trade" in *Northern History. A Review of the History of the North of England*. Volume VII. *Reprint*. (University of Leeds, England, 1972), 54-55; Cotton, 125.

しい所有者に売られた[25]。

　戦争は1815年まで継続したが，インドに向かう船舶数は自由貿易の最初の年に2倍以上に増えた。1812年の57隻から，1815年には，135隻に増加したのだ。1825年には，インドと他のアジアの目的地に向かう船舶数は220隻に，EICの中国貿易の独占最後の年の1832年には，出港船舶数は280隻になった。さらに，オーストラリアへの船舶数は増加し，しかも頻繁にアジアの港を経由したのである。その数は，1815年には6隻，1825年には25隻，1832年には114隻になった[26]。

　インド市場の開放は，いくつかの影響と副作用をもたらした。その一つは，母国からの輸入額が，だんだんと増加したことである。たとえば，1814-15年の航海の季節にカルカッタに入港したイギリス船は30隻あったが，1816-17年には91隻に，1817-18年には132隻に上昇した。戦後，アメリカ商人もカルカッタを訪れたが，さらに離れたインドの港を訪れることはあまりなかった。船舶の活発な往来は，すぐに市場での供給過剰をもたらし，加熱した情勢は，数年で沈静化した。変動は，のちの時代になってもしばしばみられた[27]。

---

25) Cotton, 125. とはいえ，古い東インド貿易船の多くは，中国水域で使用された。香港の統計によると，平均約1200トンのかつての東インド貿易船のうち11隻が，1841年8月から1842年12月にかけ，同港に到着した。しかもそのうち3隻は，2回到着している。船舶のほとんどは，イギリスないし東インド以外の植民地から政府の必需品を運んでいた。以下をみよ。"Ships arriving Hong Kong Aug. 41 – Dec. 42. From the 'ChineseRepository' for Jan. 1843" Appendix 41-B in Lee C.Scamp, *Far East Mail Ship Itineraries.British, Indian, French, American, and Japanese Mail Ship Schedules 1840-1880*. Volume I. (Texas 1997), 398-406.

26) *Lloyd's Register for Underwriters 1813, 1816, 1826*, and *1833* からの計算。これ以降，本書で使われる「オーストラリア」という語の地理的範囲は，当時のニューサウス・ウェールズとヴァン・ディーメンズランドとして知られる地域（現在のニューサウス・ウェールズのオーストラリア州とタスマニアに相当する）をさす。

27) EICに反対するキャンペーンの先頭に立ったリヴァプール商人は，自分たちの船をインドに送った最初の人々である。1831-32年のイギリス議会文書でも言及される最初の船は，ジョン・グラッドストンのキングズミル号であり，1814年5月にカルカッタに航海した。それに続いたのが，1815年の2隻のリヴァプール船であり，1816年には，17隻以上になった。1834年には，すでに34隻を数えた（"A List of Vessels that have cleared out from the Port of Liverpool for the East Indies, since the passing of an Act of Parliament 21st July 1813…" in *Liverpool Street Directories, 1818*. Appendix, 140-141）。統計としては，以下をみよ，"Number of Ships and Amount of Tonnage Entered Inwards at the Port of Calcutta between 1793 and 1831" in *BPP, Colonies, East India* 8 (1831-1832). Appendix to the Report from Select Committee on the Affairs of the East India Company with an Index [II Finance and Accounts] Part II, Commercial, 772, 786. しかし，インドの港でイギリスの旗を掲げたすべての船舶が，イングランドから

事業情報の伝達の観点からは，市場条件の変化による主要な影響の一つとして，アジアとの通信伝達の必要性が急速に何倍も拡大したが，同時に，唯一の運搬者である EIC が，インドの商品から興味を失い，中国の貿易に専念したということがあった。基本的に，これは，同社は自社のためにインドへの貿易を継続したが，航海の数は以前よりも減少し，イギリス郵政省の管理のもとで郵便を運ぶことに関心がなかったことを示す[28]。

　いまや，イギリス郵政省は新しい状況に直面しつつあった。アジアへの郵便事業は，高い金を使わずに，しかしできるだけ早く，そして信頼性を保って組織化される必要があった。北大西洋，西インド，南米と異なり，イギリス郵政省は，インドルートで，自身の船舶を使う計画はなかった。1815 年のインド郵便船法によって，東洋に向かう EIC の船舶が一隻もなかったときに，民間の商船を郵便船として使うことが可能になった。これらの船は，出港する船舶のなかから，ロイズの推薦を考慮に入れ，慎重に選択しなければならなかった。だから，1815 年 10 月から 1816 年 10 月にかけ，16 隻の船が政府の郵便をイギリスからインドに運んだ。そのうち 5 隻が軍艦であり，4 隻が東インド貿易船（そのうち 3 隻が，1 隻の軍艦により護衛された）であり，7 隻が，民間の商船であった。ほとんどの郵便（7 通中 6 通）が，インドからイギリスまで軍艦によって運ばれた[29]。

到着したとはかぎらなかった。イギリスの旗を掲げ，航海士，インド人水夫の乗組員を乗せたインドの「カントリー船」は数ダースにのぼり，インドと他のアジアの港を航海した。綿の輸出に加えて，彼らは，EIC を代表する中国へのアヘン輸出の主要な運び手であった。以下をみよ。Anne Bulley, "The country ships from India" in Richard Harding, Adrian Jarvis and Alston Kennerley (eds.), *British Ships in China Seas: 1700 to the Present Day* (Liverpool, 2004), 35-41.

　28）　イングランドからインドへの EIC による商品輸出額は，1814-15 年の 71 万 700 ポンドから，1824-25 年の 7 万 1900 ポンド，1826-27 年の 2600 ポンドへと減少した。さらに，同社がセント・ヘレナ島とインドに運搬する軍需品の額は，1826-27 年の 94 万 4100 ポンドから，1830-31 年の 9 万 2000 ポンドに減少した。以下をみよ。*BPP, Colonies, East India* 8 …An Account of the Exports by the East India Company for each Year, from 1814;distinguishing Military Stores from Merchandise. Appendix, No. 26, 767.

　29）　以下をみよ。Geoffrey Eibl-Kaye, "The Indian Mails 1814 to 1819. Administration of the Packet Service and its Demise " in *The London Philatelist*, Volume 113, May 2004, 113:114-119.

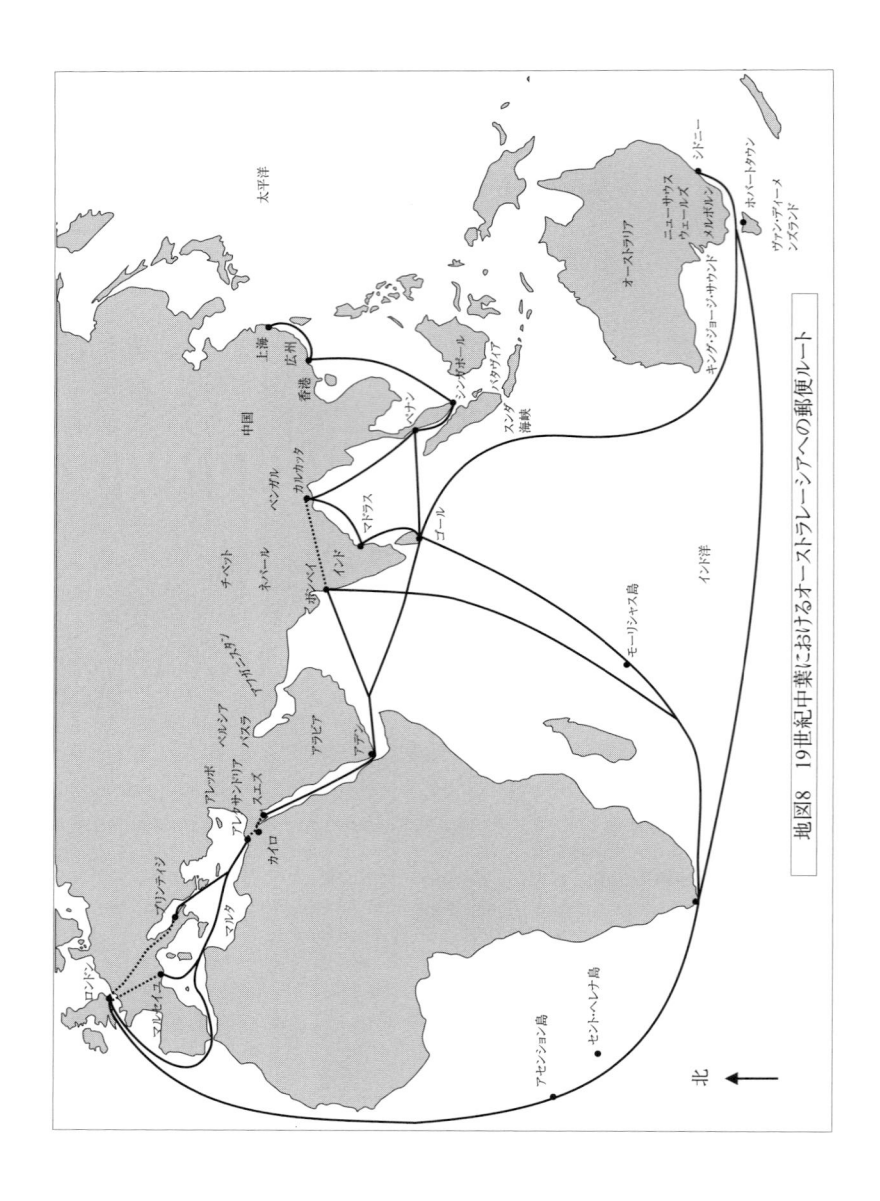

394   第7章　東インドとオーストラレーシア

地図8　19世紀中葉におけるオーストラレーシアへの郵便ルート

このシステムは，あまり成功しなかった。軍艦はしょせん軍艦であり，事業情報を伝達するために航海したのではなかった。必要なすべての港に停泊したわけではなく，ロンドンや，通常はポーツマスからマドラスとカルカッタに，直接航海した。民間の商船から，郵便の運搬に必要な艀を獲得することも困難であった。インドでの停泊に制限が設けられることを好まず，インドでの貿易が，彼らの主要目的であったからである。郵便船で輸送する手紙の郵便料金は，民間の船舶で運ぶよりも，使用者にとってはずっと高くついた。1819 年の法律で，この混乱に終止符が打たれた。インドと行き来するすべての手紙は，どの船で運んだとしても，船便として扱われ，料金は同額であった。航海中の料金が 4 シリングで，それに上陸の際に国内郵便の料金が加わった。3 オンス以下の外国への手紙は，船便で 2 ペンスの郵便料金がかけられた[30]。

郵便を運搬する民間の商船――郵便史のなかの忘れられた歴史

1819 年から 1830 年代中頃は，スエズ経由の陸上ルートが徐々に使われるようになった時代であったが，通信伝達の歴史では，この時代は取り扱われてこなかった。EIC の歴史を研究してきた人々は，一般に終りの時代に興味はなく，一方，郵便史家は，何百という，場合によっては何千という民間の商船の海事情報を収集するのは難しいことがわかっていた。郵便史における著名な権威は，こう主張することさえあった。「1837 年以前において，(インドとの通信伝達の) 唯一の方法は，イギリス東インド会社に属する船舶で，喜望峰の周辺に停泊することであった」[31]。

ジョン・K・サイドボットンは，手短に，『陸上ルート』のなかで，郵便を運搬する民間商船について，こう述べる。「……ケープ経由で送られた郵便は，毎年 150 袋にしかならなかったが，それよりはるかに多くの手紙が，イギリス郵政省をへずに送られたことは間違いない。ケープでの事業は，『東インド貿易船』を含む私貿易船がおこない，

---

30) Eibl-Kaye, "The Indian Mails…" May 2004, 113: 114-124; Robertson, D 21 – D 25 をみよ。
31) Moubray & Moubray, 180.

……およそ 2 週間かかった……」[32]。本書は，通信伝達が，とりわけ事業情報の伝達という観点からみた場合，同期間にイギリスとアジアの港で現実にどのように機能したのかを見いだそうとする，おそらく最初の試みであろう。

インドの港へと航海する民間の船舶数は，EIC のインド独占の最後の年であった 1812 年と，中国独占の最終年の 1832 年のあいだに，着実に増加した。毎年の変動はあったが，一般的には，上昇傾向にあった。イギリス船が，インドの貿易を支配した。だがナポレオン戦争後，他の国の人々もそれに加わった。アメリカ，フランス，ないしポルトガルの旗がカルカッタの港でみられたが，他の諸州では，それほどではなかった。現実には，イギリスやヨーロッパの他の地域に向かうほとんどの郵便を運んだのはイギリスの商船であり，軍艦は除外されていた[33]。

表 65 は，イギリスの港からアジアの目的地に向けての出港数が，EIC の特権を徐々に廃止していくとともに増加したことを示す。

郵便の運搬は，船主の仕事ではなかったが，通信伝達が改善されたために，貿易が活発になり，情報伝達のための機会が増えたことはたしかである。このルートで航海する船舶数が増えるほど，1 暦年内での出港の分布は均等化する。以前の東インド貿易船は，航海のために注意深く最良の風を選んだが，競争が激しくなったので，船主は，暦年内のどの時期でも船を送ることを余儀なくされた。当然 1 暦年内で，インドと他のアジアの港から到着，あるいはそこに出港する船舶数は増え，手紙への返信の頻度も増した。

通信伝達がどのように機能し，イギリスからさまざまなアジアの港に郵便が到着するまでの時間がどの程度であるか，あるいはそこから返信されるまでの期間がどれくらいであるのか，さまざまなルートで航海の頻度はどの程度違うのか，そして主要な問題とは何かということについて明確な像を描くためには，ある特定の 1 年間がより詳細に研究されな

---

32) John K. Sidebottom, *The Overland Mail. A Postal Historical Study of the Mail Route to India* (Perth, Scotland, 1948), 48. 彼は，総合郵便局の記録について触れている。

33) アメリカ人は，1790 年代に頻繁にカルカッタを訪れていたが，戦争末期になると姿を消した。1793-1830 年の主要なインドの港に関する詳細な統計は，以下にみられる。*BPP, Colonies, East India* 8,… Appendix, No. 30, 772-839.

表65　1812-32年の数年でイギリスの港からインド，中国，他のアジアの目的地へと出港した船舶

	1812年	1815年	1825年	1832年
1月	7	11	15	11
2月	-	10	18	19
3月	20	2	11	22
4月	8	26	13	16
5月	8	26	27	28
6月	5	8	26	36
7月	2	5	22	35
8月	-	4	6	24
9月	1	10	18	21
10月	-	4	15	27
11月	-	3	12	15
12月	6	-	2	3
合計	57	109 +26 =135	185 +35 =220	257 +29 =280

出典）　Lloyd's Register for Underwriters 1813, 1816, 1826, 1833; Lloyd's List of the above-mentioned years, passim. "+"の数値は出港を表し，正確な航海の日付なしに公表された。ニューサウスウェールズとヴァン・ディーメンズランドへの船舶は，この数値には含まれていない。その総数は，1832年には98隻である。

けれはならない。1832年という年は，巨大な東インド貿易船が中国における〔貿易〕に従事していた最後の「通常の」年である。このとき，商船は手紙をアジアの港に送る唯一の手段を提供したが，汽船が郵便運搬の役割を担うのは，将来のことであった。

　イギリスからインドないしオーストラリアを含む他のアジアの貿易港に航海する船が，1832年から1834年6月末までの2年半の航海まで続いた。このときまでに，ほとんどの船が，故国へと帰った。まだ故国への航海途上の船もあったが，数隻は，決して帰らなかった。多くの船は，期間内に二回目の航海ができるほど十分に早く出港し，場合によっては，往復できることもあった。しかし，1832年に出発した往復航海だけが考察の対象になってきた。

　1832年には，イギリスからアジアとオーストラリアの港に出航する船舶数は——依然として中国へはEICが独占していたが——毎年400隻近くにまで増加した。ほとんどの船舶は，個人で航海する民間の商船であったし，平時であったので，護衛艦隊の必要はなかった。しかし，

船長は，リスクを避けるために，まだ1隻ないし2-3隻の船と一緒に航海することを好んだ[34]。

データは，約20事例と乏しい。そのため，約400隻中378隻の商船が，本研究の対象となる。これらの船舶のうち，128隻がマドラスとベンガルに，76隻がボンベイへと航海した。さらに，37隻——そのうち20隻が，EICの旗を掲げて最後の航海をしていた巨大な東インド貿易船であった——が，主としてインドの港を経由し，さらにスンダ海峡経由で直接中国に航海した[35]。

インドの貿易港以外に，喜望峰の東側で利益の出る場所がなかったわけではない。1820年代中頃にモーリシャス島からの砂糖への課税を一律にしたが，そのため同島からの砂糖輸出が急増することになった[36]。1832年には，少なくとも47隻の船舶が，モーリシャス島をイギリスの主要な目的港として航海したと報告された。だが，リヴァプール商人が，モーリシャス島の砂糖貿易の成長が貿易を開放した明確な成果だと何度も言ったとしても[37]，現実には47隻の船舶のうちたった3隻しか，リヴァプールからは来ず，ブリストル，グラスゴー，エディンバラからそれぞれ7隻が，残りはロンドンから来たのである。

東南アジアの港も，急速に成長していた。新しい事業機会が，戦後に開かれた。19世紀初頭のセイロンへのEICの遠征以来，コロンボがベンガルへの航路で頻繁に使用される停泊港になった。かつてのオランダのバタヴィアが，中国とオーストラリアの行き来でしばしば訪れられる港になり，1819年にサー・スタムフォード・ラフルズによって新しく建設され，1830年代初頭にイギリス王室に属した植民地のシンガポールを1832年に訪れたイギリス船は62隻にのぼった。さらに17隻が，フィリピンのマニラに向かった[38]。

---

34) 1832年の *Lloyds List,* passim で公表された出港データをみれば，それに気づくであろう。東インド貿易船は，古い伝統を踏襲し，ふつうは，複数で航海した。

35) *Lloyds List,* 1832-1834 で公表された海事情報からの計算。

36) Charlton, 63 をみよ。モーリシャス島の砂糖生産は，1825年の1万481トンから，1826年の2万485トン，1800年の3万2750トンへと上昇した。Noel Deerr: *The History of Sugar.* Volume I. (London, 1949), 203 をみよ。

37) Charlton, 63 をみよ

38) この数値は，*Lloyds List* 1832-1834 で公表された海事情報から計算された。バタヴィア，シンガポール，マニラは，通常目的港となることはなかったが，どこか別の場所

オーストラリアの植民地，すなわち，ニューサウスウェールズとヴァン・ディーメンズランドも，重要な貿易のための基盤が充実していたとはいえなかったとしても，急速に発展した。1776年にアメリカが独立を獲得すると，イギリスは服役囚をオーストラリアに輸送しはじめた。1820年代には，刑事罰による輸送の数が目覚ましく増加した。1833年の人口調査では，オーストラリアの総人口6万人のうち4万人もの人々が服役囚であった。それ以外は自由移民であり，そのうち1万人が12歳未満の子供であった。それに加えて，イギリスの行政や軍事にたずさわる集団がいた[39]。

　オーストラリアの植民地は，アジアの国々ほどには，魅力的な事業機会を提供しなかった。人々の購買力は大変かぎられており，輸出できるものはほとんどなかった[40]。しかしながら，イギリスから工業製品と羊毛輸出のニーズが増大し，移民と服役囚の輸送が続いたこともあり，航海数は大きく上昇した[41]。

　それゆえ，1830年代初頭のインド洋で継続されていた事業には，いくつかのタイプがあった。インドと中国に向けて航海する伝統的な東インド貿易船のほかに，インドや東南アジアの港のいくつかに航海する途中の民間商船があった。モーリシャス島の砂糖貿易とオーストラリアに向かうさまざまなタイプの船舶があり，その多くは，移民と服役囚を積み，さまざまなアジアの港を経由して母国に帰った[42]。

への停泊港になった。したがって，表66の数値は，上述の本文よりも，アジアにおけるこの三港の役割に関して異なる像を提示する。

　39）　以下をみよ。BPP, Crime and Punishment, Transportation 2, 1837. Report of the Select Committee on Transportation. Appendix, No. 10, 261.

　40）　比較すると，インドと中国の人口は，1830年にはそれぞれ約2億6,000万人と3億9,500万人であった。Mitchell, 55をみよ。

　41）　オーストラリアの羊毛輸出額は，1830年の3万5000ポンド，1840年の84万9000ポンド，1850年の230万5000ポンドへと上昇した。小麦輸出は1850年にははじまっていたが，数十年間，その額は微々たるものであった，Mitchell, 55をみよ。

　42）　オーストラリアからきた船のなかには，何年ものあいだインド洋とシナ海にとどまり，イングランドに帰らず貿易するものもあった。1832年の21人の服役囚の大半は，シドニーないしホバートタウンで降ろされ，アジアの交易所へと進んだ。悪天候のなかで難破したのが，これらの船舶だったことが頻発した。積荷は，「船外に廃棄される」か船舶の残骸とともに地元で売られた。それは，母国の海上保険監査官の目の届かないはるかに遠い場所でなされた。オーストラリアとの行き来の航海中に失われた6隻の船舶のうち，5隻は，母国への帰国の途中であり，1隻は，オーストラリアへの航海の途中の移民船であった。この船

これらの事業活動を区別するために，船舶の母港によって航海を分析することが有益であろう。貿易の開放以前には，インドとそれに関連するアジアの港との貿易は，ロンドンが支配していた。同市には，EICの本拠地があったからである。1815年以降，リヴァプールがアジアとの貿易で大きなシェアを占めるにいたった。グラスゴーのシェアはそれより小さく，イギリスの他の港町は，アジアに送る船は，あったとしても，数隻にすぎなかった。

1832年には，ロンドンはアジアの海運業のほぼ三分の一を競争相手の港に譲った。船舶の四分の一が，いまやリヴァプールから出港するようになった。イギリスの他の港を全部あわせても，出港数の10%未満であった。

表66 1832年におけるアジアとオーストリアの貿易
母港と目的地ごとのイギリス出港数

港	バタヴィア	ボンベイ	セイロン	中国	マドラス，カルカッタ	マニラ	モーリシャス	シンガポール	ニューサウスウェールズ，ヴァン・ディーメンズランド	合計
ロンドン	4	26	7	25	61	3	36	6	79	247
リヴァプール	8	32	-	1	28	5	3	2	16	95
グラスゴー	-	10	-	-	8	1	2	2	-	23
その他*	-	-	-	1	1	1	6	1	3	13
合計	12	68	7	27	98	10	47	11	98	378

出典： Lloyd's Register for Underwriters 1833; Lloyd's List, 1832-1834, passim.
* 「その他」には，エディンバラからの3隻の船，ブリストルからの4隻の船，グリーノックからの3隻の船，ハンブルクからの1隻の船が含まれる。2隻の船がプリマスとポーツマスから出港したが，最初はおそらくロンドンから出港した。

表66は，カルカッタがロンドン商人によって，もっとも重要な目的地であったと考えられていたことを示す。ベンガル地域は，なおEICの礎石であり，これ以降25年以上その地位を保った。だが，リヴァ

は，ブラジル沖で火災により粉々になり，多くの人命が失われた（ヒベルニア号の悲劇的損失は，Lloyd's List 3.5. 1833に書かれている）。

独占の崩壊

プールの商人と船主は，ボンベイの貿易では，ロンドンといまや肩を並べるまでになった。彼らは，マドラスとカルカッタの事業で，目を見張るほどのシェアを有するようになった。リヴァプールから60隻もの船が，1832年にインドに向けて出港した。平均して，1カ月に1隻以上である[43]。

ロンドンが，貿易量さらには貿易額においてさえ，支配的地位を占めていたことはたしかである。1832年にロンドンからマドラスとカルカッタまで航海する船舶の総トン数は3万2150トンであり，ボンベイへは1万2740であった。リヴァプールでそれに相当する数値は，それぞれ9350トンと1万2740トンである[44]。

ロンドンからさまざまなオーストラリアの港に航海する船舶は，1200トンを越える巨大な東インド貿易を除外しても，平均400トン近かった。リヴァプール船は，平均して330トン近かった。インドへの船舶は平均240-280トンしかなかった。バタヴィアやマニラに向かう船より大きく，平均で400トン以上あるのが典型的な事例であった。200トン足らずのもっとも小さな船は，主としてオーストラリアの植民地やモーリシャス島に向かった。おそらくそれは，これらの場所でおこなわれていた貿易は，いくつかのより重要な地域と比べるとあまり発展してはいなかったことを示す[45]。

輸入額の相違は顕著である。インドルートでは，ロンドンがかなり高価な絹とインディゴの貿易で支配的であった。これらは，1820年代に徐々に独占が廃止されてからでさえ，コーヒーの大半と同様，伝統的にEICの独占の一部であった。さらに硝石の輸入の三分の二，砂糖の四分の三，胡椒の70％が，ロンドンに輸入された。よってリヴァプールで

---

43) リヴァプールの海運業は，1830年代にいくつかの方向に向けて拡大した。たとえば，ブロックルバンク家の商会は，カルカッタへの航海数（1830年の4回から1840年の9回へと）だけでなく，ボンベイへの航海数（1830年のゼロから1840年の4回）も増加させた。そればかりか，リマなど（1830年の2回と1840年の7回）とセント・ジョン（1830年の2回から1840年の4回）への航海数も増やした。したがって，インドへの航海は貿易の全般的拡大の一部としてみられるべきであり，他と関係ない現象だと考えられるべきではない。ブロックルバンク家の航海については，John Frederic Gibson, *Brocklebanks 1770-1950*, Volume I (Liverpool 1953), 88 をみよ。

44) *Lloyd's Register for Underwriters, 1833* からの計算。

45) *Lloyd's Register for Underwriters, 1833* からの計算。

は，ここにあげた商品のシェアは非常に小さく，低価格の米と綿で半額を占めていた。1830年のインドからの輸入の公定価格に占めるロンドンのシェアは268万1730ポンド，リヴァプールは，33万3710ポンドであった。しかも，正貨はすべてロンドンに輸送され，およそ81万5000ポンドであった。合計して，ロンドンへの輸入額はリヴァプールの10倍以上であった[46]。

インドに向かうリヴァプール海運業の価値は，競争相手である富裕なロンドンのそれよりも劣っていたが，この年にたった87隻だけではなく147隻が航海していたので，インドとの通信伝達では多大な利益をえた。さらに，ロンドンからの船舶は，しばしば，外国に航海する前にポーツマスやプリマスに長いあいだ停泊したので，航海日数は延びた。少なくとも36隻の船舶が，インドへの航海の途中にこれらの港に立ち寄り，航海をはじめる前に，平均して10日間以上停泊した。ロンドンからポーツマスやプリマスへの「速達」郵便があったとしても，船舶がグレーヴセンドやディールにいるあいだに送られた手紙は，その船がイングランド沿岸を離れるときには，出してからすでに2週間を経過していた。一方，リヴァプールの船は，直接外国に出港した[47]。

EICの独占時代と比較すると，激しい競争のため，航海の所要時間は大幅に短縮された。イギリスとインドの最短の移動日数は，100日間を切った。1832年の記録はロンドン-マドラス間で83日間，ロンドン-カルカッタ間で98日間，リヴァプール-ボンベイ間で93日間であった。母国への最速の航海は，どちらの場合も約2週間長かった。

1832-34年に，リヴァプールからボンベイへの航海は，平均して125日間かかり，母国への航海は，平均で128日間必要であった[48]。ロンドンからの平均航海日数は134日間であったが，母国への航海は，130日間であった。リヴァプールからボンベイへの航海は，もっとも遅い場合でも174日間であり，20年前の平均である180日間より速かった。この数値には，水と糧食のための停泊が含まれている。

---

46) 輸入額は，以下で公表された統計にもとづく。*BPP, Colonies, East India* 8...Part II *Commercial, 1831-32.* Appendix No. 4. Imports – Calcutta, Madras and Bombay,1830, 575.

47) *Lloyds List*, 1832 で公表された海事情報からの計算。

48) それぞれ，13回，12回，10回，18回の航海から計算した平均。

独占の崩壊

スピードの点でも，これと同様の改善がなされたことは，往復航海にみてとることができよう。最速の東インド貿易船は，独占の廃止以前には，約14カ月間かけてインドから戻った。それに対し，最速の往復航海記録は，8カ月強になった。リヴァプール-ボンベイ-リヴァプールの往復航海の記録は，246日間であった[49]。

イギリス-インド間でしばしば航海がおこなわれたので，情報の循環は，1隻だけの往復航海の所要時間よりも短縮することは簡単であった。最良の場合，それは以下のようにしてなされた。

表67 ロンドン-ボンベイ間の民間商船による情報の循環の一例 1832年

ロンドンからの出港日	船舶	ボンベイへの到着日	ボンベイからの出港日	船舶	ロンドンへの到着日	情報の循環の所要時間
1832年4月9日	ボイン号	1832年7月16日	1832年7月18日	ヒーロー号	1832年11月16日	221日間
			ないし8月1日	レディ・フィーヴァーハム号	1832年12月10日	245日間

出典) Lloyd's List, 1832.

したがって，移動の両端で航海のスピードが速くなり，出港数が増えたので，事業情報伝達の大幅な改善が可能となった。ボイン号の往復航海が，意図的に記録を出した移動の事例として取り上げられるが，母国への航海にも同程度の時間がかかった。4月初旬にボンベイ在住の事業パートナーに手紙を書いた商人が返信を受け取ったのは，11月中旬ないし12月初旬のことであった。おそらく，以前よりも半年間早かったことであろう。

とりわけボンベイに到着した日付のデータが欠如しているので，情報の循環の平均的期間を計算することは不可能である。平均的な往復航海は，港から港への日数を数えた場合，309日間，すなわち，約10カ月間であった。すべての船舶がボンベイで積荷の上げ降ろしに約1カ月間かけなければならなかったことを思い起こすなら，平均的な情報の循環は，300日間よりも少なかったはずである。手紙に対する返信は，もともと手紙を運んでいた船舶よりも早くボンベイから出発した。

---

49) *Lloyds List*, 1832-1834で公表された海事情報からの計算。

表68　イギリスの港とボンベイ間の民間商船が可能にした連続する情報の循環 1832-33 年

リヴァプールからの出港日	船舶	ボンベイへの到着日	ボンベイからの出港日	船舶	リヴァプールへの到着日	情報の循環の所要時間
1832年1月3日	カレドニア号	1832年5月15日	1832年6月1日	サー・フランシス・バートン号	1832年9月30日	271 日間
1832年10月19日	コロンビア号	1833年3月	1833年4月1日	オスプレー号	1833年8月23年*	308 日間

出典：　Lloyd's List, 1832.
* グラスゴーへの到着

　情報の循環においてはなお，変動幅は大きかった。このシステムがいまや20カ月以内で2回の情報の循環を可能にしても，その長さに大きな違いがあったことは，表68 に読み取れる。
　航海が以前よりも速くなったばかりか，港での停泊も大幅に短縮された。ボンベイでの平均的停泊日数は——到着日と出港日の両方が記入されている場合——，余分に76日間停泊していたがその理由が不明な二回の事例を除けば，30日間であった。船舶はまた，イギリスからすぐに出港した。船舶によっては，1832年末以前にアジアの水域に戻ったものもあった。情報だけではなく，貨物と船長が，以前よりも速く移動した[50]。
　イギリスからマドラスへの航海は，平均して 118 日間かかり，その逆は 126 日間であった。一方，カルカッタへの平均的な航海は 137 日間であり，帰りは 141 日間であった[51]。相違は，航海ルートの長さが多様なためであった。そして，間違いなく，船舶は，帰港するときの方が

---

　50)　たとえば，カレドニア号は，ボンベイに向けてリヴァプールを1832年1月3日に，さらにふたたび1832年11月20日に出港した。フォーテュン号は，グラスゴーを1832年1月7日と1832年11月13日に，さらにサー・フランシス・バートン号は，リヴァプールを1832年1月8日と1832年10月24日に出港した。1833年に，これと同様，年間二度出港した事例は多数ある（Lloyd's List 1832-1833）。
　51)　Lloyds List, 1832-1834 で公表された海事情報からの計算。もしカルカッタに向かった船が，途中，最初にマドラスに停泊したなら，マドラスまでの航海の所要時間しか記録されない。長距離を航海したため，カルカッタに向かう船舶は，給水ないし糧食を積み込むため，マデイラ，ケープ，モーリシャス島に停泊することが多かった。そのため，航海の総日数は，2-3日余分にかかった。停泊時間は，数値中に加えられている。平均はそれぞれ，36回，14回，43回，38回の航海から計算された。マドラスから母国に帰る船の数が少ないのは，ほとんどの船がマドラス経由でカルカッタまで航海したが，直接母国に帰るか，マドラスに停泊した場合でも，報告されなかったからである。

重い貨物を積載していた。
　船舶は，東洋への航海の間に，しばしばマデイラやケープに停泊したが，帰港の際には，セント・ヘレナ島に寄港するのが通常の習慣であった。ほとんどの船主と商人が，彼らが待っている船舶がすぐに到着すると聞かされるのはここであった。船舶が，セント・ヘレナ島で長く停泊しない場合——通常は，1-2日間——でも，そのなかには速く母国に帰港し，これから来る船についてのニュースを知らせる場合もあった。セント・ヘレナ島からイングランドまでの航海の最後の区間は，平均して2カ月間近くかかった。124回の航海をもとに計算すると，59日間であった。しかし，偏差は大きく，39-90日間であった[52]。
　インドへの情報伝達は目覚ましく上昇したが，中国との通信伝達の機会は，以前とほとんど変わらなかった。民間商船が約4カ月でインドに航海したが，このときの記録は3カ月未満であり，インド経由での中国への移動は，平均で7.5カ月間（224日間）必要であった[53]。表69から読み取れるように，インドのルートによる情報の循環の所要時間の差異はなかった。
　現実には，ロンドンから広州までの情報伝達は，上述したように，おそらく8カ月はかからなかった。たとえば，ウィリアム・フェアリー号は，6月1日にマドラスに到着した。そして，ヨーロッパからの巨大な船舶が出港する直前に，インドに向けて出航するカントリー船がたしかに存在した。とはいえ，問題は，10月25日にキャニング号が航海する以前には，広州からヨーロッパに出港する船がなかった点にある。
　1832年晩春に出発した巨大な東インド貿易船は，スピードを出して直接現地に向かった。母国への航海でセント・ヘレナ島に停泊する以外に，中断することはなかった。イギリス東インド会社は急いでおり，スンダ海峡経由で中国まで直接航海する最後の船舶がおこなう往復航海の所要時間は，平均するとたった1年間であり，最速記録は，僅か

---

52) *Lloyds List*, 1832-1834で公表された海事情報からの計算。1832年にイングランドから出港した少なくとも160隻の船舶が，母国への帰港の際にセント・ヘレナ島に停泊した。同港からの出港日は，最低でも124回，「ロイズリスト」に記載されている。さらに，そのうち32回の到着については，出港日が記載されていない。

53) *Lloyds List*, 1832-1834で公表された海事情報からの計算。平均は，11回の航海から計算された。

表69　ロンドン-広州間の東インド貿易船による情報伝達の事例 1832-1833年

ロンドンからの出港日	船舶	広州への到着日	広州からの出港日	船舶	ロンドンへの到着日	情報の循環の所要時間
1832年2月14日	マドラス経由のウィリアム・フェアリー号	1832年10月12日	1832年10月25日	キャニング号	1833年3月6日	386日間
1832年2月14日	ボンベイ経由のカムデン侯爵号	1832年10月20日	1832年10月25日	キャニング号	1833年3月6日	386日間

出典）　*Lloyd's List*, 1832-1833.

10.5カ月間であった。ロンドンから広州への最後の四回の航海は，107-117日間しかかからなかった。広州からロンドンという母国への帰港は，125日間かかったが，母国への最速航海は，たった116日間であった[54]。

　イギリスと中国のあいだで事業情報を伝達する場合の主要な問題は，航海の季節が決まっているということ（出港は，大半が1年の前半におこなわれた），複雑なルート（ほとんどの船は，1週間から1カ月ものあいだ，経由地であるインドの港に停泊した），さらに長い航路であった。

　船舶の大きさは，航海の所要時間と驚くほど関係なかった。アジア貿易の開放は，アジアルートでの小さな船の数を，大きく増加させた。表70は，1812-32年のアジアの貿易ルートでの船舶の大きさの変化を示す。ここにみられるように，これらのルートでほとんどの船が，1812年には500トン以上だったのが，20年後には，70%が，それよりも小さかった。しかし，この発展とともに，すでに示したように，平均的な情報伝達のスピードは，目覚ましく上昇した。

表70　1812年と32年のアジア貿易における船舶の大きさ
（オーストラリアを除く）

トン数	1812年における割合(%)（56隻）	1832年における割合(%)（280隻）
100-499	1.8	71.0
500-999	55.3	22.0
1000-1499	42.9	7.0

出典）　*Lloyd's Register for Underwriters*, 1813 and 1833.

---

54)　7回の航海からの計算。中国からの出港日は，必ずしも報告されてはいない。

独占の崩壊

これまでのいくつかの前提とは対照的に，1300-1400 トンの巨大な東インド貿易船のスピードは遅くはなく，必要があれば，速く航海した。ところが，リヴァプールからの小さな 294 トンの商船は，表 71 にみられるように，ほぼ同じ時間でこのルートを航海することができた。

表 71　アンジェル（スマトラ）経由でのイギリスから中国への最速の航海 1832 年

出港地	出港日	船舶，大きさ	中国への到着日	航海の日数
ロンドン	1832 年 5 月 1 日	ロード・ローター号，1332 トン	1832 年 8 月 16 日	107 日間
ロンドン	1832 年 5 月 25 日	バルカラス伯爵号，1417 トン	1832 年 9 月 13 日	111 日間
ロンドン	1832 年 4 月 25 日	エディンバラ号，1335 トン	1832 年 8 月 17 日	114 日間
ロンドン	1832 年 4 月 25 日	バーウィクシャー号，1332	1832 年 8 月 20 日	117 日間
リヴァプール	1832 年 6 月 10 日	ウォルター号，294 トン	1832 年 10 月 6 日	118 日間

出典）Lloyd's List, 1832-1833 からの計算。

だが，郵便船がふつう，大きな貿易船と比較して小さかったとしても，小さな船が一般にとくに有利だということは通常なかった。実際，郵便事業における小さな船の主要な利点は，おそらく主として財政的なものであった。少人数の乗組員で航海し，積荷の上げ下ろしもすぐに済んだ。

オーストラリアへのルートでは，すべての船舶は 550 トンを下回り，そのうち 40％以上が，300 トン未満であった。もっとも小さな船舶のなかで，最速の 12 隻に入るのは，2 隻しかなかった。一方，401-500 トンの最大の船舶 26 隻のうち 6 隻が最速の部類に属した。外国への航海は，平均して 138 日間かかり，母国への帰港には 156 日間かかった。おそらく，ルートが異なり，港に停泊したためであろう[55]。

それ以外の二, 三の記録は，これよりはるかに多様だったことを示す。カルカッタルートでは，ロンドンからの最短の航海は，1333 トンの東

---

55) *Lloyd's Register for Underwriters* 1833 と *Lloyd's List* 1832-1834 からの計算。シドニーとハーバート市〔タスマニア〕からの報告は，あまり正確ではなかった。27 隻もの船が，日付が書かれず，過去 2-3 週間うちに到着したということしか記載されず，「ロイズリスト」で報告されている。到着したと報告された 53 隻のうちたった 10 隻しか，ホーバート市とローンセストンから航海していなかった。一方，到着したと報告された 70 隻のうちたった 36 隻だけしか，シドニーから出港したと報告されなかった。

表72　イギリスからニューサウスウェールズとヴァン・ディーメンズランドまでのオーストラリアルートの船舶の大きさとスピード1832年

トン数	船舶数	最速の12隻に占める船舶数
150-300	38	2
301-400	28	4
401-550	26	6
合計	92	12

出典）　Lloyd's Register for Underwriters 1833 and Lloyd's List 1832-1834. 船舶の総数は98隻だが、そのうち6隻の大きさは不明。

インド貿易船マクィーン号で，たった98日間であった。650トンでノーサンバーランド公爵号が，ポーツマスからカルカッタまで105日間で航海し，ロンドンへの帰港は116日間で済んだ。360トンのサミュエル・ブラウン号は，リヴァプールからカルカッタまで，1832年に2回航海した。最初は111日間，二回目は115日間であった。282トンのコリンウッド号は，リヴァプールからカルカッタまで，111日間で航海した[56]。航海の所要時間は，船舶の大きさではなく，むしろ積荷，船長と部下の力量，とくに天候によって左右されたようであった[57]。

ニュースを運ぶ商船

1832年には，「ロイズリスト」が遠隔地のアジアの港からの海事情報を，以前よりも頻繁に，しかもより正確に公表するようになった。それは，利益が大きくなってきたからでもあるが，通信伝達の方法が改善されたからでもある。情報は，いまや以前よりも頻繁にしかも早くロンドンで受け取られるようになったので，このリストの読者により良いニュースを提供することが可能になった。

さまざまなアジアからのニュースが，イギリスの利害集団にどのようにして到達したのかを例示するために，この時代の「ロイズリスト」の海事情報からピックアップされた事例を少し取り上げてみよう。

タービー船長が指揮した666トンのジェイムズ・シブボールド号は，1832年6月14日にロンドンからカルカッタへと出港し，ベンガルには

56）　Lloyd's Register for Underwriters 1833 と Lloyd's List 1832-1834 からの計算。

57）　さらに，船舶の品質は，むろん重要であった。索具，帆の数と大きさ，船体の携帯，金属のカバー，船舶の技術設備などがそれにあたる。たとえば，Ojala (1999), 226-241, 435-436 をみよ。

11月2日に到着した。同船が到着したというニュースは，(カルカッタ沖の）サンド・ヘッズから12月1日に出港したランカスター公爵号によって，イングランドにもたらされた。同船がリヴァプールに到着したのは3月25日であり，ジェイムズ・シブボールド号に関するニュースを待っていた人々が，3月29日に「ロイズリスト」で必要な情報をみつけたのである。このニュースは，12月1日以前にカルカッタに到着した他の数隻の船についてのニュースとともにもたらされた。ランカスター公爵号は，インドへの航海に114日間かかり，ジェイムズ・シブボールド号の到着に関するニュースが公表されたのは，147日後のことであった[58]。

イギリスの船主がカルカッタに船舶が無事に到着したという良い知らせを知るときには，インドでは事態は大きく変わっていた。ジェイムズ・シップボールド号に関する直後の情報が，少ししてから到着した。それは，ボルドーに到着した未知の船舶がもたらした。4月14日のパリの日付のニュースは，手短にこう書いてあった。「ベンガルからダービーの指揮でロンドンに向かうジェイムズ・シブボールド号は，コーニング湾入り口のポイント・ゴルデワインで見失われた。乗組員と乗客は救助された」[59]。

いったい，何がおこったのか。その船は，完全に行方不明になったのか。乗組員と乗客はどこにいたのか。インドから違う船が到着したことでニュースが届いたが，全体の流れがわかるまでに，さらに2カ月近くかかった。

この船に関する次のニュースは，マドラスを1月14日に出港したレディー・フロラー号によってもたらされた。同船は，4月27日にマーゲート沖で郵便を降ろし，110日間の航海ののち4月30日にグレーヴセンドに着いた。1月9日付けの短い報告書には，こう書かれていた。「ダービーの指揮によりベンガルからロンドンに向かうジェイムズ・シ

---

58) 海事情報については，それぞれの「ロイズリスト」をみよ。船舶の到着に関するニュースは，通常長いリストで送られた。リスト上ではもっとも早い到着が，リストで最後のものより数週間遅れることも頻発した。それは，カルカッタからロンドンに最後の通信がなされたのは，どのくらい前かということによって左右された。

59) *Lloyd's List* 19.4.1833.

ブボールド号は，最終的に 29 日にコリンガ沖の砂州で座礁した。そして，船舶も貨物も，救出される見込みはほとんどなかった。乗客は，マスリパトナムに到着した」[60]。この情報は，〔事件の〕112 日後に公表された。その後，乗客については何も知らされなかった。しかしながら，船舶と貨物の運命は重要だったので，報告は続いた。

続いてのニュースは，1 月 14 日にカルカッタを出港したビュックレー公爵号によってもたらされた。同港における 2 日前の日付によれば，次のような話であった。「28 日に，コリンガ南部からおよそ 15 マイルのところに岸に座礁したジェイムズ・シブボールド号からの最後の助言により，ビュックレー公爵号は出発することを望まれ，灯りをともされた」[61]。ビュックレー公爵号は，喜望峰とセント・ヘレナ島経由でベンガルから 113 日間で航海し，ニュースが公表されたのは，115 日後のことであった。しかしながら，これは，カルカッタの代理人が，コリンガ湾で何がおこったのかを十分に知らなかったことを示す。ニュースは，当時としては最新のものであったが，あまりに楽観的であることがわかった。

次のニュースは，それまでとは異なった見解を提示する。「マドラス，1 月 3 日。ジェイムズ・シップボールド号は，ベンガルからロンドンに航海し，ベンガル湾岸で，満水状態になった。およそ 1000 箱のインディゴと貨物の一部が救われた」[62]。ニュースを運んだロンドン号は，代理人が報告書の日付を記した日よりも 9 日間遅くマドラスを出港した。同船は 1332 トンの巨大な東インド貿易船であり，おそらくかなりの量の貨物が乗せられていた。さらに 5 月 5 日にはワイト島沖にいたことが報告されたが，事故のニュースが公表されたのは，128 日後の 10 日のことであった。ところが，船主にとって，それは良いニュースであった。1000 箱のインディゴには，およそ 4 万 5000 ポンドの価値があったが，船の価格は，それよりはるかに安かったはずだからである[63]。

---

60) *Lloyd's List* 30.4.1833.
61) *Lloyd's List* 7.5.1833.
62) *Lloyd's List* 10.5.1833.
63) インディゴの価格は，以下から計算した。*BPP, Colonies, East India* 8... Part II *Commercial, 1831-32*. Appendix No. 4. Imports – Calcutta, Madras and Bombay, 1830, 575.

独占の崩壊　411

　船の運命は，11日後の「ロイズリスト」で明らかになった。「コリンガ沖で難破したジェイムズ・シップボールド号の船体は，結局，15日に売られることになった」[64]。マドラスで1月21日付けのこのニュースは，コロマンデル号によって届けられた。同船は，5月18日に，ワイト島沖に到着したと報告された。この船は，1月24日にマドラスを出港し，5月24日にグレーヴセンドに到着した[65]。当時，「ロイズリスト」は1週間に2回しか発行されなかったけれども，ニュースは，それを運ぶ船が現実に母港に到着する前に公表されることがたびたびあった。この場合，ニュースは，「ワイト島沖に」上陸したようである。
　さらに，難破船に関する最後のニュースが，6月14日の「ロイズリスト」で報告された。これは，この事故に関する最初のニュースから2カ月後，事故発生の5.5カ月後のことであった。「コリガ沖で難破したジェイムズ・シップボールド号から救出された貨物は，ファウルでチャールズ・イートン号に積み換えられ，マドラスに到着した」[66]。このニュースは，2月24日にマドラスから出港したウェリントン号によって送られ，110日後に公表された。
　ここで述べた話は，どのようにしてニュースが伝達されるかという点に関して，適切な事例となる。遅いばかりか，ときには混乱していた。悲劇のニュースを伝える郵便は，6隻の船で運ばれ，それらはインドから1.5カ月間以内で出港した。最初のニュースは，パリから到着し，短かったがきわめて正確であり，残りは付加的な情報であった。「ロイズリスト」は，矛盾する情報であれ，船舶に関して聞いたすべてのことを公表したようである。報告書は，災害に対してすべてのことを語ったわけではない。その事柄に触れる紙幅も必要もなかった。読者は，自身の結論を引き出すことができた。
　別の事例は，1833年5月にベンガルで激しい嵐に見舞われて苦闘した数隻のイギリス船について伝えている。利害関係者は，船舶，貨物の所有者，アンダーライター，乗組員と乗客の家族であれ，船舶の富に関心がある人であれ，10月1日に公表された「ロイズリスト」によって

---

64) *Lloyd's List* 21.5.1833.
65) 海事情報として，それぞれの「ロイズリスト」をみよ。
66) *Lloyd's List* 14.6.1833.

悪いニュースを受け取った。

　「カルカッタ，5月24日。20日にたちまちのうちにこの地が激しい風に見舞われ，24時間のあいだ，それがずっと続いた。ロンドンとマドラスから来たロックが指揮するヨーク公爵号はヘッジェリー・クリークの南方半マイルのところで岸沿岸に打ち上げられた。ロンドンに航行中のヒックスが指揮するロード・アマースト号は座礁して，ケンジャリー灯台と並んでいる状態で，竜骨が折れたと報告された。ペナン，マラッカ，シンガポールに航行中のナッシュが指揮するイーモント号は岸に乗り上げ，同じ場所の少し下のところで船底湾曲部を破損させた。そしてまた，破損を余儀なくされたモーリシャス島に航行中のフィッシャーが指揮する時ジェネラル・ガスコインのごく近くにいた。リヴァプールに航行中のブライズが指揮するロバート号は，ケンジャリーで岸に乗り上げた。さらに，これらの船舶は，すべてが難破したかもしれないと不安がられた。モーリシャス島に航行中のミッチェルが指揮するスルタン号は，砂につかったり，砂の上を遠くまで行ってしまうかもしれないという心配にかられた。そうすれば，すべての人々が死んでしまう。それでもなお，海に行こうと考えた」。

　「ロイズリスト」の同号で以下の報告が続いた。「カルカッタ，5月25日。ロバート号が出港した可能性は高い。だが，他の船を救出する見込みはかなり少ない。明らかに，彼らの貨物の大部分は無事であろう。スルタン号から2人が沿岸に打ち上げられた。報告では，マストがなくなってすぐに船から吹き飛ばされ，船については，その後何もわからない。すべての人々の意見が一致したのは，この大嵐が，記憶するかぎり，もっとも激しいものであったということである」[67]。

　このニュースは，9月29日にベンガルから到着したロード・ウィリアム・ベンティック号がもたらしたものであるに違いない[68]。同船は，服役囚を輸送する船であり，バタヴィアとマドラス経由でホーバート市

---

67) *Lloyd's List* 1.10.1833.
68) 「ロイズリスト」では，同船は，同じ日に到着した。

からカルカッタへと航海し，17 カ月をかけて，いまや母国に帰るところであった。カルカッタを 6 月 3 日に出港し，嵐による損害についてのニュースを最初にイギリスにもたらした船であった。情報伝達のためには，母国に寄港する船なら，どんなものでも十分に役割を果たした。ニュースが公表されたのは〔事故から〕130 日後のことであったが，最新のものが利用可能であった。報告書の複製が，カルカッタを 1833 年 5 月 24 日に出港したベンガル号で運ばれたかもしれないが，この船がロンドンにようやく着いたのは，11 月 4 日のことであった[69]。

　カルカッタの惨劇について，到着した船舶によりさらに情報が受け取られるまで，数週間を要した，1 月 8 日の「ロイズリスト」はこう報告する。

　　「ロックが指揮するヨーク公爵号はロンドンから来て，ヒックスが指揮するロード・アマースト号はロンドンに向かい，ナッハが指揮するイーモント号は，6 月にカルカッタ近郊の岸に打ち寄せられ，廃棄された。ブライズが指揮するロバート号は，リヴァプールに航海しており，フィッシャーが指揮するジェネラル・ガスコイン号は，モーリシャス島へと航海していた。2 隻は同時に岸で座礁し，出航した」。

　このニュースは，インドへの比較的効率的な往復航海の帰途にあったホーグレイ号によって運ばれた。同船は，ロンドンを 1832 年 12 月 4 日に出港し，マドラス経由でカルカッタに，1833 年 4 月 19 日に到着した。6 月に同船は帰国の途に着き，12 月 6 日，同船も郵便を降ろした

---

69)　それぞれ，「ロイズリスト」から。難破したロード・アマースト号も，東インド会社に郵便を運んだ。1832 年 12 月 27 日と 1833 年 5 月 3 日のあいだに日付が書かれた EIC の一般的通信文のうち 5 通は，ロード・アマースト号の郵便が，最終的にはジュリアナ号でロンドンに送られた証拠となる。ジュリアナ号は，ベンガルを 1833 年 7 月 16 日に出港し，フーグリ川で停泊し，座礁したが，大きな損害はなかったようである。同船が積んだ郵便は，1833 年 12 月 19 日にポーツマスに上陸し，手紙は，最終的には，1833 年 12 月 23 日，ロンドンの EIC が受け取った。ロンドンで受け取ったとき，もっとも時間がかかった手紙は 361 日前のものであり，最短の手紙は，234 日前のものであった。General Correspondence of the EIC, E/4/142 (BL, IRO). ジュリア号の事件については，*Lloyd's List* 10.12.1833 をみよ。

ディールで報告された[70]。

11月には，難破した船舶に関してより多くのニュースが到着した。「モーリシャス島，7月26日。サミュエル・ブラウン号は，以下の説明をもたらした。ジェネラル・ギャスコイン号は，フーグリー川の岸辺で6月2日にとどめおかれていたが，ベンガルまで進み，埠頭に着き，補修された」[71]。「リヴァプール，11月17日。ブライズが指揮するロバート号は，リヴァプールまで航行する予定であったが，フーグリ川の岸に乗り上げ，6月23日以前に出航した」。「ケジャリー，6月17日。フィッシャーが指揮するジェネラル・ギャスコイン号は，モーリシャス島に行く予定であったが，上げ潮に浮かんでいた」[72]。そして，「カルカッタ，6月24日。フィッシャーが指揮するジェネラル・ギャスコイン号は，モーリシャス島に航海する予定であったが，フーグリ川の岸辺に乗り上げ，ここに引き返した」[73]。

どの船でモーリシャス島からのニュースがイングランドにもたらされたのかは，あまり確実なことはいえない。たった183トンの小さなクロリンダ号は，ホーバート市，シドニー，シンガポール，そしてモーリシャス島への航海のあとで，11月18日に到着した。同船は，モーリシャス島を7月28日に出港した。それは，「ロイズリスト」への手紙が書かれた2日後のことであり，おそらく，そのニュースを数日前にグラスゴーに上陸させた[74]。

11月18日に公表されたどちらのニュースも，マニラ，シンガポール，カルカッタからの帰国途上で，グラスゴーへと航海中のジャネット号によってもたらされた。報告書はリヴァプールで受け取られた。たぶん，ホリヘッドから，遠隔用視覚通信によって伝えられ，ロンドンに転送さ

---

70) 海事情報については，それぞれの「ロイズリスト」をみよ。この船はまた，他の悲しいニュースをもたらした。「リーヴズが指揮するホーグレイ号は，ベンガルからダウンズに航行していた。8月20日に航海中，緯度は35度，経度は21度の地点でハリケーンに遭い，船のマストを失った。また，デッキ，マスト，短艇，バッチ，索具を備備したトップマストの中身にも損害が出た」(*Lloyd's List* 8.11.1833)。
71) *Lloyd's List* 15.11.1833.
72) *Lloyd's List* 19.11.1833.
73) *Lloyd's List* 22.11.1833.
74) 海事情報については，「ロイズリスト」の各号をみよ。

れた[75]。11月22日に公表されたニュースの伝達者は,海事情報がないため,確認できない。

　事件の最終的な結果は,12月10日の「ロイズリスト」で読むことができた。それは,事件に関する最初の悲惨なニュースが公表されて,2.5ヵ月近くたってからのことであった。「ベンガル,7月23日。ヒックスが指揮するロード・アマースト号は出港せず,破壊され,船底湾曲部を破損し,マストがまったくなくなり,潮で一杯になった」。そして,「その後シンガポールに行ったイーモント号は,出港できなかったので,貨物付きで売り払われた」のである。

　このニュースは,パトリオット・キング号によって伝達された。同船は,リヴァプールからの定期的な貿易船であり,調査期間中にすでにインドへの二度目の航海に出ていた。カルカッタを8月2日に出港し,12月7日にミルフォードに到着したと伝えられた。リヴァプールには,12月16日に着いた[76]。

　これらの事例が明確に示すのは,郵便運搬船にはかなりの多様性があったが,情報の循環の観点からは,1年を通じて,アジアの水域から母国に帰る船が多数存在したことが,非常に有益であったかということである。航海の長さとルートがさまざまであっても,船舶は,互いに補完的なニュースを運んだ。どんな船も,ニュースの運び手になることがありえた。たとえ,特定の商人がそうなることはなくても,事業共同体全体が,そういう役割を果たした。イギリス郵政省は,これらの船のすべてを郵便運搬者と考えたので,重要な通信文も,ロイズの代理人が新聞に報告するのと同じ手段を用いて運搬されたと想定される。

　頻繁に航海されるインドルートと中国ルート(まだEICの独占下にあった)の情報の循環の相違を明確にするために,もう一つの事例を紹介することが有益であろう。1833年4月9日,「ロイズリスト」は次のようなニュースを公表した。

　「シンガポール,11月8日。クロマーティが指揮するモファット号(東インド貿易船では比較的小型の820トン)は,ロンドンから中国と

---

75)　*Lloyd's List* 19.11.1833. 船舶の到着は,同じ号で報告された。
76)　海事情報については,「ロイズリスト」の各号をみよ。

ハリファックスに行き,本月6日に,メインマストとミズンマストを失い,支那海で大嵐にあい,損害を次々に受けた。22日にはじまり,26日までそれは続いた(メモ。モファット号は,11月28日頃には,海に出る準備ができていたと思われる)」。

4週間後の「ロイズリスト」の報告では,モファット号は,中国に1月10日に到着した。さらに2週間後,矛盾した報告が出された。ロンドンから出港したクロマーティが指揮するモファット号は,シンガポールに到着し,7番目のリストに載せられて,中国に1月10日着くことになっていたが,その月の26日になっても到着しなかった[77]。これには不安を抱かせられた。シンガポールから広州への航海は,通常,8-10日間しかかからなかったからである。

これらのニュースの項目は,すべてが,母国への航海途上の東インド貿易船によってイングランドまで運ばれた。バルカラス伯爵号が,モファット号の損害に関する情報を何も残さずに広州を出港してから,中国には,1カ月間船が1隻も訪れなかった。事実,モファット号は,バルカラス伯爵号が出港してからわずか3日後に広州に到着したが,事件が良い方向に転換したというニュースがイングランドに届いたのは,6月中頃に次の東インド貿易船であるリライアンス号が到着してからのことであった[78]。

最後の事例が示すように,巨大な東インド貿易船による中国からの航海は,必ずしもインドからの船よりも時間がかかるとはかぎらなかったとしても,航海の期間が長かったために,情報伝達は不必要に遅れた。しかしそれは,翌年に中国との貿易が開放されてから,徐々に変化することになった。

喜望峰ルートで民間の船舶が運ぶ郵便の総数は,目を見張るほど多かった。1833年には,イギリス郵政省の統計では,インドへの郵便は3725袋であった。それらは,17のイギリスの港から,427隻の船によって運ばれたのである[79]。これらの数値に対して,アジアとの通信伝

---

77) *Lloyd's List* 7.5.1833; and 24.5.1833.
78) *Lloyd's List* 14.6.1833.
79) Sidebottom, 59-60をみよ。間違いなく,この数値には,インド以外のアジアの港へ

達を速めようとする圧力が，イングランドと東方での両方でかけられたのは，驚くべきことではなかった。

喜望峰ルート経由での汽船と陸上ルートの対決

イングランド-インド間で汽船事業を設立しようという最初の試みが，1825年になされた。汽船エンタープライズ号が，喜望峰を回り，サザンプトンからベンガルまで行ったのである。そのスポンサーは，ロンドンとカルカッタの富裕な貿易商会であった。479トンの船が，何よりもこの貿易的事業のために建造された。同船の航海は，サヴァンナ号が大西洋を最初に東方向に横断してからたった6年後のことであり，かなり似た成果がえられた。航海は，技術的には成功したけれども，その努力は，商業的には失敗であった。エンタープライズ号は，予定した70日間ではなく，113日間かけてベンガルに到着した。同船は石炭を使い果たし，航海の半分以上を，帆を掲げて航海しなければならなかった[80]。

エンタープライズ号が，ふたたびヨーロッパに連れ戻されることはなかった。インド洋，主としてベンガルにとどまったが，EICによって，1826-37年に，ボンベイ-スエズ間の郵便運搬船として使われたことも明らかである[81]。

偶然にも，エンタープライズ号は，EICで当時働いていたかつての航海士であるフレッチャー・ワグホーンによって，フーグリ川まで水先案内をさせられた。彼は，ヨーロッパの情報伝達の未来は，蒸気の推進力にあると確信したが，すぐに，より短く利益の多いルートを，この事業のために開拓すべきだということを理解した。1826-30年に，ワグホーンは，最初はインドで，ついでイングランドで，イングランドからエジ

の郵便が入っている。

80) Daniel Thorner, *Investment in Empire. British Railway and Steam Shipping Enterprise in India 1825-1849* (Philadelphia, 1950), 23; Moubray & Moubray, 180.

81) エンタープライズ号の後半生については，以下をみよ。Thorner, 23; Moubray & Moubray, 180; Sidebottom, 14; and Robertson, B 42. 郵便事業は，おそらく，ボンベイの政府が紅海を上り，アレクサンドリアのEICの代理人まで毎年〔郵便を〕送り，地中海の汽船まで転送されたことを示すにすぎない。同船はまた，第一次ビルマ戦争のあいだに，インド政府に速達便をはこんだ。Sidebottom, 8, 55 をみよ。

プトへの航海速度の速い汽船事業を設立し，それをスエズからインドと似た事業と関連づけるべきだと熱心に宣伝した[82]。

　陸上ルートは，新たな革新ではなかった。17世紀初頭から，その利用はかぎられていた。現実には，二つの代替ルートがあった。一つは，地中海とペルシア湾をアレッポ，バグダード，バスラ経由で結ぶルート，もう一つは，アレクサンドリアとスエズ経由で，地中海と紅海を結ぶルートである。1650年代終わり頃までにEICが開発した慣行は，毎年夏，通常は8月にインドからロンドンまで手紙を陸路で送り，船舶の安全な到着，市場について予想される状況，外国に次に派遣する船隊の計画，そして雨期の前に購入しておくべきインドの商品の量に関する助言をすることであった。このルートも，喜望峰経由によって船舶の母国に手紙の複製を送るために使用されたであろう。陸上ルートは，両方向で使用された[83]。

　EICは，ペルシアルート経由で，ロンドンからマルセイユ（ないしリヴォルノ），アレッポとバスラ（ないしゴムブルーン）経由で，インドのスラートへと急ぎの手紙を送った。輸送には，最低でも6カ月間かかった。だが，8カ月間かかる方が多かったし，10カ月以上かかることさえ，決してめずらしくはなかったのである。ヨーロッパのさまざまな戦場をかいくぐって安全な通信伝達手段を発見することにはしばしば困難がともなったし，中東の砂漠での生活は，疫病，侵略，襲撃と隣り合わせであり，危険でもあった。紅海ルートが17世紀のあいだに何度も考慮されたとはいえ，伝統に執着するEICの抵抗のために，18世紀末までは何も生じなかった。紅海ルートの方がおそらく速かったが，より安全で定期的だというわけではなく，暑すぎるとか，謎だらけであるとか，非常に不衛生だと非難されるのがふつうであった[84]。

---

　　82) Moubray & Moubray, 180; Siebottom, 14. トマス・ワグホーンのバックグラウンドと，喜望峰周辺の汽船事業への援助を見つけようとした初期の試みについては，Siebottom, 15-19を，彼の生涯については，Cable, 53-64をみよ。

　　83) Holder Furber, "The Overland Route to India in the Seventeenth and Eighteenth Centuries", first published in *Journal of Indian History,* 29 (Trivandrum, 1951). Republishedin Rosane Rocher (ed.), *Private Fortunes and Company Profits in the India Trade in the 18th Century* (Variorum, 1997), 116-117.

　　84) Furber, 117-133; Moubray & Moubray, 180; and Cable, 56-57 をみよ。

トマス・ワグホーンが，エジプトを経由してイングランド-インド間で汽船を使って直接通信伝達すべきだと擁護したとき，彼は，無意識のうちに，異なった党派間に存在した強い感情を刺激した。EICが提供した支援は，わずかな財政的援助にかぎられていたが，イギリス郵政省は，彼の提案を深く考えずに拒絶した。イギリス-インドの商人の意見は違っていた。ボンベイ政府と商業集団には，この意見に対して反対する理由はなかった。それは，陸上ルートを使えば，インド西岸のボンベイは，カルカッタとマドラスという東岸の港よりもイングランドに1000マイル近かったからである。ロンドンと，当時インドの政治的・経済的・軍事的生活のハブであったカルカッタの商会は，スエズ経由や喜望峰回りではなく，ベンガルと直接汽船での事業をすることを目指した[85]。

変化の時間に対する戦い

インドその他でEICの特権に対抗して積極的に戦っている競争相手がよりすぐれた事業の通信伝達に対して支援することに，EICがあまり関心をもたなかったのは当然である。ボンベイ政府は，ボンベイの商業集団の利害と密接な関係にあったので，1820年代にEICに圧力をかけ，スエズから紅海，さらにはアラビア湾を横断しボンベイまで東航するために汽船のルートを開発しようとした。同社は，とうとうボンベイの政府造船所で木製汽船のための機関を製作することに同意した。この船は，EICの重役会の会長にちなむヒュー・リンゼイ号という絶妙の船名

---

[85] Thorner, 25-28; Moubtay & Moubray 180. さまざまな船とルートの計画に賛成と反対を示す1ダース以上のパンフレットが，イギリスで公刊された。有用なリストとしては，Thornerのbibliography, 184-186をみよ。1838年になっても，長距離の海のルートの有力な支持者で，イギリス海軍の船長であるサー・ジョン・ロスは，汽船の通信伝達のために50万ポンドの資本を集める計画を公表して，新しいインド汽船会社をつくり，ケープ経由でインドに汽船で向かおうとした。この事業は，セイロンのポイント・デ・ガルにまで達する計画であった。おそらく，ボンベイとカルカッタの両方の商人の支持を獲得しようとしていた。地元にある手段を使って移動を続けるなら，情報伝達の所要時間は，〔ボンベイとカルカッタという〕主要な貿易港のどちらに対しても，同程度の長さになった。ロスの計算では，イングランド-セイロン間の移動は，46日間以内でなされた。この計画には，石炭を積み込むために，3隻の汽船と2隻の軍事物資輸送船が含まれていた。以下をみよ。Sir John Ross, *On Communication to India in Large Steam-Ships, by the Cape of Good-Hope* (London, 1838), 3-44. 異なった利害関係に関しては，Cable, 68-69をみよ。

をもち，1829年遅くに進水した。同船は，翌年3月の処女航海において，ボンベイからスエズまでを，33日間で航海した。その費用と，その後の同船の航海の費用は非常に高かったので，EICは，これ以上紅海まで達する汽船の製造を禁止した[86]。

事実，同社は，自社の情報伝達の進歩にさえ，関心をもたなかった。1832-33年にベンガル，マドラス，ボンベイからロンドンまでのEICの通信本部をみると，東インドと母国のあいだでの通信伝達に関する同社の一般的態度について，顕著な特徴がわかる。

C・H・フィリップスは，1783-84年のEICの活動全般にわたる研究で，通信伝達の過程を調査した。彼の研究によれば，1828年から同社の取締役会の代表であったエレンバラ卿は，インド-ロンドン間の通信伝達のスピードを上昇させるために，いくつかの努力をした。エレンバラは，代表に指名されると，本国政府がこの2年間にわたってインドで発生していた事件しか扱っていなかったことを知り，仰天した。彼の見解では，ロンドンは，インド政府を有効に管理することをやめていた。彼は，「すぐさま，悪徳を矯正する決心をした」のである。フィリップスがいうように，「最初の，そして明確なステップは，……紅海経由でインドとイングランドのあいだの汽船による通信伝達を確立することであった……，'議長たち'は，彼の提案を受け入れ，10年間以内で，この新ルートによって毎月事業をすることが確立された」のである[87]。

エレンバラはまた，インドにおけるイギリス東インド会社政府への手紙への返信のために速達便を送るシステム〔形成〕へと，関心を変えた。当時のシステムのもとで，EICの政府は，量が非常に多く雑多な手紙を用いて，故国にありとあらゆる情報を送った。このような手紙は作成に時間がかかり，くだらない事柄も，重要な要件も一緒くたにされていた。ロンドンは，最初により重要な事柄を取り上げようとはしなかった。その代わり，厳密に数の順番どおり，パラグラフごとにすべての主

---

86) Thorner, 25-26; Sidebottom, 61-62 をみよ。この移動でイングランドにどのくらいかけて郵便が到着したのかは，よくわからない。トーナーによれば，全部で59日間かかった。「当時としては，印象的なまでに短い期間」であった。しかし，ムーブレイたちによれば，「アレクサンドリアから郵便を運ぶ汽船があれば」，移動期間全体は，61日間であったと推計される。Moubray & Moubray, 181 をみよ。

87) Phillips, 264-268.

題への返答がなされた。このシステムはたしかに時間がかかり，柔軟性を欠いたが，同時に，インドから受け取るフォリオ版の巻の数が，季節ごとに増加した。しかし，草稿を用意することに従事する人々の数は増えなかった[88]。

エレンバラは，1年間は，ロンドン-インド間で速達便を送って返信を受け取るのに十分な期間だと推計した。彼は，四つの提案をした。すなわち，第一に，評議員会もインドの会館も，従業員の数を増やすべきである。第二に，膨大で雑多な手紙を通じて情報を送る方法は，すべての主題が個々の手紙で取り扱われるような方法に取って代わられるべきである。第三に，それぞれの手紙の要約がカバーに書かれるべきである。それは，母国の政府が，より重要な手紙をまず第一に取り扱うことができるからである。第四に，母国に送られるすべての協議は石盤で印刷され，インドの商館が手で書き写すのに必要な時間を省略すべきである。フィリップスの考えでは，エレンバラは，「会長」から強い反対意見があったにもかかわらず，この提案を実行し，通信文のシステムにおける速達便と効率性の上昇を獲得して利益をもたらした[89]。

ブリティッシュ・ライブラリーの1832-33年のインド省記録局におけるイギリス東インド会社の通信本部をよく読めば，全体の効率性の改善の程度について，かなり混乱した像が提示される。ベンガル，ボンベイ，マドラスからの1422通の手紙の一部は，明らかに，三つの州で通信伝達の慣行が大きく異なっていたことを示す。カルカッタは，通信伝達において，もっとも冷淡な態度をとった。フォート・ウィリアムズが書いた手紙は，イングランドに向かう船舶に乗せられるまで，何カ月も港で待たなければならなかった。たとえば，イザベラ号は，ロンドンに1833年4月初旬に到着したとき，1832年4月から11月までのあいだにカルカッタで書かれた31通の手紙を送った。ジョージアナ号は，1833年9月初旬にロンドンに到着したとき，1832年7月から1833年3月までのあいだにカルカッタで書かれた29通の手紙を送った[90]。これらが極端な事例であったとしても，手紙がそれ以前に出港していた船に

---

88) Phillips, 264-265.
89) Phillips, 266-267.
90) The EIC, General Correspondence from Bengal, E/4/138-142 (BL, IRO).

乗せられなかった理由を理解することは難しい。

　表73にみられるように，ほとんどの船は，数カ月にわたって書かれた手紙を運んだ。他方，同じ1カ月のあいだに書かれた手紙が数隻の船で運ばれたことに注目することができる。すなわち，1832年12月にカルカッタで書かれた手紙は，12隻にのぼる別の船でロンドンに輸送されたのである。現実には，手紙の数は，この表に書かれている以上に多かった。EICの通信文の記録には，手紙の写し，2通の複製文書があり，そのどれが最初に到着したかがわかる。ほとんどの場合，手書きで，「法廷で読まれる」と記されており，手紙が受け取られたのと近い日付が書かれていた。それは，この手紙が，最初に到着した複製であったことを示す[91]。

　EICは，できれば同社がチャーターした船舶か，かつて事業で使った船舶で手紙を送ろうとした。表73の24隻の船舶のうち，18隻もの船舶が同社によってチャーターされた。数隻の船舶で手紙の複製を送ることが有益なシステムだとわかったのは，母国への航海中に，船舶のうち2隻が難破したときのことであった。ここにみられるように，安全性と旧来の伝統のため，船舶は集団で航行することが多かった。その結果，ベンガルからEICの商業書簡がまったく届かない期間が長く続いた。それは，春の2カ月間，夏の2カ月間，秋に何度か生じた1カ月間の期間であった。

　表73は，手紙（原本も複製も）が，現実の出港日を知らされることなく港で荷を積んでいた船舶で収集されていたことを示す。多くの船舶は，カルカッタに到着する以前に書かれた手紙をロンドンに運んでいた。第一の，第二の，第三の複製がイングランドに向かう船舶のあいだでどのようにして「序列」づけられたのかということについては，出港予定日，カルカッタのEICの役人の目から見た船舶，船長，船主に関する評判によっていたように思われる。

　彼らの原理からは，たとえばリヴァプール船が除外されていた。ベン

---

[91] EICの検査官が最初の複製が，通常はもっと早く別の船で到着したことを記した僅かな例外があった。受け取られた日付は，必ず手紙の上に記され，それとともに，その手紙を乗せて到着した船舶の名前が書かれた。通信文には，郵便の消印はなかった。分厚い手紙のほとんどは，半分の長さに折り畳まれ，束にして送られた。

表73 EICがロンドンで受領したカルカッタからの手紙の数 1833年

船舶	出港日	手紙受領日	4月	5月	6月	7月	8月	9月	10月	11月	12月	1月	2月	3月	4月	5月	6月	合計
ファーガソン号	1832年9月6日	1833年1月31日	3	1	3	21	3											31
キャサリン号	1832年9月17日	1833年2月5日	1		5	10	7											23
ヒロイン号		1833年2月8日	1	1	2	1												5
バルミラ号		1833年4月7日			1	2	14	5										22
イラベラ号		1833年4月9日	1	2	2	4	4	2	11	5								31
紳士バルマー号	1833年1月7日	1833年5月1日			1	4	1	2										8
シーサー号		1833年5月11日			1	1	1		6	12								21
ポルトン号	1833年1月20日	1833年5月14日				3	2	2	1	3								11
ノーサーバーランド公爵号		1833年5月18日					1	1										2
バレット号		1833年5月29日								3								3
レイトン号		1833年5月30日				1	1			3								5
リカヴァリー号		1833年6月3日			2			1										3
ペグーレンン号	1833年2月5日	1833年6月14日						1	2	3	17							23
マルコルム号	1833年2月8日	1833年6月22日									10							10
ジェームズ・パティソン号	1833年2月18日	1833年8月24日							2		1							3
エクスマウス号	1833年4月14日	1833年9月1日				1			2	1	1	3	18	4				30
ロバード号		1833年9月5日									1							1
ジョージア号		1833年9月6日			2	1	3		1	3	4	11	3					29
スーザン号	1833年4月25日	1833年10月4日										1	1	2				4
アン＆アメリア号*		1833年11月4日				1				5	1	2	2	1				12
フーレイ号	1833年6月13日	1833年11月11日											1	2	5	19		27
センドウー号	8.7.33	1833年11月18日															1	1
ロード・アマースト号*(ジュリアナ号)	1833年5月20日	1833年12月20日									1				2	3		6
ジュリアナ号	1833年7月16日	1833年12月23日			1	1								2	3	9	6	27
合計			5	4	12	42	26	31	24	16	39	37	19	28	16	31	7	338
合計2			29	31	23	45	26	31	24	16	39	38	29	29	16	33	23	422

出典）The EIC General Correspondence from Bengal, E/4/139-143 (BL, IRO). 航海のデータは Lloyd's List maritime intelligence, 1833 passim をもとにした。毎月の数値は、1832年4月から1833年6月までのあいだで、手紙がいつ書かれたのかを示す。「合計」とは手紙の総数であり、「合計2」とは、この間に送られた手紙の総数（1832年ないし1832年に受け取られた手紙を含む）のことである。実際に運ばれた船の総数は、別の船が複製を送ったので、合計の数値より多い。

* 母国への航海の途中で難破した。手紙は、他の船がロンドンまで運んだ。

ガルから 1832 年と 1833 年に送られて受け取られた EIC 全体の通信文のなかで，リヴァプール船で運ばれたのはわずか 1 通であった。これを運んだのはヒンドゥー号で，リヴァプールの富裕なブロックブリーク家が所有していた。もともと 1833 年 6 月 25 日付けのこの手紙は，次の船が運ぶ可能性があったので，重要なものであったはずである。ヒンドゥー号は，7 月 8 日に出港した[92]。

　最速の場合であっても，最新の手紙の日付と，ベンガルからの出港日のあいだには，通常少なくとも 1 週間の差異があった。それはおそらく，カルカッタの波止場から，ほとんどの船の出港が報告されるケジャリー近郊のベンガル湾のサンド・ヘッズにいたるまでに，フーグリ川で時間を要したからである。

　同じ期間に，EIC の郵便と，ロイズの代理人がベンガルからイングランドへと送ったニュースとを比較すると，一部分を同じ船で航海している場合でさえ，情報伝達に要する総時間には，驚くべき相違があった[93]。たとえば，「ロイズリスト」に，カルカッタ付近の岸で運行中のヨーク公爵号，ロード・アマースト号，イーモント号のニュースを知らせたフーグリ号は，6 月に没収を宣言され，146 日間の非常にゆっくりとした航海ののち，12 月初旬に到着した。しかし，同船がこのときにEIC のために輸送していた手紙の日数は，163 日間から 274 日間と多様であった。ロイズのニュースをもたらした最速の船舶のなかで，EIC の手紙を運んだ事例はなかったようである。ただし，これ以前と以後の航海では，運んだ場合もあった。

　エレンバラ卿は，インド-ロンドン間で EIC の通信伝達のスピードアップを果たすべく尽力した。けれども，カルカッタからの手紙は，必ずしもその指示に従わなかった。報告書は，各号ごとに別々の文面を書くのではなく——そうしたことは，しばしば生じたが——，慎重に書かれた 200-400 のパラグラフを含むこともありえた。すべて手書きであり，200 頁にまでなった[94]。1832 年 7 月 24 日の日付が入ったサー・

---

92) The EIC General Correspondence, E74/143 (BL, IRO); *Lloyd's Register for Underwriters* 1833; *Lloyd's List* 8.11.1833.
93) 第 7 章の第 2 節をみよ。
94) たとえば，1832 年 12 月 13 日のカルカッタからの手紙 (339 パラグラフで 170 頁)。

チャールズ・メトカフがロンドンの重役室に宛てた覚書は，1831年5月11日から8月10日にかけての日付がある38通の手紙と，1831年11月4日の日付がある1通の手紙を含む。彼が提示した論題には，ボンベイ，中国，会社の従業員，団体，雑多な事柄，海兵，海軍，イギリス郵政省，公的教育，年金，利益と損失，プリンス・オブ・ウェールズ島，シンガポールとマラッカ，電信，予防接種と法が——ほぼアルファベット順——に並べられていた。手紙は，1833年12月23日，ジュリアナ号がロンドンで受け取った[95]。したがって，重役会は，2年半前の質問への回答を受け取ったことになる。

ロンドンからベンガルまでの通信伝達は，逆方向と比較して，決して速くはなかった。インド省記録局には，手紙が送られる船舶に関する情報がなく，そのため，それを入手する時間についての指標がないが，目次から，EICの通信伝達全般のスピードについて，いくつかのヒントがえられる。

上述の数値に言及するなら，同社が，ロンドン-カルカッタ間での通信伝達のスピードアップをはかることへの投資に興味がなかったのはまったく不思議ではない。独自の通信伝達システムが時代遅れになったので，手紙を受け取るのが1カ月や2カ月早かろうと遅かろうと，大した違いはなかった。

ボンベイでは，文化はかなり違っていた。表74から気づくように，たいていの船は，カルカッタよりもボンベイでの停泊期間が短く，手紙があまり長期間保持されることはなかった。ボンベイからロンドンへの航海の所要時間がカルカッタからのそれとほぼ同じだったとしても，ボンベイからの手紙が到着するまでに，10カ月以上かかることは決してなかった。ボンベイからの手紙の時間差は6-8カ月間であったが，カルカッタからの手紙のうち数通は，ロンドンで受け取ったときには，12カ月間以上すぎていた。最速の場合，ボンベイからの通信伝達は，実際

1833年7月13日のカルカッタからの手紙 (263パラグラフで94頁)。1833年8月22日ののカルカッタからの手紙 (402パラグラフで，200頁)。そして，1833年11月12日のカルカッタからの手紙 (453パラグラフで200頁以上)。The EIC, General Correspondence from Bengal, E/4/141-144 (BL, IRO).

95) The EIC, General Correspondence from Bengal, E/4/140 (BL, IRO).

第 7 章　東インドとオーストラレーシア

表 74　EIC がロンドンで受領したボンベイからの手紙の数 1833 年

船舶	到着日	出港日	手紙受領日	6月	7月	8月	9月	10月	11月	12月	1月	2月	3月	4月	5月	6月	合計
コルデリア号	1832年8月20日		1833年3月7日				4	12									16
ジョン・テイラー号	1832年8月8日		1833年3月31日			19	12	1									32
ボイン号	1832年7月16日	1832年9月30日	1833年4月2日	2	2	11	10										25
エルドン伯号	1832年8月21日		1833年4月6日			3	5										8
汽船ヒュー・リンゼー号			1833年4月9日							1							1
ヘースティングズ侯爵号	1832年10月20日	1832年12月2日	1833年4月22日				1	3									4
ロイヤル・ジョージ号		1832年12月20日	1833年4月22日				1	22	14	6							43
ヒーロー・オブ・マロン号		1833年1月12日	1833年5月23日						2	2							4
レディ・ラフルズ号		1833年1月27日	1833年5月24日							1	10						11
レディ・ニュージェン号		1833年2月10日	1833年6月24日							5	1	7					13
アボン・カースル号	1833年1月17日	1833年2月17日	1833年7月8日								2	3					5
プリンス・ジョージ号	1833年1月17日	1833年4月3日	1833年9月6日									4					4
バルシー号			1833年9月12日										1				1
トライアンフ号		1833年4月28日	1833年9月21日									4	10	14			28
バランパン号			1833年10月13日											4	18	2	24
ロックスバラ公爵号			1833年10月19日											4			4
ヒーロー号			1833年12月27日										1	15	16		32
ダイヤモンド号			1833年12月27日											1	2	3	
合計				2	2	33	33	38	14	14	16	18	11	19	38	20	258
合計 2				31	19	46	33	38	14	14	16	18	12	23	39	21	324

出典：*The EIC, General Correspondence from Bombay*, E/4/517-519（BL, IRO）。到着・出港のデータは Lloyd's List maritime intelligence, 1833 passim をもとにした。毎月の数値は、1832年6月から1833年6月までのあいだに、手紙がいつ書かれたのかを示す。［合計］とは、1833年に到着した手紙の総数であり、［合計2］とは、この間に送られた手紙の総数（1832年ないし1832年に受け取られた手紙を含む）のことである。

かなり効率的であった。たとえば，1833年1月23日に書かれた手紙が，121日間かけ，1833年5月24日にレディー・ラフルズ号によってロンドンに到着した。

表75　ロンドン－ベンガル間で，手紙を書いてから返信を書くまでの時間 1832年の東インド会社の事例

ロンドンで返信を書いた日	ベンガルからの手紙への返信	返信を受け取った日付	もとの手紙を書いてから返信を書くまでの時間
1832年7月4日	領域財政部門	1831年6月20日	380日間
1832年7月4日	商業部門	1830年9月28日	645日間
1832年7月4日	商業部門	1830年7月6日	729日間
1832年7月11日	公共部門	1831年11月1日	253日間
1832年7月25日	一般部門	1830年4月27日	820日間
		1830年9月22日	672日間
		1830年10月26日	638日間
		1831年3月8日	505日間
		1831年5月31日	421日間
1832年8月1日	司法部門	1831年2月8日	540日間

出典　*The EIC, General Correspondence from London to Bengal,* E/4/ 735（BL: IRO）．

どこでこのような差異が生じたのだろうか。1813年に東インド貿易が開放されて以来，ボンベイは，私貿易の商品により大きく門戸を開放したが，ベンガルは，以前の支配により厳格に服すようになった。ボンベイからEICの郵便を運んだ31隻のうち22隻もの船舶で，1832年1月から1833年6月までの日付があった。それらは同社とは何の関係もない私商人の船舶であり，EICの根拠となる特許状のもとで航海した船は1隻もなかった[96]。

この時代の436通のボンベイからの手紙のうち，90通もの手紙が，リヴァプール船で運ばれた[97]。これらの速達便は，この時代の終わりの1833年3-4月に3隻の船でイングランドに到着した。コルデリア号は，原本は運ばなかったが，10通の複製とその他に複製を6通運んだ。ジョン・テイラー号は5通の原本，2通の複製，それとは別の複製を25通運んだ。ロイヤル・ジョージ号は，8通の原本と35通の複製を運んだ。ほとんどの原本は，明らかにロンドン船で運ばれたが，リヴァプール船

---

96)　The EIC, General Correspondence from Bombay, E/4/ 517-519 (BL, IRO); *Lloyd's Register for Underwriters* 1833.

97)　The EIC, General Correspondence from Bombay, E/4/ 517-519 (BL, IRO).

は，ほかに何も利用することができなかったので，第二，第三の運搬船となった。しかしながら，原本を運ぶ船舶よりも早く到着したので，EICの記録には，3通の手紙が保管された。

ヒュー・リンズゼー号によって汽船と結びつけられていたとはいえ，1832年1月-1833年6月に同船がボンベイから，さらには陸上ルート経由で運んだ手紙は1通だけであった。この小さな手紙は，カバーのための2つの薄いシートとふつうのシートでできており，1月4日に書かれた。汽船と，さらにはマルタ経由で運ばれ，訓令が載せられていた。手紙は，ボンベイの医療退職基金管理からのものであり，3年間半にわたり，政府のどんな援助も受けなかったと主張していた。「それは，この制度にとってほとんど致命的であった」からだ。その手紙は4月9日にロンドンに到着した。書かれてから95日後のことであった[98]。

マドラスは，位置の関係上，カルカッタやボンベイとは通信伝達が異なることになった。多くの船が，ベンガルへの途中か，帰国する途上にあった。しかし，カルカッタから郵便を運ぶ船は，マドラスからの手紙がカルカッタで止まるとか，カルカッタからの手紙がマドラスで止まることがあったとしても，マドラスからの郵便を運ぶことはなかったように思われる。1832年にマドラスから送られた319通の手紙のうち，EICと少しでもかかわりがあった船で運ばれたのは，三分の一未満しかなかった。郵便のかなりの部分（319通中80通，すなわち23％）が，3隻の軍艦によって母国に運ばれたが，この手段を用いてカルカッタないしボンベイから送られた手紙はなかった。リヴァプール船は，EICの郵便をマドラスから運ぶためには使われなかった。リヴァプール船は通常マドラスに長く停泊することはなかったので，手紙は，マドラスよりも早く送られた。さらに，マドラスからの航海の所要時間は，航海に要する時間が短かったために，カルカッタやボンベイよりも，明らかに短かった[99]。

ロイズの代理人がイングランドに海事情報を送るために，当時存在していた私的な通信伝達ネットワークを使う方法と比較するなら，EIC

---

98) The EIC, General Correspondence from Bombay, E/4/ 517-519 (BL, IRO).

99) The EIC, General Correspondence from Bombay, E/4/ 364-365 (BL, IRO); *Lloyd's Lists*, January 1832-June 1834, passim.

は，明確に，情報伝達を改善する方法――と明らかに関心も――失っていた。経営が信じられないほど非効率的であったことは，一般にみられた保守的な態度とともに，同社が最終的に崩壊する主要な理由の一つとなったに違いない。独占という避難所に身を潜め，時代の変化を無視することは可能であったが，EIC はすぐに，新しい環境で，以前の地位を保持することは不可能だと気づいたのである。いまでは，新しい競争相手は，政府の官僚ではなく企業家であり，彼らは自分たちの利益のために，現存するありとあらゆる通信伝達手段を利用することに慣れていたからである。

独占の形成

より良い通信伝達を求めて

母国のイングランドでは，下院の上級委員会が，1832 年と 1834 年に，次のように決議した。紅海経由でのインドとの汽船による通信伝達は実現可能であり，適切な取り決めがなされるなら，出費は大幅に削減することができ，定期的事業が開かれ，その最終的費用は，イギリス政府と EIC の両方で均等に負担されるべきものである，と[100]。

委員会はまた，シリア沿岸沿いの陸上ルートでユーフラテス川に行き，そして同河川を 1000 マイルかけてペルシア湾に，さらにはインドに到着するという計画を支持した。この計画は，もともと委員会に提出され，EIC によって大いに歓迎され，さらに，中東におけるロシアの利益を打破することをねらったイギリス政府に支持された。貿易に従事する商会は，ユーフラテス計画をかなり冷ややかな目でみていた。EIC が効果的な行動をとることをふせぐ別の試みだと考えたからである。同社とイギリス政府が 1835-37 年にユーフラテス川で汽船を運行しようという努力は成功せず，小さな舟のうち 1 隻が，ほとんどの乗組員とともに突然の嵐のなかで失われてしまったのである[101]。

しかも，1834 年の上級委員会は，海軍省のマルタ郵便船は，必要な

---

100) Thorner, 26; Sidebotom, 59 をみよ。
101) Thorner, 26-27 をみよ。

ら，エジプトやシリアにまで延長することを決定した。海軍省は，旧来のビーゴ〔スペイン〕，オポルト，リスボンへのファルマス郵便船に加えて，1830年以来，イングランド-ジブラルタル-マルタ（-コルフー）〔ギリシア〕への海軍の郵便汽船事業を指揮した。地中海での事業は，マルタとイオニア諸島に対するイギリスの支配を必要としたし，これらの地域は，1713年からイギリス領であったジブラルと同様，ナポレオン戦争の時代に占領された。1835年3月，この汽船の軍艦による郵便事業は，アレクサンドリアにまで延長された[102]。

いまや，アレクサンドリアとスエズ経由で東インドの事業を遂行するために，汽船が航行するヨーロッパの区間があった。インド洋においては，スエズ-ボンベイ間を航海するために，EICが最終的に2隻の巨大な汽船を加えた。そのため，ボンベイが歓喜し，カルカッタが当惑した。アレクサンドリアとスエズのあいだの陸上ルートを開拓したのは，ワグホーン氏であった。彼は努力して砂漠を横断して郵便を送ろうとした。それは公的事業よりはるかに効率的であったので，EICに1837年6月から，エジプトのインド郵便に対する代理人長官として任命されたのである[103]。

インド郵便は，毎月の1日にロンドンの総合郵便局で作成され，海軍の郵便汽船は，3日か4日の平日にファルマスから出港した。マルタ経由でアレクサンドリアまで海軍省の郵便汽船で航海するで平均所要時間は，22.5日間であり，20-26日間と多様であった。一方，母国への航海は，それより2-3日間時間がかかった[104]。

陸上ルートによる移動は，コッセイールないしアレクサンドリアからカイロへはロバでおこない，そこからはラクダでスエズに到着した。横断には，数日間かかった。スエズでは，郵便は，ヒュー・リンゼイ号に載せて，アデンにまで送られた。そこからEICの2隻の汽船であるアトランダ号ないしベレニス号のうちの1隻が，ボンベイまで運んだ。これらの方法をもちいて，郵便はイングランドからインドまで，平均して

---

102) 地中海の郵便ルートと事業については，Moubray & Moubray, 142-143, 152-162; and Tabeart (2002), passim をみよ。
103) Sidebottom, 63-72 をみよ。
104) 1835年航海データに関しては，Tabeart (2002), 27-30 をみよ。

74日間で，逆方向へは64日間以内で運ばれた。このような数値は，ワグホーンの事業で運ばれた数枚の封筒の上の消印の日付をもとに，サイドボットンが計算した。東方への移動の所要時間は60-81日間，西方へのそれは56-123日間とさまざまであった[105]。

ボンベイから，郵便が乗用馬（駅伝郵便）によってカルカッタに送られた。そのため，通常二港間を2週間で移動したのである[106]。だが，EICの汽船による郵便事業は，満足がいくほど効率的には機能しなかった。この事業は，管理がうまくいかず，かなり不規則であり，非常に危険なことさえあった。1838年6月，カルカッタからの郵便の次の一束はボンベイで長期間遅れ，ロンドンに到着するまでに135日間かかり，最終的にはペルシア湾ルートを経由して発送された。アラブ人はここで一部を受け取り，砂漠じゅうに拡散させた。カルカッタの社会集団がもつフラストレーションと落胆がクライマックスに達した1839年に，EICの汽船は2回続けてボンベイを発ってスエズに向かったが，カルカッタからのものだとわかっていた郵便を待つことはなかった[107]。

これらの郵便の取り決めのほかに，ロンドン商人は，1836年に商業を遂行するための企業を立ち上げた。東インド汽船航海会社がそれである。同社の目的は，スエズ－陸上ルート経由で，中国，インド，さらにオーストラリアのすべての港を結ぶことであった。カルカッタにおけるこの計画への反応は，いくつかの要素が混合したものであった。より速い郵便事業が好まれたのは当然のことだが，カルカッタの人々の集団は，ボンベイが同社の最初の目的地であるという考え方を好まなかった。インドからほとんど支援がなく，EICからの反対は強かったので，この新会社がすぐに設立されたのである。カルカッタの利害関係者に対してロンドンの主要なロビーストが提出した修正案は，1838年暮れにロンドンの主導的なインド商会によって受け入れられた。しかしながら

---

105) Tabeart (2002), 25-28; Sidebottom, 38-39, 61-69. 初期の陸上ルートによる横断についての生き生きとした描写は，Cable, 81-84; and Sidebottom, 73-75 に見いだされる。ロバの事業が終焉を迎えたのは，1856年にアレクサンドリア－カイロ間に鉄道が開通したときであり，ラクダによる輸送が終わったのは，1859年に鉄道がようやくカイロからスエズにまで延長されたからである。Sidebottom, 80-81 をみよ。

106) Thorner, 28.

107) Thorner, 30.

このとき，カルカッタ-スエズルートを少なくとも 1 隻の汽船が直接航行することで郵便事業を開始する計画が作成されたことをめぐり，カルカッタでは意見はふたたび分かれた[108]。

ペニンシュラカンパニーの登場

イギリス政府と EIC がいまやたがいに独自に，ただし無関係ではなく，イギリス-エジプト間，スエズ-インド間で汽船による事業を改善するためにとった手段は，1825-40 年に，英印の商会のすべての計画の根幹と運動を揺るがした。EIC がとうとう道を譲ったとき，取締役は長期にわたる彼らの敵対者の力が強まるという心配はしなかった。むしろ，ボンベイ商人をカルカッタ商人から遠ざけ，カルカッタ商人をロンドン商人と分離する軋轢と論争につけこみ，EIC はそれらすべてを回避し，のちに P & O として知られるようになった東洋の海における完全な新参者に，切望された支援と契約を与えたのである[109]。

このような決定がなされたことに，現実的な理由があったことは明らかである。この会社は，当時ペニンシュラ汽船航海会社（PSNC）と呼ばれ，すでに，政府が宣伝した公的な競争による郵便契約を勝ち取ったのち，1837 年からファルマス-ビゴ-オポルト-リスボン-ジブラルタルルートで郵便事業を指揮して良い評判をえていた。同社は，イングランドからイベリア半島まで，1 週間に 1 回郵便を輸送し，5 隻の汽船を使用し，毎年 2 万 9600 ポンドを支払い，12 時間以上遅れるごとに罰金をとった[110]。

1837 年 9 月から，インドの郵便が PSNC の汽船で，ファルマスからジブラルタルへと運ばれた。さらにジブラルタルから，海軍省の郵便船

---

108) Thorner, 29-31/
109) Thorner, 32, 38-39 をみよ。
110) Reg Kirk, *The Postal History of P&O Service to the Peninsula* (London, 1987), 1-11. PSNC は，私的にはすでに 1834 年にこのルートを使っていた。主要なパートナーのブローディー・マクギー・ウィルコクスとアーサー・アンダーソンはそれぞれオーステンデ（しかし，両親はイングランド人とスコットランド人であった）とシェトランドの出身であった。そのため，ロンドンの会社のあいだではあまり高く評価されてはいなかった。主要な所有者かつ船主であったリチャード・ボーンはダブリン出身であり，また実際，支部の終点としてリヴァプールを使用した最初の船の一部であった。所有者の初期の歴史については，Cable, 6-36 をみよ。

でマルタ経由によりアレクサンドリアへ，ついで陸上ルートでスエズまでさまざまな手段を使って移動し，最後にEICの汽船でスエズからボンベイまで到達した[111]。ここでは東方への日付が欠落しているので，母国への帰港の多様な事業の連鎖は，一つの具体例を用いて描写することができよう。

　カルカッタからの郵便が，1837年9月11日にインドを横断しカルカッタへと乗用馬によって送られ，そこからEICの汽船アトランタ号に乗せられ，9月27日にスエズに向かって航海した。利用可能な史料からは，1700マイルの航海の所要時間を計算することはできないが，郵便――ワグホーン氏とそのパートナーが組織したラクダ，川舟・ロバによってカイロ経由でも運ばれた――は，11月7日にHMSのヴォルケーノ号によってアレクサンドリアから出港した。同船は，11月11日にマルタに到着し，さらにHMSのファイアフライ号が郵便を載せて11月17日に進行し，ジブラルタルに23日に到着すると，郵便をPSNCのイベリア号に転送した。この船は翌日，イングランドに向け出港した。同船は，12月2日にファルマスに到着し，郵便は，ロンドンの郵便用馬車によってロンドンまで転送された。ロンドンには，12月4日に到着した[112]。移動には84日間かかった。インドから直接帰港する最速の帆船なら可能なスピードと比較して，はるかに早かった――そしてはるかに安くて済んだ――というわけではなかった。

　1838年に，ボンベイからロンドンへの陸上ルートでの移動は，平均して64日間かかった。航海の所要時間は50-100日間とさまざまであった。それに対しては，カルカッタ-ボンベイ間の駅伝郵便事業による約2週間，そしてファルマス-ロンドン間の郵便用馬車による2日間が付け加えられなければならない。カルカッタからの郵便は，ロンドンに平均して80日間で到着した。最速の郵便は65日間で到着したが，もっとも遅い場合には便では，118日間かかった[113]。

---

111)　以下をみよ。Kirk (1987), 12-13; Tabeart (2002), 40-46. タベールはまた，カークが公表したデータの日付の一部を，船舶の日誌を使って訂正した。

112)　Kirk (1987), 13; Tabeart (2002), 44をみよ。本書で利用される史料は，この時代のEICの東洋への航海についての情報を欠いているので，情報の循環を計算することは不可能である。

113)　Kirk (1987), 13で公表された航海日による計算。

マルセイユ経由

ワグホーン氏の民間急行便を用いれば，利用可能な代替的輸送手段を使うことで，公的な郵便よりも速く航海することがまだ可能であった。公的な郵便の特徴である輸送の遅れを避けるためにアレクサンドリアとマルタで代理店を開き，最速の汽船でマルセイユまで転送した。そこから鉄道，郵便用馬車，汽船でイングランドまで進んだ。イングランドへの到着は，郵政省の郵便が到着するおよそ10日間前のことであった。その取り決めは，海軍省の貴族院議員と郵政相から，すぐに公的な注目を浴びた。そして，この不快な競争をやめるために，マルセイユ経由でインドに郵便を送るための新しい取り決めがすぐにできた。さらにマルセイユから，海軍省の郵便船が手紙をマルタに運び，それはアレクサンドリアまで転送されたのである[114]。

1839年5月，マルセイユ経由の新しい陸上ルートが，郵政省の郵便に対する公的な選択肢だとみなされた。手紙をイギリスの郵便船でマルセイユ経由でインドにまで送る片道の郵便料金は，2シリング8ペンスであり，イギリス船が利用できずフランスの郵便船を利用した場合には，3シリング1ペンスであった。一方，PSNCでファルマスから海上ルートだけを使っても，〔料金は〕変わらず2シリング6ペンスであった[115]。4シリングと内陸ルートでの料金しかかからなかったケープ経由

---

114) この取り決めは，1839年の英仏郵便協定で可能になった。この協定は，フランス経由でインドに向かう郵便に封をすることを許可したからである。Sidebottom, 84-90, Tabeart (2002), 187-190をみよ。タベールはこう記す。「PSNCの船舶がたびたび役に立たなかったので，マルタからファルマスまでの平均的郵便航路は遅くなり，19日間になった。それに相当する哀れなアレクサンドリア−ファルマスの時間は平均29日間であった。これらは，非常に不利なことであるが，それぞれ16.5日間と23日間というイギリス海軍の最後の母国への帰港のための数値と比較される」。事実，2隻のイギリス海軍の汽船のあいだのマルタでの通過時間の比較は，1838年にはかなり不利であった。1837年に「すべてのイギリス海軍」の事業において，1-2日間の通常の通過日ではなく，1隻の海軍の船が郵便を別の船に運ぶのに，3-4日間，場合によっては6日間もかかった。ジブラルタルで通過時間が長くなった理由は，それとは違っていた。ふつうは順調に指揮されたとしても，海軍の郵便船とPSNCの船舶のあいだの通過が遅れたのは，後者の故障のためであった事例が4件あった。このような場合の遅れは，7-9日間であった。引用については，Tabeart, (2002) を，さらに通過の日付と通告については，38, 49-52をみよ。

115) Sidebottom, 89. 協定は，それ以前の時代と比較すると，大きく改善されていた。以前なら，マルセイユ経由でインドに手紙を送る料金が，イギリスからフランスまでが10ペンスで，フランスからスエズまでが3シリング9ペンスであり，スエズからボンベイまでの

での民間の船舶の料金と比較すると，スピードの速さは費用の多さにつながった。

マルセイユ経由でのより速いルートを，海軍省の汽船はすぐに優先した。ジブラルタル経由で海だけをたどって郵便を送るためにはマルタに数日間よけいに停泊しなければならず，場合によって，郵便船を待って，10-12日間停泊することさえあった。一方，マルセイユへの郵便は，汽船がアレクサンドリアから到着するとすぐに出港した[116]。アレクサンドリアからの郵便は，いまやマルタ経由でマルセイユに11-12日間で到着するようになった。そして，マルセイユと英仏海峡のカレーのあいだの航海で，およそ5日間余分にかかったと計算されている[117]。

混合事業

したがって1840年，紅海経由でイングランドからインドにいたる郵便汽船事業があり，郵便は，ボンベイないしカルカッタからはるか遠くの東洋まで送られたのである。しかし，まだ汽船は使われてはいなかった。長距離の伝達過程に参加する独立した数名のプレーヤーがいたし，そこかしこで発生する遅れは避けることができなかった。事業情報伝達の所要時間は，満足すべき水準にはほど遠かった。

東ルートでの航海日程が，数名の手紙史家によって十分に研究されているので，ここで文書館に行き，異なる郵便運搬船がオースラレーシアへの航海途上でどこから出港し，どこに到着したかということを発見する必要はない。P&Oの航海予定に関するレグ・カークの記念碑的研究は，おもに1980年代後半に数巻本で上梓された。リー・C・スカンプは，1997年に公刊された大著で，とりわけ中国ルートに関する多数の興味深い詳細な点を発見した。最後に，コリン・ターベルは，2002

汽船の郵便料金が1シリングだったので，合計，5シリング7ペンスであった。Tabeart (2002), 187をみよ。フランス郵政省は，1837年に地中海ルートでいくつかの汽船ラインを開始していた。マルセイユ，マルタ，アテネ，コンスタンティノープル，アレクサンドリアのあいだで郵便を運んだ。この事業は，毎月3回おこなわれた。だが，フランスによる陸上ルートの事業がはじまったのは，エジプトの鉄道がすでに敷かれていた1860年代のことにすぎない。地中海におけるフランスの初期の事業については，Salles, Tome II, 9-35をみよ。

116) Tabeart (2002), 54-55, 189-190の出航表をみよ。
117) Tabeart (2002), 189.

表76 イングランド-インド-中国間の郵便伝達の所要時間 1840年の事例

通信手段	パート1-パート2	出発-到着	日数	港で遅れた日数
すべての海上ルート：郵便馬車	ロンドン-ファルマス	1月18日-1月20日	2日間	
ロイヤルアドレード号（P&O）	ファルマス-ジブラルタル	1月24日-2月1日	8日間	4日間
HMSヴォルケーノ号（海軍省）	ジブラルタル-マルタ	2月1日-2月6日	5日間	
陸上ルート 鉄道	ロンドン-マルセイユ	2月4日-～2月9日	5日間	
HMSアレクト号（海軍省）	マルセイユ-マルタ	～2月10日-2月13日	3日間	1日間
陸海ルートの郵便：HMSメガラ港が続ける（海軍省）	マルタ-アレクサンドリア	2月14日-2月20日	6日間	8分の1日間
陸上ルート エジプト，ラクダなど	アレクサンドリア-スエズ	2月20日から2月27日のあいだ	7(?)日間	日数に含まれる
ベレニス号（EIC）	スエズ-ボンベイ	2月27日-3月13日	15(?)日間	
陸上ルート インド，密輸	ボンベイ-カルカッタ	3月13日と3月27日のあいだ	14日間	日数に含まれる
HMSラーン号（海軍省）	カルカッタ-シンガポール	3月27日-～4月15日	～19日間	～18日間
アクティフ号（私的な帆船）	シンガポール-広州	5月3日-5月30日	27日間	
合計，海上ルート	ロンドン-広州	1月24日-5月30日	**127日間**	日数に含まれる
合計，陸上ルート	ロンドン-広州	2月4日-5月30日	**116日間**	日数に含まれる

出典　Kirk (1987), 65; Tabeart (2002), 62, 191; and Scamp, 10. 1840年には2月は29日間あった。～は推測。

年に上梓された書物のなかで，地中海での事業における海軍省の郵便汽船の航海日程を収集した。これらのデータすべてが手元にあるので，システムが現実にどう機能したのかということにかんする一例を取り上げることができる（表76をみよ）。

　事例から，二,三のことがわかる。何よりも，ファルマスからの大口の郵便がこのときに遅れたのは，ロイヤル・アドレード号が遅れて出港したからである。ロンドンからの郵便が土曜日に到着したので，同船は1月20日の日曜日に出港するはずであったが，24日に出港したとされる。リスボンとカディス経由で，2月1日にジブラルタルに到着した。速達便の処理が迅速におこなわれたのは，海軍省の郵便船ヴォルケーノ号が同日にジブラルタルから航海を開始したからである。しかし，ファルマスからの郵便は，マルタで8日間も待機しなければならなかった。

このときようやく，海軍省の郵便船アレクト号が速達便を乗せてマルセイユから到着し，すべての速達便をアレクサンドリアに持ち込むことができた[118]。

エジプトを横断する陸上ルートでの移動とスエズからボンベイまで汽船ベレニス号が航海する時間は，合計して 22 日間であった。郵便は，ボンベイに 3 月 13 日に到着し，ファルマスとジブラルタル経由での海上ルートのすべての郵便は，55 日間かかり，マルセイユ経由での速達は 38 日間であった。これは，民間の船で平均して 125 日間かかった以前の情報伝達と比較すると，かなり速い記録である[119]。この当時，中国の郵便は，駅伝郵便によりおそらくカルカッタへと運ばれた。そして，同港からシンガポールへと HMS のラルネ号で輸送され，〔カルカッタを〕3 月 27 日に出港したと報告された。シンガポールへの移動は，たった 3 週間しかかからなかったので，4 月中頃にこの船は到着した。次に広州に到着した船は，アクティフ号と呼ばれ，5 月 5 日にシンガポールを出港し，おそらく他のどこかの港を経由し，5 月 30 日に広州に到着した。2 月付けの郵便が 4 通，それに載せられていた[120]。

移動の最後の地域は，何を基準としても効率的とはいえなかった。中国に到着した「速達」便は，ボンベイ商人がロンドンから同日に送られた速達便を受け取った 78 日後に到着した。ロンドンから陸上ルートでの中国への速達便の伝達は，116 日間かかった。それは，1832 年に東インド貿易船の最速の直接航海よりも，現実に時間がかかった[121]。

P＆Oへのロイヤルチャーター

1840 年，イギリス郵政省と PSNC の第二期契約のため，PSNC の活動が，インド事業におけるヨーロッパとの結節点としての地中海にま

---

118) また，ターベルは，海軍省の郵便船とジブラルタル経由でのすべての海上ルートのあいだで，マルタでの接続が悪かったと記す。マルタ-マルセイユ間の郵便船は，明らかに，郵便事業で優先されていた。それは，「きわめて当然なことであった。郵便船のネットワーク全体を構築する主要な理由は，イギリス政府が，広範囲におよぶ大英帝国から（に）可能なかぎりの情報を獲得するためであった」。Tabeart (2002), 66.
119) 第 7 章，第 1 節をみよ。
120) 最後の区間については，Scamp, 10 をみよ。
121) 1832 年の 4 月と 5 月にロンドンを出港した最後の商業用東インド貿易船は，ジャワ島のアンジャー経由で広州まで航海した。107-111 日間かかった。第 7 章の第 1 節をみよ。

で広がった。これは，東洋への郵便汽船事業のための排他的ロイヤルチャーターであり，北大西洋におけるキューナードラインと西インドにおけるロイヤルメールラインと比較できる。

チャーターには，今後5年間，アレクサンドリアにおける事業に対して3万4200ポンドの補助金を毎年与え，有限責任で合併する権利があった。そのため，競争相手の企業の株主を制限されず，有利な事業展開ができた。事業が地理的に拡大したので，社名をペニンシュラ＆オリエンタル汽船航海会社に変更する必要があった。新会社の資本は，100万ポンドと定められた。かつてのPNSCoの5隻の汽船に加えて，2隻の巨大な汽船――1400トンのグレート・リヴァプール号と1787トンのオリエンタル号――が，付与されていた大西洋横断郵便契約を失ったキューナードラインからチャーターされた[122]。

1840年9月から，ファルマス-アレクサンドリア間の海上での郵便事業はすべて，P&Oが受け持った。郵便船は，毎月2日にファルマスを出港し，ジブラルタルとマルタだけに停泊し，石炭を補給するとすぐに航海を続けた。船は，以前にこのルートを使っていた海軍省の汽船より大きく，同じ船舶がファルマスからアレクサンドリアまでのすべての行程で郵便を運んだ。そのため，異なる港である船から別の船へと〔郵便を〕載せ替える際に生じる遅れを避けることができた。その結果，サザンプトンから出港し，ジブラルタルを経由するすべての航海における所要時間は，1839年の平均28日間から1841年の16日間へと削減された[123]。

P&Oの郵便契約には，同社が，2年間以内でスエズからインドまでの事業を提供するという条項が含まれていた。インドのどの地域かは，特定されてはいなかった。P&Oに対して失望した英印の商会の態度は，平静を保っていたが，どのルートに対しても，彼らの財政的支援はかぎられていた[124]。

---

[122] Norman L. Middlemiss, *Merchant Fleets. P&O Lines* (Newcastle-upon-Tyne, 2004), 17; Tabeart (2002), 59; Thorner, 35-36. 1840年のロイヤルチャーターは，Kirk (1987), 92-94に翻刻されている。

[123] Tabeart (2002) の数値52-53からの計算。P&Oの航海については，69-70をみよ。Sまた，Tabeart (2002), 59-66をみよ。

[124] 1847年になっても，P&Oの株式の四分の三はアイルランドで保持されていた。

EICは，P＆Oが，カルカッタ，マドラス，エジプト間の事業の開始に成功したなら，5年間にわたり毎年2万ポンドというかなり少ないボーナスを提供することになった。そのため，EICにはボンベイを最短かつもっとも直接的に結ぶルートを独占することになった。そして，EICは自分たちの海軍汽船を使って，このルートを独占しつつあった。実際，EICによるこの取り決めは，P＆Oが1852年にボンベイルートを引き継ぐまで続いたのである[125]。

　イギリス政府は，とうとう，毎年11万5000ポンド支払うことでスエズ-セイロン-マドラス-カルカッタルートとの契約をP＆Oに与えた[126]。この事業と，イングランドがインドへの全ルートを網羅――のちには，中国および東洋の他の地域も――するために，多大な準備が必要となった。

　P＆Oは，独自の陸上ルートの設備を組織化し，それには，アレクサンドリーアアトフェ〔エジプト〕間をマームディ運河沿いに乗客を運ぶ小さなタグボートと艀，巨大なナイル川をつたう汽船があった。商品はラクダで運搬しなければならなかったので，3000-4000頭のキャラバンが，船1隻分の荷物を輸送するために必要であった。紅海地域で活動する船舶のための石炭でさえ，ラクダの背に乗せてエジプトを越えて運ばなければならなかった。それが必要だったのは，うとましいモンスーンが生じるので，東方の基地に燃料を送る通常の習慣に従わず，船舶を航海させることで石炭を送ることができなかったからである。P＆Oはまた，カイロにホテルを建設し，石炭をほとんどもっぱら自分たち

リチャード・ボーンとその事業協力者であったと思われる。Cable, 68-71; Thorner, 36-38 をみよ。

　125) Cable, 69; Thorner, 36. 1849年に，P&OはEICをボンベイルートから追い出すため，さらなる計画を実行した。拡大したスエズ-ボンベイ-オーストラリア基軸に対して，毎年2万4700ポンドの契約を申し出たのである。スエズ-ボンベイ間のEICの事業は，イギリスとインドの政府に当時で毎年10万5000ポンドの負担をかけていた。P&Oの事業でカルカッタを経由してボンベイに郵便を送る方が速いことが当時はたびたびあったとはいえ，この申し出は断られた。問題は，議会で熱く議論され，EICは，疑いの余地なく，イギリスが思った通りになった。3年後，EICは紅海における郵便の船舶用貨物をことごとく失った。それから2-3年で，ボンベイ-スエズ基軸は徐々にP&Oに移転していった。以下をみよ。Middlemiss (2004), 18-19; and Reg Kirk, *P&O Bombay & Australian Lines – 1852-1914* (Norfolk, no printing year given), 43.

　126) Cable, 78; Middlemiss (2004), 18 をみよ。

表77　ロンドン-ボンベイ間の速達郵便事業が可能にした連続する情報の循環　1841年

ロンドンから、マルセイユ経由で鉄道で送った速達郵便の出港日	海軍省の船舶で、マルセイユとマルタの出港日/到着日	P&Oの船舶で、1月1日と2日に、サザンプトンからのマルタからのアレクサンドリアに大口郵便で送られる	EICの船舶でスエズからボンベイへの出港日/到着日	P&Oの船舶で、ファルマスまでの大口郵便を積載し、アレクサンドリアからマルタへ	海軍省の船舶で、マルタからスエズへイスへの出港日/到着日	速達郵便のロンドンへの到着日	情報の循環の日数（ファルマス経由）
1月4日 (1841年)	アケロロン1月10日/1月13日	オリエンタル号1月14日/1月18日	ヴィクトリア号1月25日/2月12日	オリエンタル号3月1日/3月22日	ヴィクトリア号3月26日/3月30日	アレクト号3月30日/4月4日	4月9日	95日間 (98+4日間)
5月4日	プロメテウス号5月9日/5月12日	オリエンタル号5月14日/5月18日	オークランド号5月22日/6月6日	クレオパトラ号とペルニス号6月19日/7月15日	オリエンタル号7月20日/7月23日	アレクト号7月24日/7月28日	8月2日	90日間 (93+4日間)
8月5日*	アレクト号8月9日/8月12日	グレート・リヴァプール号8月13日/8月18日	ヴィクトリア号8月21日/9月6日	クレオパトラ号10月1日/10月18日/10月26日	グレート・リヴァ号10月22日/10月26日	プロメテウス号10月26日/10月31日	11月5日	92日間 (98+4日間)
12月4日	ポリフェモス号12月10日/12月13日	グレート・リヴァプール号12月27日/1月15日	ヴィクトリア号12月17日/12月22日 (1842年)					

出典）Sailing lists of Scamp, 31-32, 37-38, 47; Tabeart (2002), 69-73, 191-192.
この事例では、ジブラルタル経由ですべてのルートで、マルタまで運ばれた。マルタは、P&Oによる手紙による海上のではなく、マルセイユ経由の速達便ルートが使用された。マルセイユから、手紙はすべて鉄道で運ばれ、その手紙は、P&Oによる手紙による海上のルートでの輪送に加えられた。郵便をすべて輪送で運ぶ情報の長さは、（　）内に記されている。[+4]は、ファルマスへの航海に郵便用馬車で両方向に2日分余計にかかったことを示すためにくわえられた。
* この関係は、速達郵便事業を海上にしかあてはまらないとのと同日のことであった。オリエンタル号は、検疫のため、ロンドンに汽車で向かうことができたのである。（ポーツマス沖の）マザーバンクでしたがほとんどの船舶は、この日、乗客はようやく、グレート・リヴァプール号は検疫で疫病が蔓延していたので、オリエンタルドリアで検疫のため停泊しなければならなかった。乗客は1週間から10日分ボーツマス沖で検疫のため停泊しなければならなかった。ロンドンに到着した郵便は、このとき、検疫はもちろん、消毒さえ受けなかったようである。Tabeart (2002), 73-75 をみよ。検疫システムについては、Robertson, A33-A44 をみよ。

の乗客のために保管したのである[127]。

　1842年9月24日，2018トンの「巨大で強力な」ヒンドスタン号が，サザンプトンを出港し，クリスマスイブにカルカッタに到着した。ジブラルタル，ガボヴェルデ，アセンション，セント・ヘレナ島，ケープタウン，モーリシャス島，セイロンのゴールで石炭を補給して，91日間かかった。さらにこのために建造された2隻の船が，1843年と1844年に到着した[128]。いまや，事業にとって十分な汽船があったので，カルカッタラインに対する新規の契約，さらにシンガポールとペナン経由でガルから香港にいたる新中国ラインイギリス政府との別の契約がなされた。後者は，1845年8月に開始した[129]。

インドへのEICの事業

　P＆Oがベンガルへの郵便事業を開始するまで，ボンベイとカルカッタの商人に，スエズからボンベイまで，EICの汽船が便益を提供した。事業のこの部分は，エジプトにおける陸上ルートの横断と同様，1841年には移動に20日間かかった。一方，ロンドン-ボンベイ間の総航海日数は，36日間であった[130]。わずか数年前と比較し，これが情報伝達の所要時間の根本的改善であったとしても，情報の循環を一瞥すれば，いくつかの問題がもちあがる。

　表77にみられるように，イングランドからの出航は時間通りであった。この年は毎月最初の日に必ずしもボンベイから出港しなかったとはいえ，12回中9回は予定通りであった。だが，17日間から29日間におよぶ長い遅れが，到着時と出港時の両方で移動の両端でよくみられた。事業の数が増えると，航海の所要時間自体は毎年4.5回の連続する情報の循環を可能にし，両端で4日間もの差異が生じたかもしれない[131]。

　カルカッタと行き来する郵便にとって，事業の状況はこれよりはるか

---

127) Middlemiss (2004), 17-18. P&Oによる陸上ルートの取り決めについて，さらに多くのことは，Cable, 85-93をみよ。
128) Kirk, *The P&O Lines...* 11; Middlemiss (2004), 18.
129) Kirk, *The P&O Lines...* 11; Middlemiss (2004), 18.
130) Scamp, 10, 31-32, 47で公表された出港日からの計算。
131) Scamp, 31-32, 37-38, 47で公表された出航表からの計算。

に悪かった。ボンベイとカルカッタの港を往復するために，最低1カ月間は勘定に入れなければならず，現実には，それで十分ということはなかなかなかった。カルカッタに直接汽船が到着するという事業はなかったので，当時の情報の循環は，次のように機能した。

表78　ロンドン-カルカッタ間の速達事業が可能にした連続する情報の循環 1841年

ロンドンからの出港日	海軍省とP&OとEICのマルセイユ, マルタ, アレクサンドリア経由でボンベイまでの船舶	ボンベイへの到着日	ボンベイ-カルカッタ-ボンベイへと駅伝式郵便事業による2×15日	ボンベイからの出港日	ボンベイからのEICの船舶：P&Oと海軍省の事業。マルセイユ到着の船舶と日付	ロンドンへの到着日	情報の循環の日数
1月4日(1841年)	ヴィクトリア号	2月12日	~30日	4月1日	プロメテウス号 4月30日	5月5日	121日間 (7+4日間)
6月5日	ヴィクトリア号	7月7日	~30日	9月2日	アレクト号 10月3日	10月7日	124日間 (8+4)日間
11月4日	ベレニス号	12月12日	~30日				

出典）　*Sailing lists of Scamp*, 31-32, 37-38, 47; Tabeart（2002）, 69-73, 191-192.

ロンドン-ボンベイ間の1年で3.5回の情報の循環に対して，ロンドン-カルカッタ間のそれはたった2.5回であり，しかも，当時の通信伝達手段によってようやく達成された。カルカッタからの郵便が，5月5日にロンドンに到着し，その返信が，インドの郵便に間に合わなかったのは，その船が前日に出港したためであったという事例もある。ふたたびそうなったのは，インド郵便が1843年初頭に到着し，速達便がそれより3日間早い4日に送られていたときのことであった[132]。カルカッタからの手紙が，いつもボンベイからの次の郵便船に間に合わなかったのは，二港間の長期にわたる厄介な航海のためであった。情報の循環の観点から，マルセイユの速達便事業が無駄であったのは，手紙への返信が，現実そうであるよりも早く送ることができなかったからである。だが，通信文が緊急であれば，速達便の事業は，当然，片道航海を2-3日間短縮した。

---

[132]　Scamp, 31-32, 37-38, 47で公表された出航表からの計算。

表79 ロンドン-カルカッタ間で、P&O カルカッタラインと EIC ボンベイライン の共同事業が可能にした連続する情報の循環 1845 年

P&Oの船舶ないしマルセイユ経由での鉄道／	サザンプトンからの出港日	スエズからの船舶	カルカッタへの到着日	カルカッタからの船舶	カルカッタからの出港日	ルート	ロンドンへの到着日	情報の循環の日数
グレート・リヴァプール号	1月20日（1845年）	ヒンドスタン号	3月8日	ベンティック号	3月10日	マルセイユ経由	4月22日	92日間
鉄道	4月24日	ヒンドスタン号	6月6日	ボンベイからのアクバル／クィーン号がスエズに6月20日に到着	6月9日ボンベイへの駅伝式郵便事業の締め切りは6月11日	マルセイユ経由でボンベイの郵便積載	8月11日	99日間
鉄道	8月7日	クィーン号（EIC）がボンベイに9月6日に到着	9月15日駅伝式郵便の事業	ボンベイからのセラミラミス号（EIC）がスエズまで。10月1日	ボンベイへの駅伝式郵便〜9月20日	マルセイユ経由でボンベイの郵便積載	11月3日	88日間
鉄道	11月7日	詳細は紛失						

出典）Scamp, 93-103, 108-117; Kirk, The P&O Lines..., 11, 23-24. カークとスカンプには航海のデータにいくつかの違いがある。混乱している場合、後者が使われるのは、より新しい研究であり、地方の新聞だけではなくカークの研究にも依拠しているからである。1843年から、P&O の郵便の出港と到着は、ファルマスではなく、サザンプトン経由でおこなわれるようになった。それは、新しく鉄道が敷設されたので、合理的であったからである。到着した郵便には、船舶の到着の同日ないし翌日に、ロンドンで消印が押された。Kirk (1987), 20-21 をみよ。

スエズからマドラス、さらにカルカッタへという P&O カルカッタラインは、1843 年初頭にはじまった。最初はたった 1 隻の汽船だけであったが、最終的に、1845 年初頭からは、3 隻の船を使った。1845 年 1 月から、事業は毎月おこなわれるようになった。中国ラインは、1845 年夏から毎月事業をするようになった[133]。そのときまで、東洋への事業情報伝達のすべては、上述のように、P&O、海軍省、EIC、さまざまなタイプの民間商船の共同作業により引き受けられていた。

EIC の汽船ベレニス号が 1845 年 3 月にボンベイで受け取ったカバーに書かれた覚書は、当時、イングランドからインドと中国に運ばれた多

---

[133] Kirk, *The P&O Lines...* 23-24; Scamp, 94, 101, 123-130 をみよ。

数の手紙と新聞がどういうものかということに関するヒントを与えてくれる。サザンプトン経由での船便のすべての郵便物を合わせると，2万4000通の手紙，3万部の新聞，75個の箱があった。一方，マルセイユ経由で届いた速達便には，6000通の手紙，8000部の新聞，38個の箱があった。さらに，ベレニス号が運んだ郵便物には，外国からの1700通の手紙と，5000部の新聞，28個の箱があった[134]。

　ヨーロッパからスエズ経由でカルカッタにいたるすべての航路でP＆Oの汽船が毎月事業をおこなうことは，明らかに一つの進歩であったが，それだけで，ベンガル商人が満足していたわけではない。カルカッタからの汽船がちょうど出港していたり，ヨーロッパからの郵便が到着したのと同じ日に出発することもよくあった。これらの場合，ボンベイからスエズまで，EICの汽船が郵便を運び，駅伝郵便を使って，インドを横断することがありえた。カルカッタの新聞に言及したスカンプによれば，駅伝郵便は一般に使われており，このルートは，P＆Oによる海上郵便事業を補完したのである[135]。

　地域的な問題の多くは古典的なものであり，大西洋と西インドの初期の郵便事業にも典型的にみられたことは，これ以前の諸章ですでに示した。ヒンドスタン号が1845年3月8日にカルカッタに到着した。その日か2日後にベンティック号が出港したが，それは使用される航海データ次第で変わる。ヒンドスタン号は，6月初旬に，カルカッタへの途上でゆゆしき問題に直面したが，スエズへの郵便船が出港した翌日に到着した。だが，駅伝郵便のサーヴィスを使えば，手紙への返信は，ボンベイ経由で送ることができた。ボンベイから，EICの郵便汽船が，20日にスエズに向かって出港した。したがって，現実に，かさばる郵便を速達で送ることはできなくても，カルカッタから1カ月2回での郵便事業は存在したのである[136]。

---

134) 覚書は，もともと1843年3月26日に「ボンベイタイムズ」で公表された。Scamp, 98 をみよ。到着したとき，ベレニス号は，機関の問題のために，予定より10日間遅れていた。Scamp, 93, 98 をみよ。

135) 表80をみよ。

136) 航海の日付については，Scamp, 93-103, 108-117; and Kirk, *The P&O Lines*..., 11, 23-24. また，連続する情報の循環については，表79をみよ。

中国への郵便の航海

東洋での通信伝達で現実に困難だったのは，インド-中国間においてであった。郵便は，おそらくシンガポール経由で，ボンベイないしカルカッタから広州へと，にわか仕立ての土台を築き，多様な商船で運搬されることがあった。船舶は，たまたま中国へと向かっていたのである。スカンプが公表したデータと 1841 年 8 月から 43 年 6 月に香港の港に到着した「中国の倉庫」のデータを比較することで，インド-中国間で郵便を運んだ船舶についての興味深い背景がわかる。広州で郵便を送ると，船舶の多くは，香港に数日で到着した。リストに載った 17 隻の郵便運搬船のうち，8 隻にアヘンが積載されていた。5 隻が雑多な積荷であったと報告された。1 隻が綿を，1 隻が石炭を，2 隻がバラストを積んで到着した[137]。明らかに，これらの船舶の主要な関心は，郵便をできるだけ速く運ぶことではなく，自分たちの事業をおこなう点にあった。

航海の東南アジアの区間においては，多様な郵便ルートも混在していた。事例をあげよう。EIC の汽船クレオパトラ号は，ヨーロッパの郵便をアデンからボンベイに運んだ。同船は，ボンベイに 1841 年 8 月 5 日に到着した。ボンベイの港で，ほとんどの郵便は，民間商船のパークフィールド号に載せられた。この船は，10 日に雑多な貨物を積んで中国に向けて出港した。EIC の汽船マダガスカル号は，8 月 16 日にカルカッタを出港した。だが，駅伝郵便事業により 19 日にボンベイから到着するはずの速達便は，まったく積んでいなかった。その代わり，同船が 9 月 12 日に広州に到着したとき，シンガポールの新しい新聞と，シンガポールで HMS のラルネ号から拾い上げた二，三のロンドンの新聞を積載していた。ラルネ号は，マドラスから広州に，9 月 19 日に到着した。積載していたのは，数通のインド政府の速達便とマドラスの手紙であり，ボンベイからの商業書簡はなかった。パークフィールド号は，ようやく 10 月 4 日に，7 月に出されたロンドンの郵便を積載して広州に到着した。「中国の倉庫」が記したように，「56 日間」かかったのである[138]。

---

137) 出航表については，Scamp, 31, 47-48, and 62 をみよ。「中国の倉庫」については，Scamp, 398-413 をみよ。

138) Scamp, 31, 35, 399 をみよ。もし「56 日間」が正しければ，スカンプが推定した

表80 ロンドン−広州間の最速の郵便事業が可能にした
連続する情報の循環 1841年の事例

ロンドン，速達の発送。マルセイユ経由	EICの船舶 スエズからボンベイへ。到着日。	中国への船舶。出港地と日付	広州への到着日	中国からの船舶。出港地。船舶。日付。	EICが運搬するすべての郵便。ボンベイからスエズでの出港日	速達便。ロンドンへの到着日。	情報の循環の日数
1月4日	ヴィクトリア号 2月12日	1) サー・ハーバート・コンプトン号。ボンベイに2月13日に出港。 2) コワスジー・ファミリー号 カルカッタに3月1日に出港。	1) 4月17日 2) 4月15日	1) アルダセル広州号。5月15日にボンベイに向け出港。 2)) サー・ハーバート・コンプトン号。ボンベイに向け5月21日に出港。	オークランド号。7月20日にアデンに出港。アデンからベレニス号が8月17日にスエズに出港。	9月4日	243日間
9月6日	ヴィクトリア号 9月25日	1) ウォーターウィッチ号。カルカッタに10月28日に出港 2) サー・ハーバート・コンプトン号。ボンベイに10月28日に出港。	1) 12月10日 2) 12月23日				

出典) *Sailing lists of Scamp*, 31-32, 37-38, 47.

　この点について，もっとも刺激的なのは，マダガスカル号がもたらした数少ない速達便が，「そのホテルで陸揚げされたとはいえ，最近の貴殿の命令とはうらはらに，開封することができず，香港に送られ，4日間後に返された」ことである。これは，イギリス貿易最高監督官が出した命令のためであった。その命令とは，マカオに届いたすべての郵便は，たとえ当該商人のほとんどがまだマカオに住んでいたとしても，複写のために香港の新郵政省に送られるべきだ，というものであった。その結果，マダガスカル号によって送られた速達便を受け取った商人は，

のとは異なり，この船は8月10日ではなく，8月9日にボンベイを出港したことになる。情報の循環については，表80をみよ。

すぐにマカオを離れカルカッタに向かうシティ・オブ・パレス号によってもたらされた手紙に返信を出すことができなかった[139]。

ルートの東南アジア部分で郵便システムが組織化されていない以上, 速達便は, このようにして運ばれた。大口の郵便が到着する以前に, あまり重要ではない一部が届くことがたびたびあったが, 送り手がロンドンで追加料金を払った郵便かどうかを確かめるには, さまざまな手段で運ばれた手紙の上に書かれた郵便料金をみるほかなかった。それを確認することができるのは, アジアからの郵便ルートからのカバーを収集している郵便史家であろう。

郵便は, ボンベイから中国に, ほぼ同一の商船で運ばれることが多かったが, 航海の所要時間は, きわめて多様であった。たとえば, 郵便の主要な部分は, 1841年9月12日に商船ウェストモアランド号によって, ボンベイから送られた。同船は, 12月21日に広州に到着したが, 郵便の一部は, すでに11月6日にモナーク号によって届いていた。後者は, ボンベイを9月16日に出港していた。ロンドンから同じ手紙を送れば, ボンベイから中国まで51-100日間かかることがありえた。それは, ボンベイの当局がたまたま手紙を港でどの船に託したかによって左右された[140]。

ロンドンから広州までの陸上ルートを経由した最速の情報伝達の所要時間は, 1840年には79-126日間, 1841年には65-119日間, 1842年には61-110日間であった[141]。けれども, 商業書簡の大半が, このような最速の通信伝達で伝わることはなかったのは, スカンプが示したとおりである。彼は, 多様な新聞を, さらに詳細に分析した[142]。

「カントン・プレス」は, ロンドン-中国間の平均航海時間を次のように計算した。1840年には104日間, 1841年には91日間, 1842年は88日間である。だが, これは, 普通郵便の平均ではなく, さまざまな船が広州に到着するまさに最初のニュースであり, 〔使用された〕船は, 主

---

139) 引用文は, イギリス貿易最高監督官に対する商人たちの不平である。Camp, 35 をみよ。香港は, 1841年にイギリス人によって建設された。

140) 事例として, Scamp, 10,150 みよ。

141) Scamp, 16 で再録された「カントン・プレス」1843年3月11日号と, 1840-43年の中国におけるイングランドからの陸上ルートの郵便の到着日に関する表をみよ。

142) 1841年については, Scamp, 32-35 をみよ

要な郵便運搬船とはいえないことが多かった[143]。

　通常は，到着する船舶が出港した港から最新の新聞を数紙運んできたので，一般的なニュースは，主要な船荷である商業書簡よりも速く東アジア植民地に到着したのである。表80が示しているのは，1841年に混合事業が可能にした情報の循環である。

　民間の帆船によっておこなわれるインドから中国への区間の混合事業では，毎年たった1.5回しか，ロンドン-広州間の情報の循環を可能にできなかった。1回の循環に，約8カ月間かかった。しかし，思いがけないことに，インドからの郵便は，ロンドンに9月4日に到着した。それは，次の速達便が送られるたった2日前のことでしかなかった。ロンドンからの郵便が，アジアからの速達便が到着する少し前に送られたとすれば，アジアからの手紙を使う次の機会は，数週間後のことであった。その場合，イングランドからの返事が中国に届いたのは，1842年1月23日のことであった[144]。

　新貿易港の香港は，急速に成長していた。「中国の倉庫」は，1841年8-12月に147隻の到着を，1842年の暦年全体で371隻の到着を報告した。ほとんどの船舶は，異なったアジア域内ルートを使ったが，20隻がロンドンないしポーツマスから直接，14隻がリヴァプールから到着した。到着すると，これらの船舶は，それぞれ平均して135日間と130日間，海に出ていた[145]。

　ジョン・オゴーント号は，リヴァプールから108日間航海し，中国に1842年7月9日に到着した。もし私的な船便を運んでいたなら，手紙は遅くとも3月23日に送られていたはずである。これは，イングランドからの大口の郵便が陸上ルートで出発するよりも1週間早かった。最後の速達便がマルセイユから送られるよりも約10日間早く到着した。そして3月に，陸上ルートでの郵便が広州にかなり速く到着した。ボンベイ経由で，サー・ハーバート・コンプトン号が，そして，カルカッタ経由で，アヘンを乗せた有名なクリッパー船のレッド・ローバー号が，

---

　　143)　1843年3月11日の「カントン・プレス」の表については，Scamp, 31-32, 37-38 をみよ。
　　144)　航海の日程については，Scamp, 31-32, 37-38 をみよ。
　　145)　'Chinese Repository' 1842-1843 については，Scamp, 398-406 をみよ。

独占の形成

どちらも 6 月 22 日に到着したのである[146]。最速の郵便は，77 日間で到着した。それは，最速記録に近かった。陸上ルートの選択のほうが良いと，少なくともこのときには思われた。けれども，民間の船舶で手紙を運ぶ方が，経済的であったのは当然である[147]。

民間商船は，中国の正式の手紙を運搬し続けた。それが終わったのは，最初のＰ＆Ｏの汽船レディ・メアリ・ウッド号が，ペナンとシンガポール経由でゴールから香港に最初の航海をしたときのことであった。イングランドから，6 月 20 日に大口の郵便を，さらに 6 月 24 日に速達便を積載し，1845 年 8 月 13 日に到着したのである[148]。この新しい取り決めのため，ロンドンの郵便は，50 日間で香港に到着した。したがって，一夜のうちに，通常の情報伝達の所要時間を半分に減らしたのである。これは，世界の通信伝達の歴史で生じた特別な出来事の一つである。単なる流通上の取り決めが，情報伝達の所要時間を革命的に変えることができたのである。しかも，新しい発明は本質的に何もなく，既存のものを使っただけであった。

Ｐ＆Ｏが事業を中国にまで延ばすことを許されたとき，イギリス政府は，他のどの会社にも，入札を求めようとはしなかった。同社は，すでに事業に多額の投資をしていたので，事業をゆだねないでおくことは不当だと考えられた。実際，スエズ以東におけるＰ＆Ｏの事業費用は，1 マイルあたりでさえ 17 シリング 1 ペンスであったが，海軍省の郵便船の費用の推計は，42 シリング 6 ペンスであった[149]。

ゴール経由のＰ＆Ｏのカルカッタラインの事業は，ベンガルとの通信伝達において，より短距離のボンベイと内陸の密売人と比較しても大した違いはなかったので，ゴールからの汽船事業は，明らかに中国との

---

146) Scamp, 47, 49, 404 をみよ。
147) イングランドから直接民間の帆船を使った方が，陸上ルートよりも速く到着した証拠もある。スカンプは，中国の新聞を使用する。それは，「ロンドンからの 10 月 3 日の報告」を含む「フォークストン号がもたらしたニュース」についての報告であった。フォークストン号は，イングランドから 3 カ月と 3 週間かけて航海し，定期的な 10 月の郵便は，この当時，エジプトでの混乱がもとで遅れていた。新聞はまた，リヴァプールからきたナレンガンセット号が 1840 年 10 月 20 日の最新号をもたらしたが，「手紙はほとんどもってこなかった」と報告した。どちらの船も，喜望峰経由で航海した。Scamp, 32 をみよ。
148) Scamp, 93, 122.
149) Moubray & Moubray, 187.

表81 新P&O中国ライン事業が可能にした連続する情報の循環
ロンドン−香港間 1846年

ロンドンからの郵便の出港	P&Oスエズからゴールへの到着。船舶と日付	P&Oゴールからの出港。船舶と日付	香港への到着	香港からの出港。船舶と日付	ゴールへの到着日	P&Oゴールからのスエズへの出港。船舶と日付	ロンドンへの郵便の到着日	情報の循環の日数
マルセイユ経由での鉄道 1月24日	ヒンドスタン号 3月2日	ブラガンザ号 3月3日	3月22日	ブラガンザ号 3月30	4月16日	ヒンドスタン号 4月18日	5月22日*	118日間
マルセイユ経由での鉄道 25.5.	プリカーサー号 6月26日	ブラガンザ号 6月28日	7月13日	ブラガンザ号 7月25日	8月14日	プリカーサー号 ～8月19日	9月28日**	121日間
マルセイユ経由での鉄道 9月24日	ブラガンザ号 11月30日 ヒンドスタン号 11月7日	ブラガンザ号 10月30日 レディー・メアリ・ウッド号 12月7日	1847年 1月3日 11月16日	ブラガンザ号 11月29日	12月15日	ベアトリック号 12月17日	1847年 1月23日	121日間

出典） Kirk, *The P&O Lines*..., 11, 23-24, Tabeart (2002), 197, Scamp, 131-134.

* 到着日は推測（マルセイユへの到着＋4日）．
** インド洋で遅れたために，速達はマルタでマルセイユ行きの海軍省の郵便船に間に合わなかったようである．そのためP&Oの汽船オリエンタル号でサザンプトンまで大量の郵便と一緒に送られた．鉄道との連絡が良かったので，サザンプトンに着いたのと同日に手紙はロンドンに到着した．ここに示されるように，これらの手紙は，9月に返送するためには到着が遅すぎた．～は推測．

情報の循環の改善に寄与した．郵便は，インド経由で航海するのではなく，ゴールから直接郵便汽船でペナン，シンガポール，香港に転送された．

表81から気づくように，新システムは，1841年のたった1.5回（表80をみよ）と比較して，2.5回の連続する情報の循環を可能にした．新事業のおかげで，ケープを回る帆船に必要な時間は半分以下に減少したので，郵便はいまやどちらの方向にも約2カ月間で航海するようになった．

それは，アメリカ製の帆船クリッパー船の全盛時代とともに生じた．この船は，1840年代終わり頃に，中国−ロンドン間の茶貿易の大部分を引き継いだのである．1833年に中国におけるイギリス東インド会社の独占が廃止されてから，イギリスの茶貿易の性質は，完全に変わった．

EICが独占した時代においては,「新シーズンの茶」という用語は,現実には存在しなかった。茶がロンドンで小売商人から購入されるまで,18-24カ月かからないということはなかった。東インド貿易船は,いつも12-3月のあいだの〔航海に〕都合の良いモンスーンの季節に航海し,5-6カ月後ロンドンに茶が到着すると,約1年間,保税倉庫に貯蔵された。なぜなら,中国の船隊が到着しないときに備えて,膨大な貯蔵量が必要だったからである。事業が競争に対し開放されたとき,新鮮な茶が巨額の利益を生んだ。商人は,新しい作物が船着場に到着するとすぐそれを売ることは困難ではなかったし,有名な船が運んだ茶に付与された魅力のためにより高い価格がつけられるようになった。たとえば,われわれはいまでも有名なカティサーク号を覚えている。この船は,1870年代のこの時代の終わりから,イギリスの茶を運ぶクリッパー船のなかの一隻であった[150]。

高速のアメリカ製クリッパー船は,1840年代終わり頃から1850年代にかけてカリフォルニアの航行のために建造され,当然,利益をもたらす茶貿易の一部を担った。サンフランシスコに到着してからバラストを積んでニューヨークに戻るのではなく,クリッパー船は,太平洋を横断し,中国へと航海し続けた。茶の積載量を急速に増やし,ロンドンへと運んだ。いまやそれが可能になったのは,イギリスが1849年に古い航海法の条項の残りを廃止し,イギリス船と同じ条件で外国船の商業を許可したからである。アメリカの南北戦争まで,少なくとも139の茶の貨物がアメリカ船でイギリスに上陸し,そのほとんどが「ヤンキー・クリッパー船」であった[151]。

茶を運ぶクリッパー船は,スピードのために大いに賞賛されていたとしても,陸上ルートによる汽船の郵便事業の代替手段ではないことが多かった。カリフォルニアの航海のように,クリッパー船は汽船よりもはるかに長く航海し,汽船会社と異なり,パナマとスエズで地峡を横切って近道をすることはできなかった。茶貿易での最速の航海では,中国か

---

150) イギリスの茶貿易については,MacGregor (1952), 3-30 をみよ。より速く航海するために民間の商船になされた建造法の変化については,MacGregor (1952), 33-108, passim をみよ。

151) Cutler (1961), 167-169, 226-239 をみよ。

らロンドンまで100日間かからなかった[152]。だが，汽船によりたった2カ月間しかかからない郵便の伝達と比較すると，この選択肢はあまり魅力的ではなく，しかも主として委託販売者の手紙のために使われた。だが，新たに急速に発達した茶貿易の形態は，速い事業情報伝達から大きな利益をえて，1860年代のヨーロッパ-中国間の通信伝達がさらに発達する主要な理由の一つとなった。

Ｐ＆Ｏの郵便独占の開始

1850年代のあいだに，Ｐ＆Ｏは，東洋のルートでかなり完全に近い独占を徐々に獲得していった。同社がすでに引き継いでいたサザンプトン-アレクサンドリアルートに加えて，海軍省がおこなっていたマルセイユ-マルタ間での速達便の事業が，1853年1月から，新たな郵便契約の一部として，Ｐ＆Ｏに譲渡された。

郵便は，ロンドンで毎月8日と24日にまとめられ，午後8時に出港した。フランス国土を下って鉄道で輸送し，さらにマルセイユで船積みするために，わずか60時間しか割り当てられてはいなかった。それゆえ，サザンプトンとマルセイユからの船舶は，マルタに同時に着いた。サザンプトンの郵便は，毎月4日と20日に出発した。スケジュールでは，ジブラルタルで停泊し，マルタで石炭を積み込むことを含め，航海には14日間かかった[153]。

そのうえ，Ｐ＆Ｏは自発的に郵便事業への関与を深めた。カルカッタと中国のラインが，1カ月間に1回ではなく2回事業をおこなった。同社はまた，ボンベイルートを徐々に引き継いだ，郵便は，最初はカルカッタの汽船で，その後アデン経由でスエズから直接ボンベイまで，1カ月に2回運ばれた。しかも，Ｐ＆Ｏはシンガポール-オーストラリア間で，バタヴィア経由での郵便事業を開始した。しかしながら，それは，3年後にクリミア戦争において汽船が必要になったため中断され

---

152) Cutler (1961), 467-474 で公表された中国-イングランド間のアメリカ製で茶を運んだ1850-60年のクリッパー船の出航表をみよ。MacGregor (1952), 200-232 が公刊した1848-75年の同ルートでのイギリス製の茶を運ぶクリッパー船の出航表をみよ。

153) Kirk, *The P&O Lines...*, 13; and Kiek (1987), 106 をみよ。

独占の形成

表82 サザンプトン経由でのロンドン-ボンベイ間の連続する情報の循環
1859年3月-1860年3月

船舶とサザンプトンからの出港日	アレクサンドリアへの到着日	船舶とスエズからの出港日	ボンベイへの到着日	船舶とボンベイからの出港日	スエズへの到着日	船舶とアレクサンドリアからの出港日	サザンプトン経由でのロンドンへの到着日	情報の循環の日数
ペラ号 1859年3月12日	3月26日	サルゼッテ号 3月29日	4月11日	ノータム号 4月12日	4月26日	リポン号 5月3日	5月18日	67日間
ベハール号 5月27日	6月8日	マルタ号* 6月12日	--	エミュー号 7月6日	7月24日	セイロン号 7月27日	8月8日	73日間
リポン号 8月12日	8月27日	マドラス号 8月28日	9月9日	コロンビア号 9月12日	9月28日	インダス号 9月30日	10月14日	63日間
オリッサ号 10月27日	11月4日	マドラス号 11月12日	11月30日	ノータム号 12月12日	12月24日	ペラ号 12月28日	1860年1月12日	77日間
不明 1月27日	--	オタワ号 2月14日	3月1日					

出典) Kirk, *The P&O Bombay...*, 12, 47.
 マルタ号は，アデンで修理のため係船された．ボンベイへの郵便はコンコルディア号が運んだが，ボンベイへの到着日は記されていない．

た[154]。オーストラリアの郵便は，本章でのちに論じたい．

　1854-56年のクリミア戦争ののち，イギリス人は，東洋でさらに問題に直面した．1856-58年の第二次アヘン戦争と，1857-58年のインド大反乱である[155]。このような状況で，イングランド-アジア間で早く情報を伝達することは，商会のみならず，イギリス王室の利益にとって重要であった．この問題に対処し，そしてポートサイドからスエズ湾まで運河を掘るというフランスの計画をたぶん邪魔しようとするために，エジ

---

　154) 少なくとも12隻のP&Oの郵便汽船が，戦時中に黒海地域で使用されていた．イギリス政府との合意により，オーストラリアへのラインは破棄され，中国ラインは1カ月間に1回にまで格下げされた．イタリアへの新ライン――当時は貨物のラインであった――もまた放棄された．Kirk, *The P&O Lines...*, 2-3; Reg Kirk, *Australian Mails via Suez 1852-1926* (Kent, 1989), 4 をみよ．
　155) 第二次アヘン戦争については，たとえば，James (2000), 238-241 をみよ．インド大反乱については，Cain & Hopkins, 284-288; and Lawrence James, *Raj. The Making of British India*, (London 2003), 233-298.

プトの砂漠を横断して陸上の鉄道を建設するという計画が最終的に承認され，1859年に開通した[156]。

　ボンベイへの郵便事業は，1840年代初頭に，マルセイユとエジプトの陸上ルート経由のどちらの方向でも1カ月以上かかっていたが，1858年にはたった23日間で指揮されるようになった。筆者が所有するコレクションにある1通の手紙が，このスピードに関する適切な事例を示す。イングランドのクリフトンのカバーから，ボンベイに1858年8月16日に送られたことがわかる。それは，ロンドン経由で17日に送られ，「マルセイユ経由」で託送された。その手紙は，P＆Oの汽船カディス号に乗せられ，スエズを8月27日に出航し，ボンベイに到着したのは9月9日のことであった。そして同日，ボンベイ郵便局で手押印が押されたのである[157]。ロンドンからボンベイへの片道の航海は，非常に短縮された。けれども，情報の循環がそれに従って改善されたのだろうか。

　1859年3月から，東洋への郵便の伝達は，P＆Oによって毎週の事業となった。中国とカルカッタの郵便は，毎月，サザンプトンから第1週に，ボンベイの郵便は第2週に，中国とカルカッタの郵便が第3週に，ボンベイとオーストラリアの郵便は第4週に送られた[158]。インド－中国間の連続する情報の循環を調査すれば，われわれは興味深い点に気づく。

　1859-60年におけるイングランド－ボンベイ間の情報の循環は，以下のようなものであった。サザンプトン，ジブラルタル，マルタ経由で郵便のすべてがアレクサンドリアにいたる。そこからスエズに陸上ルートで移動し，さらに別のP＆Oの船でボンベイに移動する。そのため，平均しておよそ1カ月間かかった。すなわち，東方へ30日間で，西方に32.5日間かかった。連続する情報の循環の数は，4.5回であった。

---

　156) スエズ運河を建設していた時期の英仏関係に関するフランス側の見解については，Zachary Karabell, *Parting the Desert. The Creation of the Suez Canal* (London, 2004), passim.
　157) SRLC.
　158) Kirk, *The P&O Lines...*, 11-12. サザンプトンからの出港日は，毎月4日，12日，20日，27日であった。マルセイユ経由で速達便は，アデンからさまざまなアジアの港に同じ汽船で8-9日間遅れて出発した。たとえば，Kirk (1989), 57-65; Kirk, *The P&O Lines...*, 45 をみよ。

表83 マルセイユ経由でのロンドン-ボンベイ間の
連続する情報の循環 1859年3月-1860年3月

ロンドンからの鉄道での出発日。マルセイユから船による出港日	アレクサンドリアへの到着日	船舶とスエズからの出港日	ボンベイへの到着日	船舶とボンベイからの出港日	スエズへの到着日	船舶とアレクサンドリアからマルセイユへの出港日	ロンドンへの到着日	情報の循環の日数
1859年3月18日パンター号3月20日	3月26日	サルセット号3月29日	4月11日	ノータム号4月12日	4月26日	ネポール号5月2日	~5月12日	59日間
5月18日エローラ号5月20日	5月26日	オタワ号5月27日	6月9日	オタワ号6月23日	7月11日	エローラ号7月13日	7月22日	57日間
8月2日不明8月4日	~8月10日	ノルナ号8月12日	8月25日	コロンビア号9月12日	9月28日	パンター号9月30日	10月10日	67日間
10月18日ヴェクティス号10月20日	10月29日	ボンベイ号10月29日	11月13日	シンガポール号11月26日	12月12日	ヴェクティス号12月14日	12月23日	66日間
1860年1月2日不明1月4日	~1月10日	マドラス号1月17日	1月30日	ベナレス号2月11日	2月26日	ヴァレンシア号2月27日	3月6日	64日間

出典) Kirk, *The P&O Bombay...*, 12, 47; Kirk 1989, 58-64; Proud, 23-51. マルセイユからアレクサンドリアへの2隻のP&Oの船舶は不明である。しかし,スケジュールに影響はおよぼさない。~は推測。

東方への航海の所要時間は,28-34日間であったが,西方への航海は,28-42日間かかった。サザンプトン経由のロンドン-ボンベイ間の平均的な情報の循環は,71日間であった。この方法を用いて,ボンベイからの手紙に対する返信を入手するまでの最短時間は59日間であり,最長時間は82日間であった[159]。

サザンプトンからボンベイへの郵便が送られる日は,毎月12日と27日であったので,1回の情報の循環は,通常2-2.5カ月であり,このシステムによって,インドから到着した手紙にかなり早く返信を出すことが可能になった。このシステムは,サザンプトンの大口の郵便事業には

159) 東方への航海の平均の所要時間は,18回の航海から,西方への航海は,19回の航海から計算した。情報の循環の平均の所要時間は,この時代には15回の継続的事例から計算した。航海の日付については,Kirk, *The P&O Lines...*, 12,47で公表された。

表84 サザンプトン経由のロンドン−香港の連続する情報の循環　1859年

	情報の循環#1	情報の循環#2	情報の循環#3	情報の循環#4
サザンプトンからの船舶と出港日	セイロン号 1859年1月6日	ペラ号 4月20日	セイロン号 8月20日	インダス号 12月21日
アレクサンドリアへの到着日	1月20日	5月2日	9月2日	1860年1月5日
船舶とスエズからの出港日	アルマ号 1月22日	ネメシス号 5月6日	シムラ号 9月5日	
ゴールへの到着日	2月6日	5月21日	9月19日	
船舶とゴールからの出港日	ノルナ号 2月7日	アデン号 5月22日	ノルナ号 9月22日	
香港への到着日	2月27日	6月5日	10月8日	
船舶と香港からの出港日	オタワ号 2月27日*	ノルマ号 6月5日**	マラバル号 10月13日	
ゴールへの到着日	3月15日	6月22日	10月28日	
船舶とゴールからの出港日	アルマ号 3月17日	ネメシス号 7月3日	シムラ号 10月31日	
スエズへの到着日	3月30日	7月20日	11月15日	
船舶とアレクサンドリアからの出港日	インダス号 4月4日	リボン号 7月22日	インダス号 11月21日	
サザンプトンへの到着日	4月18日	8月6日	12月5日	
情報の循環の日数	102日間	108日間	107日間	

出典）Kirk, *The P&O Lines...*, 45-47, Proud, 18-42.
*　オタワ号は，ノルナ号が到着したその日にヨーロッパの郵便を積載して出港した。受取人が手紙に返事を書く機会については，理論的なことしかいえないかもしれない。おそらく，受取人のなかには返事を書くことができた人もいたが，そうではない人もいた。次の郵便汽船は1859年3月15日に出港した。
**　ノルナ号は，アデン号が到着したのと同日にヨーロッパの郵便を積載して出港した。次の郵便汽船は1859年6月22日に出港した。

大いに役立ったが，マルセイユ経由の速達便ルートからは，それと少し異なる見解がえられる。

指摘されるように，片道航海の所要時間は，約3-4週間とさまざまであった。最短の情報の循環には57日間かかり，最長は，67日間であった。片道の速達便が，通常，大口の郵便輸送より数日速く，そのため片道の航海の所要時間を大幅に短縮したとしても，利益は，速い通信伝達のために金を支払った人々に十分に移転されるわけではなかった。速達便の事業は，毎年，大口郵便による4.5回ではなく，5回の連続する情報の循環を可能にした。しかし，それ以上ではなかった。

160) Hector Proud (Edward B. Proud, ed.), *The British Sea Post Offices in the East.* British Maritime Postal History Volume 4, (East Sussex, 2003).

独占の形成　　457

表85　ロンドン-香港間の連続する情報の循環　マルセイユ経由の速達　1859年

	情報の循環#1	情報の循環#2	情報の循環#3	情報の循環#4
ロンドンからの出港日	1859年1月10日	4月26日	8月10日	11月26日
船舶とマルセイユからの出港日	パンター号 1月12日	エローラ号 4月28日	ネポール号 8月12日	パンター号 11月28日
アレクサンドリアへの到着日	1月19日	5月4日	8月18日	12月5日
船舶とスエズからの出港日	アルマ号 1月22日	ネメシス号 5月6日	ヌビア号 8月20日	カンディア号 12月6日
ゴールへの到着日	2月6日	5月21日	9月2日	12月13日
船舶とゴールからの出港日	ノルナ号 2月7日	アデン号 5月22日	シンガポール号 9月5日	ノルナ号 12月23日
香港への到着日	2月27日	6月5日	9月20日	1860年1月13日
船舶と香港からの出港日	オタワ号 2月27日*	ノルナ号 6月5日**	シンガポール号 9月28日	
ゴールへの到着日	3月15日	6月22日	10月17日	
船舶とゴールからの出港日	アルマ号 3月17日	ネメシス号 7月3日	ネメシス号 10月18日	
スエズへの到着日	3月30日	7月20日	11月2日	
船舶とアレクサンドリアからの出港日	ネポール号 4月4日	パンター号 7月22日	ヴァレッタ号 11月3日	
マルセイユへの到着日	4月11日	7月29日	11月9日	
ロンドンへの到着日	4月13日	7月31日	11月11日	
情報の循環の日数	93日間	96日間	93日間	

出典）Kirk, *The P&O Lines*..., 45-47, Proud 18-42.
* オタワ号は、ノルナ号が到着したその日にヨーロッパの郵便を積載して出港した。受取人が手紙に返事を書く機会については、理論的なことしかいえないかもしれない。おそらく、受取人のなかには返事を書くことができた人もいたが、そうではない人もいた。次の郵便用汽船は1859年3月15日に出港した。
** ノルナ号は、アデン号が到着したのと同日にヨーロッパの郵便を積載して出港した。次の郵便汽船は1859年6月22日に出港した。

　イングランド-中国間の情報の循環においては、船便と速達便の差異は、はるかに小さかった。それは、表84と表85からうかがい知ることができる。
　ロンドン-香港間の片道航海は、両方向で、サザンプトン経由よりもマルセイユ経由の方が、6日間短いことが典型的な姿であった。それは、この二港からの出港の時間差があり、スエズ以東の航海が、同じ船でおこなわれたからである。このシステムは、いくらかの利益があるように思われたが、改善可能なはずのいくつかの要素も含まれていた。
　速達便のサーヴィスに余分な料金を支払うことで航海を短縮することによる利益は、ヨーロッパ側の移動にしか発生しなかった。ヨーロッパ

側においてさえ，到着する手紙に対してすぐに返事を出すことができないことが頻繁に生じたが，マルセイユ経由ないしサザンプトン経由での船便で到着するかどうかにかかわらず，次の出港まで2週間待たなければならなかった。より早く出港する船便だけを使って返信を送ることで返事を早めることができたとしても，他の端に早く着くことはなかった。例外は，郵便汽船を使う場合であった。

ヨーロッパにおいてマルセイユ速達便ルートを使うのと似たものは，インドないし中国の速達サーヴィスではなかった。むしろ，著しく不利な点が，このシステムに組み込まれていた。それは，なかでも香港にあてはまる。表86にあるように，郵便汽船の到着日と出港日をみれば，簡単にそれに気づく。

1859年の香港の郵便の到着を調べるなら，表86から，P&Oの郵便汽船がアデンからの郵便が転送されるゴールに向かっており，そのうち，ヨーロッパの郵便が香港に到着するのと同日に出港したのが5事例あることに気づく。地方の郵便局が，到着する郵便に送るのに十分すぎるほど効率的だったとしても——それは，当然，船舶が到着する日によって大きく左右された——，商人には，手紙に返信をしたためるのに十分な時間がなかった。ゴールからの郵便船が晩に到着したなら，時間はまったくなかった。ヨーロッパに手紙を送る次の機会は，約2週間後のことであり，実際には11-17日間と多様であった。

ヨーロッパへの郵便が香港から出港した1-4日後に郵便船が到着したことが，2-3回あった。さらに，約2週間たたなければ，手紙に対する返事を書く可能性は，理論的にさえなかった。ヨーロッパ-中国間で郵便が送られないのに2通の郵便が届いたり，2回出港があったが到着がない事例がいくつかあった。

事実，表86は，システムがうまく機能した事例が半分あったことを示すものの，機会が失われたことを表す。郵便が規則正しくイングランドから送られていたが，数隻の異なる汽船での移動のあいだ，鉄道での移動，さらに航海中の港で荷物をふたたび積み込むあいだに，郵便が遅れることが十分にありえた。香港への到着は，1週間以上ずれることがあったし，それは出港にもあてはまる。郵便汽船が通常香港の港で費やした時間は5日間から3週間であり，例外的にそれより長くなった場

独占の形成

表86 香港におけるP&Oの汽船による郵便の到着と出港 1859年

香港への郵便の到着 船舶と日付	最初に手紙に返信することが可能な日 香港からの出港。船舶と日付
カディス号　1月15日	シンガポール号1月15日 カディス号1月30日
北京号1月27日	カディス号1月30日
オタワ号2月11日	北京号2月15日
ノルナ号2月27日	オタワ号2月27日 ノルナ号3月15日
マラバル号3月19日	シンガポール号3月31日
シンガポール号3月26日	シンガポール号3月31日
カディス号4月10日	アデン号4月13日
北京号4月24日	カディス号4月24日 北京号5月5日
ガンジス号5月9日	ガンジス号5月22日
ノルナ号5月20日	ガンジス号5月22日
アデン号6月5日	ノルナ号6月5日 マラバル号6月22日
シンガポール号6月22日	マラバル号6月22日 シンガポール号7月5日
北京号7月9日	北京号7月22日
カディス号7月23日	カディス号8月10日
グラナダ号8月5日	カディス号8月10日
ガンジス号8月22日	グラナダ号8月24日
マラバル号9月7日	ガンジス号9月12日
シンガポール号9月20日	シンガポール号9月28日
ノルナ号10月8日	マラバル号10月13日
カディス号　10月23日	ノルナ号10月29日 カディス号11月15日
オタワ号11月16日	オタワ号11月30日
ガンジス号11月29日	オタワ号11月30日
北京号12月14日	ガンジス号12月15日
マラバル号12月27日	北京号12月30日

出典） Kirk, *The P&O Lines…*, 42-47, Proud 18-49.

合もある。

　到着港での郵便配達をスピードアップさせるために，イギリス郵政省は海運会社を認可し，長い海上の航海のあいだに郵便の分類をおこなった。この考えは，地中海のフランス郵便船から採用され，1858年にイギリス人によってオーストラリアルートで最初に使われた。このときには，ヨーロッパ&オーストラリア・ロイヤルメール会社が，この郵便ルートのチャーターを保持していた。権限を与えられた2人の事務官が乗船し，一通ごとに分類し手押印を押し，その後，目的港への到着の

際に陸揚げされた。1859年から，地中海におけるイギリスの郵便船もアレクサンドリア−サザンプトン間で郵便を分類した[161]。このような準備をしたので，おそらく，イギリス郵政省で金が蓄えられた。この作業は，より長い時間滞在する海でおこなうことができ，数名の事務官が，できるだけ早く大量の手紙と新聞を分類しようとして，目的港の地方郵政局でいつものように急いでおこなうわけではなかったからである。このシステムは，鉄道でも大いに利用された。作業の効率が上がることに加えて，情報伝達を必然的にスピードアップした。

地理的距離——相対的問題

第7章の第1節で論じたように，オーストラリアへの航海数は，1820年代から1830年代にかけ，たえず上昇した。ヨーロッパ−オーストラリア間の郵便は，民間商船によって運ばれ，なかでも，母国への郵便はしばしば非常に遅れた。船主のあいだで，定期的航海に参加することに対する関心はなかった。母国への貨物をシドニーで獲得することは困難だったからである[162]。多くの船が，オーストラリアから中国ないしインドの水域へ，より高価な貨物を求めて航海していたので[163]，陸上ルートが導入される以前にヨーロッパの郵便をこの方向に送る意味はなかったのである。

最後に，イギリス政府は，ヘンリとカルヴェルト・トゥルミン兄弟と毎月の郵便事業の協定をし，喜望峰経由でオーストラリアに船舶を送ったのである。この事業は，1844-48年におこなわれた。しかし，満足がいくほどには機能しなかった。ニューサウスウェールズの郵政相は，1846年にこう報告した。シドニーへ航海でイギリス郵政省の郵便船に必要な平均的な時間は，124日間であり，民間商船の平均と比較すると

---

161) プラウドの研究は，地中海の海上郵政局だけではなくボンベイ−スエズ（のちにはアデン），ボンベイ−カラチ，ラングーン−カルカッタ，ペナン−シンガポール−香港ルートの海上郵政局，海事分類のリスト，使用済みの消印，一部は20世紀までつながる異なった時刻表もカバーしている。Proud, passim をみよ。海上での郵便の分類のはじまりについては，Proud, 13-17 をみよ。地中海郵便船のフランス海上郵政省の消印については，Salles, Tome II, 51-139 をみよ。

162) Moubray & Moubray, 198.

163) 第7章の第1節をみよ。

12日間余分にかかっている，と。メルボルンとヴァン・ディーメンズランドの入植者は，トゥルミンの郵便船がシドニーにしか航海しないので，同社の郵便船に対してはイギリス郵政省に対するよりはるかに不満であった。船舶は，メルボルンの郵便をシドニーに運び，小舟ないし最近設立された陸上ルートでの郵便でメルボルンに返却した。次のような不満が聞かれた。「われわれの手紙は，ドアを通って，6倍の郵便料金で3-6回の遅れののち，われわれに送り返された」。郵便船がメルボルンに停泊したなら，シドニーの商人は，このサーヴィスを利用しなかったことであろう。彼らは，確実に，メルボルンからの船荷に依存しようとは思わなかった[164]。

　これは，インドにおける郵便事業をめぐる長い争いに似た唯一の側面ではない。「ルートをめぐる争い」とでも呼べそうなものが続いておこった。汽船での郵便ルートへの代替手段の一つとして，ロイヤルヤールラインによるパナマ経由での太平洋横断ルートがあった。問題は，海峡を横断する鉄道がまだ存在していなかったことである。貿易船，移民船，トゥルミンの郵便船で使われていたので，喜望峰を回る海のルートが，真剣に考慮に入れられた。ゴールないしシンガポールでP＆Oがラインからそれたり，リューイン岬を回ってオーストラリア大陸の西海岸を下るか，トレス海峡を経由しシドニーまで東海岸を下って航海する可能性もあった。代替手段はどれもこれもプラス面とマイナス面があったので，議論が続いた[165]。

　1847年に，P＆Oは，いまだにEICが保持していたアデン-ボンベイラインとの契約をするなら，シンガポールからシドニーまでの事業を毎月おこなうと申し出た。ロビンソンによれば，この申し出が拒絶されたのは，東洋の海でP＆Oが独占を形成しつつあるという恐れが高まったからでもあるし，EICがボンベイラインに屈しなかったからでもあった[166]。EICがボンベイ-アデン間での事業への関心を放棄しなかったこ

---

164) Robinson (1964), 186-189. トゥルミンの事業が1849年初頭に終わったとき，民間の帆船がふたたびオーストラリアに郵便を送る唯一の手段になった。

165) Robinson (1964), 189-190.

166) Robinson (1964), 190-191. さらに詳細に関しては，Moubray & Moubray, 199 もみよ。

とは明らかであり，EIC がオーストラリアまで郵便事業を拡大しなかったことも，同程度に明らかである。だから，何も生じなかったのだ。

　1851 年までに，何らかの決定がなされる必要があった。そのときまで，イギリスと遠く離れたオーストラリア植民地のあいだの貿易は少なかったが，ゴールドラッシュがそれを変えた。マイケル・K・スタンマーズはいう。「新しい黄金採掘地が発見されたというニュースがイングランドに持ち帰られると，たちまちのうちに，多くの人々が一財産掘るという希望を抱いて航海する誘惑に駆られた。オーストラリアは，金が発見されたときには圧倒的に農業経済であった。その結果，当時存在していた小さな製造業は大量に来る新しい移住者のニーズに応えることができず，金の魅力があまりに強かったので，労働力が奪われた。金の輸出のおかげで，オーストラリア人はあらゆる種類の工業製品を大量にイングランドから輸入して，新しく移住してきた人々の欲望を満たすことができ，さらに経済を拡大させるための計画に資金を提供した。鉄道の建設は，非常に重要だった事例の一つである。すべての原材料──レール，機関車，客車，橋の部品，信号──は，ほとんどすべてがイギリスでつくられ，船で運ばれた。人口が急速に上昇し，船積みが必要なイギリスからの輸出が大量だったので，リヴァプールのブラックボールライン（北大西洋におけるアメリカの同名のものと混同してはならない）とその競争相手は，比類なき繁栄を享受したのである」[167]。

　統計は，印象的である。オーストラリアに訪れる乗客数は，1851 年に約 2 万 1000 人，1852 年に 8 万 8000 人弱であり，数年間この水準を維持し続けた。ニューサウスウェールズの住民数は，1841 年の 11 万 9000 人から 1851 年の 17 万 9000 人，さらに 1855 年の 24 万 9000 人へと拡大した。その後に設立されたヴィクトリア（メルボルンを含む）は，1841 年の 1 万 2000 人，1851 年の 23 万 7000 人，さらに 1855 年の 40 万 9000 人へと成長した[168]。

　オーストラリアへの乗客の料金が急速に上昇したし，輸送料もそうであった。ブラックボールラインが提供した貨物のスペースはオーストラリアへの主要ラインで 1852 年中頃に 1 トンあたり 7 ポンドであったが，

---

[167] Michael K. Stammers, *The Passage of Makers* (Sussex, 1978), 109.
[168] Stammers, 125; Mitchell, 36.

中国からの茶という新作物のようにもっとも重要な急行貨物便が，1トンあたり4-5ポンドを大きく越えることは決してなかった。リヴァプールで乗組員全員を見つけることが容易だったのは，オーストラリアで働きたいと願っている人たちがたくさんいたからである。けれども，メルボルンから母国に帰る人たちを見つけるのは，もっとも激しく高騰した賃金を提供しないかぎり困難だった。しかしながら，ブラックボールラインとすぐに設立された——ないしすでに存在していた——海運ラインは，著名なホワイトスターラインを含めて，いまや遠く離れた植民地にしばしば航海するようになっていた[169]。

オーストラリアへの航海は，1カ月2回のライン事業として組織化され，大西洋のアメリカ製の郵便帆船の事例を踏襲した。海運ライン間の競争でさえ，大西洋の事例を踏襲した。スピードが，威信への主要な段階の一つであった。アメリカ海軍中尉M・F・モーリーの「大圏航海算法」による風，潮流と技術に関する最新の科学的研究を使って，さらに，アメリカの最良の造船所に速いクリッパー船を注文することで，オーストラリアへの平均的航海時間は大きく短縮された。リヴァプール船のオーストラリアへの平均的航海時間は，それ以前の120日間から，1852年には110.5日間に，1853年にはさらに105.5日間にまで短縮されたが，それと比較してロンドンからの同年の航海はそれより劣っており，それぞれ123日間と126日間であったと報告された[170]。

だが，これで十分というわけではなかった。汽船による郵便ラインも必要とされた。1852年にイギリス政府は妥協をし，同時に二つのルートを試せば，どちらが良いかわかると信じた。したがって郵便は，新しく設立されたオーストラリア・ロイヤルメール汽船航海会社が2カ月ごとに喜望峰を回って運ぶことになり，P＆Oのアジア事業の新しい区間のシンガポールからシドニーまでの事業と交互に利用された[171]。

オーストラリアに到着した最初の汽船は，P＆Oのチュサン号であ

---

169) Stammers, 125-126 をみよ。オーストラリアルートにおけるホワイトスターラインの初期の活動については，Gardiner, 12-66.
170) Stammers, 78-81.
171) P&Oの事業は，オーストラリアの西海岸沿いにリューイン岬を通り過ぎ，キングジョージ湾，メルボルン，シドニーへと行った。Robinson (1964), 191-192 をみよ。

り，たった 700 トンで 80 馬力しかない小さな船であった。1852 年 5 月中頃にサザンプトンを出港し，7 月末にメルボルンに到着した[172]。シドニーへの航海は，全部で 84 日間かかった，チュサン号がオーストラリアに到着したとき，新時代のはじまりとして祝福された。だが，オーストラリア人が満足するほどの水準で郵便事業が機能するには，さらに数年間必要であった。

オーストラリアメールラインの事業は，当初から失望を招いた。オーストラリアン号は，チュサン号の 2 倍のサイズであり，機関は 4 倍強力であったが，予定されたスケジュールはもちろん，それに近いスケジュールでさえ航海することはできなかった。最初の航海で，オーストラリアン号は，2 回石炭切れをおこし，最終的にメルボルンに 91 日間かけて到着し，シドニーにはその 4 日後に着いた。帰りの航海は，さらに失望を招き，113 日間かかった。オーストラリアン号の 2 回目の航海は，1 回目よりもはるかに悪かった。プリマスに，水でビシャビシャになった郵便を乗せて 2 回帰港しなければならなかった。南アフリカへの郵便は，最終的に，1850 年からこのルートでの契約をしているジェネラル・スクリュー汽船航海会社が送った。オーストラリアン号の郵便袋は，次の P ＆ O の汽船が送った[173]。

オーストラリアメールラインの汽船は，ほとんどいつもスケジュールよりも遅れた。機械類が壊れたり，燃料補給のてはずが不十分だったり，全体的に管理が不十分だったことは，責められるべきである。たとえば当時の大西洋で典型的にみられた不完全性を思い起こせば良いが，これが唯一の事例ではなかった。移動が非常に長かったので，その影響は相乗的に増えた[174]。1 年もたたないうちに，オーストラリアの郵便ラインは断念され，1853 年 10 月，ケープ経由での郵便事業は，ジェネラ

---

[172] これと比較するなら，当時の北大西洋の事業で最大の船舶は，コリンズラインのアトランティック号とバルティック海号であり，どちらも 2800 トンであった。たとえば，Staff, 131 をみよ。

[173] Robinson (1964), 191-193. 南アフリカへのジェネラル・スクリュー社との郵便契約と，しばらくのあいだはモーリシャス島経由でカルカッタに送られたことについては，Robinson (1964), 173-175 をみよ。

[174] オーストラリアメールラインの惨めな成果の詳細については，Moubray & Moubray, 200 をみよ。

ル・スクリュー社に取って代わられた。同社ははるかに効率的であり，その旗艦である3200トンのグレートブリテン号は，オーストラリアへの最初の航海を65日間でおこなった[175]。

だが，困難が去ったわけではない。翌年，クリミア戦争が勃発し，イギリス政府は，軍隊と馬の輸送のために利用できる汽船であれば，どのようなものでも必要とした。だが現実には，すべての郵便汽船会社は，戦争に関連する事業を優先したので，郵便用の航海を削減しなければならなかった。P＆Oとジェネラル・スクリューも，そうすることを余儀なくされた。1855年には，オーストラリアへの郵便事業は，ふたたび帆船によって実行された。イギリス政府とリヴァプールに基盤をおく帆船会社のブラックボールラインとホワイトスターラインのあいだで，急いで毎月の契約が結ばれた[176]。

勇敢な帆船会社は，蒸気力と真剣に競争した。ブラックボールラインの新しいアメリカ製のクリッパー船の1隻であり，所有者の名にちなんだジェームズ・ボインズ号は，ボストンからイギリス沖のロックライトまでを12日間で，リヴァプールからオーストラリアのホブソン湾までを64日間で航海した。「80人の一等室を含め，700人の乗客，1400トンの貨物，18万通以上の手紙を入れた350袋の郵便袋を運んだ」。3隻のブラックボールライン最速のクリッパー船の平均的な外国への航海は84日間かかり，ホーン岬を回る母国への航海は，93日間かかった[177]。

---

175) Robinson (1964), 193-194 をみよ。
176) クリミア戦争におけるキューナードラインの船舶については，たとえば，Babcok, 117-118, P&O については，Kirk (1989), 4 をみよ。ロイヤルヤールラインについては，Bushell, 80-85. ブラックボールラインとホワイトスターラインとのオーストラリアの事業関係については，Robinson (1964), 194-195; Stammers, 144-146 をみよ。郵便契約の PR 価値は，どの会社にとっても非常に高かったので，のちの時代にも使われた。ブラックボールラインは1857年に汽船の契約を失ってから，オーストラリアの事業を，「イギリスとオーストラリアの以前の郵便船」によるものだと宣伝した。ジェームズ・ベインズ商会の広告は，以下のなかに保管されている。Accounts and papers of Henry Eld Symonds, LRO, 380 MD, 20.
177) Stammers, 144; Robinson (1964), 195. コリン・ターベルは，契約していた1855-56年の期間のオーストラリア製のクリッパー船の航海日のすべてを収集した。Tabeart (2004) をみよ。1850年代初頭に太平洋経由で郵便汽船事業を開始する計画もあった。この計画を主導していたロイヤルヤールラインにより，新会社はオーストラリア太平洋郵便汽船会社と呼ばれ，パナマとタヒチ経由でヨーロッパ-オーストラリア間の汽船交通事業を開始するために設立された。この計画が1854年初頭に減速を余儀なくされたのは，クリミア戦争のためであった。この戦争で，このような郵便契約に対するイギリス政府の利益は後回しにされたの

事実，1850年代初頭には，オーストラリアの郵便事業が帆船・汽船のどちらでおこなわれようと，大した差はなかった。すべての船が決して最速のクリッパー船や汽船ほど速かったわけではないので，平均して約90日間の航海では，もしあったとしても，年間せいぜい2回の情報の循環しか可能にはならなかった[178]。

クリミア戦争ののち，イギリスの当局は，エジプト経由でオーストラリアへと郵便契約をするための監督を招聘した。Ｐ＆Ｏは，スエズ-オーストラリア間で毎年14万ポンドで郵便を運ぶという申し出をした。一方，新参者であるヨーロッパ＆オーストラリア・ロイヤルメール会社は，事業に18万5000ポンドを提供するといったが，それにマルタ-マルセイユ部門の監督は含まれてはいなかった。契約がヨーロッパ＆オーストラリアラインに与えられたのは，Ｐ＆Ｏの威信に大きな打撃となった。ヨーロッパ＆オーストラリアラインは，この事業に対する準備がまったくなく，船舶，さらにスエズ以東での補修と石炭供給の設備を備えてはいなかった。チャーターされた船舶とともに，事業は，1857年1月に開始された[179]。

ヨーロッパ＆オーストラリアラインの事業は，24回の往復航海ののち，破産したことで終焉を迎えた。カークは，オーストラリアの郵便の研究で，すべての航海を調査し，同社を倒産させた理由を書いた。カークの書物から少し引用するだけで，多くのことがわかる。

「オネイダ号は，スエズからの1857年3月17日の航海には使えなかった。この港に到着したことがなかったからだ。この船の次の郵

である。Bushell, 90-93 をみよ。

178) Tabeart (2004), 144-160 の航海データをみよ。

179) この事業が開始されたときの詳細はよくわからない。たとえば，ロビンソンの言によれば，P&Oは，フリーマントルとアデレードで停泊したがらなかったので，契約を失った。ところが，カークが公刊した時刻表は，ヨーロッパ＆オーストラリアラインの汽船も，そこで停泊していなかったことを示す。カークはまた，こう記す。ヨーロッパ＆オーストラリアラインは，たとえば，もしマルセイユの汽船が遅れたとしても，罰金に服すことはなかったが，ロビンソンとケーブルによれば，罰金制度に従うことを拒否したことは，P&Oが，イギリス政府が欲した契約を細部までは受け入れられなかったもっとも重要な理由であった，と。以下をみよ。Kirk (1989), 6-8; Robinson (1964), 195-196; Bushell, 93-94; and Cable, 137-140.

便航海は，ゴールから1858年11月13日である。このとき，アデンに到着する前に，同船はふたたび動けなくなった。1857年3月11日のスエズでの郵便と乗客は，28日のスィムラ号を待たなければならなかった。ヨーロッパ&オーストラリア会社は，シドニーからサザンプトンにこのような郵便輸送をしたため，必要な補助金をすべて失ってしまった。郵便が遅れたために課された罰金に呑み込まれてしまったのである」。

「エミュー号は速く航海できたのだけれども，到着したのが遅すぎたので，シドニーからの郵便を8月にもって行けなかった。フランスの郵便サーヴィスにより運ばれて，郵便に，何がおこったのかはわからない」。

「機関に故障が生じたヨーロピアン号は，ゴール-シドニー間で時間を失った。シドニーに同船が到着したとき（1857年10月18日）は，契約で決められた時間を8日間と19時間超過していた。それに対する罰金は，1800ポンドであった。当初，同船は，11月の郵便を積んで出港すると宣伝されていたが，……，1857年12月11日以前に出港することは不可能であった。1857年10月19日に，シドニー郵便局は，アバディーンのバーク型帆船オリヴァー・クロムウェル号は，25日に郵便を積載して出港し，喜望峰を回ってロンドンまで進んだ……と宣伝した」。

「当然，エミュー号は，スエズを1857年10月27日に出港する船には間に合わなかった。いつものように，ヨーロッパ&オーストラリアラインには，このとき，代わりとなる汽船やチャーターされた汽船が利用できないというハンディキャップがあった。公式には，エミュー号の事故のため，『スエズからシドニーに郵便は届かなかった。契約条件の変更という観点から，罰金は，次回の四半期から控除されるということになった』。身内びいきのため，罰金のほとんどが引き下げられた」。[180]

　ヨーロッパ&オーストラリアラインの所有者たちは，郵便契約を結

---

[180] Kirk (1989), 13-21. 上で言及したバーク型帆船のオリヴァー・クロムウェル号は，1858年1月30日，ロンドンに97日間で到着した。Kirk (1989), 39をみよ。

表87　1857年の郵便契約で計画されたロンドン-シドニー間の連続する情報の循環

ロンドンからの郵便	マルタへの到着日	アレクサンドリアへの到着日	スエズからの出港日	シドニーへの到着日	シドニーからの出港日	スエズへの到着日	アレクサンドリアからの出港日	マルタからの出港日	ロンドンへの郵便到着日
1月16日	1月21日	1月24日	1月27日	3月9日	3月11日	4月22日	4月25日	4月29日	5月4日
5月16日	5月21日	5月24日	5月27日	7月9日	7月17日	8月22日	8月25日	8月29日	9月4日
6月19日	9月21日	9月24日	9月27日	11月9日	11月11日	12月22日	12月25日	12月29日	1月4日

出典）Kirk (1989), 8.

んでいたにもかかわらず，事業がはじまって2年以内で70万ポンド以上を失った[181]。ここでも明らかに，政府の郵便補助金で海運会社の事業ができなくなれば，会社が繁栄しない。この事業を継続させるために，ロイヤルメールライン——西インドの郵便では著名な契約会社——が，ヨーロッパ&オーストラリアラインの経営を，半年間受け継いだのである。それは，1859年初頭，モーリシャス経由でスエズからオーストラリアへの郵便事業のために，P&Oとの新規契約が結ばれるまでのことであった[182]。

　情報伝達の観点からは，以下に述べるのは，1857年から，航海がヨーロッパ&オーストラリアラインの郵便契約で計画されたように実行されたとすれば，情報の循環がどのようにして機能したのかということである。

　ヨーロッパ&オーストラリアラインの事業計画は適切であった。そのため，イングランド-オーストラリア間で年間3回の情報の循環が可能になった。イギリス国内で，到着と出港のあいだに十分な時間があった。また，サザンプトン経由で大口の郵便にスムーズなサーヴィスを提供した。6日に到着し，12日に出港した。速達便は，シドニーではもっと急いで出されたかもしれないが，2日間以内で手紙に返信を書いたであろう。メルボルンの入植者たちには，返信のためにもっと余裕があったかもしれない。船舶は，シドニーに到着する4日前にメルボルンで

---

181) Robinson (1964), 196; Cable, 140 をみよ。
182) Bushell, 94-95; Kirk (1989), 57 をみよ。

独占の形成 469

表88 ヨーロッパ&オーストラリアラインの事業が可能にしたロンドン−シドニー間の連続する情報の循環 1857年

ロンドンからの郵便	船舶 マルセイユ>マルタ>アレクサンドリア	船舶 スエズ>シドニー	船舶 シドニー>スエズ	船舶 アレクサンドリア>マルタ	船舶 マルタ>マルセイユ	ロンドンへの郵便 到着日
1857年1月14日 ケープ経由によるコロンビア号	−	コロンビア号 1857年3月23日に到着	コロンビア号 4月11日>5月28日	ユラ号 5月30日>6月3日	カンブリアン号 6月3日>6月6日	~6月8日
6月16日エミュー号によりリヴァプールから、キューナードからチャーター。ケープ経由。	−	8月19日	エミュー号 9月11日>11月3日（8月の郵便はなかった。エミュー号はジェッダ沖で10月22日に座礁したが、引き揚げられた）	オーストラリア・アジア号 11月5日>11月9日	P&Oの次の汽船ヴェクティス号がマルセイユに11月27日に到着	オーストラリア・アジア号の郵便が、サザンプトン経由で11月18日に到着。マルセイユ経由より11日間早い。
12月16日（11月に送られた郵便11月16日）	ヴァンガード号 12月18日>12月21日	テルヴィオット号 シドニー市号 12月21日>12月24日	シドニー市号 12月27日>1858年2月25日	ヴィクトリア号		

出典　*Sailing lists* published by Kirk (1989), 8-22, 32-36. ~は推測。

手紙を船から降ろしており，シドニーからの出港の4日後，国内向けの郵便を収集したからである[183]。

だが，現実はかなり違っていた。表88は，ヨーロッパ＆オーストラリアラインが事業の最初の年に可能にした情報の循環を示す。

ヨーロッパ＆オーストラリアラインの能力は，郵便契約の必要条件と比較して乏しかったとしても，その事業によって，最初の年に，ほぼ2.5回の情報の循環ができた。これは，ケープしか経由しないルートを使う海運会社が提供できたものよりも効率的であった。しかしまた，ヨーロッパ＆オーストラリアラインの3隻のうち2隻は——表88のために選択された毎年の情報の循環の一部であった——，東洋にたまたま向かい，アフリカを回り，オーストラリア-スエズルートをたどった。1858年には陸上ルートを使って郵便を運んだが，同社の業績ははるかに悪化し，たった2回の連続する情報の循環しか達成できなかった。

これは理論面から述べたことにすぎないが，現実はこれよりいくらか悪かった。それはおそらく，海運業そのものの問題というだけではなく，商業の実践ないし商人が最速の接続法を利用可能にするための情報が不足していたからである。

すでに南米の状況を説明したときに使ったヘンリ・エルド・シモンズの会計簿と書類には，1857年にオーストラリアのヴィクトリア州のジロングとメルボルンからの1ダースの手紙が含まれていた[184]。それらの手紙には，リヴァプール商家と遠隔地の貿易相手が，この時代にどのようにして通信したのかが非常に興味深く書かれている。

時代順に最初の手紙は，ヨーロッパ＆オーストラリアラインの汽船ヨーロッパ号から，1857年3月14日に送られた。同船は，3月11日に予定通りシドニーを出港し，郵便は，5月9日にサザンプトンに到着した。手紙には，すでに同日のリヴァプール郵便局の手押印が押されていた。航海には，56日間かかった。さらに，2通目の手紙には，4月14日の日付の手押印が押されており，申し分のない方法で送られた。コロンビア号は，シドニーを予定通り出港し，郵便は，アレクサンドリアから6月11日にユラ号でサザンプトンに着いた。手紙は，翌日

---

183) Kirk (1989), 8.
184) The Accounts and Papers of Henry Eld Simons, LRO, 380 MD, 9-21.

リヴァプールに到着した。手紙が書かれてから，58日目のことであった[185]。

その次の2通は，到着が3週間近く遅れた。最初の手紙は，6月12日の日付であった。だが，ジロングの郵便局で押された手押印は，24日であった。もう1通は，メルボルンから，22日に送られた。それらの手紙は，ヨーロッパ号で，1万5000通の他の手紙は1万7000部以上の新聞とともに運ばれた。同船が予定していたシドニーからの出港は6月11日であったが，9日間遅れた20日に出港した。ジロングからの手紙が書かれたのは非常に早かったのに，メルボルンの手紙では，船が遅れて出たことを知っていたのは，そのためである。この郵便がさらに遅延したのは，ヨーロッパ＆オーストラリアラインの汽船がアレクサンドリアで待っているものがなく，エトナ号がこの都市とは別の場所にいたからである。P＆Oの船舶リポン号は1週間待って，ようやく郵便を運び，9月4日にサザンプトンに到着した。マルセイユ経由の郵便は，別のP＆Oの船舶であるヴェクティス号によって，1週間早く到着したが，該当する手紙が速達便ではなかったので，海上ルートだけで送られた[186]。

ジロングからの手紙は，書かれてから85日間船上にあったが，メルボルンからは，75日間であった。また，これらの2通の手紙が書かれてから受け取られるまで10日間の差異があったことは，輸送自体の所要時間とは関係がなく，上陸したときの遅れのためであったことをここでも銘記するのは重要である。

何かの理由のため，ヘンリ・エルド・シモンズは，9月12日にサザンプトンを出港する次の郵便汽船でこれらの手紙に返事を書くことはできなかったが，その次の10月の便には間に合った。それは，すぐに気づくように，彼の事業にとっては不運な決定であった。

オーストラリアからの次の2通の手紙は，9月25日に到着した。ジロングからは7月21日に，メルボルンからは7月22日に送られ，それぞれ66日間と65日間かかった。今度もまた，アレクサンドリアで問題が生じた。エトナ号は，オーストラリアから9月8日に到着した

---

[185] 航海の日付につては，Kirk (1989), 14, 32 をみよ。
[186] 航海の日付については，Kirk (1989), 14, 33 をみよ。

郵便を待つために，この都市にいる必要があった。だが，ヨーロッパ＆オーストラリアの郵便船が見当たらなかったので，イギリス領事が自己の権限を用い，12日にP＆Oの船舶に郵便を積んだ[187]。

ヘンリ・エルド・シモンズは，商業書簡への返信日に必ずしも印をつけていたわけではなかったが，9月5日と25日にジロングから到着したカバーには，印をつけていた。これらの手紙に，10月15日に返信を出した。彼は，18日にマルセイユを出港した速達便で手紙を送った。手紙がアレクサンドリアに到着したのは25日であったが，スエズからオーストラリアまで手紙を運ぶ汽船がなかった。エミュー号は数日前に，ジッダから120マイル離れたグッタル・エル・ブンナの砂州に座礁していたために，使えなかったからである。9月の郵便がメルボルンに到着したのは1858年1月8日であり，リヴァプールより送られてから85日目のことであった。1857年6月にオーストラリアから送られた手紙への返信は，それゆえほぼ7ヵ月後に送られたのである。しかし，遅れはシモンズ氏自身の失敗でもあった。もし彼が次の郵便汽船でオーストラリアまで9月5日に手紙を送る機会を利用できていたなら，メルボルンに11月13日に届いていたのである[188]。

次の手紙は，8月11日にジロングから，そして8月12日にメルボルンから送られたもので，それぞれリヴァプールに9月12日に67日間と66日間で到着したが，それへの信用は，ヨーロッパ＆オーストラリアラインには与えられなかった。航海の組織化に，失敗したからである。8月にオーストラリアから出された郵便が到着したのは11月のことであり，しかも9月に出された郵便と同時であった。シモンズ氏への手紙は，それを待つのではなく，ロイヤルチャーター号によってリヴァプールに直接到着した。同船は，著名なリヴァプールの商会兼海運会社であるギブズ，ブライトが所有する補給汽船であった[189]。

---

187) 航海の日付については，Kirk (1989), 35 をみよ。
188) 航海の日付については，Kirk (1989), 33-35,39 をみよ。
189) どちらの手紙も，「ロイヤルチャーター号によって」指示を受け，到着時に「PAID LIVERPOOL SHIP OC17 1857」と手押印が押された。8月の郵便の到着については，Kirk (1989), 35 をみよ。ロイヤルチャーター号については，Stammers, 164-166,201, 436, 446 をみよ。ロイヤルチャーター号は，著名なグレートブリテン号とともに，リヴァプール＆オーストラリア汽船会社の補助的な汽船事業を構成した。グレートブリテン号については，Fogg,

12月には，シモンズ氏は3カ月で3通，オーストラリアからの手紙を受け取った。そのうち2通は，9月12日にジロングから，9月16日にメルボルンから送られ，一連の冒険的航海ののち，12月7日に到着した。エミュー号が10月22日にジッダ沖の砂州で座礁すると，船長と海軍省官吏は，2人の乗組員とともに，マルセイユ行きの手紙をもって，アラブの船に乗り込みエミュー号をあとにした。4日間の航海後，船をほとんど水浸しにした大雨のせいもあり，彼らはジッダに立ち寄った。その地で，彼らは総督によって歓迎された。最後に，彼らが紅海に戻ったときには，通り過ぎる船の視界に入るのではないかと期待した。彼らを11月18日に目撃したのは，P&Oの汽船マドラス号であり，郵便は，19日にスエズに到着した。アレクサンドリアのイギリス領事は，11月5日に，エミュー号は，マルセイユへの分の郵便をもたずにスエズに到着したと報告した。3週間後の26日，郵便が無事到着したとの報告があったものの，「マルセイユ経由」と書かれた手紙のいくらかは，サザンプトン経由で送られた。それらの手紙は，12月6日にサザンプトンに着いた。それには，シモンズ氏の速達便も含まれており，それらは翌日リヴァプールで配達されたのである。86日間と82日間の航海であった。さらにもう1通，8月12日にジロングから送られた手紙は，さしたる困難なく，次の郵便で12月10日に到着した。59日間の航海であった[190]。

　メルボルンからの最後の手紙は，11月6日の日付であり，サザンプトン経由でリヴァプールに1858年の1月13日，58日間かけて到着した。郵便事業が改善された理由は，むしろ西インドにおける郵便事業の運び手として知られていたロイヤルメール郵便汽船会社が，1857年9月にヨーロッパ＆オーストラリアラインの経営を引き継いだからである。1858年6月1日からは，郵便契約も引き継ぎ，それは，1859年初頭からP&Oが新しい契約を結ぶまで続いた[191]。

---

passim をみよ。
　　190）　ジッダへの航海については，Kirk (1989), 35-39; Bushell, 94 をみよ。話の内容はいくぶん違っているが，郵便史の観点からは，大した差はない。
　　191）　イギリス政府の負担には毎年必要な18万5000ポンドに加え，毎月6000ポンドが加わった。ロイヤルメールラインもまた，以前の契約のもとでは，遅れて到着することに対するどんな罰金を支払うことも拒絶していた。Kirk (1989), 44; Bushell, 94-95 をみよ。

表89　P&Oの事業が可能にしたロンドン-シドニー間の連続する情報の循環 1859 年

ロンドンからの郵便	船舶 マルセイユ＞アレクサンドリア	船舶 スエズ＞シドニー	船舶 シドニー＞スエズ	船舶 アレクサンドリア＞マルセイユ	ロンドンへの郵便到着
1859 年 1 月 20 日 ケープ経由でマルタ号	–	マルタ号の到着 4 月 8 日	マルタ号 4 月 14 日＞5 月 27 日	エローラ号 5 月 28 日＞6 月 3 日	6 月 5 日
6 月 18 日	パンター号 6 月 20 日＞6 月 26 日	ボンベイ号 6 月 27 日＞8 月 10 日	ノータム号 7 月 14 日＞8 月 28 日	パンター号 9 月 5 日＞9 月 12 日	9 月 13 日
9 月 19 日	パンター号 9 月 21 日＞9 月 29 日	マルタ号 9 月 28 日＞11 月 15 日（遅れ）	マルタ号 12 月 14 日＞1860 年 1 月 24 日		

出典）　*Sailing lists* published by Kirk（1989）, 57-61, 151-156.

では，Ｐ＆Ｏが1859年初頭にオーストラリアルートを引き継いだとき，情報の循環に何が生じたのだろうか。事業は，以前に存在した数社と同じように，最初の船舶を喜望峰経由でオーストラリアに送ることからはじまった。表89は，オーストラリアへのＰ＆Ｏの初年度の郵便事業が，情報の循環の加速化の期待にどれほど応えていたのかを示す。

　Ｐ＆Ｏは，汽船マルタ号が排水ポンプのタンクを修理するために，10月に5日間モーリシャス島の埠頭にいることがなかったなら，必要とされた3回の連続する情報の循環をおこなえたかもしれない。いまや，同船は11月15日にシドニーに到着したが，ベナレス号は，1日前に出港していた。そのため，手紙への返事が，4週間遅れたのである[192]。

　1860年に，Ｐ＆Ｏの事業は，ロンドン-シドニー間で3回の連続する情報の循環を可能にした。1860年1月18日にはじまり，1861年1月12日に終わった。しかし，それだけであった。汽船エミュー号がシドニーに到着したのは，3月14日の午前4時50分であったが，ノータム号は，同日15時14分に出港した[193]。郵便は，航海中に船舶内で分類さ

　192）　これらの船舶の航海日については，Kirk (1989), 61, 155 をみよ。また，翌月の船舶も，おそらく修理のために遅れた。シドニーに到着したのは，12月15日であったが，ヨーロッパへの郵便を積んだ船舶は，ふたたび1日前に出港した。Kirk (1989), 62, 156 をみよ。
　193）　Kirk (1989), 64-69, 158-162 で公表された出航表をみよ。

れたので，手紙を受け取ってから返事を出すのに間に合うのではないかといういくばくかの望みがあった。メルボルンの入植者の方がここでも好運だったのは，返信を書くのに数日間余分に使えたからである。事実，Ｐ＆Ｏは，メルボルンには3回の情報の循環を確実におこなうことができたが，シドニーに対しては，必ずしもそうならなかった。

　Ｐ＆Ｏは，新たに設立されたアデンからモーリシャス島への事業の一部門として，シドニーへの郵便契約を受け入れたが，彼らはすぐに，ゴール経由でのルートを指揮するいくつかの利益に気づき，一つのハブを経由するいくつかの郵便ルートを結合させた。このシステムそのものは，1840年代初頭からカリブ海のロイヤルメールラインで使用されてきた。セイロンのゴール経由のルートは，モーリシャス島経由のルートよりも143マイルしか短くなかったが，ゴール経由で航海することで，132時間短縮された。さらに，それよりはるかに重要なこととして，モーリシャス島とオーストラリアのキングジョージ湾のあいだの3000マイル以上の地域を通らなくて済んだのである[194]。

　モーリシャス島経由のルートは捨て去られ，最後の郵便が，1860年2月18日にロンドンから，2月14日にシドニーから送られた。日常業務に対する次の修正は，出港日の変化である。ロンドンでは18日から26日に，スエズでは14日から22日になった。そのため，他のアジアの郵便ルートとの競争で以前よりも有利になったのである。この時点から，スエズからの船舶は，シドニーまでではなく，ゴール経由でカルカッタまで航海したが，オーストラリアの郵便は，ボンベイからの船に積み換えられ，その船が，ゴールからの郵便をシドニーへと運んだのである。これらの修正の結果，マルセイユとスエズ経由でロンドンから通常の航海をした場合の平均的所要時間は，53日間から49日間になった。別の方向では，差はたった1日間であった[195]。

　大西洋を横断し，汽船でオーストラリアまで進む郵便事業を開始してから，約20年が過ぎ去った。地理的に，オーストラリアは有利ではな

---

194) Robinson (1964), 197; Kirk (1989), 65 をみよ。
195) Kirk (1989), 57-69, 151-162 で公表された航海予定からの計算。どちらの年も，「通常の」航海は，たった6回しか含まれておらず，ケープ経由での航海ないし修理のために必要な例外的遅れをともなった航海を除いている。

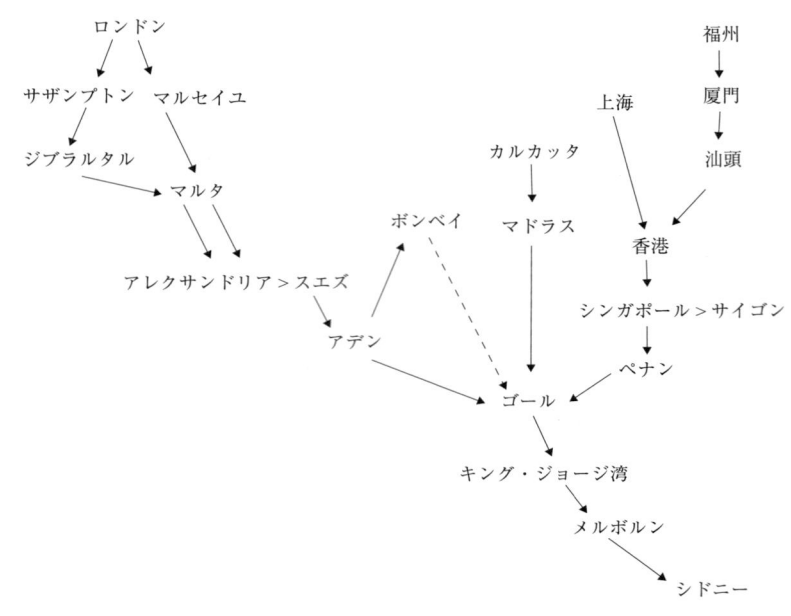

第 7 章　東インドとオーストラレーシア

航海図 2　P＆Qのオーストラリアへの郵便事業ネットワーク　1861 年

出典）　*Sailing lists* published by Kirk(1989), 69, 164: Proud, 76

　かった。イングランドからインドや中国までの距離は，陸上ルートを使えば明らかに短縮され，汽船の使用で利益が出たが，オーストラリアまでの距離はスエズ経由であれケープ経由であれ同程度であった。インドや中国ルートと反対に，あるいは，たとえば西側世界のニューヨーク－カリフォルニア間のルートとは異なり，オーストラリアルートで汽船を使う「レヴァレッジ効果」はなかった。ゴールからの一部門として編成されてはじめて，オーストラリアのための特別な費用が許容範囲に達したのである。ゴールへの航海に関しては，カルカッタ，ボンベイ，中国への郵便が，オーストラリアへの速達便の費用を分担することができた。
　航海図 2 は，1860 年代初頭に，P＆Oの郵便事業がどのようにして編成されていたのかを描く。この事例は，1861 年 1-2 月のものである。かなり新しいP＆Oの鉄製スクリューを備えた汽船で 2110 トンのセイ

ロン号は，サザンプトンから，イギリスの海上郵便を積載して1月20日の午後2時35分に出港した。25日にジブラルタルで停泊し，マルタに29日に到着した。さらに翌日，アレクサンドリアに向けて航海を続けた。アレクサンドリアに到着したのは，2月2日の午後3時53分であった。

　速達便は，26日にロンドンから汽船で出発した。英仏海峡をわたり，フランスを横切り，マルセイユに着いた。そこで，15年間使用されたP＆Oの1164トンの外輪付き汽船の黒海号に載せられた。同船は，1月28日の午前10時に出港し，マルタに31日に停泊した。アレクサンドリアには，2月3日の午後3時25分に到着した。これは，サザンプトンから船便だけで送られる大量に積載された郵便の到着より，1日あとのことであった。両方の船舶がマルタで停泊したとしても，郵便をふたたび積載することはなかった。たった1隻の船でふたたび郵便を積載し航海を続けるのではなく，両方の船を，はるばるアレクサンドリアまで行かせた方が，安くて速いのは疑いなかったからである。

　船舶は，アレクサンドリアでは長く停泊しなかった。黒海号は，すでに2月4日の午後4時5分に，マルセイユに向けてオーストラリア，中国，カルカッタの速達便を載せて出航していた，さらにセイロン号は，サザンプトンへとそれぞれ船便だけで送られる郵便が，5分後に続いた。2隻がマルセイユに到着したのは，それぞれ2月10日の午後10時55分（郵便はロンドンに12日に到着した）と，2月16日の午後9時のことであった。

　一方，ヨーロッパからの郵便は，2月4日にアレクサンドリアから汽車でスエズまで送られ，P＆Oの1865トンの鉄製汽船のコロンボ号が，2月5日の午前0時25分に，スエズから出港した。同船は，アデンには10日に，ゴールには20日に到着した。オーストラリアと中国の郵便をゴールで降ろして，21日にはカルカッタまで進行した。24日にはマドラスに停泊し，27日にカルカッタに到着した。

　中国の郵便は，シンガポール号でゴールから運ばれた。同船は22日に出港し，ペナンに3月1日に，シンガポールに3日に停泊し，翌日航海を続け，香港には3月13日に到着した。香港から上海への郵便は，アデン号によって3月14日に運ばれ，20日に到着した。福州への郵便

は，マニラ号によって同日出港した。同船が汕頭に 16 日に到着し，翌日から航海を続け，厦門に 18-20 日に停泊し，最後に福州に 23 日に到着した[196]。

シンガポール号は，1190 トンで 10 年間使われた船であり，アデン号とマニラ号は，それぞれ 812 トンと 646 トンの小さな沿岸航行用の汽船であった（アデン号は，鉄製のスクリューを使用していた）。2 隻とも，P & O が所有していた。

オーストラリアの郵便は，1330 トンの鉄製スクリュー船のノーサム号によってゴールに運ばれ，ボンベイから 2 月 17 日に到着した。同船は，次に 21 日にシドニーに向けて出港し，キング・ジョージ湾には 3 月 11 日に，メルボルンで 18 日に停泊した。その後，シドニーには 21 日の午後 1 時 50 分に到着した[197]。

システム全体は，P & O の手にゆだねられ，たいてい，時計のように機能した。ヨーロッパの郵便は毎週サザンプトンから送られ，6-7 日後に，次の順でマルセイユ経由の速達便で送られた。AC, B, C, B, AC, B, C, B などである。A はオーストラリア，C はカルカッタと中国，B はボンベイである[198]。

郵便は，二つのルートによってアレクサンドリアに到着した。ジブラルタル経由とマルセイユ経由である。2 隻の郵便は，スエズで同じ船に転送された。スエズからは，ボンベイへの郵便を除き，ゴールに送られた。ゴールで，異なった目的地を目指す郵便汽船に積み換えられた。ヨーロッパ側では，不必要な再度の荷積みはおこなわれず，スエズからの船舶は，再び荷積みされることなく，ゴールからカルカッタの郵便を積載して航海を続けた。

セイロンのゴールは，オーストラレーシアの郵便事業の主要なハブであり，一方香港は，中国郵便のハブとして機能した。サザンプトンからアレクサンドリアまでの 3000 マイルの航海は，大西洋が困難な状況に

---

196) 汕頭，厦門，福州は，香港の北部にある中国の港であり，福州は，上海とのほぼ中間地点に位置した。

197) Kirk (1989), 69, 164; Proud, 76; Middlemiss, 96-106.

198) サザンプトンからのすべて船便の郵便の出港日は，7 日（C），12 日（B），20 日（AC），27 日（B）であった。Kirk (1989), 77 をみよ。

陥っていたこともあり，最新かつ最速のスクリューをもった汽船で運ばれたため，13ノットのスピードが可能になった。地中海の速達事業のための船舶の方が小さく，マルセイユ–アレクサンドリア間の距離は，約2000マイルであった。

郵便をスエズからゴールに運んだ船舶——さまざまなモンスーンのために約3400マイル航海した——はまた，かなり大きな鉄製のスクリュー汽船であったが，長距離のオーストラリア航海——およそ6000マイル——は，中規模の汽船で指揮された。ここから，たぶんわれわれが結論づけられるのは，オーストラリアへの乗客のほとんどは，より安価な航海をする船舶を選択し，P&Oルートは，主として郵便と優秀な海運事業のために使われたということである。たとえば，ノータン号は，たった127名の乗客しか運ばなかった[199]。

ボンベイの郵便は，カルカッタ，中国，オーストラリアの郵便と交互に運ばれた。EICの事業の場合，郵便は，アデン経由でスエズからボンベイに運ばれ，遠方のゴールまで航海が延びることはなかった。しかしまた，スエズ–アデン–ボンベイルートは，現実にゴールまで続いていた。それは，郵便を運ぶ汽船が，ゴールからシドニーまで航海を続けたからである。たとえば，ノータン号は，郵便をスエズから1月14日に運び，ボンベイには1月28日に着いた。そして，2月12日にゴールへと航海し，そこに2月17日に到着し，さらに航海を続け，2月21日にはシドニーに達した。ボンベイ–ゴール間のルートは，中国への輸送の主要なハブであり，郵便事業のためには必要ではなかったことは明らかである。だが，P&Oは，EICからアヘンの事業を「継承」し，ボンベイから中国へのマールワー産アヘンの主要な輸出者であったが，ベンガル産のアヘンは，主として地元とアメリカの会社によって運ばれた[200]。

アヘンによる稼ぎは，およそ40年間にわたり，P&Oラインに広範にわたる相対的安定をもたらしたが，インド政府と中国政府の合意にも

---

199) 距離については，たとえばKirk, *The P&O Bombay...*, 5を，船舶の詳細については，Middlemiss, 96-116をみよ。

200) Stephen Rabson, 'The Iron Hong. P&O and the Far East from 1845' in Richard Harding, Adrian Jarvis & Alston Kennerley, *British Ships in China Seas: 1700 to the Present Day* (Liverpool, 2004), 120, 124をみよ。

第 7 章　東インドとオーストラレーシア

とづいて 10 年間にわたり貿易が減らされたのち，とうとう 1917 年に止まった[201]。このような儲けの出る貿易は，おそらく，P＆Oの郵便契約に対する競争相手の不満の根本的理由の一つであったろう。1860 年代後半，汽船の技術が改良され，スエズ運河が開通すると，東洋の水域で数社が郵便契約をめぐって競争するまでに時間はかからなかった。この件に関しては，次章で論じる。

　P＆Oの郵便事業では，1861 年に，ロンドンとオーストラレーシアのさまざまな港で，以上のような情報の循環があった。

　ここから気づくように，システムは精巧に構築されていた。すべての港（ボンベイを除く）は，ゴール経由で事業をし，計画は，それに十分に見合っていた。カルカッタの位置はゴールに近かった——たった 6 日間の航海——ので，1 年間で 4 回の連続する情報の循環が可能になった。それぞれ，11 週間と 12 週間である。ロンドンから上海，福州，シドニーへの郵便事業は，年間 3 回の連続する情報の循環を可能にした。1 回の循環が約 3.5 カ月である[202]。ここにみられるように，ゴールからあらゆる場所への往復航海は，郵便がゴールからスエズに，同じ汽船で運ばれるように計算されていた。

　香港の貿易にとっては，システムはある種の幸運の輪であった。たとえば，上海よりもゴールに地理的に近いため，商人は，1 カ月に 2 回の出港から利益をえることもあった。そのため，情報の循環の長さが短くなった。だが，表 91 から，それが必ずしも機能せず。たとえ機能したとしても，スケジュールはタイトであり，現実的には，おそらく不可能であった。

　イングランドでは，サザンプトンからの出港により，オーストラリアのそれぞれの港（例外は，「特別な」香港郵便）は，マルセイユ経由の速

---

201) Rabson, 124.
202) 1866 年から，ニュージーランドのウェリントン経由でシドニーからパナマへと太平洋を横切り，鉄道で海峡を横切り，さらに汽船でコロンからサザンプトンへと向かう契約郵便のルートがあった。オーストラリア-パナマ間部門は，パナマ，ニュージーランド，オーストラリア-ロイヤルメール会社が，さらに，コロン-サザンプトン間部門は，ロイヤルメールラインサーヴィスが請け負った。東方へのルートは，シドニー - イングランド間で 2.5-3 回の連続する情報の循環を可能にした。海の航海は長いので，古典的な状況が生み出されることがあった。オーストラリアへの次の船が出港してすぐに，郵便が到着したのである。航海のデータについては，Tabeart (2004), 271-281 をみよ。

独占の形成

表90 P&Oの事業が可能にしたロンドン-カルカッタ-ロンドンルートの連続する情報の循環 1861年

ロンドンからの出港日（マルセイユ経由の速達）	カルカッタへの到着日	カルカッタからの出港日	ロンドンへの到着日（マルセイユ経由の速達）	日数
1861年1月26日	2月27日	3月9日	4月13日	77日間
4月26日	5月27日	6月9日	7月17日	82日間
7月26日	9月2日	9月10日	10月17日	83日間
10月26日	11月30日	12月10日	1862年1月13日	79日間

出典) *Sailing lists* published by Kirk (1989), 69-75, 162-169.

表91 P&Oの事業が可能にしたロンドン-香港-ロンドンルートの連続する情報の循環 1861年

ロンドンからの出港日（マルセイユ経由の速達）	香港への到着日	香港からの出港日	ロンドンへの到着日（マルセイユ経由の速達）	日数
1861年1月26日	3月13日	3月16日	4月26日	91日間
4月26日	6月6日	6月12日	7月29日	94日間
8月10日	9月21日	10月15日*	11月28日	110日間
12月10日**	1862年1月24日			

出典) *Sailing lists* published by Kirk in *The P&O Lines...*, 54-55.
* 毎月の事業を削減しようとしていたため、9月末にはゴールから出港する船舶はない。だが、古いシステムは10月にも連続していた。Kirk, *The P&O Lines...*, 55をみよ。
** これより前の出港日は、11月26日だったかもしれない。

表92 P&Oの事業が可能にしたロンドン-上海-ロンドン間の連続する情報の循環 1861年

ロンドンからの出港日（マルセイユ経由の速達）	上海への到着日	上海からの出港日	ロンドンへの到着日（マルセイユ経由の速達）	日数
1861年1月26日	3月20日	3月23日	5月13日	107日間
5月27日	7月11日	7月19日	9月15日	111日間
9月26日	11月18日	11月23日	1862年1月13日	109日間

出典) *Sailing lists* published by Kirk (1989), 69-75, 162-169.

表93 P&Oの事業が可能にしたロンドン-福州-ロンドン間の連続する情報の循環 1861年

ロンドンからの出港日（マルセイユ経由の速達）	福州への到着日	福州からの出港日	ロンドンへの到着日（マルセイユ経由の速達）	日数
1861年1月26日	3月21日	3月24日	5月13日	107日間
5月27日	7月15日	7月19日	9月15日	111日間
9月26日	11月16日	11月20日	1862年1月13日	109日間

出典) *Sailing lists* published by Kirk (1989), 69-75, 162-169.

表94　P&Oの事業が可能にしたロンドン–シドニー–ロンドン間の連続する情報の循環　1861年

ロンドンからの出港日（マルセイユ経由の速達）	シドニーへの到着日	シドニーからの出港日	ロンドンへの到着日（マルセイユ経由の速達）	日数
1861年1月26日	3月21日	3月22日	5月13日	107日間
5月27日	7月15日	7月22日	9月15日	111日間
9月26日	11月21日	11月23日	1862年1月13日	109日間

出典：*Sailing lists* published by Kirk (1989), 69-75, 162-169.

達便ルートと同数の連続する情報の循環が可能になった。だが，片道の航海では，6日間ほど長かった。サザンプトン経由で到着するすべてが船便で送られる手紙への返信を書く時間が当然短かったのは，速達便よりも遅く到着し，早く出発したからである。とはいえ，全体としては，システムは適切に機能した。P&Oは，1860年代初頭に，ロイヤルメールがカリブ海と，とりわけ南米で同じ頃に達成した水準の海運業の経営水準に達したといえよう。さらに，どちらの地域でも，これは，フランス人が登場した最初のときであった。

さらなる発展

フランスとの競争

　フランス人は，1830年代から，地中海における郵便事業に従事していた。だが，フランス政府が，事業を世界の他地域に拡大する決定を下したのは，1860年代初頭のことにすぎない。これまでの諸章ですでに論じたように，フランス政府は，大西洋横断総合汽船会社，すなわちフレンチラインとアメリカとカリブ海を往来する郵便事業のために，さらに南米および極東を往来する事業のために，帝国海運と郵便契約を結んだのである。

　帝国海運がエジプト東岸の港との事業を開始したのは，アレクサンドリア–スエズ間の鉄道を完成させてからにすぎず，そのため，ラクダのキャラバン隊，川を航行する船，さらにはそれに関連した問題から生じるトラブルすべてを避けることができたのである。さらに，ロイヤルメールラインがすでに企てており，真に確立したシステムを単に模倣し

ただけであった南米の場合と同様，東洋においても，帝国海運は，非常に機能的な方法でＰ＆Ｏが編成したルートを利用することで，簡単に指標に沿った行動をとることが可能であった。

　帝国海運は，1861年6月に郵便契約に調印し，事業は，2-3年間かけてゆっくりとはじまった。フランス郵政省はスエズ，フランス領インドシナ，こんにちのベトナムのサイゴン，上海に設立された。郵便のための代理人がいくつかの場所で任命された。さらに 1864 年7月まで，1ダースもの郵便汽船が主要なラインと部門の事業のために配置された[203]。

　航海図2で示せたように（476頁をみよ），Ｐ＆Ｏはすでに1861年に，シンガポール－サイゴン間で特別の郵便事業を確立していた。この郵便ルートは，帝国海運が1862年の遅くに事業を開始するまで，主として中国のフランス軍のために奉仕した[204]。

　フランスの事業には，マルセイユ経由でヨーロッパから，汽車によるスエズへの，そしてスエズからゴールとサイゴンをへて香港への郵便による伝達が含まれていた。最初の郵便は，スエズを1862年10月27日に出港した。部門のラインが，香港と上海を1863年初頭から結びつけた。このラインは，1865年以降，上海から日本の横浜までつながった。他の部門のラインは，1862年終わり頃から，ゴールとマドラス経由でカルカッタにおいて，そして1864年9月から，スエズからの直接航海によるブルボン島（レユニオン島）とモーリシャス島において，フランスの利益に貢献した[205]。

　イギリス－フランスによる香港，のちには上海へという二つの事業航路が，事業情報の伝達をスピードアップしたのであろうか。あまり大したことはなかったものの，ともかく，通信の発展に小さな改良がなされ

　203）　Raymond Salles, *La Poste Maritime Française.* Tome V. *Les Paquebots de L'Extrême-Orient* (Limassol, 1993), 9-15 をみよ。

　204）　サイゴンへのP&Oの事業は，カークの出航表では，1861年7月にはじめて触れられている。だが，サレによれば，事業は，1861年2月から1862年6月まで続いた。インドシナへのフランスの事業は，1862年10月に開始された。以下をみよ。Kirk (1989), 72, 166; Salles, Tome V, 25-27, 30-31. カークは，P&Oがサイゴンから最後に出航したのは1862年12月1日であり，同港への最後の到着が1863年1月3日だと報告している。Kirk (1989), 80, 177 の出航表をみよ。

　205）　Salles, Tome V, 32-41.

表95 ロンドン−香港−ロンドンルートの連続する情報の循環 1865 年

ロンドンから	マルセイユから	アレクサンドリアへの到着日	スエズから	香港への到着日	香港から	スエズへの到着日	アレクサンドリアから	マルセイユへの到着日	ロンドンへの到着日
1865 年 1 月 10 日	1 月 21 日 イギリスの事業	1 月 19 日	--	2 月 23 日	2 月 26 日 フランスの事業	3 月 30 日	4 月 1 日	4 月 7 日	4 月 9 日
4 月 10 日	4 月 12 日 イギリスの事業	4 月 18 日	4 月 19 日	5 月 21 日	5 月 23 日 フランスの事業	6 月 27 日	6 月 29 日	7 月 5 日	7 月 7 日
7 月 10 日	7 月 12 日 イギリスの事業	7 月 18 日	7 月 9 日	8 月 19 日	8 月 23 日 フランスの事業	9 月 30 日	10 月 2 日	10 月 8 日	10 月 10 日
10 月 10 日	10 月 12 日 イギリスの事業	10 月 18 日	10 月 21 日	12 月 12 日*	12 月 23 日 イギリスの事業	1866 年 1 月 15 日			

出典) *Sailing lists of Salles*, Tome II, 189 and Tome V, 28-29; and Kirk, *The P&O Lines...*, 63-64.

* P&O の汽船ベハール号は，シャフトが折れ，シンガポールまで牽引された。香港への郵便は，これも P&O の汽船であるオタワ号が運び，大きく遅れた。Kirk, 63 をみよ。

た。表 91 に書かれている 1861 年のロンドンと香港の P＆O の事業を比較すると，二つの航路によって，少なくとも理論的には，年間 4 回の連続する情報の循環ができるようになった。1865 年遅くに，P＆O の汽船ベハール号の機械が壊れたため，連鎖の残りの部分で大きな遅れが生じ，香港からの 11 月の汽船で 10 月の郵便に商人が返信を出すことは不可能になった。このような出来事がなければ，二つの航路のため，この年には 4 回の完全な循環ができたはずであった。他方，P＆O の事業だけで，3.5 回の連続する情報の循環が可能であった（表 95 をみよ）。

　香港からのフランス船の出港とイギリス船の到着とのあいだには適切な間隔があったので，返信を書くのに 2-4 日間の時間が残された。しかしながら，これと逆方向では，必ずしも同じようなことはおこらなかった。1865 年に，P＆O の 4 隻の船がフランス船の到着日に出港し，3 隻の出港は，フランス船の到着以前のことであった。そして 5 隻が，フ

ランス船到着の 1-4 日後という適切な時間に出港した[206]。

　上海では，2 隻の郵便事業のための船の到着と出港が，商人にだけではなく，誰にとっても最適であるとはいえなかった。銘記すべきは，ほぼ間違いなく，南米と同様，人々は，目的地に通信文をできるだけ速く届けるために，どんなサーヴィスでも使ったことである。ナショナリズムの感情のためにイギリス商人がフランス船を使わないということはなく，その逆もなかった。だが，たとえマルセイユからの出港日が固定されていたとしても——イギリスの出港日は 12 日と 18 日であり（ロンドンでは 2 日間早く郵便の受付が締め切られた），フランスは 19 日であった——，上海での到着日と出港日はさまざまであったので，遅れと重複が生じた。

　1865 年に，マルセイユから上海までの平均的航海日数は 47 日間であった。ただしこれには，2-3 日の機関の故障などの重大な出来事は含まれていない。イギリス船の航海は，42-54 日間かかった。一方，フランス船による事業は，45-50 日間であった。そのため，当然，予定を立てる際に問題が生じた。

　表 96 から気づくように，実際には，フランスの汽船が自社の船でイギリス船で返信を運ぶことだけではなく，その逆もあった。また，新しい速達便がヨーロッパから到着する以前に上海を離れる船もあった。フランス船の事業が 1 カ月に 1 回しかなかったとしても，いつも最新の返信を母国に持って帰っていたが，毎月 2 回目に出港するイギリスの郵便汽船は，重要な手紙のほんの一部しか母国に持ち帰らなかった。大部分は，フランス船で数日前にすでにイギリスに運ばれていた。

　その理由として，むろん，2 社の激しい競争があげられる。郵便だけではなく（2 社は，契約を結んで金を支払った），乗客と貨物に関しても，それはあてはまる。これ以降，P＆O は，フランスの汽船の方が新しく，快適で，より便利な計画をたてていると気づかざるをえなかった。船舶内に洗濯室があるというようなことが，6 週間も航海する乗客の生活を快適なものにするのに大いに役立ったのである。だが，すでに 1860 年代において，P＆O は，フランス船が乗客だけではなく，貨物

---

　　206) Salles, Tome V, 28-29 で公刊された出航表と Kirk, *The P&O Lines...*, 63-64 からの計算。

表96　上海におけるイギリスとフランスの郵便汽船の到着日と出港日　1865年1月-6月

事業	到着日	次の出港の事業	出港日
フランス	~1月15日	フランス	1月21日
イギリス	1月19日	フランス	1月21日
		イギリス	1月26日
イギリス	1月31日	イギリス	2月9日
フランス	~2月4日	イギリス	2月9日
イギリス	2月14日	フランス	2月21日
		イギリス	2月23日
イギリス	2月28日	イギリス	3月9日
フランス	~3月6日	イギリス	3月9日
イギリス	3月18日	フランス	3月21日
		イギリス	3月26日
イギリス	3月31日	イギリス	4月9日
フランス	~4月5日	イギリス	4月9日
イギリス	4月15日	フランス	4月20日
		イギリス	4月23日
イギリス	4月27日	イギリス	5月6日
フランス	~5月6日	イギリス	5月6日
イギリス	5月12日	フランス	5月18日
		イギリス	5月23日
イギリス	5月27日	イギリス	6月6日
フランス	~6月3日	イギリス	6月6日
イギリス	6月12日	フランス	6月17日
		イギリス	6月22日
フランス	7月3日	イギリス	7月5日
イギリス	6月25日	イギリス	7月5日

出典　*Sailing lists of Salles*, Tome V, 37; and Kirk, *The P&O Lines...*, 62-64. フランス船の到着日は，ほとんどが推測である（香港からの出港日＋4日間）。それは，サレが1865年と1866年に対して，必ずしも正確な日付を提示しないからである。~は推測。

も引き継いだという事実に直面せざるをえなかった。帝国海運は，上海からの絹の輸送を，1863年の全体の11.7％から，1866年の42.4％へと上昇させた。「なぜなら，同社の船舶は，直接スエズに赴き，P&Oの到着より2-3日前に出港したからである。絹は，1869年にP&Oの収入に11万9000ポンドの寄与をしたが，2年間以内に，輸送料は65％低下した」[207]。

---

207) Rabson, 123. をみよ。事実，帝国海運の船舶は，上海からスエズに直接航海しなかったが，香港での変化はあった。本文ですでに述べたように，P&Oは1865年終わり頃に，上海からの出港日を変え，フランス船の出港日に合わせた（そして，フランス船は，ふたたび出港日を変え，P&Oはそれに従った）。しかしながら，P&Oの貨物と郵便物は，香港と

スエズ運河と複合機関が競争相手を増やす

　Ｐ＆Ｏの問題は，この時代に，極東水域での強力なフランスとの競争や数隻の船の難破によって終わったわけではない[208]。Ｐ＆Ｏもイギリス政府も，完全にスエズ運河の重要性について誤った判断を下しており，フランスの外交官フェルディナンド・デ・レセップスは，1850年代中頃から，非常に熱心に，この運河の建設を促進していた。その代わり，Ｐ＆Ｏは，エジプトの鉄道と陸上ルートのための宿泊施設とそれに関連する設備に巨額の投資をした。イギリス政府と報道機関は，運河に強く反対した。彼らの考えでは，現実に計画されていたように，もしフランスの手に落ちたなら，戦時における政治的リスクになりえたからである。イギリスの投資家は，運河会社の株式に出資することを拒否し，経済的・技術的なリスクが含まれているために，計画が忘れ去られるよう望んだ。このような予測に反して，運河計画は，1869年に完成した。新しいルートは，郵便汽船を除いて一般的に使用されていたケープ経由の伝統的なルートと比較して，アジアとの行き来を数千マイル短縮することになった[209]。

　スエズ運河の開通と同時に，別の偉大な発明が，東洋との汽船での貿易を促進した。複合機関は，1850年代中頃から少しではあるが使用されていたけれども，船主はその重要性に十分に気づいてはいなかった。

ゴールで変化があったので，スエズまで3隻の異なる船舶によって運ばれた。同社は，途中でルートを変えることなく，スエズに直接航海することで，カルカッタ商人と取引することを好んだ。Kirl (1989), たとえば91, 187で公表された出航表をみよ。

　208) 少なくとも，1843-75年にスエズの東方におけるP&Oの事業で，次にあげる郵便運搬船が失われた。1851年にパチャ号が，16人の命とともに，1853年にドーロ号が，1857年にエリン号が，1859年にアルマ号が，同じ1859年にカントン号が，1860年にマラバル号が，1862年にコロンボ号が，1864年に103人の命とともにコリア号が，1868年に13人の命とともにニッポン号が，さらに1868年にベナレス号が，1869年に26人の命とともにカーナティック号が，1871年にラグーン号が失われた。Middlemiss, 92-108をみよ。1862-75年のフランスの損失は，1864年にヒダプセ号，1874年に142人の命とともにニル号，1875年にネヴァ号であった。Haws (1999), 20-36をみよ。

　209) スエズ運河の計画については，Karabell, passimをみよ。運河とP&Oについては，Cable, 153-168をみよ。当時，東洋の海は，帆船隊のための主要な雇用源となっていたが，大西洋では，すでに汽船が圧倒していた。1868年には，100万トンの帆船がイギリスの港を出港し，東洋に向かった。この年に北米に向かった帆船よりもトン数が多かったのである。Max E. Fletcher, "The Suez Canal and World Shipping, 1869-1914" in *The Journal of Economic History*, vol. XVIII (December 1958), No. 4, 558をみよ。

最初の頃は主として太平洋で使われていたのは，この海では石炭が高価であり，燃料の節約がきわめて重要だったからである。より近いイギリスであまり高く評価されていなかったのは，燃料が豊富で低価格だったからである[210]。

1861年以降，P＆Oは徐々に複合機関を積んだ汽船の建造を開始し，ムートラン号は，新技術で建造された最初の船であった[211]。P＆Oは，複合機関を導入した最初の会社のうちの一つだったけれども，東洋の貯蔵庫に石炭を運ぶために毎年平均して170隻の帆船を使用した。たとえば，同社には，上海に6000トンの石炭置き場があり，さらに香港には1万トン，横浜には2200トンの置き場があった[212]。

1860年代に，輸送費用にしたがって，世界のさまざまな地域で，石炭価格は大きく変わった。石炭はニューヨークに1トンあたり6シリングで輸送することができたが，より高価なウェールズの石炭の海上輸送料は，ジブラルタル沿岸には14シリング，アレクサンドリアには19シリング，ボンベイには24シリング，ゴールには27シリング，香港には33シリング，上海には45シリングかかった。興味深いことに，スエズへの石油の輸送料は40シリングであり，アレクサンドリアと比較すると2倍以上かかった[213]。それは，インド洋でモンスーンのなかを突っ切ることを避け，砂漠を横断し，スエズまで陸上ルートで運んだからである[214]。

複合機関でもっとも重要な革新は，燃料消費量を節約できたことである。石炭消費量は，1830年代に1時間で1馬力あたり8-10ポンドだったのが，1860年代中頃には4ポンド未満に減ったけれども，複合機関

---

210)　Fletcher, 557 をみよ。

211)　P&O の船隊で，1860 年代前半にムートラン号についで建造された船舶も，複合機関を積んでいた。1863 年に建造されたプーナァ号，カルタニック号，ラングーン号，ゴルコンダ号，1864 年に建造されたデリー号とバルドナ号，1865 年に建造されたタンジョール号である。これらの船舶の多くと他の数隻の P&O の汽船は，のちにより強力な複合機関を新たに備えた。Middlemiss, 107-110 をみよ。

212)　Cable, 166; Rabson, 121-122 をみよ。

213)　"Coal from Liverpool, Birkenhead or Garston", in *Boult, English & Brandon's Freight Circular* 6.6.1863. (SRLC)．

214)　Cable, 92 をみよ。イギリスからの石炭輸出 (1818-1913) の輸送料に関するさらに多くのデータとして，F C. Knick Harley, "Coal Exports and British Shipping, 1850-1913" in *Explorationsin Economic History*, Vol. 26, Number 3, July 1989, 334-336 をみよ。

は，1時間1馬力あたりで表される燃料消費量を，良質の石炭で2ポンドをいくらか上回る程度にまでさらに削減したのだ[215]。スエズ運河によって海のルートを短縮することが可能になったこともあり，複合機関が発達したため，海運業で利益を出す方法が目覚ましく改善された。すなわち，補助金を受け取っている郵便会社だけではなく，船主なら誰でも，極東での事業に参加できるようになったのだ。もっとも重要な会社として，リヴァプールの大洋汽船会社（ブルー・ファンネルライン），グラスゴーのマクグレゴール社が所有するグレンライン，トマス・スキナー社が所有するカースルライン，キャプテン・D・J・ジェンキンズが創設したシャイア・ライン，さらに，ブリティッシュ・インディア汽船航海会社，ジャーディン・マセソン商会などの東インドと中国の水域で操業していた会社があった[216]。

スエズ運河が開通すれば，イギリスの商船隊に打ち勝ち繁栄をきわめるという地中海諸国の希望は瓦解することになった。巨大な市場に数千マイル近い場所におかれているので，スエズ運河が極東の資源を利用できるということは，フランス，イタリア，ロシア，オーストリア・ハンガリーの船主にとっては，現実には幻想でしかなかった。海運業については，スエズ運河は，「イギリスの利益になるよう，フランスのエネルギーとエジプトの通貨を用いて掘削された」のである[217]。

だが，競争が激しくなったので，輸送料が大幅に削減された。1866年に，P＆Oは正貨を輸送した。金貨と銀貨であり，ほぼ1100万ポンドの価値があった。この輸送で，およそ23万ポンドの利益が出た。6年後，同社はおよそ2倍の正価を輸送していたが，それによって受け取った額はたった6万ポンドであった。別の事例をあげよう。1868年

---

215) Fletcher, 557 をみよ。蒸気による海運，とりわけ複合機関の進展を技術面から描写したものとして，Holt, 1-9 をみよ。アルフレッド・ホルトは，元来鉄道技師であったが，1860年代に極東での貿易に興味をもつようになり，1866年に，発達した複合機関を搭載した船舶で，リヴァプールと中国沿岸を結ぶ汽船ラインを開始するようになった。以下をみよ。Francis E. Hyde, *Blue Funnel. A History of Alfred Holt and Company of Liverpool from 1865 to 1914* (Liverpool 1956), 11-23. また，Cooper, 226-227 をみよ。これより少しあとの石炭から蒸気へという変化がもたらしたより広い経済的影響については，Kaukiainen (2004), 113-128 をみよ。

216) Francis E. Hyde, *Far Eastern Trade 1860-1914* (Liverpool 1973), 21-23 をみよ。

217) Fletcher, 564.

には 4 万 6000 梱の絹を 11 万ポンドで輸送していたが，3 年後には 5 万梱の絹 4 万 4000 ポンドを運んだだけであった。旧レートの 37％にすぎなかった。イングランドとインドないし中国のあいだを移動する貨物のなかで最高級のものは，すぐに汽船に積み換えられた。そのような商品として，綿製品，牛革，ショウガ，インディゴ，茶があった。だが，汽船もまた，切断されたジュートや米のような低価格でかさばる商品を多数輸送していた[218]。

輸送料の低下は，東洋だけではなく，他地域で貿易に従事している海運会社の問題でもあった。1860 年代にはじまった低下は，1890 年代初頭にいたるまで続いた。実質的な輸送料は，毎年 2.5-3％低下し続けていたのである。ハーレイによれば，低下が生じた時期から示唆されるのは，新技術の導入こそ，輸送料があちこちで低下した主要な理由であった[219]。

Ｐ＆Ｏにとっては，極東ルートでの競争が激化するのは，一番避けたいことであった。東洋における同社の投資の大部分が重要性を失い，会計簿に負債としてのみ計上された。Ｐ＆Ｏは，それ以前の収入の多くを失った。イギリス郵政省でさえ，この機会を利用し，Ｐ＆Ｏに対し，鉄道ではなくスエズ運河を通して郵便を輸送しはじめるなら，同社が受け取る補助金は，契約に書かれているように，毎年 3 万ポンド削減されるという通達を出した。惜しみなく補助金を受けていたフランス，イタリア，オーストリアの海運会社は，スエズ運河の開通後，地中海での事業をスエズの東方まで拡大したので，郵便はすべて水路によって運ばれた。乗客は，当然これらの国のラインに引きつけられ，Ｐ＆Ｏから離れていった。彼らも荷物も，船を替える必要がなかったからである。そのため，Ｐ＆Ｏの船舶がスエズ運河を航行するけれども，郵便はアレクサンドリアで降ろされ，汽車でスエズに向かい，そこで船に積まれるという滑稽な状況が生じた。このような状況は，契約が改定されたため，郵便を送ることができるようになるまで続いた。しかしそれは，同社が毎年の補助金を 2 万ポンドにまで引き下げることを受け入

---

218) Cable, 164; Fletcher, 560-561. 極東での輸送料については，Hyde (1973), 24-26 もみよ。

219) Harley (1989), 315 をみよ。

れたからである[220]。

　イギリスの競合会社が厳しく主張し，政府の郵便契約を求めて競争入札をおこなったにもかかわらず，P＆Oは，極東ルートでの郵便事業を指揮し続けた[221]。たとえばマッキノン・マッケンジー会社のイギリス・インド汽船会社などの他企業によって買収されたいくつかの部門は，1850年代中頃からカルカッタ－ラングーンルートで，さらに1860年代初頭からカルカッタ－カラチ，ボンベイ－カラチ，ボンベイ－バスラルートでの事業に従事していた[222]。

　極東への郵便事業に関する事業環境の変化ですでに言及したものに加えて，ヨーロッパ内部での挑戦にも遭遇した。1870年のフランス－プロイセン戦争のため，カレーからフランスを南下しマルセイユにいたる鉄道の接続が途絶えた。クレーユのオアーズにかかる橋は，同年9月に爆破された。しばらくのあいだ，他のルートを使う試みがなされたが，侵略するプロイセン人によって蹂躙されるか，回り道をしなければならなかったので，遅れは避け難かった[223]。11月初旬，イタリアのブリンディジ経由の新ルートが導入された。この変化は，情報伝達の所要時間の総計に影響を与えることはなかった。汽車での移動は，英仏海峡からマルセイユよりもブリンディジに着く方が長くかかったが，ブリンディジから汽船でアレクサンドリアまで移動するのは，マルセイユからアレクサンドリアにいくよりも短かった。それゆえ，1870年のシドニーからロ

---

220)　Cable, 165-166 をみよ。

221)　たとえば，アルフレッド・ホルトのオーシャン汽船会社は，1867-79年に中国ルートの郵便契約のために真剣に競争していたが，敗北した。輸送料と船賃に対する補助金の有害な影響についてホルトが公にした議論は，たちまちのうちに変化する事業環境とその影響全体という観点からみれば，いくぶん誇張されているかもしれない。とはいえ，ホルトが契約のシステムを強く批判したとしても，自社のために契約を保持しようとしたのである。Hyde (1956), 40-42. これは，北大西洋において，キューナードラインからの郵便契約を獲得しようというウィリアム・インマンの努力とともに生じた。アルフレッド・ホルト兄弟のジョージが主要なパートナーであった著名な海運会社のランポート＆ホルトも，1868-76年にリヴァプール－南米間の郵便契約を保持していた。Howat, 159-174 をみよ。

222)　Duncan Haws, *Merchant Fleets, British India S.N. Co.* (Hereford, 1991), 12-13. カークによれば，同社はまた，1879年から，スエズとナポリ経由でのシドニー－イングランド間の郵便契約をしていた。Kirk (1989), 240-241 をみよ。

223)　出港日の変化などを含む郵便事業の再編成については，Kirk (1989), 127 で説明されている。

ンドンへの平均的移動には，ヨーロッパの鉄道を入れずとも，50-52 日間かかった[224]。

1870 年代中頃には，極東と〔ヨーロッパを〕行き来する郵便事業のスピードは，上昇が困難なだけではなく，おそらくは不必要な水準に達していた。システムは満足いく水準で機能していたし，もっとも緊急を要するニュースは，必ず電信で伝えられた。アジアからの電信の到着は，本章であとに述べる。

東洋で P＆O がおこなった事業の最後の事例として，表 97 は，1875 年に同社が郵便を積載し上海と行き来した航海によって可能になった連続する情報の循環が示す。

表 97 ロンドン−上海間で P&O が可能にした情報の循環　1875 年

ロンドンから	ブリンディジからの出港日	上海への到着日	上海からの出港日	ブリンディジへの到着日	ロンドンへの到着日
~1875 年 1 月 7 日	1 月 11 日	2 月 23 日	2 月 26 日	4 月 7 日	~4 月 11 日
~4 月 15 日	4 月 19 日	5 月 27 日	5 月 30 日	7 月 16 日	~7 月 20 日
~7 月 22 日	7 月 26 日	9 月 1 日	9 月 5 日	10 月 21 日	~10 月 25 日
~10 月 28 日	11 月 1 日	12 月 12 日	12 月 17 日	1876 年 1 月 27 日	~1 月 31 日

出典）　*Sailing lists* published by Kirk, The P&O Lines..., 86-87. ロンドンの出港日と到着日は推計である。1870 年代中頃には，ロンドンからブリストルへの鉄道での移動は，1870 年代の 4 日間からおそらく 3 日間へと減った。そのため，イングランドで返信を書くための時間がいくらか増えた。~は推計。

P＆O の上海への事業は，いまやこの時代で考えられるかぎり効率的に機能していた。航海は，1 年間でほぼ 4 回の連続する情報の循環を可能にした。上海でもロンドンでも，間に合うように手紙に返信を出すことは困難ではなくなっていた。どちらの方向でも，片道航海には約 6 週間かかった。フランスの事業も，1871 年中頃から 1 カ月に 2 回になっており，2 社の出港日が 1 週間ずれていたので，いまや 1 年中，上海と行き来する事業が毎週適切に運営されるようになった[225]。このような取り決めは，帝国海運が 1871 年 7 月に事業を 2 倍にしたのと同時に導入された[226]。

---

224) Kirk (1989), 123-130, 211-220 で公表された航海の日付からの計算。
225) Kirk, *The P&O Lines...*, 86-87; and Salles, Tome V, 105 で公表された出航表をみよ。
226) Salles, Tome V, 104 をみよ。

その後，事業情報伝達のスピードは，航海が長かったために，簡単には改善されなかった[227]。返信を受け取るのに3カ月間近くかかったとしても，南米の郵便と同じモデルを使い，毎週に航海することから，商人が毎週情報を提供した。

南アフリカへの郵便

帆船が最盛期の時代に重要であった南アフリカやセント・ヘレナ島にとって，陸上ルート経由での汽船による郵便事業は，オーストラリアに対するのと同様，ほとんど重要ではなかった。東インドと中国は，1840年代初頭から定期的な郵便汽船によって結ばれていたが，南アフリカは，長期間にわたり，補助金をもらって汽船で事業をするほど重要だとは思われてはいなかった。航海する船が港で停泊することで，郵便が植民地と行き来したが，スケジュールや到着の安全性が確保されていたわけではない。しかしながら，1857年以前まで，イングランド－南アフリカ間で定期的に汽船による郵便事業を指揮しようという試みが2回なされた。1850年12月から1854年にかけて，総合スクリュー汽船海運会社は，ケープまで毎月サーヴィスを提供していた。1856年8月から，リンゼイラインと1年未満の契約があった。郵便への3万ポンドの補助金があったにもかかわらず，どちらの会社もうまくいかず，事業をやめなければならなかった[228]。

1857年に，イギリス政府は南アフリカと，ユニオンラインとして知られることになる新会社との郵便契約を認めた。同社は，1カ月に2回サーヴィスを提供することになったので，郵便船が同意された35日間かからずにプリマスから到着するたびに，ケープの植民地政府から250ポンドのボーナスを受け取ったのである。そのため，ユニオンラインの郵便汽船は，「他社の汽船よりも頻繁に契約期間にあり，その次はキュー

---

[227] 比較してみよう。1900年には，デリンディシやマルセイユを経由し上海にP&Oの船が航海するには32-35日間かかり，そのため1年間で5回近い連続する情報の循環が可能になった。Kirk, *The P&O Lines...*, 140-141 で公刊された出航表をみよ。

[228] Cattell, 11 をみよ。1852年から，総合スクリュー社の事業は，モーリシャス島経由でインドまでの一部門によって強化された。このルートでの利益は決して高くはなかったのは，P&Oがすでにカルカッタへの郵便のための陸上ルートを使っていたからである。Robinson (1964), 172-175.

ナードラインの郵便汽船であった」[229]。

　それから数年間のあいだ，航海をスピードアップさせる点で進展があり，それは郵便契約のなかに読み取ることができる。ユニオンラインの船舶は，1863年の契約で，片道航海の場合38日間使うことが許されていたが，1868年には航海のために許された所要時間は35日間，1873年には30日間，1876年には26日間に短縮した[230]。

　こういった進展は，郵便汽船が伝統的な帆船の役割を継承したどの場所でも，顕著にみられた。1830年代初頭，イングランド-喜望峰間の商人の帆船による航海の所要時間は，平均して，出港時が82日間，帰港時が72日間であった。郵便が出港するのは，利用可能な船舶があるときだけであった。すなわち，手紙は，ときおり，ケープタウンで数週間待って，それから母国に帰る船舶によって拾い上げられたのである。1860年代と1870年代においては，茶を運ぶクリッパー船のために，母国への航海は速くなったが，そのクリッパー船でさえ，ケープを通過してロンドンに到着するまで，約50日間を要した。しかし当時は，帆船が公的な郵便を運ぶことはなかったので，帆船のスピードはあまり重要ではなかった[231]。

　1872年まで，ユニオンラインは困難を感じることなく，毎月10日と26日にイングランドから出航する郵便契約を続けていた[232]。現実の航海日は，カッテルなどの郵便史家によって公表されることはなかったが，大まかな計算から，このシステムのために，イングランドとケープタウンのあいだで4回の連続する情報の循環があったことがわかる。南アフリカ東岸のナタールのダーバンの入植者にとっては，移動距離はケー

---

　229) Robinson (1964), 175-176 をみよ。ユニオンラインの初期の歴史については，Murray, 1-31 をみよ。カッテルによれば，最初の契約で，ユニオンラインは38日間を航海のために使うことができた。だから，ロビンソンが1868年の契約を意味したことはありえる。Cattel, 12 をみよ。
　230) 1893年の郵便契約では，航海のために許された所要時間はたった19日間であった。Cattell, 12 をみよ。
　231) 1832年の平均は，1832-33年の「ロイズリスト」の海事情報から計算した。この当時，外国への航海は平均で45回，母国への航海は平均で43回であった。ロンドンへと茶を運ぶクリッパー船は，たとえニューヨークへの航海の途中であっても，ケープを通過したという報告はされていない。したがって，航海の平均所要時間はたった8回の航海しかわからない。McGregor, 200-232 で公表された航海データから計算。
　232) Cattell, 12-15 をみよ。

プよりも 800 マイル長く，植民地内部の事業をさらに必要とした。これらの航海の所要時間が計算できるようになるには，参照のために，この時代の通信文が必要かもしれない。

このような状況は，1872 年に急に変わった。リヴァプールのドナルド・キュリー（それ以前にはキューナードラインで働いていた）が創設したカースルラインが，イングランド-南アフリカ間の定期事業を開始したからである。カースルラインの船舶は，より新しくかつ速く，25 日間で航行した。センセーショナルな記録は，1873 年の 23 日間であった。当時，ユニオンラインの船舶が，毎月 10 日と 26 日に出港していたので，カースルラインの船舶は，ユニオンラインの汽船の 3 日前にダーマスを出港した。ケープへの到着は，カースルラインの方が速かったので，11 日前にサザンプトンを出港した競争相手の船舶とほぼ同時であった。当然，人々は公式の郵便事業ではなく，このような汽船が運ぶ手紙を支持しはじめた。カースルラインの汽船が運ぶ郵便は，民間の船便とみなされたが，また大幅に安く，0.5 オンスの手紙の料金が公的な郵便に対して請求される 1 シリングの料金に対して，たった 4 ペンスだったのである[233]。

ユニオンラインとの郵便契約が 1876 年に終焉を迎える以前に，ケープ植民地政府は，ドナルド・キュリーと追加的郵便契約に関する交渉をしていた。ケープへの入植者は，安い料金とより多くの郵便を望み，独占を形成するユニオンラインとカースルラインの合併は望まなかった。独占を招くと思われたからである。健全な競争であれば，満足のいく状況が生じ，両社が 1 カ月に 2 回郵便事業をすることで，どちらの方向に対しても実際に毎週事業がおこなわれることになったであろう[234]。そのため，連続する情報の循環の数が増大し，年間 5 回，いやおそらく 6 回になったはずである。しかしながら，航海データが不足しているので，それを証明することは不可能である。

---

233) Cattell, 12-16; Robinson (1964), 178-180 をみよ。
234) Cattell, 16; Robinson (1964), 182-183 をみよ。両社は，最終的に，南ア戦争中の 1900 年代初頭に合併し，ユニオン-カースルラインと呼ばれる著名な海運ラインとなった。Marischal Murray, *Union-Castle Chronicle 1853-1953* (Glosgow, 1953), 134-139 をみよ。

496　第7章　東インドとオーストラレーシア

電信の導入

　世界の他地域と同様，電信は東洋に到着した。世界全体に占める割合は小さかったけれども，各地で通信の所要時間を短縮した。ヨーロッパにおける主要な電信ラインは，1850年代と1860年代に完成した。そして国内の電信網が国境を越えて結びつき，国際的システムを形成した。1850年代初頭から，短距離のルート，たとえば英仏海峡で海底ケーブルを敷設することも可能であった。経済的・政治的理由で，1850年代に地中海の諸島と大陸のあいだのケーブル敷設の背後にいたのは，イギリスの会社であった。地中海全体を貫く海底ケーブルが東端から敷設されはじめたとき，グラス・エリオット社がアレクサンドリア，トリポリ，マルタを結ぶラインをつくろうとしていた。それは，同社とイギリス政府の共有財産となった。1866年に，新しく近代的なケーブルが，イギリス人が所有するアングロ・地中海電信会社によってマルタ-アレクサンドリア間に敷設された[235]。

　マルタ-アレクサンドリア間で海底ケーブルが完成したので，電信がロンドンと他の西欧の都市から，1859年に接続されていたシチリアとマルタ経由でアレクサンドリアに到着した。1870年に，二つの重要なラインがふたたび完成した。パリとマルセイユ経由でロンドンとアレクサンドリアを直接接続したマルセイユ-マルタラインと，イギリスのラインにロンドンからアレクサンドリアまではるばる提供したイングランド-マルタ間のファルマス・ジブラルタル・マルタ会社のケーブルである[236]。

　インドとの最初の電信による通信伝達は1864-65年に創設され，陸と海のラインを使った。このルートは，バグダード経由でコンスタンティノープルからファーウにつながるトルコ政府のラインに接続した。ファーウから，インド-ヨーロッパ電信局が，インド政府による財政支援を受け，ブシールとジャスク〔イラン〕経由でカラチに到着する沿岸のケーブル（ペルシア湾ケーブル）を敷設した。このラインはやがてペルシアを横断し，ブシールを横切りテヘランに到着する陸上ラインによって延長された。その直後に，ティフリス経由でテヘラン-モスクワ

---

[235]　Jorma Ahvenainen, *The Far Eastern Telegraph* (Helsinki 1981), 13-14 をみよ。
[236]　Ahvenainen (1981), 14.

間での事業が開始された。いまや，西欧とインドのあいだに，二つの電信通信の可能性ができた。コンスタンティノープル経由と，モスクワ経由である。しかし，どちらのラインも，かなり脆弱で信頼がおけず，新しい選択肢が緊急に求められた[237]。

新しい電信システムは，ヴェルナール・フォン・シーメンスが設立し，イギリスに登記したアングロ-ジャーマン・インド-ヨーロッパ電信会社によってつくられた。ラインはヨーロッパ大陸を横断して建設された。プロイセンを通過し，さらにキエフ，オデッサ，コーカサスを経由して，ロシアとペルシアの国境にあるジュルファに達した。そこからラインはさらにテヘランにまで延び，この地でインド政府のラインと接続した。ラインが完成したのは 1869 年のことであったが，さまざまな技術上の問題のため，使用されるようになったのは翌年のことである。同時に，新しい競争相手のブリティッシュ・インディア電信会社が登場し，紅海とアデン経由でアレクサンドリアからボンベイまで海底ケーブルを敷設した[238]。

ボンベイまでのケーブルは，インド政府の陸上ラインによって，1870 年末までにマドラスと，ペナン経由でシンガポールまでつながれた。翌年，サイゴン経由でシンガポールから香港までの電信が完成し，しかも，オーストラリアと蘭領東インドがイギリスのラインと接続された。1872 年 10 月には，陸上の電信が，オーストラリアを横断し南岸に着いた。そのため，アデレードと東南部の植民地が母国と接続された[239]。

極東の貿易にとって，新たな通信伝達手段は，当然非常に歓迎されるものであったが，その利用は，もっとも緊急を要する事態を知らせる通信文にかぎられていた。たとえば，インドから送られる電信の数は，1867 年 31 万 1000 通から，1870 年の 57 万 7000 通，さらに 1876 年の 90 万 7000 通へと増大した。それぞれ年に送られた郵便物の取扱数も急速に増加し，1867 年には 6900 万通，1870 年には 8600 万通，1875 年

---

237) Ahvenainen (1981), 16.
238) Ahvenainen (1981), 16-17.
239) Ahvenainen (1981), 17-19; Robinson (1964), 272.

には1億1900万通になったのである[240]。言い換えれば，打電される電信数は，1867年には郵便で数の0.45％，1870年には0.67％と増大し，1876年には0.76％になった。1880年代終わり頃になって，インドで打電される電信数が，送られる郵便数の1％に達したのである。ここから，電信がどのように使用されていたのかがわかる。他地域と同様，高価で，しかもしばしば信頼がおけなかった。

ヨルマ・アホヴェナイネンは，中国水域で電信を敷設し，東洋までシベリアラインを建設するあいだに遭遇した政治的・文化的・経済的困難について，興味深い方法で描写している。さらに詳細を知るためには，極東の電信に関する彼の書物が最適だと推薦しよう[241]。

本書の観点からは，電信が伝統的な事業通信に取って代わった特定の時期を決めることはできないようだ。電信があった地域では，危機的状況であれば，情報伝達の所要時間を短縮するために使われることがあった。カークの研究が立証したように，海運会社が新システムを利用可能であれば，それはすぐに採用されたし，スエズの東側に早くから電信ラインが存在していた。「ノータム号は，スエズにボンベイの郵便を携えて1859年4月26日に到着した。エミュー号は，その翌日到着したはずである。どちらの郵便セットも，『ネポール号』（マルセイユ）ないし『リポン号』（サザンプトン）で，アレクサンドリアを1859年4月29日に出港したはずだ。だが，アレクサンドリアには『エミュー号』のニュースが到着していない。海底ケーブルは，アデンとスアキン〔スーダン〕の紅海電信所のあいだでは機能していなかった（ガッタパーチャはなくなった――ブリティッシュライブラリーレコード）。よって，アレクサンドリアは，スアキンからの信号を受け取るまで，『エミュー号』について知らなかった」[242]。

アルフレッド・ホルトが出した興味深い手紙から，1866年にはじめて上海に航海したアガメムノン号の船長であるミドルトンについて詳細なことがわかる。応じなければならないスケジュール，港，石炭の補給，貨物，さまざまな代理人に関する命令と，中国人乗客のための特別

---

240) Mitchell, 773.
241) Ahvenainen (1981), 17-58 をみよ。
242) Kirk (1989), 149.

の料理をしなければならない取り決めに加えて,さまざまな場所にいる所有者のために情報を送る必要があった。モーリシャス島から,一通の手紙を,ふたたびアレクサンドリアの代理人に送らねばならず,そこから,次のような短文でイングランドまで電信で送られた。「アガメムノン号,モーリシャス島,5月28日,月曜」。言われた日付ではなく,正しい日付が書かれた。ホルトは,ときおり「ほとんど理解できなかった」外国の電信について触れている[243]。

ホルトはまた,もし,スエズに向かって郵便が送られる前にセイロンに手紙を書く機会があるなら,船長はゴールの代理人に書いて,さらに同じ内容の電信を送るよう要請すべきだと書く。「当然のことだが,両方に手紙を出してはいけない」。ゴールでは,船長は最初に代理人に手紙を書いて,同じような内容の電信をモーリシャス島の代理人に送り,所有者に船が安全に着いたと知らせるべきである。母国への航海では,ゴールの代理人は,計画から逸脱したことならどんなことでも所有者に電信で知らせるべきである。また,リスボンを通過しているときに,船長が母国に電信を送れば便利であるし,もしそれが不可能なら,英仏海峡のどこかから電信を送ろうとすべきである[244]。

郵便契約会社にとって,電信が価値ある道具であったのは,彼らが所有する船舶のうちの1隻が遭遇した問題のため,事業に一連の遅れが出たからである。どんな船主にとっても,電信は,遠隔地の企業をよりうまく管理するのを可能にする経営上の道具であった。ヨーロッパと極東のあいだの情報伝達をスピードアップさせるために,たとえばアレクサンドリアにいる代理人に緊急のニュースを電信で送るよう要請し,一方郵便はその数日後も航海途上にあるということがいまや可能となった。

したがって,1860年代から,情報伝達の実際の所要時間は,最速の汽船による接続よりも短いことが頻繁にあった。北大西洋の郵便ルート(大西洋ケーブルが敷設されるよりはるか以前にアイルランド-ロンドン間,あるいはニューファウンドランド-ニューヨーク間の情報伝達の所要時間を電信が短縮した),ないし南米(商人は,彼らの所在地とブラジル北岸のあ

---

243) 'Directions to Capt. Middleton when sailing to China with the Agamemnon on her first voyage April 19th 1866', Blue Funnel, Ocean Steamship Co. OA 2583, (MMM).
244) 'Directions to Capt. Middleton...', OA 2583, (MMM).

いだ，そしてリスボン-ロンドン間の電信を利用することができた）と同様，極東の貿易も，長距離の大陸間ラインが設立される以前の時代の部分的改良から，利益を享受していたのである。

第 8 章
結　　論

　本書以前の研究により，すでに一方向の情報伝達のスピードが，国際的な海底ケーブルが導入される以前の 19 世紀に大きく上昇したことが示された。しかし，これまで大系的に時期を算定してこなかった興味深い問題がある。なぜ，そして何がおこったのかということである。それに対して，帆船から汽船への変化，そして郵便用馬車から鉄道への変化を提示することが，唯一の適切な解答なのか。さらに，一方向の移動時間の削減が，自動的に事業情報の循環を改善するのだろうか。商人にとって，単に大洋の反対側からニュースを受け取るのではなく，手紙にすぐに返信を出せることが，しばしば非常に重要であった。

　海事面と貿易面での利害関係のため，イギリス人は，外国との定期的な郵便伝達の組織化における先駆者となった。まず郵便帆船で，ついで技術が十分に発展してからは汽船を使った。1838 年に汽船だけの力で，最初の大西洋横断をしてから僅か数カ月後に，イギリス政府は，帝国でもっとも重要な貿易ルートで定期的な郵便事業を組織化する決定を下した。それは，北米，西インド，東インドである。

　イギリス郵政省は，汽船の船隊を建造し運営するのではなく，郵便のための航海を引き受けるロイヤルチャーターを海運会社 3 社に与えることで，外国との郵便事業を「アウトソーシング」した。キューナードライン，ロイヤルメールライン，P＆O がそれにあたる。これは他の二，三の革命的思想とともに生じた。イギリス内部の郵便料金が変化し，移動する長さに応じて料金が決まっていたのが，1 ペンスという一定の金額になった。そして，世界初の前払いの郵便切手であるペニーブラック

が導入されたのである。

　1840年7月から，キューナードラインの船舶は，毎月2回，冬には1回のスケジュールで，大西洋横断の航海をした。P＆Oは，最初の航海を1840年に地中海で開始した。つづいて，インド，中国，さらにはオーストラリアにまで航海した。ロイヤルメールラインは，1842年初頭に西インドへの航海をはじめた。

　図39は，多様な貿易ルートで，一般的な郵便事業が帆船から汽船に変化したことを示す。ここから気づくように，汽船は，ほぼ15年以内で郵便輸送に使われるようになったのである。1838年に最初の郵便運搬汽船が大西洋を横断し，最初の郵便汽船が，1852年にオーストラリアへの事業を開始した。シドニーへの最初の汽船事業の時代は，たった2-3年しか続かず，クリミア戦争ののち，1857年に再開した。

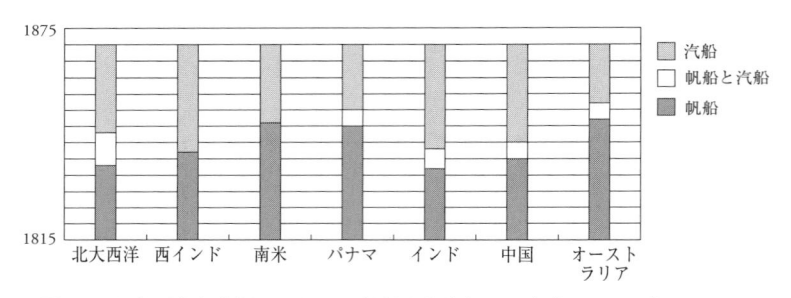

図39　さまざまな郵便ルートでの帆船から汽船への変化 1815-75年

　この図から気づくように，西インドと南米ルートで「一夜のうちに帆船から汽船への変化」があったのである。イギリス郵政省が，1842年1月（西インド）と1851年1月（南米）で，ロイヤルメールラインがファルマスの郵便帆船に取って代わ〔り，汽船を使うようにな〕った。政府がスポンサーとなった他の郵便汽船会社も特定の日付に事業を開始したとしても，一般には，手紙が異なる通信伝達によって運ばれるまでに数年間の移行期があった。遅れた理由は，さまざまであった。たとえば，北大西洋ルートでは，アメリカの郵便帆船が，卓越風と海流のおかげで，東方に向かう初期の汽船との対抗に成功した。パナマでは，地峡を横断する鉄道建設に数年を要した。インドと中国では，東インド会社

が，数年間にわたり変化に抵抗できた。さらに，オーストラリアは，非常に遠かったので，初期の汽船会社に事業を提供することができなかった。

二方向の通信伝達の発展は，事業通信に重要であった。そのため本書では，さまざまな通信伝達手段の発達のために可能となった，連続する情報の循環を計算するという方法を用いた。ここからあとの図は，1815-75年におけるさまざまな郵便ルートにおける事業情報の伝達を示す。

北大西洋

北大西洋ルートにおいては，この期間に郵便システムが可能にした連続する情報の循環の数は，アメリカの郵便帆船がニューヨーク-リヴァプール間のラインで事業を開始したとき，毎年3回から5回へと増大した。1838年に生じた帆船から汽船への変化は，とくに西方への航海の所要時間が目覚ましく短縮したにせよ，情報の循環の大きな改善にはつながらなかった。その理由は，汽船による航海が，定期的なライン事業ができるほどの金銭的余裕がないさまざまな独立した会社によって組織化されていたからである。

先駆的な汽船によって15回の往復航海が可能になり，その結果，1838年と1839年のイングランドとニューヨークの商人にとって毎年わずか5回しか連続的な情報の循環ができなかったのに対し，定期的な航海日があるキューナードラインの汽船は20回の往復航海をし，1840年代初頭にすでに8回の連続する情報の循環が可能であった。

1838年から，北大西洋である程度定期的な汽船事業があったけれども，郵便が汽船と帆船によって大洋を横断して運ばれる移行期が，1840年代終わり頃まで続いた。汽船の東方への航海は帆船よりも目覚ましく速いというわけではなく，ニューヨークから毎週郵便帆船が出港したが，汽船の出港はそれよりも少なかったからである。民間の船便を運ぶための船長の手数料は，公的な郵便料金よりもはるかに少なかった。情報のコストが送り手の立場からどれほど適切であったのかを推測することが困難なのは，手紙のために金を払うのがたいてい受け手だったからだ。

航海の一般的スピードと定期性と郵便による伝達の安全性に関する期待は，商会の事業慣行に反映された。複製を2通，場合によっては3通書くことは当たり前の習慣であった。そうすれば，確実に少なくとも1通は受け取れるであろうし，さらに，できるだけ早く到着することが望まれたからである。帆船から汽船への移行期に，もとの手紙は汽船によって送られ，2通目の複製は，郵便帆船によって送られたが，その逆もあった。その後，もとの手紙と複製は，そのあとの2隻の汽船によって送られ，やがて，汽船による事業に信頼性があるとみなされたので，複製が送られることはなくなった。

貿易が増大し，汽船の技術が改善された。そのためやがて，競争相手が北大西洋ルートに引きつけられた。アメリカの郵政長官は，三つの海運ラインに対して，補助金を与えて郵便契約をした。そのなかでもっとも重要なものは，ニューヨーク−リヴァプールルートのコリンズラインであった。キューナードラインも，ニューヨークへの直接の郵便ルートを開いたとき，1850年からイングランド−アメリカ間の両方向へと，毎週二つの汽船が航海していた。このような変化だけでも，各社が互いに競争している時代に，一方向の航海のスピードが著しく上昇することなく，毎年8-12回の連続する情報の循環を可能にしたのである（図40をみよ）。

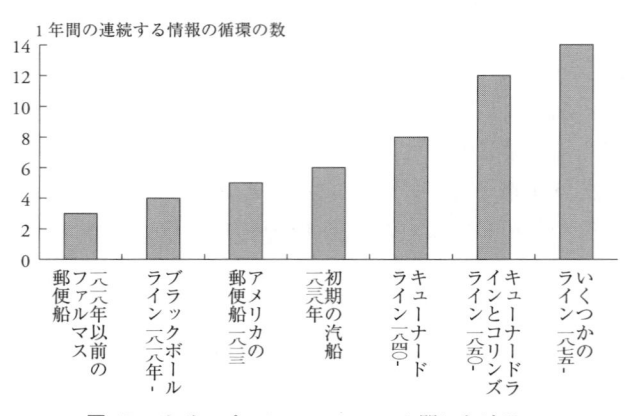

図40　リヴァプール−ニューヨーク間における
1年間の連続する情報の循環の数の発展

大西洋を横断する船舶の大きさとスピード，出港の頻度は，1815-75年に着実に増大したとはいえ，さまざまな事業によって可能となった連続する情報の循環が，それと同じように上昇するということはなかった。1850年代初頭よりも，1875年の方が，1年あたりの航海数は3倍多かったが，年内に継続的に手紙をやりとりする選択肢の数は，12回から14回へと増えただけである。移動の長さと毎年の出港数を考慮すると，理想的な情報の循環の数は，17回に近かったであろう。だが，大西洋横断の郵便事業はこの当時は成熟し，現実には停滞していた。それには，いくつかの理由がある。

　汽船は，「ニュースの運び手」としての地位を，海底ケーブルに譲った。30年前に，アメリカの郵便帆船がその地位を汽船に譲ったことが，繰り返されたのである。どちらの場合も，航海の不規則性と長さが増加した。運搬される大口の郵便は，電信導入後の数十年間も依然として増大したが，ニュースを最初に報道することから生じる興奮は，過去のものとなった。膨大な資料や通常の手紙が運ばれるスピードは，あまり重要だとはみなされなかった。

　第二に，誰も，大量の情報伝達のための費用を支払っていなかった。富をもたらす郵便契約が，通常料金で郵便を運ぶ月極の契約に変わったので，海運会社は，他の事業分野，とりわけ乗客を運ぶ事業で競争しはじめた。ニューヨークからの土曜日の航海が有名になり，4つの会社が同日に航海した。したがって，郵便の出港がまったくない日が1週間のうち数日あった。

西インドと南米

　ロイヤルメールラインは，キューナードラインが北大西洋での事業をはじめた1年半後に，西インドとの汽船事業を，そして1851年初頭に，南米への汽船事業を開始した。どちらの場合も，変化は一夜にしておこったが，当然，ファルマス最後の郵便船は，母国への航海のそれぞれの目的地から郵便を運んだ。図41は，西インドに関して，この時代の連続する情報の循環の数の変化を示す。事例は，デメララルートからとられたが，目的地はカリブ海地域のどこか他の港かもしれなかった。結果は，循環的な郵便ルートシステムと同じであったろう。

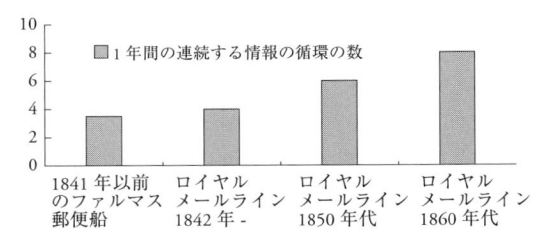

図41 イングランド–デメララ間における1年間の
連続する情報の循環の数の発展 1815-75年

　1841年と1842年を比較するとわかるように，帆船から汽船への変化の影響は，西インドルートではあまり印象的ではない。ヨーロッパからカリブ海までの一方向の航海の所要時間が短縮されたとしても，情報の循環は，諸島間事業の複雑さのために損害を受けた（304ページの地図4をみよ）。改善は，それに続く20年間におこった。いくつかの諸島間航海を新ルートにし，航海数を減らし，大西洋横断船舶をより速く技術的に進んだ船舶に置き換えることで，1860年代初頭までに，連続する情報の循環の数を4回から8回に増やした。1862年にはじまったフランスのカリブ海地域での事業と重なりあう部分があったために，代替手段が提供されたが，より速い情報の循環の選択肢を増やすことにはならなかった。
　南米ルートの出来事の展開は，それとは異なっている。イギリス政府の郵便契約は，ようやく1851年初頭になってロイヤルメールラインに与えられた。一方，ファルマスの郵便帆船は，それまで郵便事業を〔この地で〕おこなっていた。このときまでに，汽船の技術とスケジュールを合理化することで，初期に発生した多くの問題点が解決された。そのため，1851年初頭に一夜で生じた変化が，たちまちのうちにロンドン–リオ・デ・ジャネイロ間の連続する情報の循環の数を3回から4.5回に，ロンドン–ブエノスアイレス間では，2回から3回に上昇させた。しかも，船舶のスケジュールとスピードの改善のため，1859年からはるかに良いサーヴィスを提供できたのである。ロンドン–リオ・デ・ジャネイロ間の連続する情報の循環の数は，毎年6回に，ロンドン–ブエノスアイレス間のそれは，4回に上昇した。

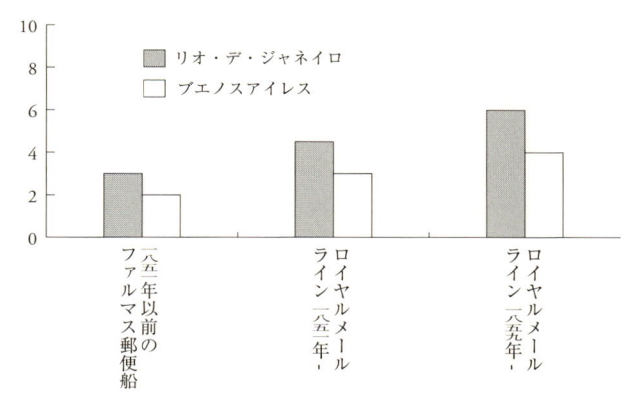

図42 イングランド−リオ・デ・ジャネイロ/ブエノスアイレス間
における1年間の連続する情報の循環の数　1815-75年

　すでに1860年に帝国海運により開始されていたフランスの事業は，長距離航海のために，連続する情報の循環の数を増やす余力がなかったが，情報の循環において重要な役割を果たした。航海は，ロイヤルメールラインの航海と競合するのではなく，補完する形態で編成され，それと平行して事業を提供したので，競争することがなかったからである。

カリフォルニア

　伝統的な方法による情報伝達のスピードのもっとも顕著な改善は，ニューヨーク−サンフランシスコ間でおこった。1840年代終わり頃，カリフォルニアのゴールドラッシュがはじまった。そのとき，アメリカ西海岸への唯一の通信伝達手段は，ホーン岬の周囲を帆船で航海することであった。最速のクリッパー船でさえ，ニューヨークからサンフランシスコに航海するのに約4カ月かかった。ニューヨーク−コロン間，パナマ−サンフランシスコ間で汽船事業がおこなわれるようになると，一方向の移動時間は，約6週間にまで短縮された。1855年には，パナマ鉄道の開通後，ニューヨーク−サンフランシスコ間の情報伝達の所要時間は，たった3.5週間となった。とうとう，1870年代には，大陸間横断鉄道によって，東海岸から西海岸まで郵便を送るのに，約1週間ですむようになった。

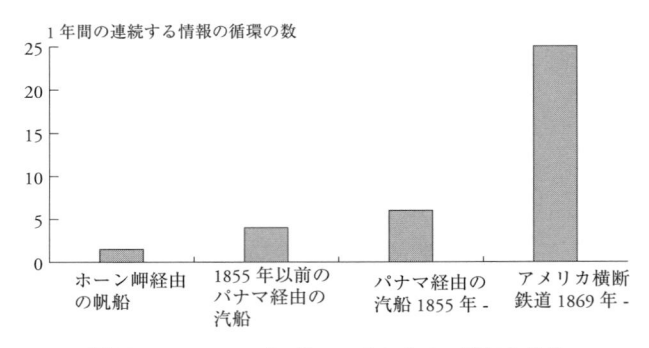

図43 ニューヨーク-サンフランシスコ間における
連続する情報の循環の数の発展 1815-75 年

パナマの事例には，パラドクスがある。もっとも遅い通信伝達の手段である帆船が，走行マイルの点からみるなら，もっとも長かったのである。パナマにおいて，2社の汽船ラインと陸上ルートがパナマで交差したため，二重の効果が生まれた。移動の長さが著しく短縮され，他方，帆船から汽船への変化がそれと同時におこったので，スピードが大幅に上昇した。パナマ地峡を横断する鉄道のために，陸上ルート横断は短くなり，運営しやすくなったので，さらに移動速度が上昇した。最後に，この当時でできるかぎり短いルートと可能なかぎり速い乗り物を使うことで，移動の所要時間は，もともと4カ月以上かかったのが，1週間未満にまで短縮された（359ページの地図7をみよ）。

アメリカにおいては，1860年代初頭に，電信が大陸間で利用されるようになり，郵便汽船は主として資料の運搬者，さらに詳細を確認する手段となり，大ニュースの最初の運び手ではなくなっていった。これは，明らかに，パナマ汽船事業の重要性を低下させた。それは，アメリカの南北戦争以前の水準にまで回復することは決してなかった。「ニュースの運び手」としての大陸間横断鉄道の重要性が決して認識されることがなかったのは，鉄道が完成したときには，電信がすでにニュース伝達の主役になっていたからである。しかし，事業情報伝達の観点からは，鉄道は重要な進歩であった。

東インドと他のオーストラレーシアの目的地

東インドルートにおける元来の状況は，ここで論じられた他のルートと違っていた。政府による郵便船事業はなかったし，イギリス東インド会社の独占があったので，現実に，インドないし中国ルートでの民間商船の航海はなかった。1813年にEICのインド貿易での独占が，1834年には中国貿易での独占が廃止された。その後，多数の一般の商人の船が，東洋でのルートを受け継いだ。彼らは，東インド貿易船よりも速く往復航海をし，数が多かったので，インドと喜望峰東部の貿易港のあいだの情報の循環は，著しく向上した。航海が長距離におよんだので，連続する情報の循環の数は，毎年ほぼ1.5回にしかならなかった。航海の所要時間も，大きく異なった。

エジプトを横断する陸上ルートの発展は，ヨーロッパとアジアの港間の通信伝達において大きな進展であった。砂漠を横切る短いルート，ケープの回りを蒸気船で航海するルートのどちらを選択するかということで15年間躊躇したのち，1840年代初頭に，陸上ルートが永続的に採用された。

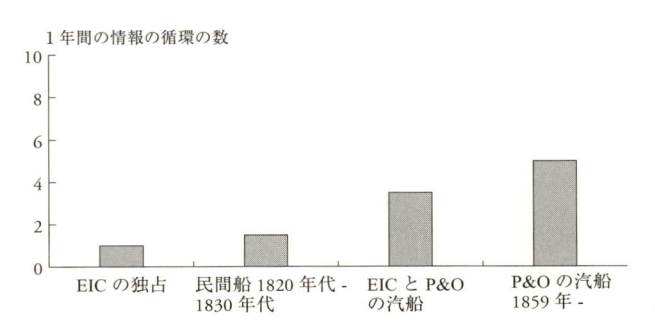

図44 ロンドン-ボンベイ間における連続する
情報の循環の数の発展 1815-75年

イギリス郵政省は，インドと，のちには中国およびそれ以外のアジアの港との郵便事業に対して，P＆Oと契約をした。ヨーロッパ部門は，海軍省の管轄下にあったので，最初はP＆Oに移譲された。一方，EICはボンベイの郵便を扱っていた。P＆Oは，1843年にカルカッタライ

ンを，1845年に香港に向かう中国ラインをスタートさせた。

　1840年代初頭，ロンドンからの速達便は，英仏海峡を渡り，ついでカレーからマルセイユまで鉄道に乗せられ，海軍省の郵便船でアレクサンドリアに到着し，ヒトコブラクダとロバでエジプトの砂漠を横断し，川舟でナイルを渡り，汽船でスエズからボンベイまで到着し，インド本土は駅伝郵便を使って送られた。手紙は，さらにカルカッタから民間の商船で中国まで運ばれた。このようなさまざまな事業の連鎖のために，ロンドンから香港まで，ニュースを4カ月未満でもたらすことができた。そのうち，2カ月半以上がボンベイから広州・香港という最後の部門のために使われたのである。イングランドから直接航海する商船でさえ，高価で複雑な政府のシステムより速く，そしてずっと安価に最新のニュースを中国に届けることがあった。

　1843年に，P＆Oは，セイロンのゴール経由でカルカッタルートを開設した。ゴールから香港への部門が1845年に開始すると，情報伝達のスピードは，一夜で目覚ましく変化した。新しい取り決めにより，ロンドンから香港への手紙は50日で着くようになり，それ以前の郵便伝達の時間を半減させた。これは，流通に関する取り決めにより，根本的に新しい発明がなく，すでにあるものを応用することで，情報伝達のスピードに革命をもたらした一例である，世界の通信史の事件の一つである。1859年に，ロンドン–香港間の事業は，毎年3.5回の連続する情報の循環を可能にした。1回の循環には，93-96日間かかった。

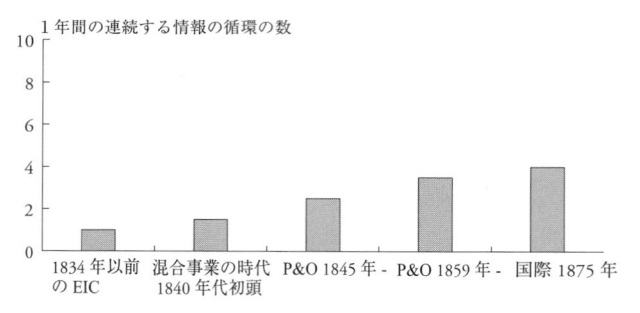

図45　ロンドン–香港間における連続する
　　　情報の循環の数の発展 1815-75年

1861年には，Ｐ＆Ｏは，かなりの専門知識を使って航海を組織化するようになった。ボンベイを除くすべてのオーストラレーシアの港は，ゴール経由での事業に加わった。ゴールから，支部の汽船がカルカッタ，香港（香港から上海と福州へ），さらにオーストラリアのシドニーに行った。船舶は，ゴールに同時に戻り，スエズに向かう汽船に追いついた。そしてスエズから，新たに開設された鉄道とアレクサンドリアからの船によって，郵便がエジプトの砂漠を越えて転送された。速達便が，マルセイユを経由し船で直接ロンドンに送られた。さらにジブラルタルから，大量の郵便がサザンプトンに送られた。

　可能なら，貨物を積むこと，また再び積むこと，遠隔地の港で郵便を運ぶのが遅れている船舶の到着を避け，Ｐ＆Ｏは，スムースに作用するシステムを築き上げた。そのため，上海，福州，シドニーとの毎年3回の連続する情報の循環が可能になった。これらの場所に送られた手紙への返信を受け取るのに，およそ3.5カ月間かかった。だが，約30年前の情報の循環の約四分の一にすぎなかった。帝国海運によるフランスの事業は，1860年代からシステムを補完した。南米ルートでも，同じことがおこなわれていた。

　1850年代において，ニューヨークとサンフランシスコを結びつけるパナマルートの場合，瞠目すべき「レヴァレッジ効果」があった。そして，同様の現象は，インドと極東の港への情報伝達に関して，陸上ルートにもみられた。汽船が帆船に取って代わっているときに，新しい郵便ルートが使用できるようになり，ルートの長さと情報伝達のために使われる時間が削減された。たとえば，パナマ地峡とスエズ地峡，カレーとマルセイユ，のちにはブリディンシのあいだで，そしてインド洋を横断し，駅伝郵便の馬に取って代わり危険な近道を横切って鉄道を建設することで，注目すべき特別な利益が獲得された。

　けれども，すべての地域が，近道の建設による利益を享受したわけではない。たとえば，スエズの陸上ルートは，オーストラリアに悲劇をもたらした。船舶がヨーロッパから喜望峰まわりで移動してきたとき，オーストラリアは，東インドや中国の港と同様ケープとは同程度に近い場所に位置していた。実際には，広州やマニラへの途上にある多くの船は，オーストラリアにはほとんど立ち寄らなかった。だが，スエズから

みれば，地理は大変異なっており，オーストラリアは主要な貿易ルートから何千マイルも離れた場所にあった。

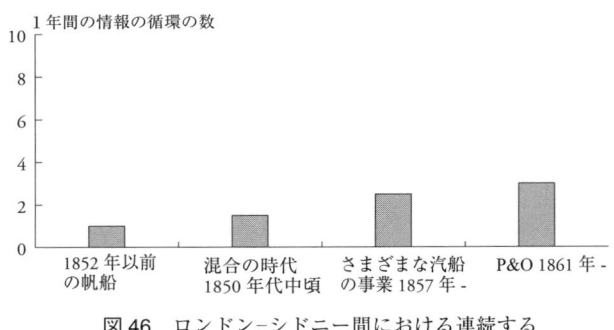

図46 ロンドン-シドニー間における連続する情報の循環の数の発展 1815-875年

　初期の汽船は，このような距離に対応することができず，オーストラリアは，長年にわたり孤独な島であった。ゴールドラッシュは，最終的に，数社が訪れるための刺激剤となったが，ごくわずかな成果しかえられなかった。Ｐ＆Ｏは，カルカッタへの郵便事業を開始してから16年たったクリミア戦争後，ようやくオーストラリアへの恒久的なライン事業を開始するようになった。たった12年後の1872年に，オーストラリアは電信によって母国と結びつけられることになった。近代的なシステムがようやくオーストラリアに到着すると，急速に入り込んでいった。

　海底ケーブルの電信は，外国との通信伝達に当然革命をもたらしたわけではなかったが，長期間にわたり，欠くことができない一部となった。電信は，1840年代終わり頃から国内で緊急通信のために使われていたので，外国との直接の通信が樹立される前に，長年にわたり，ある程度通信伝達による利益を享受していた。だから，大西洋ケーブルの敷設に1866年に成功し，イギリス，カナダ，アメリカで，国内の電信の接続がなされる数年前に，大西洋を横断する情報伝達の所要時間は短縮されていたのである。南米への伝達時間は，ヨーロッパ側ではロンドン-リスボン間の電信ラインによって，そしてブラジルでは沿岸の電信ラ

インによって短縮された。直接のラインが1870年に開設される以前に，インドへの陸上ラインが部分的に機能していた。

　大陸間の海底電信ケーブルの敷設は，帆船から汽船への移り変わりに似た情報伝達の移行の原因となった。電信は，高価で信頼のおけないサーヴィスであったので，緊急時にしか使われなかった。電信の使用は，通常，手紙を書く代替手段にはならなかったが，通信伝達の手段として，この二つは，相互補完関係にあった。手紙は，ともかくも，指示，説明，事業資料を送るために必要だったからである。したがって，情報コストは，どちらかを選べば解決するような代物ではなかった。選択は，手紙ないし電信を送ることではなく，手紙だけを送るか，手紙と電信を送るか，という点にあった。電信の価格が低下すると，電信の選択が，通常の事業慣習の一部となった。

　　要　約
　外国の事業情報伝達におけるもっとも注目すべき変化が生じたのは，1850年代と1860年代初頭のことであった。それは，ヨーロッパの母国からの地域の距離によって左右された。そのような変化が生じたのは，帆船が汽船に変わった直後のことではなく，それから数年後，海運業のネットワークがもっとも効率的に組織化され，十分な——しかし多すぎない——企業が郵便伝達のために市場を分担しているときのことであった。しかも，いくつかの地理的ハードルが，パナマやスエズのように陸上ルートで大きな近道をして鉄道を建設することで乗り越えられたのである。

　これらの改良のほとんどは，19世紀中頃の10年間で発生したので，この時代に，当時の人々は本当に革命的な経験をしたはずである。数年間にわたり，郵便汽船の能力の大部分を吸収した戦争と反乱がなければ——たとえばクリミア戦争，インド大反乱，アメリカの南北戦争など——，進展ははるかに速かったであろう。

　船舶が重要なニュースの運び手として考えられたので，その期待に応えるように活動した。出港は定時であり，より均等に出港するようになった（たとえば，2週間ごとに2隻が同時に出港するのではなく，毎週1隻の出港になった）。それは，事業情報伝達の観点からは，より効率的

であった。理想的な状況とは，典型的には，それぞれ郵便契約を交わした2社ないし数社の競合する会社がおこなう事業にもとづくものであった。対照的に，主要な乗客と輸送事業を郵便輸送とを混合させるなら，一般的に，情報伝達のスピードに対する関心の低下を引き起こした。

　北大西洋がしばしば新しい情報伝達システムの試験場となったのは，経済的に重要だっただけではなく，他のルートと比較して航路が短かったからである。キューナードラインとコリンズラインの闘争は，特定の航海を，もしあったとしても，1-2日間程度しかスピードアップさせなかったことは間違いないが，アメリカの郵便帆船と同様，それぞれ違う週に航海を編成したので，アメリカと同じくらい効率の良い情報の循環がえられた。2社の成果がこのように組み合わされた結果は，1日程度を単位としてみると，数社が操業するはるかに効率の良い船舶が25年後に到達したのとほぼ同じ水準の業績が達成された。初期の通信伝達に革命があったとすれば，おそらく1850年頃の北大西洋でおこった。

　地理的な距離が拡大するほど，似たような「革命」が他の郵便ルートに影響をおよぼすまでに時間がかかる。いくつかの同じような郵便運搬会社が指揮し，定期的にそして頻繁に使用するラインのシステムは，1860年代初頭に世界中に広がった。それは，最初の国際的海底ケーブルが敷設される2-3年前のことであった。したがって，「革命」が連鎖的に生じたのだ。当時の人々にとっては，世の中を変えるのは，たった一つの出来事ではなく，改良の連鎖が不可避的に続くことだったはずである。

　こんにちの社会では，リアルタイムの国際的通信伝達のグローバリゼーション——まずファックス，ついで国際電話，さらに携帯電話，文字通信，インターネット——が，事業遂行の方法，さらには私的な関係さえも変化させた。遠隔地の植民地が鉄道を使用して陸上ルートを戦略的に使い近道をすることで，定期的な汽船事業が発展し，もっとも緊急を要する通信文のために電信を使用する機会が増大するにともない情報の循環がスピードアップすると感じた人々は，現在のわれわれと同じ経験をしたに違いない。情報と資本はそれまで以上に速く動いたが，人々は新しい通信伝達のシステムに慣れなければならなかった。いつの日か，誰かがまたこの面の発展について研究することが望ましい。

第 9 章

エピローグ

　大陸間電信の導入は，大洋の汽船事業の進展をストップさせず，通信伝達の補完機能を果たし，世界貿易と資本移動をスピードアップさせた。大洋の海運業にとっては，1875 年までの発展は単なるはじまりしか意味しない。

　郵便汽船のスピード——とくに大西洋ルートで——は，汽船の時代を通じて，着実に上昇した。シリウス号は，最初の航海を 18.5 日間でおこなった。平気時速は，たった 8 ノットであった。一方，ホワイトスターラインのジャーマニック号は，スピードを倍増させ，1870 年代には 16 ノット近くになった。19 世紀末には，平気速度は 22 ノットに上がり，最後の記録保持船であるユナイテッドステーツ号は，英仏海峡入り口にあるビショップ・ロックの灯台から大西洋を横断し，ニューヨーク沖のアンブローズの灯台まで，1952 年に 3.5 日間かかった。平均時速は 34.5 ノットであった[1]。

　明らかに，船舶の大きさとスピードのあいだには相関関係があった。1838-99 年には，ほとんどすべての記録保持船は，同時に世界最大の船舶でもあった。ただし，1860 年に建造されたグレートイースタン号は例外であり，たとえ疑いの余地なく 20 世紀にいたるまでに建造された最大の客船であったにせよ，ブルーリボンの持ち主ではなかった。

　1880 年以降の急速な変化は，主として，1870 年にはじまった競争の激化がきっかけになった。ますます大きな船舶が建造されるようになっ

---

1) Kludas, 146-147.

ていった．それは，大量の移民と貨物輸送の増加のためでもあったし，一等船室の乗客が，旅行中により広い空間と快適な環境によって魅惑されたからでもある．

贅沢は，競争が激化するなかで重要になった．たとえば，1880年代の新しいキューナードの船は，総トン数の約60％を一等船室の設備に提供したのに対し，下級船室の施設には20％しか使わなかった[2]．ホワイトスターラインの不運なタイタニック号に関して，書物や映画によって一般大衆に植え付けられた20世紀初頭の汽船での旅行のイメージは，したがって間違ってはいない．だが，同船の歴史の詳細な事柄で広く知られている事柄に加えて，銘記すべきことは，タイタニック号には，RMS——Royal Mail Steamer——という略号が書かれていた．

図47は，1850年代から19世紀末までのキューナードラインとコリンズラインのあいだで競争があった時代の汽船の大きさとスピードの傾向を示す．後半の発展の方がはるかに印象的であることは，図48にみられる．

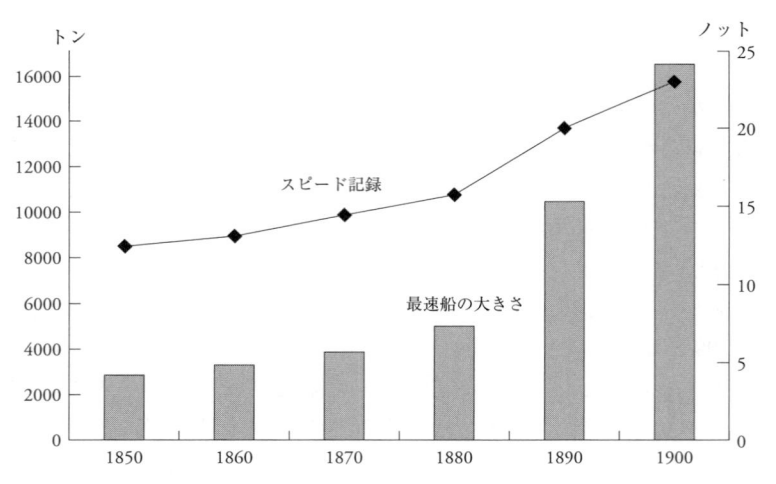

図47 北大西洋における最速船のトン数とスピードの発展 1850-1900年
出典）Kludas, 36, 41, 49, 54, 72, 87 and 146-147.

---

2) Hyde (1975), 83.

図48 北大西洋における最速船のトン数とスピードの発展

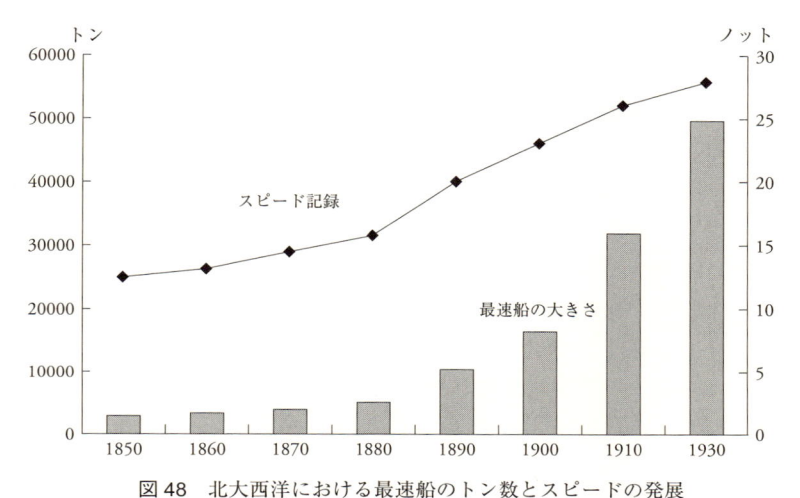

出典）Kludas, 36, 41, 49, 54, 72, 87, 105, 114, 131, 136 and 146-147. モーレタニア号は1910-20年に記録を守った。

　だが，進展は，図から判断されるほど，一直線に進んだわけではなかった。1910年頃に急速に汽船建造が進展したあと——1907年のキューナードラインのルシタニア号とモーレタニア号，1914年のアキタニア号，ホワイトスターラインの1911年のオリンピック号と1912年のタイタニック号，1912年のフレンチラインのフランス号，1913年のHAPAGのインペラトール号，1914年のファーターラント号が含まれる——，第一次世界大戦が数年間進展を妨げた[3]。

　スピードの発展が停滞した時代については，モーレタニア号が1909年9月から1929年7月までほぼ20年間もブルーリボンを維持し，ようやくドイツ船のブレーメン号と北ドイツロイドのオイローパ号が継承したということから簡単に気づく[4]。たった2-3年後の1936年，海事技術の進歩は，8万774トンのクィーン・メリー号という形態をとって頂点に達した。この船は，1世紀前にはじめて大西洋を横断した郵便汽船

---

[3] 船舶については，Bonsor (1975), vol.1, 157, 415; Bonsor (1978), vol. 2, 661, 765 をみよ。

[4] Kludas, 146-147.

である703トンのシリウス号より百倍以上大きかった[5]。ニューヨークからシェルブールまで，クィーン・メアリ号が通常大西洋を横断するには，平均時速ほぼ30ノットで4.5日間かからなかった[6]。第二次世界大戦のあいだ，同船は1万5740人の兵士と943人の将校を乗せて大西洋を横断した。乗船した総人数は1万6683人で，現在もなお記録である[7]。

　航海の頻度は，移民の流れに非常に大きく依存していた。ピークの年の一つは1913年であり，汽船に乗って，1200人近い乗客がニューヨークに，170人以上がボストンに，90人以上がフィラデルフィアに，50人以上がボルティモアに到着した。合計で，1500人以上の乗客が，ヨーロッパから汽船に乗ってこれらの港に同じ年に到着した。キューナードラインのモーレタニア号は，この年に15回の往復航海をし，ニューヨークに毎月第3週に到着した。同船は，1隻だけで，1875年に同じルートを定期的に往復していたすべての汽船を合わせたよりも多くの連続する情報の循環をおこなったかもしれない。グラスゴー，リヴァプール，ロンドン，サザンプトン，アントウェルペン，ブレーメン，ハンブルク，ルアーブル，ロッテルダム，さらに地中海とスカンディナヴィアの数港からニューヨークへの定期的事業があった[8]。

　60年間以上のあいだ，大西洋ケーブルが存在していたにもかかわらず，大西洋を速く横断する郵便の伝達はまだ重要であり，郵便数はなお増え続けていた。港で郵便を処理するときと同様，スピードはなおも重要で誇るべきものであった。

　キューナードラインのすべての船をあわせると1851年に260万通運んでいたが，同社の汽船アキタニア号は，1925年には1600万通の手紙を一回の航海で運んだ。新聞の記事によれば，同船は，ニューヨーク沖のクアラティンに，6700袋以上の郵便（それぞれの袋に2000-3000通の

---

[5] Kludas, 36, 131

[6] たとえば，ニューヨークからシェルブールとサザンプトンまでの，1936年7月29日から1937年6月23日までのクィーン・メアリ号の航海の航海日誌の要旨。同船は，かなり異なる気候条件下で指揮されていた(SRLC)。

[7] James Steele, *Queen Mary* (Hong Kong, 1995), 187をみよ。

[8] この数値は，Allan Morton, *Directory of European Passenger Steamship Arrivals for the Years 1890 to 1930* (Baltimore, 1980), 165-174から計算。

手紙が入っている）を積載して到着したという無線を，船長は海から受け取った。3 隻の郵便用ボートが袋のために送られた。袋は処理され，チェックされ，郵便局と鉄道にすぐにもって行かれた。記事によれば，この行程には 84 分間かかった。一度に最大の郵便の貨物を運んだのは，1924 年 12 月のホワイトスターラインのオリンピック号であり，1 万 4000 袋が輸送された。同年，ニューヨークの郵便用ボートが扱った郵便袋の総数は 96 万袋を越えていた[9]。1929 年には，キューナードの 3 隻の船，アキタニア号，ベレンガリア号，モーレタニア号が，合計すると約 25 万 5000 袋の郵便と，少なくとも 5 億 1000 万通の手紙を積んでサザンプトンからニューヨークまで運んだ[10]。

　大西洋を横断し郵便を運搬する汽船が，第二次世界大戦まで，規模を拡大しスピードアップをしたが，アジアのルートでは，この種の発展をうながす大きな必要性はなかった。たとえば，P＆O の船は，1913 年にスエズ運河経由でロンドン-上海間の郵便を運んでいた。1 隻がおよそ 1 万トンであり，航海のスピードは 15-17 ノットであった。ジブラルタル，マルセイユ，ポートサイド，アデン，コロンボ，ペナン，香港経由でロンドンから上海に航海する場合の平均日数は，38 日間であった[11]。訪れた港のリストは，大西洋と比較した場合，インド洋の航海の性質が異なっていることを十分に描いている。

　しかし，1929 年には，2 万トン近い P＆O のヴィクトリア号が，ロンドン-ボンベイ間の航海を 16 日間でおこない，オーストラリアのルートには，長期的により大きな船舶が現れるようになった[12]。

　重要な外国郵便の伝達を，大洋を航海する船から最終的に奪い取った

---

9) *Evening World*, 20.5.1925. PR 3.1/12h (CP). この数値には，おそらく，ニューヨークに沿岸を通って運ばれた郵便も含まれている。

10) 'Big Three figures 1929 – From Marine Supt's Records'. PR3.1/12K (CP). ベレンガリア号は，かつて HAPAG の船舶であったインペラトール号である。同船は，第一次世界大戦後，賠償金の一部になったので，所有者が変わった。そしてキューナードの船舶であるルシタニア号に取って代わった。ルシタニア号は，1915 年にドイツの魚雷によって，多数の人命を失って沈没した。

11) 上海への航海については，Kirk, *The P&O Lines...*, 159 をみよ。コロンボからさらに上海に向かう手紙は，より小さな 8000 トン以下の船で運ばれた。Middlemiss, 121-135 をみよ。

12) P&O の汽船は，1960 年代初頭に大きさとスピードの点でピークに達した。最大の船舶は 4 万トンを越え，27.5 ノットで進水した。

のは，電信ではなく飛行機であった。

　1930年代には，飛行機は大西洋を横断する郵便を運ぶほどには進展していなかったが，混成したシステムが発達し，以前海運業と電信を結合したように，海運業と飛行機を結びつけた。小さな飛行機による「カタパルトフライト」によって，沿岸から前日に出港した汽船で速達便が運ばれた。航海の終わりに，それと似たシステムが採用され，船舶が港に到着する前日に，カタパルト郵便を沿岸にもたらした。

　飛行機は，1950年代に定期的な大西洋横断飛行を開始した。最終的には，百年間にわたり大洋を横断する郵便輸送で汽船が成功をおさめてきた通信伝達手段の主役の座を受け継いだのである。大きな影響をおよぼし洗練された貨物輸送，郵便，乗客を受け継いだとき，飛行機は大型定期船に多くをのものを残さなかった。大型定期船は，次々と死に絶えるか，生き延びるために合併した。そして事業をクルージング，貨物輸送，港湾業務に変えていった。

　したがって，事業情報の大量伝達における最後の「革命」の大部分は，現実には電気を用いた通信手段導入の数十年後に発生した。このとき，電話，ラジオ，自動車は，すでにどこでもふつうに使われていた。そしてテレビさえ，世界的なニュース伝達の最初の段階に突入しようとしていたのだ。

日本の事例

　西洋世界と日本との通信は，1860年代終わり頃まで，非常にかぎられていた。Ｐ＆Ｏは，上海-長崎間の事業を，1859-60年に開始した。すでに上海にまで延びていたルートを，さらに拡張したのである[13]。けれども，この事業は，日本の政治情勢が不安定だったので，すぐに中断された。

　1863年にできた日本への最初の定期的郵便ラインも，ボンベイから香港，そして香港から上海という，既存のラインを延長したものであっ

---

　13) カークは，Kirk, *British Maritime Postal History*, Vol.2, *The P&O lines to the Far East*, 45 で，8つの郵便用航海を記録している。

た。最初の郵便契約は，それより遅れ，1867年11月に結ばれ，1868年から有効になった[14]。

この契約によれば，事業は，2週間ごとに編成されることになっていた。P＆Oの他のアジアルートと組み合わせて，事業が遂行された。郵便は，ロンドンからボンベイに到着すると，ゴールとシンガポール経由で，香港に運ばれた。総距離は，3852マイルであった。郵便は，さらに870マイルかけて，香港から上海まで送られた。最後に，長崎で停泊し，上海から横浜まで輸送された。1120マイルの距離であった。北東のモンスーンのさなかには，ボンベイ－香港間の航海でさらに4日間必要であった。

1867年の契約に対していくつか修正があり，1874年に次の契約が開始された。もっとも重要な変化は，停泊が中止されたことであった。その理由は，現存する資料には説明されていない[15]。

P＆Oの日本への最初の定期航路は，1863年に開設された。それは，事業がまったくなかった状況と比較するとたしかに進歩であったが，通信のスピードは，主としてオーストラリアへの事業と似ており，連続する情報の循環は，毎年2.5回しかできなかった。

表98　P＆Oの事業が可能にしたロンドン－上海－横浜の連続する情報の循環1863－64年

ロンドンからの出港日*	上海への到着日	上海からの出港日	横浜への到着日	横浜からの出港日	上海への到着日	上海からの出港日	ロンドンへの到着日	日数
1863年6月10日	7月25日	7月26日	8月5日	8月9日	8月19日	8月21日	10月15日	127日間
10月26日	12月26日	1864年1月6日	1月11日	1月17日	1月26日	1月26日	3月13日	139日間
3月27日	5月12日	5月14日	5月18日	5月27日	6月1日			

＊　マルセイユ経由のルートを使用。ジブラルタル経由の長距離の海上ルートは，航海の両端で6日間加算する必要がある。

出典）　Sailing lists published by Kirk, 58-59, 199.

事業は多様なP＆Oの船舶だけではなく，鉄道，汽船の事業を組み合わせて指揮されたので，さまざまな港での待ち時間は数日間であっ

---

14)　Kirk, 197.
15)　ibid.

た。なかでも，最後の区間である上海-横浜間の航海は，それ以前からの航海に大きく左右された。表98の最初の航海は，横浜への途上で長崎に4日間停泊したために延長された[16]。

これから数年後の1868年に，P&Oの日本へ事業は，少なくとも理論上，毎年3回の連続する情報の循環を提供した。手紙を受け取って発信するまでに横浜で残された時間が非常に短期間であることがありえたのは，上海とヨーロッパに向かう汽船が同日に出港したためである。それは，次の表からうかがい知ることができる。

表99 P&Oが可能にしたロンドン-上海-横浜ルートでの連続する情報の循環 1868年

ロンドンからの出港日*	上海への到着日	上海からの出港日	横浜への到着日	横浜からの出港日	上海への到着日	上海からの出港日	ロンドンへの到着日	日数
1868年1月10日	2月29日	3月2日	3月7日	3月12日	3月18日	3月19日	5月3日	103日間
5月8日	7月4日**	7月6日	7月10日	7月11日	7月16日	7月18日	9月7日	122日間
9月11日	10月29日	10月30日	11月4日	11月4日	11月9日	11月11日	12月28日	108日間

* マルセイユ経由での速達ルートを使用（船舶がマルセイユから出港する2日前に，ロンドンから鉄道で出発した）。ジブラルタル経由の長距離の海上航海に，航海の両端で6日間必要であった。

出典 Kirk, 69-70, 201で公表された出航表。

** P&Oの郵便船であるベナウレス号は，香港-上海間のルートで5月23日に難破した。同船は，郵便をダイバーが取り戻したあとで失われた。横浜への次の接続は，このあとに出港した船舶により2週間後におこなわれた (Kirk, 69; Norman L. Middlemiss: Merchant Fleets. P&O Lines, 106)。

ヨーロッパ-日本間の通信の改善は，1860年代後半に急速に進んだ。毎年3回の連続する情報の循環を可能にしたP&Oの契約以外にも，選択肢があった。

帝国海運は，1865年に日本での事業を開始し，上海から横浜まで，そのルートを延ばした。その契約によれば，上海からの出港日は毎月5日であり，横浜への到着日は毎月10日であった。帰りの航海は，横浜を13日に出港し，上海に18日に到着することになっていた。現実には，横浜からの出港が遅れたため，帰りの航海で遅れることもよくあっ

---

16) 長崎での停泊は，1863年7月28-31日に生じた。

た。利用可能な唯一の汽船に，修理の必要があることが多かった[17]。

この時代のイギリスの事業と比較することは，サレの出航表にある表に欠落した部分があるので，不可能である。だが，スエズ運河の航行がはじまったので，1871年には，マルセイユから上海へと，さらに1881年代の終わり頃には横浜へと直接航海することが可能になった。P＆Oは直行ルートによる事業を利用することはできなかったが[18]，帝国海運は運河によるすべての利益を獲得した。1870年代から，マルセイユ-上海-マルセイユという航海には，同一の汽船を用いて，全部で104日間しかかからなくなった。上海-横浜の区間は，技術的に約2週間かかった。この2つのラインが現実にどのように機能したのかということについては，出航表を用いて再構成することは不可能である[19]。

アメリカの西海岸と日本のあいだの太平洋を横断する郵便汽船事業も，1860年代中頃にはじまった。アメリカ太平洋郵便汽船会社は，重要なパナマ運河経由でのニューヨーク-サンフランシスコルートが鉄道と接続されなくなったので，日本と中国への事業を開始した。それは，ヨーロッパの郵便汽船会社が，上海から日本の港へとルートを拡張したのと同時期のことであった[20]。

西洋・東洋汽船会社は。サンフランシスコに拠点をおいていたが，イギリスのホワイトスターラインに所有されており，1870年代中頃に大西洋郵便汽船会社との激しい戦いをはじめた。日本は，西方・東方のどちらでも，いまや西洋世界といくつかの通信手段を有するようになったが，数年前には，そういうものは何もなかったのだ。貿易が強力に成長したのは，通信が改良された明確な帰結であった。

19世紀終わりまでに，日本はいくつかの海運ラインを設立していた。そのなかで，日本郵船が，アジア，ヨーロッパと南北アメリカとの乗客・郵便事業の両方で，もっとも重要な役割を果たしたのである。

---

17) Raymond Salles, *La Poste Maritime Française,* Tome V, *Les paquebots de l'Extrême-Orient,* 40–41.
18) 本書の512-513頁をみよ。
19) Salles, 104. 1887年には，スエズ運河経由で世費濱へと直接航行することもあった。情報循環は，全体で106-111日間であった。Salles,110.
20) 本書の377頁をみよ。筆者は，大西洋郵便汽船会社の航海の日付は発見できなかった。

訳者あとがき

　はじめて本書の原著を手にしたのは，おそらく 2007 年のことであった。フィンランドのユヴァスキュラ大学の（本書のもととなった博士論文の予備審査委員であった）ヤリ・オヤラ教授の研究室にいたときに，上梓されたばかりの原著がたまたま目にとまった。パラパラとめくって，「なかなか面白そうな本じゃないか」というと，「そうか，じゃあ今度書評してくれ」ということになり，教授が編集長を務めていた雑誌に書評を書くことになった次第である（"*Seija-Riitta Laakso*: Across the Oceans: development of overseas business information transmission 1815-1875", *Scandinavian Journal of History,* Vol.34, No.1, 2009, pp.111-113.)。ただし，扱っている地域が多岐にわたっていたため書評は大変で，あとで大いに後悔した。

　書評のために原著を熟読していくうち，とてつもなく広い範囲を扱い，19 世紀の事業通信の時間が，19 世紀のあいだにどのような経緯で短縮されていったのかがわかった。このような書物を読んだのはまったくはじめての体験であった。著者がディテールにこだわりながら，それがより大きな世界と結びついている姿が手に取るようにわかった。大きな衝撃を受けた本であった。私の研究歴のなかでも，そのような本はあまりない。

　恥ずかしながら，それまで郵便史という分野があることを知らなかった。ここまで郵便を中心とする 19 世紀の情報伝達の発展について，詳細に，そして大きな範囲にわたり研究した人はおそらくいないだろうと感じた。だが，あまりに研究対象が広大なために，当初は翻訳をしようとは思わなかった。そもそも私の専門は 18 世紀のヨーロッパ貿易史であり，19 世紀は畑違いの分野である。そのような私に翻訳を勧めてくださったのは知泉書館の小山光夫社長であり，私も蛮勇を奮い，翻訳をする決心をしたわけである。それが，幸いをもたらしたと思いたい。

訳者あとがき

　本書を読了した読者であれば，著者の使用した史料が，比較的入手容易であることに気づかれたであろう。活字になった史料集のほか，海上保険のロイズが発行した「ロイズリスト」が主要史料として使われている。さらに，私には目から鱗の思いであったが，封筒に押された郵便印が史料として使われている。たしかにそれをみれば，貿易路と貿易に要する時間が推測される。著者は，これらの史料を実に丹念に読みながら，19世紀の事業伝達がどのようなものであったか，まさに世界的規模で跡づけていったのである。それには，信じられないほどの根気と途方もないエネルギーが必要とされたはずである。翻訳作業の過程で，それを実感せざるをえなかった。しかし，そのようなエネルギーさえもてば，本書を参考にしながら研究することが日本人にも可能ではないかと考えるようになった。ただし，そのために必要な知識として，研究の理論的枠組がある。

　本書でおそらくもっとも重要な概念は，「連続する情報の循環」consecu-tive information circulation であろう。たとえば，大西洋をヨーロッパからアメリカまで航海し，さらにヨーロッパに帰港すれば，1回の情報の循環となる。その回数が増えれば増えるほど，事業情報がスムースに流れることになる。この点については第3章に詳しいのでそれ以上のことは省略するが，この章を熟読すれば，本書の方法論――のみならず，国際的に通用する最新の経済史の手法――を身につけることができる。

　本書がカバーする範囲は，大西洋からカリブ海，アジアやオーストラリアにまで広がる。文字通りの世界史の研究である。本書のタイトルを，原著の直訳である「大洋を越えて」ではなく，「情報の世界史」としたのは，そのためである。

　郵便を運搬する点で，帆船から汽船への変化は「革命的」といってもよいほどある。しかし，汽船に匹敵するだけの情報伝達のスピードは，すでに帆船によっても成し遂げられていた場合があった。それは，船から船への郵便の積み替えの期間を短縮することで可能になった。船は何日，何十日も同じ港に停泊し，郵便を積み替えるのに非常に長い時間が必要とされることもあった。だが，その期間が短縮されれば，情報伝達のスピードはずいぶんと速くなる。海運会社が，「定時に航海する」と

いうことさえできれば，事業遂行の不確実性は大きく減少し，より経済成長に適した制度が生み出される。

　むろん汽船によって，定期航海の範囲は格段に広がった。おそらくオーストラリアは，帆船の時代であれば，ヨーロッパから頻繁に船が到着するということはなかったであろう。さらに電信により，船舶が到着するよりも早く，情報を目的地に届けることができた。しかし，それでは細かな指示はできず，手紙も必要であった。とはいえ，電信により，事業遂行の際の不確実性は，かなり削減されたのである。情報伝達のスピードアップで，世界はずいぶんと小さくなった。

　本書をまとめれば，おおむね以上のようになろう。しかし，内容をたやすくまとめられるような本ではなく，読者には，必要な箇所だけでも読んでいただくほかない。

　これだけの範囲を扱う書物なので，本書の翻訳では，全然知らない地名が出てくることもたびたびあった。そのたびに，Googleマップのお世話になった。インターネットという新しい情報探索の方法がなければ，本書は決して翻訳できなかったであろう。また，e-mailで何度も著者に質問しなければ，翻訳にはさらに時間がかかったであろう。21世紀の情報伝達のスピードアップの恩恵を感じながら，19世紀の情報伝達に関する本を訳したことになる。

　本書の著者，セイヤ-リータ・ラークソ氏は，長年フィンランド郵便協会で働いた。フィンランドではよくあることだが，その間，博士論文を取得すべく，ヘルシンキ大学に通った。指導教授は北欧最高の海事史家であり，世界的にも名高いイルヨ・カウキアイネン教授である。本書はカウキアイネン教授の手法をもとに，さらに改良を加え，文字通り世界の各地を考察の対象とした本となった。彼女の話では，本書のもとになった博士論文は，たった4年半で書き上げたという。

　著者にお願いし，日本語版への序文を書いてもらい，さらに本書の520-523頁に，日本のことについて付け加えてもらった。そのため，原著でも97もあった表が99に増えた。図は48，地図が8，しかも航海図が2という，とてつもなく図表の多い本となった。小山社長の経験でもこのような本ははじめての経験であり，その処理には大変時間がかかった。だが，これらの図表などは，読者に大いに役立つと信じてい

19世紀のヨーロッパは「帝国主義時代」と呼ばれ，対外拡張の時代として知られるが，その一端が，しかもこれまで日本ではあまり知られていなかったことが，本書から読み取れるであろう。あたり前のことだが，ヨーロッパは，なにも工業製品の輸出だけではなく，海運業の発達によっても世界を制覇していった。その具体的様相が，本書に詳細に書かれている。その中心となったのがイギリスであるのだから，本書を，イギリス帝国史の研究書として読むことも可能である。しかしこのような帝国史は，これまでおそらくイギリス人によっては書かれてはいない。外国人研究者ならではの視点と言えるかもしれない。イギリスのみならず，ヨーロッパの帝国主義の研究で，必読書であると思われる。

　歴史学研究の醍醐味として，ある歴史理論にもとづいて，一次史料を丹念に分析し，その史料が世界史とどのようにかかわっているのかを示すことがある。しかし，歴史家はともすれば一次史料に埋没して全体とのかかわりを忘れる。また，ある理論にもとづき，たまたま発見した数少ない史料から性急に一般化をすることもある。本書に刺激を受け，しっかりとした史料批判と歴史理論にもとづき，過度の一般化をすることのない世界史が日本でも研究されるようになれば，訳者としてそれにまさる喜びはない。

　　　2013年10月　京都にて

　　　　　　　　　　　　　　　　　　　　　　　　　　　玉木　俊明

（訳者の判断で語を補った場合は，〔　〕内に書いた。）

参考文献

RECORDS IN PUBLIC ARCHIVES

British Library, India Record Office, London (BL, IRO)
 In General Correspondence of the East India Company:
Correspondence from Bengal to London, 1832-1833, E/4/138-144
Correspondence from Madras to London 1832, E/4/364-365
Correspondence from Bombay to London 1832-1833, E/4/516-519
Correspondence from London to Bengal 1832, E/4/735

Liverpool Record Office (LRO)
 Newspapers and registers:
Liverpool Mercury, 1845; 1854 (in microfilm)
Liverpool Street Directories 1818; or Gore's Directory of Liverpool and Its Environs,
   Containing an alphabetical list of the Merchants, Traders and Principal Inhabitants, also lists of the Mayor and Council, officers of the Customs and Excise, Dock duties and Commissions, Post Office and Pilots' rates and regulations, Bankers, Trading vessels, Stage and Hackney coaches, carriers, Annal of Liverpool, etc. Liverpool, printed by J. Gore, Castle Street, 1818. (in microfilm)
 Business Records:
Accounts and papers of Henry Eld Symons, of Kirkdale. 1857-1858 (South America – Liverpool); and 1857 (Australia & New Zealand – Liverpool). 380 MD.
 Other primary sources:
The American Chamber of Commerce in Liverpool. Minute Books and Memorials. 1801-1842: 380 AME / 1; 1842-1866: 380 AME/2.

Merseyside Maritime Museum Archives, Liverpool (MMM)
 Guides to the records:
Littler, Dawn: *Guide to the Records of Merseyside Maritime Museum, Volume II.* St. John's, 1999.
 Newspapers and registers:
Liverpool Customs Bills of Entry, 1824; 1834-1835 (in microfilm)
Lloyd's List, 1766-1826 (in reprint); 1827-1875 (in microfilm)
Lloyd's Register (for Shipowners / for Underwriters), 1766-1875
 Business records:

Bryson Collection:

Correspondence of Daniel Williams, 1854-1872（South America - Liverpool）, DB/175.

Correspondence of Sandbach, Tinne & Co, 1825-1870（West Indies - Liverpool）, DB/176.

Earle Family and Business Archive:

Correspondence of Thomas and William Earle & Co, 1836-1870 (West Indies – Liverpool),D/Earle 5/1-11.

Business Records of Fraser, Trenholm & Co.:

Correspondence of C.K. Prioleau & Co., 1870-1875 (telegrams),B/FT.

Records of the Ocean Steamship Co.:

"Directions to Capt. Middleton when sailing to China with the Agamemnon on her first voyage April 19th 1866". Blue Funnel, Ocean Steamship Co. OA 2583.

Holt, Alfred. *Review of the Progress of Steam Shipping during the last Quarter of a Century*, and the following discussion. Institute of Civil Engineers. Minutes of Proceedings, vol.51, Liverpool 1877. OA/2086.

University of Liverpool, Sydney Jones Library Archives（SJ）

Printed records:

British Parliamentary Papers (BPP) .Printed in the Irish University Series, Shannon, 1968-1971:

BPP, Transport and Communications. Post and Telegraphs, 1, First and Third Reports from the Select Committee on Postage together with Minutes of Evidence, Appendix and Index, Part I, 1838.

BPP, Transport and Communications. Post and Telegraphs, 2, Second Report from the Select Committee on Postage together with Minutes of Evidence, Appendix and Index, 1838.

BPP, Shipping Safety, 3. First and Second Reports from the Select Committee on Shipwrecks with Minutes of Evidence, Appendix and Index, 1843.

BPP, Colonies. East India 2, Third and Fourth Reports from the Select Committee on the Affairs of the East India Company with Appendices, 1810-12.

BPP, Colonies, East India 3, The Fifth Report from the Select Committee on the Affairs of the East India Company, 1812.

BPP, Colonies. East India 8. Appendix to the Report from Select Committee on the Affairs of the East India Company with an Index（II Finance and Accounts）, Part II Commercial, 1831-32.

BPP, Colonies. West Indies 1, Report from the Select Committee on West India Colonies, together with Minutes of Evidence, Appendix and Index, 1842.

BPP, Colonies. West Indies 2, Select Committee Reports and Correspondence on the Trade and Commerce of the West Indies with Minutes of Evidence Appendixes and Index, 1806-49.

BPP, Crime and Punishment Transportation, 2. Report from the Select Committee on

Transportation together with the Minutes of Evidence, Appendix and Index, 1837.
Business records:
Correspondence of Rathbone Bros & Co, 1841-1870（North Atlantic； and 1854-1872（South America），RP XXIV.2.
Cunard Papers (CP) , 1838 –.
Miscellaneous papers; *Cunard Passage Books 1848-1881*.

OTHER PRINTED DOCUMENTS

Pamphlets, speeches:
Ross, Sir John. *On Communication to India, in Large Steam-Ships, by the Cape of Good Hope*. Printed by Order of the India Steam Ship Company, 1838.
Speech of Mr. Edson B. Olds, of Ohio [Chairman of Committee on Post Office and Post Roads]. *On the Collins Line of Steamers*. Delivered in the House of Representatives, February 15, 1855. Washington 1855.
Circulars:
"Coal from Liverpool, Birkenhead or Garston", in *Boult, English & Brandon's Freight Circular,* Liverpool 6.6.1863.（SRLC）
Directories, maps, statistics:
Allan, Morton. *Directory of European Steamship Arrivals* for the Years 1890 to 1930 at the Port of New York and for the Years 1904 to 1926 at the Ports of New York, Philadelphia, Boston and Baltimore. Baltimore 1998.
Lloyd's Maritime Atlas, London 1964.
Maddison, Angus: *Monitoring the World Economy 1820-1992*. OECD Development Centre Studies, Paris 1995.（金森久雄・政治経済研究所訳『世界経済の成長史──199ヵ国を対象とする分析と推計』東洋経済新報社，2000年）
Mitchell, B.R.: *International Historical Statistics. Africa, Asia & Oceania 1750-1988*. Second Revised Edition. New York 1995.
Private philatelic collections:
Merchant correspondence:
Frederick Huth & Co., London, 1836-1850. In JAC, SRLC, JSC, STC, RWC（see below）
Miscellaneous merchant correspondence in the following collections:
Arnell, J.C. *Transatlantic Stampless Mail to and from the United States of America*（1986），（JAC）
Hongisto, Heikki. *Sugar in the Life of Mankind* (2005), (HHC)
Laakso, Seija-Riitta. *Development of Transatlantic Mail Services from Sail to Steam*, (2005), (SRLC)
Snellman, Johan. *North Atlantic Mail* (2005), (JSC)
Talvio, Seppo. *North Atlantic Mail* (2006), (STC)
Winter, Richard. *Transatlantic Mails (Steamship)*（1988），（RWC）

Philatelic auction catalogues:

Charles G. Firby Auctions, *British North America Stamps and Postal History*. Dr. Kennethy M. Rosenfeld Collection, June 18, 2005. Waterford, MI, 2005.

PRINTED SOURCES WITH IMPORTANT SAILING DATA:

Arnell, J.C.: *Atlantic Mails.* A history of the mail service between Great Britain and Canada to 1889. The National Postal Museum, Canada. Ottawa, 1980.

Arnell, J.C. & Ludington, M.H.: *The Bermuda Packet Mails and the Halifax-Bermuda Mail Service 1806 to 1886*. The Postal History Society. Great Britain 1989.

Howat, Rev. J.N.T. *South American Packets.* The British packet service to Brazil, the River Plate, the west coast (via the Straits of Magellan) and the Falkland Islands, 1808-80. The Postal History Society. York, England, 1984.

Hubbard, Walter - Winter, Richard F. *North Atlantic Mail Sailings 1840-75.* U.S. Philatelic Classics Society, Inc., Ohio 1988.

Kenton, Phil J. & Parsons, Harry G. *Early Routing of the Royal Mail Steam Packet Company 1842-1879*. The Postal History Society. Surrey, England, 1999.

Kirk, Reg. *Australian Mails via Suez 1852 to 1926.* The Postal History Society, Kent, 1989.

Kirk, Reg. *The P&O Bombay & Australian Lines 1852-1914*. British Maritime Postal History, Vol 1.

Kirk, Reg. *The P&O Lines to the Far East.* British Maritime Postal History, Vol 2.

Kirk, Reg. *The Postal History of the P&O service to the Peninsula.* Royal Philatelic Society London, 1987.

Proud, Hector: *The British Sea Post Offices in the East.* British Maritime Postal History. Volume 4. East Sussex, 2003.

Salles, Raymond. *La poste maritime française*. Historique et catalogue. Tome I. *Les entrées maritimes depuis 1760 et les bateaux à vapeur depuis 1833*. Nicosia, Cyprus, 1992.

Salles, Raymond. *La poste maritime française*. Historique et catalogue. Tome II. *Les paquebots de la Méditerranée de 1837 à 1935*. Nicosia, Cyprus, 1992.

Salles, Raymond. *La poste maritime française*. Historique et catalogue. Tome III. *Les paquebots de l'Atlantique Sud. Brésil - Plata de 1860 à 1939. Cote occidentale d'Afrique de 1889 à 1939*. Nicosia, Cyprus, 1992.

Salles, Raymond. *La poste maritime française*. Historique et catalogue. Tome IV. *Les paquebots de l'Atlantique Nord. Antilles - Amérique Centrale et Pacifique Sud, États-Unis*. Nicosia, Cyprus, 1992.

Salles, Raymond. *La poste maritime française*. Historique et catalogue. Tome V. *Les paquebots de l'Extrême-Orient. Saigon-Hong Kong-Shanghai-Yokohama-Kobe*. Nicosia, Cyprus, 1993.

Salles, Raymond. *La Poste Maritime Francaise*, Historique et catalogue. Tome VII, *Index Alphabétique des Cachets Postaux et Marques Maritimes,* Nicosia, Cyprus 1993.

Scamp, Lee C.: *Far East Mail Ship Itineraries. British, Indian, French, American, and Japanese Mail Ship Schedules 1840-1880. Volume I*, Texas, 1977.

Tabeart, Colin. *Robertson Revisited.* A study of the maritime postal markings of the British Isles based on the work of Alan W. Robertson. Nicosia, Cyprus 1997.

Tabeart, Colin. *Admiralty Mediterranean Steam Packets 1830 to 1857.* Limassol, Cyprus, 2002.

Wierenga, Theron J. (Winter, Richard F. ed.). *United States Incoming Steamship Mail, 1847-75.* US Philatelic Classics Society, 2000.

LITERATURE

Ahonen, Kalevi. *From Sugar Triangle to Cotton Triangle. Trade and Shipping between America and Baltic Russia, 1783-1860.* Jyväskylä 2005.

Ahvenainen, Jorma. *The European Cable Companies in South America before the First World War.* Jyväskylä, 2004.

Ahvenainen, Jorma. *The Far Eastern Telegraphs.* Helsinki 1981.

Ahvenainen, Jorma. *The History of the Caribbean Telegraphs before the First World War.* Helsinki, 1996.

Albion, Robert Greenhalgh. *Square-Riggers on Schedule. The New York Sailing Packets to England, France, and the Cotton Ports.* Princeton 1938.

Albion, Robert Greenhalgh. *The Rise of New York Port (1815-1860).* New York and London 1939.

Allington, Peter & Greenhill, Basil. *The First Atlantic liners. Seamanship in the age of paddle wheel, sail and screw.* London, 1997.

Andréadès, A. *History of the Bank of England 1640-1903.* London 1909.

Armstrong, Warren, *The Collins Story.* London 1957.

Arnell, Jack C. *Steam and the North Atlantic Mails: The impact of the Cunard Line and subsequent steamship companies on the carriage of transatlantic mails.* Toronto, 1986.

Barbance, Marthe. *Histoire de la Compagnie Générale Transatlantic. Un siècle d' exploitation maritime.* Paris 1955.

Babcock, F. Lawrence. *Spanning the Atlantic. A history of the Cunard Line.* New York, 1931.

Bolland, O. Nigel. "Systems of Domination After Slavery: The Control of Land and Labour in the British West Indies After 1838" in Hilary Beckles & Verene Shepherd (eds)：*Caribbean Freedom. Economy and Society from Emancipation to the Present,* Princeton, 1996.

Bonsor, N.R.P. *North Atlantic Seaway.* An Illustrated History of the Passenger Services

Linking the Old World with the New. Volumes 1-3, 5. New York 1975-1980.

Bonsor, N.R.P. *South Atlantic Seaway*. Jersey, 1983.

Bowen, H.V., Lincoln, Margarette & Rigby, Nigel (eds.). *The Worlds of the East India Company,* Suffolk, 2004.

Boyce, Gordon: *Information, mediation and institutional development. The rise of large-scale enterprise in British shipping, 1870-1919,* Manchester, 1995.

Britnor, L.E.: *The History of the Sailing Packets to the West Indies.* British West Indies Study Circle, 1973.

Brown, John Seely & Duguid, Paul. *The Social Life of Information*, Boston 2000.

Bulley, Anne: "The Country Ships from India" in Harding, Richard, Jarvis, Adrian & Kennerley Alston (eds.): *British Ships in China Seas: 1700 to the Present Day*, Liverpool, 2004, 35-42.

Bushell, T.A. *Royal Mail. A Centenary History of the Royal Mail Line 1839-1939*, London, 1939.

Butler, John A. *Atlantic Kingdom: America's contest with Cunard in the age of sail and steam.* 2001.

Cable, Boyd. *A Hundred Years of the P&O, 1837-1937*. London 1937.

Cain, P. J. & Hopkins, A. G. *British Imperialism 1688-2000*. Great Britain 2002.

Cameron, Gail & Crooke, Stan: *Liverpool – Capital of the Slave Trade*. Liverpool 1992.

Cattell, Philip. *The Union Castle Ocean Post Office.* British Maritime Postal History, Vol 3. Heathfield.

Charlton, K.: "Liverpool and the East India Trade", Reprinted from *Northern History. A Review od the History of the North of England.* Volume VII. (Leeds, 1972).

Checkland, S.G. "John Gladstone as Trader and Planter", in *Economic History Review,* new series, v. 7, 1954/55, 216-229.

Clapham, John H. *An Economic History of Modern Britain*. Vol. 1: *Britain on the Eve of the Railway Age*. Vol. 2: *The Early Railway Age 1820-1850*. Cambridge, 1930.

Clapham, John H. *An Economic History of Modern Britain*. Vol. 3: *Free Trade and Steel 1850-1886*. Cambridge, 1932.

Collins, Timothy. *Transatlantic Triumph & Heroic Failure – The Galway Line*. Cork, Ireland, 2002.

Cook, Andrew S. "Establishing the Sea Routes to India and China: Stages in the Development of Hydrographical Knowledge ", in Bowen, H.V., Lincoln, Margarette & Rigby, Nigel (eds.): *The Worlds of the East India Company,* Suffolk, 2004.

Cookson, Gillian. *The Cable. The Wire that Changed the World*, Gloucestershire, 2003.

Cooper, Malcolm, "From Agamemnon to Priam: British liner shipping in the China Seas, 1865-1965" in Richard Harding, Adrian Jarvis & Alston Kennerley, *British Ships in China Seas: 1700 to the Present Day,* Liverpool, 2004.

Cotton, Sir Evan. *East Indiamen. The East-India Company's Maritime Service.* London 1949.

Cutler, Carl C. *Queens of the Western Ocean. The Story of America's Mail and Passenger Sailing Lines*, Annapolis, Maryland 1967.

Cutler, Carl C.: *Greyhounds of the Sea. The story of the American clipper ship*. Maryland, 1961.

Daniels, Rudolph. *Trains Across the Continent. North American Railroad History*. Indiana, 2000.

Deerr Noel: *The History of Sugar,* Volume I. London, 1949.

Doublet, A.R. *The Pacific Steam Navigation Company. Its maritime postal history 1840-1853 with particular reference to Chile*. Royal Philatelic Society London, 1983.

Drechsel, Edwin. *Norddeutscher Lloyd Bremen 1857-1970*. Vol 1, Vancouver, 1994.

DuBois John L. *Danish West Indies Mails 1754-1917*. Volume 1 - *Postal History*. Snow Camp, NC, USA, 2000.

Edwards, Bernard. *The Grey Widow Maker. The True Stories of Twenty-four Disasters at Sea*, London 1995.

Eibl-Kaye, Geoffrey. "The Indian Mails 1814 to 1819. Negotiations between the Post Office and the East India Company" in *The London Philatelist*, Volume 113, April 2004. Royal Philatelic Society London, 2004.

Eibl-Kaye, Geoffrey. "The Indian Mails 1814 to 1819. Administration of the Packet Service and its Demise" in *The London Philatelist*, Volume 113, May 2004. Royal Philatelic Society London, 2004.

Flayhart III, William Henry. *Perils of the Atlantic. Steamship Disasters 1850 to the Present.*, New York, 2003.

Flayhart III, William Henry. *The American Line (1871-1902)*. New York, 2000.

Fletcher, Max. E. "The Suez Canal and World Shipping, 1869-1914" in *Journal of Economic History,* vol. XVIII, December 1958, No 4.

Fogg, Nicholas. *The Voyages of the Great Britain. Life at sea in the world's first liner.* Trowbridge, Wilts, Great Britain, 2002.

Foreman-Peck, James. *A History of the World Economy. International Economic Relations since 1850.* Harvester Press 1983.

Fox, Stephen. *The Ocean Railway,* London 2003.

Fryer, Gavin & Akerman, Clive (ed.). *Reform of the Post Office in the Victorian Era, Vol. 1*, London 2000.

Furber, Holder. "The Overland Route to India in the Seventeenth and Eighteenth Centuries". In Rosane Rocher (ed.): *Private Fortune and Company Profits in the India Trade in the 18th Century*, Variorum, 1997. First published in *Journal of Indian History 29*, Trivandrum, 1951.

Gaastra, Femme S. "War, Competition and Collaboration: Relations between the English and Dutch East India Company in the Seventeenth and Eighteenth Centuries", in Bowen, H.V., Lincoln, Margarette & Rigby, Nigel (eds.): *The Worlds of the East India Company, Suffolk, 2004.*

Gardiner, Robin. *The History of the White Star Line.* Surrey, England, 2001.
Garratt, G.R.M. *One Hundred Years of Submarine Cables.* London 1950.
Gibbs, C.R. Vernon. *British Passenger Liners of the Five Oceans.* Great Britain 1963.
Gibson, John Frederic. *Brocklebanks 1770-1950*, Volume I. Liverpool, 1953.
Gisburn, Harold G. D. *The Postage Stamps and Postal History of the Bahamas.* London, 1950.
Gordon, John Steele. *A Thread Across the Ocean. The heroic story of the transatlantic cable.* Bath, Great Britain, 2002.
Graham, Gerald S. *Empire of the North Atlantic. The Maritime Struggle for North America.* Toronto; London, 1958.
Haggerty, Sheryllynne: "A Link in the Chain: Trade and the Transhipment of Knowledge in the Late Eighteenth Century", *Forum: Information and Marine History, International Journal of Maritime History*, Vol. XIV No.1, 2002.
Hall, Douglas. "The Flight from the Estates Reconsidered: The British West Indies, 1838-1842" in Hilary Beckles & Verene Shepherd (eds): *Caribbean Freedom. Economy and Society from Emancipation to the Present,* Princeton, 1996.
Hall, Nigel: "The Liverpool Cotton Market", *Transactions of the Historic Society of Lancashire and Cheshire,* Vol 149, 1999.
Harding, Richard; Jarvis, Adrian & Kennerley Alston (eds.): *British Ships in China Seas: 1700 to the Present Day* , Liverpool, 2004.
Hargest, George E. *History of Letter Post Communication between the United States and Europe, 1845-75.* Washington, 1971.
Harley, Charles Knick. "Coal Exports and British Shipping, 1850-1913" in *Explorations in Economic History*, Vol.26, Number 3, July 1989.
Harley, Charles K., "The shift from sailing ships to steamships, 1850-1890: a study in technological change and its diffusion" in Donald N. McCloskey(ed.), *Essays on a Mature Economy: Britain after 1840.* London, 1971.
Haws, Duncan. *Merchant Fleets, British India S.N. Co.* Hereford, 1991.
Haws, Duncan. *Merchant Fleets. French Line. Compagnie Générale Transatlantic.* Pembrokeshire, 1996.
Haws, Duncan. *Merchant Fleets. Messageries Maritimes.* Pembroke, 1998.
Haws, Duncan. *Merchant Fleets. Royal Mail Line & Nelson Line.* Sussex 1982.
Headrick, Daniel R.: *When Information Came of Age. Technologies of Knowledge in the Age of Reason and Revolution, 1700-1850.* Oxford, 2000.（塚原東吾・隠岐さや香訳『情報時代の到来――「理性と革命の時代」における知識のテクノロジー』法政大学出版局，2007）
Himer, Kurt. *75 Jahre Hamburg-Amerika Linie. Geschichte der Hamburg-Amerika Linie. 1. Teil: Adolph Godefroy und seine Nachfolger bis 1886.* Hamburg, 1922.
Hughes, Paul & Wall, Alan D. "The Dessiou Hydrographic Work: Its Authorship and Place" in *International Journal of Maritime History,* Vol. XVII, No. 2. St. John's,

2005.

Hyde, Francis E. Blue Funnel. *A History of Alfred Holt and Company of Liverpool from 1865 to 1914*. Liverpool, 1956.

Hyde, Francis E. *Cunard and the North Atlantic, 1840-1973. A history of shipping and financial management*. London 1975.

Hyde, Francis E. *Far Eastern Trade, 1860-1914*. Edinburgh 1973.

Hyde, Francis E. *Liverpool & the Mersey. The Development of a Port (An Economic History of a Port) 1700-1970*. Devon, 1971.

James, Lawrence: *Raj. The Making of British India*. London, 2003.

James, Lawrence. *The Rise and Fall of the British Empire*. London 2000.

Jarvis, Adrian. *Liverpool Central Docks 1799-1905. An Illustrated History*, Bath, Avon, 1991.

Jones, Maldwyn A. *Destination America*. Great Britain 1976.

Kallioinen, Mika. *Verkostoitu tieto. Informaatio ja ulkomaiset markkinat Dahlströmin kauppahuoneen liiketoiminnassa 1800-luvulla*. Helsinki 2003.

Karabell, Zachary. *Parting the Desert. The Creation of the Suez Canal*. London, 2004.

Kaukiainen, Yrjö. "Coal and Canvas: Aspects of the Competition between Steam and Sail, c. 1870-1914" in *Sail and Steam. Selected Maritime Writings of Yrjö Kaukiainen. Research in Maritime History*, No. 27. St. John's, 2004.

Kaukiainen, Yrjö. "Finnish sailors, 1750-1870" in Lars U. Scholl and Merja-Liisa Hinkkanen (eds), *Sail and Steam. Selected Maritime Writings of Yrjö Kaukiainen. Research in Maritime History* No. 27. St. John's, 2004.

Kaukiainen, Yrjö. *Sailing into Twilight. Finnish Shipping in an Age of Transport Revolution, 1860-1914*. Helsinki, 1991.

Kaukiainen, Yrjö. "Shrinking the world: Improvements in the speed of information transmission, c. 1820-1870". *European Review of Economic History*, 5. Cambridge, 2001.

Kemble, John Haskell. *The Panama Route 1848-1869*. South Carolina, 1990.

Kenwood, A.G. & Lougheed, A.L.: *The Growth of the International Economy 1820-1980*, London 1985.

Kieve, J. V. *Electric Telegraph. A Social and Economic History*, Devon, 1973.

Kludas, Arnold. *Record Breakers of the North Atlantic. Blue Riband liners 1838-1952*. London 2000.

Kurchan, Mario D. *Argentine Maritime Postal History*. Buenos Aires, 2002.

Laakso, Seija-Riitta. "Managing the Distance: Business Information Transmission between Britain and Guiana, 1840" in *International Journal of Maritime History*, XVI, No.2, December 2004.

Lamb, D.P. Lamb. "Volume and tonnage of the Liverpool slave trade 1772-1807" in Roger Anstey & P.E.H. Hair (ed.), *Liverpool, the African Slave Trade, and Abolition. Essays to illustrate current knowledge and research. Historic Society of Lancashire and Cheshire*, Chippenham 1989.

Large, Frank. *Faster than the Wind. The Liverpool to Holyhead Telegraph*, Great Britain, 1998.

Littler, Dawn. "The Earle Collection: Records of a Liverpool Family of Merchants and Shipowners", *Transactions of the Historic Society of Lancashire & Cheshire*, Vol. 146, Liverpool, 1996.

Lubbock, Basil: *The Western Ocean Packets.* Glasgow, 1925.

Ludington, M.H. - Osborne, G. *The Royal Mail Steam Packets to Bermuda & the Bahamas 1842-1859.* London, 1971.

MacGregor, David, R. *The Tea Clippers.* London, 1952.

MacGregor, David: "The Tea Clippers, 1849-1869" in Harding, Richard, Jarvis, Adrian & Kennerley Alston (eds.): *British Ships in China Seas: 1700 to the Present Day.* Liverpool, 2004.

Marriner, Sheila. *Rathbones of Liverpool 1845-73.* Liverpool 1961.

McCullough, David. *The Path between the Seas. The creation of the Panama Canal 1870-1914.* New York.

McCusker, John J. "New York City and the Bristol Packet. A chapter in eighteenth-century postal history", in McCusker, John J. *Essays in the Economic History of the Atlantic World.* London, 1997.

McCusker, John J. "The Business Press in England before 1775", in McCusker, John J. *Essays in the Economic History of the Atlantic* World. London, 1997.

McCusker, John J. "The Demise of Distance: The Business Press and the Origins of the Information Revolution in the Early Modern Atlantic World. *The American Historical Review,* Vol. 110, Number 2, April 2005.

McCusker, John J. "The Italian Business Press in Early Modern Europe", in McCusker, John J. *Essays in the Economic History of the Atlantic World.* London, 1997.

McKay, Richard. *Some Famous Sailing Ships and Their Builder Donald McKay.* New York, 1928.

Middlemiss, Norman L.: *Merchant Fleets. P & O Lines.* Great Britain, 2004.

Milne, Graeme J. "Port Politics: Interest, Faction and Port Management in Mid-Victorian Liverpool", in Lewis R. Fischer & Adrian Jarvis, *Harbours and Havens: Essays in Port History in Honour of Gordon Jackson. Research in Maritime History* No. 16, St. John's 1999.

Milne, Graeme J.: "Knowledge, Communications and the Information Order in Nineteenth-Century Liverpool", *Forum: Information and Marine History. International Journal of Maritime History,* Vol. XIV No.1, 2002.

Milne, Graeme J.: *Trade and Traders in Mid-Victorian Liverpool. Mercantile business and the making of a world port.* Liverpool, 2000.

Moubray, Jane & Moubray, Michael: *British Letter Mail to Overseas Destinations 1840-1875.* Royal Philatelic Society London, 1992.

Murray, Marischal. *Union-Castle Chronicle 1853-1953*. Glasgow 1953.
Nicol, Stuart. *A history of the Royal Mail Line*. Vol. one & two. Great Britain 2001.
Ojala, Jari. "The Principal Agent Problem Revisited: Entrepreneurial networks between Finland and 'world markets' during the eighteenth and nineteenth centuries" in Margrit Schulte Beerbühl and Jörg Vögele (eds.) *Spinning the Commercial Web. International Trade, Merchants, and Commercial Cities, c. 1640-1939*. Frankfurt-am-Main, 2004.
Ojala, Jari. *Tehokasta toimintaa Pohjanmaan pikkukaupungeissa. Purjemerenkulun kannattavuus ja tuottavuus 1700-1800-luvulla*. Helsinki 1999.
O'Rourke, Kevin H. & Williamson, Jeffrey G. *Globalization and History. The Evolution of a Nineteenth-Century Atlantic Economy*, Massachusetts, 2000.
Palmer, Sarah. "Port Economics in an Historical Context: The Nineteenth-Century Port of London", *International Journal of Maritime History*. Vol. XV No. 1, June 2003.
Pawlyn, Tony. *The Falmouth Packets 1689-1851*, Truran, Cornwall, 2003.
Pearson, Michael. *The Indian Ocean,* London & New York, 2003.
Philips, C.H. *The East India Company 1784-1834.* Manchester, 1968.
Pietiäinen, Jukka-Pekka. *Suomen Postin historia* I-II. Helsinki 1988.
Pond, E. Le Roy. *Junius Smith: A biography of the father of the Atlantic liner.* New York 1927.
Pred, Allan R. *Urban Growth and the Circulation of Information: The United States System of Cities, 1790-1840*. Harvard University Press, Cambridge, Massachusetts 1973.
Rabson, Stephen: "P&O and the Far East since 1845" in Harding, Richard, Jarvis, Adrian & Kennerley Alston (eds.): *British Ships in China Seas: 1700 to the Present Day.* Liverpool, 2004.
Reid, James D. *The Telegraph in America.* New York, 1886.
Ringström Sigurd & Tester, H.E. *The Private Ship Letter Stamps of the World. Part 1. The Caribbean.* Trelleborg.
Risberg, Einar. *Suomen lennätinlaitoksen historia 1855-1955*. Helsinki 1959.
Robertson, Alan W.: *A History of the Ship Letters of the British Isles.* An Encyclopaedia of Maritime Postal History. Bournemouth 1955.
Robinson, Howard: *Carrying British Mails Overseas*. London, 1964.
Robinson, Howard: *The British Post Office,* Princeton, 1948.
Rowe, Kenneth. *The Postal History of the Forwarding Agents.* United States, 1984.
Safford, Jeffrey J. "The decline of the American merchant marine, 1850-1914". An historiographical appraisal. In Fischer, Lewis R. & Panting, Gerald E.(ed.), *Change and Adaption in Maritime History. The North Atlantic Fleets in the Nineteenth Century.* Maritime History Group. Memorial University of New Foundland, 1985.
Samhaber, Ernst. *Merchants Make History. How trade has influenced the course of history throughout the world*. New York, 1964.

Scholl, Lars U. "New York's German Suburb: The Creation of the Port of Bremerhaven, 1827-1918" in Fischer, Lewis R. & Jarvis, Adrian,(ed.), *Harbours and Havens: Essays in Port History in Honour of Gordon Jackson. Research of Maritime History* No 16, 1999.

Sidebottom, John K. *The Overland Mail. A Postal Historical Study of the Mail Route to India*, Perth, Scotland, 1948.

Sloan, Edward W. "The First (and Very Secret) International Steamship Cartel, 1850-1856", in Starkey, David J. & Harlaftis, Gelina (ed.), *Global Markets: the Internalization of the Sea Transport Industries since 1850. Research in Maritime History, No. 14.* St. John's, 1998.

Staff, Frank. *The Transatlantic Mail.* Massachusetts, 1980.

Stammers, Michael K. *The Passage Makers.* Brighton, 1978.

Starkey, David & Harlaftis, Gelina (ed.), *Global Markets: the Internalization of the Sea Transport Industries since 1850. Research in Maritime History, No. 14,* St. John's, 1998.

Steele, Ian K. *The English Atlantic 1675-1740. An Exploration of Communication and Community.* London, 1986.

Steele, James, *Oueen Mary.* Hong Kong, 1995.

Thorner, Daniel. *Investment in Empire: British railway and steam shipping enterprise in India, 1825-1849.* Philadelphia, 1950.

Tommila, Päiviö: "Havaintoja uutisten leviämisnopeudesta ulkomailta Suomeen 1800-luvun alkupuolella", *Historiallinen Aikakauskirja vol. 81,* No.1, 1960.

Tyler, David Budlong. *Steam Conquers the Atlantic.* New York 1939.

Valtonen, Pekka. *Latinalaisen Amerikan historia.* Helsinki 2001.

Vaughan, Adrian. *Railwaymen, Politics and Money. The Great Age of Railways in Britain.* London, 1997.

Williams, David M.: "Abolition and the Re-Deployment of the Slave Fleet, 1807-1811". *In Merchants and Mariners: Selected Maritime Writings of David M. Williams. Research in Maritime History No. 18.* St. John's, 2000.

Williams, David M.: "Liverpool Merchants and the Cotton Trade 1820-1850". In *Merchants and Mariners: Selected Maritime Writings of David M. Williams. Research in Maritime History* No. 18. St. John's, 2000.

Winter, Richard F. *Understanding Transatlantic Mail,* Vol.1. American Philatelic Society, Bellefonte, PA, 2006.

Woods, Oliver & Bishop, James. *The Story of The Times,* London 1983.

Wright, Charles & Fayle, C. Ernest. *A History of Lloyd's, from the Founding of Lloyd's Coffee House to the Present Day.* London 1928.

Yates, JoAnne. "Investing in Information: Supply and Demand Forces in the Use of Information in American Firms, 1850-1920" in Peter Temin(ed.), *Inside the Business Enterprise. Historical Perspective on the Use of Information.* Chicago 1991.

Internet:
http://www.pbbooks.com/webfa.htm

索　引

ア　行

アイリッシュ海　84
アイリッシュ・ゴールウェイライン　189
アウトソーシング　85, 108, 114, 501
アカディア号　104, 105, 109-11, 113
アカプルコ　350
アークティック号　141, 147, 148, 157, 174, 204
アジア号　140, 145, 146, 152, 157, 159, 215, 222, 389, 390
アステル号　389, 390
アスピンウォール　334, 336, 349, 352
アデン　32, 430, 445, 452, 454, 458, 460, 461, 467, 475, 477-79, 497, 498, 519
アドリアティック号　148, 151, 161, 164, 189, 203, 211, 222
アーネル　52, 235
アバディーン　467
アビシニア号　201
アフリカ号　145, 146, 352
アヘン　382, 393, 445, 448, 453, 479
アヘン戦争　382
アヘン戦争（第二次）　453
アホヴェナイネン，ヨルマ　376, 498
アホネン，カレヴィ　19, 24
アマゾン号　116, 308
アミティ号　65, 70
アムステルダム　21
アメリカ議会　11, 139, 140, 146, 148, 151, 159, 166, 241
アメリカ号　81, 115, 145, 174, 207, 357
アメリカ商務会議　109, 110
アメリカ独立革命　46

アメリカ郵政省　160, 186
アメリカン・インターナショナル・オーシャン電信会社　364
「アメリカンニュース」　131
アラビア湾　419
アリエル号　175, 179
アール，ウィリアム　251, 252, 256, 299-301
アール，トマス　255
アルティガ家　323
アルゴ号　168, 169
アルジェリア号　201
アルゼンチン　282, 285, 320, 322-24, 372, 376, 377
ロバート，アルビオン　56, 60, 64, 68, 70, 121, 124, 131, 137, 146
アルビオン号　67, 70
アルプス号　151
アレクサンドリア　32, 103, 237, 345, 417, 418, 420, 430, 431, 433-35, 437, 438, 452, 454, 460, 470-73, 477-79, 482, 488, 490, 491, 496-99, 510, 511
アレッポ　418
アン号　65, 66, 74, 97, 217, 274, 288, 340, 464, 467
アン＆ジェイン号　255, 259
アンカーライン　187, 209, 217
アンダーライター　17, 65, 266, 411
アンティグア　296, 303, 365
アンデス　346
アンデス横断電信会社　377
アントウェルペン　87, 203, 231, 518
イオニア諸島　430
イシス号　303
イスタンブル　86
イズメイ，トマス・ヘンリ　203
イタリア　21, 184, 237, 453, 489, 490,

索　引

491
イタリア・ラヴァレロライン　372
一等船室　105, 121, 136, 177, 202, 306, 516
イベリア半島　103, 432
イーモント号　412, 413, 415, 424
イングランド銀行　60, 287
イングランド号　123, 124
インターネット　23, 129, 514, 527
インディアン　217, 360
インディオ　346, 401, 410, 490
インディペンデンス号　81, 124
インド・ゴム・ガッタパーチャ電信会社　377
インド省記録局　421, 425
インド大反乱　453, 513
インドネシア　21, 22
インマンライン　15, 157, 184–86, 189–98, 200, 201, 203, 216, 217, 224, 241, 242
ヴァージニア　30, 31, 124, 358
ヴァージニア号　124
ヴァンダービルト　175–79, 181, 186, 187, 190, 216, 241, 355–58
ヴァンダービルト，コルネリウス　175, 176, 179, 186, 355
ヴァンダービルト・インディペンデントライン　356
ヴァンダービルト号　177–79, 181
ヴァンダービルト・ヨーロッパライン　355
ヴァン・ディーメンズランド　392, 399, 461
ヴィクトリア（女王）　7, 17, 19, 239, 462, 470, 519
ヴィクトリア時代　7, 17, 19
ウィリアムズ，ダニエル　323–25, 342, 371
ウィリアム・フェアリー号　405
ウィンター，リチャード　14
ウィンチェルシー号　389, 390
ウィーン　25

ウィンチェルシー号　389, 390
ウェリントン号　411
ヴェーゼル川　165, 166
ウォールストリート　234
ウジョニー皇后号　335
ヴェクティス号　471
ウルグアイ　282, 285, 322–24, 341, 342, 369, 376
HMS　306, 433, 437, 445
HMS・アガメムノン号　238
HNB・ホーネット号　345
英仏海峡　33, 56, 228, 237, 353, 435, 477, 491, 496, 499, 510, 515
英領ギニア　249, 251
駅馬車　360
エクアドル　346, 348
エクアドル号　348, 349
エクスプレスサーヴィス　175
A・C・ロッシール社　129
エジプト　32, 227, 417, 419, 430, 432, 435, 437, 439, 441, 449, 453, 454, 466, 482, 487, 489, 509–11
エストラドゥーラ号　340, 343
エッケレ　227
エーデルクランツ，ニクラス　227
エミュー号　467, 472–74, 498
エリクソン号　151
エレクトリック＆インターナショナル電信会社　232
エレンバラ　420, 421, 424
エロー商船ライン（大西洋横断総合汽船会社）　137, 204
遠隔用視覚通信　227–29, 231, 414
エンタ号　242
エンタープライズ号　417
エンパイア号　123
オクスフォード号　123
オーシャンライン　138, 143, 146, 147, 164–66, 168, 169, 171, 172, 174, 176, 179
オーステンデ　237, 382, 432
オーストラリア　6, 13, 15, 103, 115,

索　　引　　　　　　　　545

　　　　195, 203, 205, 294, 323, 360, 385, 392,
　　　　397-99, 401, 407, 431, 439, 452-54,
　　　　459-68, 470-80, 493, 497, 502, 503,
　　　　511, 512, 519, 521, 526, 527
オーストラリアメールライン　　464
オーストラリア・ロイヤルメール汽船会
　　社　　463
オーストラリアン号　　464
オデッサ　　497
オネイダ号　　466
オハイオ会社　　234
オマハ　　360
オームズカーク　　323, 325
オールバニー　　57, 84, 234
オヤラ，ヤリ　　7, 19, 525
オランダ　　21, 86, 202, 203, 237, 251,
　　382, 398
オリエンタル号　　32, 438
オリヴァー・クロムウェル号　　467
オリンピック号　　207, 517, 519

カ　行

海軍省（イギリス）　　7, 32, 36, 95-100,
　　102, 103, 105, 107, 108, 114, 158, 228,
　　241, 278-82, 285, 288-90, 295, 298,
　　305, 318, 319, 380, 381, 429, 430, 432,
　　434-38, 443, 449, 452, 473, 509, 510
海事情報　　4, 27, 30, 36, 40, 63-65, 265,
　　266, 272, 287, 302, 348, 385, 389, 395,
　　398, 402-05, 408, 409, 411, 414, 415,
　　428, 494
海上保険　　25, 70, 399, 526
海上郵便　　160, 176, 177, 186, 196-98,
　　241, 444, 477
海上郵便料金　　160, 177, 186, 196-98
海底ケーブル　　4, 12, 231, 232, 234,
　　237, 364, 365, 376-78, 380, 496, 497,
　　498, 501, 505, 512, 514
海洋航海用汽船ライン　　169
外輪船　　88, 165, 166, 177, 194, 205, 215
カウキアイネン，イルヨ　　3, 4, 23, 34,
　　　527
カウズ　　87, 168, 172
カーク　　323, 325, 433, 435, 466, 483,
　　491, 498, 520
火災保険　　25
カースルライン　　489, 495
カーター，ウィリアム　　263, 299, 300,
　　311
ガッタパーチャ　　234, 238, 376, 377,
　　498
カトラー　　36, 61, 63, 68, 83, 131, 134,
　　354, 361
カナダ号　　115, 145
カナディアン・アランライン　　186
カニング子爵　　207
カフネルズ号　　389, 390
カプハイティウン　　254, 255
カヤオ　　344, 345, 348, 349, 353, 368,
　　378
カラチ　　460, 491, 496
カリオイネン，ミカ　　19
カリフォルニア　　6, 342, 349, 350, 352,
　　3 54-56, 358, 451, 476, 507
カリブ海　　36, 44, 249, 251, 258, 290,
　　294, 295, 296, 302, 307, 308, 317, 318,
　　332, 334, 340, 364, 365, 475, 482, 505,
　　506, 526
カルカッタ　　4, 32, 33, 103, 381, 386,
　　387, 391, 392, 395, 396, 400-02, 404,
　　407-10, 412-15, 417, 419, 421, 422,
　　424, 425, 428, 430-33, 435, 437, 439,
　　441-45, 447-49, 452, 454, 460, 464,
　　475-80, 483, 487, 491, 493, 509-12
カルタヘナ　　286, 296, 307, 345, 347,
　　348
カレー　　33, 84, 435, 491, 510, 511
カレドニア号　　104-06, 113, 301, 404
為替手形　　7, 23, 24, 25, 60
カントリー船　　393, 405
「カントン・プレス」　　447, 448
ギアナ　　15, 250, 251, 253, 254, 258,
　　259, 261, 262, 264-71, 273, 276, 277,

296, 297, 305, 308, 311, 316, 336, 366
ギアナ号　258, 259
キエフ　497
ギエンヌ号　340
ギオンライン　187, 198, 200
ギズボーン　237
汽船ライン　115, 121, 164, 169, 184, 187, 195, 202, 216, 217, 294, 361, 368, 435, 489, 508
北ドイツロイド（NDL）　11, 107, 130, 186, 187, 190, 192, 193, 195, 196, 198, 224, 517, 539
ギブズ, ヴァーノン　294
喜望峰　294, 382, 383, 385, 386, 395, 398, 410, 416-19, 449, 460, 461, 463, 467, 474, 494, 509, 511
キャメロン号　259, 260
キャラバン　439, 482
キューナード, サミュエル　207
キューナードライン　11, 15, 33, 37, 77, 99, 100, 102, 103, 105-07, 111-16, 122, 123, 127, 129, 133, 136, 139, 141, 143, 145, 147, 148, 152, 157-64, 171, 174, 175, 177-79, 189-98, 200-02, 204, 205, 211, 215, 217, 219, 220, 224, 241, 277, 290, 293, 295, 308, 331, 343, 352, 363, 438, 465, 491, 493, 495, 501-05, 514, 516-18
キューバ　24, 128, 286, 331, 349, 364, 365
キューバ海底ケーブル会社　365
キュリー, ドナルド　495
金貨　60, 489
銀貨　60, 489
キングジョージ湾　463, 475
キングストン　336, 347, 363, 365
キングストン市号　87
キングフィッシャー号　75
グアドループ　337, 365
クィーン・オブ・ザ・ウェスト号　133
クィーンズタウン　190-92, 194, 196-98, 200-03, 205, 208, 215, 219, 225, 242, 343
クィーンズベリー号　75
クライデ号　300, 303, 305
クライド川　84
クラサオ　296, 305, 307, 347
クラサオ号　87
グラス・エリオット社　496
グラスゴー　99, 187, 239, 257, 258, 260, 264-66, 268-72, 294, 352, 377, 398, 400, 404, 414, 489, 518
グラスゴー市号　157, 185, 299, 303, 305
グラナダ　254, 347, 365
グランド号　81, 123, 124
グリッセルハム　227
クリッパー船　36, 47, 81, 116, 354, 361, 448, 450-52, 463, 465, 466, 494, 507
グリネル・ネンターン商会　68
クリミア戦争　91, 148, 158, 163, 166, 175, 186, 204, 227, 327, 452, 453, 465, 466, 502, 512, 513
クーリル号　63, 66
グレイ, マシュー　377
グレーヴセンド　270, 384, 389, 390, 402, 409, 411
グレートイースタン号　181, 209, 243, 515
グレートウェスタン汽船会社　88
グレートウェスタン号　88-93, 95, 99, 100, 106-08, 112, 113, 115, 127, 136, 179, 207
グレートブリテン号　112, 113, 115, 136, 185, 465, 472
グレートヤーマス　228
グレナダ　253-55, 257, 294, 296, 297, 305, 331, 347, 348
クレーユ　491
クレーン号　288
クロッパー・ベンソン商会　62
クロリンダ号　414

索　引　547

携帯電話　514
消印　16, 29, 32, 160, 259, 261, 299,
　　314, 325, 353, 362, 422, 431, 460
ケープ　99, 103, 147, 185, 254, 257,
　　274, 360, 368, 385, 386, 395, 404, 405,
　　419, 434, 441, 450, 464, 470, 475, 476,
　　487, 493-95, 509, 511
ケープタウン　103, 386, 441, 494
ケープブレトン鉱山　99
ケープヘンリ　254, 274
ケープ・レシフェ　386
毛織物　61, 62
ケベック　78, 87, 97, 99, 103, 186, 217
ゲール，ヘンリ・ウェインライト
　　172
ケンジャリー　412
紅海　239, 294, 417-20, 429, 435, 439,
　　473, 497, 498
広州　294, 382, 385-87, 389, 405, 4
　　06, 416, 437, 445, 447, 448, 510, 511
香料　381, 382
護衛船　48
コーカサス　497
コーク　41, 48, 89, 90, 98, 190
国際収支　25
国際電話　514
ゴシャウク号　252
コッセイール　430
コーニング湾　409
コーヒー　24, 245, 246, 258, 321, 323,
　　401
コーヒーハウス　21, 28, 42, 43, 273
小麦粉の三角形　57
米　9, 11, 13-15, 36, 40, 43, 46, 51, 57,
　　81, 97, 103, 105, 164, 168, 205, 208,
　　218, 233, 236, 249, 273, 278, 279, 286,
　　290, 292-94, 296, 307, 308, 318-24,
　　326-29, 331, 336, 339, 342, 344, 346,
　　349, 350, 353-55, 361, 363, 365, 367,
　　368, 371, 372, 375-78, 380, 382, 385,
　　389, 393, 402, 470, 482, 483, 485, 487,
　　490, 491, 493, 499, 501, 502, 505, 506,
　　511, 512
ゴムブルーン　418
コランナ　303
コリンガ　410, 411
コリンズ，エドワード　140, 141, 147,
　　181
コリンズライン　15, 139-43, 145-49,
　　151, 152, 157-61, 163-65, 168, 169,
　　171, 174-79, 181, 186, 189, 195, 203,
　　210, 211, 220, 222, 241, 308, 351, 464,
　　504, 514, 516
コリンティアン号　74
ゴール　6, 32, 189, 190, 203, 349, 354,
　　355, 441, 449, 450, 458, 461, 462, 467,
　　475-80, 483, 487-89, 499, 507, 510-
　　12, 521
ゴールウェイライン　189, 190
コルデリア号　427
コールドストリーム号　390
ゴールドラッシュ　6,
ゴールドラッシュ（カリフォルニア）
　　349, 355, 507
ゴールドラッシュ（オーストラリア）
　　203, 512
コルフー　430
コロマンデル　386, 411
コロン　81, 83, 104, 105, 111, 113, 123,
　　130, 145, 151, 286, 287, 334, 336-38,
　　342, 346, 347, 349, 350, 352, 353, 355-
　　57, 398, 470, 477, 480, 487, 507, 519
コロンビア号　104, 105, 111, 113, 123,
　　130, 145, 151, 470
コロンブス号　81, 83, 287
コンウェイ号　128
コンデ・ド・パトメラ号　87

サ　行

サイドボットン　395, 431
サイドレバーエンジン　181
サイラス・リチャーズ号　70, 81
サヴァンナ号　86, 90, 417

548　　　　　　　　　　　索　引

サウスカロライナ　　31, 46, 183
サクラメント　　358
サザンプトン　　98, 110, 128, 138, 164, 166, 168, 171, 172, 174-78, 186, 190-92, 194, 196, 198, 205, 225, 242, 295, 296, 308, 310, 311, 313, 317, 318-20, 325, 328, 332, 334, 335, 341, 343, 348, 349, 352, 353, 364, 369, 379, 417, 438, 441, 444, 452, 454, 455, 457, 458, 460, 464, 467, 468, 470, 471, 473, 477, 478, 480, 482, 495, 498, 511, 518, 519
サンド・ヘッズ　　409, 424
砂糖　　20, 24, 57, 59, 137, 138, 250, 251, 294, 365-67, 391, 398, 399, 401
サー・ハーバート・コンプトン号　　448
サマリア号　　200
サミュエル・ブラウン号　　408, 414
サラ・サンズ号　　136, 185
サルディーニャ　　237
サレ，レイモンド　　286, 331, 334, 371, 483, 523
サン・ヴィセンテ島　　318
サン・クロア　　297
サンド・ヘッズ　　409, 424
サンティアゴ　　346, 365, 377
サンティアゴ・デ・キューバ　　365
サン・ディエゴ　　350
三等船室　　116, 136, 184-86, 192, 195, 200-03, 205, 206
サンドバック・ティン社　　250, 261, 314, 316, 366
サンドバック号　　258
サン・ドマング　　307
サン・ナゼール　　331, 332, 334, 336-39
サンピエール　　334
サンファン川　　355
サンフランシスコ　　125, 349-56, 358, 360, 451, 507, 511, 523
シャイア・ライン　　489
ジャーディン・マセソン商会　　489

ジャクメル　　286, 307
ジャスク　　496
ジャマイカ　　48, 49, 87, 251, 266, 286, 287, 296, 301, 302, 306, 307, 336, 345, 347, 348, 353, 363, 365
ジャーマニック号　　207, 215, 216, 515
ジャーマンライ　　241
ジャワ　　385, 387, 437
上海　　477, 478, 480, 483, 485, 486, 488, 492, 493, 498, 511, 519-21, 522, 523
ジェイムズ・シブボールド号　　408-10
ジェネラル・ギャスコイン号　　414
ジェネラル・スクリュー社　　464
ジェノヴァ　　372
ジェームズ・ボインズ号　　465
ジェームズ・モンロー号　　62, 63, 65
シェリダン号　　83, 111
シェルトン・ブラザーズ社　　129
シェルブール　　137, 364, 518
ジョージア号　　129
地金　　43, 49, 60, 116, 184, 255
シチア号　　201
シッスル号　　267, 271
ジッダ　　472, 473
シドニー　　36, 99, 100, 294, 399, 407, 414, 460, 461, 463, 464, 467, 468, 470, 471, 474, 475, 478-80, 491, 502, 511
シーメンス，ヴェルナール・フォン　　497
シモンズ，ヘンリ・エルド　　323, 324, 470-72
シベリア号　　200
商品価格書　　21
商品集散地　　51, 57
情報伝達　　3, 4, 6-10, 13, 14, 16, 17, 19, 20, 25-29, 31-34, 38, 49, 52, 54, 61, 65-67, 70, 74, 76, 79, 93, 113, 116, 127, 131, 162, 164, 175, 189, 193, 198, 220, 225, 228, 229, 245, 249, 250, 252, 260, 264, 266, 268, 273, 285, 287, 308, 313, 319, 329, 331, 337, 341, 360-62,

索　引

364, 375-81, 391, 396, 403, 405, 406,
413, 416, 417, 419, 420, 424, 429, 435,
437, 441, 443, 447, 449, 452, 460, 468,
491, 493, 498, 499, 501, 505, 507, 508,
510-14, 525-27
情報のフロー　　7, 20, 35, 326
諸島間航海　　274, 298, 311, 314, 506
ジョン・オゴーント号　　448
ジョン・L・スティーブンズ号　　352
ジョン・ウェルズ号　　74, 76
ジョン・ジェイ号　　81
ジョン・テイラー号　　427
ジョン・ホロックス号　　256
シリア　　429, 430
シリウス号　　88-91, 97, 98, 183, 207,
515, 518
私掠　　48, 49, 51, 56, 61, 279
ジロング　　470-73
シンガポール　　103, 398, 412, 414-16,
425, 437, 441, 445, 449, 450, 452, 460,
461, 463, 477, 478, 483, 497, 521
スイフト号　　260
スウェーデン　　86, 227, 228, 231, 382
スエズ　　11, 32, 103, 345, 395, 417-20,
430-34, 437, 438, 439, 441, 443, 444,
449, 451-54, 457, 460, 466-68, 470,
472, 473, 475-80, 482, 483, 486-88,
490, 491, 498, 499, 510, 511, 513
スエズ運河　　454, 480, 487, 489, 490,
519, 523
スエズ地峡　　4, 511
スカイラーク号　　288
スカンプ　　435, 444, 445, 447, 449
スキナー，トマス　　489
スクリュー　　113, 136, 184-86, 194,
195, 205, 218, 219, 316, 326, 327, 331,
335, 340, 367, 464, 465, 476-79, 493
スコーシア号　　194, 211, 241, 242
スコットランド　　184, 294, 344, 377,
382, 432
スタッフ，フランク　　65, 68, 83, 97,
131, 137, 148, 217

スタンマーズ，マイケル・K　　462
スプリングフィールド　　234
スティール，イアン・K　　3, 20, 34, 35,
206, 272, 276
スネルマン，ヨハン　　83
スペイン銀　　24
スマトラ　　387
スミス，ジャニアス　　183
スラート城号　　389, 390
スリナム　　298, 307
スルタン号　　412
スワローテールライン　　68, 81, 124
スンダ海峡　　398, 405
正貨　　24, 43, 60, 68, 97, 116, 184, 255,
287, 321, 342, 358, 361, 402, 489
セイロン　　32, 382, 386, 387, 398, 419,
439, 441, 475, 476, 478, 499, 510
セイロン号　　476, 477
石炭　　9, 33, 59, 87, 89, 99, 106, 110,
137, 158, 159, 166, 168, 177, 184, 195,
218, 303, 305, 321, 323, 328, 367, 417,
419, 438, 439, 441, 445, 452, 464, 466,
488, 489, 498
セポイ反乱　　239
セント・ヴィンセント　　297, 300, 322,
331, 365, 369, 389
セント・ヴィンセント伯号　　389
セントジョージ郵便汽船会社　　98
セント・ジョージ要塞　　381
セントジョゼフ　　358
セント・ジョン　　189, 235, 401
セント・ヘレナ島　　385, 389, 390, 393,
405, 410, 441, 493
セント・ルイス　　358
セント・ルシア　　331, 365
セントラル・オーヴァーランド会社
358
セント・ロレンス川　　99, 103
船舶託送郵便　　78, 90
総合北大西洋会社　　331
総合スクリュー汽船海運会社　　493
サシエテ・ジェネラル（SGTM）　　372,

550　　　　　　　　　索　引

　　　373
ソーヌ川　86
ソルウェイ号　300, 303
ソルトレークシティ　358

タ 行

大西洋横断ケーブル　189, 238, 239-41, 244, 248
大西洋横断航海　87, 91, 95, 97, 99, 106, 110, 121, 162, 163, 168, 178, 184, 257, 274
大西洋ケーブル　181, 222, 236, 237, 238, 499, 512, 518
大西洋往復航海　123, 151, 152, 159, 169
大西洋電信会社　238, 240
タイタニック号　204, 207, 516, 517
太平洋横断ルート　461
太平洋汽船航海会社　294, 346-48, 350, 353, 368-75, 377, 378
太平洋郵便汽船会社　350, 353, 465, 523
大洋汽船会社　489
タイラー　90, 99, 138, 158, 182, 183
大陸横断鉄道　349, 358, 360
タイン号　353
ダウンズ　384, 414
卓越風　4, 48, 67, 81, 258, 278, 290, 320, 385, 502
タクシス　165
ターク諸島　297, 301, 307
タスマニア号　334
ダタフィールド会社　358
タバコ　20, 24, 164
ダービー伯　240
ダブリン　84, 85, 91, 190, 432
ダブリン市郵便汽船会社　91
ターベル，コリン　36, 41, 435, 437, 465
ダマー，エドムンド　276
タンピコ　128, 278, 286-88, 295, 331,

　　　336
チェサピーク　20, 67
チチェスター伯爵夫人号　54
茶　24, 36, 48, 116, 183, 323, 354, 382, 450-52, 463, 490, 494
チャップマン号　389
チャグレス　307, 344-50
チャネル諸島　265, 276
チャールストン　22, 46, 244, 307, 350
中国貿易独占権廃止　391
チュサン号　463, 464
長距離貿易　25
ツィード号　302, 303
通関証書　28
通過郵便印　253
通信スピード　13, 25, 41, 95, 307, 326
ツールーズ　334
ティエール　136
定期運行　43, 51, 56, 92, 158
定期航海　56, 527
定期航路　59, 67, 114, 116, 131, 521
ディグビー　235
テイ号　296, 301-03, 306, 307
ディー号　123, 301, 302,
帝国海運　205, 331, 339-43, 367, 371, 372, 482, 483, 486, 492, 507, 511, 522, 523
テイト社　368, 389
ティフリス　496
ティリアン号　97, 274, 288
ディール　41, 258-60, 270, 384, 385, 402, 414
テヴィオト号　303
手形引受　23
鉄道　3, 4, 9, 11, 33, 55, 65, 88, 89, 99, 127, 165, 172, 179, 182, 205, 225, 229, 230-33, 252, 295, 322, 332, 337, 341, 343, 349-54, 358, 360-62, 370, 373, 431, 434, 435, 452, 454, 458, 460-62, 480, 482, 487, 489-92, 501, 502, 507, 508, 510, 511, 513, 514, 519, 521, 523
テネリフェ　278, 322, 328

索　引

テヘラン　496, 497
テムズ川　270
テムズ号　296, 301-03, 305, 307
デメララ　250, 252, 253, 256-58, 263-72, 282, 295-300, 302, 303, 306, 308, 310, 311, 313, 314, 316, 317, 365, 367, 505
デンヴァー　360
電気電信　4, 11, 230-33, 235, 236, 239, 242-44
転送印　127
転送代理商　129
ドイツ諸邦　165, 187, 227
ドーヴァー　41, 228, 237
陶器　59
ドゥギルド, ポール　235
トゥルク　19, 227
トゥルミン　460, 461
トゥルン　165
トバゴ　253-55, 257, 299
トマス＆ウィリアム・アール商会　250, 252, 254, 256, 257, 264, 314
ドラマティックライン　79, 80, 83, 111, 121, 131, 139
トランスアトランティック汽船会社　91
トリニダード　251, 253-55, 257, 305, 331, 365
奴隷制　183, 251, 265
奴隷貿易　58, 59, 250, 251, 321
奴隷貿易商人　251, 321
トレス海峡　461
トレント号　301, 307, 353

ナ　行

ナイアガラ号　33, 115, 145, 238
長崎　520-22
ナタール　494
ナッサウ　297, 299, 301, 303, 306-08
ナポリ　25, 97, 491
ナポレオン3世　340
ナポレオン戦争　13, 95, 248, 382, 387, 396, 430
ナント　42, 331
難破　10, 56, 60, 70, 124, 125, 145, 157, 203, 204, 217-19, 230, 399, 411-14, 422, 487
南北戦争　11, 106, 148, 169, 171, 179, 182, 187, 189, 205, 211, 241, 248, 342, 354, 358, 451, 508, 513
ニカラグア　176, 294, 307, 347, 355, 356, 358, 361
ニカラグア湖　355
西インド・パナマ電信株式会社　364
二等船室　136, 177, 200, 202, 203, 306
ニューオルレアン　22, 61, 79, 127, 128, 129, 139, 165, 234, 240, 307, 349, 350, 355
ニューカースル　48
ニューギニア　385
ニューグレナダ　347, 348
ニューサウスウェールズ　294, 399, 460, 462
ニューファンドランド　147, 189, 236, 237, 239, 242, 243, 248, 377
ニューブランズビック州　235
ニューヨーク号　81
ニューヨーク＆リヴァプール・ユナイテッドステーツ郵便汽船会社　139
「ニューヨーク・ヘラルド」　352
ニューヨーク郵便汽船会社　171
ニューライン　67, 121-23, 131
ネイピア, ロバート　99, 102
ネヴァダ　358
ネヴィス　303
ネストル号　70
粘性ゴム　59
ノヴァ・スコーシア　11, 87, 97-99, 103, 123, 241, 242, 248, 307
ノーススター号　175, 179
ノータム号　474, 498
ノルマンディー号　123

ハ 行

ハイチ　253, 254, 274, 276, 277, 286, 307, 353, 363
ハイド，フランシス・E　61
バイヨンヌ　41
ハウ，ジョゼフ　97
ハウストンネ J・M　251, 252, 255-58, 260-62
パウハタン号　157
パーカー号　271
バグダード　418, 496
ハージェスト，ジョージ　178, 218
ハジェルティ，シェリリネ　18
パシフィック号　66, 141, 148, 149, 152, 157, 158, 161, 203, 204, 210
バスラ　418, 491
バタヴィア　201, 387, 388, 398, 401, 412, 452
バタヴィア号　201
バーデン　165
ハドソン　14, 62, 234
ハドソン，ウォルター　14
パトリオット・キング号　415
パトリック・ヘンリ号　81, 120, 124
パナマ　13, 29, 294, 307, 334-37, 342, 343, 346-56, 358, 360, 361, 364, 365, 378, 451, 461, 465, 480, 502, 507, 508, 511, 513, 523
パナマ運河　334, 344, 361, 523
パナマ号　335
パナマ地峡　4, 307, 342, 345, 347, 349, 350, 352, 353, 355, 361, 508, 511
パナマ鉄道　350, 352, 507
パナマ郵便汽船会社　352
HAPAG（ハンブルク-アメリカライン）　184, 186, 190, 192, 193, 195, 196, 198, 205-07, 220, 242, 362, 364, 517, 519
ハバードとウィンター　37, 192, 200, 201, 218, 219
ハバナ　24, 128, 129, 286-88, 292, 296, 301-03, 305, 307, 308, 348, 350
バヒーア　278, 279, 281, 318, 322, 368, 369, 372, 376
ハブ　15, 165, 307, 314, 419, 475, 478, 479
バブコック　122, 141
バミューダ　43, 46, 51, 52, 54-56, 64, 77, 97, 98, 277, 290, 297, 298, 301-03, 306, 308, 348, 363
バーミンガム　127, 230
パラナ号　353
パラマリボ　298, 307
パリ　24, 25, 125, 205, 207, 231, 334, 374, 409, 411, 496
ハリケーン　271, 303, 314, 357, 386, 414
ハリッジ　86
バルカラス伯爵号　416
バルティック号　141, 149, 151, 203
パルティア号　201
バルバドス　4, 87, 252-55, 2 57, 274, 276, 277, 292, 295-301, 305-08, 310, 311, 313, 316, 333, 334, 347, 365
バルパライソ　87, 344-46, 348, 349, 368, 369, 377, 378
ハーレイ　5, 490
万国郵便連合（UPU）　12, 30, 19, 30, 34, 362, 539, 540
バンシェー号　32
バーンズ，ジョン　196, 197
ハンブルク　11, 24, 86, 186, 205, 231, 362, 364, 368, 372, 518
B&A（ブリティッシュ&アメリカン汽船運航社）　88, 92
P&O　11, 14, 32, 43, 103, 205, 295, 331, 432, 435, 437-39, 441, 443, 444, 449, 452, 454, 458, 461, 463-66, 468, 471-80, 482-92, 501, 502, 509-12, 519
P&Oカルカッタライン　443
東インド　4, 7, 11, 13, 15, 16, 46, 59, 87, 205, 265, 294, 331, 344, 381-87,

索　引

389, 392, 410, 413, 416, 420, 421, 427, 430, 431, 450, 489, 493, 497, 501, 509, 511
東インド貿易船　　381, 383-93, 395-99, 403, 405, 407, 410, 416, 437, 451, 509
ピクトゥ　　87, 103
ヒトコブラクダ　　32, 33, 510
ヒベルニア号　　123, 145, 146, 400
ビームエンジン　　181
ビュックレー公爵号　　410
ビュッテンベルク　　165
ヒュー・リンゼイ号　　419, 430
ヒンドゥー号　　424
ヒンドスタン号　　441, 444
ファイアル　　297, 298, 307, 308, 348
ファイアフライ号　　433
ファーウ　　496
ファウル　　411
ファルマス　　7, 9, 14, 15, 30, 31, 43, 44, 46, 49, 51, 52, 54-56, 60, 61, 64-67, 69, 75-77, 89, 96-98, 125, 128, 169, 171, 225, 249, 252-57, 259, 260, 273, 274, 276-83, 285-88, 290, 292-302, 306, 318-21, 344-48, 369, 379, 380, 430, 432-34, 436-38, 502, 505, 506
ファルマス・ジブラルタル・マルタ会社　　496
ファルマス郵便船会社　　96
フィッシュ・グリネル商会　　68
フィラデルフィア　　18, 20, 22, 57, 58, 157, 165, 184-86, 203, 233, 234, 287, 518
フィラデルフィア市号　　157, 185
フィリップス，C・H　　420, 421
フィリピン諸島　　385, 386
フィールド，サイラス・W　　237, 238, 340
フェーヴァリット号　　260
ブエノスアイレス　　4, 127, 249, 279, 282, 283, 285, 318, 320, 322-26, 328, 339, 340, 342-46, 368-71, 373, 375, 376, 378, 506

プエルト・リコ　　253, 255, 257, 278, 303, 307, 372
フォース号　　296, 306, 307
フォックス，スティーヴン　　88
フォックス＆リヴィングストン　　169
フォル・デ・フランス　　331
ブキャナン，ジェームズ　　239
複合機関　　487-89
複製　　28, 83, 100, 125, 128, 130, 131, 133, 250, 261-64, 300, 301, 316, 366, 386, 413, 418, 422, 427, 504
フーグリ号　　424
ブシール　　496
フナクイムシ　　47
船荷証券　　7, 23, 24
ブラインズ・トリンブル商会　　67
プラウドフット，ジョン　　377
ブラウン，ウイリアム　　161
ブラウン，J・S　　235
ブラウン，ジェームズ　　147, 161
ブラックカントリー　　59
ブラックボーラー　　62
ブラックボールライン　　61, 63-70, 79, 81, 83, 121-23, 462, 463, 465
フランクリン号　　157, 168
フランシス・フリーリング号　　54, 64, 66
フランス号　　207, 335, 517
プランテーションハノーヴァー　　251, 252, 263, 273
ブリグ型帆船　　96, 97, 137, 280
フリゲート船　　238
ブリストル　　29, 44, 58, 84, 88, 89, 90, 92, 93, 98, 115, 265, 306, 398
ブリストル商業会議所　　84
ブリタニア号　　103-08, 113, 130, 133, 165, 182
ブリティッシュ＆アイリッシュ・マグネティック電信会社　　232
ブリティッシュ＆アメリカン汽船運航会社　　91
ブリティッシュ・インディア汽船航海会

554　索　引

社　489
ブリティッシュ・インディア電信会社　497
ブリティッシュクイーン号　88, 91-93, 109, 110
ブリティッシュ・ライブラリー　421
プリマス　41, 98, 238, 264, 265, 276, 316, 328, 364, 402, 464, 493
ブリュッセル　202, 231
プリンセス・オブ・ウェールズ号　31
プリンス・オブ・ウェールズ島　425
プリンス・リージェント号　389
プリンセス・エリザベス第2号　54
ブリンディジ　491
ブルースワローテールライン　68, 81, 124
フルトン, ロバート　84
ブルネルイサンバールド　181
ブルボン島（レユニオン島）　483
ブルーリボン　164, 177, 207, 209, 210, 211, 215, 515, 517
ブルンスヴィック＆ケベック号　97
プレジデント号　91, 92, 217
プレド, アラン・アレン　20, 35, 54, 58
ブレーマーハーフェン　138, 166
ブレーメン　147, 164-66, 168, 171, 172, 176, 186, 190, 231, 364, 517, 518
ブレスト　41, 205, 206
フレデリック・フス社　125-27, 129, 130
フレンチライン（総合北大西洋会社）　204-07, 331-33, 335, 337, 339, 371, 482, 517
ブロードウェイ　234
フロリダ　70, 364
プンタアレナス　368
フンボルト海流　345
フンボルト号　157, 168
ベアリング家　25
ベアン号　340
ベナレス号　474, 487

ペナン　103, 387-89, 391, 412, 441, 449, 450, 460, 477, 497, 519
ペニーブラック　85, 501
ペニンシュラカンパニー　432
PSNC（太平洋汽船航海会社）　342, 343, 348
PSNCo　432-34, 437
ベネズエラ　286, 336, 363
ベハール号　484
ベラクルス　128, 139, 278, 286-88, 331-38, 350
ベリーズ　286, 287, 307, 363
ヘルクレス号　66
ペルシア号　157, 164, 177, 178, 181, 182, 211
ベルジック号　216
ペルナンブーコ　278, 279, 281, 322, 328, 369, 376
ヘルビデロ　324, 325
ヘルマン号　165
ベルリン市号　202
ベンガル　47, 386, 387, 389, 390, 398, 400, 408-5, 417, 419-22, 424, 425, 427, 428, 441, 444, 449, 479
ベンガル号　389, 413
ペンギン号　252-54
ベンクーレン　387, 388
ベンティック号　412, 444
ヘンリ, ジョゼフ　233
ボイス, ゴードン　18
棒鉄　59
貿易外収入　25
保険業者　36
ボストン　11, 20, 32, 33, 56-58, 61, 78, 97-100, 102, 103, 105, 106, 112-16, 122, 123, 125, 129-31, 133, 140, 143, 145, 146, 148, 158, 159, 168, 172, 174, 175, 184, 189, 192, 193, 198, 200, 201, 222, 224, 225, 234-36, 293, 301, 343, 465, 518
ボストンライン　123
ボスニア号　201

索引

ポーツマス　41, 48, 68, 76, 95, 228, 230, 384, 385, 388, 389, 395, 402, 408, 413, 448
ポートサイド　453, 519
ポートランド　186, 217, 236, 241, 242
ポニー・エクスプレス　360
ホーバート市　407, 412, 414
ボリビア　347, 348
ホリヘッド　84, 190, 228, 229, 231, 236, 377, 414
ホール，ナイジェル　248
ポールイ　41
ホルト，アルフレッド　107, 489, 491, 498
ボルドー　41, 77, 286, 331, 334, 339-41, 343, 368, 369, 371, 372, 374, 409
ボルティモア　22, 58, 87, 157, 165, 518
ホワイトスターライン　15, 203, 204, 207, 215, 216, 222, 224, 463, 465, 515-17, 519, 523
香港　34, 103, 392, 441, 445-50, 457, 458, 460, 477, 478, 480, 483, 484, 486, 488, 497, 510, 511, 519-21
ボンソル　92, 136, 169, 200, 206, 208, 327
ボンベイ　4, 381, 386, 387, 389, 391, 398, 401-04, 417, 419-21, 425, 427, 428, 430-35, 437, 439, 441-49, 452, 454, 455, 460, 461, 475, 476, 478-80, 488, 491, 497, 498, 509, 510, 511, 519, 520, 521
ボンベイ城　382
ホーン岬　344, 354, 465, 507

マ　行

マカオ　446, 447
マカスカー，ジョン・J　12, 21, 22, 29
マッキノン・マッケンジー会社　491
マクレゴール　354, 489
マグネティック電信会社　232-34, 242

マクィーン，ジェームズ　293-95, 408
マサチューセッツ　136, 234
マザトラン　350
マージーサイド　37, 70, 237, 250, 326
マスリパトナム　410
マダガスカル　386
マダガスカル号　445, 446
マーチャントバンク　25
マデイラ　87, 278, 296, 307, 3 18, 322, 328, 348, 385, 389, 404, 405
マドラス　381, 382, 385-87, 389, 391, 395, 398, 401, 402, 404, 405, 409, 410-13, 419-21, 428, 439, 443, 445, 473, 477, 483, 497
マニラ　382, 398, 401, 414, 478, 511
マニラ号　478
マラッカ　388, 389, 412, 425
マルセイユ　29, 32, 41, 86, 339, 372, 418, 434, 435, 437, 442, 444, 448, 452, 454, 456-58, 466, 471-73, 475, 477-80, 483, 485, 491, 493, 496, 498, 510, 511, 519, 523
マルタ　32, 237, 296, 307, 428-30, 433-38, 452, 454, 466, 474, 477, 496
マルティニーク　286, 331-34, 336-39, 365
マルレディー封筒　85
マンサニージョ　350
マンチェスター　61, 70, 230, 239, 377
マン島　85
マンハッタン号　74
水先人　137, 229
ミズーリ　139, 358, 360
ミドランド　59
ミルネ，グレイム・J　24
ミルフォード　84, 415
メイン州　235
メキシコ　43, 46, 103, 128, 139, 140, 205, 249, 255, 278, 286-88, 292, 293, 296, 307, 331, 332, 334-36, 342, 349, 350, 361, 363, 366
メディーナ号　301, 303, 307

メッドウェイ号　299
メトカフ，サー・チャールズ　424
メリーランド　97
メルボルン　203, 461-64, 468, 470-73, 475, 478
綿の三角形　57
モザンピーク海峡　386
モファット号　415, 416
モーリー, M・F　46, 463
モーリシャス　386, 398, 399, 401, 404, 412-14, 441, 464, 468, 474, 475, 483, 493, 499
モールスネサミュエル　233, 237, 238
モンスーン　345, 384, 386, 439, 451, 479, 488, 521
モンターギュ号　64
モンテビデオ　249, 279, 282, 285, 318, 322-26, 339, 340, 342, 346, 368-70, 373-78
モンテレー　350
モントリオール　78

ヤ 行

郵便印　10, 16, 27-30, 32, 40, 83, 127, 128, 252, 253, 255, 256, 259, 316, 323, 325, 526
郵便運搬船　40, 131, 136, 346, 361, 368, 385, 415, 417, 435, 445, 448, 487
郵便汽船　10, 11, 14, 15, 23, 30, 32, 33, 78, 85, 86, 91, 98, 99, 103, 114, 115, 129, 138, 139, 166, 171, 172, 176, 178, 179, 182, 183, 185, 190, 191, 195, 202, 206, 207, 219, 220, 222, 225, 236, 245, 253, 286, 290, 293, 295, 297, 322, 325, 334, 337, 341, 350, 352-54, 357, 360, 368, 377, 380, 430, 435, 436, 438, 444, 450, 453, 458, 465, 471-73, 478, 483, 485, 487, 493, 494, 502, 508, 513, 515, 517, 523
郵便契約ライン　115, 136, 143, 220
郵便史　12, 14-16, 27-30, 32, 36, 37, 40, 90, 126, 166, 224, 236, 250, 395, 447, 473, 494, 525
郵便条約　12, 160, 166
郵便船　7, 10, 14, 15, 20, 29, 30, 36, 37, 42-44, 46, 49, 51, 52, 54, 55, 56, 59-70, 73-81, 84, 95-97, 102, 109, 110, 112, 117, 122-25, 127-29, 131, 133, 134, 136, 137, 139, 143, 164, 166, 168, 179, 194, 196, 219, 224, 225, 249, 250, 252-63, 272-74, 276-83, 285-90, 292, 293, 296, 298, 307, 318-21, 326, 328, 334, 341, 344-46, 356, 358, 373, 379, 380, 383-86, 388, 393, 395, 407, 429, 430, 432, 434-38, 442, 444, 449, 458-61, 465, 472, 493, 505, 509, 510
郵便帆船　9, 11, 15, 30, 31, 35, 43, 44, 54, 55, 56, 60-62, 65, 66, 73, 74, 76, 77, 81, 83, 84, 86, 90-93, 95, 97, 98, 102, 106, 111, 113, 116, 117, 121-25, 127, 128, 130, 131, 133, 136-38, 142, 147, 169, 172, 184, 222, 229, 249, 251, 276, 279, 281, 287, 288, 293, 296-98, 301, 308, 318, 344, 347, 380, 463, 501-06, 514
郵便用馬車　76, 86, 433, 434, 501
郵便用馬車　76, 86, 433, 434, 501
郵便料金　12, 22, 29, 30, 38, 41-43, 78, 85, 95, 108, 130, 136, 160, 165, 166, 171, 176, 177, 179, 186, 193, 195-98, 200, 233, 250, 257, 264, 280, 347, 357, 358, 372, 385, 395, 434, 435, 447, 461, 501, 503
ユニオンライン　68, 493-95
ユニコーン号　103
ユナイテッドステーツ号　123, 124, 515
ユナイテッドステーツ郵便汽船会社　129, 139
ユーフラテス川　429
ユラ号　217, 470
ヨーク公爵号　412, 413, 424
ヨークシャー　59

索引　　　　　　　　　　　　　　557

横浜　　483, 488, 521-23
ヨーロッパ号　　33, 115, 129, 145, 343, 470, 471
ヨーロピアン号　　467
ヨーロッパライン　　179, 355

ラ 行

ライジングスター号　　87
ラーキンズ号　　389, 390
ラクダ　　32, 33, 430, 431, 433, 439, 482, 510
ランポート＆ホルト　　367, 369, 371, 373-75
ラスボーン・ハドソン商会　　62
ラスボーン・ブラザーズ商会　　172, 191, 323, 342
ラプラタ川　　318, 322, 368, 373
ラプラタ川電信会社　　377
ラプラタ号　　353
ラボック　　61
ラム酒　　24, 59, 251
ラルネ号　　437, 445
ラ・ロシェル　　42
ラーン号　　296
ランガー号　　252-54, 260, 274
ランカスター　　48, 409
ランカスター公爵号　　409
蘭領東インド　　87, 497
リヴァプール汽船　　327
リヴァプール号　　68, 70, 91, 93, 95, 127, 438
リヴァプール＆フィラデルフィア汽船会社　　184
リヴァプール・ブラジル・ラプラタ川汽船航海会社　　368
「リヴァプール・マーキュリー」　　121, 122, 131
リヴォルノ　　418
リオグランデ　　324, 325, 330
リオ・デ・ジャネイロ　　246, 249, 278, 279, 281-83, 285, 290, 293, 318-26, 328, 330, 339, 340, 343, 344, 346, 368-70, 376, 378-80, 506
リー号　　75, 296, 405, 488, 517
リスボン　　9, 43, 51, 87, 290, 318, 321, 322, 368, 369, 376-78, 430, 432, 436, 499, 500, 512
リッチモンド　　30, 31, 83, 258
リポン号　　32, 471, 498
リネン　　59
リューイン岬　　461, 463
リラ号　　288
リンカン，アブラハム　　241
ルアーブル　　41, 56, 68, 76, 77, 79, 101, 125, 136-38, 146, 147, 157, 168, 169, 176-79, 182, 198, 204, 205, 206, 336, 353, 518
ルアーブルライン　　68, 138, 143, 146, 147, 157, 164, 168-71, 174, 179, 182, 190
ルアン　　41, 231
レイドマンズ号　　255, 256
レインディア号　　256, 287
レヴァレッジ効果　　135, 476, 511
レヴィ，ジョセフ　　30
レセップス，フェルディナンド・デ　　487
レディ・カリントン号　　389
レディー・フローラ号　　409
レッドスターライン　　67, 69, 74, 76, 81, 121, 123, 124, 203
レッドスワローテールライン　　68
レッド・ローバー号　　448
レディ・メアリ・ウッド号　　449
ロイズリスト　　4, 15, 16, 21, 31, 34, 36, 37, 40, 48, 63, 65, 66, 69, 70, 80, 124, 229, 253, 255, 256, 258, 259, 265-67, 272, 274, 287, 302, 303, 371, 388, 405, 407, 408, 409, 411-16, 424, 494, 526
ロイター　　236, 242
ロイヤル・ウイリアム号　　86, 91, 99
ロイヤルメール郵便汽船会社　　91, 103, 286, 293, 295, 473

ロイヤルメールライン　15, 14, 128, 205, 302, 304, 306, 307, 309-11, 313, 318, 326, 327, 329, 331-35, 399-42, 347, 362-64, 367, 369-75, 379, 438, 468, 473, 475, 480, 482, 501, 502, 505-07
ロシア号　195, 245
ロスチャイルド家　25
ロチェスター号　123
ロッテルダム　86, 366, 518
ロード・アマースト号　412, 413, 415, 424
ロード・ウィリアム・ベンティック号　412
ロバ　15, 32, 33, 81, 84, 90, 99, 102, 363, 366, 383, 412-14, 430, 431, 433, 510
ロバート号　412-14
ロバート・フルトン号　70
ローレンス　141, 186
ロングアイランド　157
ロンドンデリー　41, 242

ワ　行

ワイト島　177, 410, 411
ワグホーン　417-19, 430, 431, 433, 434
ワシントン　90, 165, 166, 172, 241
ワトソン, バーナード・L　228, 229

玉木 俊明（たまき・としあき）
1964年生まれ，1993年同志社大学大学院文学研究科文化史学専攻博士後期課程単位取得退学，1993-96年日本学術振興会特別研究員，1996年京都産業大学経済学部専任講師，助教授をへて現在京都産業大学経済学部教授

〔主要業績〕『近代ヨーロッパ形成――商人と国家の近代世界システム』創元社，2012年，『近世ヨーロッパの誕生――オランダからイギリスへ』講談社選書メチエ，2009年，『北方ヨーロッパの商業と経済 1550-1815年』知泉書館，2008年，*War, State and Development : Fiscal-Military States in the Eighteeth Century*（共著，Pamplona，2007年），「バルト海貿易――ポーランド・ケーニヒスベルク・スウェーデン」（社会経済史学，57巻5号，1992年），「イギリスのバルト海貿易（1661-1730年）」（西洋史学，176号，1995年），「イギリスのバルト海貿易（1731-1780年）」（社会経済史学，63巻6号，1998年），ミルヤ・ファン・ティールホフ著「近世貿易の誕生」（共訳，2005年，知泉書館），レオス・ミュラー著「近世スウェーデンの貿易と商人」（共訳，2006年，嵯峨野書院），ラース・マグヌソン著『産業革命と政府』（2012年，知泉書館）

〔情報の世界史〕　　　　　　　　　　ISBN978-4-86285-185-7

2014年5月10日　第1刷印刷
2014年5月15日　第1刷発行

訳　者　玉　木　俊　明
発行者　小　山　光　夫
製　版　ジ　ャ　ッ　ト

発行所　〒113-0033 東京都文京区本郷1-13-2
　　　　電話03(3814)6161 振替00120-6-117170
　　　　http://www.chisen.co.jp

株式会社 知泉書館

Printed in Japan

印刷・製本／藤原印刷